MATHÉMATIQUES
&
APPLICATIONS

Directeurs de la collection :
G. Allaire et M. Benaïm

57

MATHÉMATIQUES & APPLICATIONS

Comité de Lecture / Editorial Board

Instructions aux auteurs :

Les textes ou projets peuvent être soumis directement à l'un des membres du comité de lecture avec copie à G. ALLAIRE OU M. BENAÏM. Les manuscrits devront être remis à l'Éditeur sous format LaTeX 2e.

Jean-François Delmas
Benjamin Jourdain

Modèles aléatoires

Applications aux sciences de l'ingénieur et du vivant

Jean-François Delmas
Benjamin Jourdain

École Nationale des Ponts et Chaussées
CERMICS
6 et 8, avenue Blaise Pascal
Cité Descartes - Champs-sur-Marne
77455 Marne-la-Vallée Cedex 2
France
e-mail: delmas@cermics.enpc.fr;
jourdain@cermics.enpc.fr

Library of Congress Control Number: 2006924181

Mathematics Subject Classification (2000): 60J10, 60J27, 60J80, 60K20, 60G70, 49L20, 62F12, 62N05, 90C15, 90B22, 90B25, 90B05, 92D20, 92D25, 92B15

ISSN 1154-483X
ISBN-10 3-540-33282-0 Springer Berlin Heidelberg New York
ISBN-13 978-3-540-33282-4 Springer Berlin Heidelberg New York

Springer est membre du Springer Science+Business Media

springer.com
Imprimé aux Pays-Bas

Imprimé sur papier non acide 3100/SPi - 5 4 3 2 1 0 -

À Ginger, Vickie et Gautier
À Erwan et Alexy

Préface

Ce livre reprend les notes d'un cours que nous enseignons à l'École Nationale des Ponts et Chaussées depuis l'année 2000. L'objectif de ce cours est de montrer comment des modèles aléatoires élémentaires permettent d'apporter des éléments de réponse intéressants et de se forger une intuition sur des problèmes concrets. Nous abordons plusieurs thèmes traditionnels des métiers d'ingénieur : algorithmes d'optimisation, gestion des approvisionnements, dimensionnement de files d'attente, fiabilité et dimensionnement d'ouvrages à l'aide des lois de valeurs extrêmes. Nous avons également choisi de regarder des problématiques plus récentes, voire en cours de développement. Ainsi, nous présentons des résultats sur l'étude de l'ADN : recherche de séquences exceptionnelles, de zones homogènes et estimation du taux de mutation. Nous proposons aussi une introduction aux phénomènes de coagulation qui interviennent dans la croissance des molécules de polymères ou d'aérosols. Les outils probabilistes que nous présentons pour modéliser les phénomènes considérés dans ce livre, comme les chaînes de Markov, les processus de renouvellement ou les lois de valeurs extrêmes, sont des outils généraux utilisés dans bien d'autres domaines des sciences de l'ingénieur, des sciences du vivant, de la physique, de la finance mathématique ou de l'assurance.

Le prérequis pour la lecture de ce livre est la maîtrise du contenu d'un cours d'initiation aux probabilités en première année d'école d'ingénieurs ou en troisième année du cycle Licence. Nous avons choisi d'utiliser des outils élémentaires afin que le livre soit accessible aux étudiants qui ne se destinent pas aux mathématiques : en particulier, nous ne recourons pas à la notion de martingale.

Nous avons séparé les modèles que nous présentons en deux grandes classes faisant chacune l'objet d'une partie : les modèles discrets et les modèles continus.

La première partie débute par un chapitre général sur les chaînes de Markov à temps discret et leur comportement asymptotique en temps long. Dans le chapitre 2, nous présentons l'algorithme du recuit simulé pour résoudre le problème du voyageur de commerce : trouver le trajet le plus court joignant un certain nombre de villes. L'avantage de cet algorithme stochastique est qu'il peut s'adapter facilement à des problèmes complexes d'optimisation plus généraux. Le chapitre 3 traite de l'optimisation d'un stock de pièces de rechange par un gestionnaire qui s'approvisionne auprès d'un fournisseur et doit répondre aux demandes de ses clients. La résolution du problème de minimisation des coûts repose sur la théorie du contrôle des chaînes de Markov qui est présentée à cette occasion. Le chapitre 4 aborde la modélisation des évolutions de population et le calcul des probabilités d'extinction à l'aide des processus de Galton-Watson. Ce chapitre, où la fonction génératrice constitue l'outil privilégié, peut être lu de manière isolée. Dans le chapitre 5, nous nous intéressons à la détection du sens de lecture d'un ADN circulaire quand on connaît seulement la succession des nucléotides. Pour retrouver l'information cachée du sens de lecture, nous considérons un modèle de chaîne de Markov cachée, et nous présentons puis utilisons l'algorithme Espérance-Maximisation (EM). Le chapitre 6 est consacré à la détection des séquences exceptionnellement rares ou fréquentes dans l'ADN et qui, de ce fait, sont susceptibles d'avoir une signification biologique. Dans ce but, nous comparons, pour des séquences de quelques nucléotides, le nombre d'occurences constaté avec le nombre d'occurences théorique prédit quand on modélise la succession des nucléotides par une chaîne de Markov. Enfin, le chapitre 7 traite de l'estimation du taux de mutation de l'ADN à partir des différences entre les séquences d'ADN observées chez les individus, dans le cadre du modèle d'évolution de population de Wright-Fisher et du processus de coalescence associé.

Le chapitre 8, qui débute la deuxième partie, présente une construction des chaînes de Markov à temps continu puis étudie leur comportement en temps long. Dans le chapitre 9, nous nous intéressons aux modèles de files d'attente et plus particulièrement au dimensionnement du nombre de serveurs. Lorsque les durées entre les temps d'arrivée des clients et les temps de service suivent des lois exponentielles, l'évolution au cours du temps du nombre de clients dans la file d'attente constitue une chaîne de Markov à temps continu. Chacun des chapitres 10 et 11 peut être lu de façon isolée. Le premier est consacré à une introduction à la fiabilité, c'est-à-dire à la modélisation des durées de bon fonctionnement des matériels. Nous y présentons les processus de renouvellement avec lesquels nous étudions des stratégies de maintenance préventive. Dans le chapitre 11, nous développons la théorie des lois de valeurs extrêmes qui permet d'estimer des probabilités d'événements rares. Cette théorie a de nombreuses applications dans l'étude des risques, comme le dimensionnement des digues contre les crues exceptionnelles. Enfin, le chapitre 12 traite des équations de coagulation et de fragmentation discrètes qui interviennent en astronomie, en physique et en chimie. Nous explicitons, dans des cas particuliers, l'expression analytique de la solution de ces équations. Nous proposons ensuite deux algorithmes qui permettent en toute généralité d'approcher cette solution et qui consistent à simuler des chaînes de Markov à temps continu.

Dans la troisième partie, l'appendice A reprend sans démonstration les définitions et les résultats de base correspondant à un cours d'initiation aux

Table des matières

partie I Modèles discrets

partie III Appendice

Première partie

Modèles discrets

1

Chaînes de Markov à temps discret

Comme nous le verrons au cours des prochains chapitres, les chaînes de Markov permettent de modéliser de manière élémentaire, mais robuste, de nombreux phénomènes aléatoires où l'évolution future d'une quantité ne dépend du passé qu'au travers de sa valeur présente. Par exemple, si on note X_n l'état d'un stock de pièces détachées à l'instant n, D_{n+1} la demande (aléatoire) formulée par des clients, et $q \in \mathbb{N}^*$ la quantité (déterministe) de pièces détachées fabriquées entre les instants n et $n+1$, alors à l'instant $n+1$, l'état du stock est $X_{n+1} = (X_n + q - D_{n+1})^+$, où x^+ désigne la partie positive de $x \in \mathbb{R}$. Dans le cas où la demande est constituée de variables aléatoires indépendantes, alors l'évolution future $(X_k, k \geq n+1)$ ne dépend du passé $(X_k, k \in \{0, \ldots, n\})$ qu'au travers de l'état présent X_n. Cette propriété, dite propriété de Markov, est la base de la définition des chaînes de Markov (voir la définition 1.1.1).

Le but de ce chapitre est de présenter en un ensemble cohérent les objets mathématiques et certaines de leurs propriétés que nous utiliserons dans les chapitres suivants. Plus précisément, dans les paragraphes 1.1, 1.2 et 1.3 nous énonçons la définition des chaînes de Markov et quelques propriétés élémentaires. Le paragraphe 1.4 présente le comportement asymptotique (convergence en loi) de la suite $(X_n, n \geq 1)$ sous certaines hypothèses. Ces résultats seront complétés dans le Chap. 2, lors de la démonstration de la convergence d'un algorithme stochastique d'optimisation : le recuit simulé. Dans les paragraphes 1.5 et 1.6, on s'intéresse au comportement asymptotique des moyennes temporelles de la forme $\frac{1}{n}\sum_{k=1}^{n} f(X_k)$. Dans l'exemple de la gestion de stock, si f est la fonction identité, alors $f(X_n) = X_n$ représente la quantité de pièces détachées à l'instant n et $\frac{1}{n}\sum_{k=1}^{n} f(X_k)$ la moyenne dans le temps de l'état du stock. Dans le paragraphe 1.5, on démontre le théorème ergodique : c'est la convergence presque sûre (p.s.) de ces moyennes temporelles vers une limite déterministe qui est l'espérance de $f(X^*)$, où la loi de X^*, notée π, est la loi stationnaire de la chaîne de Markov (i.e. si l'état initial de la chaîne de Markov, X_0, est aléatoire de loi π, alors la loi de X_n est π pour tout temps n). Le théorème ergodique est l'analogue de la loi forte des grands nombres pour les chaînes de Markov. On étudie également, au paragraphe 1.6, l'analogue du théorème central limite pour les chaînes de Markov, c'est-à-dire les fluctuations des moyennes temporelles autour de leur limite.

Le paragraphe 1.1 est élémentaire et nécessaire pour la compréhension de la plupart des chapitres qui suivent. Il en est de même des paragraphes 1.2, 1.3 et 1.4 qui comportent peu de démonstrations. En revanche les paragraphes 1.5 et 1.6 abordent des concepts plus difficiles, et les démonstrations détaillées qui sont présentées sont d'un niveau technique conséquent. Les résultats des paragraphes 1.5 et 1.6 seront essentiellement utilisés pour la recherche des mots exceptionnels de l'ADN (Chap. 6) et motiveront également une partie de l'analyse des files d'attente (Chap. 9). Il peuvent donc être omis jusqu'à la lecture de ces chapitres.

Enfin une vaste littérature sur les chaînes de Markov est disponible. Pour plus de détails, on pourra consulter les ouvrages [7, 8, 10] et les ouvrages plus spécialisés [3, 4, 5 ou 9].

1.1 Définition et propriétés

Soit E un espace discret, i.e. E est un espace au plus dénombrable muni de la topologie discrète, où tous les points de E sont isolés.

Définition 1.1.1. *On dit que la suite de variables aléatoires $X = (X_n, n \geq 0)$, à valeurs dans E, est une chaîne de Markov si elle possède la propriété de Markov : pour tous $n \in \mathbb{N}$, $y, x_0, \ldots, x_n \in E$, tels que $\mathbb{P}(X_n = x_n, \ldots, X_0 = x_0) > 0$, on a*

$$\mathbb{P}(X_{n+1} = y \mid X_n = x_n, \ldots, X_0 = x_0) = \mathbb{P}(X_{n+1} = y \mid X_n = x_n).$$

Remarquons que par définition des probabilités conditionnelles, si $\mathbb{P}(X_n = x_n) > 0$, alors $\sum_{y \in E} \mathbb{P}(X_{n+1} = y \mid X_n = x_n) = 1$.

Définition 1.1.2. *Une matrice $P = (P(x, y), x, y \in E)$ est dite matrice stochastique si et seulement si ses coefficients sont positifs et la somme sur une ligne des coefficients est égale à 1 :*

$$\boxed{\sum_{y \in E} P(x, y) = 1.}$$

Définition 1.1.3.

- *Soit $(Q_n, n \geq 1)$ une suite de matrices stochastiques. On dit que les matrices $(Q_n, n \geq 1)$ sont les matrices de transition de la chaîne de Markov X si pour tous $n \geq 1$ et $x \in E$ tels que $\mathbb{P}(X_{n-1} = x) > 0$, on a pour tout $y \in E$,*

$$Q_n(x, y) = \mathbb{P}(X_n = y | X_{n-1} = x).$$

- *Soit P une matrice stochastique. On dit que la chaîne de Markov X est homogène, de matrice de transition P, si pour tous $n \geq 0$ et $x, y \in E$ tels que $\mathbb{P}(X_n = x) > 0$, on a*

$$\mathbb{P}(X_{n+1} = y \mid X_n = x) = P(x, y).$$

Par convention[1]*, on pose $\mathbb{P}(X_{n+1} = y \mid X_n = x_n, \ldots, X_0 = x_0) = P(x_n, y)$ si $\mathbb{P}(X_n = x_n, \ldots, X_0 = x_0) = 0$.*

Suivant les applications, il est parfois plus naturel de considérer la chaîne de Markov $X = (X_n, n \geq m)$ à partir d'un instant $m \in \mathbb{Z}$ quelconque. Enfin, comme les chaînes de Markov considérées sont, sauf cas particulier, homogènes, on omettra la plupart du temps le mot homogène.

Exemple 1.1.4. Reprenons l'exemple donné en introduction. On note X_n l'état d'un stock de pièces détachées à l'instant n, D_{n+1} la demande (aléatoire), et q la quantité (déterministe) constante de pièces détachées fabriquées. L'équation d'évolution de l'état du stock, entre les instants n et $n+1$, est $X_{n+1} = (X_n + q - D_{n+1})^+$. On suppose que la demande $(D_n, n \geq 1)$ est une suite de variables aléatoires entières indépendantes et de même loi qu'une variable D : pour $k \in \mathbb{N}$, $p_k = \mathbb{P}(D = k)$. Il est clair que $(X_n, n \geq 0)$ est une chaîne de Markov à valeurs dans $\mathbb{N}$ de matrice de transition : $P(x, y) = p_k$ si $y = x + q - k > 0$, et $P(x, 0) = \mathbb{P}(D \geq x + q) = \sum_{k \geq x+q} p_k$. ♢

Exemple 1.1.5. La marche aléatoire symétrique simple sur $\mathbb{Z}$, $S = (S_n, n \geq 0)$, est définie par $S_n = S_0 + \sum_{k=1}^{n} Z_k$, où $Z = (Z_n, n \geq 1)$ est une suite de variables aléatoires indépendantes et de même loi, $\mathbb{P}(Z_n = 1) = \mathbb{P}(Z_n = -1) = 1/2$, et S_0 est une variable aléatoire à valeurs dans $\mathbb{Z}$ indépendante de Z. On vérifie facilement que la marche aléatoire simple est une chaîne de Markov à valeurs dans $\mathbb{Z}$ de matrice de transition : $P(x, y) = 0$ si $|x - y| \neq 1$ et $P(x, y) = 1/2$ si $|x - y| = 1$. ♢

Remarque 1.1.6. Dans les deux exemples précédents, on considère une suite de variables $X = (X_n, n \geq 0)$ définies pour $n \geq 0$ par $X_{n+1} = f(X_n, U_{n+1})$, où f est une fonction de $E \times F$ à valeurs dans E et $(U_n, n \geq 1)$ est une suite de variables aléatoires à valeurs dans F, de même loi, indépendantes entre elles et indépendantes de X_0. Sous ces hypothèses, X est une chaîne de Markov de matrice de transition P définie par $P(x, y) = \mathbb{P}(f(x, U_1) = y)$, pour $x, y \in E$.

Cette représentation permet de construire, pour toute matrice stochastique P, une chaîne de Markov ayant P comme matrice de transition (voir plus généralement le théorème d'extension de Kolmogorov, [1], appendice II). ♢

Le calcul suivant montre que la loi conditionnelle de X_2 sachant X_0 s'exprime facilement à l'aide de la matrice de transition. On a, si $\mathbb{P}(X_0 = x) > 0$,

---

[1] Cette convention est différente de celle donnée dans (A.3), mais elle permet d'alléger les calculs sans prêter à conséquence.

$$
\begin{aligned}
\mathbb{P}(X_2 = y | X_0 = x) &= \frac{\mathbb{P}(X_2 = y, X_0 = x)}{\mathbb{P}(X_0 = x)} \\
&= \sum_{z \in E} \frac{\mathbb{P}(X_2 = y, X_1 = z, X_0 = x)}{\mathbb{P}(X_0 = x)} \\
&= \sum_{z \in E_x} \frac{\mathbb{P}(X_1 = z, X_0 = x)}{\mathbb{P}(X_0 = x)} \frac{\mathbb{P}(X_2 = y, X_1 = z, X_0 = x)}{\mathbb{P}(X_1 = z, X_0 = x)} \\
&= \sum_{z \in E_x} \mathbb{P}(X_1 = z | X_0 = x) \mathbb{P}(X_2 = y | X_1 = z, X_0 = x) \\
&= \sum_{z \in E} P(x, z) P(z, y) = P^2(x, y),
\end{aligned} \tag{1.1}
$$

où on a utilisé la définition des probabilités conditionnelles pour la première égalité, la notation $E_x = \{z \in E\, ; \mathbb{P}(X_1 = z, X_0 = x) > 0\}$ pour la troisième, la définition des chaînes de Markov et l'homogénéité pour la cinquième, et la notation P^2 pour le carré de la matrice P dans la dernière. Plus généralement, si P^k désigne la puissance k-ième, on obtient par récurrence $\mathbb{P}(X_k = y \mid X_0 = x) = P^k(x, y)$.

La proposition suivante permet de vérifier que l'évolution future d'une chaîne de Markov ne dépend du passé qu'au travers de sa valeur présente. Afin d'utiliser des notations concises, on note y_n^m le vecteur $(y_n, \ldots, y_m)$ pour $n \leq m$.

Proposition 1.1.7. *Soit $m \geq 1$, $A \subset E^m$, et $I_n = \{(X_{n+1}, \ldots, X_{n+m}) \in A\}$ pour $n \geq 0$. On considère également pour $n \geq 1$, $J_n = \{(X_0, \ldots, X_{n-1}) \in B\}$, où $B \subset E^n$. Si $\mathbb{P}(X_n = x_n, J_n) > 0$, alors on a*

$$
\mathbb{P}(I_n | X_n = x_n, J_n) = \mathbb{P}(I_n | X_n = x_n) = \mathbb{P}(I_0 | X_0 = x_n).
$$

Démonstration. On suppose que $\mathbb{P}(X_n = x_n, J_n) > 0$. La formule de composition des probabilités conditionnelles (A.4) implique que pour $x_{n+1}^{n+m} \in E^m$,

$$
\mathbb{P}(X_{n+1}^{n+m} = x_{n+1}^{n+m} | X_n = x_n, J_n) = \prod_{k=1}^{m} \mathbb{P}(X_{n+k} = x_{n+k} | X_n^{n+k-1} = x_n^{n+k-1}, J_n).
$$

En décomposant suivant les valeurs possibles de $X_0, \ldots, X_{n-1}$, il vient si $\mathbb{P}(X_n^{n+k-1} = x_n^{n+k-1}, J_n) > 0$

$$
\begin{aligned}
\mathbb{P}(X_{n+k} &= x_{n+k} | X_n^{n+k-1} = x_n^{n+k-1}, J_n) \\
&= \frac{\mathbb{P}(X_n^{n+k} = x_n^{n+k}, J_n)}{\mathbb{P}(X_n^{n+k-1} = x_n^{n+k-1}, J_n)} \\
&= \frac{\sum_{y_0^{n-1} \in B} \mathbb{P}(X_n^{n+k} = x_n^{n+k}, X_0^{n-1} = y_0^{n-1})}{\sum_{z_0^{n-1} \in B} \mathbb{P}(X_n^{n+k-1} = x_n^{n+k-1}, X_0^{n-1} = z_0^{n-1})}.
\end{aligned}
$$

En utilisant la propriété de Markov, le terme $\mathbb{P}(X_n^{n+k} = x_n^{n+k}, X_0^{n-1} = y_0^{n-1})$ est égal à

$$\mathbb{P}(X_{n+k} = x_{n+k} | X_{n+k-1} = x_{n+k-1}) \mathbb{P}(X_n^{n+k-1} = x_n^{n+k-1}, X_0^{n-1} = y_0^{n-1}).$$

On en déduit donc

$$\begin{aligned}
\mathbb{P}(X_{n+k} = x_{n+k} | X_n^{n+k-1} = x_n^{n+k-1}, J_n)& \\
&= \mathbb{P}(X_{n+k} = x_{n+k} | X_{n+k-1} = x_{n+k-1}) \\
&= P(x_{n+k-1}, x_{n+k}),
\end{aligned}$$

où l'on a utilisé l'homogénéité pour la dernière égalité. On a ainsi obtenu que si $\mathbb{P}(X_n^{n+m-1} = x_n^{n+m-1}, J_n) > 0$,

$$\mathbb{P}(X_{n+1}^{n+m} = x_{n+1}^{n+m} | X_n = x_n, J_n) = \prod_{k=1}^{m} P(x_{n+k-1}, x_{n+k}). \tag{1.2}$$

Si $\mathbb{P}(X_n^{n+m-1} = x_n^{n+m-1}, J_n) = 0$, comme $\mathbb{P}(X_n = x_n, J_n) > 0$, on en déduit qu'il existe $k \in \{1, \ldots, m-1\}$ tel que $\mathbb{P}(X_n^{n+k} = x_n^{n+k}, J_n) = 0$ et $\mathbb{P}(X_n^{n+k-1} = x_n^{n+k-1}, J_n) > 0$. Ceci implique, d'après les calculs précédents, que $P(x_{n+k-1}, x_{n+k}) = 0$, et donc (1.2) est également vraie si $\mathbb{P}(X_n^{n+m-1} = x_n^{n+m-1}, J_n) = 0$.

Des calculs similaires assurent que

$$\mathbb{P}(X_1^m = x_{n+1}^{n+m} | X_0 = x_n) = \prod_{k=1}^{m} P(x_{n+k-1}, x_{n+k}).$$

Ainsi on a $\mathbb{P}(X_{n+1}^{n+m} = x_{n+1}^{n+m} | X_n = x_n, J_n) = \mathbb{P}(X_1^m = x_{n+1}^{n+m} | X_0 = x_n)$. En sommant sur $x_{n+1}^{n+m} \in A$, il vient

$$\mathbb{P}(I_n | X_n = x_n, J_n) = \mathbb{P}(I_0 | X_0 = x_n) = \sum_{x_{n+1}^{n+m} \in A} \prod_{k=1}^{m} P(x_{n+k-1}, x_{n+k}). \tag{1.3}$$

Enfin, en choisissant $B = E^n$, on a $\{X_n = x_n, J_n\} = \{X_n = x_n\}$, et on déduit de l'égalité précédente que $\mathbb{P}(I_n | X_n = x_n) = \mathbb{P}(I_0 | X_0 = x_n)$. □

Remarque 1.1.8. On conserve les notations de la proposition 1.1.7. Dans la démonstration précédente, le dernier membre de droite des égalités (1.3) est bien défini même si $\mathbb{P}(X_n = x_n, J_n) = 0$. Par convention, si $\mathbb{P}(X_n = x_n, J_n) = 0$, on pose

$$\mathbb{P}(I_n | X_n = x_n, J_n) = \sum_{x_{n+1}^{n+m} \in A} \prod_{k=1}^{m} P(x_{n+k-1}, x_{n+k}),$$

et si $\mathbb{P}(X_0 = x_0) = 0$, $\mathbb{P}(I_0|X_0 = x_0) = \sum_{x_1^m \in A} \prod_{k=1}^m P(x_{k-1}, x_k)$. Avec cette convention, on a également que pour $x_1^m \in E^m$,

$$\mathbb{P}(X_{n+1}^{n+m} = x_1^m | X_n = x_0) = \prod_{k=1}^{m} P(x_{k-1}, x_k).$$

$\Diamond$

Définition 1.1.9. *Un événement I est dit presque sûr (p.s.) si $\mathbb{P}(I|X_0 = x) = 1$ pour tout $x \in E$.*

Soit ν_0 la loi de X_0 : $\nu_0(x) = \mathbb{P}(X_0 = x)$ pour tout $x \in E$. En décomposant suivant les valeurs possibles de X_0, on calcule la loi de X_1 :

$$\mathbb{P}(X_1 = y) = \sum_{x \in E} \mathbb{P}(X_1 = y \mid X_0 = x)\mathbb{P}(X_0 = x) = \sum_{x \in E} \nu_0(x) P(x, y).$$

On utilise la notation $\nu_0 P(y) = \sum_{x \in E} \nu_0(x) P(x, y)$. On peut l'interpréter comme le produit usuel entre le vecteur ligne $\nu_0 = (\nu_0(x) ;\ x \in E)$ et la matrice P. Par récurrence, on vérifie que la loi de X_n est $\nu_0 P^n$.

Soit f une fonction de E dans $\mathbb{R}$ positive ou bornée. On a

$$\begin{aligned}
\mathbb{E}[f(X_n)|X_0 = x] &= \sum_{y \in E} f(y)\mathbb{P}(X_n = y|X_0 = x) \\
&= \sum_{y \in E} P^n(x, y) f(y) = P^n f(x),
\end{aligned}$$

où l'on considère dans la dernière égalité la fonction f comme un vecteur colonne et $P^n f$ est le produit de la matrice P^n par le vecteur colonne f. On a de plus

$$\mathbb{E}[f(X_n)] = \sum_{x \in \mathbb{E}} \mathbb{P}(X_n = x) f(x) = \nu_0 P^n f.$$

On retiendra que la multiplication à gauche de la matrice de transition concerne le calcul de loi, et la multiplication à droite le calcul d'espérance ou d'espérance conditionnelle.

1.2 Chaîne trace, états absorbants

Soit $X = (X_n, n \in \mathbb{N})$ une chaîne de Markov à valeurs dans E, de matrice de transition P.

Définition 1.2.1. *On dit que x est un état absorbant de la chaîne X si $P(x, x) = 1$, i.e. pour tout $y \neq x$, $P(x, y) = 0$.*

En particulier si la chaîne de Markov atteint un de ses points absorbants, elle ne peut plus s'en échapper.

On introduit les temps successifs de sauts de la chaîne X. On pose $S_0 = 0$, et pour $k \in \mathbb{N}^*$, on définit par récurrence

$$T_k = \inf\{n \geq 1 ; X_{S_{k-1}+n} \neq X_{S_{k-1}}\},$$

avec la convention $\inf \emptyset = 0$, et $S_k = S_{k-1} + \max(T_k, 1)$. Pour $k \in \mathbb{N}$, on pose $Z_k = X_{S_k}$ et on note $R = \inf\{k \geq 1 ; T_k = 0\}$ avec la convention $\inf \emptyset = \infty$, de sorte que $(Z_k, 0 \leq k < R)$ représente les états successifs différents de la chaîne X. En fait, on peut vérifier que s'il n'existe pas d'état absorbant alors p.s. $R = \infty$.

Théorème 1.2.2. *Le processus $Z = (Z_n, n \in \mathbb{N})$ est une chaîne de Markov, appelée chaîne trace associée à X, de matrice de transition Q définie par :*

$$Q(x,y) = \begin{cases} \dfrac{P(x,y)}{1 - P(x,x)} \mathbf{1}_{\{x \neq y\}} & \textit{si } x \textit{ n'est pas un état absorbant,} \\ \mathbf{1}_{\{x=y\}} & \textit{sinon.} \end{cases}$$

Les chaînes X et Z ont les mêmes points absorbants. De plus, conditionnellement à $(Z_0, \ldots, Z_n)$ les variables aléatoires $(T_1, \ldots, T_{n+1})$ sont indépendantes. Pour $1 \leq k \leq n+1$, conditionnellement à $(Z_0, \ldots, Z_n)$, on a $T_k = 0$ p.s. si Z_{k-1} est un point absorbant, sinon T_k suit la loi géométrique de paramètre $1 - P(Z_{k-1}, Z_{k-1})$.

Démonstration. Soit $n \geq 1$, $x_0, \ldots, x_{n+1} \in E$ et $t_1, \ldots, t_{n+1} \in \mathbb{N}$. On désire calculer

$$I = \mathbb{P}(Z_0 = x_0, \ldots, Z_{n+1} = x_{n+1}, T_1 = t_1, \ldots, T_{n+1} = t_{n+1}).$$

Si la condition suivante, notée (C), « pour tout $i \in \{0, \ldots, n\}$, soit x_i n'est pas un point absorbant, $x_{i+1} \neq x_i$ et $t_{i+1} \geq 1$, soit x_i est un point absorbant et pour tout $j \in \{i+1, \ldots, n+1\}$ on a $x_j = x_i$ et $t_j = 0$ », n'est pas vérifiée, alors par construction $I = 0$. Si la condition (C) est vérifiée, alors d'après la propriété de Markov, voir la deuxième partie de la remarque 1.1.8, il vient en posant $s_k = \sum_{i=1}^k \max(t_i, 1)$,

$$\begin{aligned} I &= \mathbb{P}(X_0 = x_0, \ldots, X_{s_1 - 1} = x_0, X_{s_1} = x_1, \ldots \\ &\qquad \ldots, X_{s_n - 1} = x_{n-1}, X_{s_n} = x_n, \ldots, X_{s_{n+1}-1} = x_n, X_{s_{n+1}} = x_{n+1}) \\ &= \nu_0(x_0) \prod_{i=1}^{n+1} P(x_{i-1}, x_{i-1})^{\max(t_i,1)-1} P(x_{i-1}, x_i), \end{aligned}$$

où $\nu_0(x_0) = \mathbb{P}(X_0 = x_0)$. On obtient, en utilisant la matrice de transition Q définie dans le théorème,

$$I = \nu_0(x_0) \prod_{i=1}^{n+1} Q(x_{i-1}, x_i) p_i (1 - p_i)^{\max(t_i, 1) - 1}, \tag{1.4}$$

avec la convention $0^0 = 1$ et la notation $p_j = 1 - P(x_{j-1}, x_{j-1})$ si x_{j-1} n'est pas un état absorbant et $p_j = 1$ sinon. (La notation peu naturelle, $p_j = 1$ si x_{j-1} est un état absorbant, permet de traduire le fait que la suite $(Z_k, k \in \mathbb{N})$ qui est naturellement définie jusqu'à l'instant où elle atteint un point absorbant, est prolongée artificiellement par la suite constante.) L'égalité (1.4) reste valide si la condition (C) n'est pas vérifiée, car alors les deux membres de l'égalité sont nuls. On en déduit donc, en sommant sur les valeurs possibles de $t_1, \dots, t_{n+1}$, que pour tous $n \geq 1$ et $x_0, \dots, x_{n+1} \in E$,

$$\mathbb{P}(Z_0 = x_0, \dots, Z_{n+1} = x_{n+1}) = \nu_0(x_0) Q(x_0, x_1) \cdots Q(x_n, x_{n+1}).$$

Comme Q est une matrice stochastique, ceci assure que $Z = (Z_k, k \in \mathbb{N})$ est une chaîne de Markov de matrice de transition Q. D'après la définition de Q, il est clair que les chaînes X et Z ont les mêmes points absorbants. En sommant (1.4) et l'équation précédente sur $x_{n+1} \in E$, et en faisant le rapport, on obtient pour $\mathbb{P}(Z_0 = x_0, \dots, Z_n = x_n) > 0$, que

$$\begin{aligned} \mathbb{P}(T_1 = t_1, \dots, T_{n+1} = t_{n+1} | Z_0 = x_0, \dots, Z_n = x_n) \\ = p_1 (1 - p_1)^{\max(t_1, 1) - 1} \cdots p_{n+1} (1 - p_{n+1})^{\max(t_{n+1}, 1) - 1}. \end{aligned}$$

Ceci assure que conditionnellement à $(Z_0, \dots, Z_n)$ les variables aléatoires $(T_1, \dots, T_{n+1})$ sont indépendantes et on a $T_k = 0$ p.s. si Z_{k-1} est un point absorbant, sinon T_k suit la loi géométrique de paramètre $p_k = 1 - P(Z_{k-1}, Z_{k-1})$. □

1.3 Probabilités invariantes, réversibilité

Les probabilités invariantes jouent un rôle important dans l'étude des comportements asymptotiques des chaînes de Markov.

Soit $X = (X_n, n \in \mathbb{N})$ une chaîne de Markov à valeurs dans E, de matrice de transition P.

Définition 1.3.1. *Une probabilité π sur E est appelée probabilité invariante, ou probabilité stationnaire, de la chaîne de Markov si* $\boxed{\pi = \pi P}$.

En particulier, si la loi de X_0, notée ν_0, est une probabilité invariante, alors la loi de X_1 est $\nu_1 = \nu_0 P = \nu_0$, et en itérant, on obtient que X_n a même loi que X_0. La loi de X_n est donc constante, on dit aussi stationnaire, au cours du temps, d'où le nom de probabilité stationnaire.

Supposons que $\pi(x) > 0$ pour tout $x \in E$. Pour $x, y \in E$, on pose

$$Q(x,y) = \frac{\pi(y)P(y,x)}{\pi(x)}.$$

Comme π est une probabilité invariante, on a $\sum_{y \in E} \pi(y)P(y,x) = \pi(x)$. On en déduit que la matrice Q est une matrice stochastique. Si X_0 est distribué suivant la probabilité invariante π, on a pour $x, y \in E$, $n \geq 0$,

$$\mathbb{P}(X_n = y | X_{n+1} = x) = \frac{\mathbb{P}(X_n = y, X_{n+1} = x)}{\mathbb{P}(X_{n+1} = x)} = Q(x,y).$$

Plus généralement, il est facile de vérifier que pour tous $k \in \mathbb{N}^*$, $y, x_1, \ldots, x_k \in E$, avec $x_1 = x$, on a $\mathbb{P}(X_n = y | X_{n+1} = x_1, \ldots, X_{n+k} = x_k) = Q(x,y)$. La matrice Q s'interprète comme la matrice de transition de la chaîne de Markov X après retournement du temps.

Définition 1.3.2. *On dit que la chaîne de Markov de matrice de transition P, ou plus simplement la matrice P, est réversible par rapport à la probabilité π si on a pour tous $x, y \in E$,*

$$\pi(x)P(x,y) = \pi(y)P(y,x). \tag{1.5}$$

En sommant (1.5) sur x, on en déduit le lemme suivant.

Lemme 1.3.3. *Si la chaîne de Markov est réversible par rapport à la probabilité π, alors π est une probabilité invariante.*

Intuitivement si une chaîne est réversible par rapport à une probabilité invariante π, alors sous cette probabilité invariante la chaîne et la chaîne après retournement du temps ont même loi. Plus précisément, si la loi de X_0 est π, alors les vecteurs $(X_0, \ldots, X_{n-1}, X_n)$ et $(X_n, X_{n-1}, \ldots, X_0)$ ont même loi pour tout $n \in \mathbb{N}^*$.

1.4 Chaînes irréductibles, chaînes apériodiques

Définition 1.4.1. *On dit qu'une chaîne de Markov, ou sa matrice de transition, est irréductible si la probabilité partant d'un point quelconque x de E, d'atteindre un point quelconque $y \in E$ en un nombre $n_{x,y}$ d'étapes est strictement positive, autrement dit : si pour tous $x, y \in E$, il existe $n = n_{x,y} \geq 1$ (dépendant a priori de x et y) tel que $P^n(x,y) > 0$.*

La condition $P^n(x,y) > 0$ est équivalente à l'existence de $x_0 = x$, x_1, ..., $x_n = y$ tels que $\prod_{k=1}^n P(x_{k-1}, x_k) > 0$.

Une chaîne possédant des états absorbants n'est pas irréductible (sauf si l'espace d'état est réduit à un point).

Par exemple, la marche aléatoire symétrique simple sur $\mathbb{Z}$, $(S_n, n \geq 0)$, définie dans l'exemple 1.1.5, est irréductible. Remarquons que, si S_0 est pair alors p.s. S_{2k} est pair et S_{2k+1} est impair. On assiste en fait à un phénomène périodique. La quantité $\mathbb{P}(S_n \text{ pair})$ prend successivement les valeurs 1 et 0. Ce phénomène motive la définition suivante.

Définition 1.4.2. *On dit qu'une chaîne de Markov est périodique de période $d \geq 1$ si l'on peut décomposer l'espace d'état E en une partition à d sous ensembles $C_1, \ldots, C_d = C_0$, tels que pour tout $k \in \{1, \ldots, d\}$,*

$$\mathbb{P}(X_1 \in C_k \mid X_0 \in C_{k-1}) = 1.$$

On dit qu'une chaîne est apériodique si sa plus grande période est 1.

Le théorème suivant est un corollaire direct des propositions 1.5.5, 1.5.4 et du théorème 1.5.6, ainsi que de la remarque 1.5.7 pour le cas E fini.

Théorème 1.4.3. *Une chaîne de Markov irréductible possède au plus une probabilité invariante, π, et alors $\pi(x) > 0$ pour tout $x \in E$. Si E est fini, alors toute chaîne de Markov irréductible possède une et une seule probabilité invariante.*

On admet le théorème suivant, appelé dans certains ouvrages théorème ergodique, concernant le comportement asymptotique des chaînes de Markov apériodiques et irréductibles (voir [3] théorèmes 4.2.1 et 4.2.4, [7] théorème 2.6.18 ou [2] dans un contexte plus général).

Théorème 1.4.4. *Soit $(X_n, n \geq 0)$ une chaîne de Markov apériodique, irréductible. Si elle possède une (unique) probabilité invariante, π, alors pour tout $x \in E$ on a $\lim_{n\to\infty} \mathbb{P}(X_n = x) = \pi(x)$, i.e. la suite des lois des variables X_n converge étroitement vers l'unique probabilité invariante. Si elle ne possède pas de probabilité invariante, alors $\lim_{n\to\infty} \mathbb{P}(X_n = x) = 0$ pour tout $x \in E$.*

Nous démontrerons au Chap. 2 la convergence en loi de la chaîne de Markov sous d'autres hypothèses ne faisant pas directement intervenir le caractère apériodique (voir le théorème 2.1.2).

1.5 Théorème ergodique

On considère $X = (X_n, n \geq 0)$ une chaîne de Markov, de matrice de transition P, sur un espace E discret. On rappelle la notation $y_n^m = (y_n, \ldots, y_m)$ pour $m \geq n$. L'objet de ce paragraphe est l'étude du comportement asymptotique des moyennes temporelles, à savoir

$$\frac{1}{n}\sum_{k=1}^{n} f(X_k) \quad \text{ou} \quad \frac{1}{n}\sum_{k=r}^{n} f(X_{k-r+1}^k),$$

quand n tend vers l'infini, où f est une fonction réelle ou vectorielle.

Exemple 1.5.1. Un brin d'ADN (acide désoxyribonucléique) est une macromolécule composée d'une succession de bases ou nucléotides. Il existe quatre bases différentes : adénine (A), cytosine (C), guanine (G) et thymine (T). On suppose que la séquence d'ADN, $y_1 \dots y_N$, de longueur N est la réalisation d'une chaîne de Markov $(Y_n, n \geq 1)$ à valeurs dans $E = \{\mathtt{A}, \mathtt{C}, \mathtt{G}, \mathtt{T}\}$ et de matrice de transition P. On s'intéresse au nombre d'occurrences d'un mot $w = w_1 \dots w_h$ de longueur h dans l'ADN. Ce nombre d'occurrences est la réalisation de la variable aléatoire

$$N_w = \sum_{k=h}^{N} \mathbf{1}_{\{Y_{k-h+1}^k = w\}}.$$

Au chapitre 6, on comparera le nombre d'occurrences observé avec le nombre théorique attendu. Intuitivement, si le mot w a un rôle biologique, alors la valeur observée de N_w sera certainement différente des valeurs observées dues au hasard. Pour cela, il faut déterminer la loi de N_w. Il est difficile de calculer explicitement et numériquement cette loi. En revanche les théorèmes ergodiques permettent d'étudier son comportement asymptotique lorsque N tend vers l'infini. $\diamondsuit$

Définition 1.5.2. *On définit le temps de retour en x par*

$$T(x) = \inf\{k \geq 1\,; X_k = x\},$$

avec la convention $\inf \emptyset = +\infty$. *On dit qu'un état x est récurrent si* $\mathbb{P}(T(x) < \infty | X_0 = x) = 1$, *sinon on dit que l'état est transient.*

Lemme 1.5.3. *On a les propriétés suivantes.*

(i) Un état x est transient si et seulement si $\mathbb{P}(X_n = x$ pour une infinité de $n | X_0 = x) = 0$. On a alors $\sum_{n=1}^{\infty} \mathbb{P}(X_n = x | X_0 = x) < \infty$.

(ii) Un état x est récurrent si et seulement si $\mathbb{P}(X_n = x$ pour une infinité de $n | X_0 = x) = 1$. On a alors $\sum_{n=1}^{\infty} \mathbb{P}(X_n = x | X_0 = x) = \infty$.

(iii) Si X est une chaîne irréductible, alors soit tous les états sont transients, on dit alors que la chaîne est transiente et $\{X_n = x$ pour un nombre fini de $n\}$ est p.s. pour tout $x \in E$, soit tous les états sont récurrents, on dit alors que la chaîne est récurrente et $\{X_n = x$ pour une infinité de $n\}$ est p.s. pour tout $x \in E$.

Démonstration. On considère les événements $I = \{X_n = x$ pour un nombre fini de $n\}$ et

$$F_n = \{X_n = x, X_{n+k} \neq x \text{ pour tout } k \geq 1\}.$$

En décomposant suivant les valeurs du dernier temps de passage de la chaîne en x, on obtient

$$\mathbb{P}(I | X_0 = x) = \sum_{n=0}^{\infty} \mathbb{P}(F_n | X_0 = x).$$

On remarque que F_n est la limite décroissante quand m tend vers l'infini de $F_{n,m} = \{X_n = x, X_{n+k} \neq x, k \in \{1, \ldots, m\}\}$. On a

$$\begin{aligned}
&\mathbb{P}(F_{n,m}|X_0 = x) \\
&\qquad = \mathbb{P}(X_{n+k} \neq x, k \in \{1, \ldots, m\}|X_n = x, X_0 = x)\mathbb{P}(X_n = x|X_0 = x) \\
&\qquad = \mathbb{P}(F_{0,m}|X_0 = x)\mathbb{P}(X_n = x|X_0 = x),
\end{aligned}$$

où l'on a utilisé pour la dernière égalité la proposition 1.1.7 avec $I_n = \{X_{n+k} \neq x, k \in \{1, \ldots, m\}\}$ et $J_n = \{X_0 = x\}$. Par convergence dominée, on en déduit

$$\mathbb{P}(F_n|X_0 = x) = \mathbb{P}(F_0|X_0 = x)\mathbb{P}(X_n = x|X_0 = x). \tag{1.6}$$

Il vient alors

$$\mathbb{P}(I|X_0 = x) = \mathbb{P}(F_0|X_0 = x) \sum_{n=0}^{\infty} \mathbb{P}(X_n = x|X_0 = x).$$

(*i*) Si $\mathbb{P}(F_0|X_0 = x) > 0$ (i.e. l'état x est transient), alors $\sum_{n=1}^{\infty} \mathbb{P}(X_n = x|X_0 = x) < \infty$. De cette dernière inégalité on déduit que la variable aléatoire $\sum_{n=1}^{\infty} \mathbf{1}_{\{X_n = x\}}$ est finie $\mathbb{P}(\cdot|X_0 = x)$-p.s., c'est-à-dire $\mathbb{P}(I|X_0 = x) = 1$.

(*ii*) Si $\mathbb{P}(F_0|X_0 = x) = 0$ (i.e. l'état x est récurrent), alors on déduit de (1.6) que $\mathbb{P}(F_n|X_0 = x) = 0$ pour tout $n \geq 0$. Comme $I = \cup_{n \geq 0} F_n$, cela implique que $\mathbb{P}(I|X = x) = 0$. Donc, $\mathbb{P}(\cdot|X_0 = x)$-p.s. la variable aléatoire $\sum_{n=1}^{\infty} \mathbf{1}_{\{X_n = x\}}$ est infinie. En particulier, on a $\sum_{n=1}^{\infty} \mathbb{P}(X_n = x|X_0 = x) = \infty$.

On démontre (*iii*). Supposons que la chaîne est irréductible. Soit x et y deux états. Il existe deux entiers, r et s, tels que $\mathbb{P}(X_r = x|X_0 = y) > 0$ et $\mathbb{P}(X_s = y|X_0 = x) > 0$. On remarque alors, en utilisant la propriété 1.1.7, c'est-à-dire la propriété de Markov, que pour tout $n \geq 1$,

$$\begin{aligned}
&\mathbb{P}(X_{n+r+s} = x|X_0 = x) \\
&\qquad \geq \mathbb{P}(X_{n+r+s} = x, X_{n+s} = y, X_s = y|X_0 = x) \\
&\qquad = \mathbb{P}(X_r = x|X_0 = y)\mathbb{P}(X_n = y|X_0 = y)\mathbb{P}(X_s = y|X_0 = x),
\end{aligned} \tag{1.7}$$

ainsi que

$$\begin{aligned}
&\mathbb{P}(X_{n+r+s} = y|X_0 = y) \\
&\qquad \geq \mathbb{P}(X_{n+r+s} = y, X_{n+r} = x, X_r = x|X_0 = y) \\
&\qquad = \mathbb{P}(X_s = y|X_0 = x)\mathbb{P}(X_n = x|X_0 = x)\mathbb{P}(X_r = x|X_0 = y).
\end{aligned}$$

Cela implique que les deux séries $\sum_{n=1}^{\infty} \mathbb{P}(X_n = x|X_0 = x)$ et $\sum_{n=1}^{\infty} \mathbb{P}(X_n = y|X_0 = y)$ sont de même nature (convergentes ou divergentes). Ainsi les deux états sont soit tous les deux récurrents soit tous les deux transients. Les états d'une chaîne irréductible sont donc soit tous récurrents soit tous transients.

Pour conclure, remarquons qu'en utilisant la propriété de Markov, on a

$$\begin{aligned}\mathbb{P}(X_{n+s}=x|X_0=x) &\geq \mathbb{P}(X_{n+s}=x, X_s=y|X_0=x)\\ &= \mathbb{P}(X_n=x|X_0=y)\mathbb{P}(X_s=y|X_0=x),\end{aligned}$$

ainsi que

$$\begin{aligned}\mathbb{P}(X_{n+r}=x|X_0=y) &\geq \mathbb{P}(X_{n+r}=x, X_r=x|X_0=y)\\ &= \mathbb{P}(X_n=x|X_0=x)\mathbb{P}(X_r=x|X_0=y).\end{aligned}$$

Cela implique que les deux séries $\sum_{n=1}^{\infty}\mathbb{P}(X_n=x|X_0=x)$ et $\sum_{n=1}^{\infty}\mathbb{P}(X_n=x|X_0=y)$ sont de même nature. Ainsi si x est un état transient, les sommes sont finies et $\{X_n=x$ pour un nombre fini de $n\}$ est presque sûr, et si x est un état récurrent, les sommes sont infinies et $\{X_n=x$ pour une infinité de $n\}$ est presque sûr. □

Le temps moyen de retour d'un état x est défini par

$$\mu(x)=\mathbb{E}[T(x)\mid X_0=x]\in[0,\infty].$$

Notons que, comme $T(x)\geq 1$, on a $\mu(x)\geq 1$. On pose

$$\boxed{\pi(x)=\frac{1}{\mu(x)}.}$$

Proposition 1.5.4. *Soit $X=(X_n, n\geq 0)$ une chaîne de Markov irréductible. Pour tout $x\in E$, on a*

$$\frac{1}{n}\sum_{k=1}^{n}\mathbf{1}_{\{X_k=x\}}\xrightarrow[n\to\infty]{p.s.}\pi(x). \tag{1.8}$$

*De plus, soit $\pi(x)=0$ pour tout $x\in E$, soit $\pi(x)>0$ pour tout $x\in E$. Dans ce dernier cas les états sont nécessairement récurrents, et on dit que la chaîne est **récurrente positive**. Si $\pi(x)=0$ pour tout $x\in E$, alors soit les états sont transients soit les états sont récurrents. Dans ce dernier cas, on dit que la chaîne est **récurrente nulle**.*

Démonstration. Si la chaîne possède un état transient alors tous les états sont transients. Pour tout $x\in E$, on a alors $\mathbb{P}(T(x)=\infty|X_0=x)>0$ ainsi que $\mu(x)=+\infty$. D'après (*iii*) du lemme 1.5.3, les variables aléatoires $\sum_{k=1}^{\infty}\mathbf{1}_{\{X_k=x\}}$ sont finies p.s. et donc p.s. $\lim_{n\to\infty}\frac{1}{n}\sum_{k=1}^{n}\mathbf{1}_{\{X_k=x\}}=0$.

Supposons que la chaîne possède un état récurrent, alors tous les états sont récurrents. Soit alors $x\in E$. D'après (*iii*) du lemme 1.5.3, on visite p.s. un nombre infini de fois l'état x. On peut alors définir les temps de retours successifs en x. On note $T_1 = T(x)$, et par récurrence on définit pour $n \geq 1$,

$$T_{n+1} = \inf\{k \geq 1\,; X_{S_n+k} = x\},$$

où $S_n = \sum_{k=1}^{n} T_k$. Par convention, on pose $S_0 = 0$. Les variables aléatoires $(T_n, n \geq 1)$ sont p.s. finies.

On montre dans un premier temps que T_1 et T_2 sont indépendants. En effet, on a en utilisant la propriété de Markov, et plus particulièrement la proposition 1.1.7, pour tous $k_1, k_2 \in \mathbb{N}^*$,

$$\begin{aligned}
&\mathbb{P}(T_1 = k_1, T_2 = k_2 | X_0 = y)\\
&= \mathbb{P}(X_{k_1} = x, X_{k_1+k_2} = x, X_k \neq x\\
&\qquad\qquad \text{pour tout } k \in \{1, \ldots, k_1 - 1, k_1 + 1, \ldots, k_1 + k_2 - 1\} | X_0 = y)\\
&= \mathbb{P}(X_{k_1} = x, X_k \neq x \text{ pour tout } k \in \{1, \ldots, k_1 - 1\} | X_0 = y)\\
&\qquad\qquad \mathbb{P}(X_{k_1+k_2} = x, X_k \neq x \text{ pour tout } k \in \{k_1 + 1, \ldots, k_1 + k_2 - 1\}\\
&\qquad\qquad\qquad | X_0 = y, X_k \neq x \text{ pour tout } k \in \{1, \ldots, k_1 - 1\}, X_{k_1} = x)\\
&= \mathbb{P}(X_{k_1} = x, X_k \neq x \text{ pour tout } k \in \{1, \ldots, k_1 - 1\} | X_0 = y)\\
&\qquad\qquad \mathbb{P}(X_{k_2} = x, X_k \neq x \text{ pour tout } k \in \{1, \ldots, k_2 - 1\} | X_0 = x)\\
&= \mathbb{P}(T_1 = k_1 | X_0 = y)\mathbb{P}(T_1 = k_2 | X_0 = x).
\end{aligned}$$

On en déduit que T_1 et T_2 sont indépendants. De plus la loi de T_2 est la loi de T_1 conditionnellement à $X_0 = x$. De manière similaire, on montre que les variables aléatoires $T_1, \ldots, T_n$ sont indépendantes et que les variables aléatoires $T_2, \ldots, T_n$ ont même loi.

On en déduit donc que les variables aléatoires $(T_n, n \geq 1)$ sont indépendantes, et les variables aléatoires $(T_n, n \geq 2)$ ont même loi que T_1 conditionnellement à $X_0 = x$.

Comme T_1 est fini, on déduit du corollaire A.3.14 que

$$\lim_{n\to\infty} \frac{S_n}{n} = \mu(x) \quad \text{p.s.}$$

Pour $m \in \mathbb{N}^*$, on considère $n(m)$ le nombre de fois où l'on a visité x entre les instants 1 et m soit,

$$n(m) = \sum_{k=1}^{m} \mathbf{1}_{\{X_k = x\}}. \tag{1.9}$$

En particulier, on a p.s. $\lim_{m\to\infty} n(m) = \infty$. Remarquons que $n(m)$ est l'unique entier tel que $S_{n(m)} \leq m < S_{n(m)+1}$. Ainsi on a $\frac{n(m)}{n(m)+1} \frac{n(m)+1}{S_{n(m)+1}} < \frac{n(m)}{m} \leq \frac{n(m)}{S_{n(m)}}$, et il vient que p.s.

$$\lim_{m\to\infty} \frac{n(m)}{m} = \frac{1}{\mu(x)} = \pi(x). \tag{1.10}$$

On en déduit que p.s.

$$\lim_{m\to\infty} \frac{1}{m} \sum_{k=1}^{m} \mathbf{1}_{\{X_k=x\}} = \lim_{m\to\infty} \frac{n(m)}{m} = \pi(x).$$

Il reste à vérifier que si $\mu(x) = \infty$, alors $\mu(y) = \infty$ pour tout $y \in E$. Comme la variable aléatoire $\frac{1}{m}\sum_{k=1}^{m} \mathbf{1}_{\{X_k=y\}}$ est bornée par 1, on déduit du théorème de convergence dominée que pour tout $y \in E$,

$$\lim_{m\to\infty} \frac{1}{m} \sum_{k=1}^{m} \mathbb{P}(X_k = y | X_0 = y) = \pi(y).$$

On déduit de (1.7), que si $\lim_{m\to\infty} \frac{1}{m}\sum_{k=1}^{m} \mathbb{P}(X_k = x|X_0 = x) = 0$ (i.e. $\mu(x) = +\infty$), alors $\lim_{m\to\infty} \frac{1}{m}\sum_{k=1}^{m} \mathbb{P}(X_k = y|X_0 = y) = 0$ et donc $\mu(y) = +\infty$. Cela termine la démonstration de la proposition. □

Proposition 1.5.5. *Une chaîne irréductible qui est transiente ou récurrente nulle, ne possède pas de probabilité invariante.*

Démonstration. On raisonne par l'absurde. On suppose qu'il existe une probabilité invariante ν. Soit X_0 de loi ν. Par convergence dominée, on obtient, en prenant l'espérance dans (1.8), et en utilisant le fait que pour tout $k \geq 0$, $\mathbb{P}(X_k = x) = \nu(x)$, que $\nu(x) = 0$ pour tout $x \in E$. En particulier, ν n'est pas une probabilité, ce qui est absurde. Donc il n'existe pas de probabilité invariante. □

Si f est une fonction définie sur E soit positive, soit intégrable par rapport à π (i.e. $\sum_{x\in E} \pi(x)\,|f(x)| < \infty$), alors on note

$$(\pi, f) = \sum_{x\in E} \pi(x) f(x).$$

On a le résultat de convergence suivant appelé théorème ergodique.

Théorème 1.5.6. *Soit X une chaîne de Markov sur E, irréductible et récurrente positive. Le vecteur $\pi = (\pi(x), x \in E)$ est l'unique probabilité invariante de la chaîne de Markov. De plus, pour toute fonction f définie sur E, telle que $f \geq 0$ ou $(\pi, |f|) < \infty$, on a*

$$\frac{1}{n} \sum_{k=1}^{n} f(X_k) \xrightarrow[n\to\infty]{p.s.} (\pi, f). \tag{1.11}$$

La moyenne temporelle est donc égale à la moyenne spatiale par rapport à la probabilité invariante.

Remarque 1.5.7. Ces résultats se simplifient dans le cas où l'espace d'état est fini. En effet, dans ce cas, toute chaîne de Markov irréductible est récurrente positive (comme E est fini, on peut sommer (1.8) pour $x \in E$, et obtenir ainsi que $\sum_{x \in E} \pi(x) = 1$). En particulier, elle possède une unique probabilité invariante, notée π. Remarquons alors que $\pi(x) > 0$ pour tout $x \in E$, d'après la proposition 1.5.4. ♢

Exemple 1.5.8. Suite de l'exemple 1.1.4. La quantité $\frac{1}{n} \sum_{k=1}^{n} X_k$ correspond au stock moyen. Intuitivement, cette quantité converge si la demande est plus forte que les commandes ($\mathbb{E}[D] > q$) et explose sinon. Nous nous contentons de montrer que si la chaîne de Markov $X = (X_n, n \geq 0)$ est irréductible, alors elle possède une unique probabilité invariante dès que $\mathbb{E}[D] > q$. Remarquons que la condition d'irréductibilité est satisfaite par exemple si $\mathbb{P}(D > q) > 0$ et $\mathbb{P}(D = q - 1) > 0$. En effet, dans ce cas, on a pour $k \in \mathbb{N}^*$,

$$\mathbb{P}(X_k = 0 | X_0 = k) \geq \mathbb{P}(D_1 > q, \dots, D_k > q) > 0$$

ainsi que

$$\mathbb{P}(X_k = k | X_0 = 0) \geq \mathbb{P}(D_1 = q - 1, \dots, D_k = q - 1) > 0.$$

En particulier, pour tous $k, j \in \mathbb{N}$, on a en utilisant la propriété de Markov et l'homogénéité

$$\begin{aligned}
\mathbb{P}(X_{k+j} = k | X_0 = j) &\geq \mathbb{P}(X_{k+j} = k, X_j = 0 | X_0 = j) \\
&= \mathbb{P}(X_{k+j} = k | X_j = 0, X_0 = j) \mathbb{P}(X_j = 0 | X_0 = j) \\
&= \mathbb{P}(X_k = k | X_0 = 0) \mathbb{P}(X_j = 0 | X_0 = j) > 0.
\end{aligned}$$

La condition d'irréductibilité est donc satisfaite.

Enfin, l'exercice 1.5.9 permet de calculer sur un cas élémentaire la probabilité invariante, et de vérifier que le stock moyen a alors une limite finie dès que $\mathbb{E}[D] > q$.

On suppose que $\mathbb{E}[D] > q > 0$ et que la chaîne de Markov X est irréductible. Pour démontrer qu'elle possède une unique probabilité invariante, il suffit de vérifier, d'après la proposition 1.5.4 et le théorème 1.5.6, que $\mathbb{E}[T | X_0 = 0] < \infty$, où $T = \inf\{n \geq 1 ; X_n = 0\}$ est le premier temps de retours en 0. Pour cela, on introduit une suite auxiliaire définie par $Y_0 = 0$ et $Y_{n+1} = Y_n + q - D_{n+1}$. Remarquons que sur l'événement $\{T > n\}$, on a $X_{k+1} = X_k + q - D_{k+1} = Y_{k+1}$ pour tout $k < n$. En particulier, il vient

$$\mathbb{P}(T > n | X_0 = 0) = \mathbb{P}(Y_1 > 0, \dots, Y_n > 0) \leq \mathbb{P}(Y_n > 0) \leq \mathbb{E}[\mathrm{e}^{\lambda Y_n}],$$

pour tout $\lambda \geq 0$. D'autre part, comme $Y_n = nq - \sum_{k=1}^{n} D_k$, on a

$$\mathbb{E}[\mathrm{e}^{\lambda Y_n}] = \mathbb{E}[\mathrm{e}^{n\lambda q - \lambda \sum_{k=1}^{n} D_k}] = \mathrm{e}^{n\lambda q} g(\lambda)^n,$$

où $g(\lambda) = \mathbb{E}[\mathrm{e}^{-\lambda D}]$ est la transformée de Laplace de D. La transformée de Laplace est de classe C^∞ sur $]0, +\infty[$, voir le paragraphe A.1.8 en appendice.

On a $g'(\lambda) = -\mathbb{E}[D\,\mathrm{e}^{-\lambda D}]$, et $\lim_{\lambda \to 0^+} g'(\lambda) = -\mathbb{E}[D] < -q$. Donc, pour tout $\lambda > 0$ suffisamment petit, on a $g(\lambda) - 1 < -\lambda q$, et

$$\mathbb{P}(T > n | X_0 = 0) \leq \mathrm{e}^{n\lambda q}\, g(\lambda)^n \leq \mathrm{e}^{n[\lambda q + \log(1-\lambda q)]}.$$

Pour λ et $\varepsilon > 0$ suffisamment petits, on a $\lambda q + \log(1 - \lambda q) \leq -\varepsilon$ et

$$\mathbb{P}(T > n | X_0 = 0) \leq \mathrm{e}^{-n\varepsilon}.$$

Comme $\mathbb{E}[T|X_0 = 0] = \sum_{n \geq 0} \mathbb{P}(T > n|X_0 = 0)$, cela implique également que $\mathbb{E}[T|X_0 = 0] < \infty$. Cela suffit pour démontrer l'existence d'une unique probabilité invariante. $\Diamond$

Exercice 1.5.9. Suite de l'exemple 1.5.8. On suppose que $q = 1$ et la demande peut prendre trois valeurs : 0,1 ou 2. On pose $p_k = \mathbb{P}(D = k)$ pour $k \in \{0, 1, 2\}$. On suppose que ces trois probabilités sont strictement positives.

1. Vérifier que la chaîne de Markov X est irréductible.
2. Calculer la probabilité invariante si $\mathbb{E}[D] > 1$ (i.e. si $p_2 > p_0$). On pourra s'inspirer des calculs faits au paragraphe 9.2.1, avec $\lambda = p_0$ et $\mu = p_2$.
3. En déduire que si $\mathbb{E}[D] > 1$, alors $\frac{1}{n}\sum_{k=1}^n X_k$ possède une limite p.s. et la calculer.

$\blacklozenge$

Démonstration du théorème 1.5.6. Soit $x \in E$. On considère la suite des temps de retours en x, $(T_n, n \geq 1)$, définie dans la démonstration de la proposition 1.5.4. On pose $S_0 = 0$ et pour $n \geq 1$, $S_n = \sum_{k=1}^n T_k$. On introduit les excursions hors de l'état x, c'est-à-dire les variables aléatoires $(Y_n, n \geq 1)$ à valeurs dans $\bigcup_{k \geq 1}\{k\} \times E^{k+1}$ définies par

$$Y_n = (T_n, X_{S_{n-1}}, X_{S_{n-1}+1}, \ldots, X_{S_n}).$$

Un calcul analogue à celui effectué dans la démonstration de la proposition 1.5.4 assure que, pour tout $N \geq 2$, les variables aléatoires $(Y_n, n \in \{1, \ldots, N\})$ sont indépendantes et que les variables aléatoires $(Y_n, n \in \{2, \ldots, N\})$ ont pour loi celle de Y_1 sous $\mathbb{P}(\cdot|X_0 = x)$. En particulier, cela implique que les variables aléatoires $(Y_n, n \geq 1)$ sont indépendantes, et que les variables aléatoires $(Y_n, n \geq 2)$ ont même loi.

Soit f une fonction réelle positive finie définie sur E. On pose

$$F(Y_n) = \sum_{i=1}^{T_n} f(X_{S_{n-1}+i}).$$

Les variables aléatoires $(F(Y_n), n \geq 2)$ sont positives, indépendantes et de même loi. Comme $F(Y_1)$ est positif et fini, on en déduit, grâce au corollaire A.3.14, que p.s. $\lim_{n\to\infty} \frac{1}{n}\sum_{k=1}^n F(Y_k) = \mathbb{E}[F(Y_1)|X_0 = x]$. On a bien sûr

$$\mathbb{E}[F(Y_1)|X_0 = x] = \mathbb{E}\Big[\sum_{i=1}^{T_1} f(X_i)\Big|X_0 = x\Big]. \tag{1.12}$$

Remarquons que l'on a l'égalité $\frac{1}{S_n}\sum_{i=1}^{S_n} f(X_i) = \frac{n}{S_n}\frac{1}{n}\sum_{k=1}^{n} F(Y_k)$. Comme p.s. on a $\lim_{n\to\infty} \frac{S_n}{n} = \frac{1}{\pi(x)}$, on en déduit que p.s.

$$\lim_{n\to\infty} \frac{1}{S_n}\sum_{i=1}^{S_n} f(X_i) = \pi(x)\mathbb{E}[F(Y_1)|X_0 = x].$$

Pour $m \in \mathbb{N}^*$, on considère l'entier $n(m) = \sum_{k=1}^n \mathbf{1}_{\{X_k = x\}}$. En particulier, on a $S_{n(m)} \leq m < S_{n(m)+1}$ et p.s. $\lim_{m\to\infty} n(m) = \infty$. On a les inégalités

$$\frac{S_{n(m)}}{S_{n(m)+1}}\frac{1}{S_{n(m)}}\sum_{i=1}^{S_{n(m)}} f(X_i) \leq \frac{1}{m}\sum_{i=1}^{m} f(X_i) \leq \frac{S_{n(m)+1}}{S_{n(m)}}\frac{1}{S_{n(m)+1}}\sum_{i=1}^{S_{n(m)+1}} f(X_i).$$

Comme $\lim_{n\to\infty} S_n = \infty$ et $\lim_{n\to\infty} \frac{S_{n+1}}{S_n} = \lim_{n\to\infty} \frac{S_{n+1}}{n+1}\frac{n}{S_n}\frac{n+1}{n} = 1$ p.s., on en déduit que p.s.

$$\lim_{m\to\infty} \frac{1}{m}\sum_{i=1}^{m} f(X_i) = \pi(x)\mathbb{E}[F(Y_1)|X_0 = x]. \tag{1.13}$$

En choisissant $f(z) = \mathbf{1}_{\{z=y\}}$, on déduit de la proposition 1.5.4 et de (1.12), que

$$\pi(y) = \pi(x)\mathbb{E}\Big[\sum_{i=1}^{T_1} \mathbf{1}_{\{X_i=y\}}\Big|X_0 = x\Big]. \tag{1.14}$$

En sommant sur $y \in E$, il vient par convergence monotone, $\sum_{y\in E}\pi(y) = \pi(x)\mathbb{E}[T_1|X_0 = 1] = 1$. On en déduit que $\pi = (\pi(x), x \in E)$ est une probabilité. Enfin remarquons que grâce à (1.14), et par convergence monotone,

$$\begin{aligned}\pi(x)\mathbb{E}[F(Y_1)|X_0 = x] &= \sum_{y\in E} f(y)\pi(x)\mathbb{E}\Big[\sum_{i=1}^{T_1} \mathbf{1}_{\{X_i=y\}}\Big|X_0 = x\Big] \\ &= \sum_{y\in E} f(y)\pi(y) = (\pi, f). \end{aligned} \tag{1.15}$$

Enfin si f est de signe quelconque, on utilise la décomposition $f = f_+ - f_-$, où $f_+(x) = \max(f(x), 0)$ et $f_-(x) = \max(-f(x), 0)$. On déduit de ce qui précède que p.s.

$$\lim_{m\to\infty}\frac{1}{m}\sum_{i=1}^{m} f_+(X_i) = (\pi, f_+) \quad \text{et} \quad \lim_{m\to\infty}\frac{1}{m}\sum_{i=1}^{m} f_-(X_i) = (\pi, f_-).$$

Si $(\pi, |f|)$ est fini, par soustraction des deux termes, on en déduit que p.s.

$$\lim_{m\to\infty}\frac{1}{m}\sum_{i=1}^{m} f(X_i) = (\pi, f). \tag{1.16}$$

Vérifions que π est une probabilité invariante. Soit ν la loi de X_0. On pose

$$\bar{\nu}_n(x) = \frac{1}{n}\sum_{i=1}^{n} \nu P^i(x).$$

Par convergence dominée, on déduit de (1.8), en prenant l'espérance, que $\lim_{n\to\infty} \bar{\nu}_n(x) = \pi(x)$ pour tout $x \in E$. Soit f bornée. Par convergence dominée, en prenant l'espérance dans (1.16), il vient

$$(\bar{\nu}_n, f) \xrightarrow[n\to\infty]{} (\pi, f).$$

En choisissant $f(\cdot) = P(\cdot, y)$, on a $(\bar{\nu}_n, f) = \bar{\nu}_n P(y) = \frac{n+1}{n}\bar{\nu}_{n+1}(y) - \frac{1}{n}\,\nu P(y)$. Par passage à la limite, il vient

$$\pi P(y) = \pi(y).$$

On en déduit donc que π est une probabilité invariante. Soit ν une probabilité invariante. Avec les notations précédentes, on obtient alors que $\bar{\nu}_n = \nu$. Or, on a vu que $\lim_{n\to\infty} \bar{\nu}_n(x) = \pi(x)$. Donc $\nu = \pi$ et π est l'unique probabilité invariante. □

On peut généraliser le théorème ergodique à des fonctions multivariées. Pour cela on considère le lemme technique suivant.

Lemme 1.5.10. *Soit $X = (X_n, n \geq 0)$ une chaîne de Markov sur E, irréductible, récurrente positive, de matrice de transition P et de probabilité invariante π. Soit $p \geq 2$. On pose $\tilde{X}_n = X_{n-p+1}^n$ pour $n \geq p-1$. Soit $\tilde{E} = \{x_1^p \in E^p; \prod_{k=1}^{p-1} P(x_k, x_{k+1}) > 0\}$. La suite $\tilde{X} = (\tilde{X}_n, n \geq p)$ est une chaîne de Markov sur $\tilde{E}$, irréductible, positive récurrente, de matrice de transition $\tilde{P}(x_1^p, y_1^p) = \mathbf{1}_{\{x_2^p = y_1^{p-1}\}} P(y_{p-1}, y_p)$, et de probabilité invariante $\tilde{\pi}(x_1^p) = \pi(x_1)\prod_{k=1}^{p-1} P(x_k, x_{k+1})$.*

Démonstration. Il est facile de vérifier que le processus $\tilde{X} = (\tilde{X}_n, n \geq p)$ est une chaîne de Markov irréductible sur $\tilde{E}$ avec la matrice de transition annoncée dans le lemme. Vérifions que la probabilité $\tilde{\pi}(x_1^p) = \pi(x_1)\prod_{k=1}^{p-1} P(x_k, x_{k+1})$

est une probabilité invariante (et aussi la seule d'après la proposition 1.5.5 et le théorème 1.5.6). En effet, il vient pour $y_1^p \in \tilde{E}$

$$\begin{aligned}
\tilde{\pi}\tilde{P}(y_1^p) &= \sum_{x_1^p \in \tilde{E}} \tilde{\pi}(x_1^p)\tilde{P}(x_1^p, y_1^p) \\
&= \sum_{x_1^p \in E^p} \pi(x_1) \prod_{k=1}^{p-1} P(x_k, x_{k+1}) \mathbf{1}_{\{x_2^p = y_1^{p-1}\}} P(y_{p-1}, y_p) \\
&= \sum_{x_2^p \in E^p} \pi(x_2) \prod_{k=2}^{p-1} P(x_k, x_{k+1}) \mathbf{1}_{\{x_2^p = y_1^{p-1}\}} P(y_{p-1}, y_p) \\
&= \pi(y_1) \prod_{k=1}^{p-2} P(y_k, y_{k+1}) P(y_{p-1}, y_p) \\
&= \tilde{\pi}(y_1^p),
\end{aligned}$$

où l'on a utilisé $\sum_{x_1 \in E} \pi(x_1)P(x_1, x_2) = \pi(x_2)$ pour la troisième égalité. □

Le corollaire suivant est alors une conséquence directe du théorème ergodique et du lemme 1.5.10.

Corollaire 1.5.11. *Soit $p \geq 1$. Soit $X = (X_n, n \geq 0)$ une chaîne de Markov sur E, irréductible, récurrente positive, de matrice de transition P et de probabilité invariante π. Pour toute fonction g définie sur E^p, positive ou telle que $\sum_{x_1^p = (x_1, \ldots, x_p) \in E^p} |g(x_1^p)| \, \pi(x_1) \prod_{k=1}^{p-1} P(x_k, x_{k+1}) < \infty$, alors on a*

$$\frac{1}{n} \sum_{k=p}^{n} g(X_{k-p+1}^k) \xrightarrow[n \to \infty]{p.s.} \sum_{x_1^p \in E^p} g(x_1^p)\pi(x_1) \prod_{k=1}^{p-1} P(x_k, x_{k+1}).$$

Nous aurons également besoin dans le prochain paragraphe des formules suivantes. Soit g une fonction définie sur E^2 positive ou bien telle que $\sum_{y \in E} |g(x,y)| \, P(x,y) < \infty$, alors on note

$$Pg(x) = \sum_{y \in E} P(x,y)g(x,y).$$

Lemme 1.5.12. *Soit $X = (X_n, n \geq 0)$ une chaîne de Markov sur E, irréductible, récurrente positive, de matrice de transition P et de probabilité invariante π. Soit f une fonction réelle définie sur E, positive ou bien telle que $(\pi, |f|) < \infty$. Alors on a*

$$\mathbb{E}\Big[\sum_{k=1}^{T(x)} f(X_k) \Big| X_0 = x\Big] = \frac{(\pi, f)}{\pi(x)},$$

où $T(x)$ est le temps de retour en x. Soit g une fonction réelle définie sur E^2, positive ou bien telle que $(\pi, P\,|g|) < \infty$. Alors on a

$$\mathbb{E}\Big[\sum_{k=1}^{T(x)} g(X_{k-1}, X_k)\Big| X_0 = x\Big] = \frac{(\pi, Pg)}{\pi(x)}.$$

Démonstration. La première égalité se déduit de (1.12) et de (1.15).

Pour la deuxième égalité, on reprend la démonstration du théorème 1.5.6 en remplaçant $F(Y_n)$, où $Y_n = (T_n, X_{S_{n-1}}, X_{S_{n-1}+1}, \ldots, X_{S_n})$ est la n-ième excursion hors de l'état x, par

$$G(Y_n) = \sum_{i=1}^{T_n} g(X_{S_{n-1}+i-1}, X_{S_{n-1}+i}).$$

Des arguments similaires à ceux utilisés dans la démonstration du théorème 1.5.6 assurent l'analogue de (1.13) : p.s. on a

$$\lim_{m\to\infty} \frac{1}{m} \sum_{i=2}^{m} g(X_{i-1}, X_i) = \pi(x)\mathbb{E}[G(Y_1)|X_0 = x],$$

et $\mathbb{E}[G(Y_1)|X_0 = x] = \mathbb{E}\Big[\sum_{k=1}^{T(x)} g(X_{k-1}, X_k)\Big| X_0 = x\Big]$. D'autre part, le corollaire 1.5.11, avec $p = 2$, assure que p.s.

$$\lim_{m\to\infty} \frac{1}{m} \sum_{i=2}^{m} g(X_{i-1}, X_i) = (\pi, Pg).$$

On en déduit donc la deuxième égalité du lemme. □

1.6 Théorème central limite

On peut dans certains cas préciser la vitesse de convergence dans le théorème ergodique à l'aide du théorème central limite (TCL) pour les chaînes de Markov. C'est l'objet de ce paragraphe.

On considère une chaîne de Markov sur E, $X = (X_n, n \geq 0)$, irréductible, récurrente positive, de matrice de transition P et de probabilité invariante π. Rappelons la notation introduite à la fin du paragraphe précédent : si g est une fonction définie sur E^2 soit positive, soit telle que $\sum_{y\in E} |g(x,y)|\, P(x,y) < \infty$, alors on note

$$Pg(x) = \sum_{y\in E} P(x,y)g(x,y).$$

Théorème 1.6.1. *Soit g une fonction définie sur E^2 à valeurs dans $\mathbb{R}$, telle que $(\pi, P\,|g|) < \infty$ et il existe $x \in E$ avec $s(x)^2 = \mathbb{E}\Big[\Big(\sum_{k=1}^{T(x)} [g(X_{k-1}, X_k) - (\pi, Pg)]\Big)^2 \big| X_0 = x\Big]$ fini. On note $\sigma^2 = \pi(x)s(x)^2$. Pour toute loi initiale de X_0, on a*

$$\sqrt{n}\left(\frac{1}{n}\sum_{k=1}^{n} g(X_{k-1}, X_k) - (\pi, Pg)\right) \xrightarrow[n\to\infty]{Loi} \mathcal{N}(0, \sigma^2).$$

Si on choisit g de la forme $g(x,y) = f(y)$, alors on a $(\pi, Pg) = (\pi, f)$ dès que f est positive ou $(\pi, |f|)$ est fini. Le corollaire suivant est une conséquence directe du théorème précédent.

Corollaire 1.6.2. *Si $(\pi, |f|) < \infty$ et s'il existe $x \in E$ tel que $s(x)^2 = \mathbb{E}[(\sum_{k=1}^{T(x)} [f(X_k) - (\pi, f)])^2 | X_0 = x] < \infty$, alors on a*

$$\sqrt{n}\left(\frac{1}{n}\sum_{k=1}^{n} f(X_k) - (\pi, f)\right) \xrightarrow[n\to\infty]{\textbf{\textit{Loi}}} \mathcal{N}(0, \sigma^2),$$

où $\sigma^2 = s(x)^2 \pi(x)$.

Démonstration du théorème 1.6.1. On reprend les notations de la démonstration du théorème 1.5.6. On pose pour $n \geq 1$

$$G(Y_n) = \sum_{r=1}^{T_n} [g(X_{S_{n-1}+r-1}, X_{S_{n-1}+r}) - (\pi, Pg)].$$

Les variables aléatoires $(G(Y_n), n \geq 2)$ sont indépendantes, de même loi et de carré intégrable avec, pour $n \geq 2$, $\mathbb{E}[G(Y_n)^2] = s(x)^2$. La définition $\pi(x) = 1/\mu(x)$ et la deuxième égalité du lemme 1.5.12 impliquent que pour $n \geq 2$, $\mathbb{E}[G(Y_n)] = 0$. On déduit du théorème central limite que

$$\frac{1}{\sqrt{n}} \sum_{k=2}^{n} G(Y_k) \xrightarrow[n\to\infty]{\textbf{Loi}} \mathcal{N}(0, s(x)^2).$$

Toujours en utilisant la notation $n(m)$ définie dans (1.9), on a $S_{n(m)} \leq m < S_{n(m)+1}$, et

$$\begin{aligned}
&\sqrt{m}\left[\frac{1}{m}\sum_{k=1}^{m} g(X_{i-1}, X_i) - (\pi, Pg)\right] \\
&= \frac{1}{\sqrt{m}} \sum_{k=2}^{n(m)} G(Y_k) + \frac{1}{\sqrt{m}} G(Y_1) + \frac{1}{\sqrt{m}} \sum_{i=S_{n(m)}+1}^{m} [g(X_{i-1}, X_i) - (\pi, Pg)].
\end{aligned}$$

Comme $\lim_{m\to\infty} n(m)/m = \pi(x)$ p.s., d'après (1.10), on déduit du théorème de Slutsky A.3.12 que

$$\sqrt{\frac{n(m)}{m}} \frac{1}{\sqrt{n(m)}} \sum_{k=2}^{n(m)} G(Y_k) \xrightarrow[m\to\infty]{\textbf{Loi}} \sqrt{\pi(x)}\mathcal{N}(0, s(x)^2) = \mathcal{N}(0, s(x)^2 \pi(x)).$$

Comme $S_{n(m)} \leq m < S_{n(m)+1}$, on a la majoration suivante

$$\left| \frac{1}{\sqrt{m}} \sum_{i=S_{n(m)}+1}^{m} [g(X_{i-1}, X_i) - (\pi, Pg)] \right| \\ \leq \sqrt{\frac{n(m)}{S_{n(m)}}} \frac{1}{\sqrt{n(m)}} \sum_{i=S_{n(m)}+1}^{S_{n(m)+1}} |g(X_{i-1}, X_i) - (\pi, Pg)| \, .$$

On pose $Z_n = \sum_{i=S_n+1}^{S_{n+1}} |g(X_{i-1}, X_i) - (\pi, Pg)|$ pour tout $n \geq 2$. Les variables $(Z_n, n \geq 2)$ sont indépendantes et de même loi. De plus on a, grâce à la deuxième égalité du lemme 1.5.12,

$$\begin{aligned} \mathbb{E}[Z_n] &= \mathbb{E}\Big[\sum_{i=1}^{T(x)} |g(X_{i-1}, X_i) - (\pi, Pg)| \Big| X_0 = x \Big] \\ &= (\pi, P\,|g - (\pi, Pg)|)/\pi(x). \end{aligned}$$

On déduit de l'inégalité $|Pg| \leq P\,|g|$ et de l'invariance de la probabilité π, que $(\pi, P\,|g - (\pi, Pg)|) \leq (\pi, P(|g| + |(\pi, Pg)|)) \leq 2(\pi, P\,|g|) < \infty$. De l'inégalité $\mathbb{P}(n^{-1/2} Z_n > \varepsilon) \leq n^{-1/2}\mathbb{E}[Z_n]/\varepsilon$, on déduit que la suite $(n^{-1/2} Z_n, n \geq 1)$ converge en probabilité vers 0. Comme $(S_{n(m)}/m, m \geq 1)$ converge p.s. vers 1, cela implique que la suite $(\frac{1}{\sqrt{m}} \sum_{i=S_{n(m)}+1}^{m} [g(X_{i-1}, X_i) - (\pi, Pg)], m \geq 1)$ converge en probabilité vers 0. Bien sûr, $(\frac{1}{\sqrt{m}} G(Y_1), m \geq 1)$ converge en probabilité vers 0. On déduit du théorème de Slutsky A.3.12 que

$$\sqrt{m} \left(\frac{1}{m} \sum_{k=1}^{m} g(X_{k-1}, X_k) - (\pi, Pg) \right) \xrightarrow[n \to \infty]{\textbf{Loi}} \mathcal{N}(0, s(x)^2 \pi(x)).$$

On a démontré ce résultat, pour toute loi initiale de X_0. □

On peut expliciter dans le théorème précédent la valeur de σ^2 dans le cas particulier, qui nous sera utile au Chap. 6, où $g(x, y) = h(x, y) - Ph(x)$. Remarquons que, si $(\pi, P\,|h|) < \infty$, alors on a $(\pi, Pg) = (\pi, Ph) - (\pi, P(Ph)) = 0$, car π est une probabilité invariante.

Comme $(P(x, y), y \in E)$ est une probabilité sur E, on déduit de l'inégalité de Cauchy-Schwarz que

$$(Ph)^2(x) = \Big(\sum_{y \in E} P(x, y) h(x, y) \Big)^2 \leq \sum_{y \in E} P(x, y) h(x, y)^2 = Ph^2(x).$$

En particulier si $(\pi, Ph^2) < \infty$ alors $(\pi, (Ph)^2) < \infty$.

Proposition 1.6.3. *Soit h une fonction définie sur E^2 à valeurs dans $\mathbb{R}$, telle que $(\pi, Ph^2) < \infty$. Pour toute loi initiale de X_0, on a*

$$\frac{1}{\sqrt{n}} \sum_{k=1}^{n} [h(X_{k-1}, X_k) - Ph(X_{k-1})] \xrightarrow[n\to\infty]{\text{Loi}} \mathcal{N}(0, \sigma^2),$$

où $\sigma^2 = (\pi, Ph^2) - (\pi, (Ph)^2)$.

Remarque 1.6.4. On désire calculer explicitement la valeur de σ^2, grâce à la proposition précédente, pour le cas particulier du corollaire 1.6.2, où $g(x,y) = f(y)$. Pour cela, on admet que si $(\pi, |f|) < \infty$, alors il existe, à une constante additive près, une unique fonction F telle que $(\pi, |F|) < \infty$ et F est solution de l'équation de Poisson : pour tout $x \in E$,

$$F(x) - PF(x) = f(x) - (\pi, f),$$

où $PF(x) = \sum_{z\in E} P(x,z)F(z)$. Comme $(\pi, P|F|) = (\pi, |F|) < \infty$, on remarque que $P|F|$ ainsi que PF sont bien définis, et donc l'équation de Poisson a un sens. On pourra consulter le Chap. 9 de [6] pour l'existence et l'unicité des solutions de l'équation de Poisson. Si on suppose de plus que $(\pi, F^2) < \infty$, alors on peut appliquer la proposition 1.6.3 avec $h(x,y) = F(y)$ et en déduire que

$$\sqrt{n} \left(\frac{1}{n} \sum_{k=1}^{n} f(X_k) - (\pi, f) \right) \xrightarrow[n\to\infty]{\text{Loi}} \mathcal{N}(0, \sigma^2),$$

où $\sigma^2 = (\pi, Ph^2) - (\pi, (Ph)^2) = (\pi, F^2) - (\pi, (PF)^2)$. En pratique on utilise le TCL pour donner un intervalle de confiance pour l'estimation de (π, f) par la simulation de $\frac{1}{n}\sum_{k=1}^{n} f(X_k)$. La variance σ^2, qui intervient dans l'intervalle de confiance, ne peut être directement estimée sur la simulation d'une seule réalisation car cela nécessite de résoudre l'équation de Poisson. Cette difficulté nous conduira à utiliser la proposition 1.6.3 plutôt que le résultat apparemment plus naturel du corollaire 1.6.2. ◊

Démonstration de la proposition 1.6.3. On déduit de l'inégalité de Cauchy-Schwarz que

$$(\pi, |Ph|) \leq (\pi, P|h|) \leq (\pi, Ph^2)^{1/2} < \infty.$$

Ainsi, si on pose pour $x, y \in E$, $g(x,y) = h(x,y) - Ph(x)$, on a $(\pi, P|g|) < \infty$. En utilisant le fait que π est invariante, il vient $(\pi, Pg) = (\pi, Ph) - (\pi, P(Ph)) = 0$. Pour appliquer le théorème 1.6.1, il faut vérifier que

$$s(x)^2 = \mathbb{E}\Big[\Big(\sum_{k=1}^{T(x)} [h(X_{k-1}, X_k) - Ph(X_{k-1})] \Big)^2 \Big| X_0 = x \Big]$$

est fini. Puis il faut calculer la valeur de $s(x)^2$ pour conclure la démonstration. (Les arguments qui suivent sont inspirés de la démonstration du TCL ergodique à partir de la théorie des martingales, voir par exemple [5]. Comme nous avons choisi de ne pas recourir aux martingales, nous retrouvons par le calcul certains résultats intermédiaires qui sont des conséquences bien connues des propriétés des martingales.) On pose $H_k = h(X_{k-1}, X_k) - Ph(X_{k-1})$ et $M_n = \sum_{k=1}^{T(x)\wedge n} H_k$ avec la convention $M_0 = 0$ et $a \wedge b = \min(a,b)$. On définit $M = \sum_{k=1}^{T(x)} H_k = \lim_{n\to\infty} M_n$. On désire donc calculer $\mathbb{E}[M^2|X_0 = x] = s(x)^2$. Pour cela, dans une première étape on calcule $\mathbb{E}[H_k H_l \mathbf{1}_{\{T(x)\geq l\}}|X_0 = x]$ pour $k \leq l$, puis $\mathbb{E}[M_n^2]$. On vérifiera dans une seconde étape que $\lim_{n\to\infty} \mathbb{E}[M_n^2] = \mathbb{E}[M^2]$.

Première étape. On suppose $1 \leq k < l$, et on remarque que l'événement $\{T(x) \geq l\}$ peut aussi s'écrire $\{X_r \neq x, \forall r \in \{1, \ldots, l-1\}\}$. En conditionnant par rapport aux valeurs de X_0^{l-1}, on obtient que pour $x_0^{l-1} \in E^l$, avec $x_0 = x$, s'il existe $r \in \{1, \ldots, l-1\}$ tel que $x_r = x$, alors

$$\mathbb{E}[H_k H_l \mathbf{1}_{\{T(x)\geq l\}}|X_0^{l-1} = x_0^{l-1}] = 0,$$

et si $x_r \neq x$ pour tout $r \in \{1, \ldots, l-1\}$, alors

$$\begin{aligned}
&\mathbb{E}[H_k H_l \mathbf{1}_{\{T(x)\geq l\}}|X_0^{l-1} = x_0^{l-1}] \\
&\quad = \mathbb{E}[(h(x_{k-1}, x_k) - Ph(x_{k-1}))(h(x_{l-1}, X_l) - Ph(x_{l-1}))|X_0^{l-1} = x_0^{l-1}] \\
&\quad = (h(x_{k-1}, x_k) - Ph(x_{k-1}))\mathbb{E}[h(x_{l-1}, X_l) - Ph(x_{l-1})|X_0^{l-1} = x_0^{l-1}] \\
&\quad = (h(x_{k-1}, x_k) - Ph(x_{k-1}))\mathbb{E}[h(x_{l-1}, X_l) - Ph(x_{l-1})|X_{l-1} = x_{l-1}] \\
&\quad = (h(x_{k-1}, x_k) - Ph(x_{k-1}))(Ph(x_{l-1}) - Ph(x_{l-1})) \\
&\quad = 0,
\end{aligned}$$

où l'on a utilisé la propriété de Markov pour la troisième égalité. Il vient donc en multipliant $\mathbb{E}[H_k H_l \mathbf{1}_{\{T(x)\geq l\}}|X_0^{l-1} = x_0^{l-1}] = 0$ par $\mathbb{P}(X_0^{l-1} = x_0^{l-1}|X_0 = x)$ et en sommant sur $x_1^{l-1} \in E^{l-1}$ que, pour $1 \leq k < l$,

$$\mathbb{E}[H_k H_l \mathbf{1}_{\{T(x)\geq l\}}|X_0 = x_0] = 0. \tag{1.17}$$

Donc on obtient

$$\begin{aligned}
&\mathbb{E}[M_n^2|X_0 = x] \\
&\qquad = \mathbb{E}\Big[\sum_{1\leq k,l\leq n} H_k H_l \mathbf{1}_{\{T(x)\geq \max(k,l)\}}\Big|X_0 = x_0\Big] \\
&\qquad = \mathbb{E}\Big[\sum_{k=1}^{T(x)\wedge n} H_k^2\Big|X_0 = x_0\Big] + 2\sum_{1\leq k<l\leq n} \mathbb{E}[H_k H_l \mathbf{1}_{\{T(x)\geq l\}}|X_0 = x_0] \\
&\qquad = \mathbb{E}\Big[\sum_{k=1}^{T(x)\wedge n} H_k^2\Big|X_0 = x_0\Big].
\end{aligned}$$

En particulier, on déduit du théorème de convergence monotone puis de la deuxième égalité du lemme 1.5.12 que

$$\lim_{n\to\infty} \mathbb{E}[M_n^2|X_0 = x] = \mathbb{E}\Big[\sum_{k=1}^{T(x)} (h(X_{k-1}, X_k) - Ph(X_{k-1}))^2 \Big| X_0 = x_0\Big]$$
$$= \frac{1}{\pi(x)}(\pi, P((h - Ph)^2)),$$

avec la convention $(h - Ph)(x, y) = h(x, y) - Ph(x)$. Remarquons que

$$(\pi, P((h - Ph)^2)) = (\pi, Ph^2) - 2(\pi, P(hPh)) + (\pi, P(Ph)^2).$$

Comme pour tout $x \in E$, $P(hPh)(x) = \sum_{y\in E} P(x, y)h(x, y)Ph(x) = (Ph(x))^2$ et π est invariante, on obtient $(\pi, P((h - Ph)^2)) = (\pi, Ph^2) - (\pi, (Ph)^2)$, et cette quantité est finie. On a ainsi obtenu que

$$\lim_{n\to\infty} \mathbb{E}[M_n^2|X_0 = x] = \frac{(\pi, Ph^2) - (\pi, (Ph)^2)}{\pi(x)}.$$

Seconde étape. Nous vérifions que $\mathbb{E}[\lim_{n\to\infty} M_n^2|X_0 = x] = \lim_{n\to\infty} \mathbb{E}[M_n^2|X_0 = x]$. Pour cela, on remarque que pour $m \geq n \geq 0$,

$$\mathbb{E}[(M_m - M_n)^2|X_0 = x] = \sum_{n+1\leq k,l\leq m} \mathbb{E}[H_k H_l \mathbf{1}_{\{T(x)\geq \max(k,l)\}}|X_0 = x]$$
$$= \sum_{n+1\leq k\leq m} \mathbb{E}[H_k^2 \mathbf{1}_{\{T(x)\geq k\}}|X_0 = x]$$
$$= \mathbb{E}\Big[\sum_{k=T(x)\wedge(n+1)}^{T(x)\wedge m} H_k^2 \Big| X_0 = x\Big],$$

où l'on a utilisé (1.17) pour la deuxième égalité. On en déduit que

$$\sup_{m\geq n} \mathbb{E}[(M_m - M_n)^2|X_0 = x] \leq \mathbb{E}\Big[\sum_{k=T(x)\wedge(n+1)}^{T(x)} H_k^2 \Big| X_0 = x\Big].$$

Par convergence dominée, on obtient que $\lim_{n\to\infty} \sup_{m\geq n} \mathbb{E}[(M_m - M_n)^2|X_0 = x] = 0$. Le lemme de Fatou A.1.17 implique

$$\liminf_{m\to\infty} \mathbb{E}[(M_m - M_n)^2|X_0 = x] \geq \mathbb{E}[(M - M_n)^2|X_0 = x].$$

On en déduit donc que

$$\lim_{n\to\infty} \mathbb{E}[(M - M_n)^2|X_0 = x] = 0.$$

Comme $|M^2 - M_n^2| \leq (M - M_n)^2 + 2|M_n||M - M_n|$, il vient par l'inégalité de Cauchy-Schwarz

$$\begin{aligned}
&\mathbb{E}[|M^2 - M_n^2|\,|X_0 = x] \\
&\quad \le \mathbb{E}[(M - M_n)^2|X_0 = x] + 2\mathbb{E}[M_n^2|X_0 = x]^{1/2}\mathbb{E}[(M - M_n)^2|X_0 = x]^{1/2}
\end{aligned}$$

et donc $\lim_{n\to\infty} \mathbb{E}[|M^2 - M_n^2|\,|X_0 = x] = 0$. En particulier, cela implique $\mathbb{E}[M^2|X_0 = x] = \lim_{n\to\infty} \mathbb{E}[M_n^2|X_0 = x]$.

En conclusion, on obtient

$$\begin{aligned}
\sigma^2 = s(x)^2\pi(x) &= \mathbb{E}[M^2|X_0 = x]\pi(x) \\
&= \lim_{n\to\infty} \mathbb{E}[M_n^2|X_0 = x]\pi(x) \\
&= (\pi, Ph^2) - (\pi, (Ph)^2),
\end{aligned}$$

où la deuxième égalité découle de la définition de M, la troisième de la seconde étape, et la quatrième de la première étape. □

On a le corollaire suivant pour une version vectorielle de la proposition 1.6.3.

Corollaire 1.6.5. *Soit $h = (h_1, \ldots, h_d)$ une fonction vectorielle définie sur E^2. On note $\|h\|^2 = \sum_{i=1}^d h_i^2$. Si $(\pi, P\|h\|^2)$ est fini, on a la convergence en loi suivante :*

$$\frac{1}{\sqrt{n}} \sum_{k=1}^{n} [h(X_{k-1}, X_k) - Ph(X_{k-1})] \xrightarrow[n\to\infty]{\text{Loi}} \mathcal{N}(0, \Sigma),$$

où $Ph = (Ph_1, \ldots, Ph_d)$ et la matrice $\Sigma = (\Sigma_{i,j}, 1 \le i, j \le d)$ est définie par

$$\Sigma_{i,j} = (\pi, P(h_i h_j)) - (\pi, (Ph_i)(Ph_j)).$$

Démonstration. Pour $\lambda = (\lambda_1, \ldots, \lambda_d) \in \mathbb{R}^d$, on pose $h_\lambda = \sum_{i=1}^d \lambda_i h_i$. Comme $(\pi, P\|h\|^2) < \infty$, alors pour tout $\lambda \in \mathbb{R}^d$, $(\pi, Ph_\lambda^2) < \infty$, et l'on déduit de la proposition 1.6.3 que

$$\frac{1}{\sqrt{n}} \sum_{k=1}^{n} [h_\lambda(X_{k-1}, X_k) - Ph_\lambda(X_{k-1})] \xrightarrow[n\to\infty]{\text{Loi}} \mathcal{N}(0, \sigma_\lambda^2),$$

avec $\sigma_\lambda^2 = (\pi, Ph_\lambda^2) - (\pi, (Ph_\lambda)^2)$, ce qui implique le corollaire. □

Références

1. P. Billingsley. *Convergence of probability measures.* John Wiley & Sons Inc., New York, 1968.
2. A.A. Borovkov. *Ergodicity and stability of stochastic processes.* John Wiley & Sons, Chichester, 1998.

3. P. Brémaud. *Markov chains. Gibbs fields, Monte Carlo simulation, and queues.* Springer texts in applied mathematics. Springer, 1998.
4. K. Chung. *Markov chains with stationary transition probabilities.* Springer-Verlag, Berlin-Heidelberg-New York, seconde édition, 1967.
5. M. Duflo. *Random iterative models*, volume 34 d'*Applications of Mathematics.* Springer, Berlin, 1997.
6. E.A. Feinberg et A. Shwartz, editors. *Handbook of Markov decision processes. Methods and applications.* International Series in Operations Research & Management Science. Kluwer Academic Publishers, Boston, 2002.
7. J. Lacroix. *Chaînes de Markov et processus de Poisson.* Cours de DEA, Paris VI, `http://www.proba.jussieu.fr/supports.php`, 2002.
8. P. Mazliak, L. Priouret et P. Baldi. *Martingales et chaînes de Markov.* Hermann, 1998.
9. S.P. Meyn et R.L. Tweedie. *Markov chains and stochastic stability.* Springer-Verlag, London, 1993.
10. B. Ycart. *Modèles et algorithmes markoviens*, volume 39 de *Mathématiques & Applications.* Springer, Berlin, 2002.

2

Recuit simulé

Le problème du voyageur de commerce est un exemple typique de problème de minimisation complexe. Un voyageur de commerce doit visiter N clients habitant N villes différentes, puis revenir à son point de départ. Afin de diminuer son coût de transport, il lui faut trouver le trajet le plus court joignant les N villes. Une idée consiste à calculer la longueur de chaque trajet et à choisir ainsi celui de longueur minimale. On peut identifier un trajet avec une permutation sur l'ensemble des N villes. La permutation $\sigma = (\sigma_1, \ldots, \sigma_N)$ correspond au trajet $\sigma_1 \to \cdots \to \sigma_N \to \sigma_1$, ayant σ_1 comme point de départ. Le nombre de permutations est $N!$, soit environ $\sqrt{2\pi}\; N^{N+\frac{1}{2}}\, \mathrm{e}^{-N}$, d'après la formule de Stirling. Pour $N = 10$ il existe 3 628 800 permutations différentes, et pour $N = 30$, on obtient environ 2.10^{32} permutations différentes. On estime l'âge de l'univers à environ 2.10^{10} années, soit environ 6.10^{17} secondes. Il est donc absolument impossible d'énumérer toutes les permutations, même pour N de l'ordre de quelques dizaines, afin de trouver le trajet le plus court !

De nombreux travaux sont consacrés à la recherche d'un ou de plusieurs points qui réalisent le minimum d'une fonction quelconque. Certains algorithmes de recherche utilisent des méthodes stochastiques, comme par exemple le recuit simulé ou les algorithmes génétiques. En ce qui concerne ces deux familles d'algorithmes stochastiques, nous recommandons la lecture des ouvrages de Bartoli et Del Moral [1], Duflo [4] et Ycart [11].

En fait, pour le problème du voyageur de commerce, des algorithmes déterministes très spécifiques, voir [7 ou 9], sont plus efficaces que l'algorithme du recuit simulé que nous allons présenter. Ce dernier a toutefois l'avantage de reposer sur des principes généraux. Et on peut aisément l'adapter à d'autres problèmes complexes d'optimisation, où la fonctionnelle que l'on cherche à minimiser possède de nombreux minima locaux.

Dans le paragraphe 2.1, nous démontrons que si la chaîne de Markov $X = (X_n, n \geq 0)$ vérifie la condition de Doeblin, voir la définition 2.1.1, alors elle converge pour la norme en variation vers une probabilité qui est son unique probabilité invariante. Le paragraphe 2.2 présente l'algorithme de Metropolis développé en 1953, voir [8], et généralisé par Hastings [6], qui permet de simuler de manière approchée une variable aléatoire de loi μ. Pour atteindre cet objectif, on simule une chaîne de Markov, $X = (X_n, n \geq 0)$ qui satisfait la condition de Doeblin et dont μ est l'unique probabilité invariante. Pour n suffisamment grand, la loi de X_n est une bonne approximation de μ. Le paragraphe 2.3 est consacré à la présentation du recuit simulé. Soit H une fonction définie sur un espace discret. On veut trouver un ou plusieurs points où H atteint son minimum. Dans le cas du voyageur de commerce, H est la fonction qui à un trajet associe sa longueur. Dans le paragraphe 2.3.1, on introduit les mesures de Gibbs $(\mu_T, T > 0)$ associées à H qui se concentrent sur les points qui réalisent le minimum de H quand T tend vers 0, voir le lemme 2.3.2. Par analogie avec la physique statistique, la fonction H est appelée énergie ou fonction d'énergie et le paramètre T est appelé température.

L'algorithme du recuit simulé (« simulated annealing » en anglais) décrit dans le paragraphe 2.3.2 a pour but de simuler des variables aléatoires qui se concentrent sur l'ensemble des points où H atteint son minimum. L'idée est d'utiliser l'algorithme de Metropolis pour simuler une chaîne de Markov qui converge vers μ_T, avec T proche de 0. Pour T proche de 0, si la loi initiale de la chaîne de Markov utilisée dans l'algorithme de Metropolis est éloignée (au sens de la norme en variation) de μ_T, alors l'algorithme converge très lentement. Il est plus judicieux de choisir une loi initiale proche de μ_T. Le lemme 2.3.3 assure que les mesures de Gibbs sont proches pour la norme en variation si les températures sont proches. On choisit donc une température élevée, T'_1, une loi initiale quelconque, puis on utilise l'algorithme de Metropolis pour construire une chaîne de Markov dont la loi au temps n_1 est proche de $\mu_{T'_1}$. Ceci fournit alors une loi initiale raisonnable pour construire, à l'aide de l'algorithme de Metropolis, une chaîne de Markov dont la loi au temps n_2 est proche de $\mu_{T'_2}$, avec $T'_2 < T'_1$. Cette procédure est ensuite itérée. Le schéma de température associé à cette construction est constitué de la suite $(T_k, k \geq 1)$ dont les n_1 premiers termes sont égaux à T'_1, les n_2 suivants à T'_2, et ainsi de suite. L'objectif est alors d'exhiber un schéma de température $(T_k, k \geq 1)$ qui assure que les variables aléatoires simulées se concentrent sur les points où H atteint son minimum. Dans le paragraphe 2.3.2, nous démontrons ce résultat pour des schémas de températures de la forme $T_k = \gamma / \log(k)$, $k \geq 1$. Nous présentons au paragraphe 2.3.3 quelques résultats théoriques sur le comportement asymptotique du recuit simulé. La terminologie de *recuit* (« annealing » en anglais) provient de la métallurgie, où le métal en fusion est refroidi lentement, afin de lui assurer une meilleure résistance. Un refroidissement brutal peut en revanche le figer dans un état plus fragile que l'état d'énergie minimum.

Enfin, nous revenons sur le problème du voyageur de commerce au paragraphe 2.4 avec des comparaisons empiriques sur les vitesses de décroissance des températures et les choix des algorithmes de Metropolis.

2.1 Condition de Doeblin et convergence des chaînes de Markov

Soit P la matrice de transition d'une chaîne de Markov $X = (X_n, n \in \mathbb{N})$ sur un espace discret, E.

Définition 2.1.1. *On dit que X vérifie la condition de Doeblin si et seulement s'il existe $l \in \mathbb{N}^*$, $\alpha > 0$ et c une probabilité sur E tels que pour tous $x, y \in E$,*

$$P^l(x, y) \geq \alpha c(y). \tag{2.1}$$

La notion de convergence en variation qui intervient dans le théorème qui suit est définie en appendice, voir la définition D.1.

Théorème 2.1.2. *Supposons que X vérifie la condition de Doeblin. Alors pour toute loi ν de X_0, la loi de X_n converge en variation vers une probabilité π. De plus cette probabilité π est l'unique probabilité invariante de X.*

Remarque 2.1.3.

- Il est clair qu'une chaîne de Markov périodique de période $d > 1$ ne vérifie pas la condition de Doeblin.
- Si E est fini, les théorèmes 1.4.3 et 1.4.4 impliquent que la chaîne est irréductible et apériodique si et seulement si elle vérifie la condition de Doeblin avec une probabilité c telle que $c(y) > 0$ pour tout $y \in E$. Cette équivalence n'est plus vraie en général si E n'est pas fini.

$\Diamond$

Démonstration du théorème 2.1.2. On suppose dans un premier temps que $l = 1$. Si μ, μ' sont deux probabilités sur E, alors on a

$$\begin{aligned}
\|\mu P - \mu' P\| &= \frac{1}{2} \sum_{y \in E} |\mu P(y) - \mu' P(y)| \\
&= \frac{1}{2} \sum_{y \in E} \left| \sum_{x \in E} [\mu(x) - \mu'(x)] P(x, y) \right| \\
&= \frac{1}{2} \sum_{y \in E} \left| \sum_{x \in E} [\mu(x) - \mu'(x)] [P(x, y) - \alpha c(y)] \right| \\
&\leq \frac{1}{2} \sum_{x \in E} |\mu(x) - \mu'(x)| \sum_{y \in E} [P(x, y) - \alpha c(y)] \\
&= \frac{1}{2} \sum_{x \in E} |\mu(x) - \mu'(x)| (1 - \alpha) \\
&= (1 - \alpha) \|\mu - \mu'\|,
\end{aligned}$$

où l'on a utilisé $\sum_{x\in E} \mu(x) = \sum_{x\in E} \mu'(x) = 1$ pour la troisième égalité, $P(x,y)-\alpha c(y) \geq 0$ pour la première inégalité, et $\sum_{y\in E}[P(x,y)-\alpha c(y)] = 1-\alpha$ pour la quatrième égalité. On a ainsi obtenu

$$\|\mu P - \mu' P\| \leq (1-\alpha) \|\mu - \mu'\|. \tag{2.2}$$

Rappelons que l'on peut voir l'ensemble des mesures sur E comme l'ensemble des vecteurs de $\mathbb{R}^E$. Une probabilité est alors un vecteur $p = (p_x; x \in E)$ tel que $p_x \in [0,1]$ pour tout $x \in E$ et $\sum_{x\in E} p_x = 1$. L'ensemble des probabilités, $\mathcal{P}$, est un fermé de $\mathbb{R}^E$. La norme en variation sur $\mathbb{R}^E$ correspond, à un facteur $1/2$ près, à la norme L^1. En particulier, $\mathbb{R}^E$ muni de la norme en variation est complet. Donc l'espace $\mathcal{P}$ est également complet pour la norme en variation. Ainsi, l'application qui à la probabilité μ associe la probabilité μP est une application de $\mathcal{P}$ dans $\mathcal{P}$, contractante de rapport $1-\alpha < 1$ pour la norme en variation. Comme l'espace $\mathcal{P}$ est complet, elle admet un unique point fixe $\pi \in \mathcal{P}$. La probabilité π est donc l'unique probabilité telle que $\pi = \pi P$. On démontre par récurrence, en utilisant (2.2), que

$$\|\nu P^n - \pi\| = \|\nu P^n - \pi P^n\| \leq (1-\alpha)^n \|\nu - \pi\| \leq (1-\alpha)^n.$$

En particulier, si ν est la loi de X_0, alors on en déduit que la loi de X_n, νP^n, converge en variation vers π quand n tend vers l'infini.

Si $l > 1$, remarquons que $(X_{kl}, k \geq 0)$ est une chaîne de Markov de matrice de transition P^l. On déduit de ce qui précède que pour toute loi ν de X_0, la loi de X_{kl}, νP^{kl}, converge en variation vers l'unique probabilité π telle que $\pi = \pi P^l$, quand k tend vers l'infini. De plus si $n = kl + p$ avec $0 \leq p < l$, on a

$$\|\nu P^n - \pi\| = \|\nu P^{kl+p} - \pi P^{kl}\| \leq (1-\alpha)^k \|\nu P^p - \pi\| \leq (1-\alpha)^k.$$

On en déduit que la loi de X_n, νP^n, converge en variation vers π, quand n tend vers l'infini. Enfin remarquons que $\pi P = \pi P^{l+1}$ car π est une probabilité invariante pour P^l. Donc la probabilité πP est une probabilité invariante de P^l. On en déduit $\pi P = \pi$. La probabilité π est donc invariante pour P. Soit μ une autre probabilité invariante pour P. Elle est également invariante pour P^l, et donc $\mu = \pi$. Ainsi la probabilité π est l'unique probabilité invariante. □

Remarque 2.1.4. Soit P une matrice stochastique. Pour $\nu, \nu' \in \mathcal{P}$, on a

$$\begin{aligned}\|\nu P - \nu' P\| &= \frac{1}{2} \sum_{y\in E} \left| \sum_{x\in E} [\nu(x) - \nu'(x)] P(x,y) \right| \\ &\leq \frac{1}{2} \sum_{x\in E} |\nu(x) - \nu'(x)| \sum_{y\in E} P(x,y) = \|\nu - \nu'\|. \end{aligned} \tag{2.3}$$

Si la condition de Doeblin est satisfaite avec $l = 1$, alors la première partie de la démonstration du théorème 2.1.2, voir (2.2), assure que l'application $\nu \to \nu P$ est en fait contractante sur $\mathcal{P}$. ◊

2.2 Algorithme de Metropolis

Une méthode pour simuler de manière approchée une loi de probabilité μ sur E consiste à construire une chaîne de Markov, $X = (X_n, n \in \mathbb{N})$, vérifiant (2.1) et dont la probabilité invariante est μ. Dans ce cas, la loi de X_n pour n grand est proche de μ pour la norme en variation. Il existe plusieurs choix possibles pour la loi de X, voir par exemple l'exercice 2.2.4. La méthode présentée ci-dessous est appelée algorithme de Metropolis.

On se donne une matrice stochastique, P, sur E telle que, pour tous x, $y \in E$,

$$P(x,y) > 0 \iff P(y,x) > 0. \tag{2.4}$$

Cette matrice stochastique, appelée matrice de sélection, décrit la manière de visiter l'espace E. On dit que x et y sont voisins si $P(x,y) > 0$. On définit la fonction ρ par

$$\rho(x,y) = \min\left(1, \frac{\mu(y)P(y,x)}{\mu(x)P(x,y)}\right), \quad x,y \in E,$$

avec la convention que $\rho(x,y) = 1$ si $\mu(x)P(x,y) = 0$.

Décrivons intuitivement l'algorithme de Metropolis. Notons $x_n = x$ la valeur observée à l'étape n. On choisit un voisin, y, de x avec probabilité $P(x,y)$ donnée par la matrice de sélection. Avec probabilité $\rho(x,y)$, on accepte la transition, et on pose $x_{n+1} = y$. Avec probabilité $1 - \rho(x,y)$, on rejette la transition, et on pose $x_{n+1} = x$. En particulier, on accepte toujours la transition si $\mu(y)P(y,x) \geq \mu(x)P(x,y)$.

Plus précisément, soit $Y = (Y_{n,x}, n \geq 1, x \in E)$ et $V = (V_n, n \geq 1)$ deux suites indépendantes de variables aléatoires indépendantes telles que $\mathbb{P}(Y_{n,x} = y) = P(x,y)$ pour tous $x, y \in E$ et V_n suit la loi uniforme sur $[0,1]$. Soit X_0 une variable aléatoire à valeurs dans E, indépendante de Y et V. On définit par récurrence la suite X_n : pour $n \geq 0$,

$$X_{n+1} = Y_{n+1,X_n} \mathbf{1}_{\{V_{n+1} \leq \rho(X_n, Y_{n+1,X_n})\}} + X_n \mathbf{1}_{\{V_{n+1} > \rho(X_n, Y_{n+1,X_n})\}}. \tag{2.5}$$

Proposition 2.2.1. *Le processus $X = (X_n, n \geq 0)$ décrit par (2.5), est une chaîne de Markov de matrice de transition Q définie par*

$$Q(x,y) = \begin{cases} P(x,y)\rho(x,y) & \text{si } x \neq y, \\ 1 - \sum_{z \neq x} Q(x,z) & \text{sinon.} \end{cases} \tag{2.6}$$

La chaîne de Markov X est réversible par rapport à la probabilité μ. En particulier, μ est une probabilité invariante pour X.

Démonstration. La première partie de la proposition est une conséquence directe de la remarque 1.1.6 avec $U_n = ((Y_{n,x}, x \in E), V_n)$. Pour démontrer la deuxième partie, remarquons que pour $x \neq y$, on a

$$\mu(x)Q(x,y) = \mu(x)P(x,y)\rho(x,y) = \min(\mu(x)P(x,y), \mu(y)P(y,x)).$$

Par symétrie, on en déduit donc que $\mu(x)Q(x,y) = \mu(y)Q(y,x)$. Ainsi la chaîne de Markov X est réversible par rapport à la probabilité μ. D'après le lemme 1.3.3 la probabilité μ est une probabilité invariante. □

Proposition 2.2.2. *On suppose E fini et $\mu(x) > 0$ pour tout $x \in E$. Si P vérifie la condition (2.1), alors Q vérifie (2.1). En particulier X converge en variation vers μ, son unique probabilité invariante.*

Il est crucial, pour l'application au recuit simulé, de remarquer que pour mettre en œuvre l'algorithme de Metropolis il n'est pas besoin de connaître explicitement μ, mais seulement les rapports $\mu(y)/\mu(x)$. Il est donc suffisant de connaître μ à une constante multiplicative près.

Démonstration. On pose $a = \min\left\{\frac{\mu(y)P(y,x)}{\mu(x)P(x,y)};\ x,y \in E, \text{ tels que } P(x,y) > 0\right\}$. Comme E est fini, on a, d'après (2.4), $0 < a \leq 1$. Ainsi pour $x \neq y$, il vient $Q(x,y) \geq aP(x,y)$. De plus comme $Q(x,y) \leq P(x,y)$ si $x \neq y$, on en déduit que

$$Q(x,x) = 1 - \sum_{y \neq x} Q(x,y) \geq 1 - \sum_{y \neq x} P(x,y) = P(x,x) \geq aP(x,x).$$

Cela implique que pour tous $x, y \in E$, on a $Q(x,y) \geq aP(x,y)$ et aussi

$$Q^2(x,y) = \sum_{z \in E} Q(x,z)Q(z,y) \geq a^2 \sum_{z \in E} P(x,z)P(z,y) = a^2 P(x,y).$$

Par récurrence, on montre que pour tout $n \geq 1$, $Q^n(x,y) \geq a^n P^n(x,y)$. En particulier si P vérifie la condition (2.1), alors Q vérifie (2.1) avec le même entier l, la même probabilité c et α remplacé par αa^l. On déduit alors du théorème 2.1.2 que X converge en variation vers μ, et que μ est l'unique probabilité invariante de X. □

La remarque suivante nous servira pour résoudre le problème du voyageur de commerce.

Remarque 2.2.3. On suppose E fini, $\mu(x) > 0$ pour tout $x \in E$, P irréductible tel qu'il existe $x, y \in E$ avec $P(x,y) > 0$ et $\rho(x,y) < 1$. Soit Q la matrice définie par (2.6). Alors on a $Q(x,x) > 0$, et la chaîne de Markov associée à Q est apériodique. On observe que si $P(x,y) > 0$, alors $Q(x,y) > 0$. En particulier P étant irréductible, il en est de même pour Q. On déduit de la remarque 2.1.3, que Q vérifie la condition de Doeblin (2.1). Ainsi, bien que la chaîne de Markov associée à P

puisse être périodique, et donc ne pas satisfaire la condition de Doeblin, la conclusion de la proposition 2.2.2 reste encore vraie : la chaîne de Markov X associée à Q converge en variation vers μ, son unique probabilité invariante. ♢

Exercice 2.2.4. Soit h une fonction définie sur $\mathbb{R}_+$ à valeurs dans $[0,1[$ telle que $h(0) = 0$ et $h(u) = uh(\frac{1}{u})$, pour $u > 0$.

1. Vérifier que les fonctions $u \to \min(1,u)$ et $u \to \frac{u}{1+u}$ satisfont les égalités ci-dessus.
2. Démontrer que la chaîne de Markov de matrice de transition définie par (2.6) avec $\rho(x,y) = h\left(\frac{\mu(y)P(y,x)}{\mu(x)P(x,y)}\right)$ si $\mu(x)P(x,y) > 0$, et $\rho(x,y) = 1$ sinon, est réversible par rapport à la probabilité μ.

♦

2.3 Le recuit simulé

On suppose E fini, et on se donne H une fonction définie sur E à valeurs dans $\mathbb{R}$. On cherche à déterminer un point où H atteint son minimum, c'est-à-dire un point de $\operatorname{argmin}(H) = \{x \in E\,;\ H(x) = \mathcal{H}\}$ avec $\mathcal{H} = \min_{y\in E} H(y)$. La fonction H est souvent appelée énergie ou fonction d'énergie par analogie avec la physique statistique.

2.3.1 Mesures de Gibbs

En physique statistique les mesures de Gibbs décrivent la probabilité d'un état x du système considéré, en fonction de son énergie et de la température du système, voir l'exercice à la fin de ce paragraphe.

Définition 2.3.1. *La mesure de Gibbs associée à la fonction d'énergie H et à la température $T > 0$ est la probabilité $(\mu_T(x), x \in E)$ définie par*

$$\mu_T(x) = \frac{1}{Z_T}\,\mathrm{e}^{-H(x)/T},$$

où $Z_T = \sum_{x\in E} \mathrm{e}^{-H(x)/T}$, appelée fonction de partition, est la constante de normalisation.

Lorsque la température décroît vers 0, les mesures de Gibbs se concentrent sur $\operatorname{argmin}(H)$. Plus précisément, on a le lemme suivant.

Lemme 2.3.2. *On a* $\lim_{T\to 0^+} \mu_T(\{x \in E\,; H(x) > \mathcal{H}\}) = 0$.

Démonstration. Comme E est fini, il existe $\varepsilon > 0$ tel que $\{x \in E\,;\ H(x) > \mathcal{H}\} = \{x \in E\,;\ H(x) \geq \mathcal{H} + \varepsilon\}$. On a $Z_T \geq \mathrm{e}^{-\mathcal{H}/T}\,\mathrm{Card}\,(\mathrm{argmin}(H))$. Il vient

$$\begin{aligned}
\mu_T(\{x\,;\ H(x) \geq \mathcal{H} + \varepsilon\}) &= \sum_{x\in E\,;\ H(x)\geq \mathcal{H}+\varepsilon} \frac{1}{Z_T}\,\mathrm{e}^{-H(x)/T} \\
&\leq \sum_{x\in E} \frac{1}{\mathrm{e}^{-\mathcal{H}/T}\,\mathrm{Card}\,(\mathrm{argmin}(H))}\,\mathrm{e}^{-(\mathcal{H}+\varepsilon)/T} \\
&= \mathrm{e}^{-\varepsilon/T}\,\frac{\mathrm{Card}\,(E)}{\mathrm{Card}\,(\mathrm{argmin}(H))}.
\end{aligned}$$

On en déduit donc que $\lim_{T\to 0^+} \mu_T(\{x\,;\ H(x) \geq \mathcal{H} + \varepsilon\}) = 0$. □

Enfin, on utilisera par la suite la majoration suivante de la distance, pour la norme en variation, entre deux mesures de Gibbs associées à la même fonction d'énergie.

Lemme 2.3.3. *Soit* $\Delta(H) = \max_{x\in E} H(x) - \mathcal{H}$. *On a*

$$\|\mu_T - \mu_{T'}\| \leq \left|\frac{1}{T} - \frac{1}{T'}\right| \Delta(H).$$

Démonstration. La mesure de Gibbs reste inchangée si on remplace H par $H - a$. Quitte à choisir $a = \min_{x\in E} H(x)$, on peut donc supposer que $H \geq 0$ et $\mathcal{H} = 0$.

Supposons que $T \geq T'$. Rappelons que $0 \leq 1 - \mathrm{e}^{-z} \leq z$ pour tout $z \geq 0$. Comme $(\frac{1}{T'} - \frac{1}{T})H(x) \geq 0$, on a

$$\begin{aligned}
\left|\mathrm{e}^{-H(x)/T} - \mathrm{e}^{-H(x)/T'}\right| &= \mathrm{e}^{-H(x)/T}\left|1 - \mathrm{e}^{-(\frac{1}{T'} - \frac{1}{T})H(x)}\right| \\
&\leq \left(\frac{1}{T'} - \frac{1}{T}\right) \max_{y\in E}(H(y))\,\mathrm{e}^{-H(x)/T}.
\end{aligned}$$

Il vient

$$\left|\mathrm{e}^{-H(x)/T} - \mathrm{e}^{-H(x)/T'}\right| \leq \left(\frac{1}{T'} - \frac{1}{T}\right)\Delta(H)\,\mathrm{e}^{-H(x)/T}. \tag{2.7}$$

On obtient $|Z_T - Z_{T'}| \leq \sum_{x\in E} \left|\mathrm{e}^{-H(x)/T} - \mathrm{e}^{-H(x)/T'}\right| \leq \left(\frac{1}{T'} - \frac{1}{T}\right)\Delta(H) Z_T$, puis en divisant par $Z_T Z_{T'}$,

$$\left|\frac{1}{Z_T} - \frac{1}{Z_{T'}}\right| \leq \left(\frac{1}{T'} - \frac{1}{T}\right)\Delta(H)\,\frac{1}{Z_{T'}}. \tag{2.8}$$

Enfin on remarque que

$$
\begin{aligned}
2 \|\mu_T - \mu_{T'}\| &= \sum_{x \in E} \left| \frac{1}{Z_T} \mathrm{e}^{-H(x)/T} - \frac{1}{Z_{T'}} \mathrm{e}^{-H(x)/T'} \right| \\
&\leq \sum_{x \in E} \left| \mathrm{e}^{-H(x)/T} - \mathrm{e}^{-H(x)/T'} \right| \frac{1}{Z_T} + \left| \frac{1}{Z_T} - \frac{1}{Z_{T'}} \right| \sum_{x \in E} \mathrm{e}^{-H(x)/T'} \\
&\leq 2\Big(\frac{1}{T'} - \frac{1}{T}\Big) \Delta(H),
\end{aligned}
$$

où l'on a utilisé (2.7), (2.8) et le fait que μ_T et $\mu_{T'}$ sont des probabilités pour la dernière inégalité. □

Les mesures de Gibbs et les lois de Boltzmann apparaissent naturellement lorsque l'on désire affecter des probabilités aux états quantifiés d'un système dont on connaît l'énergie moyenne. L'exercice suivant a pour but de présenter ces modélisations.

Exercice 2.3.4. Soit E l'ensemble fini des états d'un système. On note $H(x)$ l'énergie correspondant à l'état x. On suppose que l'énergie moyenne $\langle H \rangle$ est connue. On a

$$
\langle H \rangle = \sum_{x \in E} H(x) p(x), \tag{2.9}
$$

où $p(x)$ est la probabilité pour que le système soit dans l'état x. On recherche la probabilité qui satisfait (2.9) et qui contient le moins d'information. On peut, voir les travaux de Shannon (1948) sur l'information, quantifier l'information contenue dans p par son entropie : $S(p) = -\sum_{x \in E} p(x) \log(p(x))$ (avec la convention $0 \log(0) = 0$). L'information totale correspond au cas où l'on sait avec certitude que l'on est dans l'état x_0 : la loi de probabilité est alors $p(x) = \mathbf{1}_{\{x = x_0\}}$ et $S(p) = 0$. L'entropie est alors minimale. On peut vérifier que l'entropie est maximale pour la loi uniforme qui modélise l'absence d'information.

Nous retiendrons le principe général suivant : pour déterminer un modèle, on recherche une loi de probabilité sur E qui maximise l'entropie en tenant compte des contraintes qui traduisent les informations a priori sur le modèle.

On considère les lois de Boltzmann, ν_β, définies par $\nu_\beta(x) = \frac{1}{Z'_\beta} \mathrm{e}^{-\beta H(x)}$, $x \in E$, avec $Z'_\beta = \sum_{x \in E} \mathrm{e}^{-\beta H(x)}$, et $\beta \in \mathbb{R}$. L'objectif de cet exercice est de démontrer qu'il existe une unique valeur, $\beta_0 \in \mathbb{R}$, telle que la probabilité ν_{β_0} vérifie l'équation (2.9), et que ν_{β_0} est l'unique probabilité qui maximise l'entropie sous la contrainte (2.9).

On suppose que l'énergie de tout état est finie et qu'il existe $y, y' \in E$ tels que

$$
H(y') < \langle H \rangle < H(y).
$$

1. En utilisant par exemple le théorème des multiplicateurs de Lagrange, montrer que si $p \in]0,1[^E$ maximise $S(p)$ sous les contraintes $\sum_{x \in E} p(x) = 1$ et (2.9), alors p est une loi de Boltzmann.

2. Vérifier que la contrainte (2.9) pour ν_β se récrit $\varphi(\beta) = 0$ avec $\varphi(b) = \sum_{x \in E}(H(x) - \langle H \rangle) \, \mathrm{e}^{-b(H(x)-\langle H \rangle)}$. Montrer que la fonction φ est strictement décroissante sur $\mathbb{R}$ et admet un seul zéro. En déduire qu'il existe une unique valeur, $\beta_0 \in \mathbb{R}$, telle que ν_{β_0} satisfasse (2.9).
3. Soit q une probabilité vérifiant (2.9) et telle que $q_z = 0$ pour un certain $z \in E$. Quitte à changer H par $-H$, on peut supposer que $H(z) \leq \langle H \rangle$. Vérifier qu'il existe $a \in]0,1]$ tel que $aH_z + (1-a)H_y = \langle H \rangle$. On définit la probabilité q^ε par $q^\varepsilon_z = \varepsilon a$, $q^\varepsilon_y = (1-\varepsilon)q_y + \varepsilon(1-a)$ et $q^\varepsilon_x = (1-\varepsilon)q_x$ pour $x \notin \{z, y\}$. Montrer que la probabilité q^ε satisfait (2.9) et que $\lim_{\varepsilon \to 0^+} \dfrac{\partial S(q^\varepsilon)}{\partial \varepsilon} = +\infty$.
4. En déduire que ν_{β_0} est l'unique probabilité qui vérifie (2.9) et qui maximise l'entropie.
5. Montrer que $S(\nu_{\beta_0}) = \beta_0 \langle H \rangle + \log(Z'_{\beta_0})$.

Quitte à changer le signe de la fonction d'énergie, on remarque que, si $\beta \neq 0$, la loi de Boltzmann est une mesure de Gibbs. ♦

2.3.2 Un résultat partiel

Soit P une matrice stochastique irréductible symétrique, i.e. $P(x,y) = P(y,x)$ pour tous $x, y \in E$. Cette dernière condition assure que (2.4) est vérifiée. Un schéma de température est une suite $(T_n, n \in \mathbb{N}^*)$ à valeurs dans $\mathbb{R}^*_+$. Pour alléger les notations, on note μ_n, pour μ_{T_n}, la mesure de Gibbs associée à la fonction d'énergie H et à la température T_n.

On considère $X = (X_n, n \geq 0)$ une chaîne de Markov non-homogène de matrice de transition $(Q_n, n \geq 1)$, où Q_n est définie par (2.6) avec μ remplacé par μ_n. Comme P est symétrique, on remarque que

$$Q_n(x,y) = \begin{cases} P(x,y) \, \mathrm{e}^{-[H(y)-H(x)]^+/T_n} & \text{si } x \neq y, \\ 1 - \sum_{z \neq x} Q_n(x,z) & \text{sinon,} \end{cases} \tag{2.10}$$

où $a^+ = \max(a, 0)$ désigne la partie positive de a. On s'attend à ce que la loi de X_n soit proche de la mesure de Gibbs μ_n, et donc au vu du lemme 2.3.2 que $\lim_{n \to \infty} \mathbb{P}(H(X_n) > \mathcal{H}) = 0$ si $\lim_{n \to \infty} T_n = 0$. Nous précisons les conditions sous lesquelles ce résultat intuitif est vrai.

Proposition 2.3.5. *On suppose que P est symétrique irréductible et satisfait la condition de Doeblin (2.1). Il existe H_0 tel que pour tout $h > H_0$, si l'on considère le schéma de température $(T_n, n \geq 1)$ défini par $T_n = h/\log(n)$, alors pour toute loi ν_0 de X_0, on a*

$$\lim_{n \to \infty} \|\nu_n - \mu_n\| = 0,$$

où ν_n est la loi de X_n. En particulier, on a $\lim_{n \to \infty} \mathbb{P}(H(X_n) > \mathcal{H}) = 0$.

La constante H_0 que nous calculerons n'est pas optimale a priori, nous reviendrons sur cette question au paragraphe 2.3.3. Avant de démontrer la proposition 2.3.5, nous énonçons un lemme préliminaire. Soit

$$\kappa = \max_{x,y \in E} (H(y) - H(x)) \mathbf{1}_{\{P(x,y)>0\}}.$$

Comme P est symétrique, on a $\kappa \geq 0$. La quantité κ représente le saut maximal d'énergie que la chaîne de Markov de matrice de transition P peut franchir en une étape.

Lemme 2.3.6. *On suppose que P satisfait la condition de Doeblin (2.1) avec $\alpha > 0$, $l \in \mathbb{N}^*$. On considère le schéma de température défini par $T_n = h/\log(n)$, pour $n \geq 1$. Pour toutes probabilités μ et μ' sur E, $n \geq 1$, on a*

$$\|(\mu - \mu')Q_{n+1} \cdots Q_{n+l}\| \leq \left(1 - \alpha\, \mathrm{e}^{-\kappa l \log(n+l)/h}\right) \|\mu - \mu'\|.$$

Démonstration. Soit $p \in \mathbb{N}^*$. On a la minoration de Q_p suivante si $x \neq y$:

$$Q_p(x,y) = \mathrm{e}^{-[H(y)-H(x)]^+/T_p}\, P(x,y) \geq \mathrm{e}^{-\kappa/T_p}\, P(x,y).$$

On a également la majoration $Q_p(x,y) \leq P(x,y)$ si $x \neq y$. On en déduit

$$Q_p(x,x) = 1 - \sum_{y \neq x} Q_p(x,y) \geq 1 - \sum_{y \neq x} P(x,y) = P(x,x) \geq \mathrm{e}^{-\kappa/T_p}\, P(x,x).$$

On a donc pour tous $x, y \in E$, $Q_p(x,y) \geq \mathrm{e}^{-\kappa/T_p}\, P(x,y)$. Comme P satisfait (2.1), on en déduit que pour tous $x, y \in E$,

$$Q_{n+1} \cdots Q_{n+l}(x,y) \geq \mathrm{e}^{-\kappa(\frac{1}{T_{n+1}} + \cdots + \frac{1}{T_{n+l}})}\, P^l(x,y) \geq \mathrm{e}^{-\kappa l \log(n+l)/h}\, \alpha c(y),$$

où la probabilité c est celle qui apparaît dans (2.1). En introduisant la matrice stochastique $P' = Q_{n+1} \cdots Q_{n+l}$ et $\alpha' = \mathrm{e}^{-\kappa l \log(n+l)/h}\, \alpha$, on a pour tous x, $y \in E$, $P'(x,y) \geq \alpha' c(y)$. Le même raisonnement que celui de la démonstration de l'inégalité (2.2) assure alors que

$$\|(\mu - \mu')P'\| \leq (1 - \alpha')\, \|(\mu - \mu')\|.$$

□

Démonstration de la proposition 2.3.5. Soit $h > 0$. On considère le schéma de température $(T_n = h/\log(n), n \geq 1)$. Soit $n \in \mathbb{N}^*$. Rappelons que $\mu_n Q_n = \mu_n$. Il est facile de vérifier par récurrence que la loi de X_n est $\nu_n = \nu_0 Q_1 \ldots Q_n$. Soit $n, m \in \mathbb{N}^*$. Il vient $\nu_{n+m} = \nu_n Q_{n+1} \cdots Q_{n+m}$. On en déduit donc que

$$\begin{aligned}
&\nu_{n+m} - \mu_{n+m} \\
&\quad = (\nu_n - \mu_n)Q_{n+1} \cdots Q_{n+m} + \mu_n Q_{n+1} \cdots Q_{n+m} - \mu_{n+m} \\
&\quad = (\nu_n - \mu_n)Q_{n+1} \cdots Q_{n+m} + \sum_{k=1}^{m} (\mu_{n+k-1} - \mu_{n+k})Q_{n+k} \cdots Q_{n+m}.
\end{aligned}$$

On déduit de (2.3) avec P remplacé par $Q_{n+k} \cdots Q_{n+m}$, que pour $k \in \{1, \ldots, m\}$,

$$\|(\mu_{n+k-1} - \mu_{n+k}) Q_{n+k} \cdots Q_{n+m}\| \leq \|\mu_{n+k-1} - \mu_{n+k}\|.$$

On en déduit donc que pour $n, m \in \mathbb{N}^*$,

$$\|\nu_{n+m} - \mu_{n+m}\| \leq \|(\nu_n - \mu_n) Q_{n+1} \cdots Q_{n+m}\| + \sum_{k=1}^{m} \|\mu_{n+k-1} - \mu_{n+k}\|. \tag{2.11}$$

En reprenant l'inégalité ci-dessus avec $n = jl$ et $m = l$, on déduit des lemmes 2.3.6 et 2.3.3 que pour $j \in \mathbb{N}^*$,

$$\begin{aligned} \left\|\nu_{(j+1)l} - \mu_{(j+1)l)}\right\| &\leq \left\|(\nu_{jl} - \mu_{jl}) Q_{jl+1} \cdots Q_{(j+1)l}\right\| + \sum_{k=1}^{l} \|\mu_{jl+k-1} - \mu_{jl+k}\| \\ &\leq (1 - \alpha_j) \|\nu_{jl} - \mu_{jl}\| + b_j, \end{aligned}$$

avec $\alpha_j = \alpha \, \mathrm{e}^{-\kappa l \log(jl+l)/h}$ et $b_j = \displaystyle\sum_{k=1}^{l} \frac{\log(jl+k) - \log(jl+k-1)}{h} \Delta(H) = \dfrac{\Delta(H)}{h} \log\left(\dfrac{j+1}{j}\right)$. Si on pose $z_j = \|\nu_{jl} - \mu_{jl}\|$, il vient pour $j \in \mathbb{N}^*$, $z_{j+1} \leq (1 - \alpha_j) z_j + b_j$. Le lemme déterministe qui suit, et dont la démonstration est reportée à la fin de ce paragraphe, permet de conclure que la suite $(z_j, j \geq 1)$ converge vers 0 quand j tend vers l'infini.

Lemme 2.3.7. *Soit $(\alpha_n, n \geq 1)$ et $(b_n, n \geq 1)$ deux suites positives telles que $\alpha_n \in]0,1[$ pour tout $n \geq 1$. Soit $(z_n, n \geq 1)$ une suite telle que $z_1 \geq 0$ et vérifiant pour tout $n \geq 1$*

$$z_{n+1} \leq (1 - \alpha_n) z_n + b_n. \tag{2.12}$$

Si $\sum_{n \geq 1} \alpha_n = +\infty$ et $\lim_{n \to \infty} \dfrac{b_n}{\alpha_n} = 0$, alors on a $\lim_{n \to \infty} z_n = 0$.

Par définition de α_j et b_j, on a les équivalents suivants quand j tend vers l'infini : $\alpha_j \sim a j^{-\kappa l/h}$, avec $a > 0$, et $\dfrac{b_j}{\alpha_j} \sim a' j^{-1+\frac{\kappa l}{h}}$ avec $a' > 0$. En particulier, si $h > H_0$ avec $H_0 = \kappa l$, les conditions du lemme 2.3.7 sont satisfaites. On obtient alors que $\lim_{j \to \infty} \|\nu_{jl} - \mu_{jl}\| = 0$.

Enfin pour tout $p \in \{1, \ldots, l-1\}$, on déduit de (2.11) avec $n = jl$ et $m = p$, de (2.3) avec $P = Q_{jl+1} \cdots Q_{jl+p}$ et du lemme 2.3.3 que

$$\|\nu_{jl+p} - \mu_{jl+p}\| \leq \|\nu_{jl} - \mu_{jl}\| + \Delta(H) \log\left(\frac{jl+p}{jl}\right).$$

En particulier, cela implique que si $h > H_0$, $\lim_{n \to \infty} \|\nu_n - \mu_n\| = 0$.

On a pour $n \in \mathbb{N}^*$,

$$|\mathbb{P}(H(X_n) > \mathcal{H}) - \mu_n(\{x ;\ H(x) > \mathcal{H}\})| = \Big| \sum_{x ;\ H(x) > \mathcal{H}} (\nu_n(x) - \mu_n(x)) \Big|$$

$$\leq 2 \|\nu_n - \mu_n\| .$$

Comme, d'après le lemme 2.3.2, $\lim_{n\to\infty} \mu_n(\{x ;\ H(x) > \mathcal{H}\}) = 0$, on déduit de ce qui précède que, si $h > H_0$, alors $\lim_{n\to\infty} \mathbb{P}(H(X_n) > \mathcal{H}) = 0$. □

Démonstration du lemme 2.3.7. On pose $A_1 = 1$ et pour $n \geq 2$, $A_n = \prod_{i=1}^{n-1} \frac{1}{1-\alpha_i}$. On a en multipliant (2.12) par A_{n+1} que $A_{n+1} z_{n+1} \leq A_n z_n + A_{n+1} b_n$. On en déduit par récurrence que pour $n \geq 2$,

$$A_n z_n \leq A_1 z_1 + \sum_{i=1}^{n-1} A_{i+1} b_i.$$

Il suffit alors de remarquer que $A_1 = 1$ et $A_{i+1} = \frac{1}{\alpha_i}(A_{i+1} - A_i)$ pour obtenir la majoration

$$z_n \leq \frac{z_1}{A_n} + \frac{1}{A_n} \sum_{i=1}^{n-1} \frac{b_i}{\alpha_i}(A_{i+1} - A_i). \tag{2.13}$$

La suite $(A_n, n \geq 1)$ est une suite croissante. On a $\log(A_n) = -\sum_{i=1}^{n-1} \log(1 - \alpha_i) \geq \sum_{i=1}^{n-1} \alpha_i$. Comme la série $\sum_{i\geq 1} \alpha_i$ diverge, la suite $(A_n, n \geq 0)$ diverge. Ainsi le premier terme du membre de gauche de (2.13) converge vers 0 quand n tend vers l'infini.

Montrons que le second terme du membre de gauche de (2.13) converge également vers 0 quand n tend vers l'infini. Soit $\varepsilon > 0$. Comme $\lim_{i\to\infty} \frac{b_i}{\alpha_i} = 0$, la suite $(b_i/\alpha_i, i \geq 1)$ est majorée par une constante que nous notons M et il existe $i_0 \geq 2$ tel que pour tout $i \geq i_0$, on $b_i/\alpha_i \leq \varepsilon/2$. Comme la suite $(A_n, n \geq 1)$ diverge, il existe $n_0 \geq i_0$ tel que pour tout $n \geq n_0$, on a $A_n^{-1} \leq \varepsilon/(2MA_{i_0})$. On en déduit que pour tout $n \geq n_0$, on a

$$\frac{1}{A_n} \sum_{i=1}^{n-1} \frac{b_i}{\alpha_i}(A_{i+1} - A_i) \leq \frac{1}{A_n} M(A_{i_0} - A_1) + \frac{\varepsilon}{2} \frac{A_n - A_{i_0}}{A_n} \leq \varepsilon.$$

Cela implique $\lim_{n\to\infty} \frac{1}{A_n} \sum_{i=1}^{n-1} \frac{b_i}{\alpha_i}(A_{i+1} - A_i) = 0$. On en déduit alors que $\lim_{n\to\infty} z_n = 0$. □

2.3.3 Résultats théoriques

Nous énonçons sans démonstration des résultats précis sur le comportement asymptotique du recuit simulé.

Soit $x \in E$, tel que $H(x) > \mathcal{H}$. On dit que $\gamma = (x_0, \dots, x_n)$ est un chemin possible de x à argmin(H) si $x_0 = x$, $x_n \in$ argmin(H) et si $P(x_k, x_{k+1}) > 0$ pour $0 \leq k < n$. La barrière d'énergie franchie par ce chemin est $H(\gamma) = \max_{0 \leq k \leq n-1} H(x_k) - \mathcal{H}$. Soit Γ_x l'ensemble des chemins possibles de x à argmin(H). On note

$$H_x^* = \min_{\gamma \in \Gamma_x} H(\gamma),$$

le minimum des barrières d'énergie franchies sur tous les chemins possibles de x à argmin(H). On note $H^* = \max_{x\,;\; H(x)>\mathcal{H}} H_x^*$ la plus haute de ces barrières d'énergie. Pour tout x, tel que $H(x) > \mathcal{H}$, il existe un chemin possible de x à argmin(H) dont la barrière d'énergie est inférieure ou égale à H^*. Remarquons que la quantité H^* dépend de la fonction d'énergie H, mais aussi de la matrice de sélection.

Le résultat suivant est dû à Hajek [5].

Théorème 2.3.8. *On a* $\lim_{n\to\infty} \mathbb{P}(H(X_n) > \mathcal{H}) = 0$ *si et seulement si* $\lim_{n\to\infty} T_n = 0$ *et* $\sum_{n=1}^{\infty} \mathrm{e}^{-H^*/T_n} = +\infty$.

En particulier, si on considère des schémas de température de la forme $T_n = h/\log(n)$, ou constants par morceaux avec $T_n = 1/k$ pour $\mathrm{e}^{(k-1)h} \leq n < \mathrm{e}^{kh}$, alors le théorème précédent assure que $\lim_{n\to\infty} \mathbb{P}(X_n > \mathcal{H}) = 0$ si et seulement si $h \geq H^*$. De plus, des résultats difficiles permettent de démontrer que pour tout schéma de température décroissant, pour tout $\varepsilon > 0$, on a

$$\min_{x\in E} \limsup_{n\to\infty} -\frac{1}{\log(n)} \log(\mathbb{P}(H(X_n) \geq \mathcal{H} + \varepsilon | X_0 = x)) \leq \frac{\varepsilon}{H^*}.$$

Ceci donne une minoration de la vitesse de convergence du recuit simulé. En fait, la convergence est d'autant plus rapide que h est proche de H^*.

Toutefois, en pratique on utilise l'algorithme du recuit simulé avec un horizon, i.e. un nombre d'étapes, fini N. Les schémas les plus efficaces théoriquement sont les schémas de température en puissance qui dépendent de N, voir les travaux de Catoni [3], paragraphe 7.8, et Trouvé [10]. Plus précisément, si on introduit la difficulté associée à H :

$$D = \max_{x\,;\; H(x)>\mathcal{H}} \frac{H_x^* - (H(x) - \mathcal{H})}{H(x) - \mathcal{H}},$$

on a le résultat suivant (voir [2] théorèmes 5, 6 et 7)

Théorème 2.3.9. *Il existe deux constantes* $K_2 \geq K_1 > 0$ *telles que pour tout* $N \geq 1$,

$$\frac{K_1}{N^{1/D}} \leq \max_{x\in E} \inf_{T_0 \geq \cdots \geq T_N} \mathbb{P}(H(X_N) > \mathcal{H} | X_0 = x) \leq \frac{K_2}{N^{1/D}}.$$

Et pour tout $A > 0$, il existe $d > 0$ tel que pour tout N, le schéma de température $(T_0^{(N)}, \ldots, T_N^{(N)})$ défini par $\frac{1}{T_n^{(N)}} = A\left(\frac{\log(N)^2}{A}\right)^{n/N}$, satisfait

$$\max_{x\in E} \mathbb{P}(H(X_N) > \mathcal{H} | X_0 = x) \leq d \left(\frac{\log(N)\log(\log(N))}{N}\right)^{1/D}.$$

2.4 Le problème du voyageur de commerce

Reprenons l'exemple du voyageur de commerce. On considère N villes. Une permutation, σ, de $\{1, \ldots, N\}$ est identifiée au trajet ayant la ville σ_1 pour point de départ et d'arrivée, et joignant les villes σ_i à σ_{i+1} pour $1 \leq i \leq N-1$. L'espace d'état est l'ensemble des permutations de $\{1, \ldots, N\}$, $E = \mathcal{S}_N$, et la fonction d'énergie, H, évaluée en σ correspond à la longueur du trajet associé à σ.

On définit la matrice de sélection, P_1, de la manière suivante : partant d'une permutation $\sigma = (\sigma_1, \ldots, \sigma_N)$, on choisit uniformément et indépendamment deux villes i et j parmi les N villes, et on les échange. Ainsi, si $i < j$, le nouveau trajet est $\sigma' = (\sigma_1, \ldots, \sigma_j, \ldots, \sigma_i, \ldots, \sigma_N)$. Bien sûr si $i = j$, alors $\sigma' = \sigma$. La figure 2.1 donne un exemple de deux trajets voisins distincts pour $N = 6$.

En tenant compte du fait que σ est voisin de lui-même, on obtient que la permutation σ a exactement $\dfrac{N(N-1)}{2} + 1$ voisins. La matrice de sélection est donnée par

$$\begin{cases} P_1(x,y) = \frac{2}{N^2} & \text{si } x \text{ et } y \text{ sont voisins et } x \neq y, \\ P_1(x,x) = \frac{1}{N}, & \\ P_1(x,y) = 0 & \text{si } x \text{ et } y \text{ ne sont pas voisins.} \end{cases}$$

La matrice P_1 est symétrique.

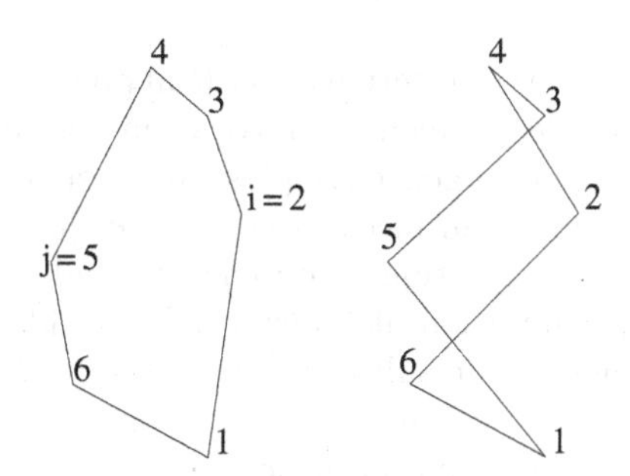

Fig. 2.1. Deux trajets voisins pour la matrice de sélection P_1

Vérifions maintenant qu'elle satisfait la condition de Doeblin (2.1). On dit que $\tau \in \mathcal{S}_N$ est une transposition si $\text{Card}\left(\{i \in \{1, \ldots, N\};\ \tau_i \neq i\}\right) = 2$. Pour $x = (x_1, \ldots, x_N), y = (y_1, \ldots, y_N) \in \mathcal{S}_N$, on note $y \circ x$ la permutation $(y_{x_1}, \ldots, y_{x_N})$. Remarquons que x et y sont voisins si et seulement si $y = x$ ou bien il existe une transposition τ telle que $y = \tau \circ x$. Toute permutation y peut s'écrire comme la composée d'une permutation x quelconque et d'au plus $N-1$ transpositions. Pour tous $x, y \in E$, il existe $\tau_1, \ldots, \tau_{N-1}$, où τ_i est soit une transposition soit l'identité, tels que $y = \tau_{N-1} \circ \cdots \tau_1 \circ x$. Remarquons enfin que comme x et $\tau \circ x$ sont voisins, on a $P_1(x, \tau \circ x) \geq \frac{2}{N^2}$. On en déduit que $P_1^{N-1}(x, y) \geq \left(\frac{2}{N^2}\right)^{N-1}$. La condition (2.1) est donc satisfaite avec $l = N - 1$, $\alpha = N!2^{N-1}N^{-2N+2}$ et pour c la probabilité uniforme sur E.

Dans l'algorithme du recuit simulé, il est important de visiter de nouveaux voisins afin d'explorer plusieurs valeurs de H. La probabilité $P_1(x, x)$ est ici élevée, et elle ralentit l'algorithme du recuit simulé. L'exercice suivant propose une solution pour remédier à ce problème.

Exercice 2.4.1. On dit que x et y sont voisins si et seulement s'il existe une transposition τ telle que $y = \tau \circ x$. On considère la matrice de sélection P_2 définie par

$$\begin{cases} P_2(x, y) = \frac{2}{N(N-1)} & \text{si } x \text{ et } y \text{ sont voisins,} \\ P_2(x, y) = 0 & \text{sinon.} \end{cases}$$

1. Montrer que la chaîne de Markov de matrice de transition P_2 est périodique de période $d = 2$. On pourra regarder l'évolution de la signature de la permutation X_n. On rappelle que la signature est l'unique application de $\mathcal{S}_N$ dans $\{-1, 1\}$ telle que la signature d'une transposition est égale à -1, la signature de la permutation identité est égale à 1, et la signature de la permutation de $x \circ y$ est le produit de la signature de x par celle de y.
2. En déduire que P_2 ne vérifie pas la condition de Doeblin (2.1).
3. Vérifier que P_2 est irréductible.
4. Pour quelles valeurs de N la fonction H n'est-elle pas constante ? Dans ces cas, déduire de la remarque 2.2.3 que la conclusion de la proposition 2.3.5 reste vraie avec P remplacée par P_2.

♦

Le choix de la matrice de sélection est crucial pour la vitesse de convergence du recuit simulé. Sur le problème du voyageur de commerce, on constate empiriquement que la convergence est plus rapide si l'on choisit la matrice de sélection P_3 correspondant au mécanisme suivant qui généralise celui associé à P_1. Partant d'une permutation x, on choisit k villes distinctes au hasard, et on effectue une permutation aléatoire sur les k villes choisies. Les valeurs $k = 3$ ou $k = 4$ donnent des résultats acceptables.

Nous mentionnons la variante P_4, qui donne en général de meilleurs résultats. Partant d'une permutation $x = (x_1, \ldots, x_N)$, on choisit 2 villes distinctes au hasard que l'on permute en changeant le sens de parcours des

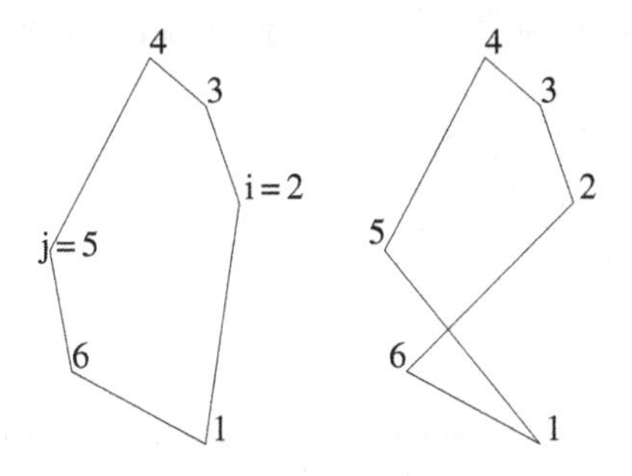

Fig. 2.2. Deux trajets voisins pour P_4

villes entre i et j. Par exemple si $3 \leq i < j \leq N-2$, la nouvelle permutation est $(x_1, \ldots, x_{i-1}, x_j, x_{j-1}, \ldots, x_{i+1}, x_i, x_{j+1}, \ldots, x_N)$. La figure 2.2 donne un exemple de deux trajets voisins distincts pour $N = 6$ (comparer avec la Fig. 2.1).

Enfin, la matrice de sélection P_0, définie par $P_0(x, y) = 1/N!$, pour laquelle tous les trajets sont voisins les uns des autres donne de très mauvais résultats. Cette variante revient à énumérer les chemins au hasard. La notion de voisinage a pour but d'explorer plus rapidement les points qui minimisent H. Pour être pertinent dans le choix de la matrice de sélection, il faut tenir compte des spécificités du problème considéré. Dans le cas du voyageur de commerce, un trajet qui se croise, comme par exemple les trajets de droite des Figs. 2.1 et 2.2, n'est pas optimal. On peut éliminer un croisement en une étape du recuit simulé avec la matrice de sélection P_4, ce n'est pas le cas en général avec les matrices de sélection P_1, P_2 ou P_3.

Par exemple pour 50 villes, on a obtenu les résultats suivants pour des simulations avec les différentes matrices de sélection et différents schémas de température. On remarque que les meilleurs résultats sont obtenus pour la matrice de sélection P_4 qui, nous l'avons vu, est bien adaptée au problème considéré, et pour des schémas de température qui décroissent plus vite vers 0 qu'en $\gamma/\log(n)$.

La figure 2.3 présente le trajet initial, le trajet obtenu après 25 000 et $N_0 =$ 50 000 itérations ainsi que le trajet optimal pour un schéma de température en γ/n. Dans la figure 2.5 nous représentons l'évolution de la longueur des trajets pour 50 000 itérations du recuit simulé avec divers schémas de température. Pour les schémas de la forme $\gamma/\log(n)$ on observe une convergence pour γ faible vers un minimum local, et un comportement encore chaotique pour γ élevé. Le résultat obtenu pour le schéma de température donné dans la deuxième partie du théorème 2.3.9 au facteur multiplicatif près, voir la Fig. 2.4, est sur cette simulation moins bon que celui obtenu pour un schéma de température de la forme γ/n. Enfin, dans la figure 2.6, on observe l'évolution de la longueur des trajets pour les matrices de sélection P_0, P_1, P_3 et P_4 et des vitesses de la forme γ/n. On constate que la matrice de sélection P_0, correspondant à un choix uniforme sur tous les trajets, donne de mauvais

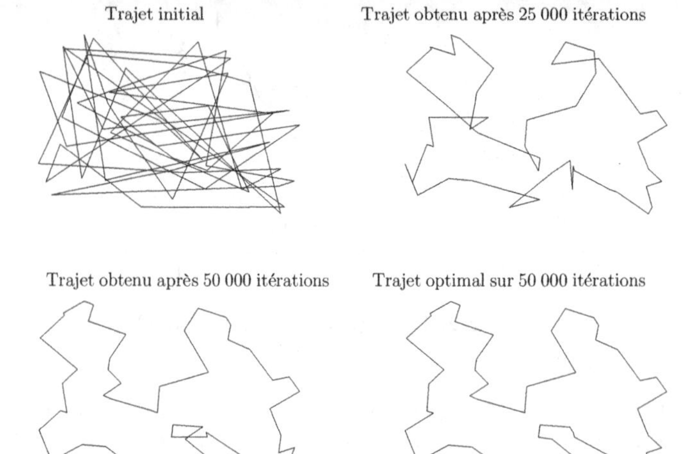

Fig. 2.3. Évolution des trajets au cours d'une simulation du recuit simulé avec matrice de sélection P_4 et schéma de température $T_n = \gamma/n$

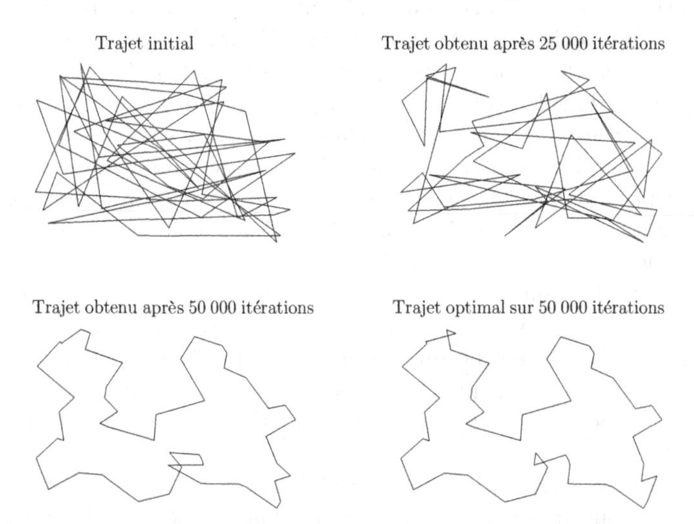

Fig. 2.4. Évolution des trajets au cours d'une simulation du recuit simulé avec matrice de sélection P_4 et schéma de température $T_n = 2\log(N_0)^{-2n/N_0}$, avec $N_0 = 50\,000$

résultats et que la matrice de sélection P_4 semble la plus adaptée au problème du voyageur de commerce.

En conclusion, l'algorithme du recuit simulé est un algorithme stochastique qui permet de trouver un ou plusieurs points qui réalisent le minimum de H, en fait un minimum local, pour une fonction quelconque. Il est simple d'utilisation, mais le choix de la matrice de sélection est crucial. Enfin le réglage

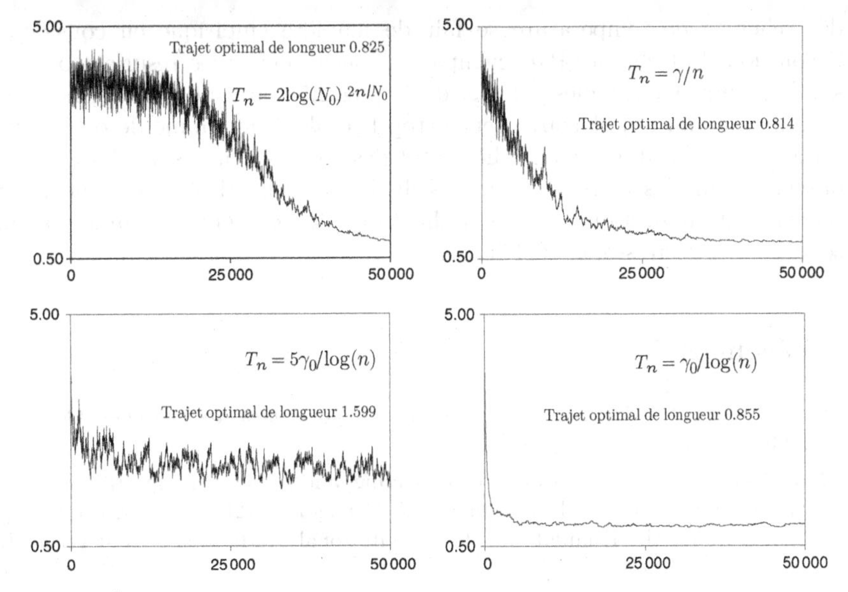

Fig. 2.5. Évolution de la longueur des trajets au cours de $N = 50\ 000$ itérations du recuit simulé avec la matrice de sélection P_4 et divers schémas de température

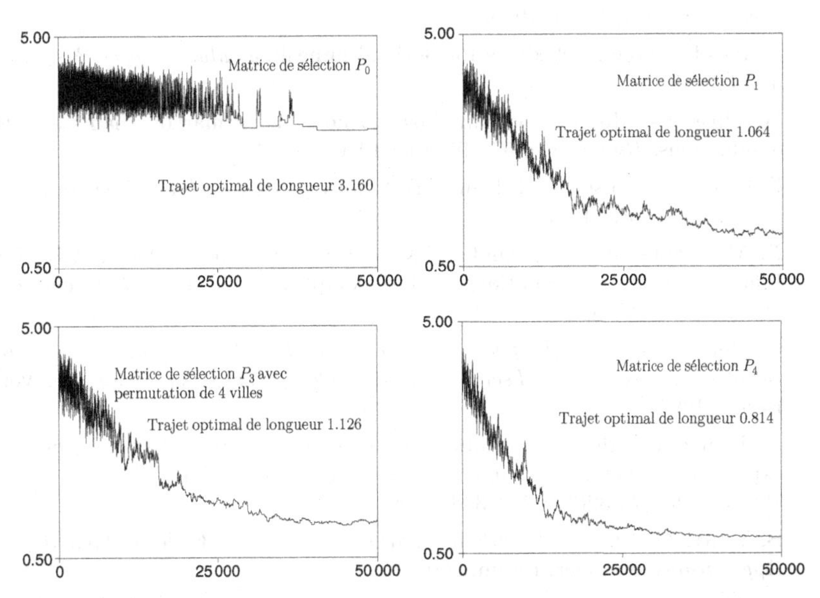

Fig. 2.6. Évolution de la longueur des trajets au cours de $N = 50\ 000$ itérations du recuit simulé avec un schéma de température en γ/n et différentes matrices de sélection. La constante γ n'est pas la même suivant les matrices de sélection

des schémas de température se fait de manière empirique en considérant l'évolution de l'énergie. Par exemple, on désire éviter les résultats observés sur les deux diagrammes du bas de la Fig. 2.5 : pas de convergence (diagramme de gauche) et convergence trop brutale (diagramme de droite) vers un minimum local. On recherche plutôt des comportements similaires à ceux observés dans les deux diagrammes du haut de la Fig. 2.5, où une longue séquence d'exploration (évolution chaotique de l'énergie) est suivie par une séquence de décroissance de l'énergie.

Références

1. N. Bartoli et P. Del Moral. *Simulation et algorithmes stochastiques.* Cépaduès, 2001.
2. O. Catoni. Metropolis, simulated annealing, and iterated energy transformation algorithms : theory and experiments. *J. Complexity*, 12(4) : 595–623, 1996. Special issue for the Foundations of Computational Mathematics Conference (Rio de Janeiro, 1997).
3. O. Catoni. Simulated annealing algorithms and Markov chains with rare transitions. In *Séminaire de probabilités XXXIII*, volume 1709 de *Lect. Notes Math.*, pages 69–119. Springer, 1999.
4. M. Duflo. *Algorithmes stochastiques*, volume 23 de *Mathématiques & Applications.* Springer, Berlin, 1996.
5. B. Hajek. Cooling schedules for optimal annealing. *Math. Oper. Res.*, 13(2) : 311–329, 1988.
6. W. Hastings. Monte carlo sampling methods using markov chains and their applications. *Biometrika*, 57 : 97–109, 1970.
7. E. Lawler, J. Lensra, A.R. Kan et D. Shmoys. *The traveling salesman problem.* Wiley, New-York, 1987.
8. N. Metropolis, A.W. Rosenbluth, M.N. Rosenbluth, E. Teller et A.H. Teller. Equation of state calculations by fast computing machines. *J. Chem. Phys.*, 90 : 233–241, 1953.
9. G. Reinelt. *The traveling salesman. Computational solutions for TSP applications*, volume 840 de *Lecture Notes in Computer Science.* Springer-Verlag, Berlin, 1994.
10. A. Trouvé. Rough large deviation estimates for the optimal convergence speed exponent of generalized simulated annealing algorithms. *Ann. Inst. H. Poincaré Probab. Statist.*, 32(3) : 299–348, 1996.
11. B. Ycart. *Modèles et algorithmes markoviens*, volume 39 de *Mathématiques & Applications.* Springer, Berlin, 2002.

3

Gestion des approvisionnements

Ce chapitre est consacré à l'étude de la gestion du stock d'un produit, une pièce de rechange automobile par exemple, sur plusieurs périodes de temps. Au début de chaque période, le gestionnaire du stock effectue une commande auprès de son fournisseur ; pendant la période, la quantité commandée est livrée et des clients formulent des demandes que le gestionnaire peut ou non satisfaire suivant le stock dont il dispose. On appelle stratégie du gestionnaire la manière dont il décide de la quantité commandée en fonction du passé. L'objectif du chapitre est de caractériser les stratégies optimales en termes de minimisation du coût total qui s'exprime comme la somme du coût d'achat du produit auprès du fournisseur, du coût de stockage et du coût associé aux demandes de clients qui n'ont pu être honorées faute de stock. Bien entendu, minimiser la somme du coût d'achat et du coût de stockage et minimiser le coût associé aux demandes non satisfaites sont des objectifs antagonistes.

Dans le premier paragraphe, nous commençons par résoudre le problème d'optimisation sur une seule période de temps avant de décrire précisément le problème dynamique de gestion de stock sur plusieurs périodes de temps.
Le second paragraphe est consacré à une introduction au contrôle de chaînes de Markov, dans un cadre qui englobe le problème dynamique de gestion de stock. L'objectif est de montrer comment le principe de la programmation dynamique introduit par Bellman [1] à la fin des années 1950 permet de ramener l'étude d'un problème d'optimisation à N périodes de temps à celle de N problèmes à une seule période de temps. Nous illustrons sur le problème dit de la secrétaire comment ce principe permet d'expliciter la stratégie optimale d'un recruteur. On suppose que le recruteur sait classer les N candidats à un poste qui se présentent successivement pour passer un entretien avec lui et que tout candidat qui ne reçoit pas de réponse positive lors de son entretien trouve un emploi ailleurs. Pour maximiser la probabilité de choisir le meilleur des N candidats lors de cette procédure, le recruteur doit d'abord observer une proportion proche de $1/e$ de candidats sans les recruter, puis choisir ensuite tout candidat meilleur que ceux qu'il observés (si aucun candidat meilleur ne se présente ensuite, il recrute le dernier candidat qu'il reçoit).

Enfin, dans le troisième paragraphe, nous utilisons les résultats du second paragraphe pour déterminer les stratégies optimales du gestionnaire de stock dans le modèle dynamique : à chaque instant, lorsque le stock est égal à x, le gestionnaire doit commander la quantité $\mathbf{1}_{\{x \leq s\}}(S-x)^+$ qui permet de se ramener au stock objectif S si le stock est inférieur au seuil s, où le couple (s, S) peut dépendre ou non du temps.

3.1 Le modèle probabiliste de gestion de stock

3.1.1 Le modèle à une période de temps

Ce modèle comporte un seul produit et une seule période de temps. Au début de la période, pour satisfaire les besoins de sa clientèle, un gestionnaire (par exemple un vendeur de journaux) commande une quantité q de produit qui lui est facturée au coût unitaire $c > 0$ par le fournisseur. Il est souvent naturel de supposer que le produit se présente sous forme d'unités (cas des journaux par exemple), auquel cas $q \in \mathbb{N}$. Mais on peut aussi se placer dans un cadre continu (cas d'un liquide comme l'essence par exemple) et supposer $q \in \mathbb{R}_+$, ce qui simplifie parfois le problème d'optimisation. Comme la demande des clients sur la période de temps n'est pas connue du gestionnaire au moment où il effectue sa commande, il est naturel de la modéliser par une variable aléatoire D à valeurs dans $\mathbb{N}$ ou $\mathbb{R}_+$. On suppose que D est d'espérance finie $\mathbb{E}[D] = \mu$ et que l'on connaît sa loi au travers de sa fonction de répartition $F(x) = \mathbb{P}(D \leq x)$.

À l'issue de la période trois situations sont possibles :

- $q = D$: le gestionnaire a visé juste.
- $q > D$ i.e. il y a $(q - D)$ unités de produit en surplus. On associe à ce surplus un coût unitaire c_S qui correspond par exemple au coût de stockage sur la période. Notons que l'on peut supposer c_S négatif pour rendre compte de la possibilité de retourner le surplus au fournisseur (c'est le cas pour les journaux qui sont repris par les Nouvelles Messageries de la Presse Parisienne). Dans ce cas, il est naturel de supposer que $c > -c_S$ i.e. que le prix auquel le fournisseur reprend le surplus est plus petit que le coût unitaire c auquel le gestionnaire se fournit. Nous supposerons donc désormais que $\boxed{c > 0 \text{ et } c > -c_S}$.
- $q < D$: on appelle manquants les demandes que le gestionnaire n'a pu satisfaire. On associe aux $D - q$ manquants un coût unitaire $\boxed{c_M \geq 0}$ qui rend compte de la détérioration de l'image du gestionnaire auprès des clients non servis.

L'objectif pour le gestionnaire est de trouver $q \geq 0$ qui minimise l'espérance du coût total

$$g(q) = cq + c_S\mathbb{E}[(q - D)^+] + c_M\mathbb{E}[(D - q)^+] \tag{3.1}$$

où pour $y \in \mathbb{R}$, $y^+ = \max(y,0)$ désigne la partie positive de y. Même si la quantité commandée est positive, nous allons supposer que la fonction g est définie sur $\mathbb{R}$ car cela sera utile lorsque nous introduirons un coût fixe d'approvisionnement et un stock initial. Vérifions que g est continue. Comme la demande D est positive, pour $q \leq 0$, $(D-q)^+ = D-q$ et $\mathbb{E}[(D-q)^+] = \mu-q$. Donc $q \to \mathbb{E}[(D-q)^+]$ est continue sur $\mathbb{R}_-$. Pour $q \geq 0$, $0 \leq (D-q)^+ \leq D$. Comme $q \to (D-q)^+$ est continue, on en déduit par convergence dominée que $q \to \mathbb{E}[(D-q)^+]$ est continue sur $\mathbb{R}_+$ et donc sur $\mathbb{R}$. L'égalité $y^+ = y + (-y)^+$ entraîne que

$$\forall q \in \mathbb{R},\ \mathbb{E}[(q-D)^+] = q - \mu + \mathbb{E}[(D-q)^+]. \tag{3.2}$$

On en déduit la continuité de $q \to \mathbb{E}[(q-D)^+)]$ puis celle de g.
Pour assurer que $\inf_{q\geq 0} g(q)$ est atteint, il suffit maintenant de vérifier que $\lim_{q\to+\infty} g(q) = +\infty$. Pour montrer ce résultat, on distingue deux cas dans lesquels on utilise respectivement les inégalités $c > 0$ et $c > -c_S$:

- si $c_S \geq 0$, alors $g(q) \geq cq$,
- si $c_S < 0$, pour $q \geq 0$, $(q-D)^+ \leq q$ et donc $\mathbb{E}[(q-D)^+] \leq q$ ce qui implique $g(q) \geq (c + c_S)q$.

Ainsi $\inf_{q\geq 0} g(q)$ est atteint. La proposition suivante indique quelle quantité le gestionnaire doit commander pour minimiser le coût.

Proposition 3.1.1.

- *Si $c_M \leq c$ alors la fonction g est croissante et ne rien commander est optimal.*
- *Sinon, $(c_M - c)/(c_M + c_S) \in]0,1[$ et si on pose*

$$S = \inf\{z \in \mathbb{R} : F(z) \geq (c_M - c)/(c_M + c_S)\} \tag{3.3}$$

alors $S \in \mathbb{R}_+$. En outre, si D est une variable aléatoire entière i.e. $\mathbb{P}(D \in \mathbb{N}) = 1$, alors $S \in \mathbb{N}$. Enfin, g est décroissante sur $]-\infty, S]$ et croissante sur $[S, +\infty[$, ce qui implique que commander S est optimal.

Remarque 3.1.2. L'hypothèse $c_M > c$ qui rend le problème d'optimisation intéressant peut se justifier par des considérations économiques. En effet, il est naturel de supposer que le prix de vente unitaire du produit par le gestionnaire à ses clients est supérieur au coût c auquel il s'approvisionne. Comme la perte c_M correspondant à une unité de manquants est égale à la somme de ce prix de vente unitaire et du coût en termes d'image, on a alors $c_M > c$. ◊

Démonstration. D'après (3.1) et (3.2),

$$g(q) = c_M\mu + (c - c_M)q + (c_M + c_S)\mathbb{E}[(q-D)^+]. \tag{3.4}$$

Pour $q \geq 0$, $(q-D)^+ = \int_0^q \mathbf{1}_{\{z\geq D\}}dz$ ce qui implique en utilisant le théorème de Fubini,

$$\mathbb{E}[(q-D)^+] = \mathbb{E}\left[\int_0^q \mathbf{1}_{\{z\geq D\}}dz\right] = \int_0^q \mathbb{E}\left[\mathbf{1}_{\{D\leq z\}}\right]dz = \int_0^q F(z)dz.$$

Comme D est une variable aléatoire positive, sa fonction de répartition F est nulle sur $]-\infty,0[$ et l'égalité précédente reste vraie pour $q<0$. Donc

$$\forall q \in \mathbb{R},\ g(q) = c_M\mu + \int_0^q ((c-c_M)+(c_M+c_S)F(z))\,dz. \qquad (3.5)$$

- Si $c_M \leq c$ alors comme F est à valeurs dans $[0,1]$, l'intégrande dans le membre de droite est minoré par $c - c_M + \min(0, c_M + c_S) = \min(c-c_M, c+c_S)$. Ce minorant est positif si bien que g est une fonction croissante et ne rien commander est optimal.
- Si $c_M > c$, comme $c > -c_S$, $0 < c_M - c < c_M + c_S$. D'où

$$0 < \frac{c_M - c}{c_M + c_S} < 1.$$

  Comme F est nulle sur $]-\infty,0[$, l'ensemble $\{z \in \mathbb{R} : F(z) \geq (c_M - c)/(c_M+c_S)\}$ est inclus dans $\mathbb{R}_+$. Puisque $\lim_{z\to+\infty} F(z) = 1$, il est non vide. Donc sa borne inférieure S définie par (3.3) est dans $\mathbb{R}_+$.
  Lorsque la demande D est une variable entière, la fonction de répartition F est constante sur les intervalles $[n, n+1[, n \in \mathbb{N}$ et présente des sauts égaux à $\mathbb{P}(D=n)$ aux points $n \in \mathbb{N}$. On en déduit que $S = \min\{n \in \mathbb{N}, \sum_{k=0}^{n} \mathbb{P}(D=k) \geq (c_M - c)/(c_M + c_S)\}$ et que $S \in \mathbb{N}$.
  L'intégrande dans le membre de droite de (3.5) est croissant, négatif pour $z < S$ et positif pour $z \geq S$. Donc g est décroissante sur $]-\infty, S]$, croissante sur $[S, +\infty[$ et commander S est optimal.

□

Remarque 3.1.3.
- Lorsque $c_M > c$, si la fonction de répartition F de la demande D est continue (c'est le cas par exemple si la variable aléatoire D possède une densité), alors $F(S) = (c_M - c)/(c_M + c_S)$. Cette égalité peut se voir comme la condition d'optimalité du premier ordre $g'(S) = 0$ puisque $g'(q) = (c - c_M) + (c_M + c_S)F(q)$. On peut la récrire

$$c + c_S\mathbb{P}(D \leq S) = c_M\mathbb{P}(D > S).$$

  Elle a donc l'interprétation économique suivante : le surcoût moyen $c + c_S\mathbb{P}(D \leq S)$ lié à la commande d'une unité supplémentaire est compensé par l'économie moyenne $c_M\mathbb{P}(D > S)$ réalisée grâce à cette unité supplémentaire.
- La fonction $q \to (q-D)^+$ est convexe sur $\mathbb{R}$. Lorsque $c_M + c_S \geq 0$, on en déduit en multipliant par $c_M + c_S$ et en prenant l'espérance que $q \to (c_M+c_S)\mathbb{E}[(q-D)^+]$ est convexe sur $\mathbb{R}$. Avec (3.4), on conclut que g est alors une fonction convexe sur $\mathbb{R}$.

◊

Choix de la loi de la demande D

Il est souvent raisonnable de considérer que la demande D provient d'un grand nombre n de clients indépendants qui ont chacun une probabilité p de commander une unité du produit. C'est par exemple le cas pour une pièce de rechange automobile : les n clients potentiels sont les détenteurs de la voiture pour laquelle la pièce est conçue. Dans ces conditions, la demande suit la loi binomiale de paramètre (n,p) i.e. pour $0 \leq k \leq n$, la probabilité qu'elle vaille k est donnée par $\binom{n}{k}p^k(1-p)^{n-k}$. En particulier $\mu = \mathbb{E}[D] = np$. La loi binomiale n'étant pas d'une manipulation très agréable, on pourra préférer les deux lois obtenues dans les passages à la limite suivants :

- n grand ($n \to +\infty$) et p petit ($p \to 0$) avec $np \to \mu > 0$. Dans cette asymptotique, d'après l'exemple 6.3.1, la loi binomiale de paramètres (n,p) converge étroitement vers la loi de Poisson de paramètre μ. On peut donc modéliser la demande comme une variable de Poisson de paramètre μ.
- n grand ($n \to +\infty$) avec $p > 0$ fixé, alors le théorème central limite A.3.15 justifie l'utilisation de la loi gaussienne $\mathcal{N}(\mu, \sigma^2)$ (avec $\sigma^2 = \mu(1-\mu/n)$) de densité $\frac{1}{\sigma\sqrt{2\pi}} \mathrm{e}^{-\frac{(x-\mu)^2}{2\sigma^2}}$ comme loi pour D. Une variable aléatoire gaussienne de variance $\sigma^2 > 0$ a toujours une probabilité strictement positive de prendre des valeurs négatives. Mais dans les conditions d'application du théorème central limite, cette probabilité est très faible pour la loi limite $\mathcal{N}(\mu, \sigma^2)$ et la commande de la quantité S donnée par la proposition 3.1.1 est une bonne stratégie.

Taux de manquants

On suppose $c_M > c$. Du point de vue du gestionnaire, le taux de manquants i.e. le taux de demandes de clients non satisfaites est un indicateur important. Lorsqu'il a commandé S, ce taux est égal à $\frac{(D-S)^+}{D}$. On a

$$\mathbb{E}\left[\frac{(D-S)^+}{D}\right] \leq \mathbb{E}\left[\mathbf{1}_{\{D>S\}}\right] = \mathbb{P}(D > S) = 1 - F(S) \leq \frac{c + c_S}{c_M + c_S},$$

la dernière inégalité étant une égalité si F est continue en S. En général, l'espérance du taux de manquants est même significativement plus petite que la probabilité pour qu'il y ait des manquants.

Exemple 3.1.4. Dans le cas particulier où D suit la loi de Poisson de paramètre 50, $c = 10$, $c_M = 20$ et $c_S = 5$, on vérifie numériquement que le stock objectif vaut $S = 48$. Le rapport $\dfrac{c + c_S}{c_M + c_S}$ qui vaut 0.6 est légèrement supérieur à $\mathbb{P}(D > S) \simeq 0.575$ mais très sensiblement supérieur au taux de manquants qui est égal à 6.8 %. La fonction g correspondant à ce cas particulier est représentée sur la Fig. 3.1. ◊

Résolution avec stock initial et coût fixe d'approvisionnement

On suppose maintenant que si le gestionnaire commande une quantité q non nulle auprès de son fournisseur, il doit payer un coût fixe c_F positif en plus

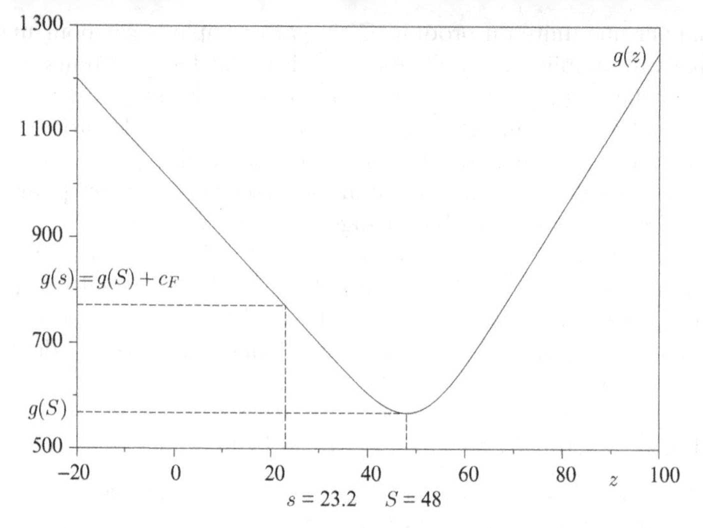

Fig. 3.1. Représentation de $g(z)$, s et S ($c = 10$, $c_M = 20$, $c_S = 5$, $c_F = 200$, D distribuée suivant la loi de Poisson de paramètre 50)

du coût unitaire c. On suppose également que le stock initial x n'est pas nécessairement nul. On autorise même la situation où x est négatif qui traduit le fait qu'une quantité égale à $-x$ de demandes formulées par des clients avant le début de la période n'ont pu être satisfaites et sont maintenues par ces clients. Le problème est maintenant de trouver la quantité commandée $q \geq 0$ qui minimise

$$c_F \mathbf{1}_{\{q>0\}} + cq + c_S \mathbb{E}[(x + q - D)^+] + c_M \mathbb{E}[(D - x - q)^+]. \tag{3.6}$$

Proposition 3.1.5. *On suppose $c_M > c$. Alors l'ensemble*

$$\{z \in] - \infty, S], \; g(z) \geq c_F + g(S)\}$$

est non vide. Si on note s sa borne supérieure, la stratégie (s, S) qui consiste à commander la quantité $q = (S - x)$ permettant d'atteindre le stock objectif S lorsque x est inférieur au stock seuil s et à ne rien faire $(q = 0)$ sinon est optimale au sens où elle minimise (3.6).

La figure 3.1 représente la fonction g et fournit une interprétation graphique du couple (s, S) dans le cas particulier où D suit la loi de Poisson de paramètre 50, $c = 10$, $c_M = 20$, $c_S = 5$ et $c_F = 200$.

Démonstration. Lorsque $z \leq 0$, on a $(z - D)^+ = 0$ et $(D - z)^+ = D - z$, d'où pour la fonction g définie par (3.1),

$$\forall z \leq 0, \; g(z) = cz + c_M(\mathbb{E}[D] - z) = (c - c_M)z + c_M \mu.$$

Comme $c_M > c$, cela implique que $\lim_{z\to-\infty} g(z) = +\infty$. Ainsi l'ensemble $\{z \in]-\infty, S],\ g(z) \geq c_F + g(S)\}$ est non vide et sa borne supérieure s est dans $]-\infty, S]$.

On ne change rien à la quantité q optimale en ajoutant cx au coût (3.6). Le critère à minimiser devient $c_F\mathbf{1}_{\{q>0\}} + g(x+q)$. Comme d'après la proposition 3.1.1, g est croissante sur $[S, +\infty[$, il est clairement optimal de ne rien commander si $x \geq S$.
Pour $x < S$, comme g atteint son minimum en S, il est optimal de commander $S - x$ si $g(x) \geq c_F + g(S)$ et de ne rien commander sinon. Notons que lorsque le produit se présente sous forme d'unités, le stock initial x est entier tout comme le stock objectif S (voir la proposition 3.1.1), ce qui assure que le gestionnaire peut bien commander la quantité $S - x$ qui est entière. La décroissance et la continuité de g sur $]-\infty, S]$ entraînent que $\{x \in]-\infty, S],\ g(x) \geq c_F + g(S)\} =]-\infty, s]$, ce qui achève la démonstration. □

Remarque 3.1.6.
- Si $c_F = 0$, alors $s = S$. Comme la stratégie (S, S) consiste à commander $(S - x)$ lorsque $x \leq S$, on retrouve bien le résultat de la proposition 3.1.1.
- Le coût minimal associé à la stratégie (s, S) est

$$u(x) = -cx + \inf_{q\geq 0}\left(c_F\mathbf{1}_{\{q>0\}} + g(x+q)\right)$$
$$= -cx + (g(S) + c_F)\mathbf{1}_{\{x\leq s\}} + g(x)\mathbf{1}_{\{x>s\}}.$$

Dans la définition 3.3.3, nous introduirons une notion de convexité spécifique à la gestion des approvisionnements. Le coût minimal $u(x)$ fournira un exemple typique de fonction satisfaisant cette propriété de convexité.

◊

3.1.2 Le modèle dynamique de gestion de stock

Le modèle comporte toujours un seul produit mais N périodes de temps (typiquement des journées, des semaines ou des mois). Pour $t \in \{0, \ldots, N-1\}$, une demande D_{t+1} positive est formulée par les clients sur la période $[t, t+1]$. Les variables aléatoires $D_1, D_2, \ldots, D_N$ sont supposées indépendantes et identiquement distribuées de fonction de répartition F et d'espérance finie i.e. $\mathbb{E}[D_1] = \mu < +\infty$.
Au début de chaque période $[t, t+1]$, le gestionnaire décide de commander une quantité $Q_t \geq 0$ qui lui est livrée pendant la période. Plutôt que le stock physique qui est toujours positif ou nul la grandeur intéressante à considérer est le **stock système** qui peut prendre des valeurs négatives. Le stock système est défini comme le stock physique si celui-ci est strictement positif et comme moins la quantité de manquants (i.e. les demandes de clients qui n'ont pu être honorées faute de stock) sinon. On note X_t le stock système à l'instant $t \in \{0, \ldots, N\}$.

On suppose que
- le gestionnaire ne renvoie pas de produit à son fournisseur,
- les demandes correspondant aux manquants sont maintenues par les clients jusqu'à ce que le gestionnaire puisse les servir.

Ainsi la dynamique du stock système est donnée par

$$X_{t+1} = X_t + Q_t - D_{t+1}. \tag{3.7}$$

Au cours de la période $[t, t+1]$, le coût est donné par une formule analogue à celle du modèle à une seule période : $c_F \mathbf{1}_{\{Q_t>0\}} + cQ_t + c_S(X_{t+1})^+ + c_M(X_{t+1})^-$ où $y^- = \max(-y, 0)$. On associe au stock système final X_N un coût $u_N(X_N)$ (par exemple, estimer que ce stock final a une valeur unitaire égale à c consiste à poser $u_N(x) = -cx$). Enfin pour traduire la préférence du gestionnaire pour 1 Euro à la date t par rapport à 1 Euro à la date $t+1$, on utilise un facteur d'actualisation $\alpha \in [0,1]$. L'espérance du coût total actualisé est donnée par

$$\mathbb{E}\left[\sum_{t=0}^{N-1} \alpha^t \left(c_F \mathbf{1}_{\{Q_t>0\}} + cQ_t + c_S(X_{t+1})^+ + c_M(X_{t+1})^-\right) + \alpha^N u_N(X_N)\right]. \tag{3.8}$$

L'objectif du gestionnaire est de choisir les quantités Q_t au vu du passé jusqu'à l'instant t de manière à minimiser l'espérance du coût total. Le but du paragraphe suivant est de montrer que la résolution d'un tel problème d'optimisation à N périodes de temps peut se ramener à la résolution de N problèmes à une période de temps définis par récurrence descendante.

3.2 Éléments de contrôle de chaînes de Markov

Nous allons dans ce paragraphe décrire puis résoudre un problème de contrôle de chaînes de Markov qui englobe le problème dynamique de gestion de stock que nous venons de présenter.

3.2.1 Description du modèle

On considère un modèle d'évolution d'un système commandé par un gestionnaire sur N périodes de temps. On note $\mathcal{E}$ l'ensemble des états possibles du système et $\mathcal{A}$ l'ensemble des actions possibles du gestionnaire. Ces deux ensembles sont supposés discrets. L'état du système à l'instant $t \in \{0, \dots, N\}$ est noté X_t tandis que l'action choisie par le gestionnaire à l'instant $t \in \{0, \dots, N-1\}$ est notée A_t. Pour $t \in \{0, \dots, N-1\}$, le gestionnaire choisit l'action A_t au vu de l'histoire $H_t = (X_0, A_0, X_1, A_1, \dots, X_{t-1}, A_{t-1}, X_t) \in (\mathcal{E} \times \mathcal{A})^t \times \mathcal{E}$ jusqu'à l'instant t. On suppose que l'état X_{t+1} du système à l'instant $t+1$ ne dépend de l'histoire H_t et de l'action A_t qu'au travers du couple (X_t, A_t) : $\forall t \in \{0, \dots, N-1\}$,

$$\forall h_t = (x_0, a_0, x_1, a_1, \ldots, x_t) \in (\mathcal{E} \times \mathcal{A})^t \times \mathcal{E},\ \forall a_t \in \mathcal{A},\ \forall x_{t+1} \in \mathcal{E},$$
$$\begin{aligned}\mathbb{P}(X_{t+1} = x_{t+1} | H_t = h_t, A_t = a_t) &= \mathbb{P}(X_{t+1} = x_{t+1} | X_t = x_t, A_t = a_t) \\ &= p_t((x_t, a_t), x_{t+1}),\end{aligned} \tag{3.9}$$

où la matrice $p_t : (\mathcal{E} \times \mathcal{A}) \times \mathcal{E} \to [0, 1]$ vérifie $\sum_{y \in \mathcal{E}} p_t((x, a), y) = 1$ pour tout $(x, a) \in \mathcal{E} \times \mathcal{A}$.

Pour $t \in \{0, \ldots, N-1\}$, le choix de l'action A_t induit un coût égal à $\varphi_t(X_t, A_t, X_{t+1})$ sur la période $[t, t+1]$ où $\varphi_t : \mathcal{E} \times \mathcal{A} \times \mathcal{E} \to \mathbb{R}$. A l'instant final, un coût $u_N(X_N)$ est associé à l'état final X_N avec $u_N : \mathcal{E} \to \mathbb{R}$. L'espérance du coût total actualisé avec le facteur d'actualisation $\alpha \in [0, 1]$ est donnée par

$$\mathbb{E}\left[\sum_{n=0}^{N-1} \alpha^n \varphi_n(X_n, A_n, X_{n+1}) + \alpha^N u_N(X_N)\right].$$

Exemple 3.2.1. Le problème dynamique de gestion de stock décrit au paragraphe 3.1.2 entre dans ce cadre lorsque le produit se présente sous forme d'unités. L'espace d'état est $\mathcal{E} = \mathbb{Z}$ pour le stock système X_t et l'ensemble d'actions $\mathcal{A} = \mathbb{N}$ pour la quantité Q_t de produit commandée. On a

$$X_{t+1} = X_t + Q_t - D_{t+1}$$

où les demandes $(D_1, \ldots, D_N)$ sont des variables aléatoires positives indépendantes et identiquement distribuées que l'on suppose à valeurs dans $\mathbb{N}$. Donc pour $t \in \{0, \ldots, N-1\}$ et $h_t = (x_0, q_0, x_1, q_1, \ldots, x_t) \in (\mathbb{Z} \times \mathbb{N})^t \times \mathbb{Z}$, on a

$$\begin{aligned}&\mathbb{P}(X_{t+1} = x_{t+1} | H_t = h_t, Q_t = q_t) \\ &\qquad = \mathbb{P}(X_t + Q_t - D_{t+1} = x_{t+1} | H_t = h_t, Q_t = q_t) \\ &\qquad = \frac{\mathbb{P}(D_{t+1} = x_t + q_t - x_{t+1}, H_t = h_t, Q_t = q_t)}{\mathbb{P}(H_t = h_t, Q_t = q_t)} \\ &\qquad = \mathbb{P}(D_{t+1} = x_t + q_t - x_{t+1}) = \mathbb{P}(D_1 = x_t + q_t - x_{t+1}),\end{aligned}$$

car les variables H_t et Q_t ne dépendent que de $D_1, D_2, \ldots, D_t$ et sont indépendantes de D_{t+1}. Ainsi (3.9) est vérifié pour $p_t((x, q), y) = \mathbb{P}(D_1 = x + q - y)$. Enfin la fonction φ_t qui intervient dans l'expression de l'espérance du coût total actualisé est donnée par : $\forall (t, x, q, y) \in \{0, \ldots, N-1\} \times \mathbb{Z} \times \mathbb{N} \times \mathbb{Z}$,

$$\varphi_t(x, q, y) = c_F \mathbf{1}_{\{q>0\}} + cq + c_S y^+ + c_M y^-.$$

Elle ne dépend que des deux dernières variables. ◊

Le fait que le gestionnaire décide de l'action A_t au vu de l'histoire H_t se traduit par l'existence d'une application d_t de l'ensemble $(\mathcal{E} \times \mathcal{A})^t \times \mathcal{E}$ des histoires possibles jusqu'à l'instant t dans l'ensemble $\mathcal{A}$ des actions telle que $A_t = d_t(H_t)$. Cette application d_t est appelée règle de décision du gestionnaire à l'instant t. La stratégie $\pi = (d_0, \ldots, d_{N-1})$ du gestionnaire est constituée de l'ensemble de ses règles de décision. Bien sûr, la dynamique du système $X_t,\ t \in \{0,\ldots,N\}$ dépend de la stratégie du gestionnaire. Pour expliciter cette dépendance on note désormais X_t^π et H_t^π l'état du système et l'histoire à l'instant $t \in \{0,\ldots,N\}$ qui correspondent à la stratégie π. Sachant que l'état initial du système est x_0, le coût moyen associé à la stratégie π est donné par :

$$v_0^\pi(x_0) = \mathbb{E}\left[\sum_{n=0}^{N-1} \alpha^n \varphi_n(X_n^\pi, d_n(H_n^\pi), X_{n+1}^\pi) + \alpha^N u_N(X_N^\pi) \middle| X_0^\pi = x_0\right].$$

On note

$$v_0^*(x_0) = \inf_\pi v_0^\pi(x_0).$$

L'objectif du gestionnaire est de trouver à l'instant initial une stratégie optimale π^* qui réalise l'infimum lorsque celui-ci est atteint ou une stratégie ε-optimale π^ε vérifiant $\forall x_0 \in \mathcal{E},\ v_0^{\pi^\varepsilon}(x_0) \leq v_0^*(x_0) + \varepsilon$ avec $\varepsilon > 0$ arbitraire lorsque l'infimum n'est pas atteint.

Dans le paragraphe 3.2.2 nous allons montrer comment évaluer le coût associé à une stratégie par récurrence descendante. Puis dans le paragraphe 3.2.3, nous en déduirons les équations d'optimalité et nous montrerons que leur résolution permet de construire des stratégies optimales ou ε-optimales. Enfin, dans le paragraphe 3.2.4, nous appliquerons la théorie développée pour déterminer la stratégie optimale d'un recruteur dans « le problème de la secrétaire ».

3.2.2 Évaluation du coût associé à une stratégie

Nous allons montrer que le coût moyen associé à la stratégie π peut être évalué par récurrence descendante. On introduit pour cela le coût à venir à l'instant $t \in \{1,\ldots,N\}$ sachant que l'histoire est $h_t \in (\mathcal{E} \times \mathcal{A})^t \times \mathcal{E}$:

$$v_t^\pi(h_t) = \mathbb{E}\left[\sum_{n=t}^{N-1} \alpha^{n-t} \varphi_n(X_n^\pi, d_n(H_n^\pi), X_{n+1}^\pi) + \alpha^{N-t} u_N(X_N^\pi) \middle| H_t^\pi = h_t\right].$$

Cette notation est bien compatible avec la définition de v_0^π au paragraphe précédent. La proposition suivante indique comment exprimer v_t^π en fonction de v_{t+1}^π :

Proposition 3.2.2.

$$\forall h_N = (x_0, a_0, x_1, a_1, \ldots, x_N) \in (\mathcal{E} \times \mathcal{A})^N \times \mathcal{E},\ v_N^\pi(h_N) = u_N(x_N).$$

En outre, pour $t \in \{0,\ldots,N-1\}$, $\forall h_t = (x_0, a_0, x_1, a_1, \ldots, x_t) \in (\mathcal{E} \times \mathcal{A})^t \times \mathcal{E}$,

$$v_t^\pi(h_t) = \sum_{x_{t+1} \in \mathcal{E}} p_t((x_t, d_t(h_t)), x_{t+1}))$$
$$\left[\varphi_t(x_t, d_t(h_t), x_{t+1}) + \alpha v_{t+1}^\pi((h_t, d_t(h_t), x_{t+1}))\right].$$

La formule précédente peut s'interpréter de la façon suivante : lorsque l'histoire jusqu'à l'instant t est $h_t \in (\mathcal{E} \times \mathcal{A})^t \times \mathcal{E}$, sous la stratégie π, l'action du gestionnaire en t est $d_t(h_t)$. Pour tout $x_{t+1} \in \mathcal{E}$, l'état X_{t+1}^π du système à l'instant $t+1$ et l'histoire H_{t+1}^π jusqu'à l'instant $t+1$ sont donc respectivement égaux à x_{t+1} et à $(h_t, d_t(h_t), x_{t+1}) \in (\mathcal{E} \times \mathcal{A})^{t+1} \times \mathcal{E}$ avec probabilité $p_t((x_t, d_t(h_t)), x_{t+1})$. Le coût à venir à l'instant t sachant que l'histoire est h_t se décompose donc comme la somme sur les états possibles $x_{t+1} \in \mathcal{E}$ du système à l'instant $t+1$ pondérée par $p_t((x_t, d_t(h_t)), x_{t+1})$ du coût $\varphi_t(x_t, d_t(h_t), x_{t+1})$ sur la période $[t, t+1]$ plus le coût actualisé $\alpha v_{t+1}^\pi((h_t, d_t(h_t), x_{t+1}))$ à venir à l'instant $t+1$ sachant que l'histoire est $(h_t, d_t(h_t), x_{t+1})$.

Démonstration. Par définition,

$$v_N^\pi(h_N) = \mathbb{E}[u_N(X_N^\pi)|H_N^\pi = h_N] = \frac{\mathbb{E}\left[u_N(X_N^\pi)\mathbf{1}_{\{H_N^\pi = h_N\}}\right]}{\mathbb{P}(H_N^\pi = h_N)}.$$

Comme $H_N^\pi = h_N = (x_0, a_0, x_1, a_1, \ldots, x_N)$ implique $X_N^\pi = x_N$, on a

$$\mathbb{E}\left[u_N(X_N^\pi)\mathbf{1}_{\{H_N^\pi = h_N\}}\right] = \mathbb{E}\left[u_N(x_N)\mathbf{1}_{\{H_N^\pi = h_N\}}\right] = u_N(x_N)\mathbb{P}(H_N^\pi = h_N),$$

et on conclut que $v_N^\pi(h_N) = u_N(x_N)$.
Soit $t \in \{0, \ldots, N-1\}$. Par linéarité de l'espérance,

$$\begin{aligned}
\mathbb{P}(H_t^\pi = h_t)v_t^\pi(h_t) &= \mathbb{E}\Bigg[\mathbf{1}_{\{H_t^\pi = h_t\}}\Bigg(\sum_{n=t}^{N-1} \alpha^{n-t}\varphi_n(X_n^\pi, d_n(H_n^\pi), X_{n+1}^\pi) \\
&\qquad + \alpha^{N-t}u_N(X_N^\pi)\Bigg)\Bigg] \\
&= \sum_{x_{t+1}\in\mathcal{E}} \mathbb{E}\Bigg[\mathbf{1}_{\{X_{t+1}^\pi = x_{t+1}, H_t^\pi = h_t\}}\Bigg(\sum_{n=t}^{N-1} \alpha^{n-t}\varphi_n(X_n^\pi, d_n(H_n^\pi), X_{n+1}^\pi) \\
&\qquad + \alpha^{N-t}u_N(X_N^\pi)\Bigg)\Bigg]
\end{aligned}$$

Comme sous la stratégie π, $H_t^\pi = h_t$ implique $A_t = d_t(h_t)$, $(H_t^\pi = h_t, X_{t+1}^\pi = x_{t+1})$ implique $H_{t+1}^\pi = (h_t, d_t(h_t), x_{t+1})$. Donc

$$\begin{aligned}
\mathbb{P}(H_t^\pi = h_t)v_t^\pi(h_t) &= \sum_{x_{t+1}\in\mathcal{E}} \mathbb{E}\Bigg[\mathbf{1}_{\{H_{t+1}^\pi = (h_t, d_t(h_t), x_{t+1})\}}\Bigg(\varphi_t(x_t, d_t(h_t), x_{t+1}) \\
&+ \alpha\Bigg\{\sum_{n=t+1}^{N-1} \alpha^{n-t-1}\varphi_n(X_n^\pi, d_n(H_n^\pi), X_{n+1}^\pi) + \alpha^{N-t-1}u_N(X_N^\pi)\Bigg\}\Bigg)\Bigg] \\
&= \sum_{x_{t+1}\in\mathcal{E}} \mathbb{P}(H_{t+1}^\pi = (h_t, d_t(h_t), x_{t+1}))\Big[\varphi_t(h_t, d_t(h_t), x_{t+1}) \\
&\qquad + \alpha v_{t+1}^\pi((h_t, d_t(h_t), x_{t+1}))\Big].
\end{aligned}$$

Il suffit de remarquer que

$$\frac{\mathbb{P}(H_{t+1}^\pi = (h_t, d_t(h_t), x_{t+1}))}{\mathbb{P}(H_t^\pi = h_t)} = \frac{\mathbb{P}(X_{t+1}^\pi = x_{t+1}, H_t^\pi = h_t, A_t = d_t(h_t))}{\mathbb{P}(H_t^\pi = h_t, A_t = d_t(h_t))}$$
$$= \mathbb{P}(X_{t+1}^\pi = x_{t+1} | H_t^\pi = h_t, A_t = d_t(h_t))$$
$$= p_t((x_t, d_t(h_t)), x_{t+1})$$

d'après (3.9) pour conclure la démonstration de la formule de récurrence. □

3.2.3 Équations d'optimalité

On définit $v_t^*(h_t) = \inf_\pi v_t^\pi(h_t)$. Le théorème suivant explique comment évaluer v_t^* par récurrence descendante :

Théorème 3.2.3. *Pour tout* $t \in \{0, \ldots, N\}$,

$$\forall h_t = (x_0, a_0, x_1, a_1, \ldots, x_t) \in (\mathcal{E} \times \mathcal{A})^t \times \mathcal{E},\ v_t^*(h_t) = u_t(x_t)$$

où les fonctions u_t *sont définies par récurrence descendante à partir du coût terminal* u_N *par* **les équations d'optimalité** *: pour* $t \in \{0, \ldots, N-1\}$,

$$\forall x_t \in \mathcal{E},\ u_t(x_t) = \inf_{a \in \mathcal{A}} \sum_{x_{t+1} \in \mathcal{E}} p_t((x_t, a), x_{t+1}) \left[\varphi_t(x_t, a, x_{t+1}) + \alpha u_{t+1}(x_{t+1})\right]. \tag{3.10}$$

Démonstration. D'après la proposition 3.2.2, $\forall \pi$, $v_N^\pi(h_N) = u_N(x_N)$. Donc $v_\pi^*(h_N) = u_N(x_N)$, ce qui permet d'initialiser la démonstration par récurrence descendante de l'assertion $\forall t \in \{0, \ldots, N\}$, $v_t^*(h_t) \geq u_t(x_t)$. Supposons que l'hypothèse de récurrence est vraie à l'instant $t+1$.
Soit π une stratégie. On a $v_{t+1}^\pi(h_{t+1}) \geq v_{t+1}^*(h_{t+1}) \geq u_{t+1}(x_{t+1})$. En insérant cette inégalité dans la formule de récurrence de la proposition 3.2.2, on obtient

$$v_t^\pi(h_t) \geq \sum_{x_{t+1} \in \mathcal{E}} p_t((x_t, d_t(h_t)), x_{t+1})) \left[\varphi_t(x_t, d_t(h_t), x_{t+1}) + \alpha u_{t+1}(x_{t+1})\right]$$
$$\geq \inf_{a \in \mathcal{A}} \sum_{x_{t+1} \in \mathcal{E}} p_t((x_t, a), x_{t+1}) \left[\varphi_t(x_t, a, x_{t+1}) + \alpha u_{t+1}(x_{t+1})\right] = u_t(x_t).$$

Comme la stratégie π est arbitraire, on conclut que $v_t^*(h_t) = \inf_\pi v_t^\pi(h_t) \geq u_t(x_t)$ i.e. que l'hypothèse de récurrence est vérifiée au rang t.
Pour montrer l'inégalité inverse, on fixe $\gamma > 0$. Pour $t \in \{0, \ldots, N-1\}$ et $x_t \in \mathcal{E}$, d'après (3.10), il existe $\delta_t(x_t) \in \mathcal{A}$ t.q.

$$\sum_{x_{t+1}\in\mathcal{E}} p_t((x_t,\delta_t(x_t)),x_{t+1})\,[\varphi_t(x_t,\delta_t(x_t),x_{t+1})+\alpha u_{t+1}(x_{t+1})] \le u_t(x_t)+\gamma.$$

Notons π^γ la stratégie telle que la règle de décision à chaque instant t dans $\{0,\ldots,N-1\}$ est $d_t(h_t)=\delta_t(x_t)$ et montrons par récurrence descendante que

$$\forall t\in\{0,\ldots,N\},\ \forall h_t=(x_0,a_0,x_1,a_1,\ldots,x_t),\ v_t^{\pi^\gamma}(h_t)\le u_t(x_t)+(N-t)\gamma.$$

On a $v_N^{\pi^\gamma}(h_N)=u_N(x_N)$. Supposons que l'hypothèse est vérifiée pour n dans $\{t+1,\ldots,N\}$. En insérant l'inégalité $v_{t+1}^{\pi^\gamma}(h_{t+1})\le u_{t+1}(x_{t+1})+(N-t-1)\gamma$ dans la formule de récurrence de la proposition 3.2.2, on obtient

$$v_t^{\pi^\gamma}(h_t)\le \sum_{x_{t+1}\in\mathcal{E}} p_t((x_t,d_t(h_t)),x_{t+1}))$$
$$[\varphi_t(x_t,d_t(h_t),x_{t+1})+\alpha\,(u_{t+1}(x_{t+1})+(N-t-1)\gamma)]$$

En utilisant successivement $\sum_{x_{t+1}\in\mathcal{E}} p_t((x_t,d_t(h_t)),x_{t+1}))=1$, la définition de d_t et $\alpha\le 1$, on en déduit que

$$\begin{aligned}v_t^{\pi^\gamma}(h_t)&\le \sum_{x_{t+1}\in\mathcal{E}} p_t((x_t,\delta_t(x_t)),x_{t+1}))\,[\varphi_t(x_t,\delta_t(x_t),x_{t+1})+\alpha u_{t+1}(x_{t+1})]\\&\quad+\alpha(N-t-1)\gamma\\&\le u_t(x_t)+\gamma+(N-t-1)\gamma.\end{aligned}$$

Donc l'hypothèse de récurrence est vérifiée au rang t.
Pour $t\in\{0,\ldots,N\}$ et $h_t\in(\mathcal{E}\times\mathcal{A})^t\times\mathcal{E}$, on conclut que

$$v_t^*(h_t)\le \inf_{\gamma>0} v_t^{\pi^\gamma}(h_t)\le \inf_{\gamma>0}\,(u_t(x_t)+(N-t)\gamma)=u_t(x_t).$$

□

Définition 3.2.4.

1. *Une stratégie* π^* *est dite optimale si*

$$\forall t\in\{0,\ldots,N\},\ \forall h_t\in(\mathcal{E}\times\mathcal{A})^t\times\mathcal{E},\ v_t^{\pi^*}(h_t)=\inf_\pi v_t^\pi(h_t)=v_t^*(h_t).$$

2. *Une stratégie* π^ε *est dite* ε*-optimale si*

$$\forall t\in\{0,\ldots,N\},\ \forall h_t\in(\mathcal{E}\times\mathcal{A})^t\times\mathcal{E},\ v_t^{\pi^\varepsilon}(h_t)\le v_t^*(h_t)+\varepsilon.$$

3. *Une stratégie* $\pi_M=(d_0,\ldots,d_{N-1})$ *est dite markovienne si pour tout* t *dans* $\{0,\ldots,N-1\}$*, la règle de décision à l'instant* t *ne dépend du passé qu'au travers de l'état du système à l'instant* t *i.e. il existe* $\delta_t:\mathcal{E}\to\mathcal{A}$ *t.q.* $\forall h_t=(x_0,a_0,x_1,a_1,\ldots,x_t),\ d_t(h_t)=\delta_t(x_t)$.

Remarque 3.2.5.

- Les équations d'optimalité (3.10) expriment que pour qu'une stratégie soit optimale sur la période $[t, N]$, il faut que la décision prise en t soit optimale mais aussi que toutes les décisions ultérieures le soient. Ainsi, lorsqu'une stratégie π est optimale au sens introduit à la fin du paragraphe 3.2.1, à savoir $v_0^\pi(x_0) = v_0^*(x_0)$, elle est aussi optimale au sens du point 1 de la définition précédente (qui peut sembler plus exigeant en première lecture).
- Les stratégies markoviennes sont particulièrement intéressantes car il n'est pas nécessaire de garder en mémoire tout le passé pour les appliquer. La terminologie markovienne provient de ce que sous une telle stratégie $\pi_M = (\delta_0, \ldots, \delta_{N-1})$, $H_t^{\pi_M} = h_t$ entraîne $A_t = \delta_t(x_t)$ et donc

$$\begin{aligned}&\mathbb{P}(X_{t+1}^{\pi_M} = x_{t+1} | H_t^{\pi_M} = h_t)\\&\quad = \mathbb{P}(X_{t+1}^{\pi_M} = x_{t+1} | H_t^{\pi_M} = h_t, A_t = \delta_t(x_t)) = p_t((x_t, \delta_t(x_t)), x_{t+1})\end{aligned}$$

  d'après (3.9). Ainsi l'état $X_{t+1}^{\pi_M}$ du système à l'instant $t+1$ ne dépend du passé $H_t^{\pi_M}$ qu'au travers de l'état $X_t^{\pi_M}$ du système à l'instant t i.e. la suite $(X_t^{\pi_M})_{t \in \{0,\ldots,N\}}$ est une chaîne de Markov.

$\diamond$

Il faut noter que pour $\gamma = \varepsilon/N$, la stratégie π^γ qui a été construite dans la démonstration du théorème 3.2.3 est ε-optimale et markovienne, ce qui fournit la première assertion du corollaire suivant :

Corollaire 3.2.6.

1. *Pour tout $\varepsilon > 0$, il existe une stratégie markovienne ε-optimale.*
2. *Si $\mathcal{A}$ est fini ou bien s'il existe une stratégie $\pi^* = (d_0, \ldots, d_{N-1})$ optimale, alors il existe une stratégie markovienne optimale.*

Démonstration. Si $\mathcal{A}$ est fini, alors pour tout $t \in \{0, \ldots, N-1\}$ et tout $x_t \in \mathcal{E}$, l'infimum de l'application

$$a \in \mathcal{A} \to \sum_{x_{t+1} \in \mathcal{E}} p_t((x_t, a), x_{t+1}) \left[\varphi_t(x_t, a, x_{t+1}) + \alpha u_{t+1}(x_{t+1})\right] \tag{3.11}$$

est un minimum i.e. il est atteint. Vérifions maintenant que cette propriété reste vraie s'il existe une stratégie $\pi^* = (d_0, \ldots, d_{N-1})$ optimale. Pour $h_t = (x_0, a_0, x_1, a_1, \ldots, x_t)$, d'après le théorème 3.2.3, $u_t(x_t) = v_t^*(h_t) = v_t^{\pi^*}(h_t)$. En utilisant l'équation d'optimalité (3.10) et la proposition 3.2.2, on en déduit que

$$\begin{aligned}\inf_{a \in \mathcal{A}} \sum_{x_{t+1} \in \mathcal{E}} & p_t((x_t, a), x_{t+1}) \left[\varphi_t(x_t, a, x_{t+1}) + \alpha u_{t+1}(x_{t+1})\right] = u_t(x_t)\\ &= v_t^{\pi^*}(h_t) = \sum_{x_{t+1} \in \mathcal{E}} p_t((x_t, d_t(h_t)), x_{t+1}) \Big[\varphi_t(x_t, d_t(h_t), x_{t+1})\\ &\qquad\qquad + \alpha v_{t+1}^{\pi^*}((h_t, d_t(h_t), x_{t+1}))\Big].\end{aligned}$$

Comme $v_{t+1}^{\pi^*}((h_t, d_t(h_t), x_{t+1})) = v_{t+1}^*((h_t, d_t(h_t), x_{t+1})) = u_{t+1}(x_{t+1})$, on en déduit que

$$\inf_{a\in\mathcal{A}} \sum_{x_{t+1}\in\mathcal{E}} p_t((x_t, a), x_{t+1}) \left[\varphi_t(x_t, a, x_{t+1}) + \alpha u_{t+1}(x_{t+1})\right]$$

$$= \sum_{x_{t+1}\in\mathcal{E}} p_t((x_t, d_t(h_t)), x_{t+1}) \left[\varphi_t(x_t, d_t(h_t), x_{t+1}) + \alpha u_{t+1}(x_{t+1})\right].$$

Puisque $d_t(h_t) \in \mathcal{A}$, l'infimum de (3.11) est atteint pour $a = d_t(h_t)$.
La quantité minimisée (3.11) ne dépend que de x_t et a. Donc il existe δ_t^* : $\mathcal{E} \to \mathcal{A}$ t.q. l'infimum est atteint pour $a = \delta_t(x_t)$. On en déduit que

$$u_t(x_t) = \sum_{x_{t+1}\in\mathcal{E}} p_t((x_t, \delta_t^*(x_t)), x_{t+1}) \left[\varphi_t(x_t, \delta_t^*(x_t), x_{t+1}) + \alpha u_{t+1}(x_{t+1})\right].$$

Il suffit de reprendre l'argument de récurrence descendante de la fin de la démonstration du théorème 3.2.3 avec $\gamma = 0$ pour voir que la stratégie markovienne $\pi_M^* = (\delta_0^*, \ldots, \delta_{N-1}^*)$ est optimale. □

Les équations d'optimalité (3.10) sont aussi appelées équations de Bellman ou équations de la programmation dynamique. Elles permettent de ramener la résolution du problème d'optimisation à N périodes de temps à celle plus simple de N problèmes d'optimisation à une période. Leur résolution par récurrence descendante fournit une procédure effective qui porte le nom de programmation dynamique pour calculer le coût minimal et déterminer les stratégies markoviennes optimales (ou ε-optimales).

La théorie développée dans ce paragraphe peut être étendue à un cadre beaucoup plus général. Par exemple, on peut considérer des espaces d'états $\mathcal{E}$ et d'actions $\mathcal{A}$ non discrets mais pour cela il faut utiliser la notion d'espérance conditionnelle sachant une tribu qui dépasse le cadre de ce livre. Néanmoins, les conclusions sont analogues à celles que nous avons obtenues.

Il est également intéressant de considérer le problème à horizon infini dans le cas où les fonctions p_t et φ_t ne dépendent pas du temps et sont notées respectivement p et φ. On suppose que le facteur d'actualisation α est strictement plus petit que 1 pour pouvoir définir le coût total. Le passage à la limite formel $t \to +\infty$ dans (3.10) explique pourquoi on travaille alors avec l'équation d'optimalité :

$$u(x) = \inf_{a\in\mathcal{A}} \sum_{y\in\mathcal{E}} p((x, a), y) \left[\varphi(x, a, y) + \alpha u(y)\right].$$

Nous renvoyons par exemple aux livres de Puterman [8], de Bertsekas [2, 3], de Bertsekas et Shreve [4], de White [10] et de Whittle [11] pour plus de détails concernant les généralisations possibles.

3.2.4 Application au recrutement : le problème de la secrétaire

L'objectif du problème que nous allons énoncer dans ce paragraphe est de voir comment un problème d'arrêt optimal peut être traité comme un problème de contrôle de chaîne de Markov. Nous renvoyons au Chap. 2 du livre de Lamberton et Lapeyre [5] pour une autre résolution du problème d'arrêt optimal basée sur la technique de l'enveloppe de Snell. L'exemple considéré ici est intéressant parce que suffisamment simple pour qu'il soit possible d'expliciter la stratégie optimale.

Problème 3.2.7. Un nombre N supérieur à 2 de candidats que le recruteur sait classer postule pour un emploi. Pour $t \in \{1, \dots, N\}$, on note Θ_t le rang, dans l'ordre de préférence du recruteur, du t-ième candidat qui se présente : $\Theta_t = 1$ signifie que le t-ième candidat est le meilleur tandis que $\Theta_t = N$ signifie que c'est le moins bon. Les candidats se présentent dans un ordre aléatoire, ce que l'on modélise en supposant que la permutation aléatoire Θ est distribuée suivant la loi uniforme sur le groupe $\mathcal{S}_N$ des permutations de $\{1, \dots, N\}$.

On suppose que le recrutement a lieu dans une période de plein emploi et on considère que les candidats qui ne reçoivent pas de réponse positive lors de leur entretien trouvent un emploi ailleurs avant que le recruteur ne puisse les recontacter. Le recruteur reçoit donc successivement les candidats jusqu'à l'instant $\tau \leq N$ où il décide de prendre le candidat qu'il a en face de lui, ce qui achève la procédure de recrutement. Notons que si aucun des $N - 1$ premiers candidats n'a été choisi, le N-ième l'est forcément.

Le recruteur souhaite choisir un bon candidat et si possible le meilleur des N candidats, ce que l'on traduit en introduisant le coût $\beta\Theta_\tau + \gamma \mathbf{1}_{\{\Theta_\tau > 1\}}$ fonction du rang Θ_τ du candidat retenu. En outre, son temps est précieux et on affecte le coût $\delta\tau$ à la durée τ de la procédure de recrutement. Les trois constantes β, γ et δ sont supposées positives avec $\beta + \gamma + \delta > 0$. Finalement, le recruteur souhaite choisir l'instant τ qui met fin à la procédure de recrutement (problème d'arrêt optimal) de façon à minimiser

$$\mathbb{E}[\beta\Theta_\tau + \gamma \mathbf{1}_{\{\Theta_\tau > 1\}} + \delta\tau].$$

Dans le cas particulier où le recruteur veut maximiser la probabilité de recruter le meilleur des candidats ($\beta = \delta = 0$), la question 11 permettra de vérifier que sa stratégie optimale est la suivante : observer une proportion explicite proche de $1/e$ des candidats sans les recruter puis retenir le premier candidat meilleur que ceux qu'il a observés.

1. Montrer qu'en termes de stratégie optimale, il revient au même de minimiser $\mathbb{E}\left[\beta\Theta_\tau - \gamma \mathbf{1}_{\{\Theta_\tau = 1\}} + \delta\tau\right]$, problème qui va être traité dans la suite.

Pour $t \in \{1, \dots, N\}$, on note $R_t \in \{1, \dots, t\}$ le rang relatif du t-ième candidat parmi les t premiers. Si par exemple $N = 5$ et $(\Theta_1, \dots, \Theta_5) = (2, 5, 3, 1, 4)$, alors $(R_1, \dots, R_5) = (1, 2, 2, 1, 4)$.

2. Remarquer que l'ensemble des vecteurs de rang relatifs $(r_1, \dots, r_N) \in \{1\} \times \{1, 2\} \times \ldots \times \{1, \dots, N\}$ est en bijection avec celui des permutations

σ de $\mathcal{S}_N$. En déduire que le vecteur $(R_1, \ldots, R_N)$ suit la loi uniforme sur $\{1\} \times \{1, 2\} \times \ldots \times \{1, \ldots, N\}$. Puis pour $t \in \{1, \ldots, N\}$ et $(r_1, \ldots, r_t) \in \{1\} \times \{1, 2\} \times \ldots \times \{1, \ldots, t\}$ donner $\mathbb{P}(R_t = r_t)$ et $\mathbb{P}(R_1 = r_1, \ldots, R_t = r_t)$.

Désormais, on note $(r_1^\sigma, \ldots, r_N^\sigma)$ le vecteur des rangs relatifs associé à $\sigma \in \mathcal{S}_N$. L'objectif des questions qui suivent est de vérifier que le problème considéré peut être traité comme un problème de contrôle de chaîne de Markov puis de résoudre ce problème de contrôle.

À l'instant $t \in \{1, \ldots, N-1\}$, si le recruteur n'a retenu aucun des $t-1$ premiers candidats, alors il observe $X_t = R_t$ le rang partiel du t-ième candidat parmi les t premiers. Au vu de l'information $(X_1, \ldots, X_t)$ dont il dispose, il a deux choix possibles : soit il refuse ce candidat ce que l'on traduit par $A_t = 0$, soit il recrute ce candidat ce que l'on traduit par $A_t = 1$. Dans ce dernier cas, la procédure de recrutement est achevée ce que l'on traduit par $X_s = \Delta$ (Δ est l'état stoppé) pour $s \in \{t+1, \ldots, N\}$. À l'instant N, s'il n'a retenu aucun des $N-1$ premiers candidats, il observe $X_N = R_N = \Theta_N$ et recrute forcément le N-ième candidat.

3. Montrer que le critère à minimiser se met sous la forme

$$\mathbb{E}\Bigg[\sum_{t=1}^{N-1} \mathbf{1}_{\{X_t \neq \Delta\}} A_t \left(\beta \Theta_t - \gamma \mathbf{1}_{\{\Theta_t = 1\}} + \delta t\right) + \mathbf{1}_{\{X_N \neq \Delta\}} \left(\beta \Theta_N - \gamma \mathbf{1}_{\{\Theta_N = 1\}} + \delta N\right) \Bigg].$$

4. Soit $t \in \{1, \ldots, N\}$ et $(r_1, \ldots, r_t) \in \{1\} \times \ldots \times \{1, \ldots, t\}$.
Vérifier que la loi conditionnelle de Θ sachant $\{R_1 = r_1, \ldots, R_t = r_t\}$ est la loi uniforme sur les permutations σ de $\mathcal{S}_N$ telles que $r_1^\sigma = r_1, \ldots, r_t^\sigma = r_t$. En déduire que pour $f : \{1, \ldots, t\} \to \mathbb{R}$,

$$\mathbb{E}[f(\Theta_t) | R_1 = r_1, \ldots, R_t = r_t] = \frac{t!}{N!} \sum_{\sigma \in \mathcal{S}_N} \mathbf{1}_{\{r_1^\sigma = r_1, \ldots, r_t^\sigma = r_t\}} f(\sigma_t).$$

En déterminant de manière analogue la loi de Θ sachant $R_t = r_t$, montrer que

$$\mathbb{E}[f(\Theta_t) | R_t = r_t] = \frac{t}{N!} \sum_{\nu \in \mathcal{S}_N} \mathbf{1}_{\{r_t^\nu = r_t\}} f(\nu_t).$$

Remarquer qu'en permutant les $t-1$ premières valeurs d'une permutation $\sigma \in \mathcal{S}_N$ telle que $r_1^\sigma = r_1, \ldots, r_t^\sigma = r_t$, on obtient $(t-1)!$ permutations $\nu \in \mathcal{S}_N$ telles que $r_t^\nu = r_t$ et $\nu_t = \sigma_t$. Conclure que

$$\mathbb{E}[f(\Theta_t) | R_1 = r_1, \ldots, R_t = r_t] = \mathbb{E}[f(\Theta_t) | R_t = r_t].$$

Ainsi la loi conditionnelle de Θ_t sachant $R_1 = r_1, \ldots, R_t = r_t$ et la loi conditionnelle de Θ_t sachant $R_t = r_t$ sont égales.

5. En remarquant que pour $t \in \{1, \ldots, N-1\}$, $\mathbf{1}_{\{X_t \neq \Delta\}} A_t$ est fonction de $(R_1, \ldots, R_t)$, en déduire que le critère à minimiser se met aussi sous la forme
$$\mathbb{E}\left[\sum_{t=1}^{N-1} \varphi_t(X_t, A_t) + u_N(X_N)\right],$$
avec
$$u_N(x) = \begin{cases} 0 \text{ si } x = \Delta \\ \beta x - \gamma \mathbf{1}_{\{x=1\}} + \delta N \text{ sinon} \end{cases}$$
et $\varphi_t(x, a) = af(t, x)$ pour
$$f(t,x) = \begin{cases} 0 \text{ si } x = \Delta \\ \delta t + \mathbb{E}[\beta \Theta_t - \gamma \mathbf{1}_{\{\Theta_t = 1\}} | R_t = x] \text{ sinon.} \end{cases}$$

6. Montrer que pour $r \in \{1, \ldots, t\}$,
$$\mathbb{P}(\Theta_t = s | R_t = r) = \begin{cases} 0 \text{ si } s < r \text{ ou } s > r + N - t \\ \dfrac{\binom{s-1}{r-1}\binom{N-s}{t-r}}{\binom{N}{t}} \text{ sinon.} \end{cases} \tag{3.12}$$
En déduire que
$$\sum_{k=r+1}^{r+1+N-t} \frac{\binom{k-1}{r}\binom{N+1-k}{t-r}}{\binom{N+1}{t+1}} = 1.$$
Remarquer que
$$f(t,r) = \delta t + \beta \frac{N+1}{t+1} r \sum_{s=r}^{r+N-t} \frac{\binom{s}{r}\binom{N-s}{t-r}}{\binom{N+1}{t+1}} - \gamma \mathbf{1}_{\{r=1\}} \frac{t}{N}$$
et conclure que $f(t,r) = \delta t + \beta \frac{N+1}{t+1} r - \gamma \mathbf{1}_{\{r=1\}} \frac{t}{N}$.

7. Montrer que pour tout $(x_1, \ldots, x_{t+1}, a_1, \ldots, a_t)$ dans $\{1\} \times \{\Delta, 1, 2\} \times \ldots \times \{\Delta, 1, \ldots, t+1\} \times \{0, 1\}^t$
$$\mathbb{P}(X_{t+1} = x_{t+1} | X_1 = x_1, A_1 = a_1, \ldots, X_t = x_t, A_t = a_t) = p_t((x_t, a_t), x_{t+1})$$
avec
$$p_t((x_t, a_t), x_{t+1}) = \begin{cases} \mathbf{1}_{\{x_{t+1} \neq \Delta\}} \mathbb{P}(R_{t+1} = x_{t+1}) \text{ si } x_t \neq \Delta \text{ et } a_t \neq 1 \\ \mathbf{1}_{\{x_{t+1} = \Delta\}} \text{ sinon.} \end{cases}$$

Dans le problème considéré ici, l'espace des actions possibles du recruteur est $\mathcal{A} = \{0, 1\}$ et le facteur d'actualisation vaut 1. La variable X_1 est à valeurs dans $\mathcal{E}_1 = \{1\}$ tandis que pour $t \in \{2, \ldots, N\}$, X_t prend ses valeurs dans $\mathcal{E}_t = \{\Delta, 1, \ldots, t\}$. Ainsi l'espace d'états dépend de t. Nous admettrons que dans cette situation qui sort légèrement du modèle présenté au paragraphe 3.2.1, les équations d'optimalité s'écrivent pour $t \in \{1, \ldots, N-1\}$,

$$\forall x_t \in \mathcal{E}_t,\ u_t(x_t) = \inf_{a \in \mathcal{A}} \sum_{x_{t+1} \in \mathcal{E}_{t+1}} p_t((x_t, a), x_{t+1}) \left[\varphi_t(x_t, a) + u_{t+1}(x_{t+1})\right].$$

8. Vérifier par récurrence descendante que pour $t \in \{2, \ldots, N\}$, $u_t(\Delta) = 0$. En déduire que

$$\forall t \in \{1, \ldots, N-1\},\ \forall x \in \{1, \ldots, t\},\ u_t(x) = \min(f(t, x), \nu_t)$$

où $\nu_t = \mathbb{E}[u_{t+1}(R_{t+1})]$. Montrer que ν_t croît avec t.

9. Conclure à l'existence d'une suite unique

$$(r_1^*, \ldots, r_{N-1}^*) \in \{0, 1\} \times \{0, 1, 2\} \times \ldots \times \{0, 1, \ldots, N-1\}$$

telle que la stratégie optimale du recruteur consiste à retenir le τ^*-ième candidat qui se présente où

$$\tau^* = \begin{cases} N \text{ si } \forall 1 \leq t \leq N-1,\ R_t > r_t^* \\ \min\{t : R_t \leq r_t^*\} \text{ sinon.} \end{cases}$$

Vérifier que pour $t \in \{1, \ldots, N-1\}$, si $r_t^* \leq t-1$, alors $f(t, r_t^* + 1) > \nu_t$. Calculer $\mathbb{E}[u_N(R_N)] = \mathbb{E}[u_N(\Theta_N)]$ et en déduire que
- si $\gamma > N(\delta + \beta(N+1)(1/2 - 2/N))$, $r_{N-1}^* = 1$.
- si $\delta \geq \frac{\gamma}{N} + \beta(N+1)(1/2 - 1/N)$, $r_{N-1}^* = N-1$. Dans ce cas, montrer alors par récurrence que $\forall t \in \{1, \ldots, N-1\}$, $r_t^* = t$: comme le coût δ affecté à chaque entretien est trop important, la stratégie optimale consiste à choisir le premier candidat.

Montrer que pour $2 \leq t \leq N$, $\mathbb{P}(\tau^* \geq t) = \prod_{k=1}^{t-1} \left(1 - \frac{r_k^*}{k}\right)$. En déduire la loi de τ^* et vérifier que

$$\mathbb{E}[\tau^*] = \sum_{t=1}^{N} \mathbb{P}(\tau^* \geq t) = 1 + \sum_{t=2}^{N} \prod_{k=1}^{t-1} \left(1 - \frac{r_k^*}{k}\right).$$

En utilisant le résultat de la question 4, montrer que la probabilité $\mathbb{P}(\Theta_{\tau^*} = 1)$ d'obtenir le meilleur candidat est égale à

$$\sum_{t=1}^{N} \mathbf{1}_{\{r_t^* \geq 1\}} \mathbb{P}(\Theta_t = 1 | R_t = 1) \mathbb{P}(R_1 > r_1^*, \ldots, R_{t-1} > r_{t-1}^*, R_t = 1).$$

En déduire que

$$\mathbb{P}(\Theta_{\tau^*} = 1) = \frac{1}{N} \sum_{t=1}^{N} \mathbf{1}_{\{r_t^* \geq 1\}} \prod_{k=1}^{t-1} \left(1 - \frac{r_k^*}{k}\right).$$

où on adopte la convention $r_N^* = N$.

10. On s'intéresse à la monotonie de la suite $(r_1^*, \ldots, r_{N-1}^*)$.
    - Montrer que si $\delta = 0$, alors pour $t \in \{1, \ldots, N-1\}$ et $r \in \{1, \ldots, t\}$, $f(t+1, r) \leq f(t, r)$. En déduire que dans ce cas la suite $(r_1^*, \ldots, r_{N-1}^*)$ est croissante.
    - Soit $t \in \{1, \ldots, N-2\}$. Montrer que

$$\nu_t = \frac{t+1-r_{t+1}^*}{t+1}\nu_{t+1} + \delta r_{t+1}^* + \beta\frac{N+1}{(t+1)(t+2)}\,\frac{r_{t+1}^*(r_{t+1}^*+1)}{2} - \frac{\gamma}{N}\mathbf{1}_{\{r_{t+1}^* \geq 1\}}.$$

    Supposons que $r_{t+1}^* \leq t-1$ sans quoi nécessairement $r_t^* \leq r_{t+1}^*$. Vérifier en utilisant l'expression de ν_t ci-dessus que

$$f(t, r_{t+1}^*+1) - \nu_t + \frac{r_{t+1}^*-(t+1)}{t+1}(f(t+1, r_{t+1}^*+1) - \nu_{t+1}) = \beta\frac{(N+1)(r_{t+1}^*+1)(r_{t+1}^*+2)}{2(t+1)(t+2)} + \frac{\gamma}{N} - \delta.$$

    Conclure que si $\delta \leq \frac{(N+1)\beta}{N(N-1)} + \frac{\gamma}{N}$, la suite $(r_1^*, \ldots, r_{N-1}^*)$ est toujours croissante.

11. On se place dans le cas particulier $(\beta, \gamma, \delta) = (0, 1, 0)$ où le recruteur souhaite maximiser la probabilité de retenir le candidat le meilleur. Comme nous allons le voir, il est alors possible d'expliciter la stratégie optimale. Calculer ν_{N-1} et montrer la relation de récurrence

$$\forall t \in \{1, \ldots, N-2\},\ \nu_t = \begin{cases} \left(-\frac{1}{N} + \frac{t}{t+1}\nu_{t+1}\right) & \text{si } \nu_{t+1} \geq -\frac{t+1}{N} \\ \nu_{t+1} \text{ sinon.} \end{cases}$$

En déduire que pour $t^*(N) = \min\{t \geq 1 : \frac{1}{t} + \frac{1}{t+1} + \ldots + \frac{1}{N-1} \leq 1\}$,

$$\forall t \in \{t^*(N)-1, \ldots, N-1\}, \nu_t = -\frac{t}{N}\left(\frac{1}{t} + \frac{1}{t+1} + \ldots + \frac{1}{N-1}\right)$$
$$\text{et } \forall t \in \{1, \ldots, t^*(N)-2\}, \nu_t = \nu_{t^*(N)-1}.$$

Conclure que

$$r_t^* = \begin{cases} 0 \text{ si } t \leq t^*(N)-1 \\ 1 \text{ si } t^*(N) \leq t \leq N-1. \end{cases}$$

Ainsi la stratégie optimale du recruteur consiste à observer les $t^*(N)-1$ premiers candidats qui se présentent puis à choisir ensuite tout candidat meilleur que ces $t^*(N)-1$ premiers. Si le meilleur des candidats figure dans les $t^*(N)-1$ premiers, il choisit le dernier candidat qu'il reçoit. Montrer que $\lim_{N\to+\infty} t^*(N)/N = \lim_{N\to+\infty} \mathbb{P}(\Theta_{\tau^*} = 1) = 1/e$.

12. Pour différentes valeurs de (β, γ, δ) dont $(1, 0, 0)$ et $(0, 1, 0)$
   – Déterminer la stratégie optimale en résolvant numériquement les équations d'optimalité. La suite $(r_1^*, \dots, r_{N-1}^*)$ est-elle toujours croissante ?
   – Illustrer son caractère optimal en la comparant par la méthode de Monte-Carlo à d'autres stratégies.

♦

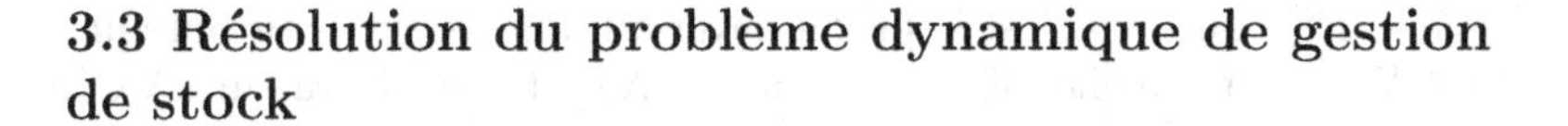

3.3 Résolution du problème dynamique de gestion de stock

D'après l'exemple 3.2.1, lorsque le produit se présente sous forme d'unités, le problème dynamique de gestion de stock décrit au paragraphe 3.1.2 entre dans le cadre du paragraphe précédent consacré au contrôle de chaînes de Markov. L'espace d'état est $\mathcal{E} = \mathbb{Z}$ pour le stock système X_t et l'ensemble d'actions $\mathcal{A} = \mathbb{N}$ pour la quantité Q_t de produit commandée. En outre, pour tout (t, x, q, y) dans $\{0, \dots, N-1\} \times \mathbb{Z} \times \mathbb{N} \times \mathbb{Z}$,

$$\begin{cases} p_t((x,q),y) = \mathbb{P}(D_1 = x + q - y), \\ \varphi_t(x,q,y) = c_F \mathbf{1}_{\{q>0\}} + cq + c_S y^+ + c_M y^-. \end{cases}$$

Les équations d'optimalité (3.10) s'écrivent : pour $t \in \{0, \dots, N-1\}$, $x \in \mathbb{Z}$

$$\begin{aligned} u_t(x) &= \inf_{q\in\mathbb{N}} \sum_{y\in\mathbb{Z}} p_t((x,q),y) \left[\varphi_t(x,q,y) + \alpha u_{t+1}(y)\right] \\ &= \inf_{q\in\mathbb{N}} \sum_{y\in\mathbb{Z}} \mathbb{P}(D_1 = x+q-y) \left[c_F \mathbf{1}_{\{q>0\}} + cq + c_S y^+ + c_M y^- + \alpha u_{t+1}(y)\right] \\ &= \inf_{q\in\mathbb{N}} \sum_{z\in\mathbb{Z}} \mathbb{P}(D_1 = z)[c_F \mathbf{1}_{\{q>0\}} + cq + c_S (x+q-z)^+ + c_M (x+q-z)^- \\ &\qquad\qquad + \alpha u_{t+1}(x+q-z)] \quad \text{en posant } z = x+q-y, \\ &= \inf_{q\in\mathbb{N}} \mathbb{E}[c_F \mathbf{1}_{\{q>0\}} + cq + c_S (x+q-D_1)^+ + c_M (x+q-D_1)^- \\ &\qquad\qquad + \alpha u_{t+1}(x+q-D_1)]. \end{aligned}$$

Nous allons étudier ces équations dans le cadre continu où le stock système est réel, les demandes sont des variables aléatoires positives non nécessairement entières et les quantités commandées sont des réels positifs, car leur résolution est plus simple que dans le cadre discret où nous les avons établies. Elles s'écrivent alors : pour $t \in \{0, \dots, N-1\}$,

$$\begin{aligned} u_t(x) = \inf_{q\geq 0} \mathbb{E}[c_F \mathbf{1}_{\{q>0\}} &+ cq + c_S (x+q-D_1)^+ \\ &+ c_M (x+q-D_1)^- + \alpha u_{t+1}(x+q-D_1)]. \end{aligned} \tag{3.13}$$

3.3.1 Gestion sans coût fixe d'approvisionnement

En plus de la nullité du coût fixe ($c_F = 0$), nous supposerons dans ce paragraphe que la fonction de coût terminale est $u_N(x) = -cx$, ce qui revient à associer une valeur unitaire c au stock système terminal X_N. Cette hypothèse simplificatrice qui va nous permettre d'obtenir une stratégie optimale stationnaire (i.e. telle que la règle de décision à l'instant t ne dépend pas de t) est discutable : si $X_N \leq 0$, il y a $-X_N$ manquants et il est naturel de leur associer le coût $-cX_N$ puisque c'est le prix à payer au fournisseur pour obtenir la quantité $-X_N$; en revanche affecter le coût $-cX_N$ et donc la valeur cX_N au stock physique résiduel $X_N \geq 0$ est moins naturel.
Commençons par déterminer la quantité de produit commandée optimale à l'instant $N-1$. Comme $u_N(x) = -cx$,

$$\begin{aligned} u_{N-1}(x) &= \alpha c\mathbb{E}[D_1] - cx + \inf_{q\geq 0}\Big((1-\alpha)c(x+q) + c_S\mathbb{E}[(x+q-D_1)^+] \\ &\qquad + c_M\mathbb{E}[(D_1-x-q)^+]\Big) \\ &= \alpha c\mathbb{E}[D_1] - cx + \inf_{q\geq 0} g_\alpha(x+q) \end{aligned} \tag{3.14}$$

où la fonction $g_\alpha(y) = (1-\alpha)cy + c_S\mathbb{E}[(y-D_1)^+] + c_M\mathbb{E}[(D_1-y)^+]$ est définie comme la fonction de coût moyen g du modèle étudié au paragraphe 3.1.1 (voir équation (3.1)) à ceci près que le coût unitaire c est remplacé par $\boxed{(1-\alpha)c}$. On se place dans le cas intéressant où $c_M > (1-\alpha)c > -c_S$. D'après l'analyse menée au paragraphe 3.1.1, la fonction g_α est continue, décroissante sur $]-\infty, S_\alpha]$ et croissante sur $[S_\alpha, +\infty[$ avec

$$S_\alpha = \inf\{z \geq 0 : F(z) \geq (c_M - (1-\alpha)c)/(c_M + c_S)\} \in \mathbb{R}_+,$$

où F est la fonction de répartition commune des demandes. La décision optimale à l'instant $N-1$ consiste donc à commander la quantité $(S_\alpha - x)^+$ (i.e. $(S_\alpha - x)$ si $x \leq S_\alpha$ et rien du tout sinon) si le stock système est x. Nous allons vérifier que cela reste vrai à tout instant t dans $\{0, \ldots, N-2\}$.

Théorème 3.3.1. *On suppose $c_F = 0$, $c_M > (1-\alpha)c > -c_S$ et $u_N(x) = -cx$. La stratégie avec stock objectif*

$$S_\alpha = \inf\{z \geq 0 : F(z) \geq (c_M - (1-\alpha)c)/(c_M + c_S)\},$$

qui consiste pour tout $t \in \{0, \ldots, N-1\}$ à commander la quantité $(S_\alpha - x)^+$ lorsque le stock système vaut x est optimale.

La figure 3.2 illustre l'optimalité de la stratégie de stock objectif $S_\alpha = 55$ dans le cas particulier où les demandes sont distribuées suivant la loi de Poisson de paramètre 50, $N = 10$, $\alpha = 0.9$, $c = 10$, $c_M = 20$, $c_S = 5$, $c_F = 0$, $u_N(x) = -cx$ et le stock initial est $X_0 = 20$. Pour $z \in \{40, 41, \ldots, 70\}$ les

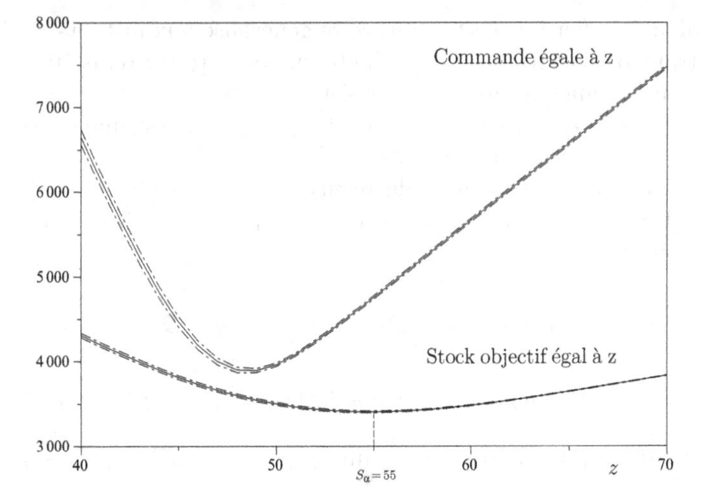

Fig. 3.2. Comparaison des coûts entre la stratégie de stock objectif z et la stratégie de commande constante égale à z ($N = 10$, stock initial $X_0 = 20$, $\alpha = 0.9$, $c = 10$, $c_M = 20$, $c_S = 5$, $c_F = 0$, $u_N(x) = -cx$, demandes distribuées suivant la loi de Poisson de paramètre 50)

coûts moyens (3.8) associés à la stratégie qui consiste à commander z à chaque instant d'une part et à la stratégie de stock objectif z d'autre part ont été évalués en effectuant la moyenne empirique des coûts sur 1 000 réalisations indépendantes $(D_1^i, \ldots, D_{10}^i)_{1 \leq i \leq 1\,000}$ des demandes. Les mêmes réalisations de ces variables ont été utilisées pour chacune des stratégies. Plus précisément, le coût moyen est approché par

$$\frac{1}{1\,000} \sum_{i=1}^{1\,000} \left[\sum_{t=0}^{9} (0.9)^t \left(10 Q_t^i + 5(X_{t+1}^i)^+ + 20(X_{t+1}^i)^-\right) - 10(0.9)^{10} X_N^i \right]$$

où pour $i \in \{1, \ldots, 1\,000\}$, $X_0^i = 20$ et pour $t \in \{0, \ldots, 9\}$, $Q_t^i = z$ et $X_{t+1}^i = X_t^i + z - D_{t+1}^i$ dans la stratégie qui consiste à commander z à chaque instant et $Q_t^i = (z - X_t^i)^+$ et $X_{t+1}^i = \max(X_t^i, z) - D_{t+1}^i$ dans la stratégie de stock objectif z. Les courbes en pointillés représentent les bornes des intervalles de confiance à 95 % obtenus pour chacun des coûts moyens. On observe bien que parmi les stratégies considérées, le coût moyen minimal est obtenu pour la stratégie de stock objectif $S_\alpha = 55$.

Démonstration. Comme la quantité q optimale dans (3.14) est $(S_\alpha - x)^+$, on a

$$u_{N-1}(x) = \begin{cases} \alpha c \mathbb{E}[D_1] - cx + g_\alpha(S_\alpha) & \text{si } x \leq S_\alpha \\ \alpha c \mathbb{E}[D_1] - cx + g_\alpha(x) & \text{sinon.} \end{cases}$$

Ainsi $u_{N-1}(x) = K_{N-1} - cx + w_{N-1}(x)$ où $K_{N-1} = \alpha c \mathbb{E}[D_1] + g_\alpha(S_\alpha)$ est une constante et $w_{N-1}(x) = \mathbf{1}_{\{x \geq S_\alpha\}}(g_\alpha(x) - g_\alpha(S_\alpha))$ est une fonction croissante et nulle sur $]-\infty, S_\alpha]$.

Nous allons vérifier que cette écriture se généralise aux instants antérieurs en démontrant par récurrence descendante que pour tout t dans $\{0, \ldots, N-1\}$, la décision optimale à l'instant t consiste à commander $(S_\alpha - x)^+$ si le stock système est x et que $u_t(x) = K_t - cx + w_t(x)$ où K_t est une constante et w_t est une fonction croissante et nulle sur $]-\infty, S_\alpha]$.

Supposons que l'hypothèse de récurrence est vérifiée au rang $t+1$. En insérant l'égalité $u_{t+1}(x) = K_{t+1} - cx + w_{t+1}(x)$ dans l'équation (3.13) avec $c_F = 0$, on obtient

$$\begin{aligned} u_t(x) = \inf_{q \geq 0} \mathbb{E}\Big[& cq + c_S(x+q-D_1)^+ + c_M(x+q-D_1)^- \\ & + \alpha(K_{t+1} - c(x+q-D_1) + w_{t+1}(x+q-D_1))\Big] \\ = \alpha(K_{t+1} & + c\mathbb{E}[D_1]) - cx + \inf_{q \geq 0} (g_\alpha(x+q) + \alpha \mathbb{E}[w_{t+1}(x+q-D_1)]) . \end{aligned}$$

Pour analyser la minimisation du dernier terme, on remarque que

- la fonction $g_\alpha(y)$ est croissante sur $[S_\alpha, +\infty[$ et atteint son minimum pour $y = S_\alpha$;
- la fonction $y \to \mathbb{E}[w_{t+1}(y - D_1)]$ est croissante par croissance de w_{t+1} ;
- cette fonction est nulle pour $y \leq S_\alpha$ puisque comme $D_1 \geq 0$, $y - D_1$ est alors dans l'ensemble $]-\infty, S_\alpha]$ où w_{t+1} s'annule.

On en déduit que l'infimum est atteint pour $q = (S_\alpha - x)^+$ et que $u_t(x) = K_t - cx + w_t(x)$ avec

$$\begin{cases} K_t = \alpha(K_{t+1} + c\mathbb{E}[D_1]) + g_\alpha(S_\alpha) \\ w_t(x) = \mathbf{1}_{\{x \geq S_\alpha\}}(g_\alpha(x) - g_\alpha(S_\alpha) + \alpha \mathbb{E}[w_{t+1}(x - D_1)]). \end{cases}$$

La fonction w_t est clairement croissante et nulle sur $]-\infty, S_\alpha]$. □

Remarque 3.3.2. Notons que si le produit se présente sous forme d'unités, les demandes des clients sont entières et on peut vérifier comme dans la démonstration de la proposition 3.1.1 que le stock objectif S_α est entier. À l'instant t, le stock système X_t est entier et il est possible pour le gestionnaire de commander la quantité $(S_\alpha - X_t)^+$ qui est un entier positif. Cette stratégie est optimale car elle l'est pour le modèle où le produit se présente sous forme continue qui offre plus d'opportunités en termes de quantité commandée. ◊

3.3.2 Gestion avec coût fixe

Nous supposons maintenant qu'en plus du coût unitaire c, toute commande supporte un coût fixe $c_F \geq 0$ et nous nous plaçons dans le cas intéressant où $c_M > (1-\alpha)c > -c_S$. Les équations d'optimalité (3.13) s'écrivent alors : pour $t \in \{0, \ldots, N-1\}$,

$$u_t(x) = -cx + \inf_{q \geq 0} \left(c_F \mathbf{1}_{\{q>0\}} + g(x+q) + \alpha \mathbb{E}[u_{t+1}(x+q-D_1)] \right)$$
$$= -cx + \min \left(f_t(x), c_F + \inf_{q>0} f_t(x+q) \right)$$

où la fonction $g(y) = cy + c_S \mathbb{E}[(y-D_1)^+] + c_M \mathbb{E}[(D_1-y)^+]$ est la fonction de coût du modèle à une période de temps du paragraphe 3.1.1 et $f_t(y) = g(y) + \alpha \mathbb{E}[u_{t+1}(y-D_1)]$.

Afin de préciser les hypothèses faites sur la fonction de coût terminale u_N, nous introduisons la notion de C-convexité qui a été utilisée pour la première fois par Scarf [9] en 1960 :

Définition 3.3.3. *Pour $C \geq 0$, une fonction $u : \mathbb{R} \to \mathbb{R}$ est dite C-convexe si*

$$\forall x \leq y,\ \forall \beta \in [0,1],\ u(\beta x + (1-\beta)y) \leq \beta u(x) + (1-\beta)(u(y)+C).$$

La notion de convexité usuelle correspond à la 0-convexité et pour $0 \leq C' \leq C$, toute fonction C'-convexe est C-convexe.

Exemple 3.3.4. Si $C \geq 0$ et f est une fonction convexe continue sur $\mathbb{R}$ qui atteint son minimum f^* en S, alors la fonction u définie par

$$u(x) = \begin{cases} f^* + C \text{ si } x \leq s \\ f(x) \text{ si } x > s \end{cases} \qquad \text{où } s = \sup\{z \leq S : f(z) \geq f^* + C\}$$

avec la convention $\sup \emptyset = -\infty$, est C-convexe d'après le lemme 3.3.9 énoncé plus loin. La figure 3.3 illustre cette construction. ◊

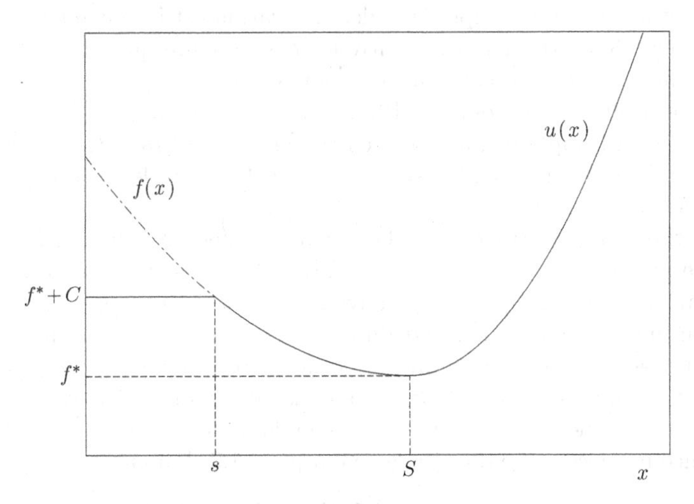

Fig. 3.3. En trait plein : exemple de fonction C-convexe u obtenue par la construction de l'exemple 3.3.4 à partir d'une fonction f convexe continue atteignant son minimum f^*en S ($s = \sup\{z \leq S : f(z) \geq f^* + C\}$)

Remarque 3.3.5. Dans le cas où $c_M \geq -c_S$, la fonction g définie par (3.1) est convexe d'après la remarque 3.1.3. Elle atteint son minimum en S d'après la proposition 3.1.1. Et le stock seuil s est défini comme $\sup\{z \leq S : g(z) \geq g(S) + c_F\}$ d'après la proposition 3.1.5. D'après l'exemple 3.3.4, la fonction $(g(S)+c_F)\mathbf{1}_{\{x\leq s\}}+g(x)\mathbf{1}_{\{x>s\}}$ est c_F-convexe. Et la fonction de coût minimale $u(x) = -cx + (g(S) + c_F)\mathbf{1}_{\{x\leq s\}} + g(x)\mathbf{1}_{\{x>s\}}$ obtenue dans la remarque 3.1.6 pour le modèle à une période de temps avec coût fixe $c_F > 0$ est également c_F-convexe. Il n'est donc pas étonnant que la notion de c_F-convexité intervienne dans la résolution des équations d'optimalité pour le modèle à plusieurs périodes de temps. ◊

Le résultat que nous allons démontrer est une généralisation de celui obtenu dans le paragraphe 3.1.1 pour le modèle à une période avec coût fixe :

Théorème 3.3.6. *On suppose que $c_M > (1-\alpha)c > -c_S$ et que $u_N(x)$ est une fonction continue, c_F-convexe, minorée par $K_N - cx$ où $K_N \in \mathbb{R}$ et vérifiant $|u_N(x)| \leq \eta_N + \gamma_N|x|$ où $\eta_N, \gamma_N \geq 0$. Alors il existe une stratégie optimale dont la règle de décision à chaque instant $t \in \{0, \ldots, N-1\}$ est du type (s_t, S_t) i.e. consiste à commander $\mathbf{1}_{\{x\leq s_t\}}(S_t - x)^+$ si le stock système vaut x.*

Remarque 3.3.7. La fonction de coût terminale $u_N(x) = -cx$ introduite au paragraphe précédent est continue, vérifie l'hypothèse de minoration pour $K_N = 0$ et celle de domination pour $\eta_N = 0$ et $\gamma_N = c$. Enfin, elle est linéaire donc convexe et à fortiori c_F-convexe. Ainsi elle vérifie les hypothèses du théorème. La fonction de coût $u_N(x) = cx^- + c_D x^+$ où $c_D \geq 0$ s'interprète comme le coût supporté par le gestionnaire pour se débarrasser d'une unité de stock résiduel à l'instant terminal N vérifie également les hypothèses. ◊

Démonstration. Le principe de la démonstration est le suivant :

- nous allons vérifier par récurrence descendante que $\forall t \in \{0, \ldots, N\}$ la fonction $u_t(x)$ est continue, c_F-convexe, minorée par $K_t - cx$ où $K_t \in \mathbb{R}$,
- en vérifiant que pour $t \in \{0, \ldots, N-1\}$, l'hypothèse de récurrence au rang $t+1$ implique l'hypothèse de récurrence au rang t, nous montrerons qu'il existe un couple (s_t, S_t) tel que la règle de décision (s_t, S_t) est optimale à l'instant t.

L'hypothèse de récurrence est clairement vérifiée au rang N. Supposons-la vérifiée au rang $t+1$ avec $t \in \{0, \ldots, N-1\}$. Il est facile d'en déduire que $y \to \alpha\mathbb{E}[u_{t+1}(y - D_1)]$ est αc_F-convexe et donc c_F-convexe ($\alpha \in [0, 1]$). La continuité de cette fonction se déduit de celle de u_{t+1} en utilisant le théorème de convergence dominée et une majoration technique du type $|u_{t+1}(y)| \leq \eta_{t+1} + \gamma_{t+1}|y|$ avec $\eta_{t+1}, \gamma_{t+1} \geq 0$ que nous ne démontrerons pas ici (mais qui s'obtient également par récurrence descendante sur t). Comme la fonction g est continue et convexe d'après la remarque 3.1.3, la fonction

$$\boxed{f_t(y) = g(y) + \alpha\mathbb{E}[u_{t+1}(y - D_1)]}$$

est c_F-convexe continue.

Par hypothèse de récurrence, $u_{t+1}(y-D_1) \geq K_{t+1} - cy + cD_1$. Donc $f_t(y)$ est minoré par

$$\begin{aligned}&(1-\alpha)cy + c_S\mathbb{E}[(y-D_1)^+] + c_M\mathbb{E}[(D_1-y)^+] + \alpha(K_{t+1} + c\mathbb{E}[D_1])\\ &= ((1-\alpha)c + c_S)y + (c_S + c_M)\mathbb{E}[(D_1-y)^+] + \alpha K_{t+1} + (\alpha c - c_S)\mathbb{E}[D_1].\end{aligned}$$

En remarquant que pour $y \leq 0$, le second membre est égal à $((1-\alpha)c - c_M)y + \alpha K_{t+1} + (\alpha c + c_M)\mathbb{E}[D_1]$, on déduit de l'inégalité $c_M > (1-\alpha)c > -c_S$ que $\lim_{|y|\to+\infty} f_t(y) = +\infty$.
D'où l'existence de (s_t, S_t) avec

$$\boxed{f_t(S_t) = \inf_{y\in\mathbb{R}} f_t(y) \quad \text{et} \quad s_t = \sup\{z \leq S_t,\ f_t(z) \geq c_F + \inf_y f_t(y)\}.}$$

Posons $f_t^* = \inf_y f_t(y)$. Par continuité de f_t, $f_t(s_t) = c_F + f_t^*$. À l'instant t, comme

$$u_t(x) = -cx + \min\left(f_t(x), c_F + \inf_{q>0} f_t(x+q)\right),$$

le gestionnaire doit choisir la commande $q \geq 0$ qui minimise $c_F \mathbf{1}_{\{q>0\}} + f_t(x+q)$. Montrons que la règle de décision (s_t, S_t) est optimale. Pour cela, on distingue trois situations

cas 1 : $x \leq s_t$. Lorsque $c_F = 0$, $s_t = S_t$ et commander $S_t - x$ est optimal. On suppose donc $c_F > 0$. Alors $s_t \in [x, S_t[$ i.e. $s_t = \beta x + (1-\beta)S_t$ pour $\beta \in]0,1]$ et par c_F-convexité de f_t,

$$f_t(s_t) \leq \beta f_t(x) + (1-\beta)(f_t^* + c_F).$$

Comme $f_t(s_t) = f_t^* + c_F$, on en déduit que

$$f_t(x) \geq c_F + f_t^* = c_F + \inf_{q>0} f_t(x+q)$$

et il est optimal de commander $S_t - x$.

cas 2 : $s_t \leq x < S_t$. Par définition de s_t, $f_t(x) \leq c_F + f_t^* = c_F + \inf_{q>0} f_t(x+q)$ et il est optimal de ne rien commander.

cas 3 : $x \geq S_t$. Pour $q \geq 0$, comme $x \in [S_t, x+q]$, il existe $\beta \in [0,1]$ tel que $x = \beta S_t + (1-\beta)(x+q)$. Par c_F-convexité de f_t, puis en utilisant $f_t^* = \inf_y f_t(y)$,

$$f_t(x) \leq \beta f_t^* + (1-\beta)(f_t(x+q) + c_F) \leq f_t(x+q) + (1-\beta)c_F \leq f_t(x+q) + c_F.$$

On en déduit que $f_t(x) \leq c_F + \inf_{q>0} f_t(x+q)$ et qu'il est optimal de ne rien commander.

En conséquence,

$$\boxed{u_t(x) = \begin{cases} -cx + f_t^* + c_F & \text{si } x \leq s_t \\ -cx + f_t(x) & \text{si } x > s_t \end{cases},}$$

et cette fonction est continue et minorée par $K_t - cx$ pour $K_t = f_t^*$. Le lemme suivant assure que la fonction $\mathbf{1}_{\{x \le s_t\}}(f_t^* + c_F) + \mathbf{1}_{\{x > s_t\}} f_t(x)$ est c_F-convexe. On en déduit facilement que u_t qui s'obtient en ajoutant à cette fonction la fonction linéaire $-cx$ est c_F-convexe, ce qui achève la démonstration. □

Remarque 3.3.8. Lorsque les demandes des clients $D_1, \ldots, D_N$ ne sont pas identiquement distribuées mais restent indépendantes et intégrables, on peut vérifier que les équations d'optimalité s'écrivent

$$u_t(x) = -cx + \inf_{q \ge 0} \left(c_F \mathbf{1}_{\{q>0\}} + g_t(x+q) + \alpha \mathbb{E}[u_{t+1}(x+q-D_{t+1})] \right),$$

où $g_t(y) = cy + c_S \mathbb{E}\left[(y - D_{t+1})^+\right] + c_M \mathbb{E}\left[(D_{t+1} - y)^+\right]$. La démonstration précédente permet toujours de conclure à l'existence d'une stratégie optimale de la forme (s_t, S_t). ◊

Lemme 3.3.9. *Soit $C \ge 0$ et $f : \mathbb{R} \to \mathbb{R}$ une fonction C-convexe continue qui atteint son minimum f^* en S. On suppose que l'ensemble $\{z \le S,\ f(z) \ge f^* + C\}$ est non vide et on note s sa borne supérieure. Alors la fonction $u(x) = \mathbf{1}_{\{x \le s\}}(f^* + C) + \mathbf{1}_{\{x > s\}} f(x)$ est C-convexe.*

Démonstration. La fonction u est C-convexe sur chacun des intervalles $]-\infty, s]$ et $[s, +\infty[$ car constante sur le premier et égale à f sur le second. Pour conclure, il suffit donc de montrer l'inégalité de C-convexité (voir définition 3.3.3) pour $x \le s \le y$. Pour ce faire, on distingue deux cas :

cas 1 : $\beta \in [0,1]$ est t.q. $\beta x + (1-\beta) y \le s$. Alors,

$$u(\beta x + (1-\beta)y) = f^* + C = \beta(f^* + C) + (1-\beta)(f^* + C),$$

et comme $u(x) = f^* + C$ et $u(y) = f(y) \ge f^*$, l'inégalité de C-convexité est vérifiée.

cas 2 : $\beta x + (1-\beta)y \ge s$. Alors pour $\tilde{\beta} = \beta(y-x)/(y-s) \in [\beta, 1]$, $\beta x + (1-\beta)y = \tilde{\beta} s + (1-\tilde{\beta}) y$. En utilisant la C-convexité de f puis l'égalité $f(s) = f^* + C$, on a

$$\begin{aligned} u(\beta x + (1-\beta)y) &= f(\tilde{\beta}s + (1-\tilde{\beta})y) \le \tilde{\beta} f(s) + (1-\tilde{\beta})(f(y) + C) \\ &= \beta(f^* + C) + (1-\beta)(f(y) + C) + (\beta - \tilde{\beta})(f(y) - f^*) \\ &= \beta u(x) + (1-\beta)(u(y) + C) + (\beta - \tilde{\beta})(f(y) - f^*) \\ &\le \beta u(x) + (1-\beta)(u(y) + C), \end{aligned}$$

puisque $(\beta - \tilde{\beta})(f(y) - f^*) \le 0$.

□

Dans le cas particulier où $N = 10$, $\alpha = 0.9$, $c = 10$, $c_M = 20$, $c_S = 5$, $u_N(x) = -cx$ et les demandes sont distribuées suivant la loi de Poisson de paramètre 50, les Tableaux 3.1 et 3.2 fournissent respectivement les valeurs de la suite $(S_t,\ 0 \le t \le 9)$ des stocks objectifs et de

Tableau 3.1. Suite des stocks objectifs en fonction de c_F dans le cas $N = 10$, $\alpha = 0.9$, $c = 10$, $c_M = 20$, $c_S = 5$, $u_N(x) = -cx$ et demandes distribuées suivant la loi de Poisson de paramètre 50

	S_0	S_1	S_2	S_3	S_4	S_5	S_6	S_7	S_8	S_9
$c_F = 0$	55	55	55	55	55	55	55	55	55	55
$c_F = 100$	55	55	55	55	55	55	55	55	55	55
$c_F = 200$	55	55	55	55	55	55	55	55	55	55
$c_F = 300$	55	55	55	55	55	55	55	55	55	55
$c_F = 400$	100	100	100	100	100	100	100	100	100	55
$c_F = 500$	100	100	100	100	100	100	100	100	100	55
$c_F = 600$	100	100	100	100	100	100	100	101	100	55
$c_F = 700$	100	100	100	100	100	101	100	139	100	55

Tableau 3.2. Suite des stocks seuils en fonction de c_F dans le cas $N = 10$, $\alpha = 0.9$, $c = 10$, $c_M = 20$, $c_S = 5$, $u_N(x) = -cx$ et demandes distribuées suivant la loi de Poisson de paramètre 50

	s_0	s_1	s_2	s_3	s_4	s_5	s_6	s_7	s_8	s_9
$c_F = 0$	55	55	55	55	55	55	55	55	55	55
$c_F = 100$	42	42	42	42	42	42	42	42	42	42
$c_F = 200$	36	36	36	36	36	36	36	36	36	36
$c_F = 300$	31	31	31	31	31	31	31	31	31	31
$c_F = 400$	28	27	29	27	29	26	29	26	30	26
$c_F = 500$	27	23	27	22	28	22	28	21	29	20
$c_F = 600$	25	19	25	19	26	18	27	17	28	15
$c_F = 700$	21	17	22	17	22	16	23	15	28	10

la suite $(s_t,\ 0 \le t \le 9)$ des stocks seuils pour c_F parcourant l'ensemble $\{0, 100, 200, 300, 400, 500, 600, 700\}$.

Ces suites ont été calculées en effectuant par récurrence descendante sur t l'ensemble des étapes données par les formules encadrées dans la démonstration du théorème 3.3.6.

Plus précisément, lors de l'implémentation informatique, il faut borner l'ensemble des valeurs du stock système pour lesquelles on effectue les calculs. À cet effet, on se donne deux entiers relatifs $x_{\min} < x_{\max}$ et on note $\mathcal{D} = \{x_{\min}, x_{\min} + 1, \ldots, x_{\max}\}$. On commence par calculer $(g(x),\ x \in \mathcal{D})$ en utilisant par exemple la formule (3.5). Puis partant de $(u_N(x) = -cx,\ x \in \mathcal{D})$, on effectue par récurrence descendante sur $t \in \{N-1, \ldots, 0\}$ l'ensemble des étapes suivantes :

- calcul de $f_t(x) = g(x) + \alpha \sum_{k=0}^{K} u_{t+1}(\max(x-k, x_{\min}))\mathbb{P}(D_1 = k)$ pour $x \in \mathcal{D}$ où K est fixé de façon à ce que $\mathbb{P}(D_1 \le K)$ soit suffisamment proche de 1 (pour D_1 distribuée suivant la loi de Poisson de paramètre 50, le choix $K = 80$ assure $\mathbb{P}(D_1 \le K) \simeq 1 - 3.4 \times 10^{-5}$),
- détermination de $S_t \in \mathcal{D}$ tel que $f_t(S_t) = \min_{x \in \mathcal{D}} f_t(x)$,

- calcul de $s_t = \max\{x \in \{x_{\min}, \dots, S_t\} : f_t(x) \geq f_t(S_t) + c_F\}$ avec la convention $\max \emptyset = x_{\min} - 1$,
- calcul de $u_t(x) = -cx + \mathbf{1}_{\{x \leq s_t\}}(f_t(S_t) + c_F) + \mathbf{1}_{\{x > s_t\}} f_t(x)$ pour $x \in \mathcal{D}$.

Pour mesurer les effets des réductions de domaine effectuées à la fois pour les valeurs du stock système (choix de $x_{\min}$ et de $x_{\max}$) et pour les valeurs des demandes (choix de K), il convient de regarder si diminuer $x_{\min}$ en augmentant simultanément $x_{\max}$ et K modifie les valeurs des stocks objectifs et des stocks seuils calculées par l'algorithme. Sur notre exemple, nous avons obtenu les résultats qui figurent dans les tableaux 3.1 à la fois pour $(x_{\min}, x_{\max}, K) = (-700, 300, 80)$ et pour $(x_{\min}, x_{\max}, K) = (-3\,000, 1\,000, 100)$.
Ces résultats appellent quelques commentaires. Tout d'abord, en absence de coût fixe ($c_F = 0$), on a $s_t = S_t = 55$ pour tout t ce qui signifie que la stratégie optimale consiste à chaque instant à commander $(55 - x)^+$ lorsque le stock système est égal à x. On retrouve bien la stratégie optimale donnée par le théorème 3.3.1 puisque pour le choix des paramètres considéré, $S_\alpha = 55$ (voir Fig. 3.2). Ensuite, il est normal que la valeur de S_9 ne dépende pas du coût fixe c_F puisque S_9 s'obtient comme réalisant le minimum de f_9, fonction qui s'écrit à partir de u_{10} et de g qui ne dépendent pas de c_F. Enfin, lorsque l'on augmente le niveau du coût fixe c_F, on distingue deux régimes :
- dans un premier temps ($c_F \leq 300$) le stock objectif S reste égal à 55 tandis que le stock seuil s, constant en temps, diminue. La quantité commandée minimale (lors d'une commande effective) qui est égale à la différence $S - s$ augmente donc pour compenser l'augmentation du coût fixe.
- dans un second temps ($c_F \geq 400$), le stock objectif passe à $100 = 2\mathbb{E}[D_1]$ sauf au dernier instant tandis que la moyenne temporelle du stock seuil continue à diminuer. On peut interpréter le doublement approximatif du stock objectif de la façon suivante : lorsque le gestionnaire décide de passer une commande auprès de son fournisseur, il approvisionne suffisamment de stock pour faire face aux demandes des clients sur deux périodes et non plus sur une seule période comme pour des valeurs plus faibles du coût fixe.

3.3.3 Délai de livraison

Nous introduisons la généralisation très utile en pratique qui consiste à supposer que les commandes effectuées par le gestionnaire auprès de son fournisseur lui sont livrées avec un délai de $d \in \mathbb{N}$ périodes de temps : plus précisément la quantité Q_t commandée en $t \in \{0, \dots, N-1\}$ est livrée sur la période $[t+d, t+d+1]$. Jusqu'à présent, nous nous sommes intéressé au cas $d = 0$. Nous supposons également que pour $t \in \{0, \dots, N+d-1\}$, les clients formulent la demande D_{t+1} sur la période $[t, t+1]$ avec $D_1, \dots, D_{N+d}$ des variables aléatoires positives intégrables indépendantes et de fonction de répartition commune F.

Pour $t \in \{0, \ldots, N+d\}$, on note Y_t la quantité égale au stock physique moins les manquants à l'instant t. Et pour $t \in \{0, \ldots, N\}$, on définit le **stock système** X_t en t comme la somme de Y_t et de l'**en-commande** c'est-à-dire la quantité commandée $Q_{t-d} + Q_{t-d+1} + \ldots + Q_{t-1}$ qui se trouve en attente de livraison :

$$X_t = Y_t + Q_{t-d} + Q_{t-d+1} + \ldots + Q_{t-1}. \tag{3.15}$$

Pour $t \in \{0, \ldots, N-1\}$, entre t et $t+1$, l'en-commande varie de $Q_t - Q_{t-d}$ (quantité commandée en t moins quantité livrée sur la période) tandis que Y_t varie de $Q_{t-d} - D_{t+1}$ (quantité livrée moins demandes des clients sur la période) si bien que

$$X_{t+1} = X_t + (Q_t - Q_{t-d}) + (Q_{t-d} - D_{t+1}) = X_t + Q_t - D_{t+1}.$$

Ainsi l'équation (3.7) donnant l'évolution du stock système en absence de délai de livraison est préservée.
Le stock physique et les manquants en $t+d+1$ sont donnés par Y_{t+d+1}^+ et Y_{t+d+1}^- si bien que le coût sur la période $[t+d, t+d+1]$ induit par la commande de Q_t en $t \in \{0, \ldots, N-1\}$ est donné par

$$c_F \mathbf{1}_{\{Q_t > 0\}} + cQ_t + c_S Y_{t+d+1}^+ + c_M Y_{t+d+1}^-.$$

En ajoutant un coût final donné par $u_{N+d}(Y_{N+d})$, on obtient que l'espérance du coût total avec facteur d'actualisation α est donnée par

$$\mathbb{E}\left[\sum_{t=0}^{N-1} \alpha^t \left(c_F \mathbf{1}_{\{Q_t > 0\}} + cQ_t + c_S Y_{t+d+1}^+ + c_M Y_{t+d+1}^-\right) + \alpha^N u_{N+d}(Y_{N+d})\right].$$

Pour $t \in \{0, \ldots, N-1\}$, la quantité stock physique moins manquants en $t+d+1$ s'obtient en ajoutant à cette quantité en t les commandes $Q_{t-d}, \ldots, Q_t$ qui sont livrées par le fournisseur sur la période $[t, t+d+1]$ et en y retranchant les demandes $D_{t+1}, \ldots, D_{t+d+1}$ qui sont formulées par les clients sur la même période :

$$\begin{aligned} Y_{t+d+1} &= Y_t + Q_{t-d} + \ldots + Q_{t-1} + Q_t - D_{t+1} - \ldots - D_{t+d+1} \\ &= X_t + Q_t - D_{t+1} - \ldots - D_{t+d+1}, \text{ d'après (3.15).} \end{aligned}$$

Comme X_t et Q_t ne dépendent que des demandes $D_1, D_2, \ldots, D_t$ jusqu'à l'instant t qui sont indépendantes des demandes ultérieures $D_{t+1}, \ldots, D_{N+d}$, le couple (X_t, Q_t) est indépendant du vecteur aléatoire $(D_{t+1}, \ldots, D_{t+d+1})$.

D'après la proposition A.1.21, on en déduit que

$$\mathbb{E}\left[c_F \mathbf{1}_{\{Q_t>0\}} + cQ_t + c_S Y_{t+d+1}^+ + c_M Y_{t+d+1}^-\right] = \mathbb{E}[\varphi(X_t, Q_t)],$$

$$\text{où } \varphi(x,q) = \mathbb{E}\Big[c_F \mathbf{1}_{\{q>0\}} + cq + c_S(x+q-D_{t+1}-\ldots-D_{t+d+1})^+ + c_M(x+q-D_{t+1}-\ldots-D_{t+d+1})^-\Big].$$

De manière analogue, $Y_{N+d} = X_N - D_{N+1} - \ldots - D_{N+d}$ où la variable aléatoire X_N est indépendante du vecteur aléatoire $(D_{N+1}, \ldots, D_{N+d})$, ce qui entraîne que $\mathbb{E}[u_{N+d}(Y_{N+d})] = \mathbb{E}[u_N(X_N)]$ où

$$u_N(x) = \mathbb{E}[u_{N+d}(x - D_{N+1} - \ldots - D_{N+d})].$$

On en déduit que l'espérance du coût total actualisé s'écrit

$$\mathbb{E}\left[\sum_{t=0}^{N-1} \alpha^t \varphi(X_t, Q_t) + \alpha^N u_N(X_N)\right].$$

Comme les demandes sont identiquement distribuées, les équations d'optimalité s'écrivent : pour $t \in \{0, \ldots, N-1\}$,

$$\begin{aligned} u_t(x) &= \inf_{q \geq 0} \Big(\varphi(x,q) + \alpha \mathbb{E}[u_{t+1}(x+q-D_1)]\Big) \\ &= \inf_{q \geq 0} \mathbb{E}\Big(c_F \mathbf{1}_{\{q>0\}} + cq + c_S(x+q-D_1-\ldots-D_{d+1})^+ \\ &\qquad + c_M(x+q-D_1-\ldots-D_{d+1})^- + \alpha u_{t+1}(x+q-D_1)\Big). \end{aligned}$$

Par rapport aux équations d'optimalité (3.13), les termes $(x+q-D_1)^+$ et $(x+q-D_1)^-$ sont respectivement remplacés ici par $(x+q-D_1-\ldots-D_{d+1})^+$ et $(x+q-D_1-\ldots-D_{d+1})^-$, ce qui traduit le fait que les premières conséquences en termes de coût de la décision de commander la quantité q ont lieu $d+1$ périodes plus tard i.e. lorsque les clients ont exprimé leurs demandes sur $d+1$ périodes. Le terme $\mathbb{E}[u_{t+1}(x+q-D_1)]$ est inchangé car la dynamique du stock système l'est.
Lorsque la fonction $u_{N+d}(x)$ est continue, c_F-convexe, minorée par $K - cx$ où $K \in \mathbb{R}$ et vérifie $|u_{N+d}(x)| \leq \eta + \gamma|x|$ (avec $\eta, \gamma \geq 0$) il est facile de vérifier que u_N vérifie les mêmes propriétés. Lorsque $u_{N+d}(x) = -cx$, $u_N(x) = -cx + cd\,\mathbb{E}[D_1]$ où la constante $cd\,\mathbb{E}[D_1]$ ne change rien à la stratégie optimale. En reprenant l'approche et les démonstrations des deux paragraphes précédents, on obtient :

Théorème 3.3.10. *On suppose $c_M > (1-\alpha)c > -c_S$.*
Si $u_{N+d}(x)$ est continue, minorée par $K - cx$ où $K \in \mathbb{R}$, c_F-convexe et vérifie

$|u_{N+d}(x)| \leq \eta + \gamma|x|$ *avec* $\eta, \gamma \geq 0$, *alors il existe une stratégie optimale dont la règle de décision à l'instant* $t \in \{0, \ldots, N-1\}$ *est de la forme* (s_t, S_t) *i.e. consiste à commander* $\mathbf{1}_{\{x \leq s_t\}}(S_t - x)^+$ *si le stock système à l'instant* t *est* x. *Dans le cas particulier où* $c_F = 0$ *et* $u_{N+d}(x) = -cx$, *la stratégie avec stock objectif* $S_{\alpha,d}$ *où*

$$\begin{cases} S_{\alpha,d} = \inf\{z \geq 0 : \ F_{d+1}(z) \geq (c_M - (1-\alpha)c)/(c_M + c_S)\} \\ \textit{avec } F_{d+1}(z) = \mathbb{P}(D_1 + \ldots D_{d+1} \leq z) \end{cases}$$

qui consiste à commander $(S_{\alpha,d} - x)^+$ *lorsque le stock système vaut* x *est optimale.*

La figure 3.4 illustre l'optimalité de la stratégie de stock objectif $S_{\alpha,1} = 107$ dans le cas particulier où le délai de livraison est $d = 1$, les demandes sont distribuées suivant la loi de Poisson de paramètre 50, $N = 10$, $\alpha = 0.9$, $c = 10$, $c_M = 20$, $c_S = 5$, $c_F = 0$, $f(x) = -cx$ et le stock initial est $X_0 = 50$. Pour $z \in \{90, 91, \ldots, 120\}$ le coût moyen associé à la stratégie de stock objectif z a été évalué en effectuant la moyenne empirique des coûts sur 1 000 réalisations des demandes $(D_1, \ldots, D_{11})$. Les mêmes réalisations de ces variables ont été utilisées pour chacune des stratégies. Les courbes en pointillés représentent les bornes des intervalles de confiance à 95 % obtenus pour chacun des coûts moyens.

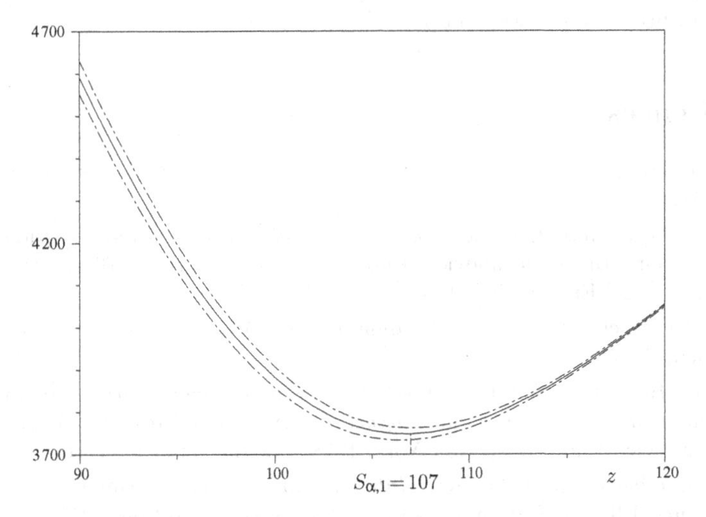

Fig. 3.4. Coût associé à la stratégie de stock objectif z pour un délai de livraison $d = 1$ ($N = 10$, stock initial $X_0 = 50$, $\alpha = 0.9$, $c = 10$, $c_M = 20$, $c_S = 5$, $c_F = 0$, $u_{N+d}(x) = -cx$, demandes distribuées suivant la loi de Poisson de paramètre 50)

Remarque 3.3.11. Dans le cas où les demandes sont distribuées suivant la loi de Poisson de paramètre μ (resp. la loi gaussienne $\mathcal{N}(\mu, \sigma^2)$), $D_1 + \ldots + D_{d+1}$

suit la loi de Poisson de paramètre $(d+1)\mu$ (resp. la loi normale $\mathcal{N}((d+1)\mu,(d+1)\sigma^2)$) et F_{d+1} est la fonction de répartition de cette loi. $\diamondsuit$

3.4 Conclusion

Dans ce chapitre nous avons mis en évidence l'intérêt des règles de décision de type (s, S) pour la gestion dynamique du stock d'un produit (pièce de rechange par exemple). En effet, nous avons montré l'optimalité d'une stratégie composée de règles de décision markoviennes de ce type à chaque période parmi toutes les stratégies composées de règles de décision fonctions de tout le passé. Ce résultat reste valable pour des modèles plus généraux que celui que nous avons étudié : fonctions de coût de surplus et de coût de manquants convexes (elles sont supposées linéaires ici), demandes indépendantes mais non identiquement distribuées, fonctions de coût dépendant du temps, coûts fixes dépendant du temps sous réserve que $\alpha c_F(t+1) \leq c_F(t)$, etc. Nous renvoyons à la présentation de Porteus [7] ou au livre de Liu et Esogbue [6] pour la description de ces modèles généraux. L'optimalité d'une stratégie (s, S) reste également valable pour le problème de gestion de stock à horizon temporel infini, auquel est consacré le Chap. 13 du livre de Whittle [11].
D'un point de vue pratique, on doit identifier la loi de la demande. À cet effet, il est par exemple possible d'effectuer un traitement statistique des demandes passées. On peut ensuite déterminer les (s_t, S_t) en résolvant par récurrence descendante les équations d'optimalité.

Références

1. R. Bellman. *Dynamic programming.* Princeton University Press, Princeton, N.J., 1957.
2. D.P. Bertsekas. *Dynamic programming and stochastic control.* Academic Press [Harcourt Brace Jovanovich Publishers], New York, 1976. Mathematics in Science and Engineering, 125.
3. D.P. Bertsekas. *Dynamic Programming and Optimal Control, Vol. 1 et 2.* Athena Scientific, 1995.
4. D.P. Bertsekas et S.E. Shreve. *Stochastic optimal control,* volume 139 de *Mathematics in Science and Engineering.* Academic Press Inc. [Harcourt Brace Jovanovich Publishers], New York, 1978. The discrete time case.
5. D. Lamberton et B. Lapeyre. *Introduction au calcul stochastique appliqué à la finance.* Ellipses Édition Marketing, Paris, seconde édition, 1997.
6. B. Liu et A.O. Esogbue. *Decision criteria and optimal inventory processes.* International Series in Operations Research & Management Science, 20. Kluwer Academic Publishers, Boston, MA, 1999.
7. E.L. Porteus. Stochastic inventory theory. In *Stochastic models,* volume 2 de *Handbooks Oper. Res. Management Sci.*, pages 605–652. North-Holland, Amsterdam, 1990.

8. M.L. Puterman. *Markov decision processes : discrete stochastic dynamic programming.* Wiley Series in Probability and Mathematical Statistics : Applied Probability and Statistics. John Wiley & Sons Inc., New York, 1994.
9. H. Scarf. The optimality of (s, S) policies in the dynamic inventory problem. In S.U. Press, editor, *Proceeding of the 1959 Stanford Symposium on Mathematical Methods in the Social Sciences*, pages 196–202, 1960.
10. D.J. White. *Markov decision processes.* John Wiley & Sons Ltd., Chichester, 1993.
11. P. Whittle. *Optimization over time. Vol. I.* Wiley Series in Probability and Mathematical Statistics : Applied Probability and Statistics. John Wiley & Sons Ltd., Chichester, 1982. Dynamic programming and stochastic control.

Introduction aux phénomènes de branchement : le processus de Galton-Watson

L'étude des processus de branchement est née avant le siècle dernier de l'intérêt pour la disparition des noms de familles nobles en Angleterre. En 1873, Galton a proposé un problème mathématique précis en lien avec ce phénomène :

> N hommes adultes d'une nation qui portent tous des noms de famille différents partent coloniser un pays. On suppose qu'à chaque génération, la proportion d'hommes qui ont k garçons est p_k ($k \in \mathbb{N}$). La question est de savoir quelle sera, après n générations, la proportion des noms de famille qui auront disparu.

En raisonnant sur la première génération, on peut voir que la probabilité η de disparition ou extinction d'un nom de famille dans le futur est égale à la probabilité p_0 pour que l'ancêtre n'ait aucun garçon, plus la probabilité p_1 qu'il ait un garçon fois la probabilité η que la descendance masculine de ce garçon s'éteigne, plus la probabilité p_2 qu'il ait deux garçons fois la probabilité η^2 que les descendances masculines, supposées indépendantes, de ces deux garçons s'éteignent et ainsi de suite. Ainsi η est solution de l'équation

$$\eta = p_0 + p_1\eta + p_2\eta^2 + p_3\eta^3 + \ldots = \sum_{k\in\mathbb{N}} p_k\eta^k \tag{4.1}$$

Watson a obtenu cette équation par un raisonnement légèrement différent. Comme $\eta = 1$ en est toujours solution, il a conclu de manière incorrecte au caractère inéluctable de l'extinction de la descendance masculine et donc de la disparition des noms de famille.

Plus récemment, les processus de branchement sont apparus comme des modèles pertinents en biologie (voir [4]) et en particulier en génétique. On trouve dans ce domaine des questions très proches de celle de la disparition des noms de famille. Considérons par exemple une macro-molécule d'ADN ou d'ARN qui consiste en une chaîne de ν nucléotides. En une unité de temps, cette chaîne est répliquée, chaque nucléotide étant copié de façon correcte avec probabilité p et ce indépendamment des autres nucléotides. À l'issue de la réplication, la molécule est détruite avec probabilité w ou bien donne naissance à deux molécules avec probabilité complémentaire $1-w$. La probabilité de disparition de la population de macro-molécules correctes est égale à celle d'extinction d'un nom de famille dans le cas où $p_0 = w$ (destruction), $p_1 = (1-w)(1-p^\nu)$ (non destruction mais réplication incorrecte), $p_2 = (1-w)p^\nu$ (non destruction et réplication correcte) et $p_k = 0$ pour $k \geq 3$. Cet exemple est tiré du livre de Kimmel et Axelrod [6].

Afin d'étudier de manière rigoureuse les problèmes précédents, il faut introduire quelques notations et hypothèses. On note Z_n le nombre de descendants (garçons ou molécules correctes) à la n-ième génération issus d'un unique ancêtre : $Z_0 = 1$. Si $Z_n > 0$, chaque individu d'indice i compris entre 1 et Z_n a ξ_i^n enfants si bien que

$$Z_{n+1} = \begin{cases} 0 \quad \text{si} \quad Z_n = 0 \\ \sum_{i=1}^{Z_n} \xi_i^n \quad \text{sinon.} \end{cases} \tag{4.2}$$

Les variables $(\xi_i^n, n \geq 0, i \geq 1)$ sont indépendantes et identiquement distribuées suivant la loi de reproduction $(p_k, k \in \mathbb{N})$ i.e. $\mathbb{P}(\xi_i^n = k) = p_k$. On les suppose de carré intégrable et on note respectivement $m = \mathbb{E}[\xi_i^n]$, $\sigma^2 = \mathbb{E}[(\xi_i^n - m)^2]$ et $G(s) = \mathbb{E}\left[s^{\xi_i^n}\right]$, $s \in [0,1]$ leur espérance, leur variance et leur fonction génératrice communes.
La famille de variables aléatoires $(Z_n, n \in \mathbb{N})$ s'appelle processus de Galton-Watson.
Il va s'avérer que la position de l'espérance m par rapport à 1 joue un rôle important dans l'analyse du phénomène d'extinction. C'est pourquoi nous introduisons la définition suivante :

Définition 4.0.1. *Le processus de Galton-Watson et sa loi de reproduction sont dits*
- *sous-critiques si $m < 1$,*
- *critiques si $m = 1$,*
- *surcritiques si $m > 1$.*

Le premier paragraphe du chapitre est consacré à l'étude de la probabilité d'extinction.
Dans le second paragraphe, nous motivons par un exemple biologique l'étude de la loi conditionnelle de Z_n sachant $Z_n > 0$. Puis nous montrons en distinguant les cas sous-critique, critique et surcritique que cette loi conditionnelle correctement renormalisée converge lorsque n tend vers l'infini.
Dans le troisième paragraphe, nous introduisons une technique de fonction d'importance qui permet de se ramener à la simulation d'un processus surcritique lorsque l'on souhaite calculer une espérance relative à un processus sous-critique ou critique. L'objectif de cette technique est d'obtenir un estimateur de variance moindre.
Enfin, dans le dernier paragraphe, nous étudions les liens entre la loi de la population totale $\sum_{n \in \mathbb{N}} Z_n$ du processus de Galton-Watson et la loi de reproduction. Les résultats obtenus seront utilisés dans le Chap. 12 consacré

aux phénomènes de coagulation et de fragmentation ainsi que dans le Chap. 9 qui traite des files d'attente. Les démonstrations sont beaucoup plus techniques que celles données dans les paragraphes précédents.

Remarque 4.0.2. Pour $(z_1, \ldots, z_{n-1}, x, y) \in \mathbb{N}^{n+1}$,

$$\begin{aligned}
&\mathbb{P}(Z_{n+1} = y | Z_1 = z_1, \ldots, Z_{n-1} = z_{n-1}, Z_n = x) \\
&\quad = \mathbb{P}\left(\sum_{i=1}^{x} \xi_i^n = y, Z_1 = z_1, \ldots, Z_n = x\right) \Big/ \mathbb{P}(Z_1 = z_1, \ldots, Z_n = x) \\
&\quad = \mathbb{P}\left(\sum_{i=1}^{x} \xi_i^n = y\right),
\end{aligned}$$

par indépendance des variables $(\xi_i^n, i \geq 1)$ et des variables $Z_1, \ldots, Z_n$ qui sont fonctions des $(\xi_i^l, 0 \leq l \leq n-1, i \geq 1)$. Ainsi le processus $(Z_n, n \geq 0)$ est une chaîne de Markov homogène de matrice de transition

$$\forall x, y \in \mathbb{N},\ P(x, y) = \mathbb{P}\left(\sum_{i=1}^{x} \xi_i^1 = y\right).$$

Cette propriété ne sera pas exploitée dans ce qui suit car le bon outil pour l'étude du processus $(Z_n, n \geq 0)$ est la fonction génératrice. $\diamondsuit$

Remarque 4.0.3. Pour des résultats plus fins que ceux exposés dans ce chapitre ou sous l'hypothèse $\sum_{k \geq 1} k \log(k) p_k < +\infty$ moins forte que celle $\sum_{k \geq 1} k^2 p_k < +\infty$ que nous avons faite, on pourra se référer aux livres d'Asmussen et Hering [1], d'Athreya et Ney [2] et de Harris [3]. $\diamondsuit$

4.1 Étude du phénomène d'extinction

On note $\mathcal{E}$ l'événement "la descendance s'éteint" : $\mathcal{E} = \bigcup_{n \geq 1} \{Z_n = 0\}$. Comme, lorsque la population s'annule à la n-ième génération, elle reste nulle ultérieurement, les événements $\{Z_n = 0\}$ sont croissants au sens où $\{Z_n = 0\} \subset \{Z_{n+1} = 0\}$. Ainsi la probabilité d'extinction η est donnée par

$$\eta = \mathbb{P}(\mathcal{E}) = \lim_{n \to +\infty} \mathbb{P}(Z_n = 0).$$

On note $G_n(s) = \mathbb{E}\left[s^{Z_n}\right]$ la fonction génératrice du nombre de descendants à la n-ième génération. On a $\mathbb{P}(Z_n = 0) = G_n(0)$. Donc

$$\eta = \lim_{n \to +\infty} G_n(0).$$

Pour caractériser la probabilité d'extinction η, nous allons étudier la suite $(G_n(0), n \geq 0)$. La clé de cette étude est la relation entre G_{n-1}, G_n et la fonction génératrice G de la loi de reproduction énoncée dans le lemme suivant.

Rappelons auparavant que d'après le théorème A.2.4, la fonction G est croissante et convexe sur $[0,1]$. Avec les hypothèses que nous avons faites, elle est deux fois continûment dérivable sur $[0,1]$ et vérifie

$$G'(1) = \mathbb{E}[\xi_i^n] = m \text{ et } G''(1) = \mathbb{E}[\xi_i^n(\xi_i^n - 1)] = \sigma^2 + m^2 - m.$$

Lemme 4.1.1. *Pour tout* $n \in \mathbb{N}^*$, $G_n(s) = G_{n-1}(G(s)) = \underbrace{G \circ G \circ \ldots \circ G}_{n \text{ fois}}(s)$, *c'est-à-dire que* G_n *est la composée* n*-ième de la fonction génératrice* G *des variables* ξ_i^n*. En outre*

$$\mathbb{E}[Z_n] = m^n.$$

Démonstration. On utilise le caractère discret de la variable aléatoire Z_{n-1} qui assure que $1 = \sum_{k\in\mathbb{N}} \mathbf{1}_{\{Z_{n-1}=k\}}$ et son indépendance avec les ξ_i^{n-1}, $i \geq 1$. Ces deux propriétés entraînent que

$$\begin{aligned} G_n(s) &= \mathbb{E}\left[s^{Z_n}\right] = \mathbb{E}\left[\sum_{k\geq 0} \mathbf{1}_{\{Z_{n-1}=k\}} s^{\sum_{i=1}^k \xi_i^{n-1}}\right] \\ &= \sum_{k\geq 0} \mathbb{P}(Z_{n-1} = k)\mathbb{E}\left[s^{\xi_1^{n-1}}\right]^k = \sum_{k\geq 0} G(s)^k \mathbb{P}(Z_{n-1} = k) = G_{n-1}(G(s)). \end{aligned}$$

D'après le théorème A.2.4, on a $\mathbb{E}[Z_n] = G_n'(1)$. La relation de récurrence que nous venons d'établir assure que $G_n(s) = G(G_{n-1}(s))$ et donc que

$$G_n'(s) = G'(G_{n-1}(s))G_{n-1}'(s) = \prod_{l=1}^n G'(G_{l-1}(s)).$$

Comme pour tout $l \geq 1$, $G_l(1) = 1$, on conclut que $\mathbb{E}[Z_n] = G'(1)^n = m^n$. □

Remarque 4.1.2. On peut retrouver les résultats qui précèdent en décomposant suivant les valeurs prises par Z_1 au lieu de le faire suivant les valeurs prises par Z_{n-1}. En effet, si on note $Z_{1,n}^i$ le nombre de descendants à la n-ième génération du i-ième descendant de la première génération, alors $Z_n = \sum_{i=1}^{Z_1} Z_{1,n}^i$. En outre, conditionnellement à l'événement $\{Z_1 = k\}$, les variables aléatoires $Z_{1,n}^i, 1 \leq i \leq k$ sont indépendantes et ont même loi que Z_{n-1}. Ainsi

$$\begin{aligned} \mathbb{E}[s^{Z_n}] &= \sum_{k\in\mathbb{N}} \mathbb{E}[\mathbf{1}_{\{Z_1=k\}} s^{Z_{1,n}^1+\ldots+Z_{1,n}^k}] = \sum_{k\in\mathbb{N}} \mathbb{P}(Z_1 = k)(G_{n-1}(s))^k \\ &= G(G_{n-1}(z)). \end{aligned}$$

◊

Dans le cas particulier suivant, nous allons obtenir une expression explicite pour G_n et en déduire la loi du nombre de descendants Z_n à la n-ième génération.

Exemple 4.1.3. On suppose que chaque variable ξ_i^n est égale avec probabilité $\beta \in]0,1]$ à une variable géométrique de paramètre $p \in]0,1[$ et avec probabilité $1-\beta$ à 0 i.e.

$$p_k = \begin{cases} 1-\beta & \text{si} \quad k=0 \\ \beta\, p\, q^{k-1} & \text{si} \quad k \geq 1 \quad (\text{où on note } q = 1-p). \end{cases} \tag{4.3}$$

On vérifie alors en utilisant par exemple les résultats du paragraphe A.2.1 sur les variables aléatoires géométriques que

$$m = \frac{\beta}{p}, \quad \sigma^2 = \frac{\beta(1+q-\beta)}{p^2} \quad \text{et} \quad G(s) = 1-\beta+\frac{\beta ps}{1-qs}.$$

L'équation $G(s) = s$ se récrit en utilisant $p+q=1$:

$$0 = 1-\beta-qs+\beta qs+\beta ps-s+qs^2 = (1-\beta-qs)(1-s).$$

Elle admet donc comme racines 1 et $s_0 = \dfrac{1-\beta}{1-p}$. Ces deux racines sont distinctes si et seulement si l'espérance m des variables ξ_i^n est différente de 1. On vérifie que

$$\forall r,\ \forall t \neq s,\ \frac{G(s)-G(r)}{G(s)-G(t)} = \frac{s-r}{s-t} \times \frac{1-qt}{1-qr}.$$

Comme $\dfrac{1-qs_0}{1-q} = \dfrac{\beta}{p} = m$, pour le choix $r=1$ et $t=s_0$, on obtient

$$\frac{G(s)-1}{G(s)-s_0} = m\frac{s-1}{s-s_0}.$$

Cette formule s'itère pour donner

$$\frac{G_n(s)-1}{G_n(s)-s_0} = m^n\frac{s-1}{s-s_0}.$$

Lorsque $m \neq 1$, alors $s_0 \neq 1$ et on peut calculer $G_n(s)$ à partir de cette équation. Ainsi

$$\boxed{G_n(s) = \frac{(1-m^n s_0)s+s_0(m^n-1)}{(1-m^n)s+m^n-s_0} \quad \text{si} \quad m = \frac{\beta}{p} \neq 1.}$$

Cette approche ne fonctionne plus dans le cas $m=1$ où $s_0=1$. On peut néanmoins vérifier par récurrence que

$$\boxed{G_n(s) = \frac{nq+(1-(n+1)q)s}{1+(n-1)q-nqs} \quad \text{si} \quad m = \frac{\beta}{p} = 1.} \tag{4.4}$$

Dans tous les cas,

$$G_n(s) = 1-\beta_n+\frac{\beta_n p_n s}{1-(1-p_n)s} \text{ où } \beta_n = m^n p_n \text{ et } p_n = \begin{cases} \dfrac{1-s_0}{m^n - s_0} & \text{si } m \neq 1 \\ \dfrac{p}{1+(n-1)q} & \text{sinon.} \end{cases} \tag{4.5}$$

La population Z_n à la n-ième génération est donc égale avec probabilité β_n à une variable géométrique de paramètre p_n et avec probabilité $1-\beta_n$ à 0.
On vérifie facilement que lorsque n tend vers l'infini, $G_n(0) = 1 - \beta_n$ tend vers 1 si $m \leq 1$ et vers s_0 sinon. Ainsi la probabilité d'extinction η vaut 1 si $m \leq 1$ et s_0 sinon. ◊

L'exercice suivant qui se place dans le cas particulier que nous venons de considérer, a pour but de retrouver l'expression de G_n donnée dans le cas critique à partir de celle obtenue dans le cas sous-critique.

Exercice 4.1.4. On suppose que la loi de reproduction est donnée par l'équation (4.3) avec $\beta = p \in]0,1[$. On se donne indépendamment des variables $(\xi_i^n, n \geq 0, i \geq 1)$ distribuées suivant cette loi, des variables $(U_i^n, n \geq 0, i \geq 1)$ indépendantes et uniformément réparties sur $[0,1]$. Pour $\varepsilon \in]0,1[$, $n \geq 0$ et $i \geq 1$, on pose $\tilde{\xi}_i^{\varepsilon,n} = \mathbf{1}_{\{U_i^n \geq \varepsilon\}} \xi_i^n$. On note $(\tilde{Z}_n^\varepsilon, n \in \mathbb{N})$ le processus de Galton-Watson associé.

- Quelle est la loi commune des variables $\tilde{\xi}_i^{\varepsilon,n}$?
  En déduire $G_n^\varepsilon(s) = \mathbb{E}\left[s^{\tilde{Z}_n^\varepsilon}\right]$.
- Vérifier par récurrence que lorsque ε tend vers 0, alors pour tout $n \in \mathbb{N}$, $\tilde{Z}_n^\varepsilon$ converge presque sûrement vers Z_n.
- Conclure que la fonction génératrice de Z_n est donnée par (4.4).

♦

4.1.1 Caractérisation de la probabilité d'extinction η

Pour une loi de reproduction quelconque, il n'est pas en général possible de calculer G_n. Mais la relation de récurrence $G_n(s) = G(G_{n-1}(s))$ suffit à caractériser la limite η de la suite $(G_n(0))_n$ pour obtenir la proposition suivante :

Proposition 4.1.5. *La probabilité d'extinction η est la plus petite racine positive de l'équation $G(s) = s$. Elle est nulle si $p_0 = 0$.*
Sinon, elle est égale à 1 dans les cas sous-critique et critique et se trouve dans l'intervalle ouvert $]0,1[$ dans le cas surcritique.

Dans le cas particulier de la loi de reproduction (4.3), la plus petite racine positive est $\eta = s_0 = (1-\beta)/(1-p)$ dans le cas surcritique où $m = \beta/p > 1$ et $\eta = 1$ sinon.

Démonstration. En passant à la limite $n \to +\infty$, dans l'égalité $G_{n+1}(0) = G(G_n(0))$, on obtient avec la continuité de G que $\eta = G(\eta)$. Ainsi on retrouve l'équation (4.1) introduite en décomposant sur le nombre de descendants à la première génération.
On s'intéresse donc aux racines de l'équation $G(s) = s$ dans $[0, 1]$:
- soit $p_1 = 1$ et tous les $s \in [0, 1]$ sont racines,
- soit $p_1 < 1$ avec $p_0 + p_1 = 1$ et $s = 1$ est la seule racine,
- soit $p_0 + p_1 < 1$ et la fonction G est strictement convexe ce qui entraîne qu'il y a au plus une autre racine que 1.

L'équation admet donc une plus petite racine sur $[0, 1]$, que l'on note $\underline{s}$. Par croissance de G, $G(0) \leq G(\underline{s}) = \underline{s}$, inégalité que l'on itère en $G_n(0) \leq \underline{s}$. En prenant la limite $n \to +\infty$, on obtient $\eta \leq \underline{s}$. Comme η est une racine positive de l'équation on conclut que $\eta = \underline{s}$.
Lorsque $p_0 = 0$, alors $G(0) = p_0 = 0$ ce qui entraîne que $\eta = 0$, résultat qui n'étonnera personne puisque la population Z_n est alors croissante avec n.

Il ne reste plus qu'à déterminer la position de la plus petite racine positive de $G(s) = s$ lorsque $p_0 > 0$. On commence par éliminer le cas nécessairement sous-critique où $p_0 + p_1 = 1$. On a alors $G(s) = p_0 + p_1 s$ et la plus petite racine positive est égale à 1.
On suppose désormais que $p_0 + p_1 < 1$, ce qui assure que la fonction G est strictement convexe sur $[0, 1]$. Ainsi pour $s \in [0, 1[$, $G(s) > G(1) + G'(1)(s - 1) = 1 + m(s-1)$. Dans les cas sous-critique ou critique on en déduit que pour $s \in [0, 1[$, $G(s) > 1 + (s - 1) = s$, ce qui permet de conclure que la plus petite racine est égale à 1 (voir Fig. 4.1). Dans le cas surcritique, $G'(1) = m > 1$ ce qui entraîne que pour s proche de 1, $G(s) < G(1) + (s - 1) = s$. Comme $G(0) - 0 = p_0 > 0$, le théorème des valeurs intermédiaires entraîne l'existence d'une racine sur $]0, 1[$, qui est même unique du fait de la stricte convexité de G (voir Fig. 4.2). □

Nous allons maintenant revenir sur nos deux exemples introductifs. D'après [5], en estimant la probabilité p_k pour qu'un homme ait k garçons sur les données du recensement des hommes blancs de 1920 aux États-Unis, et en appliquant la proposition 4.1.5, Lotka [7] a obtenu $\eta = 0.88$ comme probabilité d'extinction de la descendance masculine issue d'un individu. Dans [8], il a également remarqué que la loi de reproduction (4.3) pour $\beta = 0.5187$ et $p = 0.4414$ s'ajustait bien aux données du recensement. Pour cette loi de reproduction surcritique ($m = \beta/p = 1.175$), la probabilité d'extinction est $s_0 = (1 - \beta)/(1 - p) = 0.862$.

Dans l'introduction de ce chapitre, nous avons également modélisé l'évolution d'une population de macro-molécules correctes à l'aide d'un processus de Galton-Watson de loi de reproduction :
- $p_0 = w$: probabilité pour que la molécule soit détruite après réplication,
- $p_1 = (1 - w)(1 - p^\nu)$: probabilité $1 - w$ pour que la molécule et sa copie survivent fois la probabilité $(1 - p^\nu)$ pour que l'un au moins des ν nucléotides ait été mal copié,

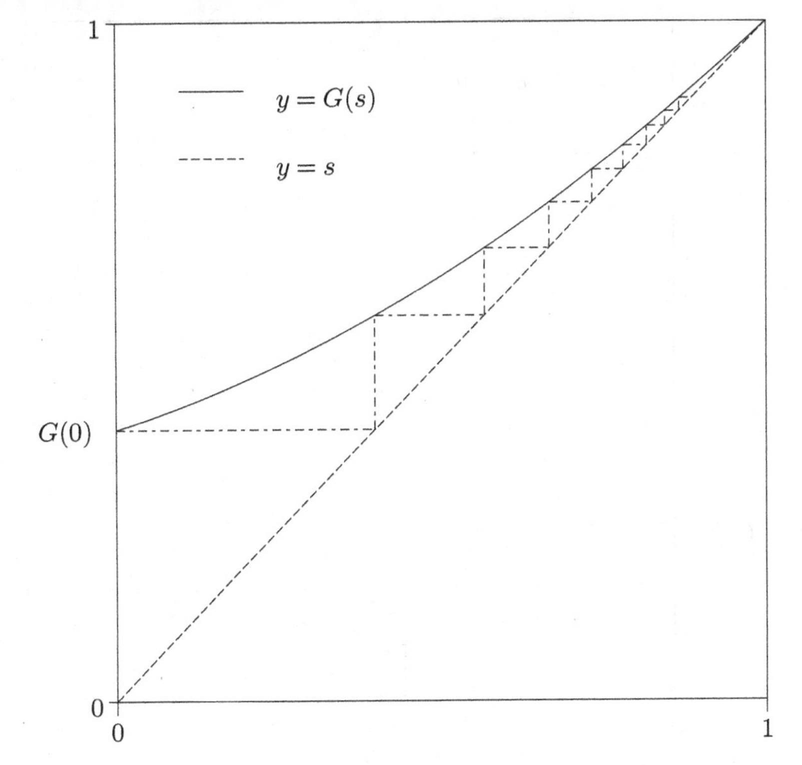

Fig. 4.1. Cas sous-critique ou critique $m \leq 1$: illustration de la convergence de la suite $(G_n(0), n \geq 0)$ vers $\eta = 1$

- $p_2 = (1-w)p^\nu$: probabilité $1-\nu$ pour que la molécule et sa copie survivent fois la probabilité p^ν pour que chacun des ν nucléotides ait été copié correctement,
- $p_k = 0$ pour $k \geq 3$.

L'espérance correspondante est $m = (1-w)(1+p^\nu)$. Pour que la probabilité d'extinction de la population de molécules correctes soit différente de 1, il faut que $m > 1$, ce qui se récrit $p^\nu > \frac{w}{1-w}$. Si la probabilité w de destruction de la molécule après réplication est supérieure à $1/2$, cette condition n'est jamais vérifiée. Dans le cas $w < 1/2$, seules les molécules dont la taille en nombre de nucléotides est inférieure à $\log(w/(1-w))/\log(p)$ peuvent survivre avec probabilité strictement positive. Ce résultat permet d'expliquer pourquoi il y a une limite à la complexité des organismes primitifs.

4.1.2 Vitesse d'extinction

Dans ce paragraphe, nous allons étudier la vitesse à laquelle la suite $(\mathbb{P}(Z_n = 0), n \in \mathbb{N})$ converge vers η.

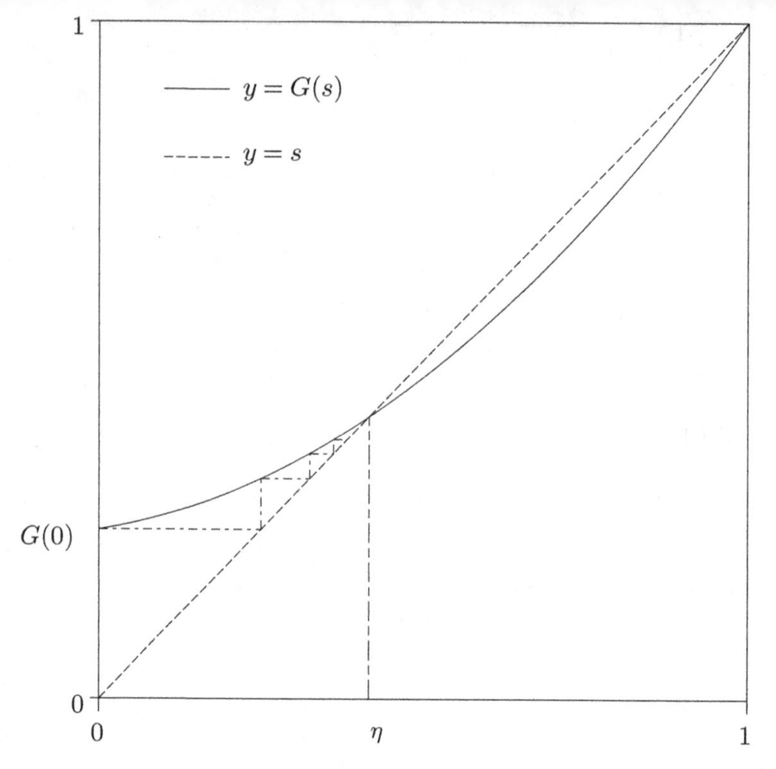

Fig. 4.2. Cas surcritique $m > 1$: illustration de la convergence de la suite $(G_n(0), n \geq 0)$ vers $\eta < 1$

Dans le cas particulier où $p_2 = 1 - p_0$, on a $G(s) = p_0 + (1 - p_0)s^2$ et l'équation du second degré $G(s) = s$ admet $p_0/(1 - p_0)$ et 1 comme racines. La figure 4.3 illustre la convergence de $\mathbb{P}(Z_n = 0) = G_n(0)$ vers $\eta = \min(1, p_0/(1 - p_0))$ lorsque n tend vers l'infini pour différentes valeurs de p_0. La convergence semble beaucoup moins rapide dans le cas critique que dans les cas sous-critique et surcritique. Le lemme suivant montre que la vitesse de convergence est géométrique lorsque $m \neq 1$. Il faut pour cela exclure le cas $p_0 = 0$ où pour tout n, $\mathbb{P}(Z_n = 0) = \eta = 0$ et le cas $p_0 = 1$, où pour tout $n \geq 1$, $\mathbb{P}(Z_n = 0) = \eta = 1$.

Lemme 4.1.6. *On suppose que* $p_0 \in]0, 1[$ *et que* $m \neq 1$. *Alors* $G'(\eta) \in]0, 1[$ *et la suite* $(G'(\eta)^{-n}(\eta - G_n(0)), n \geq 0)$ *est décroissante et admet une limite strictement positive.*

Remarque 4.1.7. Nous verrons que dans le cas critique avec $p_1 < 1$, $\mathbb{P}(Z_n > 0) = 1 - \mathbb{P}(Z_n = 0)$ est équivalent à $2/n\sigma^2$ lorsque $n \to +\infty$ (voir l'équation (4.12)). La convergence de $\mathbb{P}(Z_n = 0)$ vers $\eta = 1$ est effectivement beaucoup moins rapide que dans les cas sous-critique et surcritique. $\diamond$

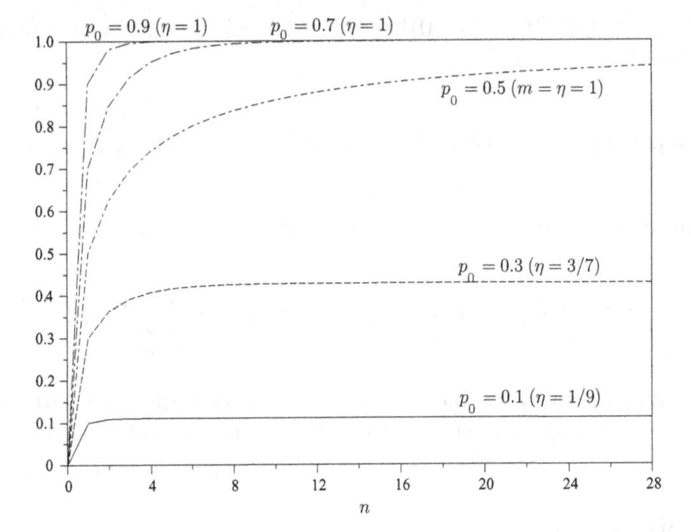

Fig. 4.3. Pour $p_2 = 1 - p_0$, convergence de $(\mathbb{P}(Z_n = 0) = G_n(0), n \geq 0)$ vers $\eta = \min(1, p_0/(1 - p_0))$

Démonstration. Comme $p_0 \in]0, 1[$, $\eta > 0$ et pour tout $s \in]0, 1]$, $G'(s) > 0$, propriétés qui assurent d'une part que $G'(\eta) > 0$ et d'autre part que

$$\forall n \in \mathbb{N},\ \eta - G_n(0) = G_n(\eta) - G_n(0) > 0. \tag{4.6}$$

Montrons maintenant que $G'(\eta) < 1$. Dans le cas sous-critique $\eta = 1$ et $G'(\eta) = m < 1$.
Dans le cas surcritique, pour $s \in]\eta, 1[$, $G(s) < s$, ce qui, avec la convexité de G, assure que $G(\eta) + G'(\eta)(s - \eta) < s$. Cette inégalité se récrit $(G'(\eta) - 1)(s - \eta) < 0$ et entraîne que $G'(\eta) < 1$ (voir Fig. 4.2).

Par convexité de G, $G_{n+1}(0) \geq G(\eta) + G'(\eta)(G_n(0) - \eta)$. En soustrayant $\eta = G(\eta)$ aux deux membres et en multipliant par $-G'(\eta)^{-(n+1)}$, on obtient

$$G'(\eta)^{-(n+1)}(\eta - G_{n+1}(0)) \leq G'(\eta)^{-n}(\eta - G_n(0))$$

et la suite $(G'(\eta)^{-n}(\eta - G_n(0)), n \geq 0)$ est décroissante. Pour achever la démonstration, il suffit de vérifier que la limite de cette suite est strictement positive.
Soit $c > G''(\eta)/2$. Comme $G_n(0)$ tend vers η, il existe n_0 t.q.

$$\forall n \geq n_0,\ G_{n+1}(0) \leq G(\eta) + G'(\eta)(G_n(0) - \eta) + c(G_n(0) - \eta)^2.$$

En soustrayant $\eta = G(\eta)$ aux deux membres et en multipliant le résultat par $-G'(\eta)^{-(n+1)}$, on obtient

$$\begin{aligned} G'(\eta)^{-(n+1)}&(\eta - G_{n+1}(0)) \\ &\geq G'(\eta)^{-n}(\eta - G_n(0)) - cG'(\eta)^{n-1}[G'(\eta)^{-n}(\eta - G_n(0))]^2 \\ &\geq (1 - cG'(\eta)^{n-1})[G'(\eta)^{-n}(\eta - G_n(0))], \end{aligned}$$

en utilisant $G'(\eta)^{-n}(\eta - G_n(0)) \leq \eta \leq 1$. Ainsi, quitte à augmenter n_0 pour que $cG'(\eta)^{n_0-1} \leq 1/2$,

$$\forall n \geq n_0,\ G'(\eta)^{-n}(\eta - G_n(0)) \geq G'(\eta)^{-n_0}(\eta - G_{n_0}(0)) \prod_{l=n_0}^{n-1} (1 - cG'(\eta)^{l-1}).$$

Puisque pour $x \in [0, 1/2]$, $\log(1-x) \geq -2x$, on a alors

$$\lim_{n\to+\infty} \log\left(\prod_{l=n_0}^{n-1} (1 - cG'(\eta)^{l-1})\right) \geq \lim_{n\to+\infty} -2c \sum_{l=n_0}^{n-1} G'(\eta)^{l-1} > -\infty.$$

Comme d'après (4.6) $\eta - G_{n_0}(0) > 0$, on conclut que la limite de la suite décroissante $(G'(\eta)^{-n}(\eta - G_n(0)), n \geq 0)$ est strictement positive. □

4.2 Lois limites

En génétique, on appelle amplification d'un gène, l'augmentation du nombre de copies de ce gène par cellule. L'amplification du gène qui code l'enzyme dihydrofolate reductase est liée à la résistance au médicament de lutte contre le cancer appelé méthotrexate. On peut obtenir une population de cellules résistantes et qui comportent plus de copies du gène en question en cultivant une population initialement composée de cellules normales dans un milieu comportant une concentration croissante de méthotrexate. Les copies supplémentaires du gène apparaissent sur des éléments d'ADN extra-chromosomiques appelés doubles minutes et qui ressemblent à des petits chromosomes. Lorsque la population de cellules résistantes est ensuite cultivée dans un milieu sans méthotrexate, on constate la disparition progressive des doubles minutes. Mais la loi du nombre de doubles minutes parmi les cellules qui en comportent reste stable dans le temps au fur et à mesure des divisions cellulaires.

Lors des divisions cellulaires, le mécanisme de transmission des doubles minutes d'une cellule à ses deux cellules filles peut se modéliser de la manière suivante. Avant la division de la cellule mère, chaque double minute est répliquée avec probabilité a ou bien non répliquée avec probabilité $1 - a$. En l'absence de réplication, lorsque la cellule se divise en deux cellules filles, la double minute est transférée de façon équiprobable à l'une ou l'autre des cellules filles. En cas de réplication, les deux copies sont réparties entre les deux cellules filles avec probabilité α ou se retrouvent toutes les deux dans la première ou la seconde cellule fille avec probabilité complémentaire $(1 - \alpha)$ (contrairement aux chromosomes dont les copies sont systématiquement réparties entre les deux cellules-filles, ce qui correspond à $\alpha = 1$, les doubles minutes sont acentriques). Pour chaque double minute présente à la naissance de la cellule mère, on retrouve, dans une des deux cellules filles choisie au hasard, deux doubles minutes avec probabilité $a(1-\alpha)/2$, une double minute avec probabilité $a\alpha + (1-a)/2$ et zéro avec probabilité $(1-a\alpha)/2$. Dans la phase de culture sans méthotrexate, on choisit une des cellules présentes initialement et par récurrence, à la génération $n \geq 1$, on choisit au hasard une des deux cellules filles de la cellule choisie à la génération $n-1$. On note Z_n le nombre de doubles minutes dans la cellule choisie à la génération n. Alors Z_n est un processus de Galton-Watson de loi de reproduction : $p_0 = (1-a\alpha)/2$, $p_1 = a\alpha + (1-a)/2$, $p_2 = a(1-\alpha)/2$ et $p_k = 0$ pour $k \geq 3$. À partir de données expérimentales, il a été possible d'obtenir les estimations suivantes : $p_0 = 0.50$ et $p_2 = 0.47$. La loi de reproduction est donc sous-critique.

Cet exemple est tiré du livre de Kimmel et Axelrod [6]. La question de savoir pourquoi la loi du nombre de doubles minutes parmi les cellules qui en comporte est stable est une motivation pour étudier le comportement de la loi conditionnelle de Z_n sachant $Z_n > 0$ lorsque n tend vers l'infini. Dans les cas surcritique et critique, nous allons voir que conditionnellement à $Z_n > 0$, « la population Z_n tend vers l'infini » avec n et il faut utiliser un facteur de renormalisation pour obtenir une limite non triviale. Dans le cas sous-critique, il n'y a pas besoin de renormaliser.

4.2.1 Le cas surcritique

On se place dans le cas surcritique $m > 1$. Comme $\mathbb{E}[Z_n] = m^n$ explose lorsque n tend vers l'infini, il est naturel de renormaliser par le facteur m^n pour obtenir un résultat de convergence. C'est pourquoi on pose

$$W_n = \frac{Z_n}{m^n}.$$

La convergence étroite de la loi conditionnelle de W_n sachant $Z_n > 0$ découle facilement du résultat de convergence presque sûre suivant :

Proposition 4.2.1. *On suppose $m > 1$. Alors lorsque n tend vers l'infini, la suite $(W_n, n \geq 0)$ converge presque sûrement vers une variable aléatoire positive W telle que $\mathbb{P}(W = 0) = \eta$. Sa transformée de Laplace $\alpha \in \mathbb{R}_+ \to \varphi(\alpha) = \mathbb{E}\left[e^{-\alpha W}\right]$ est solution de l'équation fonctionnelle*

$$\forall \alpha \geq 0,\ \varphi(\alpha) = G(\varphi(\alpha/m)).$$

La figure 4.4 illustre cette convergence presque sûre en représentant 15 trajectoires indépendantes du processus de Galton-Watson renormalisé $(W_n, 0 \leq n \leq 50)$ dans le cas de la loi de reproduction $p_0 = 1 - p_2 = 0,4$.

Remarque 4.2.2. Pour ω dans l'ensemble d'extinction $\mathcal{E}$, la population $Z_n(\omega)$ est nulle à partir d'un certain rang $T(\omega)$, ce qui entraîne a fortiori que $\lim_{n\to+\infty} W_n(\omega) = W(\omega) = 0$. Donc

$$\{W = 0\} = \mathcal{E} \cup \{\mathcal{E}^c \cap \{W = 0\}\}.$$

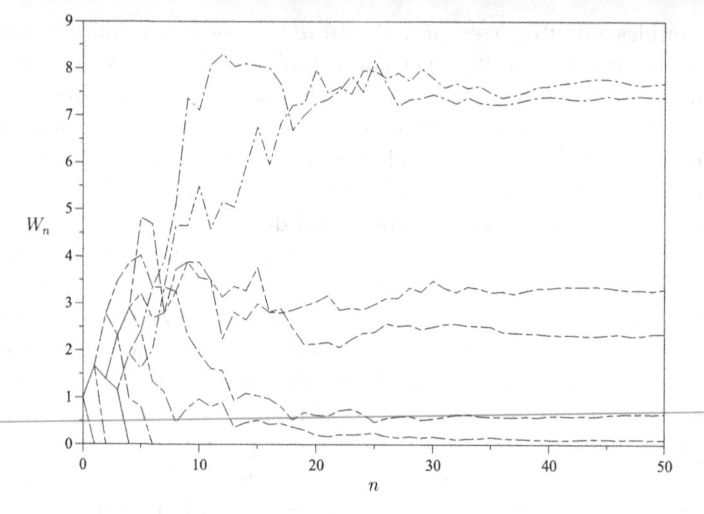

Fig. 4.4. 15 trajectoires de $n \to W_n = Z_n/m^n$ dans le cas surcritique $p_0 = 1 - p_2 = 0.4$ ($\eta = p_0/(1-p_0) = 2/3$)

Comme $\mathbb{P}(W = 0) = \eta = \mathbb{P}(\mathcal{E})$, on en déduit que $\mathbb{P}(\mathcal{E}^c, W = 0) = 0$. Ainsi pour presque tout ω dans $\mathcal{E}^c$, $W(\omega) > 0$ et $Z_n(\omega)$ est équivalent à $m^n W(\omega)$ lorsque $n \to +\infty$. On conclut donc que soit il y a extinction, soit la population explose en m^n. ◊

Corollaire 4.2.3. *Dans le cas surcritique la loi conditionnelle de* $W_n = m^{-n} Z_n$ *sachant* $Z_n > 0$ *converge étroitement vers la loi conditionnelle de* W *sachant* $W > 0$ *lorsque* n *tend vers l'infini.*

Nous allons démontrer le corollaire avant de vérifier la proposition.

Démonstration. Soit $f : \mathbb{R} \to \mathbb{R}$ continue bornée.

$$\mathbb{E}[f(W_n)|Z_n > 0] = \frac{\mathbb{E}\left[f(W_n)\mathbf{1}_{\{Z_n>0\}}\right]}{1 - \mathbb{P}(Z_n = 0)}.$$

Lorsque n tend vers l'infini, $f(W_n)\mathbf{1}_{\{Z_n>0\}}$ converge presque sûrement vers $f(W)\mathbf{1}_{\mathcal{E}^c}$, variable aléatoire qui est presque sûrement égale à $f(W)\mathbf{1}_{\{W>0\}}$ d'après la remarque précédente. D'après le théorème de convergence dominée, le numérateur converge vers $\mathbb{E}[f(W)\mathbf{1}_{\{W>0\}}]$. Comme le dénominateur converge vers $1 - \eta = \mathbb{P}(W > 0)$, on en déduit que le rapport converge vers $\mathbb{E}[f(W)|W > 0]$. La définition A.3.4 est donc satisfaite. □

Exercice 4.2.4. Dans le cas particulier (4.3) avec $\beta/p = m > 1$ où on a $\eta = s_0 = (1-\beta)/(1-p)$, calculer $G_n\left(\mathrm{e}^{-\alpha/m^n}\right)$ pour $\alpha \geq 0$ et en déduire que

$$\varphi(\alpha) = \eta + (1-\eta)\frac{1-\eta}{\alpha + (1-\eta)}.$$

Quelle est la loi conditionnelle de W sachant $W > 0$? ♦

Démonstration de la proposition 4.2.1. Soit $n \geq 0$.

$$\mathbb{E}\left[(W_{n+1} - W_n)^2\right] = m^{-2(n+1)}\mathbb{E}\left[\sum_{k\geq 0} \mathbf{1}_{\{Z_n=k\}} \left(\sum_{i=1}^{k} \xi_i^n - km\right)^2\right]$$

$$= m^{-2(n+1)} \sum_{k\geq 0} \mathbb{P}(Z_n = k)\sigma^2 k = \sigma^2 m^{-2(n+1)}\mathbb{E}[Z_n] = \sigma^2 m^{-(n+2)}.$$

Par l'inégalité de Cauchy-Schwarz, $\mathbb{E}|W_{n+1} - W_n| \leq \mathbb{E}[|W_{n+1} - W_n|^2]^{1/2} = \sigma m^{-(n+2)/2}$. Donc

$$\mathbb{E}\left[\sum_{n\geq 0} |W_{n+1} - W_n|\right] \leq \sigma \sum_{n\geq 0} m^{-(n+2)/2} < +\infty.$$

Ainsi presque sûrement, la variable aléatoire $\sum_{n\geq 0} |W_{n+1} - W_n|$ est finie, ce qui implique la convergence de $W_k = W_0 + \sum_{n=0}^{k-1}(W_{n+1} - W_n)$ vers $W = W_0 + \sum_{n\geq 0}(W_{n+1} - W_n)$ lorsque k tend vers l'infini. En outre, $\mathbb{E}|W| \leq \mathbb{E}|W_0| + \sum_{n\geq 0} \mathbb{E}|W_{n+1} - W_n| < +\infty$.
Par convergence dominée, pour tout $\alpha \geq 0$, $\mathbb{E}\left[\mathrm{e}^{-\alpha W_n}\right]$ converge vers $\varphi(\alpha) = \mathbb{E}\left[\mathrm{e}^{-\alpha W}\right]$. Or

$$\mathbb{E}\left[\mathrm{e}^{-\alpha W_{n+1}}\right] = \mathbb{E}\left[\mathrm{e}^{-\alpha m^{-(n+1)} Z_{n+1}}\right] = G_{n+1}\left(\mathrm{e}^{-\alpha m^{-(n+1)}}\right)$$

$$= G\left(G_n\left(\mathrm{e}^{-(\alpha/m)m^{-n}}\right)\right) = G\left(\mathbb{E}\left[\mathrm{e}^{-(\alpha/m)m^{-n} Z_n}\right]\right)$$

$$= G\left(\mathbb{E}\left[\mathrm{e}^{-(\alpha/m)W_n}\right]\right).$$

En passant à la limite $n \to +\infty$ dans les deux termes extrêmes de cette égalité, on obtient avec la continuité de G que

$$\forall \alpha \geq 0,\ \varphi(\alpha) = G(\varphi(\alpha/m)).$$

Comme $\mathrm{e}^{-\alpha W}$ converge presque sûrement vers $\mathbf{1}_{\{W=0\}}$ lorsque α tend vers $+\infty$, on obtient par le théorème de convergence dominée que $\lim_{\alpha\to+\infty} \varphi(\alpha) = \mathbb{P}(W = 0)$. Donc l'équation fonctionnelle que nous avons établie pour φ entraîne que $\mathbb{P}(W = 0)$ est racine de l'équation $G(s) = s$. Comme, dans le cas surcritique, $p_0 + p_1 < 1$, la fonction G est strictement convexe sur $[0, 1]$ et l'équation $G(s) = s$ a exactement deux racines sur cet intervalle qui sont 1 et $\eta \in [0, 1[$. Il suffit maintenant d'exclure que $\mathbb{P}(W = 0)$ puisse valoir 1. Pour cela nous allons calculer $\mathbb{E}[W]$. La renormalisation de la population a été choisie pour que pour tout $n \in \mathbb{N}$, $\mathbb{E}[W_n] = 1$. On s'attend donc à ce que $\mathbb{E}[W] = 1$, ce qui se vérifie en passant à la limite $n \to +\infty$ dans l'inégalité

$$|\mathbb{E}[W] - \mathbb{E}[W_n]| \leq \mathbb{E}|W - W_n| \leq \sum_{l\geq n} \mathbb{E}|W_{l+1} - W_l| \leq \sigma \sum_{l\geq n} m^{-(l+2)/2}.$$

□

4.2.2 Le cas sous-critique

L'exemple introductif de l'évolution du nombre de doubles minutes par cellule lorsque la population de cellules est cultivée dans un milieu sans méthotrexate suggère que la loi conditionnelle de Z_n sachant $Z_n > 0$ converge lorsque n tend vers l'infini.

Dans le cas particulier de la loi de reproduction (4.3) avec $\beta < p$, d'après (4.5), la population Z_n à la n-ième génération est égale avec probabilité $m^n(1-s_0)/(m^n - s_0)$ (où $m = \beta/p$ et $s_0 = (1-\beta)/(1-p)$) à une variable géométrique de paramètre $(1-s_0)/(m^n - s_0)$ et avec probabilité complémentaire à 0. La loi conditionnelle de Z_n sachant $Z_n > 0$ est donc la loi géométrique de paramètre $(1 - s_0)/(m^n - s_0)$. Lorsque n tend vers l'infini, le paramètre converge vers $1 - 1/s_0 = (p - \beta)/(1 - \beta)$. Ainsi la loi conditionnelle de Z_n sachant $Z_n > 0$ converge étroitement vers la loi géométrique de paramètre $(p-\beta)/(1-\beta)$. La figure 4.5 illustre cette convergence.

Dans le cas d'une loi de reproduction sous-critique quelconque, on note π^n la loi conditionnelle de Z_n sachant $Z_n > 0$: pour $k \in \mathbb{N}^*$, on pose $\pi_k^n = \mathbb{P}(Z_n = k | Z_n > 0)$. Pour étudier le comportement de la suite $(\pi^n, n \geq 0)$ lorsque n tend vers l'infini, l'outil naturel demeure la fonction génératrice :

$$
\begin{aligned}
G_n^\pi(s) = \mathbb{E}\left[s^{Z_n} | Z_n > 0\right] &= \frac{\mathbb{E}\left[s^{Z_n} \mathbf{1}_{\{Z_n > 0\}}\right]}{\mathbb{P}(Z_n > 0)} = \frac{\mathbb{E}\left[s^{Z_n}\right] - \mathbb{P}(Z_n = 0)}{1 - \mathbb{P}(Z_n = 0)} \\
&= \frac{G_n(s) - G_n(0)}{1 - G_n(0)}.
\end{aligned}
\tag{4.7}
$$

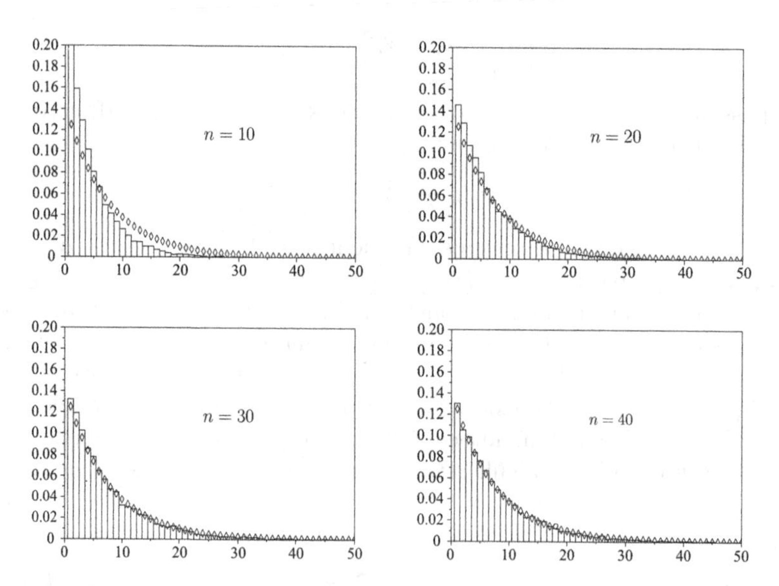

Fig. 4.5. Pour la loi de reproduction sous-critique (4.3) avec $\beta = 0.6$ et $p = 0.65$, histogrammes de 10 000 tirages de Z_n sachant $Z_n > 0$ et comparaison avec la loi géométrique de paramètre $(p - \beta)/(1 - \beta) = 0.125$ (losanges)

En étudiant le comportement asymptotique de G_n^π, nous allons montrer le résultat suivant qui porte le nom de théorème de Yaglom dans la littérature :

Proposition 4.2.5. *Dans le cas sous-critique avec $p_0 < 1$, les probabilités $(\pi^n, n \geq 0)$ convergent lorsque $n \to +\infty$ vers une probabilité π pour la norme en variation . La fonction génératrice G^π de cette probabilité est solution de l'équation fonctionnelle*

$$G^\pi(G(s)) = 1 + m(G^\pi(s) - 1). \tag{4.8}$$

Dans l'exemple introductif, l'évolution du nombre Z_n de doubles minutes dans la cellule choisie à la génération n se modélise à l'aide d'un processus de Galton-Watson de loi de reproduction : $p_0 = 0.50$, $p_1 = 0.03$, $p_2 = 0.47$ et $p_k = 0$ pour $k \geq 3$. Comme cette loi est sous-critique, la proposition s'applique et permet de comprendre pourquoi la loi du nombre de doubles minutes parmi les cellules qui en comportent reste stable au fur et à mesure des divisions cellulaires lors de la phase de culture sans méthotrexate.

La démonstration de la proposition repose sur le lemme suivant et se trouve reportée après la démonstration de ce lemme :

Lemme 4.2.6. *Pour tout $s \in [0,1]$, $G_n^\pi(s)$ converge vers un réel $G^\pi(s)$ et G^π est solution de l'équation fonctionnelle* (4.8).

Démonstration. La suite $G_n^\pi(1)$ constante égale à 1 converge vers $G^\pi(1) = 1$. Soit $s \in [0,1[$. On a

$$G_n^\pi(s) = 1 - H_n(s) \quad \text{pour} \quad H_n(s) = \frac{1 - G_n(s)}{1 - G_n(0)}. \tag{4.9}$$

La fonction $h(s) = (1 - G(s))/(1 - s)$ a pour dérivée

$$h'(s) = \frac{-G'(s)(1-s) + G(1) - G(s)}{(1-s)^2}.$$

Comme par convexité de G le numérateur est positif, la fonction h est croissante sur $[0,1]$. Par croissance de G, $G_n(s) \geq G_n(0)$ et donc $h(G_n(s)) \geq h(G_n(0))$. Ainsi,

$$\begin{aligned}\frac{H_{n+1}(s)}{H_n(s)} &= \frac{1 - G_{n+1}(s)}{1 - G_{n+1}(0)} \times \frac{1 - G_n(0)}{1 - G_n(s)} = \frac{1 - G_{n+1}(s)}{1 - G_n(s)} \times \frac{1 - G_n(0)}{1 - G_{n+1}(0)} \\ &= \frac{h(G_n(s))}{h(G_n(0))} \geq 1.\end{aligned}$$

Ainsi la suite $H_n(s)$ est croissante. Comme elle est majorée par 1, elle converge vers une limite $H(s)$. Avec (4.9), on en déduit que $G_n^\pi(s)$ converge vers une limite $G^\pi(s)$ t.q. $G^\pi(s) = 1 - H(s)$.

On a

$$H_n(G(s)) = \frac{1-G_{n+1}(s)}{1-G_n(0)} = \frac{1-G_{n+1}(0)}{1-G_n(0)} \times H_{n+1}(s).$$

Lorsque $n \to +\infty$, $G_n(0) = \mathbb{P}(Z_n = 0)$ croît vers la probabilité d'extinction $\eta = 1$ et $\dfrac{1-G_{n+1}(0)}{1-G_n(0)} = \dfrac{G(1)-G(G_n(0))}{1-G_n(0)}$ converge vers $G'(1) = m$. On en déduit que pour tout s dans $[0,1[$, $H(G(s)) = mH(s)$ et on conclut grâce à la relation $H(s) = 1 - G^\pi(s)$. □

Démonstration de la proposition 4.2.5. L'idée consiste à vérifier que la convergence de $G_n^\pi(s)$ vers $G^\pi(s)$ pour tout $s \in [0,1]$ implique que pour tout $k \in \mathbb{N}^*$, π_k^n converge vers une limite π_k lorsque n tend vers $+\infty$. Lorsque G^π est continue à gauche en 1, $(\pi_k, k \geq 1)$ est une probabilité sur $\mathbb{N}^*$.

Soit $k, n, l \geq 1$. Par inégalité triangulaire, pour $s \in]0,1[$,

$$\begin{aligned}|\pi_k^n - \pi_k^l| s^k &\leq |G_n^\pi(s) - G_l^\pi(s)| + \sum_{\kappa=1}^{k-1} |\pi_\kappa^n - \pi_\kappa^l| s^\kappa + \sum_{\kappa \geq k+1} (\pi_\kappa^n + \pi_\kappa^l) s^\kappa \\ &\leq |G_n^\pi(s) - G_l^\pi(s)| + \sum_{\kappa=1}^{k-1} |\pi_\kappa^n - \pi_\kappa^l| s^\kappa + 2 \sum_{\kappa \geq k+1} s^\kappa.\end{aligned}$$

Donc pour $s \in]0,1[$,

$$|\pi_k^n - \pi_k^l| \leq s^{-k} |G_n^\pi(s) - G_l^\pi(s)| + \sum_{\kappa=1}^{k-1} |\pi_\kappa^n - \pi_\kappa^l| s^{\kappa-k} + 2s/(1-s).$$

On raisonne par récurrence sur k.
Si on suppose que pour $1 \leq \kappa \leq k-1$, $\lim_{n,l \to +\infty} |\pi_\kappa^n - \pi_\kappa^l| = 0$, propriété qui est vraie pour $k = 1$, alors en faisant tendre n, l vers $+\infty$, on obtient

$$\limsup_{n,l \to +\infty} |\pi_k^n - \pi_k^l| \leq s^{-k} \limsup_{n,l \to +\infty} |G_n^\pi(s) - G_l^\pi(s)| + 2s/(1-s).$$

Le premier terme du second membre est nul car la suite $(G_n^\pi(s))_n$ est convergente d'après le lemme 4.2.6 et vérifie donc le critère de Cauchy. En faisant tendre s vers 0, on en déduit que $\lim_{n,l \to +\infty} |\pi_k^n - \pi_k^l| = 0$.
Ainsi, on obtient par récurrence que pour tout $k \in \mathbb{N}^*$, la suite $(\pi_k^n, n \geq 0)$ à valeurs dans $[0,1]$ est de Cauchy. Elle converge donc vers $\pi_k \in [0,1]$. Le lemme de Fatou assure que $\sum_{k \in \mathbb{N}^*} \pi_k \leq \liminf_{n \to +\infty} \sum_{k \in \mathbb{N}^*} \pi_k^n = 1$.
Comme $\pi_k^n s^k \leq s^k$ et comme la série de terme général $(s^k)_{k \geq 1}$ est convergente pour $s \in [0,1[$, le théorème de convergence dominée assure que

$$\forall s \in [0,1[, \ \sum_{k \in \mathbb{N}^*} \pi_k s^k = \lim_{n \to +\infty} \sum_{k \in \mathbb{N}^*} \pi_k^n s^k = \lim_{n \to +\infty} G_n^\pi(s) = G^\pi(s).$$

Cette égalité n'est pas nécessairement vraie pour $s = 1$. En revanche, par convergence monotone, la limite à gauche $G^\pi(1^-)$ est égale à $\sum_{k \in \mathbb{N}^*} \pi_k$. En outre lorsque s croît vers 1, $G(s)$ croît vers 1 et

$$\lim_{s \to 1^-} G^\pi(G(s)) = G^\pi(1^-) = \sum_{k \in \mathbb{N}^*} \pi_k.$$

En passant à la limite $s \to 1^-$ dans (4.8), on obtient $\sum_{k \in \mathbb{N}^*} \pi_k = 1 + m\left(\sum_{k \in \mathbb{N}^*} \pi_k - 1\right)$. Comme $\sum_{k \in \mathbb{N}^*} \pi_k \leq 1$, cette égalité se récrit

$$(m-1)\left(\sum_{k \in \mathbb{N}^*} \pi_k - 1\right) = 0 \tag{4.10}$$

ce qui permet de conclure que π est une probabilité sur $\mathbb{N}^*$. D'après le lemme D.2, la suite des probabilités $(\pi^n, n \geq 0)$ converge en variation vers la probabilité π. □

L'exercice d'application suivant a pour but de vérifier que si la population initiale Z_0 est distribuée suivant la probabilité limite π, alors la suite des lois conditionnelles $(\pi^n, n \geq 0)$ n'est pas seulement convergente : elle est même constante.

Exercice 4.2.7. On se place dans le cas sous-critique avec $p_0 < 1$. On suppose que la population initiale Z_0 est une variable aléatoire distribuée suivant la probabilité $(\pi_k, k \in \mathbb{N}^*)$ indépendante des variables $(\xi_i^n, n \geq 0, i \geq 1)$ et que sa descendance évolue suivant l'équation (4.2).

- Montrer que $\mathbb{P}(Z_1 = 0) = G^\pi(p_0)$ puis que

$$\mathbb{E}[s^{Z_1} | Z_1 > 0] = \frac{G^\pi(G(s)) - G^\pi(p_0)}{1 - G^\pi(p_0)}.$$

- En utilisant l'équation (4.8), vérifier que $G^\pi(p_0) = 1 - m$ puis que $\mathbb{E}[s^{Z_1} | Z_1 > 0] = G^\pi(s)$.
- Pour $n \geq 1$, quelle est la loi conditionnelle de Z_n sachant $Z_n > 0$?

♦

Remarque 4.2.8. Dans le cas critique, le lemme 4.2.6 reste valable de même que le début de la démonstration de la proposition 4.2.5 : pour tout $k \in \mathbb{N}^*$, $\mathbb{P}(Z_n = k | Z_n > 0)$ converge vers une limite π_k lorsque n tend vers l'infini. L'équation (4.10) reste vraie mais comme $m = 1$, elle ne permet plus d'obtenir la valeur de $\sum_{k \in \mathbb{N}^*} \pi_k$. L'équation fonctionnelle (4.8) se récrit $G^\pi(G(s)) = G^\pi(s)$. Pour $s = 0$, on obtient

$$\sum_{k \in \mathbb{N}^*} \pi_k p_0^k = G^\pi(p_0) = G^\pi(0) = 0.$$

Lorsque $p_1 < 1$, nécessairement $p_0 > 0$, et on conclut que pour tout $k \in \mathbb{N}^*$, $\pi_k = 0$. Ainsi lorsque $p_1 < 1$, pour tout $k \geq 1$, $\lim_{n \to +\infty} \mathbb{P}(Z_n = k | Z_n > 0) = 0$. Lorsque $p_1 = 1$, la population reste égale à 1 au fil des générations et pour tout $k \in \mathbb{N}^*$, $\pi_k = \mathbf{1}_{\{k=1\}}$.

♢

Remarque 4.2.9. Dans le cas surcritique avec $p_0 > 0$, la probabilité η de l'ensemble d'extinction $\mathcal{E}$ est strictement positive. On peut étudier le comportement asymptotique de la loi $(\pi_k^n = \mathbb{P}(Z_n = k | Z_n > 0, \mathcal{E}), k \in \mathbb{N}^*)$ de Z_n sachant qu'il y a extinction après la n-ième génération. La fonction génératrice de cette loi est

$$G_n^\pi(s) = \frac{\mathbb{E}\left[s^{Z_n} \mathbf{1}_{\{Z_n > 0, \mathcal{E}\}}\right]}{\mathbb{P}(Z_n > 0, \mathcal{E})} = \frac{\sum_{k \geq 1} s^k \mathbb{P}(Z_n = k, \mathcal{E})}{\mathbb{P}(\mathcal{E}) - \mathbb{P}(Z_n = 0)}.$$

Pour $k \geq 1$, l'événement $\{Z_n = k, \mathcal{E}\}$ est l'intersection de l'événement $\{Z_n = k\}$ qui ne dépend que des variables $(\xi_i^l, l \leq n-1, i \geq 1)$ et de l'événement extinction des descendances indépendantes des k individus présents à la n-ième génération qui s'exprime en fonction des $(\xi_i^l, l \geq n, i \geq 1)$ et a pour probabilité η^k. Donc $\mathbb{P}(Z_n = k, \mathcal{E}) = \eta^k \mathbb{P}(Z_n = k)$ et on a

$$G_n^\pi(s) = \frac{G_n(\eta s) - G_n(0)}{\eta - G_n(0)}. \tag{4.11}$$

En remplaçant H_n et h par $(\eta - G_n(\eta s))/(\eta - G_n(0))$ et $(\eta - G(s))/(\eta - s)$ pour adapter la démonstration du lemme 4.2.6, on obtient que pour $s \in [0,1]$, $G_n^\pi(s)$ converge vers un réel $G^\pi(s)$ et que la fonction G^π est solution de l'équation fonctionnelle

$$\forall s \in [0,1],\ G^\pi(\eta^{-1} G(\eta s)) = 1 + G'(\eta)(G^\pi(s) - 1).$$

Le début de la démonstration de la proposition 4.2.5 établit que pour tout $k \in \mathbb{N}^*$, $\mathbb{P}(Z_n = k | Z_n > 0, \mathcal{E})$ converge vers une limite π_k lorsque n tend vers l'infini. En passant à la limite $s \to 1^-$ dans l'équation satisfaite par G^π, il vient $(G'(\eta) - 1)(\sum_{k \in \mathbb{N}^*} \pi_k - 1) = 0$. Comme d'après le lemme 4.1.6, $G'(\eta) < 1$, on conclut que π est une probabilité sur $\mathbb{N}^*$. Dans le cas particulier de la loi de reproduction (4.3) avec $\beta > p$, on peut vérifier que π est la loi géométrique de paramètre $(\beta - p)/(1 - p)$. ◊

4.2.3 Le cas critique

Nous nous plaçons dans le cas critique $m = 1$ et nous supposons que $p_1 < 1$, ce qui est équivalent à $\sigma^2 > 0$ et aussi à $p_0 > 0$. D'après la proposition 4.1.5, la probabilité d'extinction vaut 1. Et d'après la remarque 4.2.8, pour tout $k \geq 1$, $\mathbb{P}(Z_n = k | Z_n > 0)$ converge vers 0 lorsque n tend vers l'infini. Ce dernier résultat indique que « conditionnellement à $Z_n > 0$, Z_n tend vers $+\infty$ ».
Nous allons nous intéresser à la vitesse de convergence de $\mathbb{P}(Z_n > 0)$ vers 0 pour en déduire comment renormaliser la loi conditionnelle de Z_n sachant $Z_n > 0$ afin d'obtenir une limite non triviale lorsque n tend vers l'infini.

Dans le cas particulier (4.3) avec $\beta = p$, on a $\sigma^2 = 2(1-p)/p$ et d'après (4.4),

$$\mathbb{P}(Z_n > 0) = 1 - G_n(0) = \frac{p}{1 + (n-1)(1-p)} \sim \frac{p}{n(1-p)} = \frac{2}{n\sigma^2}.$$

Nous allons vérifier (voir le lemme 4.2.11 ci-dessous pour $s = 0$), que le résultat reste vrai pour une loi de reproduction critique quelconque de variance $\sigma^2 > 0$:

$$\text{pour} \quad n \to +\infty, \; \mathbb{P}(Z_n > 0) \sim \frac{2}{n\sigma^2}. \tag{4.12}$$

Comme $\mathbb{E}[Z_n] = 1$, on a

$$\mathbb{E}[Z_n | Z_n > 0] = \frac{\mathbb{E}\left[Z_n \mathbf{1}_{\{Z_n > 0\}}\right]}{\mathbb{P}(Z_n > 0)} = \frac{\mathbb{E}[Z_n]}{\mathbb{P}(Z_n > 0)} = \frac{1}{\mathbb{P}(Z_n > 0)}.$$

On en déduit que

$$\lim_{n \to +\infty} \mathbb{E}\left[\frac{2Z_n}{n\sigma^2} \middle| Z_n > 0\right] = 1.$$

C'est pourquoi $2/n\sigma^2$ apparaît comme un bon candidat en tant que facteur multiplicatif de renormalisation et le résultat suivant n'est pas étonnant.

Proposition 4.2.10. *Dans le cas critique avec $p_1 < 1$, la loi conditionnelle de $2Z_n/n\sigma^2$ sachant $Z_n > 0$ converge étroitement vers la loi exponentielle de paramètre 1 lorsque n tend vers l'infini.*

La figure 4.6 illustre cette convergence dans le cas de la loi de reproduction $p_0 = p_2 = 0,5$ pour laquelle $\sigma^2 = 1$.

La démonstration de ce résultat repose sur le lemme suivant qui implique (4.12) pour le choix $s = 0$.

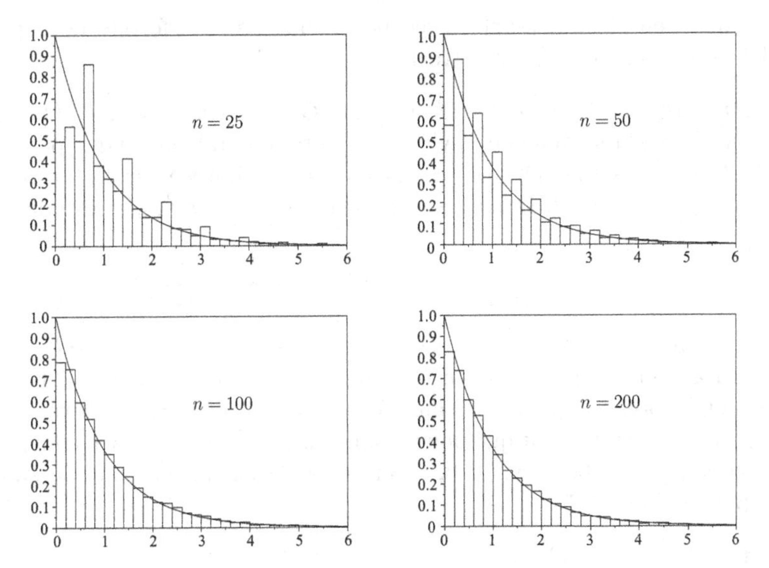

Fig. 4.6. Dans le cas critique $p_0 = p_2 = 0.5$, histogrammes de 10 000 tirages de $2Z_n/n$ sachant $Z_n > 0$ et comparaison avec la densité exponentielle de paramètre 1

Lemme 4.2.11. *Dans le cas critique, la suite* $\left(\frac{1}{n}(\frac{1}{1-G_n(s)} - \frac{1}{1-s}), n \geq 1\right)$ *converge uniformément vers* $\frac{\sigma^2}{2}$ *pour* $s \in [0, 1[$.

Commençons par prouver la proposition. Ensuite nous démontrerons le lemme.

Démonstration de la proposition 4.2.10. On utilise la caractérisation de la convergence en loi des variables aléatoires positives par la convergence des transformées de Laplace (cf. théorème A.3.9). Soit $\alpha > 0$. En raisonnant comme dans (4.7) avec $s = \mathrm{e}^{-2\alpha/\sigma^2 n}$, on obtient

$$\mathbb{E}\left[\mathrm{e}^{-\frac{2\alpha Z_n}{\sigma^2 n}} | Z_n > 0\right] = \frac{G_n\left(\mathrm{e}^{-\frac{2\alpha}{\sigma^2 n}}\right) - G_n(0)}{1 - G_n(0)} = 1 - \frac{1 - G_n\left(\mathrm{e}^{-\frac{2\alpha}{\sigma^2 n}}\right)}{1 - G_n(0)}.$$

D'après le lemme 4.2.11, lorsque $n \to +\infty$

$$\frac{1}{n(1 - G_n(0))} \to \frac{\sigma^2}{2}$$

$$\frac{1}{n\left(1 - G_n\left(\mathrm{e}^{-\frac{2\alpha}{\sigma^2 n}}\right)\right)} \sim \frac{\sigma^2}{2} + \frac{1}{n\left(1 - \mathrm{e}^{-\frac{2\alpha}{\sigma^2 n}}\right)} \to \frac{\sigma^2}{2}(1 + 1/\alpha).$$

Donc

$$\forall \alpha > 0,\ \mathbb{E}\left[\mathrm{e}^{-\frac{2\alpha Z_n}{\sigma^2 n}} | Z_n > 0\right] \to 1 - \frac{1}{1 + 1/\alpha} = \frac{1}{1 + \alpha}.$$

On conclut en reconnaissant au second membre la transformée de Laplace de la loi exponentielle de paramètre 1. □

Démonstration du lemme 4.2.11. Comme $G'(1) = m = 1$ et $G''(1) = \sigma^2 - m + m^2 = \sigma^2$, la formule de Taylor avec reste intégral assure que pour s dans $[0, 1]$, $G(s) = 1 + (s-1) + (s-1)^2\varphi_0(s)$ avec φ_0 bornée sur $[0, 1]$ et telle que $\lim_{s \to 1^-} \varphi_0(s) = \sigma^2/2$. Donc $1 - G(s) = 1 - s - (1-s)^2\varphi_0(s)$ et pour s dans $[0, 1[$,

$$\frac{1}{1 - G(s)} = \frac{1}{1 - s} \times \frac{1}{1 - (1-s)\varphi_0(s)}.$$

La fonction $s \in [0, 1] \to (1-s)\varphi_0(s) = (G(s)-s)/(1-s) = 1-(1-G(s))/(1-s)$ est décroissante d'après le début de la démonstration du lemme 4.2.6. Comme elle vaut p_0 pour $s = 0$ et elle s'annule pour $s = 1$, elle prend ses valeurs dans $[0, p_0]$. En utilisant le fait que pour x dans $[0, p_0]$, $1/(1-x) = 1 + x + x\varphi_1(x)$ où la fonction φ_1 est bornée sur $[0, p_0]$ et vérifie $\lim_{x \to 0} \varphi_1(x) = 0$, on en déduit que pour s dans $[0, 1[$,

$$\frac{1}{1 - G(s)} = \frac{1}{1 - s} + \frac{\sigma^2}{2} + \psi(s) \quad \text{où} \quad \psi(s) = \varphi_0(s) - \frac{\sigma^2}{2} + \varphi_0(s)\varphi_1\left((1-s)\varphi_0(s)\right)$$

est une fonction bornée sur $[0,1[$ qui vérifie $\lim_{s\to 1^-}\psi(s)=0$.
Comme G est strictement croissante, pour tout k dans $\mathbb{N}$ et tout s dans $[0,1[$, $G_k(s)$ est dans $[0,1[$ et en posant par convention $G_0(s)=s$, on obtient que

$$\frac{1}{1-G_{k+1}(s)}-\frac{1}{1-G_k(s)}-\frac{\sigma^2}{2}=\psi(G_k(s)).$$

Pour $n\in\mathbb{N}^*$, en sommant cette égalité pour $k\in\{0,\dots,n-1\}$ et en divisant le résultat par n, il vient

$$\forall s\in[0,1[,\ \frac{1}{n}\left(\frac{1}{1-G_n(s)}-\frac{1}{1-s}\right)-\frac{\sigma^2}{2}=\frac{1}{n}\sum_{k=0}^{n-1}\psi(G_k(s)).$$

D'après les propriétés de ψ, la fonction $\hat{\psi}$ définie pour x dans $[0,1[$ par $\hat{\psi}(x)=\sup_{y\in[x,1[}|\psi(y)|$ est bornée, décroissante et vérifie $\lim_{x\to 1^-}\hat{\psi}(x)=0$. Comme par croissance de G, pour tout k dans $\mathbb{N}$ et tout s dans $[0,1[$, $G_k(s)\geq G_k(0)$, on a

$$\sup_{s\in[0,1[}\left|\frac{1}{n}\left(\frac{1}{1-G_n(s)}-\frac{1}{1-s}\right)-\frac{\sigma^2}{2}\right|\leq\frac{1}{n}\sum_{k=0}^{n-1}\hat{\psi}(G_k(0)).$$

La suite $(G_k(0),k\in\mathbb{N})$ converge vers 1 lorsque k tend vers l'infini. Donc la suite $(\hat{\psi}(G_k(0)),k\in\mathbb{N})$ converge vers 0 et la suite des moyennes de Césaro $(\frac{1}{n}\sum_{k=0}^{n-1}\hat{\psi}(G_k(0)),n\in\mathbb{N}^*)$ converge également vers 0 lorsque n tend vers l'infini. □

4.3 Réduction de variance dans les cas sous-critique ou critique

Dans le cas critique (en excluant $p_1=1$) et surtout dans le cas sous-critique, la probabilité pour que la population Z_n de la n-ième génération soit nulle converge très rapidement vers 1 lorsque n augmente. Lorsque l'on évalue par la méthode de Monte-Carlo l'espérance d'une fonction de Z_n, la majeure partie des trajectoires simulées conduisent à l'extinction avant l'instant n, ce qui pose des problèmes de précision. Pour remédier à cette difficulté, on peut utiliser une technique de fonction d'importance qui permet de se ramener à la simulation d'un processus de Galton-Watson surcritique. Le principe est le suivant.
On suppose $p_0+p_1<1$. Dans ce cas, $\mathbb{E}[\xi_i^n]>\mathbb{P}[\xi_i^n\geq 1]=1-p_0$. Donc $1/\mathbb{E}[\xi_i^n]<1/(1-p_0)$ et on peut choisir $\alpha\in]1/\mathbb{E}[\xi_i^n],1/(1-p_0)[$. Alors

$$\tilde{p}_k=\begin{cases}\alpha p_k & \text{si}\quad k\geq 1\\ 1-\alpha(1-p_0) & \text{si}\quad k=0\end{cases}$$

est une probabilité sur $\mathbb{N}$. Soit $(\tilde{\xi}_i^n,\ n \geq 0, i \geq 1)$ des variables i.i.d. suivant cette probabilité et $(\tilde{Z}_n)_n$ le processus de Galton-Watson associé. Comme $\mathbb{E}[\tilde{\xi}_i^n] = \alpha\mathbb{E}[\xi_i^n] > 1$, ce processus est surcritique.

Le résultat suivant permet de se ramener à simuler le processus surcritique $(\tilde{Z}_n)_n$ lorsque l'on veut calculer une espérance relative au processus initial. Bien sûr, la proportion de trajectoires qui s'éteignent avant l'instant n est bien plus faible pour le processus surcritique que pour le processus initial. On compense cela par l'introduction, dans l'espérance relative au processus $(\tilde{Z}_n)_n$, d'un facteur multiplicatif aléatoire qui est appelé facteur d'importance.

Proposition 4.3.1. *Pour tout $n \in \mathbb{N}^*$ et toute fonction $\Phi : \mathbb{N}^n \to \mathbb{R}$ positive ou bornée, l'espérance $\mathbb{E}[\Phi(Z_1, \ldots, Z_n)]$ est égale à*

$$\mathbb{E}\left[\Phi(\tilde{Z}_1, \ldots, \tilde{Z}_n)\alpha^{-\tilde{N}_n}\left(\frac{p_0}{1-\alpha(1-p_0)}\right)^{1+\tilde{Z}_1+\ldots+\tilde{Z}_{n-1}-\tilde{N}_n}\right] \tag{4.13}$$

où $\tilde{N}_n = \sum_{l=0}^{n-1}\sum_{i=1}^{\tilde{Z}_l} \mathbf{1}_{\{\tilde{\xi}_i^l > 0\}}$ est le nombre d'individus des générations $0, 1, \ldots, n-1$ ayant eu au moins un descendant tandis que $1 + \tilde{Z}_1 + \ldots + \tilde{Z}_{n-1} - \tilde{N}_n$ représente le nombre d'individus sans descendants.

Remarque 4.3.2. D'un point de vue numérique, il faut prendre garde à la possible explosion des facteurs $\alpha^{\tilde{N}_n}$ et $\left(\frac{p_0}{1-\alpha(1-p_0)}\right)^{1+\tilde{Z}_1+\ldots+\tilde{Z}_{n-1}-\tilde{N}_n}$. Dans le calcul du poids multiplicatif qui apparaît dans l'espérance (4.13), pour profiter des compensations entre ces facteurs, il est préférable d'évaluer leur rapport sous la forme

$$\exp\left[-\tilde{N}_n \log(\alpha) + (1 + \tilde{Z}_1 + \ldots + \tilde{Z}_{n-1} - \tilde{N}_n)\log\left(\frac{p_0}{1-\alpha(1-p_0)}\right)\right]. \tag{4.14}$$

Et surtout, il faut éviter de se ramener à un processus de Galton-Watson très surcritique. ◇

Exemple 4.3.3. Nous nous plaçons dans le cas de la loi de reproduction sous-critique $p_0 = 1 - p_2 = 0.65$. Pour évaluer $\mathbb{E}[Z_{20}] = 0.7^{20} \simeq 7.98 \times 10^{-4}$ par la méthode de Monte-Carlo, nous comparons

- l'approche directe qui consiste à générer 100 000 réalisations du processus de Galton-Watson de loi de reproduction $p_0 = 1 - p_2 = 0.65$ jusqu'à la vingtième génération et à calculer la moyenne empirique des populations obtenues à la vingtième génération.
- la technique de fonction d'importance décrite plus haut avec $\alpha = 11/7$: nous simulons 100 000 réalisations du processus de Galton-Watson de loi de reproduction $\tilde{p}_0 = 1 - \tilde{p}_2 = 0.45$ jusqu'à la vingtième génération et nous calculons la moyenne empirique des populations à la vingtième génération multipliées par les poids (4.14) correspondants.

Les résultats obtenus sont présentés dans le tableau suivant :

Méthode	**moyenne empirique**	**variance empirique**	**intervalle de confiance à 95 %**	**temps CPU (s)**
directe	1.12×10^{-3}	5.04×10^{-3}	$[6.8 \times 10^{-4}\,; 1.56 \times 10^{-3}]$	19
fonction d'importance	7.93×10^{-4}	4.66×10^{-5}	$[7.51 \times 10^{-4}\,; 8.36 \times 10^{-4}]$	76

Avec la technique de fonction d'importance, nous obtenons donc une réduction de variance d'un facteur cent en multipliant le temps de calcul par quatre. Pour parvenir à la même précision par l'approche directe, il faudrait multiplier le nombre de trajectoires et donc le temps de calcul par cent. $\diamondsuit$

Démonstration. Il suffit de vérifier l'égalité pour $\Phi(z_1,\ldots,z_n) = \mathbf{1}_{k_1}(z_1) \times \ldots \times \mathbf{1}_{k_n}(z_n)$ où $(k_1,\ldots,k_n) \in \mathbb{N}^n$. Par indépendance des variables $(\xi_i^l, l \geq 0, i \geq 1)$,

$$\begin{aligned}
&\mathbb{E}[\Phi(Z_1,\ldots,Z_n)] = \mathbb{P}(Z_1 = k_1,\ldots,Z_n = k_n)\\
&= \mathbb{P}\left(\xi_1^0 = k_1, \xi_1^1 + \ldots + \xi_{k_1}^1 = k_2, \ldots, \xi_1^{n-1} + \ldots + \xi_{k_{n-1}}^{n-1} = k_n\right)\\
&= \sum_{x_1^1+\ldots+x_{k_1}^1=k_2} \cdots \sum_{x_1^{n-1}+\ldots+x_{k_{n-1}}^{n-1}=k_n} \mathbb{P}(\forall 0 \leq l \leq n-1,\ \forall 1 \leq i \leq k_l,\ \xi_i^l = x_i^l)\\
&= \sum_{x_1^1+\ldots+x_{k_1}^1=k_2} \cdots \sum_{x_1^{n-1}+\ldots+x_{k_{n-1}}^{n-1}=k_n} \prod_{l=0}^{n-1}\prod_{i=1}^{k_l} \mathbb{P}(\xi_i^l = x_i^l),
\end{aligned}$$

où les x_i^l sont des entiers naturels. Si pour $x \in \mathbb{N}$, on pose

$$\psi(x) = \frac{p_x}{\tilde{p}_x} = \begin{cases} 1/\alpha \text{ si } x \geq 1 \\ p_0/(1-\alpha(1-p_0)) \text{ si } x = 0, \end{cases}$$

on obtient que l'espérance $\mathbb{E}[\Phi(Z_1,\ldots,Z_n)]$ est égale à

$$\begin{aligned}
&\sum_{x_1^1+\ldots+x_{k_1}^1=k_2} \cdots \sum_{x_1^{n-1}+\ldots+x_{k_{n-1}}^{n-1}=k_n} \prod_{l=0}^{n-1}\prod_{i=1}^{k_l} \mathbb{P}(\tilde{\xi}_i^l = x_i^l)\psi(x_i^l)\\
&= \sum_{x_1^1+\ldots+x_{k_1}^1=k_2} \cdots \sum_{x_1^{n-1}+\ldots+x_{k_{n-1}}^{n-1}=k_n} \left(\prod_{l=0}^{n-1}\prod_{i=1}^{k_l} \psi(x_i^l)\right)\left(\prod_{l=0}^{n-1}\prod_{i=1}^{k_l} \mathbb{P}(\tilde{\xi}_i^l = x_i^l)\right)
\end{aligned}$$

$$= \sum_{x_1^1+\ldots+x_{k_1}^1=k_2} \cdots \sum_{x_1^{n-1}+\ldots+x_{k_{n-1}}^{n-1}=k_n} \alpha^{-\nu_n} \left(\frac{p_0}{1-\alpha(1-p_0)}\right)^{1+k_1+\ldots+k_{n-1}-\nu_n}$$

$$\times \prod_{l=0}^{n-1} \prod_{i=1}^{k_l} \mathbb{P}(\tilde{\xi}_i^l = x_i^l),$$

où $\nu_n = \sum_{l=0}^{n-1} \sum_{i=1}^{k_l} \mathbf{1}_{\{x_i^l>0\}}$. Par indépendance des variables $(\tilde{\xi}_i^l, l \geq 0, i \geq 1)$, le dernier membre est égal à

$$\mathbb{E}\left[\Phi(\tilde{Z}_1,\ldots,\tilde{Z}_n)\alpha^{-\tilde{N}_n}\left(\frac{p_0}{1-\alpha(1-p_0)}\right)^{1+\tilde{Z}_1+\ldots+\tilde{Z}_{n-1}-\tilde{N}_n}\right].$$

□

4.4 Loi de la population totale

On note $Y_n = 1 + Z_1 + \ldots + Z_n$ la population cumulée jusqu'à la n-ième génération. La suite $(Y_n, n \geq 0)$ est croissante et sa limite $Y \in \mathbb{N}^* \cup \{+\infty\}$ pour $n \to +\infty$ est la population totale du processus de Galton-Watson.
En l'absence d'extinction, pour tout n entier, la population Z_n à l'instant n est non nulle. Donc pour tout n, la population cumulée Y_n est supérieure à n et la population totale est infinie. En cas d'extinction, Z_n est nulle et donc Y_n constante à partir du temps d'extinction si bien que Y est finie. Donc la population totale Y est finie si et seulement s'il y a extinction. En particulier, on en déduit que

$$\mathbb{P}(Y = +\infty) = 1 - \eta.$$

D'après le lemme 4.1.1, $\mathbb{E}[Y_n] = \sum_{k=0}^n \mathbb{E}[Z_k] = \sum_{k=0}^n m^k$. Comme d'après le théorème de convergence monotone, $\mathbb{E}[Y_n]$ croît vers $\mathbb{E}[Y]$ lorsque $n \to +\infty$, on en déduit que

$$\mathbb{E}[Y] = \begin{cases} 1/(1-m) \text{ dans le cas sous-critique i.e. si } m < 1, \\ +\infty \text{ sinon.} \end{cases} \tag{4.15}$$

L'un des principaux objectifs de ce paragraphe, au delà de l'étude de la loi de Y, est d'établir le corollaire 4.4.5 ci-dessous. Ce corollaire permettra d'identifier la solution de l'équation de coagulation discrète avec noyau additif dans le Chap. 12. Pour le démontrer, nous allons dans un premier temps relier la fonction $s/G(s)$ et la fonction génératrice $F(s) = \mathbb{E}[s^Y]$ de la population totale Y, où par convention $s^{+\infty} = 0$ si $s \in [0, 1[$ et $1^{+\infty} = 1$. Puis nous établirons un lien entre la loi de Y et la loi de reproduction.

Lemme 4.4.1. *On suppose que $p_0 > 0$. Alors, dans les cas sous-critique et critique, la fonction $s \in [0,1] \to F(s) = \mathbb{E}[s^Y]$ est l'inverse de la fonction $s \in [0,1] \to s/G(s)$. Dans le cas surcritique, la fonction $s \in [0,1[\to F(s)$ est l'inverse de la fonction $s \in [0,\eta[\to s/G(s)$.*

Démonstration. On va commencer par vérifier que

$$\forall s \in [0,1],\ F(s) = sG(F(s)).$$

Pour établir cette équation, on s'intéresse à l'évolution de $F_n(s) = \mathbb{E}[s^{Y_n}]$ avec n. Soit $n \geq 1$. On décompose Y_n suivant les valeurs prises par Z_1. Si on note $Y_{1,n}^i$ le nombre de descendants entre la génération 1 et la génération n du i-ième individu présent à la première génération, on a $Y_n = 1 + \sum_{i=1}^{Z_1} Y_{1,n}^i$. En outre, pour $k \in \mathbb{N}^*$, conditionnellement à $Z_1 = k$, les variables $Y_{1,n}^i$, $1 \leq i \leq k$ sont indépendantes et ont même loi que Y_{n-1}. Donc on a

$$\begin{aligned} F_n(s) = \mathbb{E}[s^{Y_n}] &= \sum_{k \in \mathbb{N}} \mathbb{E}\left[\mathbf{1}_{\{Z_1=k\}} s^{1+\sum_{i=1}^k Y_{1,n}^i}\right] = s \sum_{k \in \mathbb{N}} p_k F_{n-1}^k(s) \\ &= sG(F_{n-1}(s)). \end{aligned}$$

Soit $s \in [0,1]$. Lorsque $n \to +\infty$, s^{Y_n} converge presque sûrement vers s^Y. Comme $0 \leq s^{Y_n} \leq 1$, on déduit du théorème de convergence dominée que $F_n(s) = \mathbb{E}[s^{Y_n}]$ converge vers $F(s) = \mathbb{E}[s^Y]$. La continuité de G permet de passer à la limite dans l'équation reliant F_n à F_{n-1} pour conclure que $F(s) = sG(F(s))$.
Cette équation se récrit

$$\forall s \in [0,1],\ H(F(s)) = s \text{ où pour } x \in [0,1],\ H(x) = x/G(x).$$

Plaçons nous d'abord dans les cas sous-critique et critique. Pour s dans $[0,1]$, $F(s)$ est à valeurs dans $[0,1]$. Comme la fonction H est continue sur $[0,1]$ et vérifie $H(0) = 0/p_0 = 0$ et $H(1) = 1$, il suffit de vérifier que H est strictement croissante sur $[0,1]$ pour conclure.
Lorsque $p_0 + p_1 = 1$, $G(s) = p_0 + p_1 s$ et cela se vérifie très facilement.
Supposons donc que $p_0 + p_1 < 1$. On a

$$H'(s) = \frac{G(s) - sG'(s)}{G^2(s)}.$$

Le numérateur $G(s) - sG'(s)$ de dérivée $-sG''(s)$ est strictement décroissant sur $[0,1]$ puisqu'il existe $k \geq 2$ tel que $p_k > 0$. Il prend la valeur positive $1-m$ pour $s = 1$. Donc pour tout $s \in [0,1[$, $H'(s) > 0$.

Dans le cas surcritique, la population totale est infinie avec la probabilité strictement positive $1-\eta$ et pour s dans $[0,1[$, $F(s)$ prend ses valeurs dans $[0,\eta[$. Comme $H(0) = 0$, $H(\eta) = \eta/\eta = 1$, il suffit cette fois de vérifier que la fonction H est strictement croissante sur $[0,\eta]$ pour conclure. Comme il existe

$k \geq 2$ tel que $p_k > 0$, le numérateur $G(s) - sG'(s)$ de $H'(s)$ est strictement décroissant. Et comme $G'(\eta) < 1$ d'après le lemme 4.1.6, $G(\eta) - \eta G'(\eta) = (1 - G'(\eta))\eta > 0$, ce qui permet de conclure.
Notons que même si $\lim_{s \to 1^-} F(s) = \eta$, $F(1)$ est toujours égal à 1, ce qui entraîne que $s \in [0,1] \to F(s)$ n'est pas l'inverse de $s \in [0,\eta] \to s/G(s)$. □

En dehors du cas particulier de l'exercice d'application suivant, il est en général difficile d'inverser la fonction $s/G(s)$ de façon analytique et d'identifier ainsi la loi de la population totale Y.

Exercice 4.4.2. Dans le cas où $p_0 + p_1 = 1$ avec $p_0 > 0$, déterminer F et en déduire la loi de Y. Justifier intuitivement le résultat. ♦

C'est pourquoi le résultat principal du paragraphe est la proposition suivante qui relie la loi de la population totale à la loi de reproduction.

Proposition 4.4.3. *Pour tout $n \in \mathbb{N}^*$, $\mathbb{P}(Y = n) = \frac{1}{n}\mathbb{P}(\xi_1 + \ldots + \xi_n = n - 1)$ où les variables $(\xi_i, i \geq 1)$ sont indépendantes et identiquement distribuées suivant la loi de reproduction.*

Lorsque la loi de la somme de n variables indépendantes distribuées suivant la loi de reproduction a une expression simple, on en déduit une expression analytique de la loi de la population totale.

Exemple 4.4.4.

- Si $p_0 + p_2 = 1$, alors $(\xi_1 + \ldots + \xi_n)/2$ suit la loi binomiale de paramètre n et p_2 et

$$\forall n \in \mathbb{N}^*, \mathbb{P}(Y = n) = \begin{cases} 0 \text{ si } n \text{ est pair} \\ \frac{1}{n}\binom{n}{\frac{n-1}{2}} p_2^{\frac{n-1}{2}} (1 - p_2)^{\frac{n+1}{2}} \text{ si } n \text{ est impair.} \end{cases}$$

- Si la loi de reproduction est la loi de Poisson de paramètre $\theta > 0$, alors $\xi_1 + \ldots + \xi_n$ suit la loi de Poisson de paramètre $n\theta$ et

$$\forall n \in \mathbb{N}^*, \mathbb{P}(Y = n) = \mathrm{e}^{-n\theta} \frac{(n\theta)^{n-1}}{n!}.$$

  Comme $\mathbb{E}[\xi_1] = \theta$, lorsque $\theta \leq 1$, la population totale est presque sûrement finie. La probabilité qui donne le poids $\mathrm{e}^{-n\theta} \frac{(n\theta)^{n-1}}{n!}$ à tout entier naturel n non nul porte alors le nom de loi de Borel de paramètre θ. Lorsque $\theta > 1$, la somme $\sum_{n \in \mathbb{N}^*} \mathrm{e}^{-n\theta} \frac{(n\theta)^{n-1}}{n!}$ est égale à la probabilité d'extinction $\eta < 1$ qui vérifie $\mathrm{e}^{\theta(\eta - 1)} = \eta$ puisque la fonction génératrice de la loi de Poisson de paramètre θ est $G(s) = \mathrm{e}^{\theta(s-1)}$.

La figure 4.7 illustre ces résultats pour les deux lois de reproduction sous-critiques suivantes : $p_2 = 1 - p_0 = 0.45$ et loi de Poisson de paramètre $\theta = 0.9$.◊

Lorsque la loi de reproduction est la loi de Poisson de paramètre θ, $G(s) = \mathrm{e}^{\theta(s-1)}$. En combinant l'exemple 4.4.4, le lemme 4.4.1 et l'équation (4.15), on obtient le corollaire suivant qui nous permettra d'identifier la solution de l'équation de coagulation discrète avec noyau additif dans le Chap. 12.

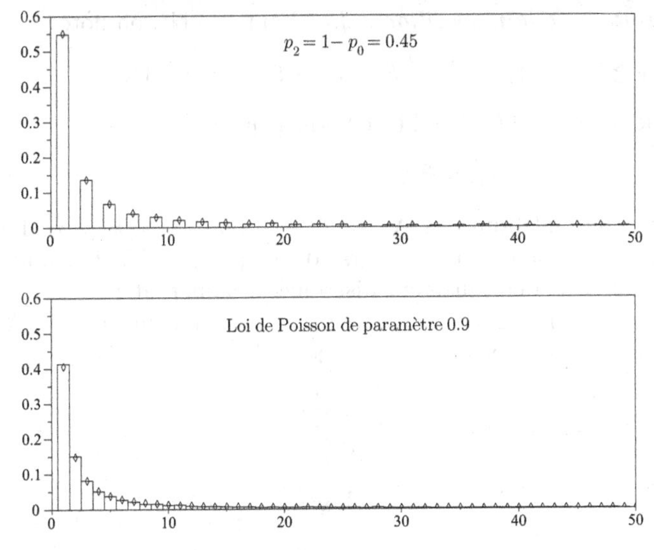

Fig. 4.7. Histogrammes de 10 000 tirages de la population totale et comparaison avec la loi exacte (losanges)

Corollaire 4.4.5. *Soit $\theta \in]0,1]$. Alors la fonction $s \in [0,1] \to s\mathrm{e}^{\theta(1-s)} \in [0,1]$ est inversible. Son inverse est la fonction génératrice de la loi de Borel de paramètre θ qui donne la probabilité $\mathrm{e}^{-n\theta}\,\frac{(n\theta)^{n-1}}{n!}$ à tout entier n non nul. Elle a pour espérance $1/(1-\theta)$ (où par convention $1/0 = +\infty$).*

La démonstration de la proposition 4.4.3 repose sur les deux lemmes suivants. Le premier relie la loi de la population totale à la marche aléatoire dont les incréments sont donnés par les variables $(\xi_i, i \geq 1)$. Il interviendra également dans le paragraphe 9.5 consacré à l'étude des files d'attente à un serveur lorsque la loi du temps de service des clients est quelconque.

Lemme 4.4.6. *Pour tout $n \in \mathbb{N}^*$, la probabilité $\mathbb{P}(Y = n)$ est égale à*

$$\mathbb{P}(\xi_1 \geq 1, \xi_1 + \xi_2 \geq 2, \ldots, \xi_1 + \ldots + \xi_{n-1} \geq n-1, \xi_1 + \ldots + \xi_n = n-1).$$

Le second lemme est un résultat de nature combinatoire :

Lemme 4.4.7. *Soit $n \geq 2$ et $(x_1, \ldots, x_n)$ un n-uplet de $\{-1\} \cup \mathbb{N}$ tel que*

$$x_1 \geq 0,\ x_1 + x_2 \geq 0, \ldots,\ x_1 + \ldots + x_{n-1} \geq 0 \text{ et } x_1 + \ldots + x_n = -1. \quad (4.16)$$

Alors les n permutations cycliques $(x_1^i, \ldots, x_n^i) = (x_{i+1}, \ldots, x_n, x_1, \ldots, x_i)$ d'indice $i \in \{1, \ldots, n\}$ de ce n-uplet sont distinctes.
En outre, tout n-uplet $(y_1, \ldots, y_n)$ de $\{-1\} \cup \mathbb{N}$ tel que $y_1 + \ldots + y_n = -1$ s'écrit comme permutation cyclique d'un tel n-uplet.

Nous reportons les démonstrations très techniques de ces deux lemmes à la fin du paragraphe.

Démonstration de la proposition 4.4.3. Pour $n \in \mathbb{N}^*$, on note

$$q_n = \mathbb{P}(\xi_1 \geq 1, \xi_1 + \xi_2 \geq 2, \dots, \xi_1 + \dots + \xi_{n-1} \geq n-1, \xi_1 + \dots + \xi_n = n-1).$$

D'après le lemme 4.4.6, il suffit de vérifier que

$$q_n = \mathbb{P}(\xi_1 + \dots + \xi_n = n-1)/n.$$

Pour cela nous introduisons $X_k = \xi_k - 1$ pour $1 \leq k \leq n$. Les variables $X_1, \dots, X_n$ prennent leur valeurs dans $\{-1\} \cup \mathbb{N}$. Comme elles sont indépendantes et identiquement distribuées, pour tout $i \in \{1, \dots, n\}$, le vecteur $(X_1^i, \dots, X_n^i) = (X_{i+1}, \dots, X_n, X_1, \dots, X_i)$ a même loi que $(X_1, \dots, X_n)$. Donc pour tout n-uplet $(x_1, \dots, x_n)$ de $\{-1\} \cup \mathbb{N}$,

$$\begin{aligned}\mathbb{P}(X_1 = x_1, \dots, X_n = x_n) &= \frac{1}{n} \sum_{i=1}^{n} \mathbb{P}(X_1^i = x_1, \dots, X_n^i = x_n) \\ &= \frac{1}{n} \sum_{i=0}^{n-1} \mathbb{P}(X_1 = x_1^{n-i}, \dots, X_n = x_n^{n-i}),\end{aligned}$$

où $(x_1^{n-i}, \dots, x_n^{n-i})$ désigne le vecteur $(x_{n-i+1}, \dots, x_n, x_1, \dots, x_{n-i})$. Ainsi en notant A_n l'ensemble des n-uplets $(x_1, \dots, x_n)$ de $\{-1\} \cup \mathbb{N}$ qui vérifient (4.16), on obtient

$$\begin{aligned}q_n &= \mathbb{P}(X_1 \geq 0, X_1 + X_2 \geq 0, \dots, X_1 + \dots + X_{n-1} \geq 0, X_1 + \dots + X_n = -1) \\ &= \sum_{(x_1, \dots, x_n) \in A_n} \mathbb{P}(X_1 = x_1, \dots, X_n = x_n) \\ &= \frac{1}{n} \sum_{(x_1, \dots, x_n) \in A_n} \sum_{i=0}^{n-1} \mathbb{P}(X_1 = x_1^{n-i}, \dots, X_n = x_n^{n-i}).\end{aligned}$$

D'après le lemme 4.4.7, on décrit l'ensemble des n-uplets $(y_1, \dots, y_n)$ de $\{-1\} \cup \mathbb{N}$ tels que $y_1 + \dots + y_n = -1$ en parcourant l'ensemble des n permutations cycliques de tous les n-uplets $(x_1, \dots, x_n)$ de A_n. On conclut donc que

$$\begin{aligned}q_n &= \frac{1}{n} \sum_{\substack{y_1, \dots, y_n \geq -1 \\ y_1 + \dots + y_n = -1}} \mathbb{P}(X_1 = y_1, \dots, X_n = y_n) \\ &= \frac{1}{n} \mathbb{P}(X_1 + \dots + X_n = -1) = \frac{1}{n} \mathbb{P}(\xi_1 + \dots + \xi_n = n-1).\end{aligned}$$

□

L'objectif de l'exercice suivant est d'établir l'identité combinatoire (4.17) qui intervient dans l'exercice 12.1.17 du Chap. 12 consacré aux phénomènes de coagulation et de fragmentation.

Exercice 4.4.8. Soit $(\xi_i, i \geq 1)$ une suite de variables aléatoires indépendantes et identiquement distribuées à valeurs dans $\mathbb{N}$ et $n \in \mathbb{N}^*$.

1. Vérifier que l'événement $\{\xi_1 + \ldots + \xi_n = n-1\}$ s'écrit comme union des événements

$$\{\xi_1 \geq 1, \ldots, \xi_1 + \ldots \xi_{k-1} \geq k-1, \xi_1 + \ldots + \xi_k = k-1, \xi_{k+1} + \ldots + \xi_n = n-k\}$$

pour $k \in \{1, \ldots, n\}$.

2. En déduire en utilisant le lemme 4.4.6 que

$$\frac{n-1}{n}\mathbb{P}(\xi_1 + \ldots + \xi_n = n-1)$$
$$= \sum_{k=1}^{n-1} \frac{1}{k}\mathbb{P}(\xi_1 + \ldots + \xi_k = k-1)\mathbb{P}(\xi_{k+1} + \ldots + \xi_n = n-k).$$

3. Dans le cas particulier où les variables ξ_i suivent la loi de Poisson de paramètre 1, en déduire l'identité combinatoire

$$(n-1)\frac{n^{n-1}}{n!} = \sum_{k=1}^{n-1} \frac{(n-k)^{n-k}}{(n-k)!} \times \frac{k^{k-1}}{k!}. \tag{4.17}$$

♦

Démonstration du lemme 4.4.6. Tout d'abord on a

$$\mathbb{P}(Y = 1) = \mathbb{P}(Z_1 = 0) = \mathbb{P}(\xi_1^0 = 0),$$

ce qui établit le résultat pour $n = 1$.

Supposons désormais $n \geq 2$. En décomposant l'événement $\{Y = n\}$ sur les valeurs prises par Z_1 puis par Z_2 et ainsi de suite, on obtient que

$$\begin{aligned}
\mathbb{P}(Y = n) &= \mathbb{P}(Z_1 = n-1, Z_2 = 0) + \sum_{i_1=1}^{n-2} \mathbb{P}(Z_1 = i_1, Y = n) \\
&= \mathbb{P}(Z_1 = n-1, Z_2 = 0) + \sum_{\substack{i_1, i_2 \geq 1 \\ i_1 + i_2 = n-1}} \mathbb{P}(Z_1 = i_1, Z_2 = i_2, Z_3 = 0) \\
&\qquad + \sum_{\substack{i_1, i_2 \geq 1 \\ i_1 + i_2 \leq n-2}} \mathbb{P}(Z_1 = i_1, Z_2 = i_2, Y = n) \\
&= \sum_{k=1}^{n-1} \sum_{\substack{i_1, \ldots, i_k \geq 1 \\ i_1 + \ldots + i_k = n-1}} \mathbb{P}(Z_1 = i_1, Z_2 = i_2, \ldots, Z_k = i_k, Z_{k+1} = 0)
\end{aligned}$$

$$\mathbb{P}(Y = n) = \sum_{k=1}^{n-1} \sum_{\substack{i_1, \ldots, i_k \geq 1 \\ i_1 + \ldots + i_k = n-1}} \mathbb{P}(\xi_1^0 = i_1, \xi_1^1 + \ldots + \xi_{i_1}^1 = i_2, \ldots,$$
$$\xi_1^{k-1} + \ldots + \xi_{i_{k-1}}^{k-1} = i_k, \xi_1^k + \ldots + \xi_{i_k}^k = 0).$$

Comme pour tout $i_1, \ldots, i_k \in \mathbb{N}^*$ tels que $i_1 + \ldots + i_k = n-1$, le vecteur aléatoire $(\xi_1^0, \xi_1^1, \ldots, \xi_{i_1}^1, \ldots, \xi_1^k, \ldots, \xi_{i_k}^k)$ a même loi que le vecteur aléatoire $(\xi_1, \xi_2, \ldots, \xi_{1+i_1}, \ldots, \xi_{2+i_1+\ldots+i_{k-1}}, \ldots, \xi_n)$, on en déduit que

$$\mathbb{P}(Y=n) = \sum_{k=1}^{n-1} \sum_{\substack{i_1,\ldots,i_k \geq 1 \\ i_1+\ldots+i_k = n-1}} \mathbb{P}\Big(\xi_1 = i_1, \xi_2 + \ldots + \xi_{1+i_1} = i_2, \ldots, \\ \xi_{2+i_1+\ldots+i_{k-2}} + \ldots + \xi_{1+i_1+\ldots+i_{k-1}} = i_k, \\ \xi_{2+i_1+\ldots+i_{k-1}} + \ldots + \xi_{1+i_1+\ldots+i_k} = 0\Big). \tag{4.18}$$

Nous allons maintenant montrer que la probabilité

$$q_n = \mathbb{P}(\xi_1 \geq 1, \xi_1 + \xi_2 \geq 2, \ldots, \xi_1 + \ldots + \xi_{n-1} \geq n-1, \xi_1 + \ldots + \xi_n = n-1)$$

est égale au second membre de (4.18). En décomposant sur les valeurs prises par ξ_1 et en remarquant que si $\xi_1 = i_1 \geq 1$ alors pour $1 \leq l \leq i_1$, $\xi_1 + \ldots + \xi_l \geq l$, on obtient

$$\begin{aligned} q_n =\, & \mathbb{P}(\xi_1 = n-1, \xi_2 + \ldots + \xi_n = 0) \\ & + \sum_{i_1=1}^{n-2} \mathbb{P}\Big(\xi_1 = i_1, \xi_2 + \ldots + \xi_{1+i_1} \geq 1, \ldots, \\ & \qquad \xi_2 + \ldots + \xi_{n-1} \geq n-1-i_1, \xi_2 + \ldots + \xi_n = n-1-i_1\Big). \end{aligned}$$

On décompose ensuite sur les valeurs prises par $\xi_2 + \ldots + \xi_{1+i_1}$ les événements dont la probabilité apparaît dans la somme sur i_1 :

$$\begin{aligned} q_n &= \mathbb{P}(\xi_1 = n-1, \xi_2 + \ldots + \xi_n = 0) \\ &+ \sum_{\substack{i_1, i_2 \geq 1 \\ i_1 + i_2 = n-1}} \mathbb{P}(\xi_1 = i_1, \xi_2 + \ldots + \xi_{1+i_1} = i_2, \xi_{2+i_1} + \ldots + \xi_n = 0) \\ &+ \sum_{\substack{i_1, i_2 \geq 1 \\ i_1 + i_2 \leq n-2}} \mathbb{P}\Big(\xi_1 = i_1, \xi_2 + \ldots + \xi_{1+i_1} = i_2, \xi_{2+i_1} + \ldots + \xi_{1+i_1+i_2} \geq 1, \\ & \ldots, \xi_{2+i_1} + \ldots + \xi_{n-1} \geq n-1-i_1-i_2, \xi_{2+i_1} + \ldots + \xi_n = n-1-i_1-i_2\Big). \end{aligned}$$

En décomposant maintenant sur les valeurs prises par $\xi_{2+i_1} + \ldots + \xi_{1+i_1+i_2}$ et ainsi de suite, on conclut que q_n est égal au second membre de (4.18), ce qui achève la démonstration. □

Démonstration du lemme 4.4.7. Soit $(x_1, \ldots, x_n)$ un n-uplet de $\{-1\} \cup \mathbb{N}$ tel que

$$x_1 \geq 0,\ x_1 + x_2 \geq 0, \ldots,\ x_1 + \ldots + x_{n-1} \geq 0 \text{ et } x_1 + \ldots + x_n = -1. \quad (4.19)$$

Notons que $(x_1^n, \ldots, x_n^n) = (x_1, \ldots, x_n)$ et donc que

$$n = \min\left\{l : \sum_{k=1}^{l} x_k^n = \min_{1 \leq j \leq n} \sum_{k=1}^{j} x_k^n\right\}.$$

Pour démontrer que les n permutations cycliques $(x_1^i, \ldots, x_n^i)$ d'indice $i \in \{1, \ldots, n\}$ sont distinctes, nous allons vérifier que pour $i \in \{1, \ldots, n-1\}$,

$$n - i = \min\left\{l : \sum_{k=1}^{l} x_k^i = \min_{1 \leq j \leq n} \sum_{k=1}^{j} x_k^i\right\}. \quad (4.20)$$

Comme d'après (4.19), pour $j \in \{i+1, \ldots, n-1\}$, $\sum_{k=1}^{j} x_k > \sum_{k=1}^{n} x_k$ en soustrayant $\sum_{k=1}^{i} x_k$ aux deux membres de cette inégalité et en posant $l = j - i$, on obtient que

$$\forall l \in \{1, \ldots, n-i-1\},\ \sum_{k=1}^{l} x_k^i > \sum_{k=1}^{n-i} x_k^i.$$

Par ailleurs, toujours d'après (4.19), pour $j \in \{1, \ldots, i\}$, $\sum_{k=1}^{j} x_k \geq 0$, inégalité qui se récrit $\sum_{k=n-i+1}^{n-i+j} x_k^i \geq 0$. En additionnant $\sum_{k=1}^{n-i} x_k^i$ aux deux membres de cette inégalité et en posant $l = n - i + j$, on obtient que

$$\forall l \in \{n-i+1, \ldots, n\},\ \sum_{k=1}^{l} x_k^i \geq \sum_{k=1}^{n-i} x_k^i,$$

ce qui achève la démonstration de (4.20).

Soit maintenant $(y_1, \ldots, y_n)$ un n-uplet de $\{-1\} \cup \mathbb{N}$ tel que $y_1 + \ldots + y_n = -1$. Nous allons montrer que $(y_1, \ldots, y_n)$ s'obtient comme permutation cyclique d'un n-uplet $(x_1, \ldots, x_n)$ qui satisfait (4.19). Dans ce but, posons

$$i = \min\left\{l : \sum_{k=1}^{l} y_k = \min_{1 \leq j \leq n} \sum_{k=1}^{j} y_k\right\}.$$

Si $i = n$, alors $(x_1, \ldots, x_n) = (y_1, \ldots, y_n)$ vérifie (4.19).
Si $i \in \{1, \ldots, n-1\}$ posons $(x_1, \ldots, x_n) = (y_1^i, \ldots, y_n^i)$. Bien sûr $(y_1, \ldots, y_n) = (x_1^{n-i}, \ldots, x_n^{n-i})$ et il suffit de vérifier (4.19) pour conclure. Par définition de i,

$$\forall l \in \{1, \ldots, i-1\},\ \sum_{k=1}^{l} y_k > \sum_{k=1}^{i} y_k \text{ et } \forall l \in \{i+1, \ldots, n\},\ \sum_{k=i+1}^{l} y_k \geq 0.$$

En utilisant la définition de $(x_1, \dots, x_n)$, ces inégalités se récrivent :

$$\begin{cases} \forall j \in \{n-i+1, \dots, n-1\}, \sum_{k=n-i+1}^{j} x_k > \sum_{k=n-i+1}^{n} x_k \\ \forall j \in \{1, \dots, n-i\}, \sum_{k=1}^{j} x_k \geq 0 \end{cases}.$$

Il suffit d'ajouter $\sum_{k=1}^{n-i} x_k$ aux deux membres de la première inégalité et de remarquer que $\sum_{k=1}^{n} x_k = \sum_{k=1}^{n} y_k = -1$ pour conclure que $(x_1, \dots, x_n)$ satisfait (4.19). □

Références

1. S. Asmussen et H. Hering. *Branching processes.* Birkhaüser, 1983.
2. K. Athreya et P. Ney. *Branching processes.* Springer-Verlag, 1972.
3. T. Harris. *The theory of branching processes.* Springer-Verlag, 1963.
4. P. Jagers. *Branching processes with biological applications.* Wiley, 1975.
5. D. Kendall. Branching processes since 1873. *J. Lond. Math. Soc.*, 41 : 385–406, 1966.
6. M. Kimmel et D. Axelrod. *Branching Processes in Biology.* Springer-Verlag, 2002.
7. A. Lotka. The extinction of families, i. *J. Washington Acad. Sci.*, 21 : 377–380, 1931.
8. A. Lotka. The extinction of families, ii. *J. Washington Acad. Sci.*, 21 : 453–459, 1931.

5

Recherche de zones homogènes dans l'ADN

Le bactériophage lambda est un parasite de la bactérie Escherichia coli. Son ADN (acide désoxyribonucléique) circulaire comporte $N_0 = 48\,502$ paires de nucléotides (voir [15]), et il est essentiellement constitué de régions codantes, i.e. de régions lues et traduites en protéines. La transcription, c'est-à-dire la lecture de l'ADN, s'effectue sur des parties de chacun des deux brins qui forment la double hélice de l'ADN. Ainsi sur la séquence d'ADN d'un seul brin on peut distinguer deux types de zones : celles où la transcription a lieu sur le brin et celles où la transcription a lieu sur le brin apparié. On observe sur les parties codantes une certaine fréquence d'apparition des différents nucléotides Adénine (`A`), Cytosine (`C`), Guanine (`G`) et Thymine (`T`). Le nucléotide `A` (resp. `C`) d'un brin est apparié avec le nucléotide `T` (resp. `G`) du brin apparié et vice versa. Les deux types de zones d'un brin décrites plus haut correspondent en fait à des fréquences d'apparitions différentes des quatre nucléotides. Les biologistes ont d'abord analysé l'ADN du bactériophage lambda en identifiant les gènes de l'ADN, c'est-à-dire les parties codantes de l'ADN, et les protéines correspondantes. Et ils ont ainsi constaté que les deux brins de l'ADN comportaient des parties codantes. Il est naturel de vouloir détecter a priori les parties codantes, ou susceptibles d'être codantes, à partir d'une analyse statistique de l'ADN. Cela peut permettre aux biologistes d'identifier plus rapidement les parties codantes pour les organismes dont la séquence d'ADN est connue.

Les paragraphes qui suivent montrent comment, en modélisant la séquence d'ADN comme une réalisation partielle d'une chaîne de Markov, on peut détecter les zones où les fréquences d'apparitions des quatre nucléotides sont significativement différentes. L'algorithme EM (Espérance Maximisation) que nous présentons et son utilisation pour l'analyse de l'ADN ont été étudiés en détail et dans un cadre plus général par Muri [12]. De nombreux travaux récents permettent d'améliorer l'algorithme EM pour la détection de zones intéressantes de l'ADN en tenant compte d'informations biologiques connues a priori, voir par exemple les travaux du Laboratoire Statistique et Génome (`http://stat.genopole.cnrs.fr`).

Les algorithmes EM ont été initialement introduits en 1977 par Dempster, Laid et Rubin [8]. Ils sont utilisés pour l'estimation de paramètres dans des modèles où des variables sont cachées, c'est-à-dire non observées (voir par exemple [5] p. 213). Dans l'exemple ci-dessus, avec l'interprétation biologique que l'on espère retrouver, on ne sait pas si le k-ième nucléotide observé appartient à une zone transcrite ou à une zone appariée à une zone transcrite. Le brin transcrit au niveau du k-ième nucléotide est donc une variable cachée que l'on désire retrouver. Il existe de nombreuses applications des algorithmes EM, voir par exemple [10]. Signalons, sans être exhaustif, que ces algorithmes sont utilisés dans les domaines suivants :

- Classification ou étude de données mélangées dont les sources sont inconnues : pour les données mélangées voir par exemple [11], pour l'analyse d'image voir par exemple [7 et 9], voir aussi l'exemple du paragraphe 5.6.1.
- Analyse de données censurées ou tronquées, voir le problème du paragraphe 5.6.2.
- Estimation de matrice de covariance avec des données incomplètes, etc.

Nous présentons brièvement le modèle mathématique pour la séquence d'un brin d'ADN, $y_1 \ldots y_{N_0}$ du bactériophage lambda. À la séquence d'ADN, on peut associer la séquence non observée, dite séquence cachée, $s_1 \ldots s_{N_0}$, où si $s_k = +1$, alors y_k est la réalisation d'une variable aléatoire, Y_k, de loi p_+ sur $\mathcal{X} = \{\mathtt{A}, \mathtt{C}, \mathtt{G}, \mathtt{T}\}$, et si $s_k = -1$ alors la loi de Y_k est p_-. Les probabilités p_+ et p_- sont distinctes mais inconnues. On modélise la suite $s_1, \ldots, s_{N_0}$ comme la réalisation d'une chaîne de Markov, $(S_n, n \geq 1)$, sur $\mathcal{I} = \{+1, -1\}$ de matrice de transition, a, également inconnue.

Remarque. La matrice de transition a est de la forme

$$a = \begin{pmatrix} 1-\varepsilon & \varepsilon \\ \varepsilon' & 1-\varepsilon' \end{pmatrix},$$

où ε et ε' sont intuitivement inversement proportionnels à la longueur moyenne des zones homogènes où les fréquences d'apparitions des quatre nucléotides sont constantes. En effet, si par exemple $S_1 = +1$, la loi du premier instant où la chaîne de Markov change d'état, $T = \inf\{k \geq 1\,;\; S_{k+1} \neq +1\}$, suit une loi géométrique de paramètre ε car

$$\mathbb{P}(T = k | S_1 = +1) = \mathbb{P}(S_{k+1} = -1, S_k = 1, \ldots, S_2 = 1 | S_1 = 1) = (1-\varepsilon)^{k-1}\varepsilon,$$

et son espérance vaut $1/\varepsilon$. ♢

Le modèle utilisé comporte une chaîne de Markov, S, qui n'est pas directement observée. Ce type de modèle, dit modèle de chaînes de Markov cachées, est présenté de manière détaillée au paragraphe 5.1. Pour identifier les zones homogènes, il faut estimer les paramètres inconnus a, p_+ et p_-. Pour cela, on utilisera les estimateurs du maximum de vraisemblance (EMV) qui possèdent de bonnes propriétés. La construction de ces estimateurs ainsi que leurs propriétés asymptotiques sont présentées dans le paragraphe 5.2 au travers d'un exemple élémentaire et dans un cadre simple. La convergence de l'EMV vers les paramètres inconnus du modèle dans le cadre des chaînes de Markov cachées est plus complexe à établir. Ce résultat et sa démonstration technique sont reportés au paragraphe 5.5. Nous verrons au paragraphe 5.3, qu'il est impossible de calculer explicitement l'EMV dans le cas particulier des chaînes de Markov cachées. Mais nous exhiberons une méthode, l'algorithme EM, pour en donner une bonne approximation. Le paragraphe 5.4, qui est le cœur de ce chapitre, présente la mise en œuvre explicite de l'algorithme EM. En particulier, on calcule la loi des états cachés $S_1, \ldots, S_{N_0}$ sachant les observations $y_1, \ldots, y_{N_0}$, voir la Fig. 5.7 pour les valeurs de $\mathbb{P}(S_n = +1 | y_1, \ldots, y_{N_0})$ concernant l'ADN du bactériophage lambda. Dans les modèles de mélanges ou de données censurées, l'algorithme EM s'exprime simplement. Ces applications importantes, en marge des modèles de chaînes de Markov, sont abordées au paragraphe 5.6. Pour les modèles de mélanges, on utilise les données historiques des crabes de Weldon, analysées par Pearson en 1894, première approche statistique d'un modèle de mélange. Les modèles de données censurées sont évoqués au travers d'un problème. Enfin, dans la conclusion, paragraphe 5.7, nous présentons les résultats numériques obtenus pour le bactériophage lambda ainsi que quelques commentaires sur la méthode utilisée.

5.1 Chaînes de Markov cachées

On rappelle la notation condensée suivante x_m^n pour le vecteur $(x_m, \ldots, x_n)$ avec $m \leq n \in \mathbb{Z}$. On considère $S = (S_n, n \geq 1)$ une chaîne de Markov à valeurs dans $\mathcal{I}$, un espace fini non réduit à un élément, de matrice de transition a et de loi initiale π_0. Soit $(Y_n, n \geq 1)$ une suite de variables à valeurs dans $\mathcal{X}$, un espace d'état fini, telle que conditionnellement à S les variables aléatoires $(Y_n, n \geq 1)$ sont indépendantes et la loi de Y_k sachant S ne dépend que de la valeur de S_k. Plus précisément, pour tout $N \geq 1$, conditionnellement à S_1^N, les variables aléatoires Y_1^N sont indépendantes : pour tous $N \geq 1$, $y_1^N \in \mathcal{X}^N$ et $s_1^N \in \mathcal{I}^N$, on a

$$\mathbb{P}(Y_1^N = y_1^N | S_1^N = s_1^N) = \prod_{n=1}^{N} \mathbb{P}(Y_n = y_n | S_1^N = s_1^N), \tag{5.1}$$

de plus il existe une matrice $b = (b(i,x)\,; i \in \mathcal{I}, x \in \mathcal{X})$, telle que

$$\mathbb{P}(Y_n = y_n | S_1^N = s_1^N) = \mathbb{P}(Y_n = y_n | S_n = s_n) = b(s_n, y_n). \tag{5.2}$$

Lemme 5.1.1. *La suite $((S_n, Y_n), n \geq 1)$ est une chaîne de Markov. On a pour tous $n \geq 2$, $s_1^n \in \mathcal{I}^n$ et $y_1^n \in \mathcal{X}^n$,*

$$\mathbb{P}(S_n = s_n, Y_n = y_n | S_1^{n-1} = s_1^{n-1}, Y_1^{n-1} = y_1^{n-1}) = a(s_{n-1}, s_n) b(s_n, y_n),$$

et

$$\mathbb{P}(S_n = s_n | S_1^{n-1} = s_1^{n-1}, Y_1^{n-1} = y_1^{n-1}) = a(s_{n-1}, s_n).$$

Démonstration. En utilisant les égalités (5.1) et (5.2) ainsi que la propriété de Markov pour $(S_n, n \geq 1)$, on a

$$\begin{aligned}
&\mathbb{P}(S_1^n = s_1^n, Y_1^n = y_1^n) \\
&\qquad = \mathbb{P}(Y_1^n = y_1^n | S_1^n = s_1^n)\mathbb{P}(S_1^n = s_1^n) \\
&\qquad = \left(\prod_{k=1}^{n} b(s_k, y_k)\right) \mathbb{P}(S_n = s_n | S_1^{n-1} = s_1^{n-1})\mathbb{P}(S_1^{n-1} = s_1^{n-1}) \\
&\qquad = \left(\prod_{k=1}^{n} b(s_k, y_k)\right) \mathbb{P}(S_n = s_n | S_{n-1} = s_{n-1})\mathbb{P}(S_1^{n-1} = s_1^{n-1}) \\
&\qquad = \left(\prod_{k=1}^{n} b(s_k, y_k)\right) a(s_{n-1}, s_n)\mathbb{P}(S_1^{n-1} = s_1^{n-1}).
\end{aligned}$$

D'autre part, en sommant sur $y_n \in \mathcal{X}$ et en utilisant $\sum_{x \in \mathcal{X}} b(s_n, x) = 1$, puis en sommant sur $s_n \in \mathcal{I}$ et en utilisant $\sum_{s_n \in \mathcal{I}} a(s_{n-1}, s_n) = 1$, il vient

$$\mathbb{P}(S_1^{n-1} = s_1^{n-1}, Y_1^{n-1} = y_1^{n-1}) = \left(\prod_{k=1}^{n-1} b(s_k, y_k)\right) \mathbb{P}(S_1^{n-1} = s_1^{n-1}).$$

On en déduit donc la première égalité du lemme. Ainsi la suite $((S_n, Y_n), n \geq 1)$ est une chaîne de Markov.

La deuxième égalité du lemme se déduit de la première en sommant sur $y_n \in \mathcal{X}$. □

Dans le modèle de chaîne de Markov cachée, lors d'une réalisation, on observe simplement y_1^N, une réalisation de Y_1^N. Les variables S_1^N sont appelées variables cachées, et leur valeur prise lors d'une réalisation, les valeurs cachées. Dans ce modèle, on cherche à estimer, à partir de l'observation y_1^N, le paramètre $\theta = (a, b, \pi_0)$ puis à calculer, pour $i \in \mathcal{I}$, les probabilités $\mathbb{P}(S_n = i | Y_1^N = y_1^N)$. L'ensemble des paramètres possibles forme un compact Θ de $[0,1]^{\mathcal{I}^2} \times [0,1]^{\mathcal{I} \times \mathcal{X}} \times [0,1]^{\mathcal{I}}$.

Remarquons que la loi du vecteur des observations Y_1^N ne détermine pas complètement le paramètre $\theta = (a, b, \pi_0)$. En effet, soit σ une permutation de $\mathcal{I}$. On note $\theta_\sigma = \Big(a(\sigma_i, \sigma_j), i \in \mathcal{I}, j \in \mathcal{I}), (b(\sigma_i, x), i \in \mathcal{I}, x \in \mathcal{X}), (\pi_0(\sigma_i), i \in \mathcal{I})\Big)$. Les paramètres θ et θ_σ génèrent la même loi pour le processus des observations Y_1^N (mais pas pour (S_1^N, Y_1^N) en général). On ne peut pas espérer distinguer θ de θ_σ à la seule vue des observations. On dit que le modèle n'est pas identifiable.

Remarquons également que s'il existe une probabilité p sur $\mathcal{X}$ telle que pour tous $i \in \mathcal{I}$, $x \in \mathcal{X}$, $b(i, x) = p(x)$ alors la suite Y est une suite de variables aléatoires indépendantes et de même loi p. En particulier la loi de Y_1^N ne dépend pas des valeurs de a et π_0.

Définition 5.1.2. *Soit X une variable aléatoire dont on peut observer les réalisations. On suppose que la loi, a priori inconnue, de X appartient à une famille de lois indicée par un paramètre : $\mathcal{P} = \{P_\theta, \theta \in \Theta\}$, où Θ est un ensemble de paramètres. Il s'agit d'un* ***modèle paramétrique****. On dit que le modèle est* ***identifiable*** *si pour $\theta \neq \theta' \in \Theta$, on a $P_\theta \neq P_{\theta'}$.*

Nous reviendrons sur la notion de modèle identifiable dans le paragraphe suivant lors de la construction d'un estimateur de θ, paramètre a priori inconnu de la loi de X.

Pour que le modèle de chaîne de Markov cachée soit identifiable, il suffit de restreindre l'ensemble des paramètres possibles à un sous-ensemble Θ' de Θ. Pour cela, on vérifie qu'il est possible de choisir Θ' un ouvert de Θ, tel que si $\theta = (a, b, \pi_0) \in \Theta$, alors

- soit il existe $i \neq i'$ et pour tout $x \in \mathcal{X}$, $b(i,x) = b(i',x)$, alors on a $\theta \notin \Theta'$,
- soit pour tous $i \neq i'$, il existe $x \in \mathcal{X}$ tel que $b(i,x) \neq b(i',x)$, et alors il existe σ une permutation unique de $\mathcal{I}$ telle que $\theta_\sigma \in \Theta'$.

Ainsi si θ et θ' appartiennent à Θ' et sont distincts, alors les lois des observations Y_1^N sont différentes. Le modèle, où l'ensemble des paramètres est Θ', est alors identifiable.

5.2 L'estimateur du maximum de vraisemblance (EMV)

5.2.1 Définitions et exemples

Nous illustrons l'estimation par maximum de vraisemblance dans l'exemple qui suit.

Exemple 5.2.1. Vous désirez jouer à un jeu de pile ou face avec un adversaire. Vous savez qu'il dispose en fait de deux pièces biaisées. On note θ_i la probabilité d'obtenir pile pour la pièce $i \in \{1, 2\}$, avec $\theta_1 = 0.3$ et $\theta_2 = 0.8$. La pièce avec laquelle votre adversaire vous propose de jouer, a déjà été utilisée dans le jeu de pile ou face précédent, où vous avez observé $k_0 = 4$ piles sur $n = 10$ lancers.

Le nombre de pile obtenu lors de n lancers suit une loi binomiale de paramètre (n, θ), θ étant la probabilité d'obtenir pile. On note $p(\theta, k) = \binom{n}{k} \theta^k (1-\theta)^{n-k}$ la probabilité qu'une variable de loi binomiale de paramètre (n, θ) prenne la valeur k. On visualise ces probabilités pour $n = 10$, et $\theta \in \{\theta_1, \theta_2\}$ sur la Fig. 5.1. Il est raisonnable de supposer que la pièce utilisée est la pièce 1 car la probabilité d'observer $k_0 = 4$ est plus grande pour $\theta = \theta_1$, $p(\theta_1; k_0) \simeq 0.2$, que pour $\theta = \theta_2$, $p(\theta_2\,; k_0) \simeq 0.006$. On choisit ainsi le paramètre $\theta \in \{\theta_1, \theta_2\}$ qui maximise la fonction

$$\theta \to p(\theta;\ k_0) \quad \text{où } \theta \in \Theta = \{\theta_1, \theta_2\}.$$

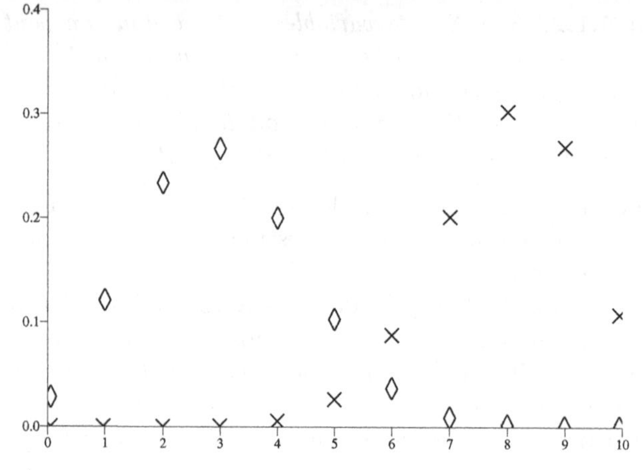

Fig. 5.1. Lois binomiales de paramètres $(10, \theta)$ avec $\theta = 0.3$ (losanges) et $\theta = 0.8$ (croix)

La fonction ci-dessus s'appelle la vraisemblance, et le paramètre qui la maximise s'appelle l'estimateur du maximum de vraisemblance. $\Diamond$

Définition 5.2.2. *On considère un modèle paramétrique :* $\mathcal{P} = \{\mathrm{P}_\theta, \theta \in \Theta\}$ *une famille de lois (resp. de lois à densité) sur un espace* E *discret (resp. sur* $E = \mathbb{R}^n$*), où* Θ *est un ensemble de paramètres. On note* $p(\theta\,; x)$ *la probabilité qu'une variable de loi* P_θ *prenne la valeur* $x \in E$ *(resp. la densité en* $x \in E$ *d'une variable de loi* P_θ*). La fonction définie sur* Θ*, à* $x \in E$ *fixé, par* $\theta \to p(\theta\,; x)$ *s'appelle la* ***vraisemblance****.*

Supposons que pour tout $x \in E$*, il existe une unique valeur de* θ*, notée* $\hat{\theta}(x)$*, telle que la vraisemblance soit maximale en* $\hat{\theta}(x)$ *:* $p(\hat{\theta}(x)\,; x) > p(\theta, x)$ *pour tous* $x \in E$*,* $\theta \in \Theta$ *et* $\theta \neq \hat{\theta}(x)$*. La fonction* $x \to \hat{\theta}(x)$*, pour* $x \in E$*, s'appelle l'****Estimateur du Maximum de Vraisemblance*** *(EMV) de* θ*.*

Comme la fonction log est strictement croissante, on peut aussi rechercher l'EMV comme la valeur de θ qui maximise la **log-vraisemblance** $\theta \to \log p(\theta\,; x)$. Cette approche est souvent techniquement plus simple. Dans le cas où la vraisemblance atteint son maximum en plusieurs points, l'EMV est mal défini, voir la remarque 5.2.10 à ce sujet.

Soit X est une variable aléatoire de loi P_{θ_0}, avec $\theta_0 \in \Theta$ inconnu.

Définition 5.2.3. *La variable aléatoire* $\hat{\theta} = \hat{\theta}(X)$ *est également appelée l'EMV de* θ*.*

Remarque 5.2.4. Si g est une bijection définie sur Θ, alors on vérifie facilement que l'EMV de $r = g(\theta)$, qui est l'EMV associé au modèle paramétrique

$\mathcal{Q} = \{\mathrm{Q}_r = \mathrm{P}_{g^{-1}(r)}, r \in g(\Theta)\}$ est $g(\hat{\theta})$, où $\hat{\theta}$ est l'EMV de θ. Par convention si g est une fonction définie sur Θ, alors l'EMV de $g(\theta)$ est $g(\hat{\theta})$. ◇

L'estimateur du maximum de vraisemblance possède de bonnes propriétés statistiques : convergence, normalité asymptotique. En revanche, cet estimateur est souvent biaisé. Ce handicap est généralement compensé par le fait qu'il permet de construire un intervalle de confiance étroit comparativement à d'autres estimateurs. Après avoir donné une définition précise aux termes précédents, nous illustrerons ces propriétés sur l'estimation de la probabilité d'avoir un garçon à la naissance.

Définition 5.2.5. *On considère un modèle paramétrique. Soit $X = (X_n, n \geq 1)$ une suite de variables aléatoires à valeurs dans E, dont la loi P_{θ_0} appartient à une famille de lois $\mathcal{P} = \{\mathrm{P}_\theta, \theta \in \Theta\}$, où Θ est un ensemble de paramètres. Le paramètre θ_0 est inconnu a priori.*

Un ***estimateur*** *de θ_0 construit à partir de X_1^n est une fonction explicite de X_1^n. En particulier, elle ne fait pas intervenir θ_0.*

Un estimateur $h(X_1^n)$ de θ_0 est dit ***sans biais*** *s'il est intégrable et si $\mathbb{E}[h(X_1^n)] = \theta_0$ pour tout $\theta_0 \in \Theta$. Sinon, on dit que l'estimateur est biaisé.*

Soit $(\delta_n, n \geq 1)$ une suite d'estimateurs de θ_0, où δ_n est construit à partir de X_1^n. On dit que la suite $(\delta_n, n \geq 1)$ est un estimateur ***convergent*** *(on dit aussi fortement convergent) de θ_0, si pour tout $\theta_0 \in \Theta$, on a p.s.*

$$\lim_{n \to \infty} \delta_n = \theta_0.$$

Si la convergence a lieu en probabilité seulement, on parle d'estimateur faiblement convergent.

On dit que la suite $(\delta_n, n \geq 1)$ est un estimateur ***asymptotiquement normal*** *de θ_0, si pour tout $\theta_0 \in \Theta$, on a*

$$\sqrt{n}(\delta_n - \theta_0) \xrightarrow[n \to \infty]{\text{Loi}} \mathcal{N}(0, \Sigma(\theta_0)),$$

où $\Sigma(\theta_0)$ est la ***variance asymptotique*** *(ou matrice de covariance asymptotique si le paramètre θ est multidimensionnel).*

Exemple 5.2.6. On suppose qu'à la naissance chaque bébé a une probabilité θ_0 d'être un garçon et une probabilité $1 - \theta_0$ d'être une fille. On considère une population de n bébés et on désire donner une estimation de θ_0 afin de savoir si à la naissance il naît significativement plus de garçons que de filles ou plus de filles que de garçons ou autant de garçons que de filles.

On précise le modèle paramétrique. On note $X_i = 1$ si le $i^{\text{ème}}$ bébé est un garçon et $X_i = 0$ sinon. Il est naturel de supposer que les variables aléatoires $X = (X_i, i \geq 1)$ sont indépendantes et de même loi de Bernoulli de paramètre $\theta_0 \in \Theta = [0, 1]$.

Pour calculer l'EMV $\hat{\theta}_n$, à partir de l'échantillon X_1^n, on remarque que $\mathbb{P}(X_i = x_i) = \theta_0^{x_i}(1 - \theta_0)^{1 - x_i}$. Par indépendance, on en déduit que la vraisemblance est la fonction de θ définie sur Θ, pour $x = x_1^n \in \{0, 1\}^n$, par

$$p_n(\theta\,;x) = \prod_{i=1}^{n} \theta^{x_i}(1-\theta)^{1-x_i} = \theta^{n_1}(1-\theta)^{n-n_1},$$

où $n_1 = \sum_{i=1}^n x_i$ représente le nombre de garçons. La log-vraisemblance est définie par

$$L_n(\theta\,;x) = \log p_n(\theta\,;x) = n_1 \log(\theta) + (n-n_1)\log(1-\theta),$$

avec la convention que $0 \log 0 = 0$. Dans un premier temps on cherche θ qui annule sa dérivée :

$$\frac{\partial L_n}{\partial \theta}(\theta\,;x) = \frac{n_1}{\theta} - \frac{n-n_1}{1-\theta} = 0,$$

soit $\theta = n_1/n$. Comme $\partial L_n/\partial\theta$ est une fonction strictement décroissante, on en déduit dans un deuxième temps, que la log-vraisemblance est maximale pour $\theta = \dfrac{n_1}{n} = \dfrac{1}{n}\displaystyle\sum_{i=1}^{n} x_i$. L'EMV est donc $\hat{\theta}_n = \frac{1}{n}\sum_{i=1}^n X_i$. On peut remarquer que dans ce cas précis l'EMV est un estimateur sans biais de θ_0.

On déduit de la loi forte des grands nombres que $(\hat{\theta}_n, n \geq 1)$ converge presque sûrement vers le vrai paramètre inconnu θ_0, i.e. l'EMV est convergent. On déduit du théorème central limit que $(\sqrt{n}(\hat{\theta}_n - \theta_0), n \geq 1)$ converge en loi vers une variable de loi gaussienne $\mathcal{N}(0, \Sigma(\theta_0))$, où $\Sigma(\theta_0) = \mathrm{Var}(X_1) = \theta_0(1-\theta_0)$. L'EMV est donc asymptotiquement normal de variance asymptotique $\Sigma(\theta_0)$.

On peut alors, en remplaçant $\Sigma(\theta_0)$ par l'estimation $\hat{\theta}_n(1-\hat{\theta}_n)$, en déduire un intervalle de confiance de θ_0 de niveau asymptotique 95 % (cf. le paragraphe A.3.4). Par exemple, aux U.S.A. en 1996 on compte $n_1 = 1\,990\,480$ naissances de garçons et $n - n_1 = 1\,901\,014$ naissances de filles. On en déduit que $\hat{\theta}_n = n_1/n \simeq 0.511495$. On calcule l'intervalle de confiance de niveau asymptotique 95 % pour θ : $\left[\hat{\theta}_n \pm 1.96\sqrt{\hat{\theta}_n(1-\hat{\theta}_n)}/\sqrt{n}\right] \simeq [0.511, 0.512]$. Il naît significativement plus de garçons que de filles. ◊

Exercice 5.2.7. On considère le modèle paramétrique gaussien. Soit $(X_n, n \geq 1)$ une suite de variables aléatoires indépendantes et de même loi gaussienne de moyenne $\mu \in \mathbb{R}$ et de variance $\sigma^2 > 0$. Le paramètre est $\theta = (\mu, \sigma^2) \in \Theta = \mathbb{R}\times]0,\infty[$. La vraisemblance associée au vecteur X_1^n est sa densité.

1. Expliciter la vraisemblance et la log-vraisemblance du modèle gaussien.
2. Montrer que l'EMV, $\hat{\theta}_n = (\hat{\mu}_n, \hat{\sigma}_n^2)$, de θ associé à X_1^n est défini par la moyenne empirique et la variance empirique :

$$\hat{\mu}_n = \frac{1}{n}\sum_{k=1}^{n} X_k, \quad \hat{\sigma}_n^2 = \frac{1}{n}\sum_{k=1}^{n}(X_k - \hat{\mu}_n)^2 = \frac{1}{n}\sum_{k=1}^{n} X_k^2 - \hat{\mu}_n^2. \qquad (5.3)$$

3. Vérifier que la moyenne empirique est un estimateur sans biais de μ, mais que la variance empirique est un estimateur biaisé de σ^2. Construire à partir de $\hat{\sigma}_n^2$ un estimateur sans biais de σ^2.
4. Vérifier que l'EMV, $\hat{\theta}_n$, est un estimateur de θ convergent et asymptotiquement normal.

♦

Sous des hypothèses assez générales sur la vraisemblance, on peut montrer que la suite d'estimateurs $(\hat{\theta}_n, n \geq 1)$, où $\hat{\theta}_n$ est l'EMV de θ construit à partir de X_1^n, est convergente et asymptotiquement normale. On pourra consulter [4], paragraphe 16, pour une démonstration précise de ces résultats quand les variables $(X_n, n \geq 1)$ sont indépendantes et de même loi.

Dans le paragraphe qui suit, nous démontrons la convergence de l'EMV, dans le cas où les variables $(X_n, n \geq 1)$, indépendantes et de même loi, dépendant d'un paramètre $\theta \in \Theta$, sont à valeurs dans un espace discret E. Des arguments similaires permettront de montrer la convergence de l'EMV pour les chaînes de Markov cachées (voir le paragraphe 5.5). Au chapitre 6, la démonstration du lemme 6.2.1 établit directement la convergence de l'EMV de la matrice de transition pour un modèle de chaîne de Markov à l'aide du théorème ergodique pour les chaînes de Markov et la normalité asymptotique à l'aide du TCL ergodique.

5.2.2 Convergence de l'EMV dans un modèle simple

On considère $\mathcal{P} = \{\mathrm{P}_\theta\,; \theta \in \Theta\}$, une famille de lois sur un espace discret E, indicée par un paramètre $\theta \in \Theta$. Soit $(X_n, n \geq 1)$ une suite de variables aléatoires indépendantes et de même loi P_{θ_0}, θ_0 étant inconnu. Pour $x_1 \in E$ on pose $p(\theta_0\,; x_1) = \mathbb{P}(X_1 = x_1)$. La vraisemblance associée à X_1 est donc $\theta \to p(\theta, x_1)$. Par indépendance, la vraisemblance associée à l'échantillon X_1^N est, pour $x_1^n \in E$, $p_n(\theta\,; x_1^n) = \prod_{i=1}^n p(\theta\,; x_i)$. La log-vraisemblance est

$$L_n(\theta\,; x_1^n) = \sum_{i=1}^n \log p(\theta\,; x_i). \tag{5.4}$$

On suppose que l'EMV de θ, $\hat{\theta}_n$ est bien défini : la variable aléatoire $\hat{\theta}_n$ est l'unique valeur de Θ en laquelle $L_n(\theta\,; X_1^n)$ et donc $\frac{1}{n} L_n(\theta\,; X_1^n)$ sont maximaux :

$$\hat{\theta}_n = \operatorname*{argmax}_{\theta \in \Theta} \frac{1}{n} \sum_{i=1}^n \log p(\theta\,; X_i). \tag{5.5}$$

On considère le lemme suivant dont la démonstration est reportée à la fin de ce paragraphe.

Lemme 5.2.8. *Soit un espace E discret, $\mathcal{P}_E$ l'ensemble des probabilités sur E, et $p = (p(x), x \in E) \in \mathcal{P}_E$. On considère la fonction $\mathcal{H}_p$ à valeurs dans $[-\infty, 0]$ définie sur $\mathcal{P}_E$ par*

$$\mathcal{H}_p : p' \to \mathcal{H}_p(p') = \sum_{x \in E} p(x) \log p'(x),$$

avec la convention $0 \log 0 = 0$. *On suppose que* $\mathcal{H}_p(p) > -\infty$. *Alors la fonction* $\mathcal{H}_p$ *atteint son unique maximum pour* $p' = p$.

Remarquons que la quantité $\mathcal{H}_p(p)$ est au signe près l'**entropie** de p.

Par simplicité d'écriture, on note pour $\theta, \theta_0 \in \Theta$, $\mathcal{H}_{\theta_0}(\theta) = \mathcal{H}_{p_0}(p)$, où $p = p(\theta\,;\cdot)$ et $p_0 = p(\theta_0\,;\cdot)$. Comme $p(\theta\,; X_1) \leq 1$, on a

$$\mathcal{H}_{\theta_0}(\theta) = \sum_{x \in E} p(\theta_0\,; x) \log p(\theta, x) = \mathbb{E}[\log p(\theta\,; X_1)] \in [-\infty, 0],$$

et par la loi forte des grands nombres, cf. corollaire A.3.14,

$$\frac{1}{n} L_n(\theta\,; X_1^n) = \frac{1}{n} \sum_{i=1}^{n} \log p(\theta\,; X_i) \xrightarrow[n \to \infty]{\text{p.s.}} \mathcal{H}_{\theta_0}(\theta). \tag{5.6}$$

Ceci suggère que $\hat{\theta}_n = \operatorname*{argmax}_{\theta \in \Theta} \frac{1}{n} L_n(\theta\,; X_1^n)$ converge presque sûrement vers $\operatorname*{argmax}_{\theta \in \Theta} \mathcal{H}_{\theta_0}(\theta)$ (i.e. vers θ_0 d'après le lemme 5.2.8) quand n tend vers l'infini ; et donc que l'EMV est convergent. Plus précisément, on a le théorème suivant.

Théorème 5.2.9. *On suppose les conditions suivantes :*

1. Θ *est compact.*
2. *Le modèle est identifiable.*
3. *La vraisemblance définie sur* Θ, $\theta \to p(\theta\,; x)$, *est continue pour tout* $x \in E$.
4. *P.s. pour* n *assez grand, (5.5) définit uniquement l'EMV* $\hat{\theta}_n$.
5. *La quantité* $\mathcal{H}_\theta(\theta)$ *est finie pour tout* $\theta \in \Theta$.

Alors l'EMV de θ, *défini par (5.5), est un estimateur convergent.*

Démonstration. On pose pour tout $x \in E$, $f_n(x) = \frac{1}{n} \sum_{i=1}^{n} \mathbf{1}_{\{X_i = x\}}$, et on remarque que

$$\frac{1}{n} L_n(\theta\,; X_1^n) = \sum_{x \in E} \log p(\theta\,; x) f_n(x).$$

La loi forte des grands nombres assure que p.s. pour tout $x \in E$,

$$f_n(x) \xrightarrow[n \to \infty]{\text{p.s.}} p(\theta_0\,; x).$$

Comme Θ est compact, et que p.s. l'EMV est bien défini pour n assez grand, la suite des EMV admet au moins un point d'accumulation $\theta_* \in \Theta$. Et il existe p.s. une fonction strictement croissante (aléatoire), σ, de $\mathbb{N}^*$ dans $\mathbb{N}^*$, telle que la suite $(\hat{\theta}_{\sigma(n)}, n \geq 1)$ converge vers θ_*. Par continuité de la vraisemblance, on a pour tout $x \in E$,

$$\log p(\hat{\theta}_{\sigma(n)} \,; x) \xrightarrow[n\to\infty]{\text{p.s.}} \log p(\theta_* \,; x).$$

Comme les fonctions $f_{\sigma(n)}$ et $-\log p(\hat{\theta}_{\sigma(n)} \,; \cdot)$ sont positives, on déduit du lemme de Fatou que p.s.

$$\begin{aligned}
\liminf_{n\to\infty} -\frac{1}{\sigma(n)} L_{\sigma(n)}(\hat{\theta}_{\sigma(n)} \,; X_1^{\sigma(n)}) &= \liminf_{n\to\infty} \sum_{x\in E} -\log p(\hat{\theta}_{\sigma(n)} \,; x) f_{\sigma(n)}(x) \\
&\geq \sum_{x\in E} \liminf_{n\to\infty} -\log p(\hat{\theta}_{\sigma(n)} \,; x) f_{\sigma(n)}(x) \\
&= -\mathcal{H}_{\theta_0}(\theta_*).
\end{aligned}$$

Comme $\hat{\theta}_n$ est l'EMV, on a $L_n(\theta_0 \,; X_1^n) \leq L_n(\hat{\theta}_n \,; X_1^n)$, et grâce à (5.6), p.s.

$$\begin{aligned}
\liminf_{n\to\infty} -\frac{1}{\sigma(n)} L_{\sigma(n)}(\hat{\theta}_{\sigma(n)} \,; X_1^{\sigma(n)}) &\leq \liminf_{n\to\infty} -\frac{1}{\sigma(n)} L_{\sigma(n)}(\theta_0 \,; X_1^{\sigma(n)}) \\
&= -\mathcal{H}_{\theta_0}(\theta_0).
\end{aligned}$$

On déduit de ces inégalités, que p.s. $\mathcal{H}_{\theta_0}(\theta_*) \geq \mathcal{H}_{\theta_0}(\theta_0)$. Le modèle étant identifiable et $\mathcal{H}_{\theta_0}(\theta_0)$ fini, on déduit du lemme 5.2.8 que p.s. $\theta_* = \theta_0$. Ceci implique que la suite des EMV admet p.s. un seul point d'accumulation θ_0. Elle est donc p.s. convergente et sa limite est θ_0. Ceci démontre donc le théorème. □

Remarque 5.2.10. Si la vraisemblance $p_n(\cdot, X_1^n)$ atteint son maximum en plusieurs points l'EMV n'est pas défini (condition 4 du théorème 5.2.9 non vérifiée). Les arguments de la démonstration ci-dessus assurent en fait que toute suite $(\hat{\theta}_n, n \geq 1)$, telle que la vraisemblance $p_n(\cdot, X_1^n)$ atteint son maximum en $\hat{\theta}_n$, admet p.s. un seul point d'accumulation qui est θ_0. La suite converge donc p.s. vers la vraie valeur θ_0. Ainsi, on peut étendre la définition de l'EMV à tout point de Θ tel que la vraisemblance soit maximale en ce point, et conserver les propriétés de convergence. ◊

Démonstration du lemme 5.2.8. Remarquons que pour $r \geq 0$, on a $\log r \leq r - 1$ avec égalité si et seulement si $r = 1$. Pour $y > 0$, $z \geq 0$, on a $y \log z - y \log y = y \log(z/y) \leq y\left(\frac{z}{y} - 1\right) = z - y$, avec égalité si et seulement si $z = y$. Avec la convention $0 \log 0 = 0$, on obtient que pour $y \geq 0$, $z \geq 0$

$$y \log z - y \log y \leq z - y, \tag{5.7}$$

avec égalité si et seulement si $y = z$. On a

$$\begin{aligned}
\mathcal{H}_p(p') - \mathcal{H}_p(p) &= \sum_{x \in E} p(x) \log p'(x) - \sum_{x \in E} p(x) \log p(x) \\
&= \sum_{x \in E} p(x) [\log p'(x) - \log p(x)] \\
&\leq \sum_{x \in E} p'(x) - p(x) \\
&= 0,
\end{aligned}$$

où l'on a utilisé le fait que $\sum_{x \in E} p(x) |\log p(x)| < \infty$ pour la deuxième égalité et (5.7) pour l'inégalité. Ainsi on a $\mathcal{H}_p(p') \leq \mathcal{H}_p(p)$. Enfin comme (5.7) n'est une égalité que si $y = z$, on en déduit que $\mathcal{H}_p(p') = \mathcal{H}_p(p)$ si et seulement si $p' = p$. □

5.3 Présentation générale de l'algorithme EM

On écrit $\mathbb{P}_\theta$ et $\mathbb{E}_\theta$ pour les probabilités et espérances calculées quand le vrai paramètre de la chaîne de Markov $((S_n, Y_n), n \geq 1)$ est $\theta = (a, b, \pi_0)$. Pour abréger les notations, on notera $S = S_1^N$, $s = s_1^N \in \mathcal{I}^N$, $Y = Y_1^N$ et $y = y_1^N \in \mathcal{X}$. La vraisemblance du modèle incomplet est définie par $p_N(\theta\,; y) = \mathbb{P}_\theta(Y = y)$. On a, en utilisant (5.1) et (5.2),

$$\begin{aligned}
p_N(\theta\,; y) &= \sum_{s \in \mathcal{I}^N} \mathbb{P}_\theta(Y = y | S = s) \mathbb{P}_\theta(S = s) \\
&= \sum_{s \in \mathcal{I}^N} \left(\prod_{n=1}^{N} b(s_n, y_n) \right) \pi_0(s_1) \prod_{n=2}^{N} a(s_{n-1}, s_n). \qquad (5.8)
\end{aligned}$$

La log-vraisemblance du modèle incomplet est $L_N(\theta\,; y) = \log p_N(\theta\,; y)$. Pour déterminer l'EMV de θ, il faut maximiser $p_N(\cdot\,; y)$ en $\theta = (a, b, \pi)$. Bien sûr, il faut tenir compte des contraintes suivantes : $\sum_{j \in \mathcal{I}} a(i, j) = 1$ pour tout $i \in \mathcal{I}$ (a est la matrice de transition d'une chaîne de Markov), $\sum_{x \in \mathcal{X}} b(i, x) = 1$ pour tout $i \in \mathcal{I}$ ($b(i, \cdot)$ est une probabilité) et $\sum_{i \in \mathcal{I}} \pi_0(i) = 1$ (π_0 est la loi de S_1). On choisit Θ', défini à la fin du paragraphe 5.1, pour l'ensemble des paramètres possibles de sorte que le modèle paramétrique soit identifiable.

L'existence et la convergence de l'EMV sont présentées au paragraphe 5.5, voir le théorème 5.5.2. Pour calculer numériquement l'EMV, remarquons qu'il faut maximiser $p_N(\theta\,; y)$, un polynôme de degré $2N$ à Card $(\mathcal{I}^2 \times (\mathcal{I} \times \mathcal{X}) \times \mathcal{I})$ variables sous 2Card $(\mathcal{I}) + 1$ contraintes linéaires libres. Pour des applications courantes, on ne peut pas espérer calculer numériquement l'EMV par des algorithmes classiques d'optimisation. On peut, en revanche, utiliser des algorithmes de recuit simulé (cf. [16] pour la détection de zones homogènes de l'ADN).

Pour une autre approche, on considère la vraisemblance du modèle complet définie par $p_N^{complet}(\theta\,; s, y) = \mathbb{P}_\theta(S = s, Y = y)$. On a

$$p_N^{complet}(\theta\,; s, y) = \pi_0(s_1) b(s_1, y_1) \prod_{n=2}^{N} a(s_{n-1}, s_n) b(s_n, y_n).$$

Nous verrons au paragraphe 5.4.2 que le calcul de l'EMV pour le modèle complet est élémentaire.

La loi conditionnelle de S sachant Y est donnée par

$$\pi_N(\theta\,; s|y) = \mathbb{P}_\theta(S = s|Y = y) = \frac{\mathbb{P}_\theta(S = s, Y = y)}{\mathbb{P}_\theta(Y = y)} = \frac{p_N^{complet}(\theta\,; s, y)}{p_N(\theta\,; y)}. \tag{5.9}$$

On écrit artificiellement la log-vraisemblance du modèle incomplet, calculée pour θ, avec la log-vraisemblance du modèle complet calculée pour θ' distinct de θ a priori. Comme $\sum_{s \in \mathcal{I}^N} \pi_N(\theta'\,; s|y) = 1$, on a

$$\begin{aligned}
&L_N(\theta\,; y) \\
&\quad = \log p_N(\theta\,; y) \\
&\quad = \sum_{s \in \mathcal{I}^N} \pi_N(\theta'\,; s|y) \log p_N(\theta\,; y) \\
&\quad = \sum_{s \in \mathcal{I}^N} \pi_N(\theta'\,; s|y) \log p_N^{complet}(\theta\,; s, y) - \sum_{s \in \mathcal{I}^N} \pi_N(\theta'\,; s|y) \log \pi_N(\theta\,; s|y),
\end{aligned}$$

où l'on a utilisé la définition (5.9) de $\pi_N(\theta\,; s|y)$ pour la dernière égalité. On pose, pour $y \in \mathcal{X}^N$,

$$Q(\theta, \theta') = \sum_{s \in \mathcal{I}^N} \pi_N(\theta'\,; s|y) \log p_N^{complet}(\theta\,; s, y),$$

et

$$\mathcal{H}_{\theta'}(\theta) = \sum_{s \in \mathcal{I}^N} \pi_N(\theta'\,; s|y) \log \pi_N(\theta\,; s|y).$$

On a donc

$$\boxed{L_N(\theta\,; y) = Q(\theta, \theta') - \mathcal{H}_{\theta'}(\theta).}$$

On établit le lemme suivant.

Lemme 5.3.1. *Soit θ' fixé. Soit θ^* le (ou un) paramètre qui maximise la fonction $\theta \to Q(\theta, \theta')$. Alors $L_N(\theta^*\,; y) \geq L_N(\theta'\,; y)$.*

Démonstration. On déduit du lemme 5.2.8 que $\mathcal{H}_{\theta'}(\theta^*) \leq \mathcal{H}_{\theta'}(\theta')$. Comme $Q(\theta^*, \theta') \geq Q(\theta', \theta')$, cela implique que $L_N(\theta^*\,; y) \geq L_N(\theta'\,; y)$. □

L'algorithme EM (Espérance Maximisation) consiste à construire par récurrence une suite de paramètres $(\theta^{(r)}, r \in \mathbb{N})$ de la manière suivante. $\theta^{(0)} \in \Theta'$ est choisi de manière quelconque. On suppose $\theta^{(r)}$ construit. On calcule $Q(\theta, \theta^{(r)})$. Il s'agit d'un calcul d'espérance (étape E). Puis, on choisit $\theta^{(r+1)}$ tel que la fonction $\theta \to Q(\theta, \theta^{(r)})$ atteigne son maximum en la valeur $\theta^{(r+1)}$. Il s'agit d'une maximisation (étape M). D'après le lemme précédent, la suite $(L_N(\theta^{(r)}; y), r \in \mathbb{N})$ est donc croissante.

Soit $\delta > 0$. On considère l'hypothèse suivante notée (H_δ) : *Pour tous* $i, j \in \mathcal{I}$ *et* $x \in \mathcal{X}$, *on a* $a(i,j) > \delta$, $b(i,x) > \delta$ *et* $\pi_0(i) > \delta$.

Soit Θ_δ l'ensemble des paramètres $\theta \in \Theta'$ qui vérifient la condition (H_δ). On suppose que l'on peut choisir δ assez petit pour que le vrai paramètre θ_0 soit dans Θ_δ. On admet le théorème suivant qui découle des résultats de [14].

Théorème 5.3.2. *La suite construite par l'algorithme EM dans* Θ_δ, $(\theta^{(r)}, r \in \mathbb{N})$, *converge vers l'EMV de* θ, $\hat{\theta}_N$, *dès que* $\theta^{(0)}$ *est assez proche de* $\hat{\theta}_N$.

Comme le souligne le théorème, la difficulté de l'algorithme EM réside dans le choix du point d'initialisation $\theta^{(0)}$. On peut démontrer, sous des hypothèses assez générales, que la suite générée par l'algorithme EM converge vers un point en lequel la dérivée de la log-vraisemblance s'annule. Il peut très bien s'agir d'un point selle ou d'un maximum local et non du maximum global $\hat{\theta}_N$. De plus l'algorithme EM converge mal si le point initial se trouve dans une région où la log-vraisemblance ne varie pas beaucoup. Il existe des procédures pour introduire de l'aléatoire dans les premières itérations de l'algorithme (variante stochastique (SEM) de l'algorithme EM) afin de s'affranchir de ces problèmes. On peut aussi utiliser l'algorithme EM avec plusieurs points d'initialisation. On pourra consulter [10] pour des résultats précis concernant ces questions.

Exemple 5.3.3. Les calculs explicites du paragraphe suivant permettent d'implémenter facilement l'algorithme EM pour l'estimation des paramètres et des variables cachées pour les chaînes de Markov cachées. On peut ainsi vérifier la pertinence de cet algorithme sur des simulations. On choisit un exemple avec des paramètres proches de ceux estimés dans l'exemple de la séquence d'ADN du bactériophage lambda (voir le paragraphe 5.7 pour les résultats numériques et plus particulièrement (5.22) pour la valeur des paramètres estimés). On considère une simulation $(s_1^{N_0}, y_1^{N_0})$ de la chaîne de Markov cachée $(S_1^{N_0}, Y_1^{N_0})$, avec $N_0 = 48\ 502$, $\mathcal{I} = \{+1, -1\}$, $\mathcal{X} = \{\mathtt{A}, \mathtt{C}, \mathtt{G}, \mathtt{T}\}$, et les paramètres suivants :

$$a = \begin{pmatrix} 0.9999\ 0.0001 \\ 0.0002\ 0.9998 \end{pmatrix}, \quad b = \begin{pmatrix} 0.246\ 0.248\ 0.298\ 0.208 \\ 0.270\ 0.208\ 0.198\ 0.324 \end{pmatrix} \quad \text{et} \quad \pi_0 = (1, 0).$$

Après 1 000 itérations de l'algorithme EM, initialisé avec

$$a^{(0)} = \begin{pmatrix} 0.28\ 0.72 \\ 0.19\ 0.81 \end{pmatrix}, \quad b^{(0)} = \begin{pmatrix} 0.21\ 0.36\ 0.37\ 0.06 \\ 0.27\ 0.27\ 0.26\ 0.20 \end{pmatrix} \quad \text{et} \quad \pi_0^{(0)} = (0.5, 0.5), \tag{5.10}$$

on obtient l'estimation suivante des paramètres a et b :

$$a \simeq \begin{pmatrix} 0.99988 \; 0.00012 \\ 0.00015 \; 0.99985 \end{pmatrix}, \quad b \simeq \begin{pmatrix} 0.2456 \; 0.2505 \; 0.2946 \; 0.2096 \\ 0.2723 \; 0.2081 \; 0.1952 \; 0.3244 \end{pmatrix}.$$

Cette estimation dépend assez peu du point de départ pourvu que les termes diagonaux de $a^{(0)}$ ne soient pas simultanément trop petits. Dans la Fig. 5.2, on présente les valeurs de la simulation $s_1^{N_0}$ et les valeurs restaurées $(\mathbb{P}(S_n = +1 | Y_1^{N_0} = y_1^{N_0}), n \in \{1, \ldots, N_0\})$. La figure 5.3 (resp. 5.4) présente l'évolution au cours des itérations de l'algorithme EM, des coefficients diagonaux de a (resp. des coefficients de b). On constate que les estimations sont constantes après un petit nombre (devant N_0) d'itérations, et que les valeurs numériques estimées sont proches des vraies valeurs des paramètres. $\diamondsuit$

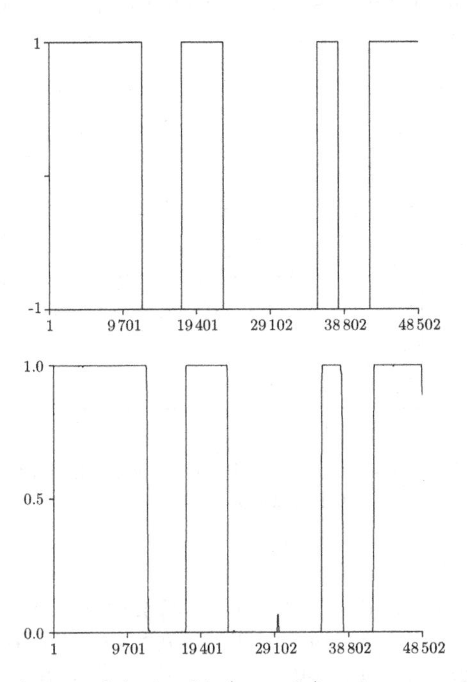

Fig. 5.2. Valeur des états cachés simulés $(n \to S_n)$ en haut et valeur des probabilités estimées de l'état caché $+1$ $(n \to \mathbb{P}(S_n = +1 | Y_1^{N_0} = y_1^{N_0}))$ en bas

5.4 Mise en œuvre de l'algorithme EM

5.4.1 L'étape espérance : étape E

On suppose construit $\theta^{(r)}$. On désire construire $\theta^{(r+1)}$. Pour cela, il faut calculer $Q(\theta\,; \theta^{(r)})$. Soit $\theta, \theta' \in \Theta_\delta$. On note $\theta = (a, b, \pi_0)$ et $\theta' = (a', b', \pi_0')$. On rappelle que $\mathbb{P}_{\theta'}$ et $\mathbb{E}_{\theta'}$ désignent les probabilités et espérances quand le vrai

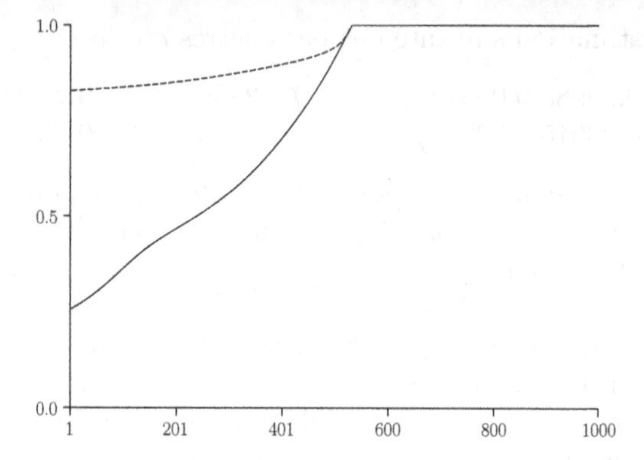

Fig. 5.3. Évolution de l'estimation des termes diagonaux de la matrice de transition des états cachés en fonction des itérations, obtenue pour 1 000 itérations

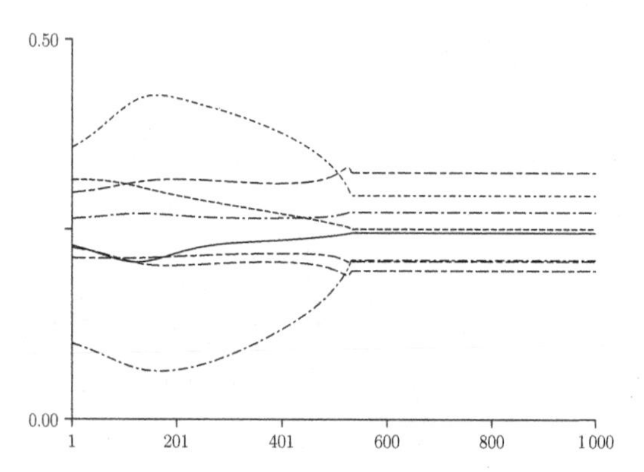

Fig. 5.4. Évolution de l'estimation des termes de la matrice b en fonction des itérations, obtenue pour 1 000 itérations

paramètre de la chaîne de Markov $((S_n, Y_n), n \geq 1)$ est θ'. Comme $\theta' \in \Theta_\delta$, remarquons que toutes les probabilités de transition sont strictement positives. En particulier, pour tous $n \geq 1$, $s_1^n \in \mathcal{I}^n$, $y_1^n \in \mathcal{X}^n$, $\mathbb{P}_{\theta'}(S_1^n = s_1^n, Y_1^n = y_1^n) > 0$.

Avec les notations du paragraphe précédent, on calcule $Q(\theta, \theta')$ pour $y \in \mathcal{X}^N$:

$$\begin{aligned}
Q(\theta, \theta') &= \sum_{s \in \mathcal{I}^N} \pi_N(\theta'\,; s|y) \log p_N^{complet}(\theta\,; s, y) \\
&= \mathbb{E}_{\theta'}[\log p_N^{complet}(\theta\,; S, y)|Y = y] \\
&= \mathbb{E}_{\theta'}\left[\log\left(\pi_0(S_1) b(S_1, y_1) \prod_{n=2}^{N} a(S_{n-1}, S_n) b(S_n, y_n)\right) \middle| Y = y \right]
\end{aligned}$$

$$= \mathbb{E}_{\theta'}[\log \pi_0(S_1)|Y = y] + \mathbb{E}_{\theta'}[\log b(S_1, y_1)|Y = y] + \sum_{n=2}^{N} \mathbb{E}_{\theta'}[\log a(S_{n-1}, S_n)|Y = y] + \sum_{n=2}^{N} \mathbb{E}_{\theta'}[\log b(S_n, y_n)|Y = y]$$

$$= \sum_{i \in \mathcal{I}} \mathbb{P}_{\theta'}(S_1 = i|Y = y) \log \pi_0(i) + \sum_{n=1}^{N} \sum_{i \in \mathcal{I}} \mathbb{P}_{\theta'}(S_n = i|Y = y) \log b(i, y_n) + \sum_{n=2}^{N} \sum_{i,j \in \mathcal{I}} \mathbb{P}_{\theta'}(S_{n-1} = i, S_n = j|Y = y) \log a(i, j).$$

Nous devons donc calculer, pour la chaîne de Markov de paramètre θ', les probabilités $\mathbb{P}_{\theta'}(S_{n-1} = i, S_n = j|Y = y)$ pour $2 \leq n \leq N$ et $\mathbb{P}_{\theta'}(S_n = i|Y = y)$ pour $1 \leq n \leq N$. Pour résoudre ce problème, appelé problème de **filtrage**, on effectue les étapes suivantes :

1. Prédire la valeur de S_n connaissant les observations partielles jusqu'à l'instant $n - 1$. Il s'agit de la prévision.
2. Estimer la valeur de S_n connaissant les observations partielles jusqu'à l'instant n. Il s'agit du filtrage.
3. Estimer la valeur de S_n connaissant les observations partielles jusqu'à l'instant final N. Il s'agit du lissage.

Lemme 5.4.1 (Prévision). *On a, pour* $n \geq 2$, $y_1^{n-1} \in \mathcal{X}^{n-1}$,

$$\mathbb{P}_{\theta'}(S_n = i|Y_1^{n-1} = y_1^{n-1}) = \sum_{j \in \mathcal{I}} a'(j, i) \mathbb{P}_{\theta'}(S_{n-1} = j|Y_1^{n-1} = y_1^{n-1}).$$

Démonstration. On décompose suivant les valeurs de S_1^{n-1} :

$$\begin{aligned}
\mathbb{P}_{\theta'}(S_n = i|Y_1^{n-1} = y_1^{n-1}) &= \sum_{s_1^{n-1} \in \mathcal{I}^{n-1}} \mathbb{P}_{\theta'}(S_n = i, S_1^{n-1} = s_1^{n-1}|Y_1^{n-1} = y_1^{n-1}) \\
&= \sum_{s_1^{n-1} \in \mathcal{I}^{n-1}} \mathbb{P}_{\theta'}(S_n = i|S_1^{n-1} = s_1^{n-1}, Y_1^{n-1} = y_1^{n-1}) \\
&\qquad \mathbb{P}_{\theta'}(S_1^{n-1} = s_1^{n-1}|Y_1^{n-1} = y_1^{n-1}) \\
&= \sum_{s_1^{n-1} \in \mathcal{I}^{n-1}} a'(s_{n-1}, i) \mathbb{P}_{\theta'}(S_1^{n-1} = s_1^{n-1}|Y_1^{n-1} = y_1^{n-1}) \\
&= \sum_{s_{n-1} \in \mathcal{I}} a'(s_{n-1}, i) \mathbb{P}_{\theta'}(S_{n-1} = s_{n-1}|Y_1^{n-1} = y_1^{n-1}),
\end{aligned}$$

où l'on a utilisé le lemme 5.1.1 pour la troisième égalité. □

Lemme 5.4.2 (Filtrage). *On a, pour $n \geq 1$, $y_1^n \in \mathcal{X}^n$,*

$$\mathbb{P}_{\theta'}(S_n = i | Y_1^n = y_1^n) = \frac{b'(i, y_n)\mathbb{P}_{\theta'}(S_n = i | Y_1^{n-1} = y_1^{n-1})}{\sum_{j \in \mathcal{I}} b'(j, y_n)\mathbb{P}_{\theta'}(S_n = j | Y_1^{n-1} = y_1^{n-1})}.$$

Remarquons que les termes de prévision à l'instant n s'écrivent en fonction des termes de filtrage à l'instant $n-1$. Ces derniers s'écrivent en fonction des termes de prévision à l'instant $n-1$. On en déduit que l'on peut donc calculer les termes de prévision et de filtrage à l'instant n en fonction de a', b' et $\mathbb{P}_{\theta'}(S_1 = i | Y_1 = y_1)$. Or d'après la formule de Bayes, on a

$$\mathbb{P}_{\theta'}(S_1 = i | Y_1 = y_1) = \frac{\mathbb{P}_{\theta'}(S_1 = i, Y_1 = y_1)}{\sum_{j \in \mathcal{I}} \mathbb{P}_{\theta'}(S_1 = j, Y_1 = y_1)} = \frac{b'(i, y_1)\pi_0'(i)}{\sum_{j \in \mathcal{I}} b'(j, y_1)\pi_0'(j)}.$$

On en déduit donc que l'on peut exprimer les termes de prévision et de filtrage en fonction de $\theta' = (a', b', \pi_0')$.

Avant de détailler la démonstration du lemme 5.4.2, nous démontrons un résultat technique intermédiaire.

Lemme 5.4.3. *Soit $\theta \in \Theta$. Soit $m \geq 0$, $n \geq 2$, $y_n^{n+m+1} \in \mathcal{X}^{m+1}$, $s_k \in \mathcal{I}$ et $J_n = \{(S_1^{n-1}, Y_1^{n-1}) \in B\}$, où $B \subset (\mathcal{I} \times \mathcal{X})^{n-1}$. Si $\mathbb{P}_\theta(S_n = s_n, J_n) > 0$, alors on a*

$$\mathbb{P}_\theta(Y_n^{n+m} = y_n^{n+m} | S_n = s_n, J_n) = \mathbb{P}_\theta(Y_n^{n+m} = y_n^{n+m} | S_n = s_n),$$

et si $\mathbb{P}_\theta(Y_n^{n+m} = y_n^{n+m}, S_n = s_n, J_n) > 0$

$$\begin{aligned}\mathbb{P}_\theta(Y_{n+m+1} &= y_{n+m+1} | Y_n^{n+m} = y_n^{n+m}, S_n = s_n, J_n) \\ &= \mathbb{P}_\theta(Y_{n+m+1} = y_{n+m+1} | Y_n^{n+m} = y_n^{n+m}, S_n = s_n).\end{aligned}$$

Démonstration. On calcule dans un premier temps $\mathbb{P}_\theta(Y_n = y_n | S_n = s_n, J_n)$. En décomposant suivant les valeurs possibles de (S_1^{n-1}, Y_1^{n-1}), il vient

$$\begin{aligned}\mathbb{P}_\theta(Y_n = y_n, S_n = s_n, J_n) &= \sum_{(s_1^{n-1}, y_1^{n-1}) \in B} \mathbb{P}_\theta(S_1^n = s_1^n, Y_1^n = y_1^n) \\ &= \sum_{(s_1^{n-1}, y_1^{n-1}) \in B} \pi_0(s_1)b(s_1, y_1) \prod_{k=2}^{n} a(s_{k-1}, s_k)b(s_k, y_k),\end{aligned}$$

où l'on a utilisé pour la dernière égalité le fait que $((S_k, Y_k), k \geq 1)$ est une chaîne de Markov, cf. le lemme 5.1.1, de loi initiale $\mathbb{P}_\theta(S_1 = s_1, Y_1 = y_1) = \mathbb{P}_\theta(Y_1 = y_1 | S_1 = s_1)\mathbb{P}_\theta(S_1 = s_1) = \pi_0(s_1)b(s_1, y_1)$. En sommant sur $y_n \in \mathcal{X}$, on en déduit que

$$\begin{aligned}&\mathbb{P}_\theta(S_n = s_n, J_n) \\ &= \sum_{(s_1^{n-1}, y_1^{n-1}) \in B} \pi_0(s_1)b(s_1, y_1) \left[\prod_{k=2}^{n-1} a(s_{k-1}, s_k)b(s_k, y_k)\right] a(s_{n-1}, s_n),\end{aligned}$$

et donc si $\mathbb{P}_\theta(S_n = s_n, J_n) > 0$,

$$\mathbb{P}_\theta(Y_n = y_n | S_n = s_n, J_n) = b(s_n, y_n) = \mathbb{P}_\theta(Y_n = y_n | S_n = s_n).$$

On suppose $m \geq 1$. On a alors

$$\begin{aligned}
&\mathbb{P}_\theta(Y_n^{n+m} = y_n^{n+m} | S_n = s_n, J_n) \\
&\quad = \mathbb{P}_\theta(Y_{n+1}^{n+m} = y_{n+1}^{n+m} | S_n = s_n, Y_n = y_n, J_n) \mathbb{P}_\theta(Y_n = y_n | S_n = s_n, J_n) \\
&\quad = \mathbb{P}_\theta(Y_{n+1}^{n+m} = y_{n+1}^{n+m} | S_n = s_n, Y_n = y_n) \mathbb{P}_\theta(Y_n = y_n | S_n = s_n, J_n) \\
&\quad = \mathbb{P}_\theta(Y_{n+1}^{n+m} = y_{n+1}^{n+m} | S_n = s_n, Y_n = y_n) \mathbb{P}_\theta(Y_n = y_n | S_n = s_n) \\
&\quad = \mathbb{P}_\theta(Y_n^{n+m} = y_n^{n+m} | S_n = s_n),
\end{aligned}$$

où on utilise la formule de décomposition des probabilités conditionnelles pour les première et dernière égalités, et la proposition 1.1.7 pour la chaîne de Markov $((S_k, Y_k), k \geq 1)$ avec $I_n = \{(S_{n+1}^{n+m}, Y_{n+1}^{n+m}) \in \mathcal{I}^m \times \{y_{n+1}^{n+m}\}\}$ pour la deuxième égalité. Ceci démontre la première égalité du lemme.

Remarquons, que grâce à la définition des probabilités conditionnelles, on a si $\mathbb{P}_\theta(Y_n^{n+m} = y_n^{n+m}, S_n = s_n, J_n) > 0$,

$$\begin{aligned}
\mathbb{P}_\theta(Y_{n+m+1} &= y_{n+m+1} | Y_n^{n+m} = y_n^{n+m}, S_n = s_n, J_n) \\
&= \frac{\mathbb{P}_\theta(Y_n^{n+m+1} = y_n^{n+m+1} | S_n = s_n, J_n)}{\mathbb{P}_\theta(Y_n^{n+m} = y_n^{n+m} | S_n = s_n, J_n)} \\
&= \frac{\mathbb{P}_\theta(Y_n^{n+m+1} = y_n^{n+m+1} | S_n = s_n)}{\mathbb{P}_\theta(Y_n^{n+m} = y_n^{n+m} | S_n = s_n)} \\
&= \mathbb{P}_\theta(Y_{n+m+1} = y_{n+m+1} | Y_n^{n+m} = y_n^{n+m}, S_n = s_n),
\end{aligned}$$

où l'on a utilisé la première égalité du lemme deux fois pour obtenir l'avant-dernière égalité. Ceci termine la démonstration du lemme. □

Démonstration du lemme 5.4.2. On a

$$\begin{aligned}
&\mathbb{P}_{\theta'}(S_n = i | Y_1^n = y_1^n) \\
&\quad = \frac{\mathbb{P}_{\theta'}(Y_1^{n-1} = y_1^{n-1}, S_n = i, Y_n = y_n)}{\mathbb{P}_{\theta'}(Y_1^{n-1} = y_1^{n-1}, Y_n = y_n)} \\
&\quad = \frac{\mathbb{P}_{\theta'}(Y_1^{n-1} = y_1^{n-1}, S_n = i, Y_n = y_n)}{\sum_{j \in \mathcal{I}} \mathbb{P}_{\theta'}(Y_1^{n-1} = y_1^{n-1}, S_n = j, Y_n = y_n)} \\
&\quad = \frac{\mathbb{P}_{\theta'}(Y_n = y_n | Y_1^{n-1} = y_1^{n-1}, S_n = i) \mathbb{P}_{\theta'}(Y_1^{n-1} = y_1^{n-1}, S_n = i)}{\sum_{j \in \mathcal{I}} \mathbb{P}_{\theta'}(Y_n = y_n | Y_1^{n-1} = y_1^{n-1}, S_n = j) \mathbb{P}_{\theta'}(Y_1^{n-1} = y_1^{n-1}, S_n = j)} \\
&\quad = \frac{\mathbb{P}_{\theta'}(Y_n = y_n | S_n = i) \mathbb{P}_{\theta'}(S_n = i | Y_1^{n-1} = y_1^{n-1})}{\sum_{j \in \mathcal{I}} \mathbb{P}_{\theta'}(Y_n = y_n | S_n = j) \mathbb{P}_{\theta'}(S_n = j | Y_1^{n-1} = y_1^{n-1})} \\
&\quad = \frac{b'(i, y_n) \mathbb{P}_{\theta'}(S_n = i | Y_1^{n-1} = y_1^{n-1})}{\sum_{j \in \mathcal{I}} b'(j, y_n) \mathbb{P}_{\theta'}(S_n = j | Y_1^{n-1} = y_1^{n-1})},
\end{aligned}$$

où l'on a utilisé la première égalité du lemme 5.4.3 (avec $m = 0$) pour la quatrième égalité. □

Lemme 5.4.4 (Lissage). *On a, pour* $2 \leq n \leq N$, $y_1^N \in \mathcal{X}^N$,

$$\mathbb{P}_{\theta'}(S_{n-1} = i, S_n = j | Y_1^N = y_1^N) \\ = a'(i,j) \frac{\mathbb{P}_{\theta'}(S_{n-1} = i | Y_1^{n-1} = y_1^{n-1})}{\mathbb{P}_{\theta'}(S_n = j | Y_1^{n-1} = y_1^{n-1})} \mathbb{P}_{\theta'}(S_n = j | Y_1^N = y_1^N),$$

et, pour $1 \leq n \leq N-1$, $y_1^N \in \mathcal{X}^N$,

$$\mathbb{P}_{\theta'}(S_n = j | Y_1^N = y_1^N) \\ = \sum_{l \in \mathcal{I}} a'(j,l) \frac{\mathbb{P}_{\theta'}(S_n = j | Y_1^n = y_1^n)}{\mathbb{P}_{\theta'}(S_{n+1} = l | Y_1^n = y_1^n)} \mathbb{P}_{\theta'}(S_{n+1} = l | Y_1^N = y_1^N).$$

Démonstration. Soit $2 \leq n \leq N$. En utilisant la première égalité du lemme 5.4.3 avec $n + m = N$, il vient

$$\mathbb{P}_{\theta'}(S_{n-1} = i, S_n = j, Y_1^N = y_1^N) \\ = \mathbb{P}_{\theta'}(Y_n^N = y_n^N | S_{n-1} = i, S_n = j, Y_1^{n-1} = y_1^{n-1}) \\ \mathbb{P}_{\theta'}(S_{n-1} = i, S_n = j, Y_1^{n-1} = y_1^{n-1}) \\ = \mathbb{P}_{\theta'}(Y_n^N = y_n^N | S_n = j) \mathbb{P}_{\theta'}(S_{n-1} = i, S_n = j, Y_1^{n-1} = y_1^{n-1}).$$

On a aussi

$$\mathbb{P}_{\theta'}(S_n = j, Y_1^N = y_1^N) = \mathbb{P}_{\theta'}(Y_n^N = y_n^N | S_n = j) \mathbb{P}_{\theta'}(S_n = j, Y_1^{n-1} = y_1^{n-1}).$$

En particulier, en faisant le rapport de ces deux égalités, on obtient

$$\mathbb{P}_{\theta'}(S_{n-1} = i | S_n = j, Y_1^N = y_1^N) \\ = \frac{\mathbb{P}_{\theta'}(S_n = j, S_{n-1} = i, Y_1^{n-1} = y_1^{n-1})}{\mathbb{P}_{\theta'}(S_n = j, Y_1^{n-1} = y_1^{n-1})} \\ = \frac{\mathbb{P}_{\theta'}(S_n = j | S_{n-1} = i, Y_1^{n-1} = y_1^{n-1}) \mathbb{P}_{\theta'}(S_{n-1} = i | Y_1^{n-1} = y_1^{n-1})}{\mathbb{P}_{\theta'}(S_n = j | Y_1^{n-1} = y_1^{n-1})}.$$

En utilisant la proposition 1.1.7 pour la chaîne de Markov $((S_n, Y_n), n \geq 1)$ et le lemme 5.1.1, il vient

$$\begin{aligned}
\mathbb{P}_{\theta'}(S_n = j | S_{n-1} = i, Y_1^{n-1} = y_1^{n-1}) \\
&= \sum_{x \in \mathcal{X}} \mathbb{P}_{\theta'}(S_n = j, Y_n = x | S_{n-1} = i, Y_1^{n-1} = y_1^{n-1}) \\
&= \sum_{x \in \mathcal{X}} \mathbb{P}_{\theta'}(S_n = j, Y_n = x | S_{n-1} = i, Y_{n-1} = y_{n-1}) \\
&= \sum_{x \in \mathcal{X}} a'(i,j) b'(j,x) \\
&= a'(i,j).
\end{aligned}$$

On en déduit

$$\mathbb{P}_{\theta'}(S_{n-1} = i | S_n = j, Y_1^N = y_1^N) = a'(i,j) \frac{\mathbb{P}_{\theta'}(S_{n-1} = i | Y_1^{n-1} = y_1^{n-1})}{\mathbb{P}_{\theta'}(S_n = j | Y_1^{n-1} = y_1^{n-1})}.$$

On calcule maintenant $\mathbb{P}_{\theta'}(S_{n-1} = i, S_n = j | Y_1^N = y_1^N)$. On déduit de l'égalité précédente que

$$\begin{aligned}
\mathbb{P}_{\theta'}(S_{n-1} = i, S_n = j | Y_1^N = y_1^N) \\
&= \mathbb{P}_{\theta'}(S_{n-1} = i | S_n = j, Y_1^N = y_1^N) \mathbb{P}_{\theta'}(S_n = j | Y_1^N = y_1^N) \\
&= a'(i,j) \frac{\mathbb{P}_{\theta'}(S_{n-1} = i | Y_1^{n-1} = y_1^{n-1})}{\mathbb{P}_{\theta'}(S_n = j | Y_1^{n-1} = y_1^{n-1})} \mathbb{P}_{\theta'}(S_n = j | Y_1^N = y_1^N).
\end{aligned}$$

Il reste à calculer $\mathbb{P}_{\theta'}(S_n = j | Y_1^N = y_1^N)$. On déduit de l'égalité précédente, en remplaçant n par $n+1$, que, pour $1 \leq n \leq N-1$,

$$\begin{aligned}
\mathbb{P}_{\theta'}(S_n = j | Y_1^N = y_1^N) \\
&= \sum_{l \in \mathcal{I}} \mathbb{P}_{\theta'}(S_n = j, S_{n+1} = l | Y_1^N = y_1^N) \\
&= \sum_{l \in \mathcal{I}} a'(j,l) \frac{\mathbb{P}_{\theta'}(S_n = j | Y_1^n = y_1^n)}{\mathbb{P}_{\theta'}(S_{n+1} = l | Y_1^n = y_1^n)} \mathbb{P}_{\theta'}(S_{n+1} = l | Y_1^N = y_1^N).
\end{aligned}$$

□

Remarquons que le calcul de $\mathbb{P}_{\theta'}(S_N = j | Y_1^N = y_1^N)$ provient des équations de filtrage et de prévision. Son calcul nécessite le parcours complet de la suite $y = y_1^N$. À partir de cette quantité, on déduit des équations de lissage que l'on peut calculer par récurrence descendante $\mathbb{P}_{\theta'}(S_n = j | Y_1^N = y_1^N)$ (on part donc de $n = N$). Et parallèlement, on peut calculer les quantités $\mathbb{P}_{\theta'}(S_{n-1} = i, S_n = j | Y_1^N = y_1^N)$. Ces calculs nécessitent le parcours complet de la suite $y = y_1^N$ de 1 à N puis de N à 1. On fait référence à ces calculs sous le nom d'algorithme « forward-backward ». On a ainsi calculé les coefficients de $Q(\theta, \theta')$ qui sont fonction de $\theta' = (a', b', \pi_0')$.

5.4.2 L'étape maximisation : étape M

On recherche $\theta = (a, b, \pi_0)$ qui maximise $Q(\theta, \theta')$ à y et θ' fixés. On maximise la quantité $Q(\theta, \theta')$ définie par

$$\sum_{i \in \mathcal{I}} \mathbb{P}_{\theta'}(S_1 = i | Y = y) \log \pi_0(i) + \sum_{n=1}^{N} \sum_{i \in \mathcal{I}} \mathbb{P}_{\theta'}(S_n = i | Y = y) \log b(i, y_n)$$
$$+ \sum_{n=2}^{N} \sum_{i,j \in \mathcal{I}} \mathbb{P}_{\theta'}(S_{n-1} = i, S_n = j | Y = y) \log a(i, j),$$

sous les contraintes que $(\pi_0(j), j \in \mathcal{I})$ est une probabilité, de même que $(b(i, x), x \in \mathcal{X})$ et $(a(i, j), j \in \mathcal{I})$ pour tout $i \in \mathcal{I}$. On remarque que l'on peut maximiser séparément les sommes correspondant à chacune des contraintes précédentes. Considérons par exemple la somme intervenant dans $Q(\theta, \theta')$ qui fait intervenir les termes $b(i, x)$ pour $x \in \mathcal{X}$ et i fixé :

$$\sum_{n=1}^{N} \mathbb{P}_{\theta'}(S_n = i | Y = y) \log b(i, y_n).$$

On peut récrire cette somme de la manière suivante $\sum_{x \in \mathcal{X}} q(x) \log b(i, x)$ où

$$q(x) = \sum_{n=1}^{N} \mathbf{1}_{\{y_n = x\}} \mathbb{P}_{\theta'}(S_n = i | Y = y).$$

Remarquons que la probabilité $(b(i, x), x \in \mathcal{X})$ maximise $\sum_{x \in \mathcal{X}} q(x) \log b(i, x)$ si et seulement si elle maximise la somme $\sum_{x \in \mathcal{X}} p(x) \log b(i, x)$, où $p(x) = q(x) / \sum_{z \in \mathcal{X}} q(z)$. La suite $p = (p(x), x \in \mathcal{X})$ définit une probabilité sur $\mathcal{X}$. On déduit du lemme 5.2.8 que la somme est maximale pour $b(i, \cdot) = p$. On peut utiliser des arguments similaires pour calculer a et π_0. En définitive, on en déduit que $Q(\theta, \theta')$ est maximal pour $\theta = (a, b, \pi_0)$ défini pour $i, j \in \mathcal{I}, x \in \mathcal{X}$ par

$$\begin{aligned}
b(i, x) &= \frac{\sum_{n=1}^{N} \mathbf{1}_{\{y_n = x\}} \mathbb{P}_{\theta'}(S_n = i | Y = y)}{\sum_{n=1}^{N} \mathbb{P}_{\theta'}(S_n = i | Y = y)}, \\
a(i, j) &= \frac{\sum_{n=2}^{N} \mathbb{P}_{\theta'}(S_{n-1} = i, S_n = j | Y = y)}{\sum_{l \in \mathcal{I}} \sum_{n=2}^{N} \mathbb{P}_{\theta'}(S_{n-1} = i, S_n = l | Y = y)} \\
&= \frac{\sum_{n=2}^{N} \mathbb{P}_{\theta'}(S_{n-1} = i, S_n = j | Y = y)}{\sum_{n=1}^{N-1} \mathbb{P}_{\theta'}(S_{n-1} = i | Y = y)}, \\
\pi_0(i) &= \mathbb{P}_{\theta'}(S_1 = i | Y = y).
\end{aligned}$$

Ceci termine l'étape M.

5.5 Convergence de l'EMV pour les chaînes de Markov cachées

Le théorème 5.3.2 assure, sous certaines hypothèses, la convergence de la suite construite avec l'algorithme EM vers l'EMV de θ. Dans ce paragraphe nous indiquons les arguments qui permettent de montrer que l'EMV est un estimateur convergent pour le modèle de chaîne de Markov cachée présenté au paragraphe 5.1. Ces arguments sont similaires à ceux employés dans le paragraphe 5.2, pour la convergence de l'EMV dans le modèle paramétrique où les variables $(X_n, n \geq 1)$ sont indépendantes et de même loi.

On reprend les notations du paragraphe 5.3. La log-vraisemblance des données observées pour un échantillon de taille N est, pour $y \in \mathcal{X}^N$,

$$L_N(\theta\,; y) = \log p_N(\theta\,; y).$$

On introduit les probabilités conditionnelles suivantes pour $k \geq 2$:

$$p(\theta\,; y_k | y_1^{k-1}) = \mathbb{P}_\theta(Y_k = y_k | Y_1^{k-1} = y_1^{k-1}) = \frac{p_k(\theta\,; y_1^k)}{p_{k-1}(\theta\,; y_1^{k-1})}.$$

Comme $p_N(\theta\,; y) = \prod_{k=1}^n p(\theta\,; y_k|y_1^{k-1})$, avec la convention $p(\theta\,; y_k|y_1^{k-1}) = p(\theta\,; y_1)$ si $k = 1$, on peut alors récrire la log-vraisemblance de la manière suivante :

$$L_N(\theta\,; y) = \sum_{k=1}^N \log p(\theta\,; y_k | y_1^{k-1}).$$

(Comparer cette expression avec celle de (5.4), concernant un modèle paramétrique de variables aléatoires indépendantes et de même loi.) Remarquons que par construction, voir (5.8), la log-vraisemblance est une fonction continue sur Θ_δ, l'espace des paramètres décrit page 134.

Avant de démontrer la proposition suivante (cf. théorème 3.1 dans [1]), nous indiquons comment elle implique la convergence de l'EMV.

Proposition 5.5.1. *Soit $\theta_0 \in \Theta_\delta$ le vrai paramètre. Alors pour tout $\theta \in \Theta_\delta$, on a*

$$\frac{1}{N} L_N(\theta\,; Y_1^N) \xrightarrow[N \to +\infty]{p.s.} \mathcal{H}_{\theta_0}(\theta),$$

où la fonction $\mathcal{H}_{\theta_0}$ est continue. De plus si $\theta \neq \theta_0$, alors on a $\mathcal{H}_{\theta_0}(\theta) < \mathcal{H}_{\theta_0}(\theta_0)$.

Quand l'EMV existe, il est défini par

$$\hat{\theta}_N = \underset{\theta \in \Theta_\delta}{\operatorname{argmax}} \; \frac{1}{N} L_N(\theta\,; Y_1^N). \tag{5.11}$$

D'après la proposition précédente,

$$\theta_0 = \underset{\theta \in \Theta_\delta}{\operatorname{argmax}} \ \mathcal{H}_{\theta_0}(\theta),$$

et $\mathcal{H}_{\theta_0}(\theta)$ est la limite p.s. de $\frac{1}{N} L_N(\theta\,; Y_1^N)$. Vu le paragraphe 5.2.2, et plus particulièrement le théorème 5.2.9, il est naturel de penser que l'EMV est un estimateur convergent.

Le résultat qui suit est démontré par exemple dans [1] (théorème 3.4) :

Théorème 5.5.2. *Soit $\theta_0 \in \Theta_\delta$ le vrai paramètre. Pour N assez grand, l'EMV, $\hat{\theta}_N$, de $\theta \in \Theta_\delta$ est bien défini. De plus l'EMV est convergent :*

$$\hat{\theta}_N \xrightarrow[N \to +\infty]{p.s.} \theta_0.$$

Sous des hypothèses supplémentaires sur le modèle, difficiles à vérifier en pratique, on peut montrer que l'EMV est également asymptotiquement normal (voir [1]).

Le reste du paragraphe est consacré aux éléments de démonstration de la proposition 5.5.1, qui incluent une cascade de lemmes.

Démonstration de la proposition 5.5.1. Soit θ le paramètre de la chaîne de Markov $((S_n, Y_n), n \in \mathbb{N}^*)$. Grâce à (H_δ), la chaîne de Markov est irréductible. Comme l'espace d'état est fini, elle possède une unique probabilité invariante, μ_θ, d'après la remarque 1.5.7.

On continue la démonstration sous l'hypothèse que (S_1, Y_1) a pour loi μ_θ. Pour tout $n \geq 1$, (S_n, Y_n) a pour loi μ_θ, et plus généralement, pour tout $k \in \mathbb{N}^*$, les suites $((S_{n+k}, Y_{n+k}), n \geq -k)$ ont même loi, c'est-à-dire que pour tous $m, k \in \mathbb{N}^*$, les suites $((S_{n+k}, Y_{n+k}), m \geq n \geq -k)$ ont même loi. Le théorème d'extension de Kolmogorov (voir [3], appendice II) permet d'une certaine manière de passer à la limite $k \to \infty$, et plus précisément de construire une suite $Z = (Z_n, n \in \mathbb{Z})$ telle que pour tout $k \in \mathbb{N}^*$, la suite $(Z_{n+k}, n \geq 0)$ est une chaîne de Markov issue de μ_θ et de même loi que $((S_n, Y_n), n \in \mathbb{N}^*)$ (i.e. même loi initiale et même matrice de transition). En particulier, la loi de Z_n est la loi invariante μ_θ. Par abus de notation, on écrit $Z_n = (S_n, Y_n)$ pour $n \in \mathbb{Z}$. Soit $y = (\ldots, y_{-1}, y_0) \in \mathcal{X}^{-\mathbb{N}}$. Pour tout $n \in \mathbb{N}^*$, on définit la fonction

$$g_n(\theta\,; y) = \mathbb{P}_\theta(Y_0 = y_0 | Y_{-n}^{-1} = y_{-n}^{-1}),$$

où $\theta \in \Theta_\delta$ est le paramètre de la loi de Z. Le lemme suivant, dont la démonstration est reportée à la suite de celle-ci, assure que pour $n > 0$ grand, l'information supplémentaire donnée par $Y_{-(n+1)} = y_{-(n+1)}$ a peu d'influence sur la connaissance de Y_0 quand on connaît déjà Y_{-n}^{-1}.

Lemme 5.5.3. *Il existe $\rho \in [0, 1[$ tel que pour tous $\theta \in \Theta_\delta$, $y \in \mathcal{X}^{-\mathbb{N}}$, $n \in \mathbb{N}^*$, on a*

$$|g_n(\theta\,; y) - g_{n+1}(\theta\,; y)| \leq \rho^{n-1}.$$

De plus les fonctions g_n sont uniformément minorées par une constante $c > 0$.

On déduit de ce lemme que la suite de fonctions $(g_n, n \geq 1)$ converge uniformément en $y \in \mathcal{X}^{-\mathbb{N}}$, $\theta \in \Theta_\delta$ vers une limite g. Les fonctions g_n étant continues en θ à valeurs dans $[c, 1]$, on en déduit que la fonction g est continue en θ, à valeurs dans $[c, 1]$.

La fin de la démonstration de la proposition est scindée en trois étapes : dans la première on construit la fonction $\mathcal{H}_{\theta_0}$, dans la deuxième on vérifie la convergence énoncée dans la proposition, enfin dans la dernière étape on montre que la fonction $\mathcal{H}_{\theta_0}$ atteint son maximum en θ_0.

Première étape. Remarquons que $g_n(\theta\,; (Y_r, r \leq k))$ est en fait une fonction de Y_{k-n}^k et donc une fonction de Z_{k-n}^k que l'on note $\exp f_n$:

$$\log g_n(\theta\,; (Y_r, r \leq k)) = f_n(Z_{k-n}^k). \tag{5.12}$$

Comme $g_n \in [c, 1]$, on en déduit que les fonctions f_n sont bornées et négatives. Comme $(Z_{k-n}, k \geq 0)$ est une chaîne de Markov irréductible de probabilité invariante μ_{θ_0}, on déduit du lemme 1.5.10 que $(Z_{k-n}^k, k \geq 0)$ est une chaîne de Markov irréductible de probabilité invariante la loi de Z_{-n}^0 (rappelons que la loi de Z_{-n} est la probabilité invariante μ_{θ_0}). Comme la fonction f_n est bornée, on déduit de (5.12) et du corollaire 1.5.11 que

$$\frac{1}{N} \sum_{k=1}^{N} \log g_n(\theta\,; (Y_r, r \leq k)) \xrightarrow[n \to \infty]{\text{p.s.}} \mathbb{E}_{\theta_0}[f_n(Z_{-n}^0)] = \mathbb{E}_{\theta_0}[\log g_n(\theta\,; (Y_r, r \leq 0))]. \tag{5.13}$$

Par convergence dominée, on a

$$\lim_{n \to \infty} \mathbb{E}_{\theta_0}[\log g_n(\theta\,; (Y_r, r \leq 0))] = \mathcal{H}_{\theta_0}(\theta), \tag{5.14}$$

où $\mathcal{H}_{\theta_0}(\theta) = \mathbb{E}_{\theta_0}[\log g(\theta\,; (Y_r, r \leq 0))]$. La fonction g étant continue en θ, on en déduit, par convergence dominée, que la fonction $\theta \to \mathcal{H}_{\theta_0}(\theta)$ est continue sur Θ_δ.

Deuxième étape. Soit $N \geq n \geq 1$. On pose

$$A_N^n = \left| \frac{1}{N} \log p_N(\theta\,; Y_1^N) - \frac{1}{N} \sum_{k=1}^{N} \log g_n(\theta\,; (Y_r, r \leq k)) \right|.$$

Il existe C tel que pour tous $a, b \geq c$, on a $|\log a - \log b| \leq C\,|a - b|$. Il vient en utilisant le lemme 5.5.3, ainsi que $\log p_N(\theta\,; Y_1^N) = \sum_{k=1}^N \log g_k(\theta\,; (Y_r, r \leq k))$,

$$\begin{aligned} A_N^n &\leq \frac{1}{N} \sum_{k=1}^{N} |\log g_k(\theta\,; (Y_r, r \leq k)) - \log g_n(\theta\,; (Y_r, r \leq k))| \\ &\leq C\,\frac{1}{N} \sum_{k=1}^{N} |g_k(\theta\,; (Y_r, r \leq k)) - g_n(\theta\,; (Y_r, r \leq k))| \end{aligned}$$

$$\leq C\frac{1}{N}\sum_{k=1}^{n}|g_k(\theta\,;(Y_r,r\leq k))-g_n(\theta\,;(Y_r,r\leq k))|$$

$$+C\frac{1}{N}\sum_{k=n+1}^{N}\sum_{l=n}^{k-1}|g_{l+1}(\theta\,;(Y_r,r\leq k))-g_l(\theta\,;(Y_r,r\leq k))|$$

$$\leq 2Cc\frac{n}{N}+C\frac{1}{N}\sum_{k=n+1}^{N}\sum_{l=n}^{k-1}\rho^{l-1}$$

$$\leq 2Cc\frac{n}{N}+C\frac{\rho^{n-1}}{1-\rho}.$$

On en déduit que

$$\lim_{n\to\infty}\lim_{N\to\infty}A_N^n=0.$$

Comme d'après (5.13) et (5.14), p.s.

$$\lim_{n\to\infty}\lim_{N\to\infty}\frac{1}{N}\sum_{k=1}^{N}\log g_n(\theta\,;(Y_r,r\leq k))=\mathcal{H}_{\theta_0}(\theta),$$

on en déduit que

$$\frac{1}{N}L_N(\theta\,;Y_1^N)\xrightarrow[N\to+\infty]{\textbf{p.s.}}\mathcal{H}_{\theta_0}(\theta).$$

On admet que le résultat reste vrai, même si la loi de (S_1,Y_1) n'est pas la probabilité invariante μ_{θ_0}.

Troisième étape. On remarque que

$$\mathbb{E}_{\theta_0}[\log g_n(\theta\,;(Y_r,r\leq 0))]=\sum_{y_0^n\in\mathcal{X}^{n+1}}p_{n+1}(\theta_0\,;y_0^n)\log p(\theta\,;y_n|y_0^{n-1})$$

$$=\sum_{y_0^{n-1}\in\mathcal{X}^n}p_n(\theta_0\,;y_0^{n-1})h_{\theta_0}(\theta),$$

où la fonction h dépend de y_0^{n-1} :

$$h_{\theta_0}(\theta)=\sum_{y\in\mathcal{X}}p(\theta_0\,;y|y_0^{n-1})\log p(\theta\,;y|y_0^{n-1}).$$

Remarquons que $h_{\theta_0}(\theta)$ peut s'écrire $\sum_{x\in\mathcal{X}}p(x)\log p'(x)$ avec les probabilités $p=p(\theta_0\,;\cdot|y_0^{n-1})$ et $p'=p(\theta\,;\cdot|y_0^{n-1})$. D'après le lemme 5.2.8, on a $h_{\theta_0}(\theta)\leq h_{\theta_0}(\theta_0)$ pour tout $\theta\in\Theta_\delta$. En particulier, on en déduit que pour tout $\theta\in\Theta_\delta$,

$$\mathbb{E}_{\theta_0}[\log g_n(\theta\,;(Y_r,r\leq 0))]\leq\mathbb{E}_{\theta_0}[\log g_n(\theta_0\,;(Y_r,r\leq 0))].$$

Par passage à la limite, on obtient que $\mathcal{H}_{\theta_0}(\theta)\leq\mathcal{H}_{\theta_0}(\theta_0)$ pour tous $\theta,\theta_0\in\Theta_\delta$. On admet que le modèle étant identifiable, l'inégalité est stricte si $\theta\neq\theta_0$. □

Démonstration du lemme 5.5.3. Pour $n \geq 1$, on considère les quantités

$$M_n^+(y) = \max_{i \in \mathcal{I}} \mathbb{P}_\theta(Y_0 = y_0 | Y_{-n}^{-1} = y_{-n}^{-1}, S_{-n} = i)$$

et

$$M_n^-(y) = \min_{i \in \mathcal{I}} \mathbb{P}_\theta(Y_0 = y_0 | Y_{-n}^{-1} = y_{-n}^{-1}, S_{-n} = i).$$

On a

$$\begin{aligned} g_n(\theta\,; y) &= \frac{\mathbb{P}_\theta(Y_0 = y_0, Y_{-n}^{-1} = y_{-n}^{-1})}{\mathbb{P}_\theta(Y_{-n}^{-1} = y_{-n}^{-1})} \\ &= \frac{\sum_{i \in \mathcal{I}} \mathbb{P}_\theta(Y_0 = y_0, Y_{-n}^{-1} = y_{-n}^{-1}, S_{-n} = i)}{\sum_{i \in \mathcal{I}} \mathbb{P}_\theta(Y_{-n}^{-1} = y_{-n}^{-1}, S_{-n} = i)}. \end{aligned}$$

Soit $a_r > 0$, $b_r > 0$ pour $1 \leq r \leq k$. On a les inégalités $b_u \min_{1 \leq r \leq k} \frac{a_r}{b_r} \leq a_u \leq b_u \max_{1 \leq r \leq k} \frac{a_r}{b_r}$. En sommant sur $u \in \{1, \ldots, k\}$, il vient aisément

$$\min_{1 \leq r \leq k} \frac{a_r}{b_r} \leq \frac{\sum_{1 \leq u \leq k} a_u}{\sum_{1 \leq u \leq k} b_u} \leq \max_{1 \leq r \leq k} \frac{a_r}{b_r}. \tag{5.15}$$

On en déduit que

$$M_n^-(y) \leq g_n(\theta\,; y) \leq M_n^+(y). \tag{5.16}$$

De plus, on a

$$\begin{aligned} g_{n+1}(y) &= \mathbb{P}_\theta(Y_0 = y_0 | Y_{-(n+1)}^{-1} = y_{-(n+1)}^{-1}) \\ &= \sum_{i \in \mathcal{I}} \mathbb{P}_\theta(Y_0 = y_0, S_{-n} = i | Y_{-(n+1)}^{-1} = y_{-(n+1)}^{-1}) \\ &= \sum_{i \in \mathcal{I}} \mathbb{P}_\theta(Y_0 = y_0 | Y_{-(n+1)}^{-1} = y_{-(n+1)}^{-1}, S_{-n} = i) \\ &\qquad\qquad \mathbb{P}_\theta(S_{-n} = i | Y_{-(n+1)}^{-1} = y_{-(n+1)}^{-1}) \\ &= \sum_{i \in \mathcal{I}} \mathbb{P}_\theta(Y_0 = y_0 | Y_{-n}^{-1} = y_{-n}^{-1}, S_{-n} = i) \\ &\qquad\qquad \mathbb{P}_\theta(S_{-n} = i | Y_{-(n+1)}^{-1} = y_{-(n+1)}^{-1}), \end{aligned}$$

où on a utilisé la deuxième égalité du lemme 5.4.3 pour la dernière égalité. Comme $\sum_{i \in \mathcal{I}} \mathbb{P}_\theta(S_{-n} = i | Y_{-(n+1)}^{-1} = y_{-(n+1)}^{-1}) = 1$, on en déduit que

$$M_n^-(y) \leq g_{n+1}(\theta\,; y) \leq M_n^+(y). \tag{5.17}$$

Grâce à (5.16) et (5.17), on obtient $|g_n(\theta\,; y) - g_{n+1}(\theta\,; y)| \leq M_n^+(y) - M_n^-(y)$. La démonstration du lemme sera complète dès que le lemme suivant sera démontré. □

Lemme 5.5.4. *Il existe* $\rho \in [0,1[$ *tel que, pour tous* $\theta \in \Theta_\delta$, $y \in \mathcal{X}^{-\mathbb{N}}$ *et* $n \in \mathbb{N}^*$, *on a*

$$M_n^+(y) - M_n^-(y) \leq \rho^{n-1}.$$

De plus les fonctions M_n^- *sont uniformément minorées par une constante* $c > 0$.

Pour cela on démontre d'abord le lemme technique suivant.

Lemme 5.5.5. *Il existe* $\eta_\delta > 0$ *tel que pour tous* $\theta \in \Theta_\delta$, $i, h \in \mathcal{I}$, $y \in \mathcal{X}^{-\mathbb{N}}$ *et* $n \geq 1$, *on a*

$$\mathbb{P}_\theta(S_{-n} = i | Y_{-(n+1)}^{-1} = y_{-(n+1)}^{-1}, S_{-(n+1)} = h) \geq \eta_\delta.$$

Démonstration du lemme 5.5.5. Soit $i, h \in \mathcal{I}$. On a pour $n \geq 2$,

$$\begin{aligned}
&\mathbb{P}_\theta(S_{-n} = i, S_{-(n+1)} = h, Y_{-(n+1)}^{-1} = y_{-(n+1)}^{-1}) \\
&\quad = \sum_{l \in \mathcal{I}} \mathbb{P}_\theta(Y_{-(n-1)}^{-1} = y_{-(n-1)}^{-1}, S_{-(n+1)}^{-(n-1)} = (h, i, l), Y_{-(n+1)}^{-n} = y_{-(n+1)}^{-n}) \\
&\quad = \sum_{l \in \mathcal{I}} \mathbb{P}_\theta(Y_{-(n-1)}^{-1} = y_{-(n-1)}^{-1} | S_{-(n+1)}^{-(n-1)} = (h, i, l), Y_{-(n+1)}^{-n} = y_{-(n+1)}^{-n}) \\
&\qquad\qquad \mathbb{P}_\theta(S_{-(n+1)}^{-(n-1)} = (h, i, l), Y_{-(n+1)}^{-n} = y_{-(n+1)}^{-n}) \\
&\quad = \sum_{l \in \mathcal{I}} \mathbb{P}_\theta(Y_{-(n-1)}^{-1} = y_{-(n-1)}^{-1} | S_{-(n-1)} = l) \\
&\qquad\qquad \mu_\theta(h) b(h, y_{-(n+1)}) a(h, i) b(i, y_{-n}) a(i, l),
\end{aligned}$$

où l'on a utilisé la première égalité du lemme 5.4.3 pour la troisième égalité. On en déduit donc que pour $i, j, h \in \mathcal{I}$, on a

$$\begin{aligned}
&\frac{\mathbb{P}_\theta(S_{-n} = j | S_{-(n+1)} = h, Y_{-(n+1)}^{-1} = y_{-(n+1)}^{-1})}{\mathbb{P}_\theta(S_{-n} = i | S_{-(n+1)} = h, Y_{-(n+1)}^{-1} = y_{-(n+1)}^{-1})} \\
&\quad = \frac{\mathbb{P}_\theta(S_{-n} = j, S_{-(n+1)} = h, Y_{-(n+1)}^{-1} = y_{-(n+1)}^{-1})}{\mathbb{P}_\theta(S_{-n} = i, S_{-(n+1)} = h, Y_{-(n+1)}^{-1} = y_{-(n+1)}^{-1})} \\
&\quad = \frac{\sum_{l \in \mathcal{I}} \mathbb{P}_\theta(Y_{-(n-1)}^{-1} = y_{-(n-1)}^{-1} | S_{-(n-1)} = l)}{\sum_{l' \in \mathcal{I}} \mathbb{P}_\theta(Y_{-(n-1)}^{-1} = y_{-(n-1)}^{-1} | S_{-(n-1)} = l')} \cdots \\
&\qquad\qquad \cdots \frac{\mu_\theta(h) b(h, y_{-(n+1)}) a(h, j) b(j, y_{-n}) a(j, l)}{\mu_\theta(h) b(h, y_{-(n+1)}) a(h, i) b(i, y_{-n}) a(i, l')} \\
&\quad \leq \frac{\sum_{l \in \mathcal{I}} \mathbb{P}_\theta(Y_{-(n-1)}^{-1} = y_{-(n-1)}^{-1} | S_{-(n-1)} = l)}{\sum_{l' \in \mathcal{I}} \mathbb{P}_\theta(Y_{-(n-1)}^{-1} = y_{-(n-1)}^{-1} | S_{-(n-1)} = l')} \frac{1}{\delta^3} \\
&\quad = \frac{1}{\delta^3},
\end{aligned}$$

où l'on a utilisé pour l'inégalité les inégalités $\delta \leq a(i', j') \leq 1$ et $\delta \leq b(i', x') \leq 1$ pour $i', j' \in \mathcal{I}$, $x' \in \mathcal{X}$. Pour $n = 1$, des calculs similaires donnent

$$\frac{\mathbb{P}_\theta(S_{-1} = j | S_{-2} = h, Y_{-2}^{-1} = y_{-2}^{-1})}{\mathbb{P}_\theta(S_{-1} = i | S_{-2} = h, Y_{-2}^{-1} = y_{-2}^{-1})} \leq \frac{1}{\delta^2} \leq \frac{1}{\delta^3}.$$

On déduit de l'égalité

$$\sum_{j \in \mathcal{I}} \mathbb{P}_\theta(S_{-n} = j | Y_{-(n+1)}^{-1} = y_{-(n+1)}^{-1}, S_{-(n+1)} = h) = 1,$$

que

$$\begin{aligned} &\frac{1}{\mathbb{P}_\theta(S_{-n} = i | Y_{-(n+1)}^{-1} = y_{-(n+1)}^{-1}, S_{-(n+1)} = h)} \\ &\qquad = 1 + \sum_{j \neq i \in \mathcal{I}} \frac{\mathbb{P}_\theta(S_{-n} = j | Y_{-(n+1)}^{-1} = y_{-(n+1)}^{-1}, S_{-(n+1)} = h)}{\mathbb{P}_\theta(S_{-n} = i | Y_{-(n+1)}^{-1} = y_{-(n+1)}^{-1}, S_{-(n+1)} = h)} \\ &\qquad \leq 1 + \frac{\mathrm{Card}\,(\mathcal{I}) - 1}{\delta^3}. \end{aligned}$$

Donc pour $n \geq 1$, $\mathbb{P}_\theta(S_{-n} = i | Y_{-(n+1)}^{-1} = y_{-(n+1)}^{-1}, S_{-(n+1)} = h)$ est uniformément minoré par une constante strictement positive. □

Démonstration du lemme 5.5.4. Remarquons dans un premier temps que

$$\begin{aligned} &\mathbb{P}_\theta(Y_0 = y_0 | Y_{-(n+1)}^{-1} = y_{-(n+1)}^{-1}, S_{-(n+1)} = h) \\ &= \sum_{i \in \mathcal{I}} \mathbb{P}_\theta(Y_0 = y_0, S_{-n} = i | Y_{-(n+1)}^{-1} = y_{-(n+1)}^{-1}, S_{-(n+1)} = h) \\ &= \sum_{i \in \mathcal{I}} \mathbb{P}_\theta(Y_0 = y_0 | Y_{-n}^{-1} = y_{-n}^{-1}, S_{-n} = i, Y_{-(n+1)} = y_{-(n+1)}, S_{-(n+1)} = h) \\ &\qquad\qquad \mathbb{P}_\theta(S_{-n} = i | Y_{-(n+1)}^{-1} = y_{-(n+1)}^{-1}, S_{-(n+1)} = h) \\ &= \sum_{i \in \mathcal{I}} \mathbb{P}_\theta(Y_0 = y_0 | Y_{-n}^{-1} = y_{-n}^{-1}, S_{-n} = i) \\ &\qquad\qquad \mathbb{P}_\theta(S_{-n} = i | Y_{-(n+1)}^{-1} = y_{-(n+1)}^{-1}, S_{-(n+1)} = h), \end{aligned} \tag{5.18}$$

où l'on a utilisé la deuxième égalité du lemme 5.4.3 pour la dernière égalité. On en déduit donc que

$$\begin{aligned} M_{n+1}^-(y) &\geq \min_{h \in \mathcal{I}} \sum_{i \in \mathcal{I}} M_n^-(y) \mathbb{P}_\theta(S_{-n} = i | Y_{-(n+1)}^{-1} = y_{-(n+1)}^{-1}, S_{-(n+1)} = h) \\ &\geq M_n^-(y). \end{aligned}$$

En particulier la suite $(M_n^-, n \geq 1)$ est uniformément minorée par M_1^- qui est strictement positif grâce à l'hypothèse (H_δ).

De plus, on a en utilisant (5.18) à nouveau,

$$
\begin{aligned}
&M_{n+1}^+(y) - M_{n+1}^-(y) \\
&\quad = \max_{h,j \in \mathcal{I}} \Big\{ \mathbb{P}_\theta(Y_0 = y_0 | Y_{-(n+1)}^{-1} = y_{-(n+1)}^{-1}, S_{-(n+1)} = h) \\
&\qquad\qquad - \mathbb{P}_\theta(Y_0 = y_0 | Y_{-(n+1)}^{-1} = y_{-(n+1)}^{-1}, S_{-(n+1)} = j) \Big\} \\
&\quad = \max_{h,j \in \mathcal{I}} \Big\{ \sum_{i \in \mathcal{I}} [A(h,i) - A(j,i)] \mathbb{P}_\theta(Y_0 = y_0 | Y_{-n}^{-1} = y_{-n}^{-1}, S_{-n} = i) \Big\},
\end{aligned}
$$

où $A(l,i) = \mathbb{P}_\theta(S_{-n} = i | Y_{-(n+1)}^{-1} = y_{-(n+1)}^{-1}, S_{-(n+1)} = l)$. On considère les ensembles suivants qui dépendent de h et j :

$$
\mathcal{I}^+ = \{i \in \mathcal{I}\,; A(h,i) - A(j,i) \geq 0\} \text{ et } \mathcal{I}^- = \{i \in \mathcal{I}\,; A(h,i) - A(j,i) < 0\}.
$$

On a

$$
\begin{aligned}
&M_{n+1}^+(y) - M_{n+1}^-(y) \\
&\quad \leq \max_{h,j \in \mathcal{I}} \Big\{ \sum_{i \in \mathcal{I}^+} [A(h,i) - A(j,i)] M_n^+(y) + \sum_{i \in \mathcal{I}^-} [A(h,i) - A(j,i)] M_n^-(y) \Big\} \\
&\quad = \max_{h,j \in \mathcal{I}} \Big\{ \sum_{i \in \mathcal{I}^+} [A(h,i) - A(j,i)] (M_n^+(y) - M_n^-(y)) \Big\},
\end{aligned}
$$

en ayant remarqué pour la dernière égalité que $\sum_{i \in \mathcal{I}} A(h,i) = \sum_{i \in \mathcal{I}} A(j,i) = 1$ implique $\sum_{i \in \mathcal{I}^-} [A(h,i) - A(j,i)] = -\sum_{i \in \mathcal{I}^+} [A(h,i) - A(j,i)]$. Remarquons enfin, grâce au lemme 5.5.5, que

$$
\sum_{i \in \mathcal{I}^+} [A(h,i) - A(j,i)] = 1 - \sum_{i \in \mathcal{I}^-} A(h,i) - \sum_{i \in \mathcal{I}^+} A(j,i) \leq 1 - \text{Card}\,(\mathcal{I}) \eta_\delta \leq 1 - 2\eta_\delta.
$$

On pose $\rho = 1 - 2\eta_\delta \in [0,1[$, et on obtient

$$
M_{n+1}^+(y) - M_{n+1}^-(y) \leq \rho (M_n^+(y) - M_n^-(y)).
$$

Par définition de $M_1^+(y)$ et $M_1^-(y)$, on a $0 \leq M_1^+(y) - M_1^-(y) \leq 1$. On en déduit que $M_n^+(y) - M_n^-(y) \leq \rho^{n-1}$. Cela termine la démonstration du lemme 5.5.4. □

5.6 Autres exemples d'application de l'algorithme EM

5.6.1 Le mélange

Un des premiers exemples d'étude de loi de mélange remonte à la fin du *XIX*^{ème} siècle. Il s'agit aujourd'hui d'une problématique courante, voir par exemple [11] ou Chap. 9 dans [5].

Les crabes de Weldon

À la fin du *XIX*^{ème} siècle, Weldon mesure le rapport entre la largeur du front et la longueur du corps de 1 000 crabes de la baie de Naples. Le tableau 5.1 donne le nombre d'individus observés sur 29 intervalles pour le rapport des deux mesures (les mesures sont faites avec une précision du dixième de millimètre, et la longueur moyenne d'un animal est de 35 millimètres).

Si l'on suppose un modèle gaussien pour les données de ratio, on calcule à partir de (5.3) la moyenne empirique $\mu_0 \simeq 0.645$ et l'écart type empirique, racine carrée de la variance empirique, $\sigma_0 \simeq 0.019$.

L'asymétrie des données, voir les histogrammes de la figure 5.5, indique que les données ne proviennent pas de réalisations de variables gaussiennes indépendantes et de même loi. Effectivement, un test d'adéquation de loi (χ^2, Shapiro-Wilk, ..., cf. [2]) permet de rejeter l'hypothèse de normalité pour les données. Ceci induit Weldon à postuler l'existence de deux sous-populations. À partir de ces données, Pearson [13] estime les paramètres d'un

Tableau 5.1. Nombre de crabes de la baie de Naples (sur un total de 1 000 crabes) dont le ratio de la largeur du front par la longueur du corps sont dans les intervalles (Weldon, 1893)

Intervalle	Nombre	Intervalle	Nombre
$[0.580, 0.584[$	1	$[0.640, 0.644[$	74
$[0.584, 0.588[$	3	$[0.644, 0.648[$	84
$[0.588, 0.592[$	5	$[0.648, 0.652[$	86
$[0.592, 0.596[$	2	$[0.652, 0.656[$	96
$[0.596, 0.600[$	7	$[0.656, 0.660[$	85
$[0.600, 0.604[$	10	$[0.660, 0.664[$	75
$[0.604, 0.608[$	13	$[0.664, 0.668[$	47
$[0.608, 0.612[$	19	$[0.668, 0.672[$	43
$[0.612, 0.616[$	20	$[0.672, 0.676[$	24
$[0.616, 0.620[$	25	$[0.676, 0.680[$	19
$[0.620, 0.624[$	40	$[0.680, 0.684[$	9
$[0.624, 0.628[$	31	$[0.684, 0.688[$	5
$[0.628, 0.632[$	60	$[0.688, 0.692[$	0
$[0.632, 0.636[$	62	$[0.692, 0.696[$	1
$[0.636, 0.640[$	54		

modèle à $I = 2$ populations différentes. Ainsi un crabe pris au hasard a une probabilité π_i d'appartenir à la population i, π_i étant proportionnel à la taille de la population i. Et, au sein de la population i, les mesures du ratio sont distribuées suivant une loi gaussienne réelle de moyenne μ_i, de variance σ_i^2 et de densité f_{μ_i,σ_i}. On suppose de plus que les mesures sont des réalisations de variables indépendantes $(Y_n, n \geq 1)$. L'objectif est d'estimer les probabilités π_i et les paramètres $(\mu_i, \sigma_i), i \in \mathcal{I}$. Le groupe, Z_n, du n-ième crabe mesuré est une variable cachée, que l'on essaie également de restaurer.

Dans ce qui suit, nous nous proposons d'estimer les paramètres avec leur EMV, que nous approchons à l'aide de l'algorithme EM. Plusieurs autres méthodes existent pour l'approximation de ces EMV, cf. [11, 5]. Historiquement, Pearson a estimé les paramètres de sorte que les cinq premiers moments de la loi de Y_n égalent les moments empiriques. Cette méthode conduit à rechercher les racines d'un polynôme de degré neuf.

Le modèle de mélange.

Soit $I \geq 2$ fixé. Le modèle complet est donné par une suite de variables aléatoires indépendantes de même loi, $((Z_n, Y_n), n \geq 1)$, où Z_n est à valeurs dans $\mathcal{I} = \{1, \ldots, I\}$, de loi $\pi = (\pi(i), i \in \mathcal{I})$, et la loi de Y_n sachant $Z_n = i$ a pour densité f_{μ_i,σ_i}. On observe les réalisations des variables $(Y_n, n \geq 1)$ et les variables $(Z_n, n \geq 1)$ sont cachées. Il s'agit d'un **modèle de mélange** de lois gaussiennes. Le modèle est paramétrique, de paramètre inconnu $\theta = (\pi, ((\mu_i, \sigma_i), i \in \mathcal{I})) \in \Theta = \mathcal{P}_{\mathcal{I}} \times (\mathbb{R} \times]0, \infty[)^I$, où $\mathcal{P}_{\mathcal{I}}$ est l'ensemble des probabilités sur $\mathcal{I}$.

Remarquons que le nombre I est fixé a priori. L'estimation du nombre I de populations différentes est un problème délicat en général, voir [11], Chap. 6.

Comme à la fin du paragraphe 5.1, il est facile de vérifier que le modèle est identifiable si l'on restreint l'ensemble des paramètres à $\Theta' = \{\theta \in \Theta$ tels que si $i < j \in \mathcal{I}$, alors soit $\mu_i < \mu_j$ soit $\mu_i = \mu_j$ et $\sigma_i < \sigma_j\}$. On admet alors que l'EMV de θ, $\hat{\theta}_n$, construit à partir de (Z_1^n, Y_1^n), est un estimateur convergent.

Pour déterminer la loi de Y_n, remarquons que pour tous $a < b$, on a, en utilisant la loi de Y_n sachant Z_n,

$$\mathbb{P}(Y_n \in [a, b]) = \sum_{i \in \mathcal{I}} \mathbb{P}(Y_n \in [a, b] | Z_n = i) \mathbb{P}(Z_n = i)$$
$$= \sum_{i \in \mathcal{I}} \pi_i \int_{[a,b]} f_{\mu_i,\sigma_i}(y) \, dy = \int_{[a,b]} f_\theta(y) \, dy,$$

avec $f_\theta = \sum_{i \in \mathcal{I}} \pi_i f_{\mu_i,\sigma_i}$. Ainsi, Y_n est une variable continue de densité f_θ. Comme les variables $(Y_n, n \geq 1)$ sont indépendantes, la vraisemblance du modèle associé à l'échantillon Y_1^N est pour $y = y_1^N \in \mathbb{R}^N$:

$$p_N(\theta\,; y) = \prod_{k=1}^{N} f_\theta(y_k),$$

et la log-vraisemblance

$$L_N(\theta\,;y) = \sum_{k=1}^{N} \log f_\theta(y_k).$$

La vraisemblance du modèle complet associé à l'échantillon (Z_1^N, Y_1^N) est pour $z = z_1^N \in \mathcal{I}^N$, $y = y_1^N \in \mathbb{R}^N$:

$$p_N^{complet}(\theta\,; z, y) = \prod_{k=1}^{N} \pi_{z_k} f_{\mu_{z_k}, \sigma_{z_k}}(y_k).$$

Il est difficile de calculer numériquement l'EMV de θ du modèle incomplet. L'algorithme EM, que nous explicitons, est rapide à mettre en œuvre dans ce cadre. Les mêmes arguments permettent de démontrer le lemme 5.3.1, avec Q défini ici par

$$Q(\theta, \theta') = \sum_{z \in \mathcal{I}^N} \pi_N(\theta'\,; z|y) \log p_N^{complet}(\theta\,; z, y),$$

où $\theta, \theta' = (\pi', ((\mu_i', \sigma_i'), i \in \mathcal{I})) \in \Theta'$, et par définition

$$\pi_N(\theta'\,; z|y) = \frac{p_N^{complet}(\theta'\,; z, y)}{p_N(\theta'\,; y)} = \prod_{k=1}^{N} \rho'_{z_k,k},$$

où pour tous $i \in \mathcal{I}, k \in \{1, \ldots, N\}$

$$\rho'_{i,k} = \frac{\pi'_i f_{\mu_i', \sigma_i'}(y_k)}{f_{\theta'}(y_k)}. \tag{5.19}$$

La quantité $\rho'_{i,k}$ s'interprète comme la probabilité que $Z_k = i$ sachant $Y_k = y_k$, θ' étant le paramètre du modèle. La quantité $\pi_N(\theta'\,; z|y)$ s'interprète comme la loi conditionnelle des variables cachées Z_1^N sachant les variables observées Y_1^N.

L'étape E

On explicite la fonction $Q(\theta, \theta')$. On remarque que

$$\log p_N^{complet}(\theta\,; z, y) = \sum_{k=1}^{N} \Big[\log(\pi_{z_k}) + \log(f_{\mu_{z_k}, \sigma_{z_k}}(y_k))\Big].$$

Comme pour tout $l \in \{1, \ldots, N\}$, on a $\sum_{j \in \mathcal{I}} \rho'_{j,l} = 1$, il vient

$$\sum_{z \in \mathcal{I}^N\,; z_k = i} \pi_N(\theta'\,; z|y) = \rho'_{i,k}.$$

Cette égalité représente le calcul de la loi marginale de Z_k sachant Y_k. On en déduit donc que

$$Q(\theta, \theta') = \sum_{k=1}^{N} \sum_{i \in \mathcal{I}} \rho'_{i,k} [\log(\pi_i) + \log(f_{\mu_i, \sigma_i}(y_k))].$$

L'étape M

On écrit $Q(\theta, \theta') = NA_0 + \sum_{j \in \mathcal{I}} A_j$ avec $A_0 = \sum_{i \in \mathcal{I}} \pi_i^* \log \pi$,

$$\pi_i^* = \frac{1}{N} \sum_{k=1}^{N} \rho'_{i,k}, \tag{5.20}$$

et $A_j = \sum_{k=1}^{N} \rho'_{j,k} \log(f_{\mu_j, \sigma_j}(y_k))$ pour $j \in \mathcal{I}$. Remarquons que maximiser $Q(\theta, \theta')$ en $\theta \in \Theta'$ revient à maximiser séparément A_0, sous la contrainte que $\pi \in \mathcal{P}_{\mathcal{I}}$, et A_j pour $j \in \mathcal{I}$.

Comme $\pi^* = (\pi_i^*, i \in \mathcal{I})$ est une probabilité sur $\mathcal{I}$, on déduit du lemme 5.2.8 que, sous la contrainte $\pi \in \mathcal{P}_{\mathcal{I}}$, A_0 est maximal pour $\pi = \pi^*$. On cherche ensuite les zéros des dérivées de A_j par rapport à μ_j et σ_j. Comme $\log f_{\mu,\sigma}(v) = -\frac{1}{2} \log(2\pi) - \log(\sigma) - \frac{(v-\mu)^2}{2\sigma^2}$, on a

$$\frac{\partial A_j}{\partial \mu_j} = \sum_{k=1}^{N} \rho'_{j,k} \frac{(y_k - \mu_j)}{\sigma_j^2},$$

et

$$\frac{\partial A_j}{\partial \sigma_j} = -\sum_{k=1}^{N} \rho'_{j,k} \frac{1}{\sigma_j} \left[1 - \frac{(y_k - \mu_j)^2}{\sigma_j^2} \right].$$

Les deux dérivées ci-dessus s'annulent en

$$\mu_j^* = \frac{\sum_{k=1}^{N} \rho'_{j,k} y_k}{\sum_{k=1}^{N} \rho'_{j,k}} \quad \text{et} \quad (\sigma_j^*)^2 = \frac{\sum_{k=1}^{N} \rho'_{j,k} (y_k - \mu_j^*)^2}{\sum_{k=1}^{N} \rho'_{j,k}}. \tag{5.21}$$

On vérifie aisément que A_j possède un unique maximum pour $(\mu_j, \sigma_j) \in \mathbb{R} \times]0, \infty[$, et qu'il est atteint en (μ_j^*, σ_j^*). On en déduit donc que $\theta \to Q(\theta, \theta')$ atteint son unique maximum en $\theta^* = (\pi^*, ((\mu_i^*, \sigma_i^*), i \in \mathcal{I}))$.

L'algorithme EM consiste donc, à partir d'un point initial $\theta^{(0)} \in \Theta'$, à itérer les opérations définies par (5.19), (5.20) et (5.21). On pourra remarquer que les actualisations (5.20) et (5.21) s'interprètent comme le calcul de la moyenne empirique et de la variance empirique pondérées par $\rho'_{i,\cdot}$, qui est la probabilité, calculée avec les anciens paramètres, d'être dans la population i.

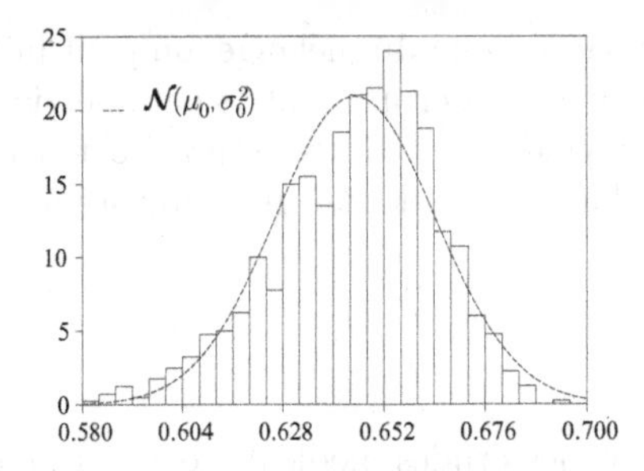

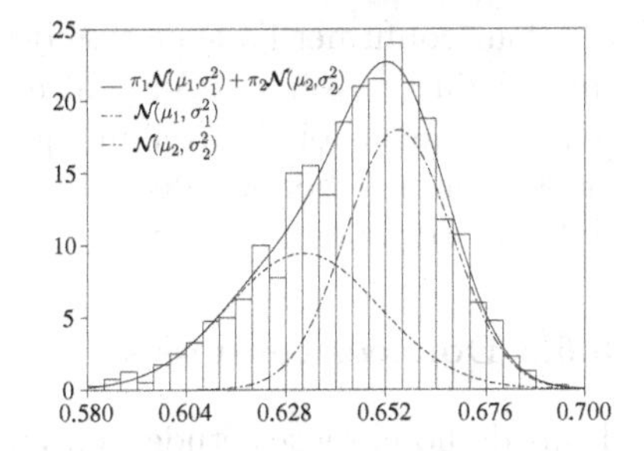

Fig. 5.5. Histogrammes des mesures pour les crabes de Weldon avec, à droite, la densité de la loi gaussienne $\mathcal{N}(\mu_0, \sigma_0^2)$ et, à gauche, les densités des lois gaussiennes $\mathcal{N}(\mu_1, \sigma_1^2), \mathcal{N}(\mu_2, \sigma_2^2)$ et la densité de la loi mélange $f_\theta = \pi_1 \mathcal{N}(\mu_1, \sigma_1^2) + \pi_2 \mathcal{N}(\mu_2, \sigma_2^2)$. On remarque une meilleure adéquation de la densité f_θ (figure de droite) aux données par rapport à la densité gaussienne $\mathcal{N}(\mu_0, \sigma_0^2)$ (figure de gauche)

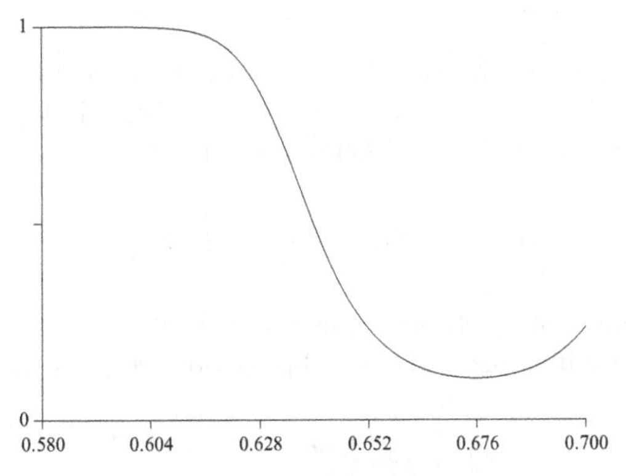

Fig. 5.6. Restauration des données manquantes pour les crabes de Weldon : probabilité d'appartenir à la population 1, sachant la valeur du ratio

Résultats

La limite et la convergence de l'algorithme dépendent peu du point de départ $\theta^{(0)}$. Dans l'exemple des crabes de Weldon, on obtient les valeurs numériques suivantes estimées par l'algorithme EM pour les paramètres du mélange :

$$\pi_1 \simeq 0.434, \quad \mu_1 \simeq 0.632, \quad \sigma_1 \simeq 0.018,$$
$$\pi_2 \simeq 0.566, \quad \mu_2 \simeq 0.655, \quad \sigma_2 \simeq 0.013.$$

La figure 5.5 permet de visualiser l'adéquation des données à la densité pour les paramètres estimés. Enfin, dans la Fig. 5.6 on trace la probabilité d'appartenir à la population 1, sachant la valeur y du ratio :

$$y \to \pi(\theta\,; 1|y) = \frac{\pi_1 f_{\mu_1,\sigma_1}(y)}{\pi_1 f_{\mu_1,\sigma_1}(y) + \pi_2 f_{\mu_2,\sigma_2}(y)}.$$

Pour confirmer l'adéquation des données à la loi du mélange, on peut faire un test du χ^2, voir [2]. On peut également proposer un modèle paramétrique à partir de la loi de Weibull qui est asymétrique. Cette approche fournit également une bonne adéquation aux données et donne une interprétation différente des observations.

5.6.2 Données censurées

Dans de nombreuses études, en particulier les études médicales ou les études de qualité, certaines données sont censurées, par exemple si le temps d'observation est limité par t_0. Ainsi, au lieu d'observer une réalisation de $(X_n, n \geq 1)$, suites de variables à valeurs dans $\mathbb{R}$, on observe une réalisation de $(Y_n = \min(X_n, t_0), n \geq 1)$, où t_0 est connu. Il s'agit à nouveau d'un modèle à variables cachées. Le problème qui suit permet d'expliciter l'algorithme EM dans ce cadre.

Problème 5.6.1. On se place dans le cadre d'un modèle paramétrique. Soit $(X_n, n \geq 1)$ une suite de variables aléatoires réelles indépendantes de même loi de densité f_θ, où $\theta \in \Theta$ est inconnu. On pose pour $v \in \mathbb{R}$

$$\bar{F}_\theta(v) = \mathbb{P}(X_1 \geq v) = \int_v^\infty f_\theta(r)\, dr.$$

On suppose que l'on n'observe que les réalisations de $(Y_n = \min(X_n, t_0), n \geq 1)$. La vraisemblance associée à Y_1 est donnée pour $y_1 \in \mathbb{R}$ par

$$p_1(\theta\,; y_1) = \begin{cases} f_\theta(y_1) & \text{si } y_1 < t_0, \\ \bar{F}_\theta(t_0) & \text{si } y_1 = t_0, \end{cases}$$

et la vraisemblance associée à (X_1, Y_1) est donnée pour $x_1, y_1 \in \mathbb{R}$ par

$$p_1^{complet}(\theta\,; x_1, y_1) = f_\theta(x_1) \mathbf{1}_{\{y_1 = \min(x_1, t_0)\}}.$$

On pose $\mathcal{C}_N = \{k \in \{1, \ldots, N\}\,; y_k < t_0\}$, et $n = N - \operatorname{Card} \mathcal{C}_N$, le nombre de données censurées.

1. Calculer la vraisemblance du modèle incomplet Y_1^N, $p_N(\theta\,; y)$, pour $y = y_1^N \in \mathbb{R}^N$.
2. En déduire la log-vraisemblance :

$$L_N(\theta\,; y) = \sum_{k \in \mathcal{C}_N} \log f_\theta(y_k) + n \log \bar{F}_\theta(t_0).$$

3. Dans le cas particulier du modèle exponentiel, $f_\theta(v) = \theta\, \mathrm{e}^{-\theta v} \mathbf{1}_{\{v>0\}}$, $\theta \in \Theta =]0, \infty[$, calculer l'EMV, $\hat{\theta}_N$, de θ construit à partir de Y_1^N. Montrer directement la convergence de l'EMV. On peut également démontrer la normalité asymptotique de l'EMV.

En général, on ne peut pas calculer explicitement l'EMV de θ. On peut alors utiliser l'algorithme EM pour donner une approximation de l'EMV.

4. Vérifier que la vraisemblance du modèle complet (X_1^N, Y_1^N), pour $x = x_1^N, y = y_1^N \in \mathbb{R}^N$ tels que $x_k = y_k$ si $k \in \mathcal{C}_N$, peut s'écrire

$$p_N^{complet}(\theta\,; x, y) = \prod_{k \in \mathcal{C}_N} f_\theta(y_k) \prod_{l \notin \mathcal{C}_N} f_\theta(x_l) \mathbf{1}_{\{x_l \geq t_0\}}.$$

On définit pour $x = x_1^N, y = y_1^N \in \mathbb{R}^N$ tels que $x_k = y_k$ si $k \in \mathcal{C}_N$,

$$\pi_N(\theta\,; x|y) = \frac{p_N^{complet}(\theta\,; x, y)}{p_N(\theta\,; y)}$$

qui s'interprète comme la loi conditionnelle des variables cachées sachant les variables observées. On pose également

$$Q(\theta, \theta') = \int_{[t_0, +\infty[^n} \pi_N(\theta'\,; x|y) \log(p_N^{complet}(\theta\,; x, y)) \prod_{l \notin \mathcal{C}_N} dx_l,$$

où $\theta, \theta' \in \Theta'$, avec la convention que si $n = 0$, alors $Q(\theta, \theta') = \sum_{k=1}^N \log f_\theta(y_k)$.

5. Montrer que

$$Q(\theta, \theta') = \sum_{k \in \mathcal{C}_N} \log f_\theta(y_k) + n \frac{1}{\bar{F}_{\theta'}(t_0)} \int_{[t_0, \infty[} f_{\theta'}(v) \log f_\theta(v)\, dv.$$

On peut vérifier que si h et g sont deux densités sur $\mathbb{R}$, bornées continues, et si $\int_{\mathbb{R}} g(v) |\log g(v)|\ dv < \infty$, alors $h \neq g$ implique $\int_{\mathbb{R}} g(v) \log h(v)\ dv < \int_{\mathbb{R}} g(v) \log g(v)\, dv$ (cf. le lemme 5.2.8 pour des variables discrètes).

On suppose que f_θ est la densité de la loi gaussienne de moyenne θ et de variance 1.

6. Vérifier que $\displaystyle\int_{\mathbb{R}} f_\theta(x) |\log f_\theta(x)|\ dx < \infty$, puis le lemme 5.3.1, pour le modèle de données censurées.
7. Montrer que $\theta \to Q(\theta, \theta')$ est maximal pour

$$\theta = \frac{1}{N} \left[\sum_{k \in \mathcal{C}_N} y_k + n \frac{1}{\bar{F}_{\theta'}(t_0)} \int_{[t_0, \infty[} f_{\theta'}(v) v\, dv \right].$$

8. Vérifier que $\int_{[t_0, \infty[} f_{\theta'}(v) v\, dv = \theta' \bar{F}_{\theta'}(t_0) + f_{\theta'}(t_0)$.
9. En déduire que la suite $(\theta^{(r)}, r \geq 0)$ de l'algorithme EM est définie pour $r \geq 0$ par la relation de récurrence

$$\theta^{(r+1)} = \frac{1}{N} \left[\sum_{k \in \mathcal{C}_N} y_k + n\theta^{(r)} + n \frac{f_0(t_0 - \theta^{(r)})}{\bar{F}_0(t_0 - \theta^{(r)})} \right].$$

10. On peut vérifier que pour toute valeur de $\theta^{(0)}$, la suite $(\theta^{(r)}, r \geq 0)$ converge vers une limite θ^*. En déduire l'équation satisfaite par θ^*.
11. Vérifier que la dérivée de la log-vraisemblance s'annule en θ^*.

On peut vérifier que la dérivée de la log-vraisemblance ne s'annule qu'en un seul point, θ^*, et donc la log-vraisemblance est maximale en θ^*. En particulier l'EMV de θ est θ^*. Ainsi la suite issue de l'algorithme EM converge vers l'EMV. On peut également vérifier sur cet exemple que l'EMV est convergent.

♦

5.7 Conclusion

Pour le bactériophage lambda, on obtient après 1 000 itérations de l'algorithme EM, initialisé avec (5.10), l'approximation suivante de l'EMV des paramètres $a = (a(i,j)\,; i,j \in \{-1,+1\})$ et $b = (b(i,j)\,; i \in \{-1,+1\}$, $j \in \{\mathtt{A},\mathtt{C},\mathtt{G},\mathtt{T}\})$:

$$a \simeq \begin{pmatrix} 0.99988 & 0.00012 \\ 0.00023 & 0.99977 \end{pmatrix}, \quad b \simeq \begin{pmatrix} 0.24635 & 0.24755 & 0.29830 & 0.20780 \\ 0.26974 & 0.20845 & 0.19834 & 0.32347 \end{pmatrix}. \qquad (5.22)$$

L'algorithme EM fournit également les valeurs de $\mathbb{P}(S_n = i | Y = y)$ par les équations de lissage, calculées avec l'approximation (5.22) de l'EMV de θ. La figure 5.7 met en évidence la présence de six grandes zones homogènes associées aux valeurs cachées $+1$ ou -1. Ces zones correspondent à des proportions différentes des quatre nucléotides. Ces proportions différentes pourraient provenir du fait que la transcription se fait sur le brin d'ADN analysé ou sur le brin apparié (voir [6]). Enfin les Figs. 5.8 et 5.9 représentent l'évolution des paramètres estimés, termes diagonaux de la matrice a, et termes de la matrice b, en fonction du nombre d'itérations de l'algorithme EM. On observe une convergence très rapide de l'algorithme. Toutefois, pour des initialisations éloignées des valeurs données dans (5.22), on observe une convergence de l'algorithme EM vers une valeur différente, correspondant à un maximum local de la log-vraisemblance.

Si on augmente le nombre de valeurs cachées possibles, certaines des zones précédentes se divisent, mais les résultats deviennent moins nets. On peut également choisir des modèles plus compliqués (et donc avec plus de paramètres) où la loi de Y_n peut dépendre de S_n et aussi de Y_{n-1} ; on peut aussi tenir compte dans les modèles du fait que trois nucléotides codent pour un acide aminé, etc. Nous renvoyons à [12] pour une étude très détaillée des différents modèles et des résultats obtenus pour chacun. On retrouve également dans ces modèles un découpage de l'ADN proche du cas présenté ici, où l'on se limite à deux états cachés. Les résultats sont donc robustes. Ils suggèrent donc vraiment l'existence de six zones homogènes de deux types différents.

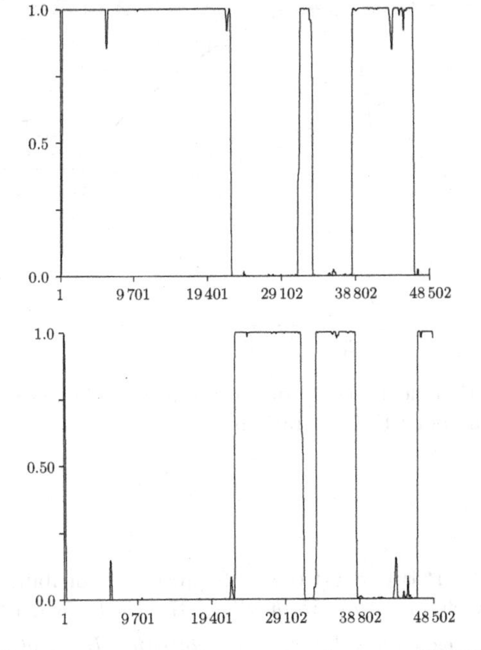

Fig. 5.7. Probabilité des états cachés pour la séquence d'ADN du bactériophage lambda dans un modèle à deux états cachés : $\mathcal{I} = \{-1, 1\}$, obtenu avec 1 000 itérations (de haut en bas : $n \to \mathbb{P}(S_n = i | Y_1^{N_0} = y_1^{N_0})$, pour $i = -1, +1$)

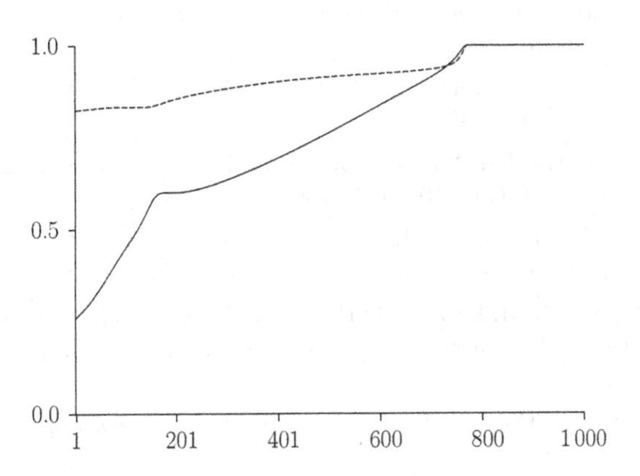

Fig. 5.8. Évolution de l'estimation des termes diagonaux de la matrice de transition des états cachés en fonction des itérations, obtenue pour 1 000 itérations

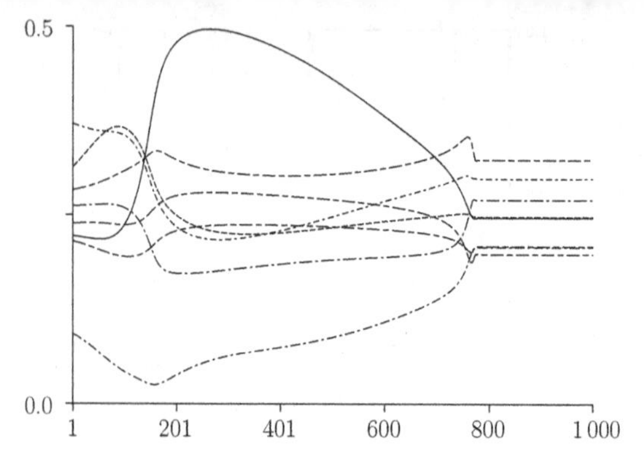

Fig. 5.9. Évolution de l'estimation des termes de la matrice b en fonction des itérations, obtenue pour 1 000 itérations

Références

1. L. Baum et T. Petrie. Statistical inference for probabilistic functions of finite state Markov chains. *Ann. Math. Stat.*, 37 : 1554–1563, 1966.
2. P. Bickel et K. Doksum. *Mathematical statistics. Basic ideas and selected topics.* Holden-Day Series in Probability and Statistics. Holden-Day, San Francisco, 1977.
3. P. Billingsley. *Convergence of probability measures.* John Wiley & Sons Inc., New York, 1968.
4. A.A. Borovkov. *Mathematical statistics.* Gordon and Breach Science Publishers, Amsterdam, 1998.
5. R. Casella et C. Robert. *Monte Carlo statistical methods.* Springer texts in statistics. Springer, 1999.
6. G. Churchill. Hidden Markov chains and the analysis of genome structure. *Comput. Chem.*, 16(2) : 105–115, 1992.
7. F. Dellaert. *Monte Carlo EM for data-association and its application in computer vision.* PhD thesis, Carnegie Mellon (Pittsburgh, U.S.A.), 2001.
8. A.P. Dempster, N.M. Laird et D.B. Rubin. Maximum likelihood from incomplete data via the EM algoritm (with discussion). *J. of the Royal Stat. Soc. B*, 39 : 1–38, 1977.
9. D. Forsyth et J. Ponce. *Computer vision – A modern approach.* Prentice Hall, 2003.
10. G. McLachlan et T. Krishnan. *The EM algorithm and extensions.* Wiley Series in Probability and Mathematical Statistics. Wiley & Sons, 1997.
11. G. McLachlan et D. Peel. *Finite mixture models.* Wiley Series in Probability and Mathematical Statistics. Wiley & Sons, 2001.
12. F. Muri. *Comparaison d'algorithmes d'identification de chaînes de Markov cachées et application à la détection de régions homogènes dans les séquences d'ADN.* Thèse, Université René Descartes (Paris V), 1997.

13. K. Pearson. Contributions to the theory of mathematical evolution. *Phil. Trans. of the Royal Soc. of London A*, 185 : 71–110, 1894.

14. R. Redner et H. Walker. Mixture densities, maximum likelihood and the EM algorithm. *SIAM Rev.*, 26(2) : 195–239, 1984.

15. F. Sanger, A. Coulson, G. Hong, D. Hill et G. Petersen. Nucleotide sequence of bacteriophage lambda DNA. *J. Mol. Biol.*, 162(4) : 729–773, 1982.

16. P. Vandekerkhove. *Contribution à l'étude statistique des chaînes de Markov cachées.* Thèse, Université de Montpellier II, 1997.

6

Séquences exceptionnelles dans l'ADN

Les enzymes de restriction sont des enzymes (endonucléases) capables de couper l'ADN à l'endroit où apparaît une séquence précise, appelée site de restriction. Les enzymes de restriction sont très largement utilisées en biologie moléculaire, par exemple pour le fractionnement de l'ADN, pour la préparation de fragments d'ADN en vue de leur insertion dans l'ADN d'un organisme ou pour la recherche de mutations dans l'ADN. Plusieurs centaines d'enzymes de restriction, avec la séquence du site de restriction associée, sont actuellement répertoriées (voir le site REBASE `http://rebase.neb.com`).

Les enzymes de restriction participent à la défense des bactéries contre les infections virales. En effet, si un virus possède dans son ADN un ou plusieurs sites de restriction, alors, dès qu'il pénètre dans la bactérie, son ADN est découpé par les enzymes de restriction correspondantes de la bactérie. Ensuite, d'autres enzymes interviennent pour dégrader complètement les fragments d'ADN du virus. Il est clair que ce mécanisme de défense peut également se retourner contre la bactérie elle-même. Même si des mécanismes de réparation de l'ADN de la bactérie permettent de compenser les dégradations dues à la présence de ces sites de restriction, on s'attend à ce que les sites de restriction associés aux enzymes de restriction de la bactérie soient des séquences très peu fréquentes dans l'ADN de la bactérie. Voici trois exemples de sites de restriction de Escherichia coli (E. coli) : `GGTCTC`, `CGGCCG`, `CCGCGG` correspondant aux enzymes de restriction Eco 31 I, Eco 52 I et Eco 55 I.

Il existe également des enzymes (exonucléases) qui dégradent l'ADN à partir d'une extrémité du brin d'ADN. Très schématiquement, quand certaines nucléases rencontrent, lors de la dégradation de l'ADN, un motif particulier, appelé motif Chi (acronyme de « cross-over hotspot instigator »), la dégradation s'arrête et un mécanisme de réparation entre alors en jeu (voir [6] pour E. coli). Ce mécanisme permet à la bactérie de se protéger contre ses propres mécanismes de dégradations des ADN étrangers. En particulier, on s'attend à ce que le motif Chi soit une séquence très fréquente dans l'ADN de la bactérie. Pour E. coli, le motif Chi est la séquence `GCTGGTGG`. D'autres motifs Chi ont également été identifiés dans d'autres micro-organismes (voir par exemple [5]) comme la séquence GCGCGTG pour le Lactococcus lactis.

On comprend à partir de ces deux exemples que certains mots, i.e. certaines courtes séquences de bases, sont pour des raisons biologiques très rares ou très fréquentes. Pour exhiber des mots susceptibles d'avoir une signification biologique, il est intéressant de détecter les mots exceptionnels : des mots très fréquents ou très rares. Après avoir proposé un modèle de chaîne de Markov pour la séquence d'ADN, on peut alors préciser si le nombre d'occurrences d'un mot donné correspond aux prédictions du modèle ou si, au contraire, ce mot est exceptionnel. Des logiciels de recherche de mots exceptionnels ont été développés à partir de tels modèles par le groupe de recherche SSB (Statistiques des Séquences Biologiques) et sont disponibles sur le site de l'INRA (http://www-mig.jouy.inra.fr/ssb/rmes/).

Les paragraphes qui suivent présentent plusieurs approches pour détecter les mots exceptionnels. Ils reposent sur des travaux effectués depuis les années 1990. Nous renvoyons à l'article de Prum, Rodolphe et de Turckheim [8], ainsi qu'aux thèses de Schbath [11] et Nuel [7], pour un exposé rigoureux et plus complet des méthodes utilisées. On pourra également consulter l'ouvrage de Robin, Rodolphe et Schbath, [9], sur le sujet.

Un test d'indépendance pour les paires de bases consécutives de l'ADN met en évidence que l'on ne peut modéliser les séquences de l'ADN comme la réalisation de variables aléatoires à valeurs dans $E = \{\mathtt{A}, \mathtt{C}, \mathtt{G}, \mathtt{T}\}$, indépendantes et de même loi. Dans ce qui suit, nous choisissons donc un modèle plus complexe mais élémentaire de chaîne de Markov : nous supposons que la séquence de l'ADN, de longueur N, $y_1 \dots y_N$, est la réalisation des N premiers termes d'une chaîne de Markov $Y = (Y_n, n \geq 1)$ à valeurs dans E. On note P sa matrice de transition (inconnue). Nous observons, sur une séquence d'ADN assez longue, toutes les successions possibles de paires. Cela implique que pour tous $y, y' \in E$, $P(y, y') > 0$ et donc que $P(y, y') \in]0, 1[$.

Dans le paragraphe 6.1, nous calculons d'abord, grâce au théorème ergodique, le nombre d'occurrences théorique moyen d'un mot (i.e. d'une séquence donnée) pour un modèle général, ainsi que les fluctuations attendues autour de cette moyenne théorique. Puis nous présentons une méthode statistique, autrement dit un test, pour exhiber les mots exceptionnels par rapport aux prédictions du modèle. Il s'agit de mots dont le trop petit ou trop grand nombre d'occurrences n'est pas expliqué par le hasard, tel qu'il est modélisé.

Dans le paragraphe 6.2, nous présentons une variante, qui permet de s'affranchir d'un défaut du test établi dans le paragraphe 6.1 (voir la remarque 6.1.3, point 3).

Les paragraphes 6.1 et 6.2 reposent sur l'analyse des fluctuations associées aux théorèmes ergodiques. Cette analyse est valide quand la séquence d'ADN est très longue devant le mot étudié. Or dès que l'on considère des mots de quelques lettres (par exemple le motif Chi de E. coli), le nombre théorique d'occurrences du mot est faible (quelques unités ou quelques centaines) et l'utilisation du théorème central limite (TCL) n'est plus valide. De fait nous présentons dans le paragraphe 6.3 des tests reposant sur les « lois des petits nombres » qui sont plus adaptés aux ordres de grandeurs observés en analyse de l'ADN.

Enfin le paragraphe 6.4 présente sous forme de problème une généralisation des résultats du paragraphe 6.1 pour les modèles de chaînes de Markov d'ordre supérieur.

Les théorèmes principaux des paragraphes 6.2 et 6.3 seront admis (voir [8] et [11] pour un exposé complet).

6.1 Fluctuations du nombre d'occurrences d'un mot

Soit une chaîne de Markov $Y = (Y_n, n \geq 1)$ à valeurs dans un espace fini E non réduit à un singleton, de matrice de transition P, telle que pour tous $y, y' \in E$, $P(y, y') \in]0, 1[$. En particulier la chaîne de Markov est irréductible et, d'après la remarque 1.5.7, elle possède une unique probabilité invariante π et $\pi(y) > 0$ pour tout $y \in E$. On utilise la notation y_k^l pour le vecteur $(y_k, \ldots, y_l)$ (avec $k \leq l$).

On appelle mot de longueur $h \geq 1$ une séquence $v = v_1 \cdots v_h$, où $v_i \in E$ pour $1 \leq i \leq h$. Le mot v est également identifié au vecteur $(v_1, \ldots, v_h)$. On note N_v le nombre d'occurrences du mot v dans une séquence, $Y_1, \ldots, Y_N$, de longueur N :

$$N_v = \sum_{k=h}^{N} \mathbf{1}_{\{Y_{k-h+1}^k = v\}}.$$

(Ainsi pour la séquence *abaaa*, on a $N_{ab} = 1$ et $N_{aa} = 2$.) Pour $h \geq 2$, on définit $\pi(v)$ la probabilité en régime stationnaire pour que Y_1^h soit égal au mot v :

$$\pi(v) = \pi(v_1) \prod_{i=1}^{h-1} P(v_i, v_{i+1}). \tag{6.1}$$

Soit $w = w_1 \cdots w_h$ un mot de longueur $h \geq 3$. D'après le théorème ergodique, et plus précisément le corollaire 1.5.11 avec $g(y_1^h) = \mathbf{1}_{\{y_1^h = w\}}$, nous avons l'asymptotique suivante pour le nombre d'occurrences N_w du mot w :

$$\frac{1}{N} N_w \xrightarrow[N \to \infty]{p.s.} \pi(w). \tag{6.2}$$

Nous voulons étudier les fluctuations de N_w par rapport à $N\pi(w)$. Comme $\pi(w)$ n'est pas connu, il faut en donner un estimateur. Remarquons que, si $w- = w_1 \cdots w_{h-1}$ désigne le mot w privé de sa dernière lettre, on a

$$\pi(w) = \pi(w-) P(w_{h-1}, w_h) = \frac{\pi(w-)\pi(w_{h-1}w_h)}{\pi(w_{h-1})}.$$

Le théorème ergodique (corollaire 1.5.11) permet alors de donner un estimateur convergent de $\pi(w)$ sous la forme de $\frac{1}{N}\frac{N_{w-}N_{w_{h-1}w_h}}{N_{w_{h-1}}}$, Il est alors naturel d'étudier la différence entre les deux estimateurs de $\pi(w)$: $\frac{N_w}{N}$ et $\frac{N_{w-}N_{w_{h-1}w_h}}{NN_{w_{h-1}}}$. Dans ce but, on pose

$$\zeta_N = \frac{1}{\sqrt{N}}\left(N_w - \frac{N_{w-}N_{w_{h-1}w_h}}{N_{w_{h-1}}}\right). \tag{6.3}$$

Théorème 6.1.1. *La suite $(\zeta_N, N \geq h)$ converge en loi vers G de loi gaussienne centrée de variance*

$$\sigma^2 = \pi(w)\Big[1 - \frac{\pi(w-)}{\pi(w_{h-1})}\Big][1 - P(w_{h-1}, w_h)].$$

La démonstration complète de ce théorème est reportée à la fin de ce paragraphe.

On définit également

$$\hat{\sigma}_N^2 = \frac{N_w}{N}\left[1 - \frac{N_{w-}}{N_{w_{h-1}}}\right]\left[1 - \frac{N_{w_{h-1}w_h}}{N_{w_{h-1}}}\right] \quad \text{et} \quad \hat{\sigma}_N = \sqrt{\hat{\sigma}_N^2}.$$

Remarquons que le théorème ergodique (corollaire 1.5.11) implique que la suite $(\hat{\sigma}_N^2, N \geq h)$ converge p.s. vers σ^2. Comme $\sigma^2 > 0$, on déduit alors du théorème de Slutsky (théorème A.3.12) le corollaire suivant.

Corollaire 6.1.2. *La suite $Z = (Z_N = \zeta_N/\hat{\sigma}_N, N \geq h)$ converge en loi vers G de loi gaussienne centrée réduite.*

L'exemple 6.2.5 donne une illustration de ce corollaire au travers d'une simulation.

Nous indiquons maintenant comment ce dernier résultat asymptotique permet d'établir une procédure de test pour identifier les mots ou séquences d'ADN exceptionnels. La procédure de test est présentée ici au travers de la notion de p-valeur (voir par exemple [3] pour un traité de statistique).

On note Z_N^{obs} la valeur de Z_N calculée sur la séquence observée $y_1 \cdots y_N$ (par exemple la séquence d'ADN). Plus précisément on remplace les nombres d'occurrences des mots, N_v, par les nombres d'occurrences de ces mêmes mots, N_v^{obs}, observés sur la séquence d'ADN considérée. On s'intéresse ensuite à la p-valeur, p_N^{obs}, associée :

$$p_N^{\text{obs}} = \mathbb{P}(Z_N > Z_N^{\text{obs}}).$$

Remarquons que $p_N^{\text{obs}} = 1 - F_N(Z_N^{\text{obs}})$, où F_N est la fonction de répartition de Z_N. La fonction de répartition F_N n'est pas connue explicitement, on ne peut donc pas calculer la p-valeur. Comme $(Z_N, N \geq h)$ converge en loi vers

G de loi gaussienne centrée réduite de fonction de répartition continue F, on déduit de la proposition C.2, que $(F_N, N \geq h)$ converge simplement vers F. (En fait la convergence est uniforme par le théorème de Dini.) La fonction de répartition, F, de la loi gaussienne, est tabulée (ou programmée), on peut donc calculer numériquement la p-valeur approchée $\tilde{p}_N^{\text{obs}} = 1 - F(Z_N^{\text{obs}})$.

Si le modèle est correct, alors les nombres d'occurrences observés correspondent à des réalisations de variables aléatoires décrites par le modèle. En particulier, la p-valeur approchée du mot w, $\tilde{p}_N^{\text{obs}}$, est une réalisation de la variable aléatoire $\tilde{p}_N = 1 - F(Z_N)$. En particulier, le corollaire 6.1.2 assure que la p-valeur approchée $(\tilde{p}_N, N \geq h)$ converge en loi vers $1 - F(Z)$, où Z est une variable aléatoire gaussienne centrée. Remarquons que F est la fonction de répartition de Z. La proposition C.5 assure que la loi de $F(Z)$, et donc de $1 - F(Z)$, est la loi uniforme sur $[0, 1]$.

Ainsi, la p-valeur approchée $\tilde{p}_N^{\text{obs}}$ est asymptotiquement la réalisation d'une variable aléatoire uniforme. En conclusion, on obtient le test suivant pour détecter si un mot est exceptionnel :

- Si la p-valeur $\tilde{p}_N^{\text{obs}}$ est anormalement faible (proche de 0), cela signifie que la valeur de Z_N^{obs} est anormalement élevée. Cela traduit le fait que N_w^{obs} est anormalement plus grand que $N_{w-}^{\text{obs}} N_{w_{h-1}w_h}^{\text{obs}} / N_{w_{h-1}}^{\text{obs}}$. On dira alors que le mot w est exceptionnellement fréquent.
- Si la p-valeur $\tilde{p}_N^{\text{obs}}$ est anormalement élevée (proche de 1), cela signifie que N_w^{obs} est anormalement plus petit que $N_{w-}^{\text{obs}} N_{w_{h-1}w_h}^{\text{obs}} / N_{w_{h-1}}^{\text{obs}}$. On dira alors que le mot w est exceptionnellement rare.

Remarque 6.1.3. Les trois remarques suivantes permettent d'appréhender les limites de cette approche.

- En pratique, on calcule la p-valeur approchée pour tous les mots d'une longueur donnée, et on exhibe ceux dont les p-valeurs sont très faibles ou très élevées. Mais attention, si l'on regarde seulement des mots de longueur $h = 6$ pour un espace d'état à 4 éléments, alors on dispose de $4^6 = 4\,096$ mots et donc de $4\,096$ p-valeurs. Si les nombres d'occurrences des mots de longueur 6 étaient indépendants (ce qui bien sûr n'est pas le cas), alors on observerait $4\,096$ réalisations de variables uniformes indépendantes. Il serait tout à fait naturel d'observer parmi les $4\,096$ p-valeurs des p-valeurs faibles (de l'ordre de $1/4\,096 \simeq 0.0002$) et des p-valeurs élevées (de l'ordre de 0.9998). Signalons que les p-valeurs extrêmes observées pour l'ADN de E. coli, qui correspondent aux résultats numériques du Tableau 6.1, dépassent très largement ces bornes. En revanche pour des simulations, voir l'exemple 6.2.5, les p-valeurs minimales et maximales sont de cet ordre. Nous retiendrons que le seuil de détection des mots exceptionnels dépend du nombre de mots considérés.
- Le TCL pour les chaînes de Markov permet d'obtenir le comportement asymptotique de la p-valeur approchée $\tilde{p}_N$ quand N est grand.

Toutefois, il ne permet pas d'obtenir la précision de cette approximation. Dans le cas de variables aléatoires indépendantes, une indication de cette précision est donnée, par exemple, par le théorème de Berry-Esséen. De manière générale, on observe que l'approximation du TCL est mauvaise pour les grandes valeurs de $|Z_N|$ ou quand on regarde des phénomènes de faible probabilité. On n'obtient pas alors le bon ordre de grandeur de la p-valeur. Dans ces cas, il est souvent préférable d'utiliser d'autres approches asymptotiques. En particulier, si le mot w est long, alors sa probabilité d'apparition est faible, et on s'intéresse alors à des phénomènes rares. Ce dernier aspect peut être abordé par la théorie des grandes déviations (voir [7]) ainsi que par la « loi des petits nombres ». Cette dernière approche est l'objet du paragraphe 6.3.

- En regardant la démonstration du théorème 6.1.1, on peut remarquer que le choix de ζ_N correspond exactement au cadre du TCL pour les chaînes de Markov. Cet opportunisme mathématique ne doit pas masquer la réalité du test construit dans ce paragraphe. En fait, le test construit dans ce paragraphe affirme que le mot w est exceptionnel si l'écart entre N_w et $N_{w-}N_{w_{h-1}w_h}/N_{w_{h-1}}$ est significatif. La quantité $N_{w-}N_{w_{h-1}w_h}/N_{w_{h-1}}$ représente le nombre de mots w escompté connaissant le nombre d'occurrences du mot $w-$, et les nombres d'occurrences de w_{h-1} et $w_{h-1}w_h$. En particulier, si le mot $w-$ est lui-même exceptionnel (rare ou fréquent), il se peut que, conditionnellement au nombre d'occurrences de $w-$, le mot w ne soit pas exceptionnel. Le test construit dans ce paragraphe permet de détecter en fait les mots w qui sont exceptionnels au vu du nombre d'occurrences du mot $w-$. Dans le paragraphe 6.3, on présente un autre test qui permet de s'affranchir de cet artefact.

◊

Démonstration du théorème 6.1.1. On considère la suite de variables aléatoires $X = (X_n, n \geq h-1)$ à valeurs dans E^{h-1} définie par

$$X_n = (Y_{n-h+2}, \ldots, Y_n) = Y_{n-h+2}^n.$$

D'après le lemme 1.5.10, X est une chaîne de Markov irréductible sur E^{h-1} de matrice de transition définie pour $x = x_1^{h-1}, x' = {x'}_1^{h-1} \in E^{h-1}$, par

$$P^X(x, x') = \mathbf{1}_{\{{x'}_1^{h-2} = x_2^{h-1}\}} P(x_{h-1}, x'_{h-1}),$$

et de probabilité invariante $\pi^X(x) = \pi(x_1) \prod_{i=1}^{h-2} P(x_i, x_{i+1})$.

Le nombre d'occurrences du mot w peut se récrire comme

$$N_w = \sum_{k=h}^{N} g_1(X_{k-1}, X_k),$$

où $g_1(x,x') = \mathbf{1}_{\{x_1^{h-1}=w-,x'_{h-1}=w_h\}}$ (rappelons que $w-$ est le mot w tronqué de sa dernière lettre). La proposition 1.6.3 permet alors de préciser la vitesse de convergence de N_w/N vers $\pi(w)$. Toutefois, pour utiliser la proposition 1.6.3 dans cet exemple, il faut évaluer $\sum_{k=h}^{N} P^X g_1(X_{k-1})$. On calcule pour $x = x_1^{h-1} \in E^{h-1}$

$$\begin{aligned} P^X g_1(x) &= \sum_{x' \in E^{h-1}} P^X(x,x') g_1(x,x') \\ &= \sum_{x'_1,\dots,x'_{h-1} \in E} \mathbf{1}_{\{x'^{h-2}_1 = x_2^{h-1}\}} P(x_{h-1}, x'_{h-1}) \mathbf{1}_{\{x_1^{h-1}=w-,x'_{h-1}=w_h\}} \\ &= \mathbf{1}_{\{x_1^{h-1}=w-\}} P(w_{h-1}, w_h). \end{aligned}$$

Ainsi, on obtient

$$\begin{aligned} \sum_{k=h}^{N} P^X g_1(X_{k-1}) &= \sum_{k=h}^{N} \mathbf{1}_{\{Y_{k-h+1}^{k-1}=w-\}} P(w_{h-1}, w_h) \\ &= N_{w-} P(w_{h-1}, w_h) - \mathbf{1}_{\{Y_{N-h+2}^{N}=w-\}} P(w_{h-1}, w_h), \end{aligned}$$

où N_{w-} est le nombre d'occurrences du mot $w-$.

Remarquons que l'on ne connaît pas la quantité $P(w_{h-1}, w_h)$. On cherche donc à l'estimer, à l'aide de $X_{h-1}, \dots, X_N$. Il est naturel d'estimer $P(w_{h-1}, w_h)$ par $N_{w_{h-1}w_h}/N_{w_{h-1}}$. Le nombre d'occurrences du mot $w_{h-1}w_h$, $N_{w_{h-1}w_h}$, peut s'écrire

$$N_{w_{h-1}w_h} = \sum_{k=h}^{N} g_2(X_{k-1}, X_k) + \sum_{k=2}^{h-1} \mathbf{1}_{\{Y_{k-1}=w_{h-1}, Y_k=w_h\}},$$

avec $g_2(x,x') = \mathbf{1}_{\{x_{h-1}=w_{h-1}, x'_{h-1}=w_h\}}$. Remarquons que l'on a $P^X g_2(x) = \mathbf{1}_{\{x_{h-1}=w_{h-1}\}} P(w_{h-1}, w_h)$ et

$$\begin{aligned} &\sum_{k=h}^{N} P^X g_2(X_{k-1}) \\ &\quad = N_{w_{h-1}} P(w_{h-1}, w_h) - \left[\sum_{k=1}^{h-2} \mathbf{1}_{\{Y_k=w_{h-1}\}} + \mathbf{1}_{\{Y_N=w_{h-1}\}} \right] P(w_{h-1}, w_h). \end{aligned}$$

Les suites $(\frac{1}{\sqrt{N}} \mathbf{1}_{\{Y_{N-h+2}^{N}=w-\}}, N \geq h)$, $(\frac{1}{\sqrt{N}} \sum_{k=2}^{h-1} \mathbf{1}_{\{Y_{k-1}=w_{h-1}, Y_k=w_h\}}, N \geq h)$ et $(\frac{1}{\sqrt{N}} [\sum_{k=1}^{h-2} \mathbf{1}_{\{Y_k=w_{h-1}\}} + \mathbf{1}_{\{Y_N=w_{h-1}\}}], N \geq h)$ sont positives et majorées par la suite $(h/\sqrt{N}, N \geq h)$. Donc elles convergent p.s. vers 0. On déduit du théorème de Slutsky et du corollaire 1.6.5, avec la fonction vectorielle $h = (g_1, g_2)$, que la suite $(H_N, N \geq h)$, où

$$H_N = \frac{1}{\sqrt{N}} \begin{pmatrix} N_w - N_{w-}P(w_{h-1}, w_h) \\ N_{w_{h-1}w_h} - N_{w_{h-1}}P(w_{h-1}, w_h) \end{pmatrix},$$

converge en loi vers G un vecteur gaussien centré de matrice de covariance $\Sigma = (\Sigma_{i,j}, 1 \leq i, j \leq 2)$, avec $\Sigma_{i,j} = (\pi^X, P^X(g_i g_j)) - (\pi^X, (P^X g_i)(P^X g_j))$. On explicite ensuite la matrice de covariance. Comme $g_1^2 = g_1$, on obtient

$$\begin{aligned} \Sigma_{11} &= (\pi^X, P^X(g_1)) - (\pi^X, (P^X g_1)^2) \\ &= \pi(w) - \pi(w-)P(w_{h-1}, w_h)^2 \\ &= \pi(w)[1 - P(w_{h-1}, w_h)], \end{aligned}$$

car $\pi(w) = \pi(w-)P(w_{h-1}, w_h)$. Remarquons ensuite que l'on a $g_1 g_2 = g_1$ et $(P^X g_1)(P^X g_2) = (P^X g_1)^2$, et donc $\Sigma_{12} = \Sigma_{21} = \Sigma_{11}$. Enfin, comme $g_2^2 = g_2$, on obtient, avec $\pi(w_{h-1}w_h) = \pi(w_{h-1})P(w_{h-1}, w_h)$ (cf. la définition (6.1)) :

$$\begin{aligned} \Sigma_{22} &= (\pi^X, P^X(g_2)) - (\pi^X, (P^X g_2)^2) \\ &= \pi(w_{h-1}w_h) - \pi(w_{h-1})P(w_{h-1}, w_h)^2 \\ &= \pi(w_{h-1}w_h)[1 - P(w_{h-1}, w_h)]. \end{aligned}$$

Il vient donc

$$\Sigma = [1 - P(w_{h-1}, w_h)] \begin{pmatrix} \pi(w) & \pi(w) \\ \pi(w) & \pi(w_{h-1}w_h) \end{pmatrix}.$$

On déduit du corollaire 1.5.11 que la suite $(N_{w-}/N_{w_{h-1}}, N \geq h)$ converge p.s. vers $\pi(w-)/\pi(w_{h-1})$, qui est bien défini car $\pi(w_{h-1}) > 0$. Cela implique, grâce au théorème de Slutsky, la convergence en loi du vecteur $\big(H_N, N_{w-}/N_{w_{h-1}}, N \geq h\big)$ vers $(G, \pi(w-)/\pi(w_{h-1}))$. On pose

$$\zeta_N = \left(1, -\frac{N_{w-}}{N_{w_{h-1}}}\right) H_N = \frac{1}{\sqrt{N}} \left(N_w - \frac{N_{w-}N_{w_{h-1}w_h}}{N_{w_{h-1}}}\right).$$

L'application $f : ((h_1, h_2), x) \to h_1 - xh_2$ est une application continue de $\mathbb{R}^2 \times \mathbb{R}$ dans $\mathbb{R}$. Donc $\Big(\zeta_N = f(H_N, N_{w-}/N_{w_{h-1}}), N \geq h\Big)$ converge en loi vers $f(G, \pi(w-)/\pi(w_{h-1})) = (1, -\pi(w-)/\pi(w_{h-1}))G$ de loi gaussienne centrée et de variance

$$\begin{aligned} \sigma^2 &= \big(1, -\pi(w-)/\pi(w_{h-1})\big)\Sigma \begin{pmatrix} 1 \\ -\pi(w-)/\pi(w_{h-1}) \end{pmatrix} \\ &= \big(1, -\pi(w-)/\pi(w_{h-1})\big) \begin{pmatrix} \pi(w)[1 - \frac{\pi(w-)}{\pi(w_{h-1})}] \\ 0 \end{pmatrix} [1 - P(w_{h-1}, w_h)] \\ &= \pi(w)\Big[1 - \frac{\pi(w-)}{\pi(w_{h-1})}\Big][1 - P(w_{h-1}, w_h)], \end{aligned} \tag{6.4}$$

où l'on a utilisé $\pi(w) = \dfrac{\pi(w-)\pi(w_{h-1}w_h)}{\pi(w_{h-1})}$ pour la deuxième égalité. □

6.2 Une autre approche asymptotique

On rappelle que $w = w_1 \cdots w_h$ est un mot de longueur $h \geq 3$. Si l'on considère (6.2), il est naturel de comparer N_w/N et sa limite (inconnue) $\pi(w)$. Dans le paragraphe précédent, la probabilité $\pi(w)$ a été estimée par l'estimateur convergent $\frac{1}{N} \frac{N_{w_-} N_{w_{h-1}w_h}}{N_{w_{h-1}}}$ (voir la remarque 6.1.3, point 3). Il apparaît en fait plus naturel de considérer l'estimateur du maximum de vraisemblance (EMV) de $\pi(w)$.

On commence par le lemme préliminaire suivant, dont on pourra survoler la démonstration qui est reportée à la fin de ce paragraphe.

Lemme 6.2.1. *La suite* $((\sqrt{N}[\frac{N_{yy'}}{N_y} - P(y,y')],\ y, y' \in E), N \geq 2)$ *converge en loi vers un vecteur gaussien centré dont la matrice de covariance* $\Sigma = (\Sigma_{xx',yy'},\ x, x', y, y' \in E)$ *est définie par*

$$\Sigma_{xx',yy'} = \frac{1}{\pi(x)} P(x,x')[\mathbf{1}_{\{x'=y'\}} - P(y,y')]\mathbf{1}_{\{x=y\}}.$$

De plus $\hat{P}_N = (\hat{P}_N(y,y') = N_{yy'}/N_y,\ y, y' \in E)$ *est un estimateur convergent de* P*, asymptotiquement normal de même variance asymptotique que l'estimateur du maximum de vraisemblance de* P*.*

Par abus de langage, on dira que $\hat{P}_N$ est l'EMV de P.

D'un point de vue pratique, signalons que comme $N_y = \sum_{z\in E} N_{yz} + \mathbf{1}_{\{y_N=y\}} = \sum_{z\in E} N_{zy} + \mathbf{1}_{\{y_1=y\}}$, le calcul de $\hat{P}_N$ ne nécessite que la connaissance des nombres d'occurrences des mots de deux lettres et la valeur de la première base (i.e. y_1) de la séquence considérée. En fait, l'ensemble des nombres d'occurrences observées des mots de deux lettres et la valeur de la première lettre forme un ensemble (on parle de statistique) qui contient toute l'information suffisante à l'estimation des paramètres du modèle, c'est-à-dire de la matrice de transition. Plus précisément, on peut montrer que la loi de $(Y_1, \ldots, Y_N)$, sachant la statistique Y_1 et $(N_{yy'}, y, y' \in E)$, ne dépend pas du paramètre P. On dit que la statistique est exhaustive. Cela implique en particulier que, dans le cadre du modèle considéré, il est cohérent d'écrire tous les estimateurs et tous les tests à l'aide de cette statistique exhaustive. De plus les estimateurs construits à partir des statistiques exhaustives possèdent en général de bonnes propriétés.

Pour tenir compte de ces remarques, on observe que pour un mot $v = v_1 \cdots v_k$ de longueur $k \geq 2$, la suite d'estimateurs construits à partir de la statistique exhaustive, $(\hat{\pi}_N(v), N \geq h)$, où

$$\hat{\pi}_N(v) = \frac{N_{v_1}}{N} \prod_{l=1}^{k-1} \frac{N_{v_l v_{l+1}}}{N_{v_l}} = \frac{1}{N} \frac{N_{v_1v_2} \cdots N_{v_{k-1}v_k}}{N_{v_2} \cdots N_{v_{k-1}}}, \tag{6.5}$$

converge p.s. vers $\pi(v)$ défini par (6.1). On explique dans la remarque 6.2.6 que $\hat{\pi}_N(v)$ est en fait l'EMV de $\pi(v)$.

On considère maintenant l'écart entre N_w/N et $\hat{\pi}_N(w)$ en posant

$$\zeta'_N = \frac{1}{\sqrt{N}}(N_w - N\hat{\pi}_N(w)).$$

Avant de donner le théorème de convergence concernant ζ'_N, on introduit quelques notations liées au fait que les mots w peuvent se chevaucher.

Pour $d \in \{1, \ldots, h-1\}$, on note $\delta(w\,; d) = 1$ si $w = w_1 \cdots w_d w_1 \cdots w_{h-d}$ (i.e. si le mot w peut apparaître simultanément en position i et $i+d$), et $\delta(w\,; d) = 0$ sinon. Si $\delta(w\,; d) = 1$, alors on considérera le mot de longueur $h+d$: $w^{(d)}w = w_1 \cdots w_d w_1 \cdots w_h$. (Si on considère le mot $w = aba$, alors on a $\delta(w\,;1) = 0$, $\delta(w\,;2) = 1$ et $w^{(2)}w = ababa$.) Enfin, on note $n_v(w')$ le nombre d'occurrences du mot v dans le mot w'.

On rappelle que $w- = w_1 \cdots w_{h-1}$ désigne le mot w tronqué de sa dernière lettre. On admet le théorème suivant (voir [8 et 11], où ce théorème est démontré dans un cadre plus général).

Théorème 6.2.2. *Avec les notations qui précèdent, la suite $(\zeta'_N, N \geq h)$ converge en loi vers G de loi gaussienne $\mathcal{N}(0, \sigma'^2)$, où*

$$\begin{aligned}\sigma'^2 &= \pi(w) + 2\sum_{d=1}^{h-2} \delta(w\,;d)\pi(w^{(d)}w) \\ &\quad + \pi(w)^2 \left(\sum_{y \in E} \frac{n_y(w-)^2}{\pi(y)} - \sum_{y,z \in E} \frac{n_{yz}(w)^2}{\pi(yz)} - \frac{2n_{w_1}(w-) - 1}{\pi(w_1)} \right).\end{aligned}$$

Le deuxième terme dans la définition de σ'^2 provient du fait que les mots w peuvent se chevaucher. Le chevauchement possible des mots rend délicates les démonstrations des théorèmes asymptotiques.

D'après les commentaires qui suivent (6.5), l'estimateur suivant est un estimateur convergent de σ'^2 :

$$\begin{aligned}\hat{\sigma}'^2_N &= \hat{\pi}_N(w) + 2\sum_{d=1}^{h-2} \delta(w\,;d)\hat{\pi}_N(w^{(d)}w) \\ &\quad + \hat{\pi}_N(w)^2 \left(\sum_{y \in E} \frac{n_y(w-)^2}{\hat{\pi}_N(y)} - \sum_{y,z \in E} \frac{n_{yz}(w)^2}{\hat{\pi}_N(yz)} - \frac{2n_{w_1}(w-) - 1}{\hat{\pi}_N(w_1)} \right).\end{aligned}$$

On pose $\hat{\sigma}'_N = \sqrt{\hat{\sigma}'^2_N}$. On déduit du théorème de Slutsky et du théorème 6.2.2 le corollaire suivant.

Corollaire 6.2.3. *La suite $Z' = (Z'_N = \zeta'_N/\hat{\sigma}'_N, N \geq h)$ converge en loi vers G de loi gaussienne centrée réduite.*

On peut alors reproduire le raisonnement qui suit le corollaire 6.1.2, utilisant les p-valeurs construites à l'aide de la statistique Z'_N, pour exhiber les mots w exceptionnellement fréquents ou rares d'une séquence observée. Ici le test compare le nombre d'occurrences d'un mot w avec le nombre d'occurrences des mots de une et deux lettres qui le composent, contrairement au test du paragraphe 6.1 qui compare le nombre d'occurrences du mot w avec le nombre d'occurrences de $w-$ et du mot formé de ses deux lettres finales $w_{h-1}w_h$. Ces deux approches sont différentes si $h > 3$. Enfin, pour des mots w de longueur $h = 3$, l'exercice qui suit permet de se convaincre que l'approche de ce paragraphe (théorème 6.2.2) et celle du paragraphe précédent (théorème 6.1.1) coïncident. En revanche les corollaires 6.2.3 et 6.1.2 proposent des estimations de σ^2 différentes.

Exercice 6.2.4. On considère les mots de trois lettres : on suppose $h = 3$. Montrer que $\hat{\pi}_N(w) = N_{w-}N_{w_{h-1}w_h}/N_{w_{h-1}}$. En particulier, on a $\zeta_N = \zeta'_N$ (voir (6.3) pour la définition de ζ_N). Remarquer que si $\delta(w\,;1) = 1$, alors il existe $a \in E$ tel que $w = aaa$. Montrer, en distinguant suivant les cas $\delta(w\,;1) = 1$ et $\delta(w\,;1) = 0$, que σ'^2 défini dans le théorème 6.2.2 peut se récrire de la manière suivante :

$$\sigma'^2 = \pi(w) - \pi(w)^2 \left(\frac{1}{\pi(w_1w_2)} + \frac{1}{\pi(w_2w_3)} - \frac{1}{\pi(w_2)} \right).$$

Vérifier que la variance σ^2 définie par (6.4) est égale à σ'^2.

Ainsi pour les mots de longueur 3, le théorème 6.2.2 et le théorème 6.1.1 sont identiques. En revanche les théorèmes diffèrent si l'on considère des mots de longueur $h > 3$. ♦

Exemple 6.2.5. Les figures 6.1 et 6.2 présentent les histogrammes des variables Z_N (définies au paragraphe précédent) et Z'_N calculées pour tous les mots de longueur 6 et 8, correspondant à la simulation d'une chaîne de Markov à valeurs dans $E = \{\mathtt{A}, \mathtt{C}, \mathtt{G}, \mathtt{T}\}$ avec $N = 4\,639\,221$ (N correspond à la longueur de la séquence d'ADN de E. coli).

La matrice de transition utilisée pour les simulations est proche de celle estimée pour E. coli (voir (6.11)) :

$$P = \begin{pmatrix} 0.30 & 0.22 & 0.21 & 0.27 \\ 0.27 & 0.22 & 0.31 & 0.20 \\ 0.22 & 0.32 & 0.24 & 0.22 \\ 0.18 & 0.23 & 0.30 & 0.29 \end{pmatrix}.$$

Il existe $4^6 = 4\,096$ mots distincts de longueur 6 et $4^8 = 65\,536$ mots distincts de longueur 8. Bien que les variables Z_N (ainsi que Z'_N) ne soient pas indépendantes pour tous les mots, on observe une bonne adéquation entre les histogrammes et la densité de la loi gaussienne centrée réduite.

La figure 6.3 (resp. 6.4) présente pour la même simulation les points de coordonnées (Z_N, Z'_N) pour tous les mots de longueur 6 (resp. 8). On remarque

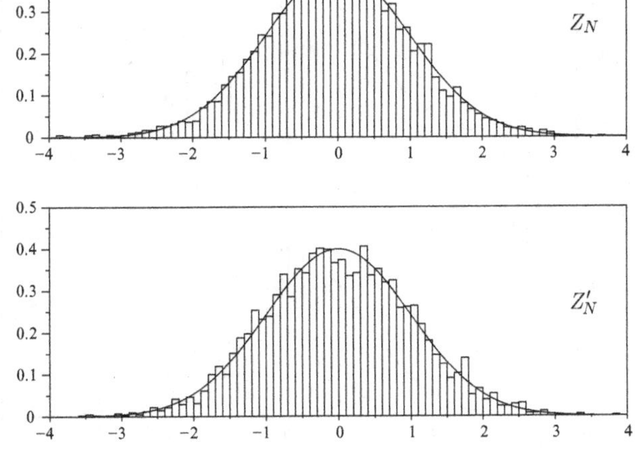

Fig. 6.1. Histogrammes de Z_N et Z'_N pour tous les mots de longueur 6 observés sur une simulation d'un ADN de même longueur que celui de E. coli, comparé avec la densité de la loi $\mathcal{N}(0,1)$

que le nuage de points est positionné autour de la diagonale, et que les valeurs typiques varient dans $[-5,5]$. Les p-valeurs approchées pour les mots de 6 lettres, calculées à partir du Tableau 6.1 page 192, sont comprises entre 0.00007 et 0.9998 pour Z_N et entre 0.0002 et 0.99995 pour Z'_N. ◇

Démonstration du lemme 6.2.1. On considère la fonction vectorielle sur E^2 : $h = (h_{yy'} = \mathbf{1}_{\{(y,y')\}}, y, y' \in E)$. On a

$$Ph_{yy'}(x) = \sum_{z\in E} P(x,z)\mathbf{1}_{\{(y,y')\}}(x,z) = P(y,y')\mathbf{1}_{\{y\}}(x).$$

Remarquons que $\sum_{k=2}^{N} h_{yy'}(X_{k-1}, X_k) = N_{yy'}$ et

$$\sum_{k=2}^{N} Ph_{yy'}(X_{k-1}) = N_y P(y,y') - \mathbf{1}_{\{Y_N=y\}}P(y,y').$$

On déduit du corollaire 1.6.5 la convergence en loi suivante :

$$\left(\frac{1}{\sqrt{N}}\left[N_{yy'} - N_y P(y,y') + \mathbf{1}_{\{Y_N=y\}}P(y,y')\right], y, y' \in E\right) \xrightarrow[N\to\infty]{\textbf{Loi}} \mathcal{N}(0,\Sigma'),$$

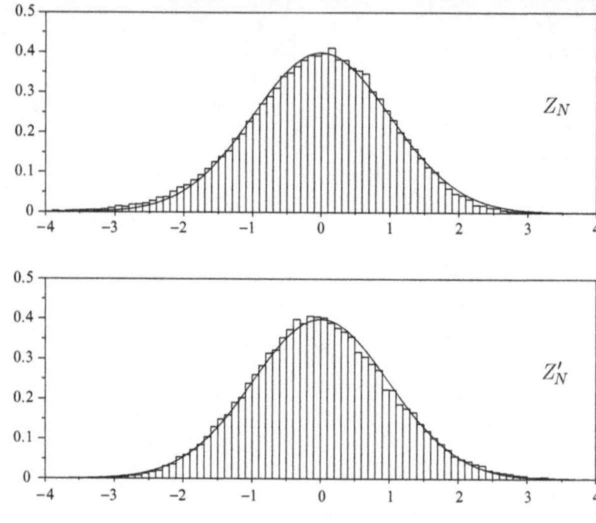

Fig. 6.2. Histogrammes de Z_N et Z'_N pour les mots de longueur 8 observés sur une simulation d'un ADN de même longueur que celui de E. coli, comparé avec la densité de la loi $\mathcal{N}(0,1)$

où la matrice $\Sigma' = (\Sigma'_{xx',yy'}, x, x', y, y' \in E)$ est définie par

$$\begin{aligned}\Sigma'_{xx',yy'} &= (\pi, P(h_{xx'}h_{yy'})) - (\pi, (Ph_{xx'})(Ph_{yy'}))\\ &= \pi(x)P(x,x')\mathbf{1}_{\{xx'=yy'\}} - \pi(x)P(x,x')P(y,y')\mathbf{1}_{\{x=y\}}\\ &= \mathbf{1}_{\{x=y\}}\pi(x)P(x,x')[\mathbf{1}_{\{x'=y'\}} - P(y,y')].\end{aligned}$$

Comme les suites $(\mathbf{1}_{\{Y_N=y\}}P(y,y')/\sqrt{N}, N \geq 2)$ convergent p.s. vers 0 pour tout $y \in E$, on en déduit que

$$\left(\frac{N_y}{N}\sqrt{N}\left[\frac{N_{yy'}}{N_y} - P(y,y')\right], y, y' \in E\right) \xrightarrow[N\to\infty]{\textbf{Loi}} \mathcal{N}(0,\Sigma').$$

Le théorème ergodique implique la convergence p.s. des suites $(N/N_y, N \geq 1)$ vers $1/\pi(y)$ pour $y \in E$. On déduit alors du théorème de Slutsky que

$$\left(\sqrt{N}\left[\frac{N_{yy'}}{N_y} - P(y,y')\right], y, y' \in E\right) \xrightarrow[N\to\infty]{\textbf{Loi}} \mathcal{N}(0,\Sigma),$$

où $\Sigma = (\Sigma_{xx',yy'} = \Sigma'_{xx',yy'}/[\pi(x)\pi(y)], x, x', y, y' \in E)$. On obtient ainsi la première partie du lemme.

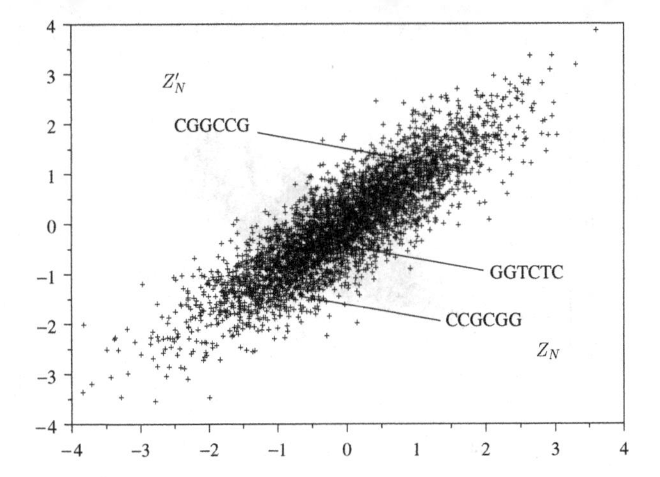

Fig. 6.3. (Z_N, Z'_N) pour tous les mots de longueur 6 observés sur une simulation d'un ADN de même longueur que celui de E. coli

On recherche maintenant l'EMV, $\tilde{P}_N$, de la matrice de transition P. La vraisemblance associée à la chaîne de Markov $(Y_n, n \in \{1, \ldots, N\})$ est

$$\begin{aligned} p_N(P\,; y_1, \ldots, y_n) &= \mathbb{P}(Y_1 = y_1, \ldots, Y_n = y_n) \\ &= \mathbb{P}(Y_1 = y_1) P(y_1, y_2) \cdots P(y_{N-1}, y_N) \\ &= \mathbb{P}(Y_1 = y_1) \prod_{y, y' \in E} P(y, y')^{N_{yy'}}, \end{aligned}$$

où $N_{yy'}$ est le nombre d'occurrences du mot yy'. On en déduit la log-vraisemblance :

$$\begin{aligned} L_N(P\,; y_1, \ldots, y_N) &= \log p_N(P\,; y_1, \ldots, y_n) \\ &= \log(\mathbb{P}(Y_1 = y_1)) + \sum_{y, y' \in E} N_{yy'} \log(P(y, y')). \end{aligned}$$

L'EMV de P est la matrice $\tilde{P}_N = (\tilde{P}_N(y, y'), y, y' \in E)$ qui maximise la log-vraisemblance et telle que $(\tilde{P}_N(y, y'), y' \in E)$ est une probabilité pour tout $y \in E$. Comme ces contraintes sont séparées pour $y \in E$, on en déduit que pour tout $y \in E$, on recherche la probabilité $(\tilde{P}_N(y, y'), y' \in E)$ qui maximise $\sum_{y' \in E} N_{yy'} \log(P(y, y'))$, et donc qui maximise $\sum_{y' \in E} p(y') \log(P(y, y'))$, où $(p(y') = N_{yy'} / \sum_{z \in E} N_{yz}, y' \in E)$ est une probabilité sur E. On déduit du lemme 5.2.8 que, sous la contrainte que $(P(y, y'), y' \in E)$ soit une probabilité, la quantité $\sum_{y' \in E} p(y') \log(P(y, y'))$ est maximale pour $P(y, y') = p(y')$ pour tout $y' \in E$. Ainsi, pour $y, y' \in E$, l'EMV de $P(y, y')$ est

$$\tilde{P}_N(y, y') = \frac{N_{yy'}}{\sum_{z \in E} N_{yz}}.$$

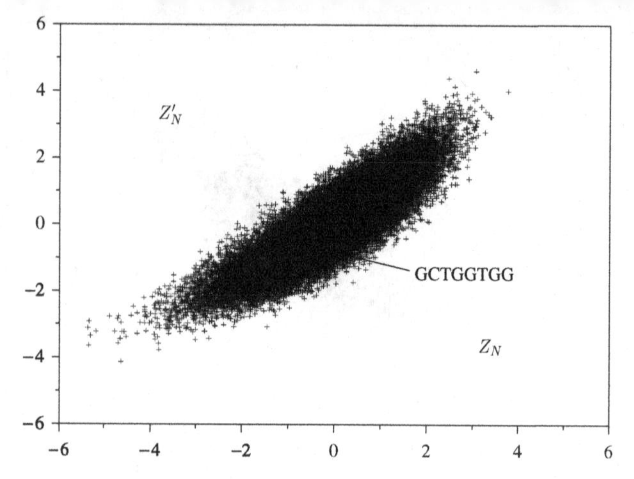

Fig. 6.4. (Z_N, Z'_N) pour tous les mots de longueur 8 observés sur une simulation d'un ADN de même longueur que celui de E. coli

Pour vérifier que $\tilde{P}_N$ et $\hat{P}_N$ ont même variance asymptotique, il suffit de vérifier que p.s. pour tous $y, y' \in E$,

$$\lim_{N\to\infty} N^{1/2}[\tilde{P}_N(y,y') - \hat{P}_N(y,y')] = 0. \tag{6.6}$$

Comme $\sum_{z\in E} N_{yz} = N_y - \mathbf{1}_{\{y_N = y\}}$, on a

$$\tilde{P}_N(y,y') - \hat{P}_N(y,y') = \frac{N_{yy'}}{N_y \sum_{z\in E} N_{yz}} \mathbf{1}_{\{y_N=y\}}.$$

On déduit du corollaire 1.5.11, que p.s. $\lim_{N\to\infty} N \dfrac{N_{yy'}}{N_y \sum_{z\in E} N_{yz}} = \pi(yy')/\pi(y)^2$. Cette limite étant fini, cela implique (6.6) et termine la démonstration du lemme. □

Remarque 6.2.6. L'estimateur $\hat{\pi}_N(v)$ de $\pi(v)$, défini par (6.5), est un estimateur convergent. Nous allons vérifier qu'il est également asymptotiquement normal de même variance que l'EMV de $\pi(v)$.

Dans une première étape, on vérifie que la probabilité invariante π peut s'écrire comme une fonction régulière de P. On rappelle le théorème de Perron-Frobenius (voir par exemple [12]).

Théorème 6.2.7. *Soit $P' = (P'(y,y'), (y,y') \in E^2)$ une matrice dont tous les coefficients sont strictement positifs. Alors elle possède une valeur propre réelle positive simple, $\lambda_{P'}$, strictement plus grande que le module de toutes les autres valeurs propres de P'. Le vecteur propre à gauche, $\pi_{P'}$, associé à la* *valeur propre* $\lambda_{P'}$ *peut être normalisé de telle sorte que* $\pi_{P'} = (\pi_{P'}(y) > 0, y \in E)$ *soit une probabilité sur* E. *Si de plus* P' *est une matrice stochastique, alors* $\lambda_{P'} = 1$.

Ainsi si P' est une matrice stochastique dont les coefficients sont strictement positifs, alors $\pi_{P'}$ est la probabilité invariante de la chaîne de Markov de matrice de transition P'.

La matrice P est une matrice stochastique dont tous les coefficients sont strictement positifs, et bien sûr $\pi_P = \pi$. Comme λ_P est racine simple, il existe un voisinage ouvert de P dans $\mathbb{R}^{E\times E}$, O, et une fonction φ définie sur O de classe au moins $\mathcal{C}^1$ tels que si $P' \in O$, alors P' est une matrice dont les coefficients sont strictement positifs et $\varphi(P') = \pi_{P'}$.

Dans une deuxième étape on exhibe un estimateur proche de l'EMV de (P, π). On reprend les notations de la démonstration du lemme 6.2.1. Pour N assez grand l'EMV, $\tilde{P}_N$, de P appartient à O. Par convention (voir la définition 5.2.2), l'EMV de π est l'image par φ de l'EMV de P, c'est-à-dire $\tilde{\pi}_N = \varphi(\tilde{P}_N)$, la probabilité invariante de $\tilde{P}_N$. Comme φ est de classe $\mathcal{C}^1$, la proposition A.3.17 implique que $\tilde{\pi}_N$ est un estimateur asymptotiquement normal de π, et plus généralement que l'EMV de (P, π), $(\tilde{P}_N, \tilde{\pi}_N)$, est un estimateur asymptotiquement normal.

En fait il est naturel de choisir $\hat{\pi}_N = (\hat{\pi}_N(y) = N_y/N, y \in E)$ comme estimateur de la probabilité invariante π. Cet estimateur est convergent grâce au théorème ergodique. Il est facile de vérifier que $\hat{\pi}_N$ est la probabilité invariante de la matrice stochastique $\check{P}_N$ définie pour $y, y' \in E$ par

$$\check{P}_N(y, y') = \frac{N_{yy'} + \mathbf{1}_{\{y_N = y, y_1 = y'\}}}{N_y}.$$

Nous vérifions ensuite que $\check{P}_N$ est proche de $\tilde{P}_N$. On a

$$\tilde{P}_N(y, y') - \check{P}_N(y, y') = \frac{N_{yy'}}{N_y \sum_{z\in E} N_{yz}} \mathbf{1}_{\{y_N = y\}} - \frac{1}{N_y} \mathbf{1}_{\{y_N = y, y_1 = y'\}}.$$

Ainsi l'égalité (6.6) est satisfaite avec $\check{P}_N$ au lieu de $\hat{P}_N$. Pour N assez grand, on a $\check{P}_N \in O$, et $\hat{\pi}_N = \varphi(\check{P}_N)$. Comme φ est au moins de classe $\mathcal{C}^1$ sur un voisinage de P, on en déduit alors que p.s.

$$\lim_{N\to\infty} N^{1/2}[\tilde{\pi}_N(y) - \hat{\pi}_N(y)] = 0.$$

En particulier ceci assure que $\hat{\pi}_N$ est asymptotiquement normal de même variance asymptotique que $\tilde{\pi}_N$. En fait, avec (6.6), on obtient que $(\hat{P}_N, \hat{\pi}_N)$ est un estimateur asymptotiquement normal de (P, π), de même variance asymptotique que l'EMV.

On en déduit que $\hat{\pi}_N(v) = \hat{\pi}(v_1) \prod_{l=1}^{k-1} \hat{P}(v_l, v_{l+1})$ est un estimateur asymptotiquement normal de $\pi(v) = \pi(v_1) \prod_{l=1}^{k-1} P(v_l, v_{l+1})$ de même variance asymptotique que l'EMV. De fait, on dira que $\hat{\pi}_N(v)$ est l'EMV de $\pi(v)$. $\Diamond$

6.3 Une troisième approche asymptotique

Comme nous l'avons souligné dans la remarque 6.1.3, point 2, les résultats du type TCL, comme ceux énoncés dans le corollaire 6.1.2 et le corollaire 6.2.3 ne donnent pas de bonnes approximations de la p-valeur pour des mots ayant une faible probabilité d'apparition, ce qui est le cas par exemple si la probabilité, $\pi(w)$, d'observer le mot w est de l'ordre de $1/N$, où N est la longueur de la séquence observée. Intuitivement, le nombre d'occurrences du mot w sera alors de l'ordre de $N\pi(w) = O(1)$. On n'est pas dans le régime de la loi forte des grands nombres (et donc pas dans le cadre du TCL), mais plutôt dans un régime de type événements rares ou « loi des petits nombres » (voir [1] où de nombreux exemples sont traités concernant la « loi des petits nombres »).

Avant de donner les résultats concernant l'analyse du nombre des occurrences des mots dans l'optique de la «loi des petits nombres», nous présentons d'abord quelques résultats élémentaires sur cette loi.

6.3.1 « Loi des petits nombres » ou loi de Poisson

L'exemple élémentaire suivant rappelle comment la loi de Poisson apparaît naturellement comme « loi des petits nombres ».

Exemple 6.3.1. Soit $X_1^n = (X_k^n, k \in \{1, \ldots, n\})$ des variables aléatoires de Bernoulli de même paramètre p_n, indépendantes. On note $S_n = \sum_{k=1}^n X_k^n$ le nombre d'occurrences de 1 dans la suite X_1^n. La loi de S_n est la loi binomiale de paramètre (n, p_n) : pour $k \in \{0, \ldots, n\}$,

$$\mathbb{P}(S_n = k) = \binom{n}{k} p_n^k (1 - p_n)^{n-k} = \frac{1}{k!} \, \mathrm{e}^{(n-k)\log(1-p_n)} \prod_{i=1}^{k} (n - i + 1) p_n.$$

En particulier, si $\lim_{n\to\infty} np_n = \theta \in]0, \infty[$, on obtient que pour tout $k \in \mathbb{N}$,

$$\lim_{n\to\infty} \mathbb{P}(S_n = k) = \frac{1}{k!} \, \mathrm{e}^{-\theta} \, \theta^k.$$

La suite $(S_n, n \geq 1)$ converge donc en loi vers une variable de loi de Poisson de paramètre θ. Ce résultat est un exemple de la « loi des petits nombres » : quand la probabilité d'un événement, p_n, est de l'ordre de $1/n$, et que l'on dispose de n observations, le nombre d'occurrences de l'événement suit asymptotiquement une loi de Poisson. $\diamond$

Dans la suite de ce paragraphe nous montrons comment ce résultat peut s'étendre à une suite de variables aléatoires de Bernoulli, $(X_n, n \geq 1)$, indépendantes mais pas de même loi. Pour cela, on désire comparer, au sens de la norme en variation (voir l'appendice D), la loi de $S_n = \sum_{k=1}^n X_k$ et la loi de Poisson de paramètre $\theta_n = \sum_{k=1}^n p_k$, où $p_k = \mathbb{P}(X_k = 1)$ est le paramètre de la loi de Bernoulli de X_k.

En utilisant les fonctions génératrices, il est immédiat de vérifier que la loi de $U_n = \sum_{k=1}^n V_k$, où les variables V_k sont indépendantes de loi de Poisson de paramètres respectifs p_k, est la loi de Poisson de paramètre $\theta_n = \sum_{k=1}^n p_k$.

Nous majorons la distance, pour la norme en variation, entre la loi de Bernoulli de paramètre p_n et la loi de Poisson de paramètre p_n. Pour cela, on note de manière générale μ_T, la loi d'une variable aléatoire à valeurs entières T : $\mu_T(k) = \mathbb{P}(T = k)$ pour $k \in \mathbb{N}$. On a

$$\begin{aligned}\|\mu_{X_n} - \mu_{V_n}\| &= \frac{1}{2}\left[\left|1 - p_n - \mathrm{e}^{-p_n}\right| + p_n(1 - \mathrm{e}^{-p_n}) + \sum_{i\geq 2} \frac{1}{i!} p_n^i \,\mathrm{e}^{-p_n}\right] \\ &= \frac{1}{2}\left[\mathrm{e}^{-p_n} + p_n - 1 + p_n(1 - \mathrm{e}^{-p_n}) + 1 - \mathrm{e}^{-p_n} - p_n \,\mathrm{e}^{-p_n}\right] \\ &= p_n(1 - \mathrm{e}^{-p_n}) \\ &\leq p_n^2,\end{aligned}$$

où l'on a utilisé que $\mathrm{e}^{-x} - 1 + x \geq 0$ pour $x \geq 0$, dans l'inégalité.

Le lemme suivant permet de majorer la distance, pour la norme en variation, entre des lois de sommes de variables aléatoires indépendantes.

Lemme 6.3.2. *Soit $(X'_k, 1 \leq k \leq n)$ et $(V'_k, 1 \leq k \leq n)$ deux suites de variables aléatoires indépendantes à valeurs dans $\mathbb{N}$. On a*

$$\left\|\mu_{\sum_{k=1}^n X'_k} - \mu_{\sum_{k=1}^n V'_k}\right\| \leq \sum_{k=1}^n \left\|\mu_{X'_k} - \mu_{V'_k}\right\|.$$

Démonstration. Si on établit le résultat pour $n = 2$, alors un raisonnement par récurrence évident permet d'obtenir le résultat pour n quelconque. On a

$$\begin{aligned}&\left\|\mu_{X'_1+X'_2} - \mu_{V'_1+V'_2}\right\| \\ &\quad= \frac{1}{2}\sum_{i\in\mathbb{N}} |\mathbb{P}(X'_1 + X'_2 = i) - \mathbb{P}(V'_1 + V'_2 = i)| \\ &\quad= \frac{1}{2}\sum_{i\in\mathbb{N}} \left|\sum_{l=0}^{i} [\mathbb{P}(X'_1 = l, X'_2 = i - l) - \mathbb{P}(V'_1 = l, V'_2 = i - l)]\right| \\ &\quad= \frac{1}{2}\sum_{i\in\mathbb{N}} \left|\sum_{l=0}^{i} [\mathbb{P}(X'_1 = l)\mathbb{P}(X'_2 = i - l) - \mathbb{P}(V'_1 = l)\mathbb{P}(V'_2 = i - l)]\right| \\ &\quad\leq \frac{1}{2}\sum_{i\in\mathbb{N}}\sum_{l=0}^{i} |\mathbb{P}(X'_1 = l)\mathbb{P}(X'_2 = i - l) - \mathbb{P}(V'_1 = l)\mathbb{P}(V'_2 = i - l)| \\ &\quad\leq \frac{1}{2}\sum_{j,l\in\mathbb{N}} |\mathbb{P}(X'_1 = l)\mathbb{P}(X'_2 = j) - \mathbb{P}(V'_1 = l)\mathbb{P}(V'_2 = j)|,\end{aligned}$$

où on a posé $j = i - l$ pour la dernière inégalité. Il vient

$$\begin{aligned}\left\|\mu_{X_1'+X_2'} - \mu_{V_1'+V_2'}\right\| &\leq \frac{1}{2}\sum_{j,l\in\mathbb{N}} \left|\mathbb{P}(X_1' = l) - \mathbb{P}(V_1' = l)\right| \mathbb{P}(X_2' = j) \\ &\qquad + \frac{1}{2}\sum_{j,l\in\mathbb{N}} \left|\mathbb{P}(X_2' = j) - \mathbb{P}(V_2' = j)\right| \mathbb{P}(V_1' = l) \\ &= \left\|\mu_{X_1'} - \mu_{V_1'}\right\| + \left\|\mu_{X_2'} - \mu_{V_2'}\right\|.\end{aligned}$$

Ceci termine la démonstration du lemme. □

On en déduit que

$$\|\mu_{S_n} - \mu_{U_n}\| \leq \sum_{k=1}^{n} \|\mu_{X_k} - \mu_{V_k}\| \leq \sum_{k=1}^{n} p_k^2. \tag{6.7}$$

En particulier, dans le cas où les paramètres p_k sont tous égaux à p, on obtient $\left\|\mu_{\sum_{k=1}^n X_k} - \mu_{\sum_{k=1}^n V_k}\right\| \leq np^2$. Pour $p = \theta/n$, la distance pour la norme en variation entre la loi binomiale de paramètre $(n, \theta/n)$ et la loi de Poisson de paramètre θ est majorée par θ^2/n. Elle tend vers 0 quand $n \to \infty$. On retrouve ainsi le résultat de l'exemple 6.3.1 ci-dessus, pour $p_n = \theta/n$.

De nombreux résultats plus précis que (6.7) sur l'approximation de la loi de la somme de variables de Bernoulli indépendantes par une loi de Poisson existent, ainsi que des résultats dans le même esprit concernant la somme de variables de Bernoulli dépendantes, voir par exemple [2].

Enfin, l'exercice qui suit permet de retrouver complètement le résultat élémentaire de l'exemple 6.3.1.

Exercice 6.3.3. Soit U et U' des variables aléatoires de Poisson de paramètres respectifs θ et θ'. Vérifier que si $\theta \geq \theta' > 0$, alors on a

$$|\,\mathrm{e}^{-\theta}\,\theta^k - \mathrm{e}^{-\theta'}\,\theta'^k| \leq \mathrm{e}^{-\theta}(\theta^k - \theta'^k) + \theta'^k(\mathrm{e}^{-\theta'} - \mathrm{e}^{-\theta}).$$

En déduire que $\|\mu_U - \mu_{U'}\| \leq 1 - \mathrm{e}^{-|\theta - \theta'|}$. Montrer que la distance pour la norme en variation entre la loi binomiale de paramètre (n, p_n) et la loi de Poisson de paramètre θ est majorée par $np_n^2 + 1 - \mathrm{e}^{-|\theta - np_n|}$. Retrouver ainsi le résultat de l'exemple 6.3.1. ♦

6.3.2 « Loi des petits nombres » pour le nombre d'occurrences

Nous reprenons les hypothèses et notations du paragraphe 6.1 : la séquence $y_1, \ldots, y_N$ est la réalisation des N premiers termes d'une chaîne de Markov sur E (fini non réduit à un singleton) irréductible $(Y_n, n \geq 1)$ de matrice de transition P à coefficients strictement positifs et de probabilité invariante π.

Soit $w = w_1 \cdots w_h$ un mot de longueur $h \geq 3$. On note $V_i = 1$ si le mot w commence en position i de la séquence et 0 sinon :

$$V_i = \mathbf{1}_{\{Y_i^{i+h-1}=w\}}.$$

Le nombre d'occurrences de w peut alors s'écrire comme $N_w = \sum_{i=1}^{N-h+1} V_i$. En régime stationnaire (i.e. si la loi de Y_1 est la probabilité invariante π), la loi de V_i est la loi de Bernoulli de paramètre $\pi(w)$. Donc N_w est la somme de N variables (dépendantes) de loi de Bernoulli de paramètre $\pi(w)$.

Si $\pi(w)$ est de l'ordre de $1/N$, alors d'après le paragraphe précédent, la loi du nombre d'occurrences du mot w est à comparer avec une loi de Poisson, même si on s'attend à des phénomènes plus complexes dus à la dépendance des variables $(V_i, i \in \{1, \ldots N\})$ entre elles.

Si le mot w ne peut pas se chevaucher lui-même (i.e., avec les notations précédant le théorème 6.1.1, si $\delta(w\,; d) = 0$ pour $d \in \{1, \ldots, h-1\}$), alors si $N\pi(w) = O(1)$, on peut montrer que la loi de $N(w)$ est proche de la loi de Poisson de paramètre $N\pi(w)$. En revanche, si le mot w peut se chevaucher avec lui-même, alors il faut étudier le nombre d'occurrences de groupes de mots w se chevauchant. On note $\tilde{V}_i = 1$ si un mot w commence en position i et si aucun mot commençant avant la position i ne le chevauche, et $\tilde{V}_i = 0$ sinon :

$$\tilde{V}_i = V_i \prod_{k=1}^{\min(h,i)-1} (1 - V_{i-k}).$$

On dit qu'un train de mots w débute en position i si $\tilde{V}_i = 1$. Le nombre de trains observés est donc

$$\tilde{N}_w = \sum_{i=1}^{N-h+1} \tilde{V}_i.$$

(Pour la séquence $aabaaa$ et le mot $w = aa$, on a $V_1 = V_4 = V_5 = 1$, mais $\tilde{V}_1 = \tilde{V}_4 = 1$ et $\tilde{V}_5 = 0$. On a aussi $N_w = 3$ et $\tilde{N}_w = 2$.)

Pour un mot w, on note $\mathcal{C}_k$ l'ensemble des mots correspondant à un train comportant exactement k occurrences du mot w. Plus précisément, le mot $v = v_1 \cdots v_n$ est un élément de $\mathcal{C}_k$ si et seulement si

- le mot v commence et se termine par le mot w : $v_1 \cdots v_h = w$ et $v_{n-h+1} \cdots v_n = w$,
- pour la suite $(v_1, \ldots, v_n)$, correspondant au mot v, on a $N_w = k$ et $\tilde{N}_w = 1$ (un seul train, mais k occurrences du mot w).

(Par exemple si $w = aba$, alors $\mathcal{C}_1 = \{aba\}$, $\mathcal{C}_2 = \{ababa\}$, $\mathcal{C}_3 = \{abababa\}$, ou encore si $w = abaaba$, alors $\mathcal{C}_1 = \{abaaba\}$, $\mathcal{C}_2 = \{abaabaaba, abaababaaba\}$.)

Notons que tout mot de $\mathcal{C}_k$ possède une longueur n comprise entre $h+k-1$ et $k(h-1)+1$. Enfin, on a $\mathcal{C}_1 = \{w\}$, et si le mot w ne peut pas se chevaucher lui-même, alors on a pour $k \geq 2$, $\mathcal{C}_k = \emptyset$.

Pour $k \geq 1$, on pose $\pi(\mathcal{C}_k) = \sum_{v \in \mathcal{C}_k} \pi(v)$, où la probabilité $\pi(v)$ est déterminée par (6.1), et on définit

$$\theta^{(k)}(w) = \pi(\mathcal{C}_k) - 2\pi(\mathcal{C}_{k+1}) + \pi(\mathcal{C}_{k+2}).$$

La quantité $\theta^{(k)}(w)$ s'interprète comme la probabilité, en régime stationnaire, d'observer un train de k occurrences exactement du mot w, débutant en position i donnée (avec i grand). En effet, on comprend intuitivement que si on observe une séquence v, qui est un train de k occurrences exactement du mot w, débutant en position i, cela signifie

- que la séquence v constitue un train comportant k occurrences du mot w : elle commence donc par un élément de $\mathcal{C}_k$ (ce qui arrive avec probabilité $\pi(\mathcal{C}_k)$),
- que la séquence v ne fait pas partie d'un train débutant en i et comportant au moins $k+1$ occurrences du mot w : la séquence débutant en i ne commence donc pas par un élément de $\mathcal{C}_{k+1}$ (ce qui arrive avec probabilité $\pi(\mathcal{C}_{k+1})$),
- que la séquence v ne fait pas partie d'un train qui débute avant la position i : elle ne représente donc pas la fin d'un train comportant au moins $k+1$ occurrences (ce qui arrive avec probabilité $\pi(\mathcal{C}_{k+1})$),
- enfin, dans les deux derniers événements, on a compté deux fois les trains comportant au moins $k+2$ occurrences qui débutent avant la position i et qui se terminent après la séquence v (ce qui arrive avec probabilité $\pi(\mathcal{C}_{k+2})$).

La probabilité, en régime stationnaire, d'observer un train débutant en position i donnée (avec i grand) est intuitivement donnée par

$$\theta(w) = \sum_{k \geq 1} \theta^{(k)}(w). \tag{6.8}$$

Remarquons que $\theta(w)$ est la probabilité d'observer un mot w débutant en position i, $\pi(w)$, moins la probabilité que ce mot appartienne à un train ayant commencé avant la position i. Ces trains comportent au moins deux occurrences, leur probabilité est donc $\pi(\mathcal{C}_2)$. On vérifie formellement que $\theta(w) = \pi(w) - \pi(\mathcal{C}_2)$:

$$\begin{aligned}\theta(w) &= \sum_{k \geq 1} [\pi(\mathcal{C}_k) - 2\pi(\mathcal{C}_{k+1}) + \pi(\mathcal{C}_{k+2})] \\ &= \sum_{k \geq 1} \pi(\mathcal{C}_k) - 2 \sum_{k \geq 2} \pi(\mathcal{C}_k) + \sum_{k \geq 3} \pi(\mathcal{C}_k) = \pi(w) - \pi(\mathcal{C}_2).\end{aligned}$$

La probabilité, en régime stationnaire, d'observer un mot w débutant en position i, c'est-à-dire $\pi(w)$, peut se décomposer suivant le nombre d'occurrences du mot w dans le train auquel le mot w débutant en position i appartient et suivant sa position dans le train (k possibilités pour un train de k occurrences). On vérifie formellement que $\pi(w) = \sum_{k \geq 1} k\theta^{(k)}(w)$:

$$\begin{aligned}\sum_{k \geq 1} k\theta^{(k)}(w) &= \sum_{k \geq 1} k\pi(\mathcal{C}_k) - 2(k-1) \sum_{k \geq 2} \pi(\mathcal{C}_k) + (k-2) \sum_{k \geq 3} \pi(\mathcal{C}_k) \\ &= \pi(\mathcal{C}_1) = \pi(w).\end{aligned}$$

Le lemme suivant, dont nous aurons besoin par la suite, permet de justifier les calculs formels précédents. On pose

$$\alpha_w = \frac{\pi(\mathcal{C}_2)}{\pi(w)}. \tag{6.9}$$

Lemme 6.3.4. *On a $\alpha_w < 1$. Et pour $k \geq 1$, on a $\pi(\mathcal{C}_{k+1}) = \alpha_w \pi(\mathcal{C}_k)$, en particulier $\pi(\mathcal{C}_k) = \alpha_w^{k-1}\pi(w)$.*

On en déduit que $\theta^{(k)}(w) = (1-\alpha_w)^2\alpha_w^{k-1}\pi(w)$, puis les deux égalités suggérées ci-dessus :

$$\theta(w) = \sum_{k\geq 1} \theta^{(k)}(w) = (1-\alpha_w)\pi(w) = \pi(w) - \pi(\mathcal{C}_2),$$

$$\sum_{k\geq 1} k\theta^{(k)}(w) = \pi(w)(1-\alpha_w)^2 \sum_{k\geq 1} k\alpha_w^{k-1} = \pi(w).$$

Démonstration du lemme 6.3.4. Comme toutes les séquences de $\mathcal{C}_2$ commencent aussi par le mot w, on a $\pi(\mathcal{C}_2) \leq \pi(w)$. Nous démontrons par l'absurde que $\pi(\mathcal{C}_2) < \pi(w)$. On commence par démontrer que tous les trains de mots w sont p.s. finis. Soit w' un mot composé de h occurrences de la même lettre et distinct de w. En particulier, un train de mots w ne peut contenir le mot w'. Comme $\pi(w') = \pi(w'_1)P(w'_1, w'_1)^{h-1} > 0$, on déduit du théorème ergodique que p.s. $\lim_{N\to\infty} N_{w'}/N = \pi(w') > 0$. Ainsi, p.s. il existe $n \geq 1$, tel que $Y_n^{n+h} = w'$. Donc, tous les trains de w sont p.s. finis.

Si $\pi(\mathcal{C}_2) = \pi(w)$, cela signifie que p.s. toute séquence commençant par le mot w commence par un train comportant au moins deux occurrences. Mais la deuxième occurrence est alors p.s. aussi le début d'un train comportant au moins deux occurrences. En itérant ce raisonnement, on obtient qu'une séquence commençant par le mot w est p.s. une succession de mots w se chevauchant. Et donc les trains de w sont p.s. infinis, ce qui contredit le raisonnement précédent. Donc, on a $\pi(\mathcal{C}_2) < \pi(w)$.

On suppose $k \geq 2$. Nous vérifions maintenant qu'il existe une bijection, φ, entre $\mathcal{C}_{k+1}$ et $\mathcal{C}_2 \times \mathcal{C}_k$. Si $v \in \mathcal{C}_{k+1}$, alors le mot v commence par un mot $u \in \mathcal{C}_2$. On définit le mot z, tel que v soit la concaténation de u et z : $v = uz$. Comme $v \in \mathcal{C}_{k+1}$ et que u est un train comportant seulement deux occurrences du mot w, on en déduit que le mot wz est un train comportant exactement k occurrences du mot w. On définit $\varphi(v) = (u, wz)$. Par construction φ est une injection de $\mathcal{C}_{k+1}$ dans $\mathcal{C}_2 \times \mathcal{C}_k$. Pour tout couple $(u, y) \in \mathcal{C}_2 \times \mathcal{C}_k$, comme le mot y commence par le mot w, on peut définir z, tel que $y = wz$, et considérer le mot $v = uz$. Par construction v est un train comportant $k+1$ occurrences du mot w. Donc on a $v \in \mathcal{C}_{k+1}$ ainsi que $\varphi(v) = (u, wz) = (u, y)$. La fonction φ est une surjection, donc une bijection. Rappelons que si $u \in \mathcal{C}_2$ alors la dernière lettre de u est w_h et si $y \in \mathcal{C}_k$, alors y est de la forme wz et on a $\pi(y) = \pi(w)P(w_h, z_1)\pi(z)/\pi(z_1)$. Remarquons ensuite que pour $u \in \mathcal{C}_2$, $y = wz \in \mathcal{C}_k$, on a $\varphi^{-1}(u, y) = uz$ et

$$\pi(\varphi^{-1}(u, y)) = \pi(uz) = \frac{\pi(u)P(w_h, z_1)\pi(z)}{\pi(z_1)} = \frac{\pi(u)\pi(y)}{\pi(w)}.$$

On en déduit donc que pour $k \geq 2$,

$$\pi(\mathcal{C}_{k+1}) = \sum_{v \in \mathcal{C}_{k+1}} \pi(v) = \sum_{u \in \mathcal{C}_2, y \in \mathcal{C}_k} \pi(\varphi^{-1}(u, y))$$
$$= \sum_{u \in \mathcal{C}_2, y \in \mathcal{C}_k} \frac{\pi(u)\pi(y)}{\pi(w)} = \frac{\pi(\mathcal{C}_2)\pi(\mathcal{C}_k)}{\pi(w)} = \alpha_w \pi(\mathcal{C}_k).$$

□

Dans ce qui suit, nous présentons sans démonstration les théorèmes asymptotiques, et nous renvoyons à [11] pour un exposé complet de ces résultats.

On considère une suite de mots $(w_N, N \geq 3)$ de longueur h_N telle que $N\pi(w_N) = O(1)$. Ceci est automatiquement réalisé, si $h_N \geq 1 + c \log N$, pour une constante c assez grande. En effet, comme $m = \max\{P(y, y'), y, y' \in E\} \in]0, 1[$, on a alors $\pi(w_N) \leq m^{h_N - 1}$ et $N\pi(w_N) \leq \exp[(h_N - 1) \log(m) + \log(N)]$. En particulier on a $N\pi(w_N) \leq 1$ dès que $c \geq 1/\log(1/m)$.

On note $\mu_{\tilde{N}_w} = (\mu_{\tilde{N}_w}(k) = \mathbb{P}(\tilde{N}_w = k), k \in \mathbb{N})$ la loi de $\tilde{N}_w$, le nombre de trains de mots w dans une séquence de longueur N. On note également $\rho_\theta = (\rho_\theta(k) = \mathrm{e}^{-\theta}\, \theta^k/k!, k \in \mathbb{N})$ la loi de Poisson de paramètre θ. On a le résultat suivant sur la convergence au sens de la norme en variation de la loi de $\tilde{N}_{w_N}$ vers une loi de Poisson.

Proposition 6.3.5. *Soit $(w_N, N \geq 3)$ une suite de mots de longueur h_N telle que $N\pi(w_N) = O(1)$ et $h_N = o(N)$. Alors, on a*

$$\lim_{N \to \infty} \left\| \mu_{\tilde{N}_{w_N}} - \rho_{N\theta(w_N)} \right\| = 0.$$

Si le mot w ne peut pas se chevaucher lui-même, alors $\tilde{N}_w = N_w$, et la loi de N_w est donc proche (au sens de la norme en variation) asymptotiquement de la loi de Poisson de paramètre $N\theta(w) = N(\pi(w) - \pi(\mathcal{C}_2)) = N\pi(w)$.

Enfin, si les mots se chevauchent, la description de la loi asymptotique de N_w est plus complexe. Pour cela, on considère $\tilde{N}_w^{(k)}$ le nombre d'occurrences de trains comportant exactement k mots w se chevauchant. En particulier, on a $\tilde{N}_w = \sum_{k \geq 1} \tilde{N}_w^{(k)}$ et $N_w = \sum_{k \geq 1} k\tilde{N}_w^{(k)}$. Sous les hypothèses du théorème précédent, on peut vérifier que $(\tilde{N}_{w_N}^{(k)}, k \geq 1)$ se comporte asymptotiquement comme $(V_k, k \geq 1)$, où les variables aléatoires $(V_k, k \geq 1)$ sont indépendantes et la loi de V_k est la loi de Poisson de paramètres $N\theta^{(k)}(w_N)$. Ainsi les trains comportant exactement k occurrences du mot w suivent asymptotiquement une « loi des petits nombres ». De plus, les occurrences, correspondant à des trains ne comportant pas le même nombre de fois le mot w, sont asymptotiquement indépendantes. Cela permet alors de démontrer le résultat suivant.

Proposition 6.3.6. *Soit $(w_N, N \geq 3)$ une suite de mots de longueur h_N telle que $N\pi(w_N) = O(1)$ et $h_N = o(N)$. Alors, on a*

$$\lim_{N \to \infty} \left\| \mu_{N_{w_N}} - \nu_N \right\| = 0,$$

où ν_N est la loi de $\sum_{k\geq 1} kV_k^N$, les variables $(V_k^N, k \geq 1)$ étant indépendantes et distribuées suivant les lois de Poisson de paramètres respectifs $N\theta^{(k)}(w_N)$.

Bien sûr les paramètres $\theta^{(k)}(w_N)$ sont inconnus. Mais ils peuvent être estimés par les estimateurs convergents suivants :

$$\hat{\theta}_N^{(k)}(w_N) = (1 - \hat{\alpha}_{w_N})^2 \hat{\alpha}_{w_N}^{k-1} \hat{\pi}_N(w_N), \quad \text{avec} \quad \hat{\alpha}_{w_N} = \frac{\sum_{v \in \mathcal{C}_2(w_N)} \hat{\pi}_N(v)}{\hat{\pi}_N(w_N)},$$

où $\hat{\pi}_N(v)$ est l'estimateur convergent de $\pi(v)$ donné par (6.5), et $\mathcal{C}_2(w_N)$ est l'ensemble $\mathcal{C}_2$ défini pour le mot w_N : c'est l'ensemble des trains comportant exactement 2 occurrences du mot w_N. On peut alors montrer (voir [11]) que la convergence établie dans la proposition 6.3.6 reste valide si l'on remplace les paramètres par leur estimation. Plus précisément, on a le résultat suivant.

Théorème 6.3.7. *Soit $(w_N, N \geq 3)$ une suite de mots de longueur h_N telle que $N\pi(w_N) = O(1)$ et $h_N = o(N)$. Alors, on a*

$$\lim_{N\to\infty} \left\| \mu_{N_{w_N}} - \tilde{\nu}_N \right\| = 0,$$

où $\tilde{\nu}_N$ est la loi de $\sum_{k\geq 1} k\tilde{V}_k^N$, les variables $(\tilde{V}_k^N, k \geq 1)$ étant indépendantes et distribuées suivant les lois de Poisson de paramètres respectifs $N\hat{\theta}_N^{(k)}(w_N)$.

On peut alors reproduire un raisonnement similaire à celui développé après le corollaire 6.1.2 pour détecter les mots exceptionnels.

6.4 Un autre modèle pour la séquence d'ADN

À la fin du paragraphe 6.2, nous avons souligné le fait que dans le modèle de chaîne de Markov considéré, il n'est pas cohérent d'utiliser le nombre d'occurrences de $w-$ quand on cherche à détecter les mots exceptionnels (voir aussi le troisième point de la remarque 6.1.3) en dehors du cas où w est un mot de longueur 3. Ceci remet en cause l'approche élémentaire du paragraphe 6.1. En fait, si l'on considère des modèles de chaînes de Markov d'ordre $h-2$, où h est la longueur du mot w, voir la définition ci-dessous, alors le nombre d'occurrences de $w-$ est dans la statistique exhaustive et apparaît naturellement dans la construction d'estimateurs du maximum de vraisemblance. Ceci suggère que l'approche du paragraphe 6.1 s'inscrit plutôt dans le cadre d'un modèle de chaîne de Markov d'ordre $h-2$.

L'objectif de ce paragraphe est de généraliser le théorème 6.1.1 et le corollaire 6.1.2 au modèle de chaîne de Markov d'ordre supérieur, en utilisant des techniques similaires. De ce fait, les résultats seront suggérés au travers d'un problème.

Définition 6.4.1. *On dit que la suite $Y = (Y_n, n \geq 1)$ est une chaîne de Markov d'ordre m, si la suite $(Y_{n-m+1}^n, n \geq m)$ est une chaîne de Markov.*

Remarquons qu'une chaîne de Markov est une chaîne de Markov d'ordre 1, et que si Y est une chaîne de Markov d'ordre m, alors elle est également d'ordre $k \geq m$.

Problème 6.4.2. On considère $Y = (Y_n, n \geq 1)$ une chaîne de Markov d'ordre $m \geq 1$ sur E, fini non réduit à un singleton. Pour tous $y \in E^m, z \in E$, on pose

$$Q(y\,;z) = \mathbb{P}(Y_{m+1} = z | Y_1^m = y),$$

et on suppose que $Q(y\,;z) \in \,]0,1[$.

1. Vérifier que la matrice de transition de la chaîne $\tilde{Y} = (Y_{n-m+1}^n, n \geq m)$ est définie de la manière suivante : pour $y = y_1^m$, $y' = {y'}_1^m \in E^m$,
$$P(y, y') = \mathbf{1}_{\{{y'}_1^{m-1} = y_2^m\}} Q(y\,; y'_m).$$
En déduire que la chaîne de Markov $\tilde{Y}$ est irréductible.

On note $\pi = (\pi(y), y \in E^m)$ la probabilité invariante de $\tilde{Y}$.

Pour un mot $v = v_1 \cdots v_l$ de longueur l, le nombre d'occurrences du mot v dans une séquence de longueur N est défini par

$$N_v = \sum_{k=l}^{N} \mathbf{1}_{\{Y_{k-l+1}^k = v\}},$$

et si $l \geq m+1$, on pose

$$\pi(v) = \pi(v_1^m) \prod_{i=1}^{l-m} Q(v_i^{i+m-1}\,; v_{i+m}).$$

Soit $w = w_1 \cdots w_h$ un mot de longueur $h = m+2$. En particulier, on a $\pi(w) = \pi(w_1^{h-2}) Q(w_1^{h-2}\,; w_{h-1}) Q(w_2^{h-1}\,; w_h)$.

2. Pour $y \in E^m$ et $z \in E$, on pose $\hat{Q}_N(y\,;z) = N_{yz}/N_y$. Montrer que $\hat{Q}_N(y\,;z)$ est un estimateur convergent de $Q(y\,;z)$. On pourra également vérifier, en s'inspirant de la démonstration du lemme 6.2.1, que $\hat{Q}_N(y\,;z)$ est un estimateur asymptotiquement normal de même variance asymptotique que l'estimateur du maximum de vraisemblance de $Q(y\,;z)$.
3. Vérifier que, pour tout $y \in E^m$, $\hat{\pi}_N(y) = N_y/N$ est un estimateur convergent de $\pi(y)$.
4. Déduire des questions précédentes un estimateur de $\pi(w)$ construit à partir des estimateurs $(\hat{Q}_N(y\,;z), y \in E^m, z \in E)$ et $\hat{\pi}_N = (\hat{\pi}_N(y), y \in E^m)$.
5. Montrer que p.s. $\lim_{N\to\infty} N_w/N = \pi(w)$.
6. On rappelle que $m = h-2$. Vérifier que $(X_n = Y_{n-h+2}^n, n \geq h-1)$ est une chaîne de Markov irréductible sur E^{h-1}, de matrice de transition définie pour $x = x_1^{h-1}$, $x' = {x'}_1^{h-1} \in E^{h-1}$ par
$$P^X(x, x') = \mathbf{1}_{\{{x'}_1^{h-2} = x_2^{h-1}\}} Q({x'}_1^{h-2}\,; x'_{h-1}),$$

et de probabilité invariante

$$\pi^X(x_1^{h-1}) = \pi(x_1^{h-2})Q(x_1^{h-2}\,; x_{h-1}).$$

On note $w- = w_1 \cdots w_{h-1}$ le mot w tronqué de sa dernière lettre, $-w = w_2 \cdots w_h$, le mot w tronqué de sa première lettre et $-w- = w_2 \cdots w_{h-1}$, le mot w tronqué de ses première et dernière lettre. On a

$$\pi(w-) = \pi(w_1^{h-2})Q(w_1^{h-2}\,; w_{h-1}) \quad \text{et} \quad \pi(-w) = \pi(-w-)Q(-w-\,; w_{h-1}).$$

On considère les fonctions définies pour $x = x_1^{h-1}, x' = x'^{h-1}_1 \in E^{h-1}$:

$$g_1(x, x') = \mathbf{1}_{\{x_1^{h-1}=w-, x'_{h-1}=w_h\}} \quad \text{et} \quad g_2(x, x') = \mathbf{1}_{\{x_2^{h-1}=-w-, x'_{h-1}=w_h\}}.$$

7. Vérifier que

$$P^X g_1(x_1^{h-1}) = \mathbf{1}_{\{x_1^{h-1}=w-\}} Q(-w-\,; w_h),$$
$$P^X g_2(x_1^{h-1}) = \mathbf{1}_{\{x_2^{h-1}=-w-\}} Q(-w-\,; w_h)$$

ainsi que $(\pi^X, P^X g_1) = \pi(w)$, $(\pi^X, (P^X g_1)^2) = \pi(w)Q(-w-\,; w_h)$, et, en utilisant le fait que π est la probabilité invariante associée à P, que $(\pi^X, P^X g_2) = \pi(-w)$ et $(\pi^X, (P^X g_2)^2) = \pi(-w)Q(-w-\,; w_h)$.

8. Calculer $\sum_{k=h}^N g_1(X_{k-1}, X_k)$, $\sum_{k=h}^N P^X g_1(X_{k-1})$, $\sum_{k=h}^N g_2(X_{k-1}, X_k)$, $\sum_{k=h}^N P^X g_2(X_{k-1})$.

On pose

$$\zeta''_N = \frac{1}{\sqrt{N}} \left(N_w - \frac{N_{w-} N_{-w}}{N_{-w-}} \right).$$

9. Montrer en s'inspirant de la démonstration du théorème 6.1.1 que la suite $(\zeta''_N, N \geq h)$ converge en loi vers une variable gaussienne centrée de variance

$$\sigma''^2 = \pi(w) \Big[1 - \frac{\pi(w-)}{\pi(-w-)} \Big] [1 - Q(-w-\,; w_h)].$$

On pose

$$Z''_N = \zeta''_N / \sigma''_N, \tag{6.10}$$

où $\sigma''_N = \sqrt{{\sigma''_N}^2}$ et ${\sigma''_N}^2 = \dfrac{N_{w-} N_{-w}}{N N_{-w-}} \Big[1 - \dfrac{N_{w-}}{N_{-w-}} \Big] \Big[1 - \dfrac{N_{-w}}{N_{-w-}} \Big]$.

10. Donner l'analogue du corollaire 6.1.2 pour un modèle de chaîne de Markov d'ordre $m = h-2$. En déduire un test pour identifier les mots exceptionnels construits à partir de la statistique Z''_N.

Les quantités N_{w-}, N_{-w} apparaissent naturellement dans l'estimation de $\pi(w)$ à l'aide de l'estimateur du maximum de vraisemblance dans un modèle de chaîne de Markov d'ordre $h - 2$. ♦

6.5 Conclusion

D'après les commentaires qui suivent le lemme 6.2.1, on désire connaître la loi du nombre exact d'occurrences d'un mot w connaissant le nombre d'occurrences des mots de longueur deux, ainsi que la valeur de la première lettre (i.e. y_1). Elle est en fait connue explicitement mais difficile à calculer numériquement. Elle permet toutefois de vérifier la validité des théorèmes limites présentés dans ce chapitre (voir [10]). L'approximation par la « loi des petits nombres » semble mieux se comporter pour les mots ayant un faible nombre d'occurrences (mots rares ou mots longs). Il faut également citer l'existence de méthodes de type grandes déviations (voir [7]) pour tester si des groupes de mots sont exceptionnellement rares ou fréquents.

Dans l'exemple 6.2.5 nous avons observé sur une simulation le comportement des variables Z_N, définies au paragraphe 6.1, et Z'_N, définies au paragraphe 6.2, pour une matrice de transition proche de celle estimée pour E. coli (voir ci-dessous).

Les résultats numériques qui suivent concernent la séquence circulaire de l'ADN de E. coli, extraite de [4]. La matrice P estimée par la formule du lemme 6.2.1 est

$$\hat{P}_N \simeq \begin{pmatrix} 0.29579 & 0.22472 & 0.20825 & 0.27124 \\ 0.27566 & 0.23032 & 0.29390 & 0.20012 \\ 0.22709 & 0.32620 & 0.22951 & 0.21720 \\ 0.18578 & 0.23426 & 0.28242 & 0.29755 \end{pmatrix}. \tag{6.11}$$

Les figures présentent toutes les données, sauf certaines ayant des valeurs extrêmes (voir le Tableau 6.1 pour les valeurs maximales et minimales des statistiques). On donne dans la Fig. 6.5 (resp. 6.8) les histogrammes des variables Z_N et Z'_N calculées pour tous les mots de longueur 6 (resp. 8). On remarquera que ni les grandeurs typiques (entre -50 et 50 pour les mots de longueur 6 et entre -15 et 15 pour les mots de longueur 8) ni l'allure des histogrammes ne correspondent à des réalisations de variables aléatoires gaussiennes centrées réduites. Les figures sont très différentes de celles obtenues dans l'exemple 6.2.5 sur des simulations. Ainsi, le modèle de chaîne de Markov vu au paragraphe 6.1 et 6.2 semble inadapté. En particulier, les données de l'ADN d'E. coli, ne peuvent raisonnablement pas être modélisées par une chaîne de Markov. En fait des modélisations plus complexes de l'ADN, prenant en compte plusieurs phénomènes biologiques, sont actuellement utilisées pour l'analyse statistique de l'ADN.

Pour les mots de longueur 6 (resp. 8), la Fig. 6.6 (resp. 6.9) présente les points de coordonnées (Z_N, Z'_N) ; la Fig. 6.7 (resp. 6.10) présente les points de coordonnées (Z_N, Z''_N) et (Z'_N, Z''_N), où les variables Z''_N sont définies au paragraphe 6.4 par (6.10) (il s'agit d'un modèle de chaîne de Markov d'ordre 4 pour les mots de longueur 6, et d'ordre 6 pour les mots de longueur 8). On remarque également que le nuage de points (Z_N, Z'_N) est globalement situé autour de la diagonale, alors que l'on observe un comportement différent pour

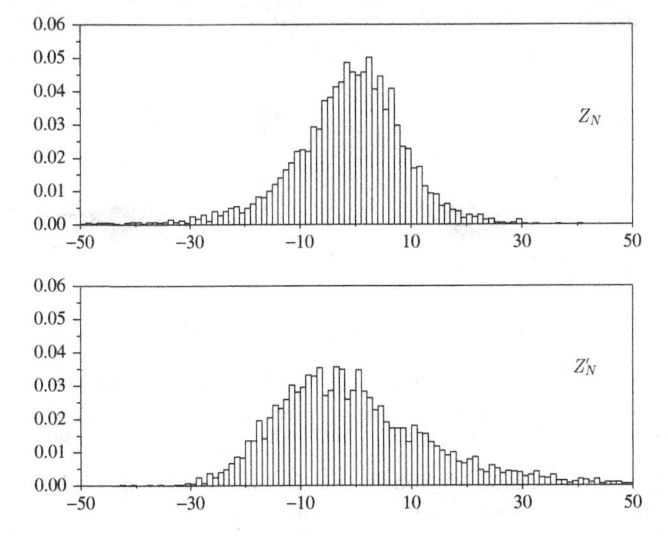

Fig. 6.5. Histogrammes de Z_N et Z'_N pour les mots de longueur 6 observés sur l'ADN de E. coli

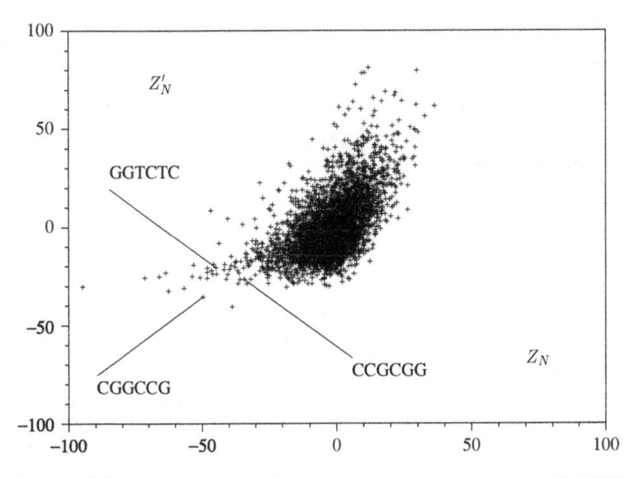

Fig. 6.6. (Z_N, Z'_N) pour les mots de longueur 6 observés sur l'ADN de E. coli

les couples (Z_N, Z''_N) et (Z'_N, Z''_N). Les résultats sont donc sensibles à l'ordre de la chaîne de Markov, ce qui souligne encore une fois que le modèle de chaîne de Markov (d'ordre 1) n'est pas adapté.

Enfin, nous présentons, dans le Tableau 6.2, les résultats numériques obtenus pour les trois sites de restriction et la séquence Chi présentés en introduction de ce chapitre :

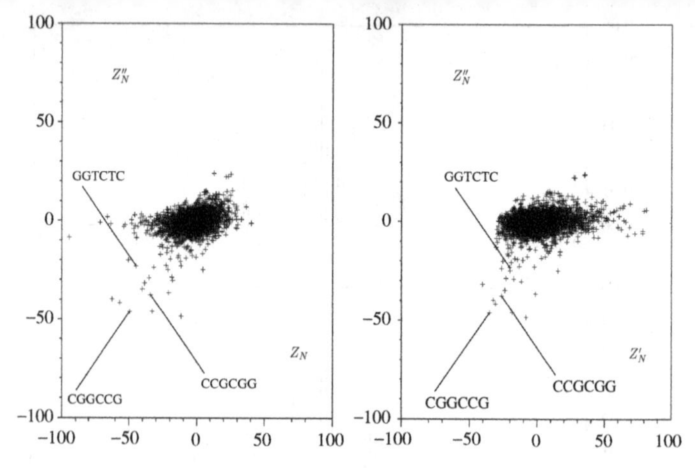

Fig. 6.7. (Z_N, Z''_N) (figure de gauche) et (Z'_N, Z''_N) (figure de droite) pour les mots de longueur 6 observés sur l'ADN de E. coli

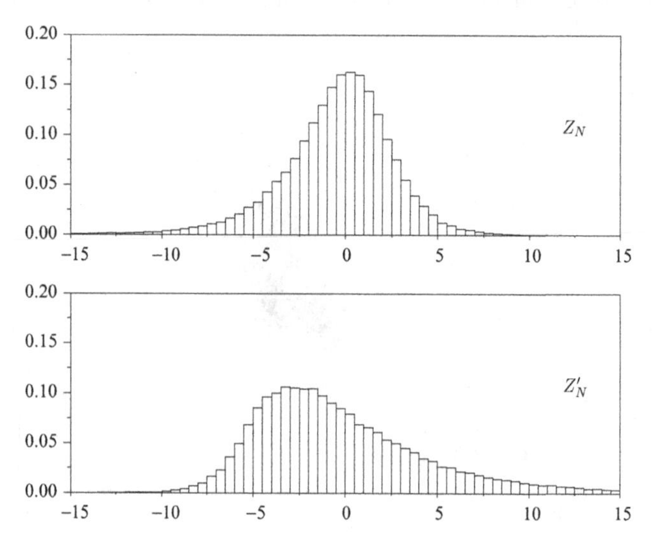

Fig. 6.8. Histogrammes de Z_N et Z'_N pour les mots de longueur 8 observés sur l'ADN de E. coli

- La première ligne indique le nombre d'occurrences des séquences concernées.
- Pour le modèle développé au paragraphe 6.1, on donne le nombre d'occurrences attendu estimé, $N_{w-}N_{w_{h-1}w_h}/N_{w_{h-1}}$, la statistique de test Z_N, ainsi que son rang parmi tous les Z_N des mots de même longueur ($4^6 = 4\,096$ mots distincts pour les sites de restriction considérés qui

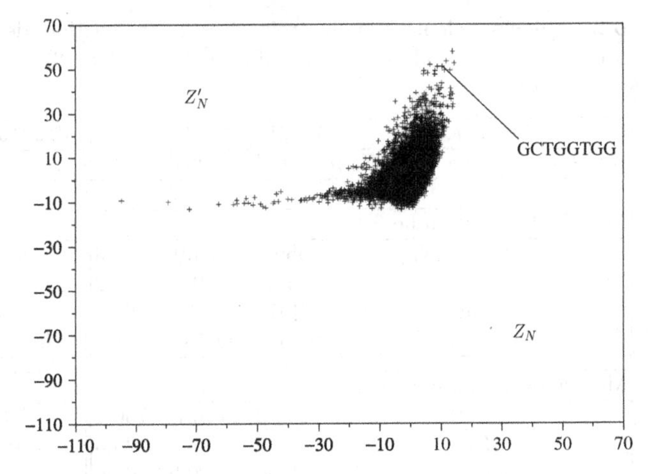

Fig. 6.9. (Z_N, Z'_N) pour tous les mots de longueur 8 observés sur l'ADN de E. coli

Tableau 6.1. Valeurs extrêmales des statistiques pour les mots de longueur 6 et 8

Pour une simulation, voir l'exemple 6.2.5.

Longueur des mots	$\min(Z_N)$	$\max(Z_N)$	$\min(Z'_N)$	$\max(Z'_N)$	$\min(Z''_N)$	$\max(Z''_N)$
6	- 3.8	3.6	- 3.5	3.9	- 3.8	3.7
8	- 5.3	3.7	- 4.1	4.6	- 5.8	3.5

Pour la séquence de E. coli.

Longueur des mots	$\min(Z_N)$	$\max(Z_N)$	$\min(Z'_N)$	$\max(Z'_N)$	$\min(Z''_N)$	$\max(Z''_N)$
6	-218.4	40.2	-42.6	101.7	-267.9	24.0
8	- 94.7	14.4	- 13.5	58.0	- 21.0	8.2

comportent 6 lettres, et $4^8 = 65\,536$ mots distincts pour le motif Chi de 8 lettres).

- Pour le modèle développé au paragraphe 6.2, on donne le nombre d'occurrences attendu estimé, $\hat{\pi}_N(w)$, la statistique de test Z'_N, ainsi que son rang parmi tous les Z'_N des mots de même longueur.
- Pour le modèle développé au paragraphe 6.4 (variante du premier modèle pour des chaînes de Markov d'ordre supérieur), on donne le nombre d'occurrences attendu estimé, $N_{w-}N_{-w}/N_{-w-}$, la statistique de test Z''_N, ainsi que son rang parmi tous les Z''_N des mots de même longueur.

Enfin, les résultats numériques correspondant à l'approximation par la « loi des petits nombres », présentée au paragraphe 6.3, nécessitent des calculs plus délicats pour les mots pouvant se chevaucher. Ils ne sont pas présentés ici, mais ils sont disponibles grâce aux logiciels de l'INRA (voir le site `http://www-mig.jouy.inra.fr/ssb/rmes/`).

Pour les modèles ci-dessus, presque tous les mots ont des p-valeurs extrêmement faibles ou extrêmement élevées (on a déjà remarqué que le modèle

Tableau 6.2. Valeurs calculées pour trois sites de restriction de longueur 6 (4 096 mots de longueur 6), et pour le motif Chi de longueur 8 (65 536 mots de longueur 8) de E. coli

Séquence	GGTCTC	CGGCCG	CCGCGG	GCTGGTGG
Nombre d'occurrences (N_w)	124	284	657	499
Modèle du paragraphe 6.1				
$N_{w-}N_{w_{h-1}w_h}/N_{w_{h-1}}$	559.9	984.0	1425.3	291.9
Z_N	-44.8	-49.5	-34.2	10.6
rang	4077	4085	4055	31
rang (%)	99.5 %	99.7 %	99.0 %	0.05 %
Modèle du paragraphe 6.2				
$\hat{\pi}_N(w)$	644.2	1756.7	1756.7	70.1
Z'_N	-20.6	-35.4	-26.5	51.3
rang	3936	4093	4069	6
rang (%)	96.1 %	99.9 %	99.3 %	0.01 %
Modèle du paragraphe 6.4				
$N_{w-}N_{-w}/N_{-w-}$	332.0	859.2	1404.7	420.2
Z''_N	-23.0	-46.2	-37.6	5.7
rang	4079	4093	4089	27
rang (%)	99.6 %	99.9 %	99.8 %	0.04 %

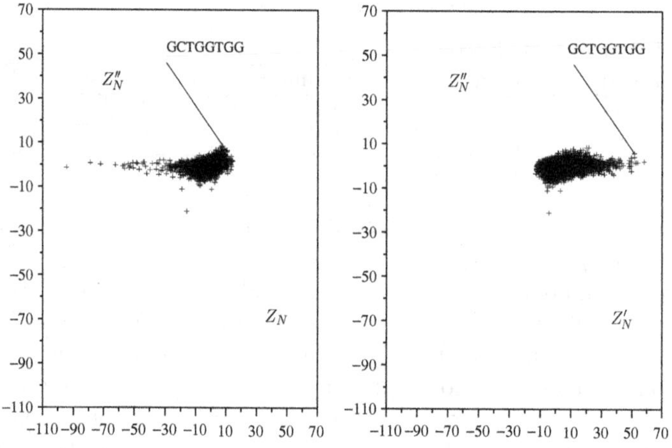

Fig. 6.10. (Z_N, Z''_N) (figure de gauche) et (Z'_N, Z''_N) (figure de droite) pour tous les mots de longueur 8 observés sur l'ADN de E. coli

n'était pas vraiment adapté aux observations). En revanche, si l'on ne peut pas appliquer les procédures de tests décrites dans les paragraphes précédents, il est intéressant de regarder les rangs des statistiques. En particulier, on constate dans le Tableau 6.2 que les trois sites de restriction ont des rangs très élevés dans les trois modèles (i.e. des valeurs très négatives des statistiques, parmi les cinquante dernières sur $4^6 = 4\,096$, sauf pour une valeur), et le motif Chi a un rang très faible (i.e. des valeurs très positives des statistiques, parmi les quarante premiers mots sur $4^8 = 65\,536$). On pourra comparer les positions des mots d'intérêt, sites de restriction et motif Chi, dans les nuages de points correspondant à une simulation (Figs. 6.3 et 6.4) et les nuages correspondant à l'ADN d'E. coli (Figs. 6.5 et 6.8). En ce sens le modèle détecte bien ces mots qui possèdent un rôle biologique.

Références

1. D. Aldous. *Probability approximations via the Poisson clumping heuristic*, volume 77 de *Applied Mathematical Sciences*. Springer-Verlag, 1989.
2. A. Barbour, L. Holst et S. Janson. *Poisson approximation.* Oxford Studies in Probability. Clarendon Press, 1992.
3. P. Bickel et K. Doksum. *Mathematical statistics. Basic ideas and selected topics.* Holden-Day Series in Probability and Statistics. Holden-Day, San Francisco, 1977.
4. F. Blattner, G. Plunkett, C. Bloch, N. Perna, V. Burland, M. Riley, J. Collado-Vides, J. Glasner, C. Rode, G. Mayhew, J. Gregor, N. Davis, H. Kirkpatrick, M. Goeden, D. Rose, B. Mau et Y. Shao. The complete genome sequence of Escherichia coli K-12. *Science*, 277 : 1453–1474, 1997.
5. M. El Karoui, M. Schaeffer, V. Biaudet, A. Bolotin, A. Sorokin et A. Gruss. Orientation specificity of the Lactococcus lactis Chi site. *Genes to Cells*, 5 : 453–461, 2000.
6. S. Kowalczykowski, D. Dixon, A. Eggleston, S. Lauder et W. Rehauer. Biochemistry of homologous recombination in Escherichia coli. *Microbiol. Rev.*, 58 : 401–465, 1994.
7. G. Nuel. *Grandes déviations et chaînes de Markov pour l'étude des occurrences de mots dans les séquences biologiques.* Thèse, Université d'Évry Val d'Essonne, 2001.
8. B. Prum, F. Rodolphe et E. de Turckheim. Finding words with unexpected frequencies in deoxyribonucleic acid sequences. *J.R. Statist. Soc. B*, 57(1) : 205–220, 1995.
9. S. Robin, F. Rodolphe et S. Schbath. *ADN, mots et modèles.* Belin, 2003.
10. S. Robin et S. Schbath. Numerical comparison of several approximations of the word count distribution in random sequences. *J. Comp. Biol.*, 2001.
11. S. Schbath. *Étude asymptotique du nombre d'occurrences d'un mot dans une chaîne de Markov et application à la recherche de mots de fréquences exceptionnelles dans les séquences d'ADN.* Thèse, Université René Descartes (Paris V), 1995.
12. E. Seneta. *Nonnegative matrices and Markov chains.* Springer, New-York, seconde édition, 1981.

7

Estimation du taux de mutation de l'ADN

Depuis les années 1990, les modèles probabilistes pour l'évolution génétique connaissent un essor considérable. Ils permettent d'aborder pour ne citer que ces exemples :

- la reconstruction des arbres généalogiques ou phylogéniques avec des techniques récentes à partir des séquences d'ADN, voir les monographies [17 ou 9] et les nombreux sites consacrés aux algorithmes de reconstruction d'arbres,
- l'effet de l'histoire des populations, expansion ou récession, sur la diversité de l'ADN, voir par exemple [4],
- l'influence des mutations neutres ou favorables sur la diversité de l'ADN, voir les monographies [5 et 4].

Ce chapitre est une introduction au modèle d'évolution de Wright-Fisher, qui est un modèle élémentaire mais représentatif. Le lecteur intéressé pourra consulter les monographies de Ewens [5] (2004), Tavaré [17] (2001) et Durrett [4] (2002) ainsi que leurs références, où des modèles plus généraux sont étudiés et de nombreux thèmes liés à l'évolution génétique des populations sont traités.

Ce chapitre est organisé comme suit. Le paragraphe 7.1 présente le modèle d'évolution de Wright-Fisher développé à partir des années 1920. Le paragraphe 7.2 est consacré à l'étude des arbres généalogiques correspondants, qui repose sur les processus de coalescence. Le modèle de Wright-Fisher permet de vérifier que sans mutation la diversité biologique disparaît, voir le paragraphe 7.3. Enfin, le paragraphe 7.4 montre comment on peut, grâce aux modèles d'arbres généalogiques, estimer le taux de mutation de l'ADN. Ces méthodes d'estimation reposent sur les différences observées entre les séquences d'ADN au sein d'une même population. En revanche, la reconstruction d'un arbre généalogique, à partir des séquences d'ADN dépasse le cadre de ce chapitre.

7.1 Le modèle d'évolution de population

On présente le modèle d'évolution de population de Wright-Fisher, introduit par Fisher [6, 7] à partir de 1922 et par Wright [19] en 1931. Les modèles d'évolution de population ont été généralisés ultérieurement par Cannings [2, 3]. Par simplicité on considère une population haploïde (ce qui correspond à une population asexuée) : chaque individu possède un seul exemplaire de chaque double brin d'ADN. C'est par exemple le cas de la population humaine si l'on s'intéresse à l'ADN mitochondrial. Ce dernier est en fait uniquement transmis par la mère. L'étude de son évolution repose donc sur un modèle de population haploïde, car seule l'évolution de la population féminine conditionne l'évolution de cet ADN. On considère le modèle élémentaire suivant :

- La taille de la population reste constante au cours du temps, égale à N. Cette hypothèse est réaliste quand l'écosystème est stable. (En cas de colonisation ou de changement brusque de l'environnement tel que changement climatique ou épidémie par exemple, la taille de la population peut varier de manière importante. On peut modifier le modèle pour en tenir compte.)
- Les générations ne se chevauchent pas : à chaque instant $k \in \mathbb{N}$, la k-ième génération meurt et donne naissance aux N individus de la $(k+1)$-ième génération. Cette hypothèse est vérifiée par exemple pour les plantes annuelles. (Le modèle de Moran [13] est une version en temps continu du modèle présenté ; il permet de s'affranchir de cette hypothèse.)
- La reproduction est aléatoire. Plus précisément, si on note $a_i^{k+1} \in \{1, \ldots, N\}$ le parent de l'individu i de la génération $k+1$, vivant à la génération k, alors les variables aléatoires $(a_i^{k+1}, i \in \{1, \ldots, N\}, k \in \mathbb{N})$ sont indépendantes et de même loi uniforme sur $\{1, \ldots, N\}$. Tout se passe comme si chaque individu choisissait de manière indépendante son parent dans la génération précédente. En particulier, ce modèle ne permet pas d'appréhender l'évolution de la population en présence d'avantage sélectif.

On note $\nu_i^k = \text{Card}\, \{r \in \{1, \ldots, N\}; a_r^{k+1} = i\}$ le nombre d'enfants de l'individu $i \in \{1, \ldots, N\}$ de la génération k. Bien sûr les variables aléatoires $\nu^k = (\nu_i^k, i \in \{1, \ldots, N\})$ ne sont pas indépendantes car $\sum_{i=1}^N \nu_i^k = N$. Comme chaque enfant de la génération $k+1$ choisit uniformément et indépendamment son parent, on en déduit que la loi de ν^k est la loi multinomiale de paramètre $(N, (1/N, \ldots, 1/N))$: pour $j_1, \ldots, j_N \in \mathbb{N}$ tel que $\sum_{k=1}^N j_k = N$, on a

$$\mathbb{P}(\nu_1^k = j_1, \ldots, \nu_N^k = j_N) = \frac{N!}{j_1! \ldots j_N!} \frac{1}{N^N} \cdot$$

Les variables aléatoires $(\nu^k, k \geq 0)$ sont indépendantes et de même loi. L'exercice suivant permet de donner une autre représentation du vecteur aléatoire ν^k.

Exercice 7.1.1. Soit $Y_1, \ldots, Y_N$ des variables aléatoires indépendantes de Poisson de paramètre $\theta > 0$.

1. Déterminer en utilisant les fonctions caractéristiques la loi de $\sum_{i=1}^N Y_i$.
2. Montrer que ν^k a même loi que $(Y_1, \ldots, Y_N)$ conditionnellement à l'événement $\{\sum_{i=1}^N Y_i = N\}$.
3. Vérifier que la loi de ν_i^k est la loi binomiale de paramètre $(N, 1/N)$.

♦

7.2 Étude de l'arbre phylogénique

Le but de ce paragraphe est de calculer, pour le modèle présenté au paragraphe 7.1, le temps d'apparition dans le passé de l'ancêtre commun le plus récent (ACPR) d'un groupe de r individus vivant aujourd'hui.

Le graphique 7.1 présente une réalisation de l'évolution d'une population de taille $N = 5$ sur 10 générations. L'arbre généalogique des individus vivant à la dernière génération est en trait plein. Le temps d'apparition de l'ACPR de toute la génération 10 est de 4 générations : l'ACPR apparaît à la sixième génération.

Le graphique 7.2 présente une réalisation de l'arbre généalogique des individus vivant à la dernière génération (pour une population de $N = 20$ individus) sur 60 générations. Le temps d'apparition de l'ACPR de toute la population est de 40 générations.

7.2.1 Temps d'apparition de l'ancêtre de deux individus

On considère deux individus à l'instant actuel. On désire savoir s'ils possèdent un ancêtre commun. On note $\tau_2 \in \mathbb{N}^* \cup \{+\infty\}$ le nombre de générations écoulées dans le passé pour observer leur premier ancêtre commun, avec la convention que $\tau_2 = +\infty$, si les deux individus n'ont pas d'ancêtre commun.

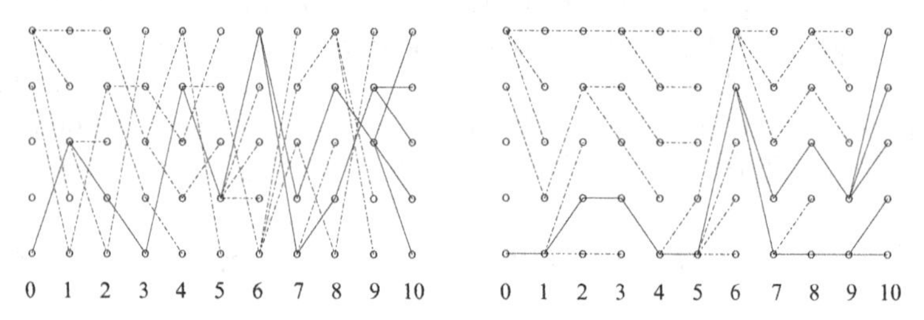

Fig. 7.1. Généalogie d'une population de $N = 5$ individus sur 10 générations. (Le graphique de droite reprend la même généalogie que le graphique de gauche, mais avec une numérotation des individus différente, de sorte que les branches ne se croisent pas)

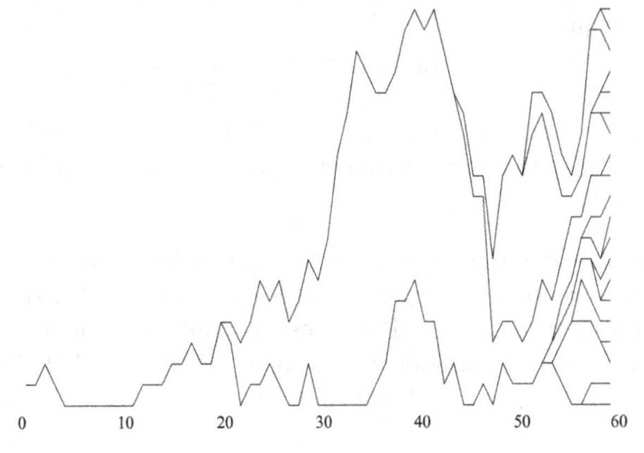

Fig. 7.2. Généalogie d'une population de $N = 20$ individus sur 60 générations

On dit que τ_2 est le temps de coalescence des deux individus. La probabilité que deux individus donnés différents aient des parents différents à la génération précédente (i.e. $\tau_2 > 1$) est

$$\mathbb{P}(\tau_2 > 1) = \frac{N(N-1)}{N^2} = 1 - \frac{1}{N}\,.$$

On a utilisé le fait que chaque individu choisit de manière uniforme son parent dans la génération précédente, et ce indépendamment des autres individus. Comme les choix des parents sont indépendants à chaque génération, on en déduit que

$$\mathbb{P}(\tau_2 > r) = \left(1 - \frac{1}{N}\right)^r.$$

La loi de τ_2 est donc la loi géométrique de paramètre $p_2' = 1/N$. En particulier, τ_2 est p.s. fini.

On étudie le modèle avec l'asymptotique N grand et la normalisation suivante où une unité de temps correspond à N générations. Le temps écoulé depuis l'apparition de l'ACPR est donc τ_2/N.

Le lemme suivant permet de déterminer la loi asymptotique de τ_2/N quand N tend vers l'infini.

Lemme 7.2.1. *Soit $(V_n, n \geq 1)$ une suite de variables aléatoires de lois géométriques de paramètres $(\mu_n, n \geq 1)$ telle que $\lim_{n\to\infty} n\mu_n = \mu > 0$. La suite $(\frac{V_n}{n}, n \geq 1)$ converge en loi vers V de loi exponentielle de paramètre μ.*

Démonstration. La transformée de Laplace de V_n/n, voir la remarque A.2.7, est donnée pour $\alpha \geq 0$ par :

$$\mathbb{E}[\mathrm{e}^{-\alpha V_n/n}] = \frac{\mu_n\,\mathrm{e}^{-\alpha/n}}{1 - (1-\mu_n)\,\mathrm{e}^{-\alpha/n}} = \frac{\mu_n}{\mu_n - (1 - \mathrm{e}^{\alpha/n})}.$$

On en déduit que

$$\lim_{n\to\infty} \mathbb{E}[\mathrm{e}^{-\alpha V_n/n}] = \frac{\mu}{\mu+\alpha}.$$

On reconnaît, pour le membre de droite, la transformée de Laplace de la loi exponentielle de paramètre μ. La conclusion découle alors du théorème A.3.9. □

Dans le cas d'une population comportant N individus, et dans une échelle de temps où une unité est égale à N générations, le temps d'apparition de l'ACPR pour deux individus donnés est asymptotiquement distribué suivant la loi exponentielle de paramètre 1. Comme l'espérance de la loi exponentielle de paramètre 1 est 1, on en déduit que $\mathbb{E}[\tau_2] \sim N$ quand $N \to \infty$.

7.2.2 Temps d'apparition de l'ancêtre de r individus

On note k le nombre d'ancêtres distincts que les r individus, vivant aujourd'hui, possèdent n générations dans le passé, et $A_1, \ldots, A_k$ la descendance actuelle de chacun des k ancêtres parmi les r individus. Ainsi $Y_n = \{A_1, \ldots, A_k\}$ forme une partition de $\{1, \ldots, r\}$. On note $\mathcal{P}_r$ l'ensemble fini des partitions de $\{1, \ldots, r\}$. Le processus $Y = (Y_n, n \geq 0)$, à valeurs dans $\mathcal{P}_r$, est le processus de coalescence en temps discret associé au processus d'évolution de la population. On remarque que Y_0 est la partition triviale formée de r singletons.

Comme à chaque génération les enfants choisissent leur parent de manière uniforme et indépendante, il s'en suit que le processus Y est une chaîne de Markov à valeurs dans $\mathcal{P}_r$. On note P sa matrice de transition. Pour expliciter P, on introduit un ordre partiel sur les partitions. On dit que $\eta = \{B_1, \ldots, B_\ell\}$ est une partition plus grossière que $\xi = \{A_1, \ldots, A_k\}$ si pour tout $1 \leq i \leq \ell$, B_i est la réunion d'un ou plusieurs éléments de ξ. On note alors $\eta \preccurlyeq \xi$. On note $|\xi| = k$ le nombre de sous-ensembles non vides qui forment la partition ξ. En particulier, si $\eta \preccurlyeq \xi$, on a $|\eta| \leq |\xi|$. On remarque que la partition triviale réduite à tout l'ensemble, $\xi_0 = \{\{1, \ldots, r\}\}$, est un élément absorbant de la chaîne de Markov.

On calcule la matrice de transition $P(\xi, \eta)$ pour $\xi \neq \xi_0$ (i.e. pour ξ tel que $|\xi| \geq 2$) :

- Si η n'est pas plus grossière que ξ, la transition est impossible et on a $P(\xi, \eta) = 0$.
- Si $\eta = \xi$, alors les $|\xi|$ individus ont des ancêtres tous distincts. Le premier individu a N choix possibles pour son ancêtre, le deuxième $N-1$, ... et le dernier $N - |\xi| + 1$. Il existe donc $N!/(N-|\xi|)!$ configurations qui conviennent parmi les $N^{|\xi|}$ configurations équiprobables pour le choix des ancêtres des $|\xi|$ individus. Il vient

$$P(\xi, \xi) = \frac{N!}{N^{|\xi|}(N-|\xi|)!} = \prod_{k=1}^{|\xi|-1} \left(1 - \frac{k}{N}\right) = 1 - \frac{|\xi|(|\xi|-1)}{2N} + O(N^{-2}).$$

- Si $\eta \preccurlyeq \xi$ et $|\eta| = |\xi| - 1$, alors seulement deux individus fixés ont un ancêtre commun à la génération précédente. Ces deux individus ont N choix possibles pour leur ancêtre commun et les $|\xi| - 2$ autres individus ont respectivement $N-1, \ldots$ et $N - |\xi| + 2$ choix possibles. Il existe donc $N!/(N - |\xi| + 1)!$ configurations qui conviennent. On obtient

$$P(\xi, \eta) = \frac{N!}{N^{|\xi|}(N - |\xi| + 1)!} = \frac{1}{N} \prod_{k=1}^{|\xi|-2} \left(1 - \frac{k}{N}\right) = \frac{1}{N} + O(N^{-2}),$$

avec la convention $\prod_{k=1}^{0} \left(1 - \frac{k}{N}\right) = 1$. On remarque qu'il existe $\binom{|\xi|}{2} = \frac{|\xi|(|\xi| - 1)}{2}$ choix possibles pour les deux individus qui ont un ancêtre commun à la génération précédente. Ainsi on a $\sum_{\eta \preccurlyeq \xi, \; |\eta| = |\xi| - 1} P(\xi, \eta) = \frac{|\xi|(|\xi| - 1)}{2N} + O(N^{-2})$.

- Comme $\sum_{\eta} P(\xi, \eta) = 1$ et $P(\xi, \xi) + \sum_{\eta \preccurlyeq \xi, \; |\eta| = |\xi| - 1} P(\xi, \eta) = 1 + O(N^{-2})$, on en déduit que pour $\eta \preccurlyeq \xi$ et $|\eta| < |\xi| - 1$, alors

$$P(\xi, \eta) = O(N^{-2}).$$

On introduit les temps successifs de sauts de la chaîne Y. On note $\tau_0 = 0$ et $S'_0 = 0$, et pour $k \geq 1$, on définit par récurrence

$$\tau_k = \inf\{n \geq 1; Y_{S'_{k-1}+n} \neq Y_{S'_{k-1}}\},$$

avec la convention $\inf \emptyset = 0$, et $S'_k = S'_{k-1} + \max(\tau_k, 1)$. Pour $k \in \mathbb{N}$, on pose $Z'_k = Y_{S'_k}$ et on note $R = \inf\{k \geq 0 ; Z'_k = \xi_0\}$, de sorte que $(Z'_k, k \in \{0, \ldots, R\})$ représente les états successifs différents de la chaîne Y.

On rappelle, voir théorème 1.2.2, que $Z' = (Z'_n, n \in \mathbb{N})$ est une chaîne de Markov, appelée chaîne trace, de matrice de transition Q' : pour $\xi \neq \xi_0$ et $\eta \neq \xi$,

$$Q'(\xi, \eta) = \frac{P(\xi, \eta)}{1 - P(\xi, \xi)} = \begin{cases} \frac{2}{|\xi|(|\xi| - 1)} + O(N^{-1}) & \text{si } \eta \preccurlyeq \xi \text{ et } |\eta| = |\xi| - 1, \\ O(N^{-1}) & \text{sinon.} \end{cases}$$

On remarque que $R \leq r - 1$ et $Z'_n = \xi_0$ pour $n \geq R$. D'après le théorème 1.2.2, les temps successifs de sauts sont conditionnellement à Z' des variables aléatoires indépendantes, et pour $1 \leq n \leq R$, la loi de τ_n est la loi géométrique de paramètre $1 - \mathbb{P}(Z'_{n-1}, Z'_{n-1}) = \frac{|Z'_{n-1}|(|Z'_{n-1}| - 1)}{2N} + O(N^{-2})$.

On démontre le résultat suivant sur la convergence de la chaîne Z' et des temps successifs de sauts renormalisés.

Théorème 7.2.2. *Soit $r \geq 2$. La suite $\left((Z'_0, \frac{\tau_1}{N}, \ldots, \frac{\tau_{r-1}}{N}, Z'_r), N \geq r\right)$ converge en loi vers $(Z_0, T_r, \ldots, T_2, Z_r)$, où :*

- *$Z = (Z_k, k \geq 0)$ est une chaîne de Markov sur $\mathcal{P}_r$, pour laquelle ξ_0 est un point absorbant et de matrice de transition Q définie : pour $\xi \neq \xi_0$ par*

$$Q(\xi, \eta) = \begin{cases} \dfrac{2}{|\xi|(|\xi|-1)} & \text{si } \eta \preccurlyeq \xi \text{ et } |\eta| = |\xi|-1, \\ 0 & \text{sinon.} \end{cases}$$

  Et Z_0 est la partition triviale de $\{1, \ldots, r\}$ en r singletons.
- *Les variables aléatoires $(Z, T_r, \ldots, T_2)$ sont indépendantes.*
- *Pour $1 \leq k \leq r$, la loi de T_k est la loi exponentielle de paramètre $\frac{k(k-1)}{2}$.*

Remarque 7.2.3. On peut remarquer que $Z_k = \xi_0$ pour $k \geq r$ et que $|Z_k| = \max(r-k, 1)$. En particulier, lors de l'apparition d'un ancêtre commun, cela ne concerne que deux individus seulement. La variable T_k représente le temps à attendre pour observer l'apparition d'un ancêtre commun quand on considère une population de k individus. Cette dernière remarque justifie la numérotation de ces temps d'attente.

Dans l'approche asymptotique N grand, le temps d'attente de l'ACPR de r individus est donc de l'ordre de NW_r, où $W_r = T_2 + \ldots + T_r$. En moyenne, on a

$$\mathbb{E}[W_r] = \sum_{k=2}^{r} \mathbb{E}[T_k] = \sum_{k=2}^{r} \frac{2}{k(k-1)} = \sum_{k=2}^{r} \frac{2}{k-1} - \frac{2}{k} = 2 - \frac{2}{r}.$$

On remarque que la dernière coalescence nécessite une durée T_2 d'espérance 1, qui représente en moyenne plus de la moitié du temps d'atteinte de l'état absorbant ξ_0 (voir les graphiques 7.1 et 7.2). Ainsi, pour N grand, le temps d'apparition de l'ACPR est en moyenne de l'ordre de $2N\left(1 - \frac{1}{r}\right)$ générations.

◊

Démonstration du théorème 7.2.2. Rappelons que si τ suit la loi géométrique de paramètre $1-q$, alors on a, pour $\alpha \geq 0$, $\mathbb{E}[\mathrm{e}^{-\alpha\tau}] = \frac{1-q}{\mathrm{e}^{\alpha} - q}$. Soit $\alpha_1, \ldots, \alpha_{r-1} \in \mathbb{R}^+$ et $F_0, \ldots, F_r$ des fonctions réelles bornées définies sur $\mathcal{P}_r$. En conditionnant par rapport à $(Z'_0, \ldots, Z'_r)$, on obtient

$$\mathbb{E}[F_0(Z'_0)\,\mathrm{e}^{-\alpha_1\tau_1/N} \cdots \mathrm{e}^{-\alpha_{r-1}\tau_{r-1}/N}\, F_r(Z'_r)] = \mathbb{E}[G'_0(Z'_0) \cdots G'_{r-1}(Z'_{r-1})F(Z'_r)],$$

où $G'_k(\xi) = F_k(\xi)\frac{1 - P(\xi,\xi)}{\mathrm{e}^{\alpha_k/N} - P(\xi,\xi)}$ si $\xi \neq \xi_0$ et $G'_k(\xi_0) = F_k(\xi_0)\,\mathrm{e}^{-\alpha_k/N}$. On en déduit que

$$\mathbb{E}[F_0(Z'_0)\,\mathrm{e}^{-\alpha_1\tau_1/N}\cdots\mathrm{e}^{-\alpha_{r-1}\tau_{r-1}/N}\,F_r(Z'_r)] = \left(\sum_{\eta_1,\dots,\eta_r\in\mathcal{P}_r}\prod_{k=0}^{r-1} G'_k(\eta_k)Q'(\eta_k,\eta_{k+1})\right)F(\eta_r),$$

où η_0 est la partition triviale en r singletons. Par passage à la limite, on en déduit que

$$\lim_{N\to\infty}\mathbb{E}[F_0(Z'_0)\,\mathrm{e}^{-\alpha_1\tau_1/N}\cdots\mathrm{e}^{-\alpha_{r-1}\tau_{r-1}/N}\,F_r(Z'_r)] = \left(\sum_{\eta_1,\dots,\eta_r\in\mathcal{P}_r}\prod_{k=0}^{r-1} G_k(\eta_k)Q(\eta_k,\eta_{k+1})\right)F(\eta_r), \quad (7.1)$$

où $G_k(\xi) = F_k(\xi)\dfrac{|\xi|(|\xi|-1)}{|\xi|(|\xi|-1)+2\alpha_k}$ si $\xi\neq\xi_0$ et $G_k(\xi_0) = F_k(\xi_0)$. En choisissant $\alpha_1=\cdots=\alpha_{r-1}=0$, on en déduit que

$$\lim_{N\to\infty}\mathbb{E}[F_0(Z'_0)\cdots F_r(Z'_r)] = \mathbb{E}[F_0(Z_0)\cdots F_r(Z_r)],$$

où $Z=(Z_k,k\geq 0)$ est une chaîne de Markov sur $\mathcal{P}_r$ issue de η_0 et de matrice de transition Q donnée dans le théorème. En particulier, on a p.s. que $|Z_k| = \max(r-k,1)$. Ainsi, dans le membre de droite de l'égalité (7.1), seuls les termes tels que $|\eta_k| = r-k$ pour $0\leq k\leq r-1$ et $\eta_r=\xi_0$ ont une contribution non nulle à la somme. On en déduit que

$$G_k(\eta_k) = F_k(\eta_k)\frac{(r-k)(r-k-1)}{(r-k)(r-k-1)+2\alpha_k}.$$

Il vient

$$\lim_{N\to\infty}\mathbb{E}[F_0(Z'_0)\,\mathrm{e}^{-\alpha_1\tau_1/N}\cdots\mathrm{e}^{-\alpha_{r-1}\tau_{r-1}/N}\,F_r(Z'_r)] = \mathbb{E}[F_0(Z_0)\cdots F_r(Z_r)]\prod_{k=0}^{r-1}\frac{(r-k)(r-k-1)}{(r-k)(r-k-1)+2\alpha_k}.$$

Comme $\dfrac{(r-k)(r-k-1)}{(r-k)(r-k-1)+2\alpha_k}$ est la transformée de Laplace de T_{r-k}, de loi exponentielle de paramètre $(r-k)(r-k-1)/2$, on a

$$\lim_{N\to\infty}\mathbb{E}[F_0(Z'_0)\,\mathrm{e}^{-\alpha_1\tau_1/N}\cdots\mathrm{e}^{-\alpha_{r-1}\tau_{r-1}/N}\,F_r(Z'_r)] = \mathbb{E}[F_0(Z_0)\cdots F_r(Z_r)]\prod_{j=2}^{r}\mathbb{E}[\mathrm{e}^{-\alpha_{r-j+1}T_j}].$$

Si l'on considère des variables $T_2,\dots,T_r$ indépendantes entre elles, indépendantes de $Z=(Z_k,k\geq 0)$ et telles que T_k suit la loi exponentielle de paramètre $k(k-1)/2$, alors, d'après les résultats de convergence du paragraphe A.3.1 en appendice, la suite $\left((Z'_0, \frac{\tau_1}{N}, \ldots, \frac{\tau_{r-1}}{N}, Z'_r), N \leq r\right)$ converge en loi vers $(Z_0, T_r, \ldots, T_2, Z_r)$. Ceci termine la démonstration du théorème. □

7.2.3 Processus de Kingman et commentaires

On conserve les notations du théorème 7.2.2. On pose pour $1 \leq k \leq r-1$, $S_k = \sum_{i=r-k+1}^{r} T_i$, $S_0 = 0$ et $S_r = +\infty$. On définit le processus à temps continu $U_t = Z_k$ pour $t \in [S_k, S_{k+1}[$. Ce processus est appelé processus de coalescence de Kingman [10]. (Il s'agit d'une chaîne de Markov à temps continu, voir le Chap. 8, et plus précisément le paragraphe 8.1). Plus généralement il peut être défini pour $r = +\infty$, de sorte que Z_0 est la partition triviale de $\mathbb{N}^*$ en singletons. On peut généraliser le processus de coalescence, voir Pitman [14], pour obtenir :

- des coalescences multiples qui modélisent le fait que pour le processus limite, plus que deux individus peuvent avoir le même ancêtre commun à la génération précédente,
- des coalescences simultanées qui modélisent le fait que plusieurs ancêtres communs apparaissent simultanément à la même génération.

Les processus de coalescence permettent de modéliser des phénomènes en chimie, physique, astronomie ou biologie, voir par exemple l'étude d'Aldous [1]. Le chapitre 12 est en partie consacré à la présentation et à la résolution d'équations de coagulation qui correspondent à des phénomènes de coalescence.

D'autres mécanismes de reproduction que « chaque enfant choisit indépendamment et uniformément son parent » permettent d'obtenir le processus de coalescence de Kingman ou des processus de coalescence plus généraux. L'étude de ces processus attire beaucoup l'attention depuis la fin des années 1990 et le début des années 2000. Voir par exemple les travaux de Möhle [11], Möhle et Sagitov [12], Sagitov [15], Schweinsberg [16] et leurs références.

7.3 Le modèle de Wright-Fisher

L'exemple suivant permet d'introduire un peu de vocabulaire.

Exemple 7.3.1. Un allèle est une version d'un gène. Ainsi chez l'homme, le gène qui code pour le groupe sanguin possède trois allèles différents : A, B et O. Étant donné que l'homme est diploïde, c'est-à-dire qu'il possède deux exemplaires de chaque chromosome, il existe six génotypes différents : AA, AB, AO, BB, BO, OO. En fait comme l'allèle O est récessif (en présence d'un allèle A ou B, l'allèle O n'est pas exprimé), on distingue seulement quatre phénotypes ou classes différentes de groupes sanguins : A, B, O et AB. ◊

Le modèle de Wright-Fisher concerne l'étude de l'évolution de la répartition de deux allèles, A et a, au sein d'une population. Le modèle d'évolution de la population haploïde utilisé est celui décrit au paragraphe 7.1.

On note X_k le nombre d'allèles A présents à la génération k dans la population. Comme l'évolution de la population à l'instant $k+1$ ne dépend des générations passées qu'au travers de la génération k, il est clair que $(X_k, k \geq 0)$ est une chaîne de Markov homogène. Si $X_k = i$, chaque enfant de la génération $k+1$ a une probabilité i/N d'avoir un parent possédant l'allèle A. Chaque enfant choisissant son parent de manière indépendante, on en déduit que conditionnellement à $X_k = i$, la loi de X_{k+1} est une loi binomiale de paramètre $(N, i/N)$. La matrice de transition, P, est donc : pour $i, j \in \{0, \ldots, N\}$

$$P(i,j) = \mathbb{P}(X_{k+1} = j | X_k = i) = \binom{N}{j} \left(\frac{i}{N}\right)^j \left(1 - \frac{i}{N}\right)^{N-j}.$$

On remarque que si $X_k = 0$ (resp. $X_k = N$), alors pour tout $n \geq k$, $X_n = 0$ (resp. $X_n = N$). Les états 0 et N sont des états absorbants. Si à un instant donné la diversité disparaît, elle ne réapparaît plus. On note τ le premier instant de disparition de la diversité

$$\tau = \inf\{k \geq 0, X_k \in \{0, N\}\},$$

avec la convention $\inf \emptyset = +\infty$.

Lemme 7.3.2. *La variable aléatoire τ est p.s. finie. De plus, on a $\mathbb{P}(X_\tau = N | X_0 = i) = i/N$ pour tout $i \in \{0, \ldots, N\}$.*

Ainsi la probabilité que toute la population finisse par posséder l'allèle A (resp. a) est égale à la proportion initiale de l'allèle A (resp. a).

On remarque que dans ce modèle la diversité disparaît p.s. en temps fini. Pour tenir compte du fait que l'on observe de la diversité dans les populations actuelles, il est nécessaire de compléter le modèle de Wright-Fisher, en tenant compte par exemple des mutations. Une modélisation élémentaire des mutations est présentée au paragraphe suivant.

Démonstration. Si on pose $p = \min_{x \in [0,1]} x^N + (1-x)^N = 2^{-N+1}$, il vient pour tout $i \in \{1, \ldots, N-1\}$,

$$\mathbb{P}(\tau = 1 | X_0 = i) = \mathbb{P}(X_1 \in \{0, N\} | X_0 = i) = \left(\frac{i}{N}\right)^N + \left(1 - \frac{i}{N}\right)^N \geq p.$$

On pose $q = 1 - p$. Pour tout $i \in \{1, \ldots, N-1\}$, on a $\mathbb{P}(\tau > 1 | X_0 = i) \leq q$. En utilisant la propriété de Markov pour X, il vient pour $k \geq 2$,

$$\begin{aligned}
\mathbb{P}(\tau > k | X_0 = i) &= \sum_{j=1}^{N-1} \mathbb{P}(X_k \notin \{0, N\}, X_{k-1} = j | X_0 = i) \\
&= \sum_{j=1}^{N-1} \mathbb{P}(X_k \notin \{0, N\} | X_{k-1} = j, X_0 = i) \mathbb{P}(X_{k-1} = j | X_0 = i)
\end{aligned}$$

$$
\begin{aligned}
&= \sum_{j=1}^{N-1} \mathbb{P}(X_1 \notin \{0, N\} | X_0 = j) \mathbb{P}(X_{k-1} = j | X_0 = i) \\
&\leq q \sum_{j=1}^{N-1} \mathbb{P}(X_{k-1} = j | X_0 = i) \\
&= q\mathbb{P}(\tau > k-1 | X_0 = i).
\end{aligned}
$$

Par récurrence, on en déduit que

$$\mathbb{P}(\tau > k | X_0 = i) \leq q^{k-1} \mathbb{P}(\tau > 1 | X_0 = i) = q^k.$$

Comme $\{\tau = +\infty\}$ est la limite décroissante des événements $\{\tau > k\}$ quand k tend vers l'infini, on déduit de la propriété de convergence monotone des probabilités que pour tout $i \in \{1, \ldots, N-1\}$,

$$\mathbb{P}(\tau = +\infty | X_0 = i) = \lim_{k \to \infty} \mathbb{P}(\tau > k | X_0 = i) = 0.$$

Ainsi τ est p.s. fini. On remarque que

$$X_n = X_\tau \mathbf{1}_{\{\tau \leq n\}} + X_n \mathbf{1}_{\{\tau > n\}}.$$

Comme τ est fini p.s., on a donc p.s. $\lim_{n \to \infty} X_n = X_\tau$. Par convergence dominée ($0 \leq X_n \leq N$ pour tout $n \in \mathbb{N}$), il vient pour tout $i_0 \in \{1, \ldots, N-1\}$,

$$\lim_{n \to \infty} \mathbb{E}[X_n | X_0 = i_0] = \mathbb{E}[X_\tau | X_0 = i_0].$$

Comme, conditionnellement à $X_{n-1} = i$, X_n est distribué suivant la loi de Bernoulli de paramètre $(N, i/N)$, on a

$$\mathbb{E}[X_n | X_{n-1} = i, X_0 = i_0] = \mathbb{E}[X_n | X_{n-1} = i] = N \frac{i}{N} = i.$$

On en déduit que

$$
\begin{aligned}
\mathbb{E}[X_n | X_0 = i_0] &= \sum_{i=0}^{N} \mathbb{E}[X_n | X_{n-1} = i, X_0 = i_0] \mathbb{P}(X_{n-1} = i | X_0 = i_0) \\
&= \sum_{i=0}^{N} i \mathbb{P}(X_{n-1} = i | X_0 = i_0) \\
&= \mathbb{E}[X_{n-1} | X_0 = i_0],
\end{aligned}
$$

et par récurrence $\mathbb{E}[X_n | X_0 = i_0] = \mathbb{E}[X_0 | X_0 = i_0] = i_0$. On a donc montré que $\mathbb{E}[X_\tau | X_0 = i_0] = i_0$. De plus comme $X_\tau \in \{0, N\}$, on a $\mathbb{E}[X_\tau | X_0 = i_0] = N\mathbb{P}(X_\tau = N | X_0 = i_0)$. On en déduit donc que $\mathbb{P}(X_\tau = N | X_0 = i_0) = i_0/N$. □

Remarque 7.3.3. Il est intéressant d'étudier le temps moyen où disparaît la diversité : $t_i = \mathbb{E}[\tau|X_0 = i]$, pour $i \in \{0, \ldots, N\}$. Bien sûr, on a $t_0 = t_N = 0$. Pour $1 \leq i \leq N-1$, on remarque que sur l'événement $\{X_0 = i\}$, $\tau = 1 + \inf\{k \geq 0, X_{k+1} \in \{0, N\}\}$, de sorte que, en utilisant la propriété de Markov, on a

$$\mathbb{E}[\tau|X_1 = j, X_0 = i] = 1 + \mathbb{E}[\tau|X_0 = j].$$

Il vient

$$\begin{aligned} t_i &= \sum_{j\in\{0,\ldots,N\}} \mathbb{E}[\tau \mathbf{1}_{\{X_1=j\}}|X_0 = i] \\ &= \sum_{j\in\{0,\ldots,N\}} \mathbb{E}[\tau|X_1 = j, X_0 = i]\mathbb{P}(X_1 = j|X_0 = i) \\ &= \sum_{j\in\{0,\ldots,N\}} (1 + t_j)P(i,j) \\ &= 1 + \sum_{j\in\{0,\ldots,N\}} P(i,j)t_j. \end{aligned}$$

Comme 0 et N sont des états absorbants, on a $t_i = \sum_{j\in\{0,\ldots,N\}} P(i,j)t_j = 0$ pour $i \in \{0, N\}$. Si on note $T = (t_0, \ldots, t_N)$, e_0 (resp. e_N) le vecteur de $\mathbb{R}^{N+1}$ ne comportant que des 0 sauf un 1 en première (resp. dernière) position, et $\mathbf{1} = (1, \ldots, 1) \in \mathbb{R}^{N+1}$, on a

$$T = PT + \mathbf{1} - e_0 - e_N.$$

Le calcul des temps moyens où disparaît la diversité se fait donc en résolvant un système linéaire. Pour N grand, on a l'approximation suivante (voir [5]) : pour $x \in [0, 1]$,

$$\mathbb{E}[\tau|X_0 = [Nx]] \sim -2N\left(x\log(x) + (1-x)\log(1-x)\right),$$

où $[Nx]$ désigne la partie entière de Nx. Cette approximation est illustrée par le graphique 7.3. ◊

7.4 Modélisation des mutations

Pour rendre compte de la diversité des individus dans une population, on peut compléter le modèle de Wright-Fisher en tenant compte des possibilités de mutation de l'ADN, en particulier lors de sa réplication. Les mutations entraînent une diversification des enfants d'un même individu.

Rappelons qu'un chromosome est un double brin en hélice d'ADN. Chaque brin est constitué de plusieurs milliers de bases. Il existe quatre bases, ou nucléotides, différentes : Adénine (`A`), Guanine (`G`), Cytosine (`C`) et Thymine (`T`). Les deux brins d'ADN mettent en correspondance les bases `A` et `T` (par

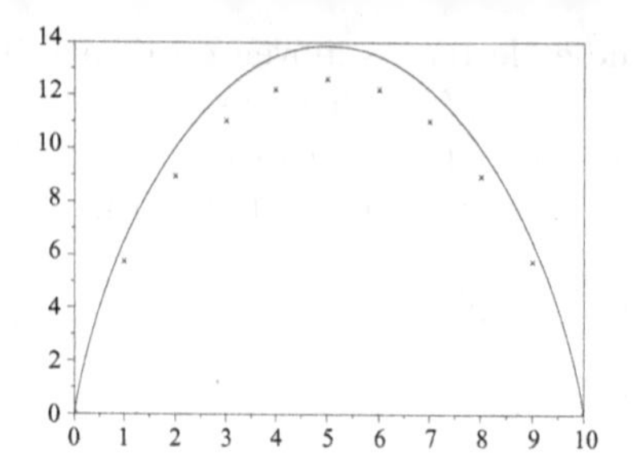

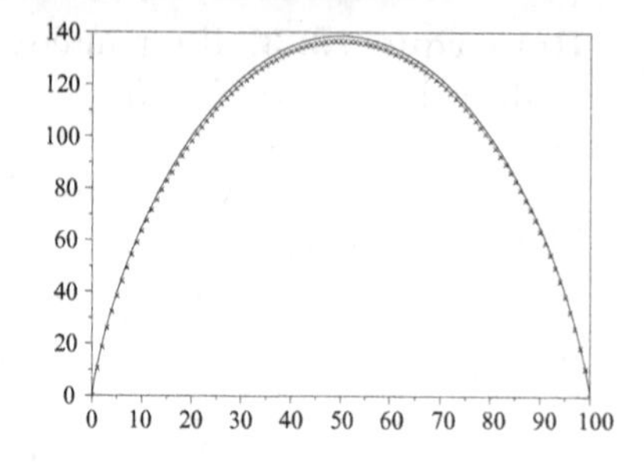

Fig. 7.3. Temps moyen de disparition de la diversité ($k \to \mathbb{E}[\tau|X_0 = k]$) et son approximation continue, $Nx \to 2N\,(x\log(x) + (1-x)\log(1-x))$, pour $N = 10$ (à gauche) et $N = 100$ (à droite)

deux liaisons d'hydrogène) et les bases `C` et `G` (par trois liaisons d'hydrogène). Les bases `A` et `G` (resp. `C` et `T`) ont des propriétés physiques proches ; elles sont appelées purines (resp. pyrimidines).

Le taux de mutation d'une base, i.e. le remplacement par erreur lors de la réplication d'une base par une autre, est très faible, de l'ordre de 10^{-5} à 10^{-8} mutation par base et par génération. On suppose pour simplifier que :

- Le taux ne dépend pas de la base concernée. (Une mutation qui conserve le type purine ou pyrimidine est appelée transition, sinon on parle de transversion. Les transversions sont plus rares que les transitions.)
- Le taux ne dépend pas de la position dans l'ADN. (Certaines mutations ne sont pas viables. D'autres mutations ne concernent pas les régions codantes de l'ADN. D'autres mutations encore sont silencieuses : la mutation qui affecte le codon, suite de trois bases qui code pour un des 20 acides aminés, ne change pas l'acide aminé concerné. Il est clair que le taux de mutation n'est pas constant sur l'ADN ! Toutefois, si l'on se restreint à des régions de l'ADN qui ont peu ou pas de rôle dans la production de protéines, alors on peut supposer que le taux de mutation est homogène.)
- Le taux est constant au cours du temps.

Ainsi, on suppose donc qu'à chaque génération un individu a une probabilité $\mu > 0$ d'avoir une mutation qui le différencie de son parent.

Si l'on considère une séquence relativement longue, le faible taux d'apparition des mutations fait que la probabilité que deux mutations concernent le même site de la séquence est négligeable devant les autres probabilités. On fera donc l'hypothèse simplificatrice que l'on a une infinité d'allèles possibles et que chaque mutation affecte un site différent. Ainsi une mutation donne toujours un nouvel allèle. Ce modèle est appelé « modèle avec une infinité de sites ». Enfin, le taux de mutation étant faible, on suppose que l'on a au plus une seule mutation entre un individu et son parent. Le temps d'apparition d'une mutation dans la lignée ancestrale d'un individu suit donc une loi géométrique de paramètre μ. On pose $\theta = 2\mu N$, et on suppose que $\theta = O(1)$. L'utilité de la constante 2 apparaîtra ultérieurement dans les calculs. L'objectif est d'estimer le paramètre inconnu θ.

On s'intéresse à l'approche asymptotique N grand, et on considère la normalisation suivante : une unité de temps correspond à N générations. À la limite, quand N tend vers l'infini, on déduit du lemme 7.2.1, que le temps d'apparition d'une mutation, R, dans la lignée ancestrale d'un individu suit la loi exponentielle de paramètre $\theta/2$. On peut vérifier que la suite des temps entre les apparitions successives de mutations après R forme une suite de variables aléatoires indépendantes, indépendantes de R, et de même loi exponentielle de paramètre $\theta/2$.

Les deux processus de coalescence et de mutation sont d'origines aléatoires différentes. On les modélise donc par des processus indépendants.

7.4.1 Estimation du taux de mutation I

Pour estimer θ, on suppose que l'on dispose de n séquences d'ADN correspondant à n individus haploïdes. Plusieurs individus peuvent posséder le même allèle, i.e. la même séquence d'ADN. On note K_n le nombre d'allèles distincts. L'étude de la loi de K_n permettra de donner une estimation de θ et un intervalle de confiance, voir la proposition 7.4.3.

Proposition 7.4.1. *On a*

$$K_n = \sum_{k=1}^{n} \eta_k,$$

où les variables aléatoires $(\eta_k, k \geq 1)$ *sont indépendantes de loi de Bernoulli de paramètre* $\theta/(k-1+\theta)$.

La démonstration de cette proposition et l'interprétation des variables aléatoires $(\eta_k, k \geq 1)$ sont données à la fin de ce paragraphe. Le graphique 7.4 donne l'histogramme de la loi de K_n obtenu par simulation.

La proposition suivante présente une estimation de θ à l'aide de l'estimateur K_n. Voir la définition 5.2.5 pour les propriétés des estimateurs.

Proposition 7.4.2. *Pour* $n \geq 1$, *on a*

$$\mathbb{E}[K_n] = \theta \log(n) + O(1) \quad et \quad \text{Var}(K_n) = \theta \log(n) + O(1).$$

La suite $\left(\dfrac{K_n}{\log(n)}, n \geq 1\right)$ *est un estimateur faiblement convergent de* θ *: la suite* $\left(\dfrac{K_n}{\log(n)}, n \geq 1\right)$ *converge en probabilité vers* θ.

Démonstration. On a $\mathbb{E}[K_n] = \sum_{k=1}^{n} \mathbb{E}[\eta_k] = \sum_{k=1}^{n} \frac{\theta}{k-1+\theta}$. Comme

$$\int_{\theta}^{n+\theta} \frac{dx}{x} \leq \sum_{k=1}^{n} \frac{1}{k-1+\theta} \leq \frac{1}{\theta} + \int_{\theta}^{n-1+\theta} \frac{dx}{x},$$

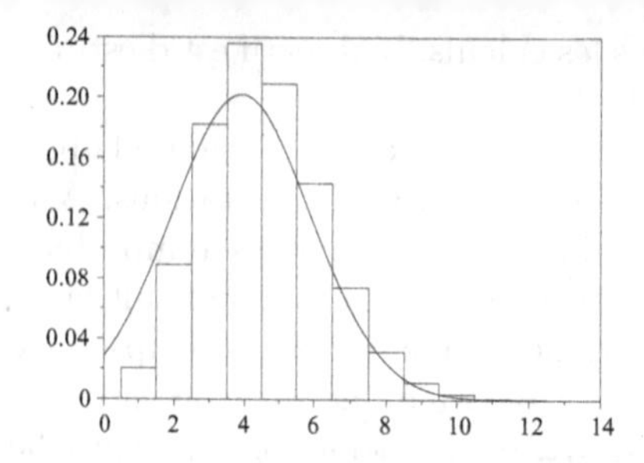

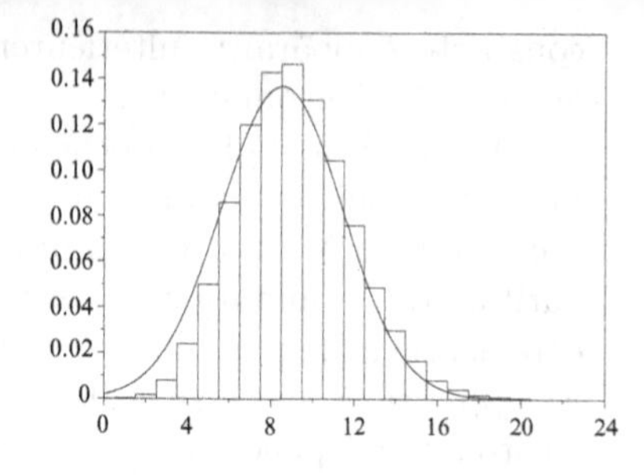

Fig. 7.4. Histogrammes de la loi de K_n pour $\theta = 1$, $n = 50$ (à gauche) et $n = 5\,000$ (à droite), obtenus à l'aide de 100 000 simulations de K_n, et densité de la loi gaussienne de moyenne et de variance $\theta \log(n)$

on a donc l'encadrement

$$\theta \log(n) + \theta \log\left(1 + \frac{\theta}{n}\right) - \theta \log(\theta) \\ \leq \mathbb{E}[K_n] \leq \theta \log(n) + 1 + \theta \log\left(1 + \frac{\theta - 1}{n}\right) - \theta \log(\theta).$$

En particulier, il vient $\mathbb{E}[K_n] = \theta \log(n) + O(1)$.

On calcule la variance de K_n. En utilisant l'indépendance des variables aléatoires $\eta_1, \ldots, \eta_n$, il vient

$$\begin{aligned} \operatorname{Var}(K_n) &= \sum_{k=1}^{n} \operatorname{Var}(\eta_k) \\ &= \sum_{k=1}^{n} \frac{\theta}{k-1+\theta}\left(1 - \frac{\theta}{k-1+\theta}\right) \\ &= \mathbb{E}[K_n] - \theta^2 \sum_{k=1}^{n} \frac{1}{(k-1+\theta)^2}. \end{aligned}$$

Comme la série du dernier terme du membre de droite est convergente quand n tend vers l'infini, on en déduit que $\operatorname{Var}(K_n) = \theta \log(n) + O(1)$.

En utilisant l'inégalité de Tchebychev (A.2), on a pour tout $\varepsilon > 0$,

$$\begin{aligned} \mathbb{P}\left(\left|\frac{K_n}{\log(n)} - \theta\right| \geq \varepsilon\right) &\leq \frac{\mathbb{E}\left[\left(\frac{K_n}{\log(n)} - \theta\right)^2\right]}{\varepsilon^2} \\ &= \frac{\operatorname{Var}(K_n) + (\mathbb{E}[K_n] - \theta \log(n))^2}{\log(n)^2 \varepsilon^2} \\ &= \frac{1}{\varepsilon^2} O(\log(n)^{-1}). \end{aligned}$$

D'après la définition 5.2.5, l'estimateur est faiblement convergent. □

Proposition 7.4.3. *La suite* $\left(\dfrac{K_n - \theta\log(n)}{\sqrt{K_n}}, n \geq 1\right)$ *converge en loi vers* G *de loi gaussienne centrée réduite* $\mathcal{N}(0,1)$.

En particulier, si z est le quantile d'ordre $1-\alpha/2$ de la loi $\mathcal{N}(0,1)$, alors on obtient un intervalle de confiance de niveau asymptotique $1-\alpha$ pour θ :

$$\Delta_n = \left[\frac{K_n}{\log(n)} \pm \frac{z\sqrt{K_n}}{\log(n)}\right],$$

c'est-à-dire $\lim_{n\to\infty} \mathbb{P}(\theta \in \Delta_n) = 1-\alpha$.

Démonstration. On utilise le théorème B.1 qui est une variante du théorème central limite. On pose $X_k = \eta_k - \mathbb{E}[\eta_k]$. On remarque que $\mathbb{E}[X_k^2] = \mathrm{Var}(\eta_k)$. Les conditions 1 et 2 du théorème B.1 sont vérifiées, d'après ce qui précède. Pour démontrer la condition 3, en remarquant que les variables aléatoires η_k sont des variables aléatoires de Bernoulli, on a

$$\left|X_k^3\right| = \left|\eta_k - \mathbb{E}[\eta_k]\right|^3 = \left(1 - \frac{\theta}{k-1+\theta}\right)^3 \eta_k + \left(\frac{\theta}{k-1+\theta}\right)^3 (1-\eta_k).$$

On en déduit donc que

$$\begin{aligned}\mathbb{E}[|X_k|^3] &= \left(1 - \frac{\theta}{k-1+\theta}\right)^3 \frac{\theta}{k-1+\theta} + \left(\frac{\theta}{k-1+\theta}\right)^3 \left(1 - \frac{\theta}{k-1+\theta}\right) \\ &\leq \frac{\theta}{k-1+\theta},\end{aligned}$$

où l'on utilise que $(1-x)((1-x)^2+x^2) \leq 1$ pour $x \in [0,1]$, avec $x = \theta/(k-1+\theta)$. Ainsi, on a $\sum_{k=1}^n \mathbb{E}[|X_k|^3] \leq \mathbb{E}[K_n]$, puis

$$\frac{\sum_{k=1}^n \mathbb{E}[X_k^3]}{(\sum_{k=1}^n \mathbb{E}[X_k^2])^{3/2}} \leq \frac{\mathbb{E}[K_n]}{\mathrm{Var}(K_n)^{3/2}} = O(\log(n)^{-1/2}).$$

La condition 3 du théorème B.1 est donc vérifiée. Ceci implique que la suite $\left(\dfrac{K_n - \mathbb{E}[K_n]}{\sqrt{\mathrm{Var}(K_n)}}, n \geq 1\right)$ converge en loi vers G de loi $\mathcal{N}(0,1)$. Comme $\mathbb{E}[K_n] = \theta\log(n) + O(1)$ et $\lim_{n\to\infty} K_n/\mathrm{Var}(K_n) = 1$ en probabilité, on déduit du théorème de Slutsky A.3.12 que la suite $\left(\dfrac{K_n - \theta\log(n)}{\sqrt{K_n}}, n \geq 1\right)$ converge en loi vers G de loi $\mathcal{N}(0,1)$. □

La suite de ce paragraphe est consacrée à la démonstration de la proposition 7.4.1. On établit le lemme préliminaire suivant.

Lemme 7.4.4. *Soit $V_1, \ldots, V_n$ une suite de variables aléatoires indépendantes de loi exponentielle de paramètres respectifs $\mu_1, \ldots, \mu_n$. On définit $V = \min_{1\leq i\leq n} V_i$ et p.s. il existe un unique indice aléatoire, I, tel que $V = V_I$. Les variables aléatoires V et I sont indépendantes. De plus la loi de V est la loi exponentielle de paramètre $\sum_{i=1}^n \mu_i$, et pour tout $i_0 \in \{1, \ldots, n\}$, on a $\mathbb{P}(I = i_0) = \dfrac{\mu_{i_0}}{\sum_{i=1}^n \mu_i}$.*

Démonstration. Comme les variables aléatoires $V_1, \ldots, V_n$ sont indépendantes et continues, la probabilité que deux d'entre elles prennent la même valeur est nulle. En particulier, on en déduit que I est uniquement déterminé avec probabilité 1.

Pour $t \geq 0$, $i_0 \in \{1, \ldots, n\}$, on a

$$\begin{aligned}
\mathbb{P}(I = i_0, V > t) &= \mathbb{P}(t < V_{i_0} < V_i,\ \forall i \neq i_0) \\
&= \mathbb{E}[\mathbf{1}_{\{t<V_{i_0}\}} \prod_{i\neq i_0} \mathbf{1}_{\{V_{i_0}<V_i\}}] \\
&= \int_{\mathbb{R}_+^n} dv_1 \ldots dv_n \left(\prod_{i=1}^n \mu_i \,\mathrm{e}^{-\mu_i v_i}\right) \mathbf{1}_{\{t<v_{i_0}\}} \prod_{i\neq i_0} \mathbf{1}_{\{v_{i_0}<v_i\}} \\
&= \int \prod_{i\neq i_0} \mathrm{e}^{-\mu_i v_{i_0}} \ \mu_{i_0} \,\mathrm{e}^{-\mu_{i_0} v_{i_0}} \,\mathbf{1}_{\{t<v_{i_0}\}} \,dv_{i_0} \\
&= \frac{\mu_{i_0}}{\sum_{i=1}^n \mu_i} \,\mathrm{e}^{-(\sum_{i=1}^n \mu_i)t}.
\end{aligned}$$

En prenant $t = 0$, on obtient la loi de I. En sommant sur $i_0 \in \{1, \ldots, n\}$, on obtient que pour $t \geq 0$,

$$\mathbb{P}(V > t) = \mathrm{e}^{-\sum_{i=1}^n \mu_i t}.$$

On reconnaît pour V la loi exponentielle de paramètre $\sum_{i=1}^n \mu_i$. Enfin, comme pour tous $t \geq 0$, $i_0 \in \{1, \ldots, n\}$, on a

$$\mathbb{P}(I = i_0, V > t) = \mathbb{P}(I = i_0)\mathbb{P}(V > t),$$

on en déduit que les variables aléatoires I et V sont indépendantes. □

Démonstration de la proposition 7.4.1. Pour un groupe de n individus, on s'intéresse au premier temps dans le passé, U_n, d'apparition d'une coalescence (i.e. d'un ancêtre commun) ou d'une mutation. Tout se passe comme si U_n était le minimum entre T_n, premier temps de coalescence de loi exponentielle de paramètre $n(n-1)/2$, et $R_1, \ldots, R_n$, premiers temps de mutation des individus $1, \ldots, n$ de loi exponentielle de paramètre $\theta/2$.

Les variables aléatoires $T_n, R_1, \ldots, R_n$ sont indépendantes. D'après le lemme précédent, la loi de U_n est la loi exponentielle de paramètre

$n(n-1+\theta)/2$. De plus la probabilité que ce premier phénomène soit une coalescence est $\dfrac{n(n-1)/2}{n(n-1+\theta)/2} = \dfrac{n-1}{n-1+\theta}$. La probabilité que ce phénomène soit une mutation est donc

$$1 - \frac{n-1}{n-1+\theta} = \frac{\theta}{n-1+\theta}.$$

On pose $\eta_n = 1$ si ce premier phénomène est une mutation, et $\eta_n = 0$ sinon. La variable aléatoire η_n est donc une variable aléatoire de Bernoulli de paramètre $\theta/(n-1+\theta)$.

- Si $\eta_n = 0$, i.e. le premier phénomène est une coalescence, alors le nombre d'ancêtres à l'instant U_n est $n-1$. Et le nombre d'allèles distincts dans ce groupe de $n-1$ personnes est $K_{n-1} = K_n$.
- Si $\eta_n = 1$, i.e. le premier phénomène est une mutation, alors l'individu qui a muté à l'instant U_n est à l'origine d'un allèle différent. Il correspond, dans la population initiale de n individus, à la présence d'un allèle distinct de tous les autres. De plus cet allèle est présent une seule fois dans la population des n individus. En retirant, à l'instant U_n, cet ancêtre de la population des n ancêtres, on obtient une population de $n-1$ individus possédant $K_{n-1} = K_n - 1$ allèles distincts.

Dans tous les cas, on a obtenu $K_n = K_{n-1} + \eta_n$, et on considère à l'instant U_n une population de $n-1$ individus possédant K_{n-1} allèles différents. Par récurrence descendante, on obtient que $K_n = K_1 + \sum_{k=2}^{n} \eta_k$. Les variables aléatoires η_k sont des variables de Bernoulli de paramètre $\theta/(k-1+\theta)$. On a $K_1 = 1$ (un seul allèle distinct dans une population d'un seul individu) et donc p.s. $K_1 = \eta_1$, où η_1 est une variable de Bernoulli de paramètre 1. On en déduit donc que $K_n = \sum_{k=1}^{n} \eta_k$.

Enfin, il reste à vérifier que les variables aléatoires $\eta_1, \ldots, \eta_n$ sont indépendantes. Pour cela on remarque que l'évolution dans le passé de la population des $n-1$ individus avant l'instant U_n est indépendante du phénomène observé, coalescence ou mutation, à l'instant U_n. On en déduit donc que η_n est indépendant des variables aléatoires $\eta_1, \ldots, \eta_{n-1}$. Par récurrence descendante, on en conclut que les variables aléatoires $\eta_1, \ldots, \eta_n$ sont indépendantes. □

7.4.2 Estimation du taux de mutation II

En fait les données dont on dispose en comparant les séquences d'ADN sont plus riches que la donnée du nombre d'allèles différents. En effet on dispose, pour un échantillon de n personnes, du nombre de sites, S_n, où ont eu lieu les mutations.

On remarque que dans le modèle initial, le nombre de mutations observées au cours de $[Nt]$ générations, pour les ancêtres d'un individu, suit une loi binomiale de paramètre $([Nt], \theta/2N)$. Quand $N \to \infty$, la loi binomiale converge en loi, dans ce cas, vers une variable de loi de Poisson de paramètre $\theta t/2$ (cf. l'exemple 6.3.1).

On note $S(t)$ le nombre de mutations durant une période t pour la lignée d'un individu. On pose $R_0 = 0$. On note R_j le temps qui s'est écoulé entre la $j-1$-ième mutation et la j-ème pour $j \geq 2$, R_1 étant le temps d'attente de la première mutation. Dans le modèle de mutation présenté, les variables aléatoires $(R_j, j \geq 1)$ sont indépendantes et de loi exponentielle de paramètre $\theta/2$. Par définition, on a pour $t \geq 0$,

$$S(t) = \inf\{k \geq 0\,; \sum_{j=1}^{k+1} R_j > t\}.$$

Remarque 7.4.5. D'après la définition 8.14, le processus $S = (S(t), t \geq 0)$ est un processus de Poisson de paramètre $\theta/2$. En particulier, on vérifie ainsi que la loi de $S(t)$ est la loi de Poisson de paramètre $\theta t/2$ (cf. la démonstration élémentaire du (ii) de la proposition 8.4.2). ◊

Soit $k \geq 2$. On note Y_k le nombre de mutations observées dans une population de k individus avant le premier temps de coalescence T_k. Le lemme suivant établit la loi de Y_k.

Lemme 7.4.6. *La variable Y_k a même loi que $\tilde{G} - 1$, où $\tilde{G}$ suit la loi géométrique de paramètre $p = \dfrac{k-1}{k-1+\theta}$.*

Démonstration. On a $Y_k = Y_k^{(1)} + \ldots + Y_k^{(k)}$, où $Y_k^{(i)}$ est le nombre de mutations de l'individu i avant T_k. En particulier, $Y_k^{(i)}$ a même loi que $S(T_k)$.

Avant toute coalescence, les processus de mutation des différents individus sont indépendants. On en déduit donc que $(Y_k^{(1)}, \ldots, Y_k^{(k)})$ a même loi que $(S^{(1)}(T_k), \ldots, S^{(k)}(T_k))$, où le processus $(S^{(i)}(t), t \geq 0)$ est défini par

$$S^{(i)}(t) = \inf\{k \geq 0\,; \sum_{j=1}^{k+1} R_j^{(i)} > t\},$$

et les variables $(R_j^{(i)}, j \geq 1, i \geq 1)$ sont indépendantes de loi exponentielle de paramètre $\theta/2$. En particulier les variables $S^{(1)}(t), \ldots, S^{(k)}(t)$ sont indépendantes. On a de plus que T_k est indépendant de la suite $(R_j^{(i)}, j \geq 1, i \geq 1)$ et suit la loi exponentielle de paramètre $\frac{k(k-1)}{2}$. En écrivant l'événement

$$\{S^{(i)}(T_k) = r_i\} = \left\{\sum_{l=1}^{r_i} R_l^{(i)} \leq T_k < \sum_{l=1}^{r_i+1} R_l^{(i)}\right\},$$

avec la convention $\sum_{l=1}^{0} R_l^{(i)} = 0$, et en utilisant l'indépendance des variables aléatoires, on obtient pour $r_1, \ldots, r_k \in \mathbb{N}$,

$$\begin{aligned}&\mathbb{P}(S^{(1)}(T_k) = r_1, \ldots, S^{(k)}(T_k) = r_k)\\ &\quad= \int_0^\infty \frac{k(k-1)}{2}\, \mathrm{e}^{-k(k-1)t/2}\, \mathbf{1}_{\{t>0\}} \mathbb{P}(S^{(1)}(t) = r_1, \ldots, S^{(k)}(t) = r_k)\, dt.\end{aligned}$$

On en déduit la fonction caractéristique de Y_k : pour $u \in \mathbb{R}$,

$$\begin{aligned}
\mathbb{E}[e^{iuY_k}] &= \mathbb{E}[e^{iu\sum_{i=1}^k S^{(i)}(T_k)}] \\
&= \int_0^\infty \frac{k(k-1)}{2} e^{-k(k-1)t/2} \mathbf{1}_{\{t>0\}} \mathbb{E}[e^{iu\sum_{i=1}^k S^{(i)}(t)}]\, dt \\
&= \int_0^\infty \frac{k(k-1)}{2} e^{-k(k-1)t/2} \mathbf{1}_{\{t>0\}} \prod_{i=1}^k \mathbb{E}[e^{iuS^{(i)}(t)}]\, dt \\
&= \int_0^\infty \frac{k(k-1)}{2} e^{-k(k-1)t/2} \mathbf{1}_{\{t>0\}} e^{-k\theta t(1-\exp(iu))/2}\, dt \\
&= \frac{k(k-1)}{2} \frac{1}{k(k-1)/2 + k\theta(1-\exp(iu))/2} \\
&= \frac{p}{1-(1-p)e^{iu}},
\end{aligned}$$

avec $p = \dfrac{k-1}{k-1+\theta}$. On a utilisé l'indépendance des variables $S^{(1)}(t),\ldots,$ $S^{(k)}(t)$ pour la troisième égalité, et pour la quatrième égalité le fait que $S^{(i)}(t)$ est distribué suivant la loi de Poisson de paramètre $\theta t/2$ d'après la remarque 7.4.5. D'autre part, si $\tilde{G}$ est de loi géométrique de paramètre p, on a

$$\mathbb{E}[e^{iu(\tilde{G}-1)}] = \sum_{n\geq 1} p(1-p)^{n-1} e^{iu(n-1)} = \frac{p}{1-(1-p)e^{iu}}.$$

On en déduit donc que Y_k et $\tilde{G}-1$ ont même loi. □

On compte Y_k mutations pendant la période aléatoire de durée T_k, où le nombre d'ancêtres des n individus considérés est égal à k. Comme les durées, $T_2,\ldots,T_n$, des périodes sont aléatoires et indépendantes, on en déduit que les variables $Y_2,\ldots,Y_n$ sont indépendantes. Leur loi est décrite par le lemme 7.4.6. Enfin, le nombre total de mutations observées sur un échantillon de n individus, est $S_n = Y_2 + \ldots + Y_n$. On calcule l'espérance et la variance de S_n.

On rappelle que si $\tilde{G}$ est une variable géométrique de paramètre p, alors $\mathbb{E}[\tilde{G}] = 1/p$ et $\mathrm{Var}(\tilde{G}) = (1-p)/p^2$ (voir le tableau A.1 page 396). On en déduit que

$$\mathbb{E}[S_n] = \sum_{k=2}^n \mathbb{E}[Y_k] = \sum_{k=2}^n \left(\frac{k-1+\theta}{k-1} - 1\right) = \theta a_n,$$

où $a_n = \displaystyle\sum_{k=1}^{n-1} \frac{1}{k}$ et

$$\mathrm{Var}(S_n) = \sum_{k=2}^n \mathrm{Var}(Y_k) = \theta \sum_{k=2}^n \frac{k-1+\theta}{(k-1)^2} = \theta \sum_{k=1}^{n-1} \frac{1}{k} + \theta^2 \sum_{k=1}^{n-1} \frac{1}{k^2} = \theta a_n + \theta^2 b_n,$$

où $b_n = \sum_{k=1}^{n-1} \frac{1}{k^2}$. Watterson [18] a proposé $\frac{S_n}{a_n}$ comme estimateur sans biais de θ. On remarque que $a_n \sim \log(n)$ quand n tend vers l'infini et que la suite $(b_n, n \geq 2)$ converge.

Proposition 7.4.7. *L'estimateur de θ, $(S_n/a_n, n \geq 2)$, est faiblement convergent (i.e. la suite $(S_n/a_n, n \geq 2)$ converge en probabilité vers θ). La suite $\left(\frac{S_n - \theta a_n}{\sqrt{S_n}}, n \geq 1\right)$ converge en loi vers G de loi gaussienne centrée réduite $\mathcal{N}(0,1)$.*

La convergence en loi de la proposition est illustrée par le graphique 7.5. La démonstration de cette proposition est indiquée dans l'exercice suivant.

Exercice 7.4.8. Le but de cet exercice, est de démontrer la proposition 7.4.7.

1. En utilisant l'inégalité de Tchebychev, et en s'inspirant des arguments utilisés dans la démonstration de la proposition 7.4.2, vérifier que l'estimateur de Watterson est faiblement convergent.
2. Soit $\tilde{G}$ une variable aléatoire de loi géométrique de paramètre $p \in]0,1[$. Vérifier que $\mathbb{E}[|\tilde{G}-1|^3] = \mathbb{E}[(\tilde{G}-1)^3] = \frac{6(1-p)^2}{p^3} + \frac{1-p}{p}$. Puis, en utilisant l'inégalité $(x+y)^3 \leq 4x^3 + 4y^3$ pour $x, y \geq 0$, montrer que
$$\mathbb{E}\Big[\big|\tilde{G} - \frac{1}{p}\big|^3\Big] \leq 32 \frac{1-p}{p^3}.$$
3. On pose $X_k = Y_k - \mathbb{E}[Y_k]$. Montrer que $\mathbb{E}[|X_k|^3] \leq 32\theta(1+\theta)^2 \frac{1}{k-1}$. Puis vérifier les hypothèses du théorème B.1.
4. Démontrer la deuxième partie de la proposition 7.4.7 en s'inspirant des arguments utilisés dans la démonstration de la proposition 7.4.3.

♦

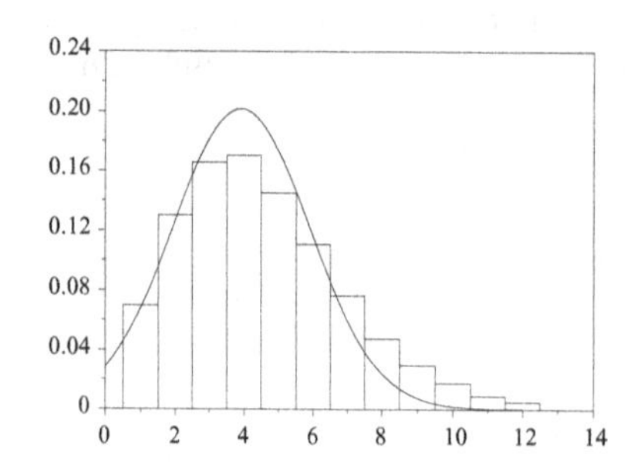

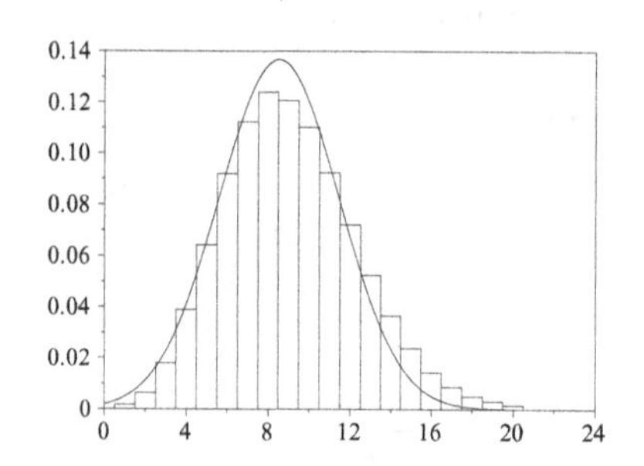

Fig. 7.5. Histogramme de la loi de S_n pour $\theta = 1$, $n = 50$ (à gauche) et $n = 5\,000$ (à droite), obtenu à l'aide de 100 000 simulations de S_n, et densité de la loi gaussienne de moyenne θa_n et de variance $\theta a_n + \theta^2 b_n$

En particulier, si z est le quantile d'ordre $1 - \alpha/2$ de la loi $\mathcal{N}(0,1)$, alors on obtient un intervalle de confiance de niveau asymptotique $1 - \alpha$ pour θ :

$$\Delta_n = \left[\frac{S_n}{a_n} \pm \frac{z\sqrt{S_n}}{a_n}\right],$$

c'est-à-dire $\lim_{n\to\infty} \mathbb{P}(\theta \in \Delta_n) = 1 - \alpha$.

7.4.3 Conclusion sur l'estimation du taux de mutation

Il n'y a pas une grande différence entre K_n et S_n pour l'estimation de θ. Comme K_n et S_n dont de l'ordre de $\log(n)$, la longueur de l'intervalle de confiance est de l'ordre de $1/\sqrt{\log(n)}$. Pour diviser la longueur de l'intervalle de confiance par 2, il faut observer n^4 individus au lieu de n. Ceci semble peu réalisable. Les estimateurs $K_n/\log(n)$ et S_n/a_n de θ sont très imprécis (voir les histogrammes des loi de K_n et S_n, graphiques 7.4 et 7.5). Malheureusement la vitesse de convergence en $(\log n)^{-1/2}$ est générique pour l'estimation de θ. La vitesse de convergence de l'estimateur du maximum de vraisemblance de θ, voir définition 5.2.2, quand on connaît l'arbre généalogique (forme et longueur des branches i.e. la suite $T_2, \ldots, T_n$) et le nombre de mutations pour chaque branche est aussi en $(\log n)^{-1/2}$, voir [8]. En revanche, on peut améliorer l'estimation de θ, à horizon fini, en tenant compte des arbres phylogéniques compatibles avec les données observées, voir par exemple [17], Chaps. 5 et 6.

Références

1. D.J. Aldous. Deterministic and stochastic models for coalescence (aggregation and coagulation) : a review of the mean-field theory for probabilists. *Bernoulli*, 5(1) : 3–48, 1999.
2. C. Cannings. The latent roots of certain Markov chains arising in genetics : a new approach. I. Haploid models. *Advances in Appl. Probability*, 6 : 260–290, 1974.
3. C. Cannings. The latent roots of certain Markov chains arising in genetics : a new approach. II. Further haploid models. *Advances in Appl. Probability*, 7 : 264–282, 1975.
4. R. Durrett. *Probability models for DNA sequence evolution.* Probability and its Applications (New York). Springer-Verlag, New York, 2002.
5. W.J. Ewens. *Mathematical population genetics. I*, volume 27 de *Interdisciplinary Applied Mathematics.* Springer-Verlag, New York, seconde édition, 2004. Theoretical introduction.
6. R.A. Fisher. On the dominance ratio. *Proc. Roy. Soc. Edinburgh*, 42 : 321–341, 1922.
7. R.A. Fisher. *The genetical theory of natural selection.* Clarendon Press, Oxford, 1930.

8. Y.X. Fu et W.H. Li. Maximum likelihood estimation of population parameters. *Genetics*, 1993.
9. O. Gascuel. *Mathematics of Evolution and Phylogeny*. Oxford University Press, 2005.
10. J.F.C. Kingman. The coalescent. *Stochastic Process. Appl.*, 13(3) : 235–248, 1982.
11. M. Möhle. Robustness results for the coalescent. *J. Appl. Probab.*, 35(2) : 438–447, 1998.
12. M. Möhle et S. Sagitov. A classification of coalescent processes for haploid exchangeable population models. *Ann. Probab.*, 29(4) : 1547–1562, 2001.
13. P.A.P. Moran. Random processes in genetics. *Proc. Cambridge Philos. Soc.*, 54 : 60–71, 1958.
14. J. Pitman. Coalescents with multiple collisions. *Ann. Probab.*, 27(4) : 1870–1902, 1999.
15. S. Sagitov. The general coalescent with asynchronous mergers of ancestral lines. *J. Appl. Probab.*, 36(4) : 1116–1125, 1999.
16. J. Schweinsberg. Coalescent processes obtained from supercritical Galton-Watson processes. *Stochastic Process. Appl.*, 106(1) : 107–139, 2003.
17. S. Tavaré et O. Zeitouni. *Lectures on probability theory and statistics*, volume 1837 de *Lecture Notes in Mathematics*. Springer-Verlag, Berlin, 2004. 31ième école d'été de probabilité à Saint-Flour, 8–25 juillet 2001. Édité par Jean Picard.
18. G.A. Watterson. On the number of segregating sites in genetical models without recombination. *Theoret. Population Biology*, 7 : 256–276, 1975.
19. S. Wright. Evolution in Mendelian populations. *Genetics*, 16 : 97–159, 1931.

Deuxième partie

Modèles continus

8

Chaînes de Markov à temps continu

Il est des problématiques, comme par exemple celles abordées aux Chaps. 5 et 6 sur l'ADN, où naturellement la modélisation utilise un processus aléatoire indexé par $\mathbb{N}$. En revanche, pour d'autres applications comme la modélisation des temps successifs de panne d'un système, des files d'attente aux guichets, des réactions chimiques (voir les Chaps. 10, 9 et 12), il est naturel d'utiliser une approche en temps continu. Ainsi pour analyser une file d'attente, on peut étudier la succession des nombres de personnes dans la file d'attente en fonction des arrivées ou des départs des clients. Si l'on désire étudier l'évolution du nombre de personnes dans la file au cours du temps, on peut, à l'aide d'une discrétisation du temps, utiliser des chaînes de Markov à temps discret. Rappelons que nous avons vu au paragraphe 1.2, qu'une chaîne de Markov peut être décrite à l'aide de la chaîne trace, donnée par les états successifs différents, et des temps d'attente dans chacun des états. Ces derniers, conditionnellement à la chaîne trace, sont indépendants et suivent des lois géométriques dont le paramètre dépend de l'état. En particulier, pour tout pas de discrétisation $\delta > 0$, le temps d'attente réel dans l'état initial, T supposé d'espérance finie, est représenté par $[T/\delta] + 1$ pas de temps de longueur δ, pour la chaîne de Markov à temps discret. En particulier $[T/\delta] + 1$ suit une loi géométrique de paramètre $p_\delta = 1/(1 + \mathbb{E}[[T/\delta]])$. Quand le pas de discrétisation tend vers zéro, on obtient par convergence dominée que $\lim_{\delta \to 0^+} \frac{1}{\delta} p_\delta = 1/\mathbb{E}[T]$. Comme $\delta([T/\delta]+1)$ converge p.s. vers T quand δ tend vers 0, on déduit du lemme 7.2.1 que la loi de T est une loi exponentielle. Comme le suggère ce raisonnement, on modélise la suite des états successifs par une chaîne trace, et les temps d'attente dans chacun des états par des variables aléatoires de loi exponentielle. Le processus obtenu est appelé chaîne de Markov à temps continu.

Nous présentons au paragraphe 8.1 une construction des chaînes de Markov à temps continu, appelées aussi processus de sauts purs réguliers, à partir d'une chaîne trace et de temps d'attente de loi exponentielle entre les changements d'états. Les paramètres des lois exponentielles s'interprètent comme des taux de sauts. Puis nous indiquons comment le caractère sans mémoire des lois exponentielles permet d'obtenir la propriété de

Markov : l'évolution future du processus ne dépend du passé qu'au travers de l'état présent. Le paragraphe 8.2 introduit les notions de semi-groupes et générateurs infinitésimaux qui sont des outils généraux pour l'étude des processus de Markov. On vérifie que le générateur infinitésimal a une expression très simple en fonction de la matrice de transition de la chaîne trace sous-jacente et des taux de sauts. Nous étudions au paragraphe 8.3 le comportement en temps long des chaînes de Markov. Ces résultats sont à rapprocher des théorèmes ergodiques du paragraphe 1.5 pour les chaînes de Markov à temps discret. Enfin, dans le paragraphe 8.4, nous introduisons le processus de Poisson, qui est un exemple très élémentaire de chaîne de Markov à temps continu. Ce processus permet de modéliser les temps de pannes de machines, ou le processus des temps d'arrivée des clients dans une file d'attente.

Enfin une vaste littérature sur les chaînes de Markov est disponible. Pour plus de détails, on pourra consulter les ouvrages suivants : Jacod [4], Lacroix [5], Ycart [6] et les ouvrages plus spécialisés : Brémaud [1], Chung [2] ou Çinlar [3].

8.1 Construction des chaînes de Markov à temps continu

8.1.1 Construction

Il est facile de vérifier à l'aide des fonctions de répartition que si U est de loi uniforme sur $[0,1]$, alors $T = -\log(U)/\lambda$, où $\lambda > 0$, est de loi exponentielle de paramètre λ.

Soit $Z = (Z_n, n \in \mathbb{N})$ une chaîne trace (cf. paragraphe 1.2) sur un espace discret E et de matrice de transition Q. La chaîne trace décrit les états différents successifs du phénomène étudié. On rappelle que pour tout $x \in E$, on a $Q(x,x) \in \{0,1\}$. Si $Q(x,x) = 1$, alors x est un point absorbant de la chaîne trace.

Pour chaque état $x \in E$, on se donne $\lambda(x) \geq 0$ qui correspond au taux de sauts auquel on quitte le site x. On suppose que $\lambda(x) = 0$ si x est un point absorbant. Le paramètre $\lambda(x)$ correspond au paramètre de la loi exponentielle des temps d'attente en x. Soit une suite $(U_n, n \geq 1)$ de variables aléatoires de loi uniforme sur $[0,1]$, indépendantes et indépendantes de Z. On pose $V_n = -\log(U_n)/\lambda(Z_{n-1})$ pour $n \geq 1$, avec la convention que $V_n = +\infty$ si $\lambda(Z_{n-1}) = 0$. Ainsi, conditionnellement à Z, les variables $(V_n, n \geq 1)$ sont indépendantes et de loi exponentielle de paramètres respectifs $(\lambda(Z_{n-1}), n \geq 1)$ (avec la convention qu'une variable aléatoire de loi exponentielle de paramètre 0 est égale à $+\infty$). On pose $S_0 = 0$, pour $n \geq 1$, $S_n = \sum_{k=1}^n V_k$, et si $S_n < +\infty$,

$$X_t = Z_n \quad \text{pour } t \in [S_n, S_{n+1}[. \tag{8.1}$$

Les variables aléatoires X_t sont définies pour $t < \lim_{n\to\infty} S_n$. Le lemme suivant permet de donner des conditions qui assurent que cette limite est p.s. infinie.

Lemme 8.1.1. *Soit $(T_n, n \geq 1)$ une suite de variables aléatoires indépendantes, telles que la loi de T_n est la loi exponentielle de paramètre $\lambda_n \in]0, \infty[$. Les trois assertions suivantes sont équivalentes.*

(i) $\mathbb{P}(\sum_{n \geq 1} T_n = \infty) = 1$.

(ii) $\mathbb{P}(\sum_{n \geq 1} T_n = \infty) > 0$.

(iii) $\displaystyle\sum_{n \geq 1} 1/\lambda_n = \infty$.

Démonstration. Clairement (i) implique (ii). Montrons, par contraposée que (ii) implique (iii). Si $\sum_{n \geq 1} 1/\lambda_n < \infty$, alors on a $\sum_{n \geq 1} \mathbb{E}[T_n] = \sum_{n \geq 1} 1/\lambda_n < \infty$ et donc p.s. $\sum_{n \geq 1} T_n < \infty$.

Montrons que (iii) implique (i). Si la série $\sum_{n \geq 1} 1/\lambda_n$ est divergente alors la série $\sum_{n \geq 1} \min(1, 1/2\lambda_n)$ est divergente. Comme $\log(1+x) \geq \min(1, x/2)$ sur $[0, \infty[$, cela implique que la série $\sum_{n \geq 1} \log(1 + 1/\lambda_n)$ est également divergente. On en déduit que

$$\mathbb{E}[\mathrm{e}^{-\sum_{n \geq 1} T_n}] = \prod_{n \geq 1} \frac{\lambda_n}{1 + \lambda_n} = \mathrm{e}^{-\sum_{n \geq 1} \log(1 + \frac{1}{\lambda_n})} = 0.$$

Comme $\mathrm{e}^{-\sum_{n \geq 1} T_n}$ est une variable aléatoire positive d'espérance nulle, elle est donc p.s. nulle. En particulier, on a p.s. $\sum_{n \geq 1} T_n = \infty$. □

On déduit de ce lemme que

$$\mathbb{P}(\lim_{n \to \infty} S_n = \infty | Z_0 = x_0) = 1 \Leftrightarrow \mathbb{P}\Big(\sum_{n \geq 0} \lambda(Z_n)^{-1} = \infty | Z_0 = x_0 \Big) = 1. \quad (8.2)$$

Remarque 8.1.2.

1. Si $\sup_{x \in E} \lambda(x) < \infty$, alors on déduit de (8.2) que p.s. $\lim_{n \to \infty} S_n = \infty$. En particulier, cette condition est toujours satisfaite si E est fini.
2. Si l'ensemble E_{x_0} des états que peut visiter la chaîne de Markov Z issue de x_0 est fini p.s. alors $\mathbb{P}(\lim_{n \to \infty} S_n = \infty | Z_0 = x_0) = 1$.
3. Enfin l'égalité de droite de (8.2) est également vérifiée si x_0 est récurrent pour la chaîne de Markov Z. En particulier, si la chaîne est irréductible récurrente alors p.s. $\lim_{n \to \infty} S_n = \infty$.

♢

Exemple 8.1.3. On peut modéliser la file d'attente à un guichet de manière élémentaire en supposant que si la file d'attente comporte $k \geq 1$ clients alors : soit un nouveau client arrive, et elle comporte alors $k+1$ clients, soit un client termine son service puis part, et elle comporte alors $k-1$ clients. Si on suppose que le temps de service suit une loi exponentielle de paramètre $\mu > 0$ et que le temps d'arrivée d'un nouveau client est indépendant et suit une loi exponentielle de paramètre $\lambda > 0$, on déduit du lemme 7.4.4, que le nouvel état de la file d'attente est $k+1$ avec probabilité $\lambda/(\lambda+\mu)$ et $k-1$ avec probabilité

$\mu/(\lambda+\mu)$, et que le temps qu'il faut attendre avant d'observer un départ ou une arrivée suit une loi exponentielle de paramètre $\lambda+\mu$. Enfin si la file est vide, il faut attendre un temps aléatoire de loi exponentielle de paramètre λ, pour qu'un nouveau client arrive. Pour la modélisation, on considère donc une chaîne trace sur $\mathbb{N}$, qui représente les différents états de la file et dont les termes non nuls de la matrice de transition sont $Q(0,1)=1$, et pour $k\geq 1$, $Q(k,k+1)=\lambda/(\lambda+\mu)$ et $Q(k,k-1)=\mu/(\lambda+\mu)$. Enfin le temps d'attente dans l'état k suit une loi exponentielle de paramètre λ si $k=0$ et de paramètre $\lambda+\mu$ sinon. Dans ce cas les paramètres des lois exponentielles sont bornés par $\lambda+\mu$. Et le processus défini par (8.1), qui décrit la taille de la file à l'instant t est bien défini, pour $t\in[0,\infty[$. Cet exemple sera étudié plus en détail au Chap. 9. ◇

Exercice 8.1.4. Les conditions suivantes apparaissent naturellement quand on étudie les files d'attente. On a $E=\mathbb{N}$. On suppose qu'il existe des constantes positives c_0, c_1 et r telles que les taux de sauts sont sous-linéaires : $\lambda(x)\leq c_0+c_1x$ pour tout $x\in\mathbb{N}$, et les sauts sont uniformément bornés : $Q(x,y)=0$ si $y>x+r$.

1. Vérifier que p.s. $Z_n\leq Z_0+nr$.
2. En déduire que p.s. $\lim_{n\to\infty} S_n=\infty$.

♦

8.1.2 Propriété de Markov

On suppose désormais que p.s.

$$\boxed{\lim_{n\to\infty} S_n=\infty.} \tag{8.3}$$

Le processus aléatoire $X=(X_t, t\geq 0)$ est alors bien défini. Il est à valeurs dans l'espace discret E. Il est constant par morceaux, continu à droite et avec un nombre fini de sauts sur tout intervalle de temps borné. Nous vérifions maintenant que ce processus possède la propriété de Markov : pour tout $t\geq 0$, l'évolution de X après l'instant t ne dépend de son évolution avant l'instant t qu'au travers de la valeur de X_t. Les outils dont nous disposons sont insuffisants pour donner une démonstration rigoureuse de la propriété de Markov énoncée au théorème 8.1.6. Pour plus de détails, nous renvoyons par exemple à la démonstration du théorème 9.1.2 dans [1]. Toutefois, il est crucial dans l'établissement de la propriété de Markov d'utiliser le fait que les temps d'attente suivent des lois exponentielles, et que les lois exponentielles sont sans mémoire (voir le lemme 8.1.5). Pour comprendre ce point important, nous esquissons une démonstration de la propriété de Markov.

L'état passé du processus X avant l'instant t est donné par le nombre de transitions avant t, disons n, ses états successifs, disons $x_0,\ldots,x_n$, et les temps d'attente dans chacun de ces états. L'état présent du processus

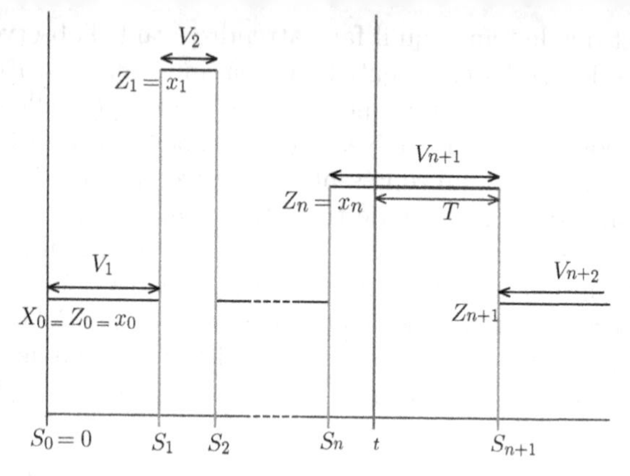

Fig. 8.1. Exemple d'évolution d'une chaîne de Markov à temps continu

est donné par sa valeur $X_t = x_n$. L'état futur est donné par l'évolution de la chaîne trace $(Z_k, k \geq n)$ issue de x_n, par les temps d'attente dans chacun des états. D'après la propriété de Markov pour la chaîne trace, son évolution sachant l'état passé de X ne dépend que de x_n. Les temps d'attente dans les états $x_n, Z_{n+1}, Z_{n+2}, \ldots$ sont donnés par les variables $T, V_{n+2}, V_{n+3}, \ldots$, où $T = V_{n+1} - (t - S_n)$, voir la Fig. 8.1. Par construction, on a $V_{n+k} = -\log(U_{n+k})/\lambda(Z_{n+k-1})$ pour $k \geq 2$, et les variables $(U_{n+k}, k \geq 2)$ sont indépendantes, de loi uniforme sur $[0,1]$ et sont indépendantes de Z et de t. Il reste donc à montrer que la loi de $T = V_{n+1} - (t - S_n)$ conditionnellement à $Z_0 = x_0, \ldots, Z_n = x_n$, $(Z_{n+k}, k \geq 1)$, $V_1, \ldots, V_n$, $S_n \geq t$ et $V_{n+1} > (t - S_n)$, est une loi exponentielle de paramètre $\lambda(x_n)$. Les conditions $S_n \geq t$ et $V_{n+1} > (t - S_n)$ assurent que l'on a bien eu n transitions exactement avant l'instant t. Remarquons que conditionnellement à Z les variables $V_1, \ldots, V_{n+1}$ sont indépendantes de loi exponentielle. Pour calculer la loi conditionnelle de T on utilise le caractère sans mémoire des lois exponentielles.

Lemme 8.1.5. *Soit V une variable aléatoire de loi exponentielle de paramètre $\lambda > 0$. Soit R une variable aléatoire positive indépendante de V. On a*

$$\mathbb{P}(V > R) = \mathbb{E}[\mathrm{e}^{-\lambda R}]. \tag{8.4}$$

Et conditionnellement à $\{V > R\}$, la loi de $V - R$ est la loi exponentielle de paramètre λ.

Démonstration. On déduit de la proposition A.1.21 avec $\psi(x) = \mathbb{E}[\mathbf{1}_{\{V>x\}}] = \min(1, \mathrm{e}^{-\lambda x})$ que $\mathbb{E}[\mathbf{1}_{\{V>R\}}] = \mathbb{E}[\psi(R)]$. Comme R est une variable positive, on obtient $\mathbb{P}(V > R) = \mathbb{E}[\mathbf{1}_{\{V>R\}}] = \mathbb{E}[\mathrm{e}^{-\lambda R}]$.

Pour $u \geq 0$, on a

$$\mathbb{P}(V > u + R \mid V > R) = \frac{\mathbb{P}(V > u + R)}{\mathbb{P}(V > R)} = \frac{\mathbb{E}[\mathrm{e}^{-\lambda(u+R)}]}{\mathbb{E}[\mathrm{e}^{-\lambda R}]} = \mathrm{e}^{-\lambda u} = \mathbb{P}(V > u),$$

où l'on a utilisé la formule des probabilités conditionnelles pour la première égalité, l'égalité (8.4) avec $u + R$ et R. La loi de $V - R$ conditionnellement à $\{V > R\}$ est bien celle de V. $\square$

On choisit alors $R = t - S_n$ et $V = V_{n+1}$, et l'on peut vérifier que la loi conditionnelle de $T = V - R$ est la loi exponentielle de paramètre $\lambda(x_n)$. En particulier, T est indépendante de t et de $V_{n+2}, V_{n+3}, \ldots$, conditionnellement à $(Z_{n+k}, k \geq 0)$.

Ceci permet de montrer la propriété de Markov : On dit que le processus $(X_t, t \geq 0)$ vérifie la **propriété de Markov** si pour tout entier n, pour tous réels $0 = t_0 \leq \cdots \leq t_n = t$, pour tous $x_1, \ldots, x_n = x, y \in E$, tel que $\mathbb{P}(X_{t_0} = x_0, \ldots, X_{t_n} = x_n) > 0$, et pour tout $s \geq 0$, on a

$$\mathbb{P}(X_{s+t} = y \mid X_{t_0} = x_0, \ldots, X_{t_n} = x_n) = \mathbb{P}(X_{s+t} = y \mid X_t = x). \tag{8.5}$$

La propriété de Markov est dite **homogène** si de plus $\mathbb{P}(X_{s+t} = y \mid X_t = x)$ ne dépend pas de t.

On admet le résultat suivant.

Théorème 8.1.6. *On suppose que (8.3) est vérifiée presque sûrement. Alors le processus $(X_t, t \geq 0)$ satisfait la propriété de Markov homogène.*

On dit que X est une **chaîne de Markov à temps continu** ou un processus markovien homogène régulier de sauts purs. Le processus Z est la chaîne trace associée à X.

Remarque 8.1.7. On vérifie que si la probabilité de visiter $x \in E$ est strictement positive, alors $\mathbb{P}(X_t = x) > 0$ pour tout $t > 0$. Par construction, si la probabilité que X visite $x \in E$ est strictement positive, alors il existe un chemin $x_0, \ldots, x_n = x \in E$, tel que $\mathbb{P}(Z_0 = x_0, \ldots, Z_n = x_n) > 0$ et si $n \geq 1$, $\lambda(x_0) \ldots \lambda(x_{n-1}) > 0$. Alors on a $\mathbb{P}(I_n | Z_0 = x_0, \ldots, Z_n = x_n) > 0$, où $I_n = \{V_1 < t/n, \ldots, V_n < t/n, V_{n+1} > t\}$ si $n \geq 1$ et $I_0 = \{V_1 > t\}$ sinon. Comme $\{Z_0 = x_0, \ldots, Z_n = x_n\} \cap I_n \subset \{X_t = x\}$, on en déduit que $\mathbb{P}(X_t = x) > 0$ pour tout $t > 0$. $\Diamond$

Exercice 8.1.8. Montrer que si $(X_t, t \geq 0)$ est une chaîne de Markov à temps continu, alors $(X_n, n \in \mathbb{N})$ est une chaîne de Markov à temps discret. $\blacklozenge$

8.2 Semi-groupe, générateur infinitésimal

Soit $X = (X_t, t \geq 0)$ une chaîne de Markov à temps continu sur un espace d'état discret E. Quitte à se restreindre à l'ensemble des états qui ont une probabilité strictement positive d'être visités par X, on peut supposer d'après la remarque 8.1.7 que pour tous $t > 0$, $x \in E$, on a $\mathbb{P}(X_t = x) > 0$. Comme X satisfait la propriété de Markov homogène, les probabilités $\mathbb{P}(X_{s+t} = y \mid X_t = x)$ ne dépendent pas de t. On les note $P_s(x, y)$. Par convention on pose

$\mathbb{P}(X_s = y \mid X_0 = x) = P_s(x, y)$ si $\mathbb{P}(X_0 = x) = 0$. On a $\sum_{y \in E} P_s(x, y) = 1$. La matrice de transition $P_s = (P_s(x, y), x, y \in E)$ est une matrice stochastique.

On admet la réciproque suivante du théorème 8.1.6 (voir [3]).

Théorème 8.2.1. *Si $Y = (Y_t, t \geq 0)$ est un processus aléatoire à temps continu à valeurs dans un espace discret E et qui*

- *est constant par morceaux,*
- *est continu à droite et avec un nombre fini de sauts sur tout intervalle borné ,*
- *vérifie la propriété de Markov homogène, i.e. les égalités (8.5) avec le membre de gauche indépendant de t,*

alors Y est une chaîne de Markov à temps continu.

En particulier le processus Y possède une chaîne trace, et les temps d'attente dans chacun des états sont, conditionnellement à la chaîne trace, des variables aléatoires indépendantes de loi exponentielle dont le paramètre dépend de l'état.

Il est en général très difficile de calculer le semi-groupe de transition même dans le cas élémentaire de l'exemple 8.1.3 (voir l'exemple 8.3.14 pour expliciter les cas où E est réduit à deux éléments). En revanche, il est souvent naturel lors d'une modélisation d'exhiber la matrice de la chaîne trace et les taux de sauts. Ces objets sont suffisants pour étudier les comportements en temps long des chaînes de Markov. Mais ils n'ont pas de sens dès que l'on désire regarder des espaces d'états continus. De fait, il est plus intéressant de regarder le générateur infinitésimal associé à la chaîne de Markov, qui garde un sens dans le cas des espaces d'états continus.

Proposition 8.2.2. *Soit X une chaîne de Markov à temps continu de semi-groupe de transition $(P_t, t \geq 0)$. Il existe une matrice $A = (A(x, y), x, y \in E)$, appelée générateur infinitésimal de la chaîne de Markov de semi-groupe de transition $(P_t, t \geq 0)$, telle que*

$$\boxed{A = \lim_{h \to 0^+} \frac{P_h - I}{h},}$$

au sens où

$$A(x, y) = \begin{cases} \lim_{h \to 0^+} \dfrac{P_h(x, y)}{h} & \text{si } x \neq y, \\ \lim_{h \to 0^+} \dfrac{P_h(x, x) - 1}{h} & \text{si } x = y. \end{cases}$$

Le générateur infinitésimal est relié à la matrice de transition Q de la chaîne trace associée à X et aux taux de sauts $(\lambda(x), x \in E)$ de la manière suivante : pour tout $x \in E$, $A(x, x) = -\lambda(x)$, et pour tout $y \in E$ différent de x, $A(x, y) = \lambda(x) Q(x, y)$. En particulier, on a pour tout $x \in E$,

$$\sum_{y \in E} A(x, y) = 0. \tag{8.6}$$

Remarquons que, d'après la définition de A, on a $A(x,x) \leq 0$ et $A(x,y) \geq 0$ pour $x \neq y$.

Remarque 8.2.3. On admet (voir [1] Chap. 8) les résultats suivants concernant le générateur infinitésimal. Pour tout $t \geq 0$, la limite de $\frac{P_{t+h} - P_t}{h}$, quand h décroît vers 0, existe. On la note $\frac{dP_t}{dt}$ et on a

$$\frac{dP_t}{dt} = P_t A = A P_t. \tag{8.7}$$

Pour $t \geq 0$, on note ν_t la loi de X_t ($\nu_t(x) = \mathbb{P}(X_t = x)$ pour $x \in E$) et $u_t(x) = \mathbb{E}[f(X_t)|X_0 = x]$, $x \in E$, avec f bornée. Par définition de P_t, on a $\nu_t = \nu_0 P_t$ et $u_t = P_t f$. On peut décrire l'évolution de ν_t et u_t à l'aide de (8.7). Plus précisément, on admet les équations de Kolmogorov : pour $t \geq 0$,

$$\frac{du_t}{dt} = A u_t \quad \text{et} \quad \frac{d\nu_t}{dt} = \nu_t A.$$

$\diamondsuit$

Remarque 8.2.4. Dans le cas où E est fini, l'unique solution de (8.7) est donnée par

$$P_t = \mathrm{e}^{tA} = \sum_{k \geq 0} \frac{t^k A^k}{k!}, \tag{8.8}$$

avec la convention $A^0 = I$. Dans le cas où E est infini, rien n'assure que le produit de matrices $A^2 = AA$, et a fortiori e^{tA}, aient un sens. $\diamondsuit$

Remarque 8.2.5. Supposons que chaque état $y \neq x$ possède une horloge indépendante des autres qui sonne à un temps de loi exponentielle de paramètre $A(x,y) = \lambda(x)Q(x,y)$. En généralisant le lemme 7.4.4 pour une suite infinie de variables aléatoires indépendantes de loi exponentielle, on peut vérifier que le temps où la première horloge sonne suit une loi exponentielle de paramètre $\sum_{y \neq x} \lambda(x)Q(x,y) = \lambda(x)$, et que l'horloge de y a sonné la première avec probabilité $Q(x,y)$. En particulier, dans la construction de X, conditionnellement à $\{X_0 = x\}$, tout se passe comme si la chaîne de Markov sautait à la première sonnerie sur le site dont l'horloge sonne. La quantité $A(x,y)$ s'interprète comme un taux de transition de x vers y. $\diamondsuit$

Démonstration de la proposition 8.2.2. Quitte à décaler le temps de $t_0 > 0$, on peut supposer que $\mathbb{P}(X_0 = x) > 0$. On reprend les notations du paragraphe précédent.

Si $\lambda(x) = 0$, alors on a $V_1 = +\infty$, et donc p.s. $X_t = x$ pour tout $t \geq 0$. Donc il vient $P_t(x,x) = 1$ pour tout $t \geq 0$, et donc $A(x,y) = 0$ pour tout $y \in E$.

Supposons $\lambda(x) > 0$. On rappelle que $Z_0 = X_0$. Remarquons que, conditionnellement à $\{Z_0 = x\}$, s'il n'y a pas eu de saut avant l'instant t, alors

$X_t = x$, et si $X_t = x$ soit il n'y pas eu de saut avant l'instant t soit il y a eu au moins deux sauts avant t. On a donc $\{V_1 \geq t\} \subset \{X_t = x\} \subset \{V_1 \geq t\} \cup \{V_1 + V_2 < t\}$. En prenant l'espérance, et en utilisant le fait que V_1 suit la loi exponentielle de paramètre $\lambda(x)$, il vient

$$\mathrm{e}^{-\lambda(x)t} \leq P_t(x,x) \leq \mathrm{e}^{-\lambda(x)t} + \mathbb{P}(V_1 + V_2 < t | Z_0 = x).$$

En décomposant suivant les états possibles de Z_1, on obtient

$$\begin{aligned}
&\mathbb{P}(V_1 + V_2 < t | Z_0 = x) \\
&\quad \leq \mathbb{P}(V_1 < t, V_2 < t | Z_0 = x) \\
&\quad = \sum_{y \in E} Q(x,y) \mathbb{P}(V_1 < t, V_2 < t | Z_0 = x, Z_1 = y) \\
&\quad = \sum_{y \in E} Q(x,y) \mathbb{P}(V_1 < t | Z_0 = x, Z_1 = y) \mathbb{P}(V_2 < t | Z_0 = x, Z_1 = y) \\
&\quad = [1 - \mathrm{e}^{-\lambda(x)t}] \sum_{y \in E} Q(x,y)[1 - \mathrm{e}^{-\lambda(y)t}].
\end{aligned}$$

Par le théorème de convergence dominé, on a $\lim_{t \to 0} \sum_{y \in E} Q(x,y)[1 - \mathrm{e}^{-\lambda(y)t}] = 0$. Ainsi on obtient $\lim_{t \to 0} \frac{1}{t} \mathbb{P}(V_1 + V_2 < t | Z_0 = x) = 0$. On en déduit donc que $\lim_{t \to 0} \frac{1}{t}[P_t(x,x) - 1]$ existe et vaut $\lim_{t \to 0} \frac{1}{t}[\mathrm{e}^{-\lambda(x)t} - 1] = -\lambda(x)$.

Pour $y \neq x$, conditionnellement à $\{Z_0 = x\}$, on a $\{V_1 < t, V_1 + V_2 \geq t, Z_1 = y\} \subset \{X_t = y\} \subset \{V_1 < t, V_1 + V_2 \geq t, Z_1 = y\} \cup \{V_1 + V_2 < t\}$. On a donc en prenant l'espérance

$$\begin{aligned}
&\mathbb{P}(V_1 < t, V_1 + V_2 \geq t, Z_1 = y | Z_0 = x) \\
&\quad \leq P_t(x,y) \leq \mathbb{P}(V_1 < t, V_1 + V_2 \geq t, Z_1 = y | Z_0 = x) \\
&\qquad + \mathbb{P}(V_1 + V_2 < t | Z_0 = x).
\end{aligned}$$

Remarquons que

$$\begin{aligned}
&\mathbb{P}(V_1 < t, V_1 + V_2 \geq t, Z_1 = y | Z_0 = x) \\
&\quad = Q(x,y) \int_{\mathbb{R}_+^2} \mathbf{1}_{\{v_1 < t, v_1 + v_2 \geq t\}} \lambda(x) \lambda(y) \, \mathrm{e}^{-\lambda(x)v_1 - \lambda(y)v_2} \, dv_1 dv_2 \\
&\quad = \lambda(x) Q(x,y) \, \mathrm{e}^{-\lambda(y)t} \int_0^t \mathrm{e}^{(\lambda(y) - \lambda(x))v_1} \, dv_1.
\end{aligned}$$

Comme $\lim_{t \to 0} \frac{1}{t} \int_0^t \mathrm{e}^{(\lambda(y) - \lambda(x))v_1} \, dv_1 = 1$, on obtient $\lim_{t \to 0} \frac{1}{t} \mathbb{P}(V_1 < t, V_1 + V_2 \geq t, Z_1 = y | Z_0 = x) = \lambda(x) Q(x,y)$. On a déjà vu que $\lim_{t \to 0} \frac{1}{t} \mathbb{P}(V_1 + V_2 < t | Z_0 = x) = 0$. On en déduit donc que $\lim_{t \to 0} \frac{1}{t} P_t(x,y)$ existe et vaut $\lambda(x) Q(x,y)$. L'égalité (8.6) se déduit du fait que Q est une matrice stochastique. □

8.3 Comportement asymptotique

Nous avons démontré les comportements asymptotiques des chaînes de Markov à temps discret. Un phénomène similaire se produit pour les chaînes de Markov à temps continu. Soit $X = (X_t, t \geq 0)$ une chaîne de Markov à temps continu de semi-groupe de transition $(P_t, t \geq 0)$. On note $\nu_t = (\nu_t(x), x \in E)$ la loi de X_t. Par définition de P_t, on a $\nu_t = \nu_0 P_t$.

Définition 8.3.1. *On dit que la probabilité π est une probabilité invariante (appelée aussi probabilité stationnaire) de la chaîne de Markov X de semi-groupe de transition $(P_t, t \geq 0)$ si pour tout $t \geq 0$, on a* $\boxed{\pi P_t = \pi.}$

Si à l'instant initial la loi de X_0 est π, alors la loi de X_t est π pour tout t. En différenciant l'équation $\pi P_t = \pi$ par rapport à t, en $t = 0$, on obtient que $\pi A = 0$. On admet la proposition suivante.

Proposition 8.3.2. *La probabilité π est une probabilité invariante de la chaîne de Markov X de générateur infinitésimal A si et seulement si* $\boxed{\pi A = 0.}$

Exercice 8.3.3. On suppose que l'espace d'état E est fini. En utilisant l'équation (8.8), montrer que $\pi A = 0 \iff \pi P_t = \pi \quad \forall t \geq 0$. ♦

Remarquons que, quand elles existent, la probabilité invariante de la chaîne de Markov à temps continu X est différente a priori de la probabilité invariante de la chaîne trace Z (voir l'exemple 8.3.14).

Définition 8.3.4. *On dit qu'une chaîne de Markov de semi-groupe de transition $(P_t, t \geq 0)$ est irréductible si pour tous $x, y \in E$, on a $P_t(x, y) > 0$ pour tout $t > 0$.*

La chaîne de Markov à temps continu est irréductible si et seulement si $\lambda(x) > 0$ pour tout $x \in E$ et la chaîne trace est irréductible. On peut aussi vérifier directement que la chaîne est irréductible à partir du générateur infinitésimal A, comme le montre l'exercice qui suit.

Exercice 8.3.5. Soit X une chaîne de Markov à temps continu de générateur infinitésimal A. Vérifier que si pour tout couple (x, y), il existe $n \geq 1$ et une suite de points distincts $x_0 = x, \ldots, x_n = y$ tels que $\prod_{i=0}^{n-1} A(x_i, x_{i+1}) > 0$, alors la chaîne de Markov est irréductible. ♦

On suppose dorénavant que X est irréductible. Nous donnons l'analogue du théorème 1.4.3, qui est une conséquence directe des propositions 8.3.10, 8.3.9 et du théorème 8.3.12.

Théorème 8.3.6. *Une chaîne de Markov à temps continu irréductible possède au plus une probabilité invariante, π, et alors $\pi(x) > 0$ pour tout $x \in E$.*

Les exercices 8.3.11 et 8.3.13 permettent de calculer la probabilité invariante, quand elle existe, de la chaîne à temps continu ou de la chaîne trace à partir de la probabilité invariante de l'autre chaîne.

Nous admettons l'analogue du théorème 1.4.4 sur la convergence en loi des chaînes de Markov à temps continu (voir [1] théorème 8.6.2).

Théorème 8.3.7. *Soit $(X_t, t \geq 0)$ une chaîne de Markov à temps continu, irréductible. Si elle possède une (unique) probabilité invariante, π, alors $\lim_{t\to\infty} \mathbb{P}(X_t = x) = \pi(x)$, pour tout $x \in E$: i.e. la suite des lois des variables X_t converge étroitement vers l'unique probabilité invariante quand t tend vers l'infini. Si elle ne possède pas de probabilité invariante, alors $\lim_{t\to\infty} \mathbb{P}(X_t = x) = 0$ pour tout $x \in E$.*

Remarque 8.3.8. Les phénomènes de périodicité des chaînes de Markov à temps discret, qui compliquent l'étude du comportement en temps long, disparaissent pour les chaînes de Markov à temps continu. ♢

Nous donnons également le théorème ergodique 8.3.12, analogue en temps continu du théorème 1.5.6. Pour $t > 0$, on pose $X_{t^-} = \lim_{s\to t^-} X_s$ la limite à gauche de X en t. On note, avec la convention $\inf \emptyset = +\infty$,

$$U(x) = \inf\{t > 0\,; X_{t^-} \neq x, X_t = x\},$$

le premier temps de retour en x de X, et

$$T(x) = \inf\{k \geq 1\,; Z_k = x\},$$

le premier temps de retour en x de la chaîne trace Z. Remarquons que, comme le processus X n'a qu'un nombre fini de sauts sur tout intervalle de temps borné, on a $\{U(x) = +\infty\} = \{T(x) = +\infty\}$. Si la chaîne Z est transiente, alors ces événements sont de probabilités non nulles.

On dit que la chaîne X est transiente (resp. récurrente) si la chaîne trace est transiente (resp. récurrente). On rappelle que X étant irréductible, on a $\lambda(x) > 0$ pour tout $x \in E$. On pose

$$\nu(x) = \mathbb{E}[U(x)|X_0 = x] \in (0, \infty] \quad \text{et} \quad \pi(x) = \frac{1}{\nu(x)\lambda(x)}.$$

Nous démontrons l'analogue de la proposition 1.5.4.

Proposition 8.3.9. *Soit X une chaîne de Markov à temps continu irréductible. Pour tout $x \in E$, on a*

$$\frac{1}{t}\int_0^t \mathbf{1}_{\{X_s = x\}}\, ds \xrightarrow[n\to\infty]{p.s.} \pi(x). \tag{8.9}$$

De plus, soit $\pi(x) = 0$ pour tout $x \in E$, soit $\pi(x) > 0$ pour tout $x \in E$. Dans ce dernier cas on dit que la chaîne est ***récurrente positive****. Si $\pi(x) = 0$ pour tout $x \in E$, alors soit la chaîne est transiente, soit elle est récurrente. Dans ce dernier cas, on dit que la chaîne est* ***récurrente nulle****.*

Démonstration. Soit $x \in E$. Dans le cas transient, l'événement $\{U(x) = +\infty\}$ est de probabilité non nulle. On en déduit que $\nu(x) = +\infty$ et $\pi(x) = 0$. De plus il existe p.s. un temps fini t_0 aléatoire tel que pour tout $s > t_0$, on a $X_s \neq x$. On en déduit donc que (8.9) est vérifié.

On suppose que la chaîne X est récurrente. On pose $U_1 = U(x)$, et pour tout $n \geq 1$,

$$U_{n+1} = \inf\{t > 0\,; X_{R_n+t^-} \neq x, X_{R_n+t} = x\},$$

où $R_n = \sum_{k=1}^{n} U_k$, avec $R_0 = 0$. On pose également $T_1 = T(x)$, et pour tout $n \geq 1$,

$$T_{n+1} = \inf\{k \geq 1\,; Z_{S_n+k} = x\},$$

où $S_n = \sum_{k=1}^{n} T_k$, avec $S_0 = 0$. Le fait de supposer la chaîne récurrente assure que tous les temps de retours sont p.s. finis. On considère les excursions hors de x : pour $n \geq 1$,

$$Y_n = (T_n, Z_{S_{n-1}}, V_{S_{n-1}+1}, Z_{S_{n-1}+1}, \ldots, V_{S_n}, Z_{S_n}),$$

Remarquons que la durée de la n-ième excursion du processus X hors de x est donnée par

$$U_n = \sum_{k=1}^{T_n} V_{S_{n-1}+k}. \tag{8.10}$$

Un calcul analogue à celui effectué dans la démonstration de la proposition 1.5.4, assure que, pour tout $N \geq 2$, les variables aléatoires $(Y_n, n \in \{1, \ldots, N\})$ sont indépendantes et que les variables aléatoires $(Y_n, n \in \{2, \ldots, N\})$ ont pour loi celle de Y_1 sous $\mathbb{P}(\cdot|X_0 = x)$. En particulier, cela implique que les variables aléatoires $(Y_n, n \geq 1)$ sont indépendantes, et que les variables aléatoires $(Y_n, n \geq 2)$ ont même loi.

Par la loi forte des grands nombres, on en déduit que p.s.

$$\lim_{n\to\infty} \frac{R_n}{n} = \lim_{n\to\infty} \frac{1}{n} \sum_{k=1}^{n} U_k = \nu(x).$$

Dans l'excursion $n \geq 2$, X est dans l'état x pendant une période de temps de longueur $V_{S_{n-1}}$. Ainsi pour $n \geq 2$ et $t \in [R_n, R_{n+1}[$, on a

$$\frac{1}{R_{n+1}} \sum_{k=2}^{n-1} V_{S_{k-1}+1} \leq \frac{1}{t} \int_0^t \mathbf{1}_{\{X_s=x\}}\, ds \leq \frac{1}{R_n} \sum_{k=1}^{n} V_{S_{k-1}+1}.$$

Comme les variables $(V_{S_{k-1}+1}, k \geq 2)$ sont indépendantes et de loi exponentielle de paramètre $\lambda(x)$, on déduit de la loi forte des grands nombres que p.s. $\lim_{n\to\infty} \frac{1}{n} \sum_{k=2}^{n} V_{S_{k-1}+1} = 1/\lambda(x)$. On en déduit ainsi que p.s. $\lim_{t\to\infty} \frac{1}{t} \int_0^t \mathbf{1}_{\{X_s=x\}}\, ds = 1/(\nu(x)\lambda(x))$. Ceci démontre (8.9). Par convergence dominée, on en déduit que pour tout $y \in E$, $\lim_{t\to\infty} \frac{1}{t} \int_0^t P_s(y,x)\, ds = \pi(x)$. Comme $P_s(y,x) \geq P_{s-1}(y,z)P_1(z,x)$ pour $s \geq 1$, on en déduit que

$$\lim_{t\to\infty} \frac{1}{t} \int_0^t P_s(y,x)\, ds \geq P_1(z,x) \lim_{t\to\infty} \frac{1}{t} \int_0^{t-1} P_s(y,z)\, ds,$$

c'est-à-dire $\pi(x) \geq P_1(z,x)\pi(z)$. Or on a $P_1(z,x) > 0$ pour tous $x, z \in E$. Et donc soit $\pi(x) > 0$ pour tout $x \in E$, soit $\pi(x) = 0$ pour tout $x \in E$. □

Un raisonnement similaire à celui de la démonstration de la proposition 1.5.5, permet de démontrer la proposition suivante.

Proposition 8.3.10. *Une chaîne irréductible, $(X_t, t \geq 0)$, qui est transiente ou récurrente nulle, ne possède pas de probabilité invariante.*

On rappelle la notation $(\mu, f) = \sum_{x\in E} \mu(x) f(x)$, où μ est une probabilité sur E et f une fonction sur E telles que la somme soit convergente.

Exercice 8.3.11. On suppose que la chaîne trace est récurrente positive de probabilité invariante π^{trace}. On a $(\pi^{\text{trace}}, \frac{1}{\lambda}) \in]0, \infty]$.

1. Montrer, en utilisant par exemple le lemme 1.5.12 et (8.10), que pour $x \in E$, on a

$$\nu(x) = \frac{(\pi^{\text{trace}}, \frac{1}{\lambda})}{\pi^{\text{trace}}(x)} \quad \text{et} \quad \pi(x) = \frac{1}{\lambda(x)} \frac{\pi^{\text{trace}}(x)}{(\pi^{\text{trace}}, \frac{1}{\lambda})}.$$

2. En déduire que la chaîne X est récurrente positive si et seulement si $(\pi^{\text{trace}}, \frac{1}{\lambda}) < \infty$.

♦

On a le résultat de convergence suivant appelé théorème ergodique, qui est l'analogue en temps continu du théorème 1.5.6.

Théorème 8.3.12. *Soit X une chaîne de Markov à temps continu sur E, irréductible et récurrente positive. Le vecteur $\pi = (\pi(x), x \in E)$ est l'unique probabilité invariante de la chaîne de Markov. De plus, pour toute fonction f définie sur E, telle que $f \geq 0$ ou $(\pi, |f|) < \infty$, on a*

$$\frac{1}{t} \int_0^t f(X_s)\, ds \xrightarrow[n\to\infty]{p.s.} (\pi, f). \tag{8.11}$$

La moyenne temporelle est donc égale à la moyenne spatiale par rapport à la probabilité invariante.

Démonstration. On conserve les notations de la démonstration de la proposition 8.3.9. On suppose que la chaîne X est récurrente positive. Soit f une fonction positive définie sur E. Rappelons que $X_s = Z_p$ pour $s \in [S_p, S_p + V_{p+1}[$, $p \in \mathbb{N}$. On a l'inégalité suivante pour $t \in [R_n, R_{n+1}[$:

$$\frac{1}{R_{n+1}} \sum_{k=1}^{n-1} \sum_{i=1}^{T_k} f(Z_{S_{k-1}+i-1}) V_{S_{k-1}+i}$$
$$\leq \frac{1}{t} \int_0^t f(X_s)\, ds \leq \frac{1}{R_n} \sum_{k=1}^{n} \sum_{i=1}^{T_k} f(Z_{S_{k-1}+i-1}) V_{S_{k-1}+i}.$$

Par l'indépendance des excursions, et le fait qu'elles ont toutes même loi, sauf peut-être la première, on en déduit que p.s. pour tout $x \in E$,

$$\lim_{t\to\infty} \frac{1}{t} \int_0^t f(X_s)\, ds = \frac{1}{\nu(x)} \mathbb{E}\left[\int_0^{U(x)} f(X_s)\, ds \Big| X_0 = x \right]. \tag{8.12}$$

Pour $f(x) = \mathbf{1}_{\{x=y\}}$, on déduit de (8.9) que

$$\pi(y) = \frac{1}{\nu(x)} \mathbb{E}\left[\int_0^{U(x)} \mathbf{1}_{\{X_s=y\}}\, ds \Big| X_0 = x \right]. \tag{8.13}$$

En sommant sur y, il vient que $\pi = (\pi(x), x \in E)$ est une probabilité. On obtient à partir de (8.12) que

$$\lim_{t\to\infty} \frac{1}{t} \int_0^t f(X_s)\, ds = (\pi, f).$$

À l'aide d'arguments similaires à ceux utilisés à la fin de la démonstration du théorème 1.5.6, on peut étendre cette convergence aux fonctions f de signe quelconque et telles que $(\pi, |f|) < \infty$, puis vérifier que π est une probabilité invariante et que c'est la seule. □

Exercice 8.3.13. L'objectif de cet exercice est de calculer la probabilité invariante, quand elle existe, de la chaîne trace. Soit X une chaîne de Markov à temps continu irréductible récurrente positive de probabilité invariante π.

1. Vérifier à l'aide de (8.13) que pour $f \geq 0$,

$$(\pi, f) = \frac{1}{\nu(x)} \mathbb{E}\left[\int_0^{U(x)} f(X_s)\, ds \Big| X_0 = x \right].$$

2. En déduire, avec $f(x) = \lambda(x)$, que $\mathbb{E}[T(x)|X_0 = x] = \dfrac{(\pi, \lambda)}{\pi(x)\lambda(x)}$.
3. Montrer ainsi que la chaîne trace est récurrente positive si et seulement si $(\pi, \lambda) < \infty$, et que pour $x \in E$, on a

$$\pi^{\text{trace}}(x) = \frac{\pi(x)\lambda(x)}{(\pi, \lambda)}.$$

♦

Exemple 8.3.14. Le générateur infinitésimal le plus général d'une chaîne irréductible sur un espace E à 2 éléments, est de la forme

$$A = \begin{pmatrix} -\lambda & \lambda \\ \mu & -\mu \end{pmatrix},$$

où $\lambda > 0$ et $\mu > 0$. La matrice de transition de la chaîne trace associée à A est

$$Q = \begin{pmatrix} 0 & 1 \\ 1 & 0 \end{pmatrix}.$$

En particulier, elle est irréductible et sa probabilité invariante est $(1/2, 1/2)$. On peut diagonaliser le générateur : $A = U^{-1}DU$, où

$$D = \begin{pmatrix} 0 & 0 \\ 0 & -(\lambda+\mu) \end{pmatrix}, \quad U = \frac{1}{\lambda+\mu} \begin{pmatrix} \mu & \lambda \\ 1 & -1 \end{pmatrix} \quad \text{et} \quad U^{-1} = \begin{pmatrix} 1 & \lambda \\ 1 & -\mu \end{pmatrix}.$$

On calcule alors le semi-groupe de transition de la chaîne de Markov à temps continu de générateur infinitésimal A par la formule (8.8) :

$$\begin{aligned} P_t &= \mathrm{e}^{tA} \\ &= U^{-1} \begin{pmatrix} 1 & 0 \\ 0 & \mathrm{e}^{-(\lambda+\mu)t} \end{pmatrix} U \\ &= \frac{1}{\lambda+\mu} \begin{pmatrix} \mu & \lambda \\ \mu & \lambda \end{pmatrix} + \mathrm{e}^{-(\lambda+\mu)t} \frac{1}{\lambda+\mu} \begin{pmatrix} \lambda & -\lambda \\ -\mu & \mu \end{pmatrix}. \end{aligned}$$

On retrouve bien que la chaîne est irréductible. La probabilité invariante de P_t est caractérisée par $\pi A = 0$ soit :

$$\pi = \frac{1}{\lambda+\mu}(\mu, \lambda),$$

(elle est différente en général de la probabilité invariante de la chaîne trace) et on a

$$\lim_{t\to\infty} P_t = \frac{1}{\lambda+\mu} \begin{pmatrix} \mu & \lambda \\ \mu & \lambda \end{pmatrix}.$$

Remarquons que pour toute loi initiale, ν, on a $\lim_{t\to\infty} \nu P_t = \pi$. De plus on a $\|\nu P_t - \pi\| \leq \mathrm{e}^{-(\lambda+\mu)t}$. La vitesse de convergence est exponentielle. ◊

8.4 Processus de Poisson

Soit $(T_k, k \geq 1)$ une suite de variables aléatoires indépendantes de loi exponentielle de paramètre $\lambda > 0$. Pour $t \geq 0$, on définit

$$\boxed{N_t = \sup\left\{ n \geq 1\,; \sum_{k=1}^{n} T_k \leq t \right\},}$$

avec la convention que $\sup \emptyset = 0$. On peut également écrire

$$N_t = \sum_{n\geq 1} \mathbf{1}_{\{\sum_{k=1}^{n} T_k \leq t\}}. \tag{8.14}$$

Définition 8.4.1. *Le processus $N = (N_t, t \geq 0)$ est un processus de Poisson de paramètre $\lambda > 0$. Soit $\tilde{N}_0$ une variable aléatoire à valeurs dans $\mathbb{N}$ indépendante de la suite $(T_k, k \geq 1)$. Le processus de Poisson issu de $\tilde{N}_0$ est défini par $\tilde{N} = (N_t + \tilde{N}_0, t \geq 0)$.*

Le processus de Poisson permet par exemple de modéliser les temps de panne successifs d'une machine (voir le Chap. 10) ou les temps d'arrivée des clients à un guichet (voir Chap. 9).

Le processus $\tilde{N}$ est construit comme le processus X dans l'équation (8.1), avec $E = \mathbb{N}$, $\lambda(x) = \lambda$ pour les taux de sauts, et pour matrice de transition de la chaîne trace : $Q(x, x+1) = 1$ et $Q(x, y) = 0$ si $y \neq x + 1$. Le taux de sauts est constant, indépendant de la position. Par construction, le processus de Poisson est une chaîne de Markov à temps continu de générateur infinitésimal

$$A = \begin{pmatrix} -\lambda & \lambda & 0 \; 0 \dots \\ 0 & -\lambda & \lambda \; 0 \dots \\ & \vdots & \end{pmatrix}.$$

Le processus de Poisson est transient. Nous donnons quelques propriétés des processus de Poisson.

Proposition 8.4.2.

(i) Le processus $N = (N_t, t \geq 0)$ est croissant avec des sauts de 1.

(ii) La loi de N_t est la loi de Poisson de paramètre λt.

(iii) Pour tout $p \in \mathbb{N}^*$, pour tous $0 = t_0 \leq t_1 \leq \cdots \leq t_p$, les variables $N_{t_1} - N_{t_0}, \dots, N_{t_p} - N_{t_{p-1}}$, sont indépendantes. De plus $N_{t_k} - N_{t_{k-1}}$ a même loi que $N_{t_k - t_{k-1}}$. On dit que les accroissements du processus $(N_t, t \geq 0)$ sont indépendants et stationnaires.

Les propriétés (i) et (iii) restent vraies pour le processus $\tilde{N}$, car on ne considère que les accroissements.

Démonstration. (i) Il découle de la formule (8.14), que le processus N est croissant. Remarquons que les sauts de $(N_t, t \geq 0)$ sont égaux à 1 si et seulement si $\forall k \in \mathbb{N}^*$, $T_k \neq 0$ presque sûrement. Or ceci est vrai car

$$\mathbb{P}(\exists k \in \mathbb{N}^*; T_k = 0) \leq \sum_{k \geq 1} \mathbb{P}(T_k = 0) = 0.$$

(ii) Remarquons que si $n \geq 1$,

$$\{N_t \geq n\} = \left\{ \sum_{i=1}^{n} T_i \leq t \right\}.$$

D'après la remarque A.2.12, la loi de $\sum_{k=1}^{n} T_k$ est une loi gamma de paramètre (λ, n) de densité $\dfrac{1}{(n-1)!} \lambda^n s^{n-1} \mathrm{e}^{-\lambda s} \mathbf{1}_{\{s > 0\}}$. On en déduit donc que pour $n \geq 1$,

$$\begin{aligned}
\mathbb{P}(N_t = n) &= \mathbb{P}(N_t \geq n) - \mathbb{P}(N_t \geq n+1) \\
&= \mathbb{P}\left(\sum_{i=1}^{n} T_i \leq t\right) - \mathbb{P}\left(\sum_{i=1}^{n+1} T_i \leq t\right) \\
&= \frac{1}{(n-1)!}\int_0^t \lambda^n s^{n-1}\,\mathrm{e}^{-\lambda s}\,ds - \frac{1}{n!}\int_0^t \lambda^{n+1} s^n\,\mathrm{e}^{-\lambda s}\,ds \\
&= \frac{1}{n!}\left[\lambda^n s^n\,\mathrm{e}^{-\lambda s}\right]_0^t \\
&= \mathrm{e}^{-\lambda t}\,\frac{\lambda^n t^n}{n!}.
\end{aligned}$$

Enfin, pour $n = 0$, on obtient $\mathbb{P}(N_t = 0) = \mathbb{P}(T_1 > t) = \mathrm{e}^{-\lambda t}$. On en déduit que la loi de N_t est la loi de Poisson de paramètre λt.

(iii) En utilisant $N_{t_0} = 0$, la formule des probabilités conditionnelles (A.4), et la propriété de Markov, on obtient

$$\begin{aligned}
&\mathbb{P}(N_{t_1} - N_{t_0} = n_1, \ldots, N_{t_p} - N_{t_{p-1}} = n_p) \\
&\quad = \mathbb{P}(N_{t_1} = n_1, \ldots, N_{t_p} = \sum_{i=1}^{p} n_i) \\
&\quad = \mathbb{P}(N_{t_1} = n_1)\prod_{k=2}^{p}\mathbb{P}\Big(N_{t_k} = \sum_{i=1}^{k} n_i \Big| N_{t_1} = n_1, \ldots, N_{t_{k-1}} = \sum_{i=1}^{k-1} n_i\Big) \\
&\quad = \mathbb{P}(N_{t_1} = n_1)\prod_{k=2}^{p}\mathbb{P}\Big(\tilde{N}_{t_k - t_{k-1}} = \sum_{i=1}^{k} n_i \Big| \tilde{N}_0 = \sum_{i=1}^{k-1} n_i\Big) \\
&\quad = \mathbb{P}(N_{t_1} = n_1)\prod_{k=2}^{p}\mathbb{P}(N_{t_k - t_{k-1}} = n_k).
\end{aligned}$$

Comme ceci est vrai pour toutes valeurs entières de $n_1, \ldots, n_p$, on démontre ainsi la propriété *(iii)*. □

Nous terminons ce paragraphe par une propriété asymptotique du processus de Poisson, qui est un cas particulier de la proposition 10.3.3.

Proposition 8.4.3. *Soit* $(N_t, t \geq 0)$ *un processus de Poisson de paramètre* $\lambda > 0$. *On a p.s.*

$$\lim_{t\to\infty}\frac{N_t}{t} = \lambda.$$

Références

1. P. Brémaud. *Markov chains. Gibbs fields, Monte Carlo simulation, and queues.* Springer texts in applied mathematics. Springer, 1998.
2. K. Chung. *Markov chains with stationary transition probabilities.* Springer-Verlag, Berlin-Heidelberg-New York, seconde édition, 1967.

3. E. Çinlar. *Introduction to stochastic processes.* Prentice-Hall Inc., Englewood Cliffs, N.J., 1975.
4. J. Jacod. *Chaînes de Markov, processus de Poisson et applications.* Cours de DEA, Paris VI, http ://www.proba.jussieu.fr/supports.php, 2004.
5. J. Lacroix. *Chaînes de Markov et processus de Poisson.* Cours de DEA, Paris VI, http ://www.proba.jussieu.fr/supports.php, 2002.
6. B. Ycart. *Modèles et algorithmes markoviens*, volume 39 de *Mathématiques & Applications.* Springer, Berlin, 2002.

9

Files d'attente

De nombreuses entreprises sous-traitent leurs centres d'appels téléphoniques à des sociétés de services. Une de ces sociétés de services annonce dans sa publicité sur internet qu'elle peut dimensionner le nombre d'opérateurs du centre d'appel en fonction :

- du nombre moyen d'appels par unité de temps, λ,
- de la durée moyenne des appels, $1/\mu$,
- et d'un seuil d'attente, compté en nombre de sonneries, tel que la probabilité d'attendre plus longtemps que ce seuil avant qu'un opérateur ne réponde soit inférieur à 20 %.

L'étude des lois des temps d'attentes, entre autres, dans les files d'attente remonte aux résultats d'Erlang en 1917 [5], qui travaillait pour la Compagnie de Téléphone de Copenhague. Depuis, la modélisation des files d'attente et des réseaux a connu un essor considérable dû en particulier à la diversité et à l'omniprésence des files d'attente : caisses d'une grande surface, guichets des compagnies de transport, réseaux téléphoniques, réseaux informatiques, requêtes des microprocesseurs, etc.

Le but de ce chapitre est de présenter des modèles élémentaires de files d'attente et de réseaux, mais qui sont en fait représentatifs des phénomènes observés. Plus précisément nous introduisons, dans le paragraphe 9.1, des modèles de chaînes de Markov à temps continu, vues au Chap. 8, pour les files d'attentes à K serveurs. Après avoir exhibé le générateur infinitésimal, nous calculons, au paragraphe 9.2 pour un serveur, et au paragraphe 9.3 pour K serveurs, la probabilité invariante quand elle existe, le nombre moyen de personnes dans la file d'attente, la loi asymptotique du temps d'attente pour un client arrivant dans le système. Le calcul de la loi du temps d'attente permet de comprendre comment dimensionner le nombre de serveurs à partir du nombre moyen d'appels par unité de temps, λ, de la durée moyenne des appels, $1/\mu$, et d'une borne sur le temps moyen d'attente dans la file. On peut également comparer, selon plusieurs critères, les files d'attente à un et deux serveurs, quand le serveur de la première file d'attente est aussi efficace que les deux serveurs de l'autre file d'attente. Le paragraphe 9.4 aborde un exemple élémentaire de réseaux. Finalement, le paragraphe 9.5 présente le lien entre certaines files d'attente et les processus de Galton-Watson, vus au Chap. 4.

Une vaste littérature sur le domaine est disponible. Nous renvoyons aux ouvrages suivants : Bougerol [3] et Brémaud [4] pour une présentation élémentaire, Asmussen [1], Baccelli et Brémaud [2], et Robert [7] pour une étude plus approfondie.

9.1 Introduction

9.1.1 Modélisation des files d'attente

Nous présentons d'abord la terminologie usuelle pour la description des files d'attente, puis nous donnerons le générateur infinitésimal de la chaîne de Markov correspondant aux files $M/M/K$.

Une file d'attente est décrite par un processus d'arrivée des clients, un modèle pour les temps de services des requêtes exprimées et le mode de gestion des requêtes.

1. Le processus des temps d'arrivées : on utilise la notation GI si les temps entre deux arrivées successives de clients, ou temps d'inter-arrivées, sont des variables aléatoires indépendantes et de même loi. Le processus d'arrivée est alors la fonction de comptage associé aux temps d'inter-arrivées. Si de plus la loi est une loi exponentielle, alors le processus des arrivées est un processus de Poisson, et on utilise la notation M pour souligner le caractère markovien.
2. Les temps de service : on utilise la notation GI si les temps de services sont des variables aléatoires indépendantes de même loi et indépendantes du processus d'arrivée. Si de plus la loi des temps de services est une loi exponentielle, on utilise la notation M. Nous verrons que dans ce cas, si le processus d'arrivée est un processus de Poisson, alors l'évolution de la taille de la file d'attente est une chaîne de Markov.
3. Gestion des requêtes : on distingue plusieurs éléments.
   a) Le nombre de guichets ou serveurs est noté $K \in \mathbb{N}^* \cup \{+\infty\}$.
   b) La taille de la salle d'attente notée $k \in \mathbb{N} \cup \{+\infty\}$. Quand on téléphone à un centre d'appel, si tous les opérateurs sont déjà occupés, alors l'appel est mis en attente. Au delà d'un certain nombre d'appels en attente, correspondant à la taille de la salle d'attente, la connexion peut être refusée. Pour les réseaux téléphoniques, si tous les serveurs sont occupés, ce qui correspond à un réseau saturé, alors la connexion est refusée. Dans ce cas, la taille de la salle d'attente est donc nulle. Enfin, on suppose que la salle d'attente est commune à tous les serveurs. Ce n'est pas le cas par exemple aux caisses d'une grande surface, où chaque serveur a une file d'attente.

c) Il existe plusieurs politiques de gestion des requêtes.
   - FIFO (« First In First Out ») : les clients sont servis suivant leur ordre d'arrivée.
   - LIFO (« Last In First Out ») : le dernier client arrivé est le premier servi. On distingue suivant que le service en cours est terminé avant de servir le dernier client arrivé ou interrompu (LIFO avec préemption), puis repris lorsque le service du ou des derniers clients arrivés est terminé. Cette dernière stratégie est intéressante si les requêtes sont de types très différents : pour un serveur informatique elle permet par exemple de traiter rapidement les courriels courts pour lesquels la probabilité d'interruption est faible, et d'accepter en contrepartie que l'envoi de courriels incluant par exemple de gros fichiers soit en partie ralenti.
   - Requêtes partagées : tous les clients sont servis en même temps, mais avec une vitesse inversement proportionnelle au nombre de clients.
   - Aléatoire : le prochain client de la file d'attente à être servi est choisi au hasard.
   - SPT (« shortest processing time ») : le prochain client de la file d'attente à être servi est celui qui a la requête la plus courte.
   - ...

Dans ce qui suit on ne considère que la stratégie FIFO. On utilise la notation conventionnelle de Kendall $M/GI/K/k$ pour décrire une file d'attente dont les temps d'inter-arrivées sont indépendants de même loi exponentielle, les temps de services sont indépendants de loi quelconque, le nombre de serveurs est K et la taille de la salle d'attente est k. On omet généralement k lorsque $k = \infty$.

9.1.2 Présentation des files $M/M/K$

On considère une file $M/M/K$, où les temps d'inter-arrivées suivent la loi exponentielle de paramètre $\lambda > 0$, et où les temps de services suivent la loi exponentielle de paramètre $\mu > 0$. On note $X_t \in \mathbb{N}$ la taille du système à l'instant $t \geq 0$, qui comprend les clients dans la salle d'attente, ainsi que les clients aux guichets.

On utilise la notation $x \wedge y = \min(x, y)$.

Proposition 9.1.1. *Le processus $X = (X_t, t \geq 0)$ est une chaîne de Markov à temps continu homogène irréductible de générateur infinitésimal $A = (A(i,j), i \geq 0, j \geq 0)$ dont les termes non nuls hors de la diagonale sont $A(i, i+1) = \lambda$ et $A(i+1, i) = (i \wedge K)\mu$ pour $i \in \mathbb{N}$, soit*

$$A = \begin{pmatrix} -\lambda & \lambda & 0 & 0 & \dots \\ \mu & -(\lambda+\mu) & \lambda & 0 & \dots \\ 0 & (2\wedge K)\mu & -(\lambda + (2\wedge K)\mu) & \lambda & \dots \\ & & \vdots & & \end{pmatrix}. \tag{9.1}$$

Les différentes politiques de gestion des requêtes ne changent pas le temps de travail du serveur, mais les temps d'attente des clients. La loi de X_t reste inchangée si on regarde la stratégie LIFO sans préemption, ou la stratégie des requêtes partagées. Enfin les files d'attentes $M/M/K$ exhibent des comportements que l'on retrouve pour les files d'attente plus générales.

Démonstration. On considère les états successifs du système $(Z_n, n \geq 0)$ et $(V_n, n \geq 1)$ les temps entre les changements d'état du système.

Si $Z_0 = 0$, le prochain événement est l'arrivée d'un client. Donc la loi de V_1 conditionnellement à $\{Z_0 = 0\}$ est la loi exponentielle de paramètre λ.

Si $Z_0 = r \geq 1$, le prochain événement est soit l'arrivée d'un nouveau client, à la date T, soit la fin de service de l'un des $r \wedge K$ clients, aux dates $S_1, \ldots, S_{r\wedge K}$. Il arrive donc à l'instant $V_1 = \min\{T, S_1, \ldots, S_{r\wedge K}\}$. D'après le lemme 7.4.4, la loi de V_1 est alors la loi exponentielle de paramètre $\lambda + (r \wedge K)\mu$. De plus on a

$$\mathbb{P}(Z_1 = r+1|Z_0 = r) = \mathbb{P}(V_1 = T|Z_0 = r) = \frac{\lambda}{\lambda + (r \wedge K)\mu}$$

et

$$\mathbb{P}(Z_1 = r-1|Z_0 = r) = \mathbb{P}(V_1 \neq T|Z_0 = r) = \frac{(r \wedge K)\mu}{\lambda + (r \wedge K)\mu},$$

ainsi que $\mathbb{P}(|Z_1 - r| \neq 1|Z_0 = r) = 0$. Le taux de transition, voir la remarque 8.2.5, de r vers $r+1$ est égal à λ et de $r \geq 1$ vers $r-1$ à $(r \wedge K)\mu$. Enfin, en généralisant le lemme 8.1.5 à plusieurs variables exponentielles indépendantes, on obtient que conditionnellement à $V_1 = T$ (resp. $V_1 = S_i$), les variables $S_1 - V_1, \ldots, S_{r\wedge K} - V_1$ (resp. $T - V_1$ et $S_j - V_1$ pour $1 \leq j \leq r \wedge K$ et $j \neq i$) sont indépendantes et de loi exponentielle de paramètre μ (resp. exponentielle de paramètre λ pour $T - V_1$ et exponentielle de paramètre μ pour les autres). En particulier, les lois de $(Z_k, k \geq 2)$ et de $(V_k, k \geq 2)$ conditionnellement à Z_0, V_1 et Z_1, ne dépendent que de Z_1.

En itérant le raisonnement, on obtient que $(Z_n, n \geq 0)$ est une chaîne de Markov de matrice de transition $Q = (Q(i,j), i \geq 0, j \geq 0)$ définie par

$$Q(i,j) = \begin{cases} 0 \quad \text{si } |i-j| \neq 1, \\ \lambda/[\lambda + (i \wedge K)\mu] \quad \text{si } j = i+1, \\ (i \wedge K)\mu/[\lambda + (i \wedge K)\mu] \quad \text{si } i \geq 1 \text{ et } j = i-1. \end{cases}$$

Enfin, conditionnellement à $(Z_n, n \geq 0)$ les variables $(V_n, n \geq 1)$ sont indépendantes, et la loi de V_k est la loi exponentielle de paramètre $\lambda + (Z_{k-1} \wedge K)\mu$.

Si K est fini, alors la condition (8.3) est satisfaite car les taux de sauts sont bornés par $\lambda + K\mu$. Si K est infini, alors la condition (8.3) est satisfaite d'après l'exercice 8.1.4. Par construction, $X = (X_t, t \geq 0)$ est une chaîne de Markov homogène à temps continu de générateur infinitésimal A, défini par (9.1).

Vérifions qu'elle est irréductible. Soit $x \neq y \in \mathbb{N}$. Si $x < y$, on a $\prod_{i=0}^{y-x-1} A(x+i, x+i+1) > 0$ et si $x > y$, on a $\prod_{i=0}^{x-y-1} A(x-i, x-i-1) > 0$. La chaîne est irréductible d'après l'exercice 8.3.5. □

9.2 Étude des files à un serveur : $M/M/1$

Les inter-arrivées des clients suivent la loi exponentielle de paramètre λ, et les temps des services suivent la loi exponentielle de paramètre μ. Le temps moyen de service est $\mathbb{E}[S] = 1/\mu$ et le temps moyen entre deux arrivées de clients est $\mathbb{E}[T] = 1/\lambda$. On définit la densité de trafic par $\boxed{\rho = \lambda/\mu.}$ Elle correspond au temps moyen de service divisé par le temps moyen entre deux arrivées. D'après la proposition 8.4.3, λ représente le nombre moyen de personnes arrivant par unité de temps dans le système. De même μ peut également s'interpréter comme le nombre moyen de personnes servies par unité de temps par un serveur ayant une infinité de clients. Ainsi, la densité de trafic peut aussi s'interpréter comme le nombre moyen de personnes arrivant par unité de temps divisé par le nombre moyen de personnes servies par unité de temps.

On désire étudier le comportement de la file, $X = (X_t, t \geq 0)$, en temps long : nombre moyen de clients dans le système, temps d'attente d'un nouveau client,... Grâce aux théorèmes 8.3.7 et 8.3.12, les limites en temps long correspondent à des moyennes sous la probabilité invariante.

Dans le paragraphe 9.2.1 nous déterminons la probabilité invariante, π, appelée aussi probabilité stationnaire. Puis nous calculons la taille moyenne du système dans le régime stationnaire. Dans les paragraphes 9.2.2 et 9.2.3 nous calculons le temps moyen d'attente d'un client virtuel arrivant dans la file d'attente à l'instant t, avec t grand, ou du n-ième client, avec n grand.

9.2.1 Probabilité invariante

Proposition 9.2.1. *Il existe une (unique) probabilité invariante π pour la chaîne X si et seulement si $\rho < 1$. De plus, si $\rho < 1$, la probabilité invariante $\pi = (\pi_n, n \in \mathbb{N})$ est donnée par*

$$\pi_n = \rho^n(1-\rho), \quad n \in \mathbb{N}. \tag{9.2}$$

Remarquons que si Y est de loi π, alors $1+Y$ suit une loi géométrique de paramètre $1-\rho$. Enfin le cas $\rho \geq 1$ est abordé dans la remarque 9.5.2. La figure 9.1 représente des simulations de la chaîne X pour diverses valeurs de ρ.

Démonstration. La chaîne est irréductible. Elle possède donc au plus une probabilité invariante, π déterminée par $\pi A = 0$, où A est le générateur infinitésimal de X donné dans la proposition 9.1.1 avec $K = 1$. On obtient le système suivant : $-\lambda\pi_0 + \mu\pi_1 = 0$ et pour $k \geq 2$,

$$\lambda\pi_{k-2} - (\lambda+\mu)\pi_{k-1} + \mu\pi_k = 0.$$

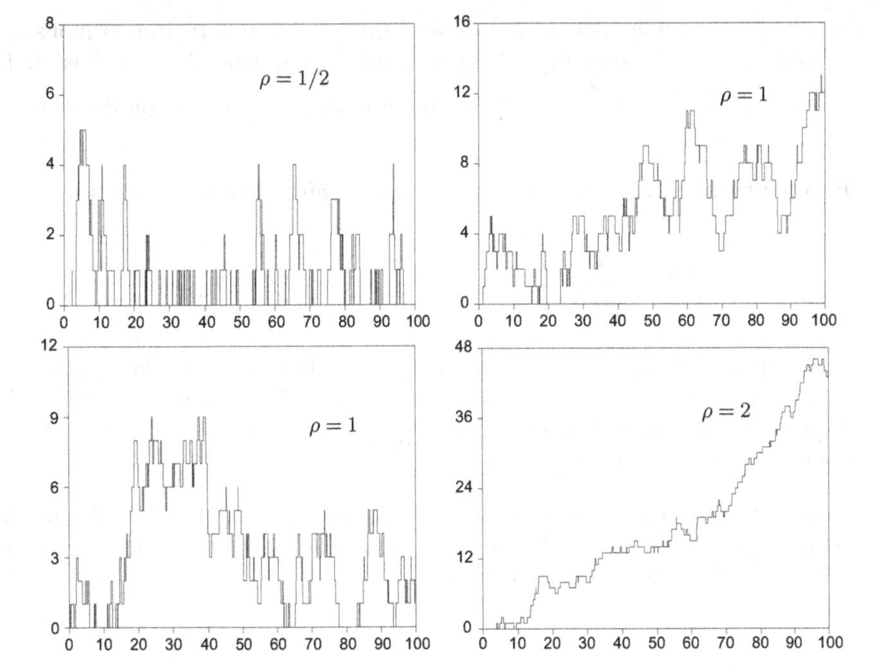

Fig. 9.1. Simulations d'une file $M/M/1$, $t \to X_t$, pour différentes valeurs de ρ, avec $\lambda = 1$

En sommant la première égalité et les égalités ci-dessus pour $k \leq n$ (ce qui revient à sommer les n premières colonnes de A puis à multiplier le résultat à gauche par π), il vient

$$0 = -\lambda\pi_0 + \mu\pi_1 + \sum_{k=2}^{n}(\lambda\pi_{k-2} - (\lambda+\mu)\pi_{k-1} + \mu\pi_k) = -\lambda\pi_{n-1} + \mu\pi_n.$$

On en déduit que $\pi_n = \rho\pi_{n-1}$, puis que $\pi_n = \rho^n\pi_0$. La suite $(\pi_n, n \in \mathbb{N})$ définit une probabilité si et seulement si $\sum_{n\geq 0}\pi_n = 1$, c'est-à-dire $\pi_0 \sum_{n\geq 0}\rho^n = 1$. Ceci n'est réalisable que si $\rho < 1$. Dans ce cas, on a pour $n \geq 0$, $\pi_n = \rho^n(1-\rho)$. □

Remarque 9.2.2. Le théorème 8.3.7 assure, si $\rho < 1$, que la suite des lois des variables X_t converge étroitement vers π quand t tend vers l'infini. Le calcul de $\mathbb{P}(X_t = j \mid X_0 = i)$ est difficile. On peut en trouver une expression dans [1], p. 89 et p. 92, ainsi que l'approximation

$$\mathbb{P}(X_t = j \mid X_0 = i) - \pi(j) \approx C(i,j)t^{-3/2}\,\mathrm{e}^{-(\sqrt{\mu}-\sqrt{\lambda})^2 t},$$

où $C(i,j)$ est une constante qui dépend que de i, j, λ et μ. Remarquons que le taux de décroissance dans l'exponentielle est indépendant de i et j. La quantité $\left(\sqrt{\mu}-\sqrt{\lambda}\right)^{-2}$ est souvent appelée temps de relaxation du système. ◊

Proposition 9.2.3. *On suppose $\rho < 1$. En régime stationnaire, on a*

$$\mathbb{E}[X_t] = \sum_{n\geq 0} n\pi_n = \frac{\rho}{1-\rho} \quad et \quad \mathrm{Var}(X_t) = \frac{\rho}{(1-\rho)^2}.$$

La figure 9.2 représente des simulations de l'évolution de la moyenne en temps du nombre d'individus dans le système. D'après le théorème ergodique, cette quantité converge vers $\sum_{n\geq 0} n\pi_n = \rho/(1-\rho)$ si $\rho < 1$. On peut démontrer qu'elle diverge si $\rho \geq 1$.

Démonstration. On a vu que si Y est de loi π, alors $1+Y$ suit une loi géométrique de paramètre $1-\rho$. Les résultats découlent alors du paragraphe A.2.1 (voir le tableau A.1 page 396). □

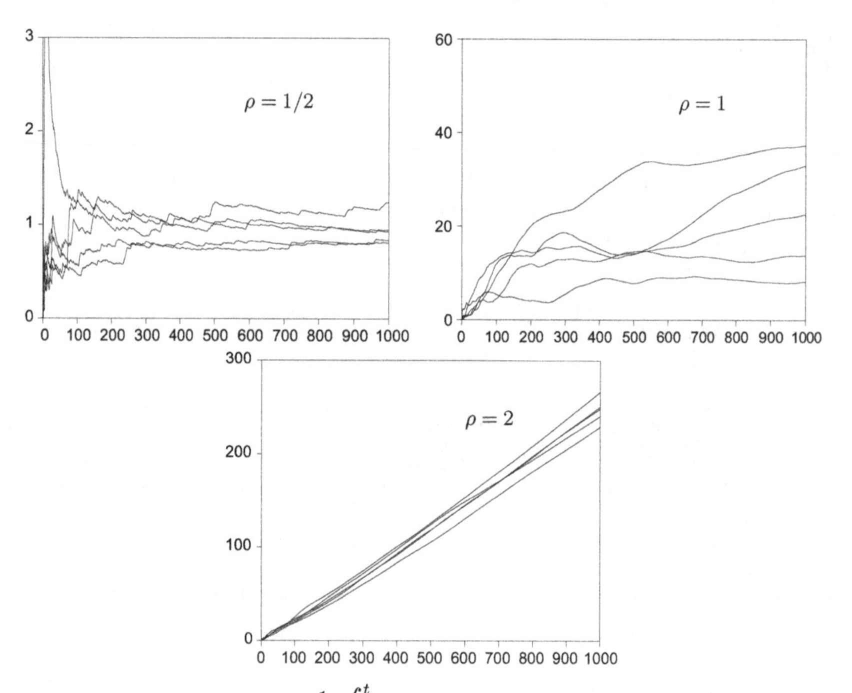

Fig. 9.2. Simulations de $t \to \dfrac{1}{t}\displaystyle\int_0^t X_s\, ds$, pour une file $M/M/1$ pour différentes valeurs de ρ, avec $\lambda = 1$

Exercice 9.2.4. Pour $\rho > 0$, calculer le temps moyen de repos du serveur par unité de temps, c'est-à-dire $\lim_{t\to\infty} \frac{1}{t}\int_0^t \mathbf{1}_{\{X_s=0\}} ds$. ♦

Exercice 9.2.5. Calculer, en régime stationnaire, la loi du premier temps de sortie d'un client de la file d'attente. Voir le paragraphe 9.4.2 pour plus d'information sur le processus de sortie. ♦

9.2.2 Temps passé dans la file d'attente : client virtuel

On suppose $\rho < 1$. On considère un client virtuel arrivant à l'instant t dans la file d'attente. On note $W(t)$ le temps passé dans la file d'attente par ce client avant que ne débute son service, et $U(t)$, le temps total passé dans le système. Bien sûr on a $U(t) = W(t) + S$, où S, qui représente le temps de service du client virtuel, est une variable aléatoire indépendante de $W(t)$ de loi exponentielle de paramètre μ.

Proposition 9.2.6. *On suppose $\rho < 1$. Les variables aléatoires $(W(t), t \geq 0)$ convergent en loi quand t tend vers l'infini. Si W suit la loi limite, alors on a $\mathbb{P}(W = 0) = (1-\rho)$ et pour $s \geq 0$, $\mathbb{P}(W > s) = \rho\, \mathrm{e}^{-(\mu-\lambda)s}$. Enfin en régime stationnaire la loi de $W(t)$ est égale à la loi de W.*

Remarquons que $\mathbb{P}(W > s \mid W > 0) = \mathrm{e}^{-(\mu-\lambda)s}$. La loi de W conditionnellement à $\{W > 0\}$ est la loi exponentielle de paramètre $\mu - \lambda$. En résumé, quand un client virtuel arrive à l'instant t, t grand, alors avec probabilité $1-\rho$, il est servi tout de suite, et avec probabilité ρ, il doit attendre un temps aléatoire de loi exponentielle de paramètre $\mu - \lambda$.

Démonstration. Pour $X_t = 0$, on a $W(t) = 0$. Pour $X_t = k \geq 1$, le système comporte k clients avant l'arrivée du client virtuel. Le service de ce dernier débutera à l'instant $S_1 + S_2 + \ldots + S_k$, où S_1 représente le temps résiduel de service du premier client du système et S_i, $i \geq 2$, représente la durée de service du $i-1$-ème client dans la file d'attente. Par construction les variables $(S_i, 1 \leq k)$ sont indépendantes, les variables $(S_i, 2 \leq i \leq k)$ suivent des lois exponentielles de paramètre μ. Par la propriété sans mémoire des lois exponentielles, le temps résiduel de service, S_1 suit également une loi exponentielle de paramètre μ. Si on note ν_t la loi de X_t, on obtient pour $s \geq 0$,

$$\mathbb{P}(W(t) > s) = \sum_{k\geq 0} \mathbb{P}(W(t) > s, X_t = k) = \sum_{k\geq 1} \nu_t(k)\mathbb{P}\Big(\sum_{i=1}^{k} S_i > s\Big).$$

D'après le théorème 8.3.7, la chaîne $(X_t, t \geq 0)$ converge en loi vers une variable de loi π. En particulier, (ν_t, f) converge vers (π, f) pour toute fonction f bornée. Comme $\pi_n = \rho^n(1-\rho)$, on a donc

$$
\begin{aligned}
\lim_{t\to\infty} \mathbb{P}(W(t) > s) &= \sum_{k\geq 1} \pi_k \mathbb{P}\Big(\sum_{i=1}^{k} S_i > s\Big) \\
&= \sum_{k\geq 1} \rho^k (1-\rho) \frac{1}{(k-1)!} \int_s^\infty \mu^k u^{k-1} \,\mathrm{e}^{-\mu u} \; du \\
&= \rho(1-\rho)\mu \int_s^\infty \mathrm{e}^{\rho\mu u} \,\mathrm{e}^{-\mu u} \; du \\
&= \rho \,\mathrm{e}^{-(\mu-\lambda)s},
\end{aligned}
$$

où pour la deuxième égalité, on a utilisé que la somme de k variables exponentielles de même paramètre, μ, indépendantes suit une loi gamma de paramètre (μ, k).

Enfin on a $\mathbb{P}(W(t) = 0) = \mathbb{P}(X_t = 0)$, qui converge vers $\pi_0 = (1-\rho)$ quand t tend vers l'infini. On en déduit que les fonctions de répartition de $(W(t), t \geq 0)$ convergent vers la fonction de répartition de la variable W, définie par $\mathbb{P}(W \leq s) = 1 - \mathbb{P}(W > s) = 1 - \rho\,\mathrm{e}^{-(\mu-\lambda)s}$ pour $s \geq 0$. Ceci implique la convergence en loi de la suite $(W(t), t \geq 0)$ vers W quand t tend vers l'infini.

Enfin, en régime stationnaire, on a $\nu_t = \pi$, ce qui assure que $W(t)$ a même loi que W. □

Exercice 9.2.7. On suppose $\rho > 1$. Soit U une variable aléatoire exponentielle de paramètre $\mu - \lambda > 0$.

1. Montrer, en utilisant la proposition 9.2.6 et les fonctions caractéristiques, que $(U(t), t \geq 0)$ converge en loi vers U.
2. Vérifier qu'en régime stationnaire $U(t)$ a même loi que U.
3. Montrer et interpréter les égalités suivantes :

$$
\mathbb{E}[W] = \frac{1}{\mu}\frac{\rho}{1-\rho}, \quad \mathbb{E}[U] = \frac{1}{\mu}\frac{1}{1-\rho}.
$$

♦

9.2.3 Temps passé dans la file d'attente : client réel

Dans les phénomènes d'attente, il existe parfois des paradoxes. Ainsi le temps d'attente d'un client virtuel arrivant à l'instant t, $W(t)$, est en général différent du temps d'attente, W_n, du n-ième client, dit client réel, arrivé après l'instant initial. Par exemple dans le cas stationnaire, à t fixé, la loi du nombre de clients dans le système juste avant l'arrivée du client virtuel à l'instant t, noté X_{t^-}, est π, mais pour T aléatoire, la loi du nombre de clients dans le système juste avant l'instant T, X_{T^-} est a priori différente de π. En effet, considérons comme temps aléatoire T_1, le temps d'arrivée du premier client après l'instant initial. Entre 0 et T_1, si $X_0 > 0$, il existe une probabilité non nulle pour que des clients aient terminé leurs services. Donc, si $X_0 > 0$, avec probabilité strictement positive on a $X_{T_1^-} < X_0$. Ainsi la loi de $X_{T_1^-}$ est différente de π.

Pour étudier la loi asymptotique de W_n, nous regardons l'évolution du système juste avant l'arrivée des nouveaux clients. On note $(T_i, i \geq 1)$ la suite des inter-arrivées des clients dans la file d'attente. Pour $n \geq 1$, on pose $\tau_n = \sum_{i=1}^n T_i$ le temps d'arrivée du n-ième client. Le nombre de clients dans le système juste avant l'arrivée du client n est $X_{(n)} = X_{\tau_n^-} = X_{\tau_n} - 1$. On suppose que l'instant $t = 0$ correspond à l'arrivée d'un nouveau client, de sorte que $X_0 \geq 1$, et on pose $X_{(0)} = X_0 - 1$.

Proposition 9.2.8. *La suite $(X_{(n)}, n \geq 0)$ est une chaîne de Markov à temps discret homogène à valeurs dans $\mathbb{N}$.*

Démonstration. Soit $(Z_n, n \geq 0)$ la chaîne trace associée à la chaîne à temps continu $(X_t, t \geq 0)$. Par hypothèse, on a $Z_0 > 0$. On pose $Z_{(0)} = Z_0 - 1$ et $R_1 = \inf\{k \geq 1\,; Z_k = Z_{k-1} + 1\}$, le nombre d'étapes avant l'arrivée d'un nouveau client. Pour $n \geq 1$, on considère, pour la chaîne trace, la date d'arrivée du n-ième client, $V_n \in \mathbb{N}$, la taille du système juste avant son arrivée, $Z_{(n)}$, et le temps d'inter-arrivée entre ce client et le client suivant, $R_{n+1} \in \mathbb{N}^*$. Plus précisément, on pose $V_0 = 0$ et pour tout $n \geq 1$, on définit par récurrence $V_n = \sum_{k=1}^n R_k$, $Z_{(n)} = Z_{V_n} - 1$ et $R_{n+1} = \inf\{k \geq 1\,; Z_{k+V_n} = Z_{k+V_n-1} + 1\}$. Par construction on a $Z_{(n)} = X_{(n)}$ pour tout $n \in \mathbb{N}$.

Nous montrons maintenant que $(Z_{(n)}, n \geq 0)$ est une chaîne de Markov. Par construction, pour tout $n \in \mathbb{N}^*$, on a p.s. $Z_{(n)} \leq Z_{(n-1)} + 1$, avec égalité si aucun client n'a fini son service entre l'arrivée du $(n-1)$-ième et du n-ième client. Entre les instants $V_{n-1} + 1$ et $V_n - 1$, on n'observe pour la chaîne trace que des sorties de clients. On en déduit que pour $k \in \{0, R_n - 1\}$ on a $Z_{V_{n-1}+k} = Z_{(n-1)} + 1 - k$, ainsi que $R_n = Z_{(n-1)} + 2 - Z_{(n)}$ et donc $V_n = Z_{(0)} + 2n - Z_{(n)}$. On en déduit donc que pour un chemin donné, $n \in \mathbb{N}^*$, $x_0, \ldots, x_n$ avec $x_{k+1} \leq x_k + 1$ et $0 \leq k \leq n-1$, l'événement $\{Z_{(0)} = x_0, \ldots, Z_{(n)} = x_n\}$ détermine complètement les valeurs de $(Z_k, 0 \leq k \leq x_0 + 2n - x_n)$. En particulier, si on pose $v_{n-1} = x_0 + 2(n-1) - x_{n-1}$ et $r_n = x_{n-1} + 2 - x_n$, l'événement $\{Z_{(n)} = x_n, \ldots, Z_{(0)} = x_0\}$ est égal à l'intersection de

$$\{Z_{v_{n-1}+r_n} = x_n + 1, (Z_{v_{n-1}+k} = x_{n-1} + 1 - k, 1 \leq k \leq r_n - 1)\}$$

et de $\{Z_{(n-1)} = x_{n-1}, \ldots, Z_{(0)} = x_0\}$. Après avoir remarqué que sur l'événement $\{Z_{(n-1)} = x_{n-1}, \ldots, Z_{(0)} = x_0\}$, on a $V_{n-1} = v_{n-1}$ et $Z_{v_{n-1}} = x_{n-1} + 1$, on déduit de la proposition 1.1.7 appliquée à la chaîne de Markov Z à l'instant v_{n-1}, que pour $n \geq 1$, on a

$$\begin{aligned}
&\mathbb{P}(Z_{(n)} = x_n | Z_{(0)} = x_0, \ldots, Z_{(n-1)} = x_{n-1}) \\
&= \mathbb{P}(Z_{r_n} = x_n + 1, (Z_k = x_{n-1} + 1 - k, 1 \leq k \leq r_n - 1) | Z_0 = x_{n-1} + 1) \\
&= \mathbb{P}(Z_{(1)} = x_n | Z_{(0)} = x_{n-1}).
\end{aligned}$$

Ceci assure que $(Z_{(n)}, n \geq 0)$ est une chaîne de Markov homogène. □

Proposition 9.2.9. *La chaîne de Markov $(X_{(n)}, n \geq 0)$ est irréductible et apériodique. Elle possède une (unique) probabilité invariante si et seulement si $\rho < 1$. La probabilité invariante est alors la probabilité π définie par (9.2).*

Démonstration. On reprend les notations de la démonstration précédente. Déterminons la matrice de transition P.

Pour $k \geq 1$, $l \geq 0$, on remarque que si $Z_{(0)} = k + l$ et $Z_{(1)} = k$, alors à l'instant $t = 0$, $k + l + 1$ clients sont dans le système. De plus, quand arrive un nouveau client, $l + 1$ clients ont été servis et ont quitté le système, et le service du $l + 2$-ième client a débuté, mais n'est pas terminé. Les temps de service $S_1, \ldots, S_{l+1}, S_{l+2}$ de ces $l + 2$ clients sont des variables indépendantes de loi exponentielle de paramètre μ, indépendantes du temps d'arrivée, T du nouveau client. On en déduit que pour $k \geq 1$, $l \geq 0$,

$$\mathbb{P}(Z_{(1)} = k \mid Z_{(0)} = k + l) = \mathbb{P}\left(\sum_{i=1}^{l+1} S_i < T \leq \sum_{i=1}^{l+2} S_i\right).$$

En utilisant l'indépendance de T avec les variables $S_1, \ldots, S_{l+2}$, on déduit de (8.4)

$$\begin{aligned}
\mathbb{P}\left(\sum_{i=1}^{l+1} S_i < T \leq \sum_{i=1}^{l+2} S_i\right) &= \mathbb{P}\left(\sum_{i=1}^{l+1} S_i < T\right) - \mathbb{P}\left(\sum_{i=1}^{l+2} S_i < T\right) \\
&= \mathbb{E}\left[\mathrm{e}^{-\lambda \sum_{i=1}^{l+1} S_i}\right] - \mathbb{E}\left[\mathrm{e}^{-\lambda \sum_{i=1}^{l+2} S_i}\right] \\
&= \mathbb{E}\left[\mathrm{e}^{-\lambda S_1}\right]^{l+1} - \mathbb{E}\left[\mathrm{e}^{-\lambda S_1}\right]^{l+2} \\
&= \left(\frac{\mu}{\lambda + \mu}\right)^{l+1} - \left(\frac{\mu}{\lambda + \mu}\right)^{l+2}.
\end{aligned}$$

On obtient pour $k \geq 1$, $l \geq 0$,

$$\mathbb{P}(Z_{(1)} = k \mid Z_{(0)} = k + l) = \frac{\lambda \mu^{l+1}}{(\lambda + \mu)^{l+2}}.$$

Pour $l = -1$, un nouveau client arrive avant que le premier service soit terminé. On a alors $\mathbb{P}(Z_{(1)} = k \mid Z_{(0)} = k - 1) = \lambda/(\lambda + \mu)$. Comme $Z_{(1)} \leq Z_{(0)} + 1$, on en déduit que $\mathbb{P}(Z_{(1)} = k \mid Z_{(0)} = k + l) = 0$ si $-k \leq l < -1$.

Enfin si $Z_{(0)} = l$, pour $l \geq 0$, et $Z_{(1)} = 0$, cela signifie que $l + 1$ clients sont dans le système à l'instant $t = 0$, et qu'ils ont tous été servis avant l'arrivée du nouveau client. On déduit de (8.4) que

$$\mathbb{P}(Z_{(1)} = 0 \mid Z_{(0)} = l) = \mathbb{P}\left(\sum_{i=1}^{l+1} S_i < T\right) = \mathbb{E}[\mathrm{e}^{-\lambda \sum_{i=1}^{l+1} S_i}] = \frac{\mu^{l+1}}{(\lambda + \mu)^{l+1}}.$$

On en déduit que les termes $P(i,j)$ de la matrice de transition sont nuls pour $j > i+1$, et

$$P(i,j) = \frac{\mu^{i-j+1}}{(\lambda+\mu)^{i-j+1}} \left[\mathbf{1}_{\{j=0\}} + \frac{\lambda}{\lambda+\mu} \mathbf{1}_{\{j>0\}} \right], \quad \text{pour } i+1 \geq j \geq 0,\ i \geq 0.$$

Comme pour tout $i \in \mathbb{N}$, on a $P(i, i+1) = \lambda/(\lambda+\mu) > 0$ et $P(i,0) > 0$, on en déduit que la chaîne est irréductible et apériodique.

Supposons $\rho < 1$, et vérifions que π définie par (9.2) est une probabilité invariante. Soit $j \geq 1$, on a

$$\begin{aligned}
\sum_{i \geq 0} \pi_i P(i,j) &= \sum_{i \geq j-1} \rho^i (1-\rho) \frac{\lambda \mu^{i-j+1}}{(\lambda+\mu)^{i-j+2}} \\
&= \rho^{j-1}(1-\rho) \frac{\lambda}{\lambda+\mu} \sum_{l \geq 0} \rho^l \frac{\mu^l}{(\lambda+\mu)^l} \\
&= \rho^j (1-\rho) \\
&= \pi_j,
\end{aligned}$$

où on a posé $l = i - j + 1$ dans la deuxième égalité. En sommant ces égalités sur $j \geq 1$, il vient $\sum_{i \geq 0} \pi_i (1 - P(i,0)) = 1 - \pi_0$, soit $\sum_{i \geq 0} \pi_i P(i,0) = \pi_0$. La probabilité π est donc une probabilité invariante. Comme la chaîne est irréductible, c'est la seule.

Supposons $\rho \geq 1$. Si la chaîne trace, Z, possédait une probabilité invariante, alors d'après l'exercice 8.3.11, comme les taux de sauts sont minorés par λ, la chaîne X possèderait également une probabilité invariante. Comme ce n'est pas le cas d'après la proposition 9.2.1, on en déduit que la chaîne trace ne possède pas de probabilité invariante. Rappelons que V_k désigne le temps d'arrivée du k-ième client pour la chaîne trace. Remarquons que si $Z_{(k)} = 0$ pour $k \geq 1$, alors il existe $j \geq 1$ tel que $V_k = j$ et $Z_{j-1} = 0$. On en déduit que

$$\sum_{k=1}^{n} \mathbf{1}_{\{Z_{(k)}=0\}} \leq \sum_{j=0}^{V_n - 1} \mathbf{1}_{\{Z_j=0\}}.$$

On a vu que $V_n = Z_{(0)} + 2n - Z_{(n)}$. Ceci assure que $\limsup_{n\to\infty} V_n/n \leq 2$, et donc

$$0 \leq \limsup_{n\to\infty} \frac{1}{n} \sum_{k=1}^{n} \mathbf{1}_{\{Z_{(k)}=0\}} \leq \limsup_{n\to\infty} (V_n/n) \limsup_{n\to\infty} \frac{1}{V_n} \sum_{j=0}^{V_n-1} \mathbf{1}_{\{Z_j=0\}}.$$

Comme $\lim_{n\to\infty} V_n = +\infty$, le théorème ergodique 8.3.12 implique que le terme de droite est nul. Donc on a p.s. $\lim_{n\to\infty} \frac{1}{n} \sum_{k=1}^{n} \mathbf{1}_{\{Z_{(k)}=0\}} = 0$. Comme la chaîne $(Z_{(n)}, n \geq 1)$ est irréductible, ceci implique, d'après la proposition 8.3.9, qu'elle ne possède pas de probabilité invariante. □

Donc, pour $\rho < 1$, si $X_0 - 1$ suit la loi π, alors la chaîne $(X_{(n)}, n \geq 0)$ est stationnaire. Dans ce régime stationnaire, le nombre de clients dans le système juste avant l'arrivée d'un nouveau client est distribué suivant la probabilité π. On retrouve la même loi que pour le nombre de clients dans le système avant l'arrivée d'un client virtuel. Il ne s'agit toutefois pas des mêmes régimes stationnaires. Dans le cas du client virtuel, on regarde le régime stationnaire qui apparaît après un temps long, dans le cas du client réel, on regarde le régime stationnaire qui apparaît après un grand nombre d'arrivées de clients (le temps long est ici aléatoire).

On considère le n-ième client, et on note W_n le temps passé dans la file d'attente par ce client avant que ne débute son service. La démonstration de la proposition suivante est analogue à celle de la proposition 9.2.6 pour le client virtuel.

Proposition 9.2.10. *On suppose $\rho < 1$. La suite $(W_n, n \geq 0)$ converge en loi vers W, définie dans la proposition 9.2.6. Si $X_0 - 1$ suit la loi π, alors la chaîne $(X_{(n)}, n \geq 0)$ est stationnaire et W_n a même loi que W.*

On retrouve donc les mêmes lois pour le client réel et pour le client virtuel en ce qui concerne les temps d'attente et les temps passés dans le système. Ces résultats sont préservés même si les temps de services sont des variables aléatoires indépendantes de même loi quelconque, pourvu que le processus des arrivées soit un processus de Poisson. Cette propriété est connue sous le nom de propriété PASTA (« Poissons Arrivals See Time Average »). En revanche, les lois asymptotiques pour le temps d'attente du client réel et du client virtuel sont en général différentes si le processus d'arrivée n'est plus un processus de Poisson.

9.3 Étude des files à K serveurs : $M/M/K$

On considère une file d'attente avec $K \in \mathbb{N}$ serveurs indépendants. Le processus d'arrivée est un processus de Poisson de paramètre λ. Les temps de services sont des variables exponentielles de paramètre μ. On définit la densité de trafic par $\boxed{\rho = \lambda/(K\mu)}$. Attention, certains auteurs considèrent que la densité de trafic est $\rho = \lambda/\mu$.

9.3.1 Probabilité invariante

Proposition 9.3.1. *Il existe une (unique) probabilité invariante π pour la chaîne X si et seulement si $\rho < 1$. De plus, si $\rho < 1$, la probabilité invariante $\pi = (\pi_n, n \in \mathbb{N})$ est donnée par*

$$\pi_n = \pi_0 \rho^n \frac{K^n}{n!} \quad si\ n \leq K, \qquad \pi_n = \pi_0 \rho^n \frac{K^K}{K!} \quad si\ n \geq K, \tag{9.3}$$

et π_0 est déterminé par $\sum_{k \geq 0} \pi_n = 1$.

Démonstration. La chaîne est irréductible. Elle possède au plus une probabilité invariante, π, déterminée par $\pi A = 0$, où A est le générateur infinitésimal de X donné dans la proposition 9.1.1. On obtient le système suivant : $-\lambda\pi_0 + \mu\pi_1 = 0$ et pour $k \geq 2$,

$$\lambda\pi_{k-2} - (\lambda + ((k-1) \wedge K)\mu)\pi_{k-1} + (k \wedge K)\mu\pi_k = 0.$$

En sommant la première égalité et les égalités ci-dessus pour $k \leq n$ (ce qui revient à sommer les n premières colonnes de A puis à multiplier le résultat à gauche par π), il vient

$$\begin{aligned} 0 &= -\lambda\pi_0 + \mu\pi_1 + \sum_{k=2}^{n}(\lambda\pi_{k-2} - (\lambda + ((k-1) \wedge K)\mu)\pi_{k-1} + (k \wedge K)\mu\pi_k) \\ &= -\lambda\pi_{n-1} + (n \wedge K)\mu\pi_n. \end{aligned}$$

On en déduit que $\pi_n = \rho\dfrac{K}{n \wedge K}\pi_{n-1}$, puis que $\pi_n = \pi_0\rho^n \displaystyle\prod_{k=1}^{n} \frac{K}{k \wedge K}$, ce qui donne (9.3). La suite $(\pi_n, n \in \mathbb{N})$ définit une probabilité si et seulement si $\sum_{n\geq 0} \pi_n = 1$. Ceci n'est réalisable que si $\rho < 1$. La constante π_0 est alors définie par $\pi_0 \sum_{k\geq 0} \rho^n \prod_{k=1}^{n} \frac{K}{k\wedge K} = 1$. □

Donnons maintenant quelques résultats sur la file d'attente en régime stationnaire.

Proposition 9.3.2. *Soit $\rho < 1$. On suppose que X_0 est distribué suivant la probabilité invariante.*

1. *La probabilité pour que tous les serveurs soient occupés est $\pi_0 \dfrac{\rho^K}{1-\rho}\dfrac{K^K}{K!}$.*
2. *Le nombre moyen de serveurs occupés est $K\rho$.*
3. *Le nombre moyen de clients dans le système est*

$$\mathbb{E}[X_t] = \sum_{n\geq 0} n\pi_n = K\rho + \pi_0 \frac{\rho^{K+1}}{(1-\rho)^2}\frac{K^K}{K!}.$$

Démonstration. 1. La probabilité pour que tous les serveurs soient occupés est $\mathbb{P}(X_t \geq K)$. On a donc

$$\mathbb{P}(X_t \geq K) = \sum_{n\geq K} \pi_n = \sum_{n\geq K} \pi_0\rho^n \frac{K^K}{K!} = \pi_0 \frac{\rho^K}{1-\rho}\frac{K^K}{K!}.$$

2. Le nombre de serveurs occupés est $X_t \wedge K$. On a, en utilisant $\pi_n = \rho\dfrac{K}{n \wedge K}\pi_{n-1}$ pour $n \geq 1$,

$$\mathbb{E}[X_t \wedge K] = \sum_{n\geq 1} (n \wedge K)\pi_n = \rho K \sum_{n\geq 1} \pi_{n-1} = K\rho.$$

3. On a, en utilisant le calcul précédent,

$$\begin{aligned}
\mathbb{E}[X_t] &= \sum_{n\geq 0} n\pi_n \\
&= \sum_{n=1}^{K} n\pi_n + \sum_{n\geq K+1} K\pi_n + \sum_{n\geq K+1} (n-K)\pi_n \\
&= K\rho + \pi_0 \rho^K \frac{K^K}{K!} \sum_{n\geq K+1} (n-K)\rho^{n-K}.
\end{aligned}$$

Remarquons que

$$\sum_{n\geq K+1} (n-K)\rho^{n-K} = \sum_{n\geq 1} n\rho^n = \frac{\rho}{1-\rho} \sum_{n\geq 1} n\rho^{n-1}(1-\rho) = \frac{\rho}{(1-\rho)^2},$$

où pour la dernière égalité on a reconnu dans la somme l'espérance d'une variable aléatoire de loi géométrique de paramètre $1-\rho$. On en déduit que $\mathbb{E}[X_t] = K\rho + \pi_0 \rho^K \frac{K^K}{K!} \frac{\rho}{(1-\rho)^2}$. □

9.3.2 Temps passé dans la file d'attente : client virtuel

On suppose $\rho < 1$. Comme dans le paragraphe 9.2.2, on considère un client virtuel arrivant à l'instant t dans la file d'attente. On note $W(t)$ le temps passé dans la file d'attente par ce client avant que ne débute son service, et $U(t)$, le temps total passé dans le système. Bien sûr on a $U(t) = W(t) + S$, où S est une variable aléatoire indépendante de $W(t)$ de loi exponentielle de paramètre μ.

Proposition 9.3.3. *On suppose $\rho < 1$. Les variables aléatoires $(W(t), t \geq 0)$ convergent en loi quand t tend vers l'infini. Si W suit la loi limite, alors on a $\mathbb{P}(W = 0) = 1 - a$, avec $a = \pi_0 \frac{\rho^K}{1-\rho} \frac{K^K}{K!}$ et pour $s \geq 0$, $\mathbb{P}(W > s) = a\, \mathrm{e}^{-(K\mu-\lambda)s}$. Enfin en régime stationnaire la loi de $W(t)$ est égale à la loi de W.*

On retrouve en particulier le résultat 1. de la proposition 9.3.2. En effet $\{W > 0\}$ correspond bien au fait que tous les serveurs sont occupés.

Remarquons encore que la loi de W conditionnellement à $\{W > 0\}$ est la loi exponentielle de paramètre $(K\mu - \lambda)$. En résumé, quand un client virtuel arrive à l'instant t, pour t grand, alors avec probabilité $1 - a$, il est servi tout de suite, et avec probabilité a, il doit attendre un temps aléatoire de loi exponentielle de paramètre $K\mu - \lambda$ avant que son service débute. La figure 9.3 représente l'évolution de $\mathbb{E}[W]$ et de $\mathbb{P}(W > t)$ quand K varie, pour deux valeurs de μ.

Remarque 9.3.4. Comme pour les files d'attente $M/M/1$, on obtient les mêmes résultats si on regarde les limites en loi des temps d'attente dans la file pour un client virtuel arrivant à l'instant t, t grand, ou du n-ième client réel, n grand. $\diamond$

Démonstration de la proposition 9.3.3. Pour $X_t \leq K-1$, il reste au moins un serveur libre. Le service du client virtuel débute immédiatement. On a alors $W(t) = 0$.

Pour $X_t = k \geq K$, le système comporte k clients avant l'arrivée du client virtuel. On note V_1 le premier temps de sortie de la file d'attente d'un client après l'instant t : $V_1 = \min\{S_i, 1 \leq i \leq K\}$, où la variable aléatoire S_i désigne le temps résiduel de service du client au guichet i. Les variables S_i sont indépendantes et, grâce à la propriété sans mémoire des lois exponentielles, de même loi exponentielle de paramètre μ. Donc V_1 suit la loi exponentielle de paramètre $K\mu$. On note V_j le temps entre la $(j-1)$-ième et la j-ème sortie d'un client de la file d'attente après l'instant t. Remarquons que le serveur

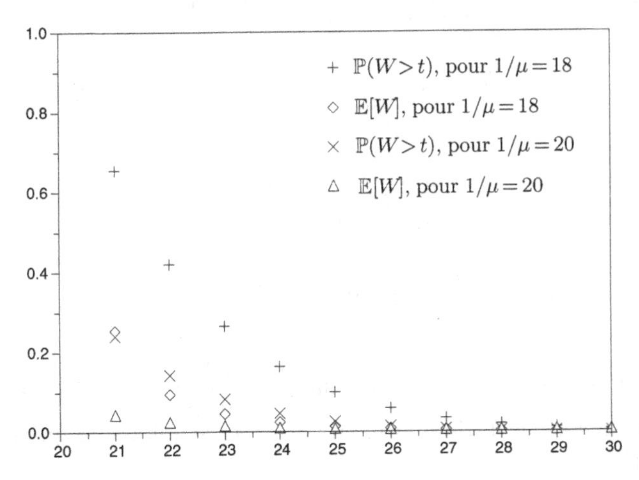

Fig. 9.3. Évolution de $\mathbb{E}[W]$ et de $\mathbb{P}(W > t)$, où $t = 3$ minutes, en fonction de $K \in \{21, \ldots, 30\}$, avec des arrivées de clients toutes les minutes en moyenne ($\lambda = 1$), et des services de 20 et 18 minutes en moyenne

libéré lors de la j-ième sortie d'un client commence à servir un des $k - K$ clients qui attendaient à l'instant t. On en déduit que le service du nouveau client débutera après le temps

$$V_1 + V_2 + \ldots + V_{k-K+1}.$$

En utilisant le caractère sans mémoire des lois exponentielles, on montre que les variables aléatoires $(V_j, 1 \leq j \leq k - K + 1)$ sont indépendantes et de même loi exponentielle de paramètre $K\mu$. La loi de $V_1 + V_2 + \ldots + V_{k-K+1}$ est donc une loi gamma de paramètre $(K\mu, k - K + 1)$. Si on note ν_t la loi de X_t, on obtient pour $s \geq 0$,

$$\begin{aligned}
\mathbb{P}(W(t) > s) &= \sum_{k \geq K} \mathbb{P}(W(t) > s, X_t = k) \\
&= \sum_{k \geq K} \nu_t(k) \mathbb{P}\left(V_1 + \ldots + V_{k-K+1} > s\right) \\
&= \sum_{k \geq K} \nu_t(k) \int_s^{+\infty} \frac{1}{(k-K)!} (K\mu)^{k-K+1} r^{k-K} \,\mathrm{e}^{-K\mu r} \; dr.
\end{aligned}$$

D'après le théorème 8.3.7, la chaîne $(X_t, t \geq 0)$ converge en loi vers une variable de la loi π. En particulier, (ν_t, f) converge vers (π, f) pour toute fonction f bornée. On a donc

$$\begin{aligned}
\lim_{t \to \infty} \mathbb{P}(W(t) > s) &= \sum_{k \geq K} \pi_k \int_s^{+\infty} \frac{1}{(k-K)!} (K\mu)^{k-K+1} r^{k-K} \,\mathrm{e}^{-K\mu r} \; dr \\
&= \int_s^{+\infty} \sum_{k \geq K} \pi_0 \rho^k \frac{K^K}{K!} \frac{1}{(k-K)!} (K\mu)^{k-K+1} r^{k-K} \,\mathrm{e}^{-K\mu r} \; dr \\
&= \pi_0 \rho^K \frac{K^K}{K!} K\mu \int_s^{+\infty} \mathrm{e}^{-(K\mu - \lambda) r} \; dr \\
&= \pi_0 \frac{\rho^K}{1-\rho} \frac{K^K}{K!} \,\mathrm{e}^{-(K\mu-\lambda)s}.
\end{aligned}$$

On en déduit que $a = \mathbb{P}(W > 0) = \pi_0 \dfrac{\rho^K}{1-\rho} \dfrac{K^K}{K!}$ et $\mathbb{P}(W = 0) = 1 - a$.

Enfin, en régime stationnaire, on a $\nu_t = \pi$, ce qui assure que $W(t)$ a même loi que W. □

Exercice 9.3.5. Montrer que le temps moyen d'attente dans la file est en régime stationnaire :

$$\mathbb{E}[W] = \frac{1}{K\mu}\, \pi_0 \frac{\rho^K}{(1-\rho)^2} \frac{K^K}{K!}.$$

♦

Exercice 9.3.6. On considère la file $M/M/2$ de paramètre (λ, μ).

1. Montrer que $\pi_0 = \dfrac{1-\rho}{1+\rho}$ et qu'en régime stationnaire $\mathbb{E}[X_t] = \dfrac{2\rho}{1-\rho^2}$.
2. Montrer que

$$\mathbb{P}(W=0) = 1 - \frac{2\rho^2}{1+\rho}, \quad \mathbb{E}[W] = \frac{1}{\mu}\frac{\rho^2}{1-\rho^2}, \quad \mathbb{E}[U] = \frac{1}{\mu}\frac{1}{1-\rho^2}.$$

3. Comparer ces résultats avec une file $M/M/1$ de paramètre $(\lambda, 2\mu)$. Quelle file est préférable pour le client ? Quel critère prendre en compte ?

♦

Exercice 9.3.7. On considère la file $M/M/\infty$, qui comporte une infinité de serveurs.

1. Vérifier, grâce à l'exercice 8.1.4, que le processus $(X_t, t \geq 0)$, où X_t désigne le nombre de personnes dans le système, est une chaîne de Markov à temps continu.
2. Vérifier que la chaîne est homogène irréductible.
3. Calculer et reconnaître la probabilité invariante de la file $M/M/\infty$.
4. Quel est le nombre moyen de clients dans le système en régime stationnaire ?

♦

Exercice 9.3.8. Le but de cet exercice est l'étude d'une file d'attente avec deux serveurs de caractéristiques différentes.

On considère une file d'attente avec deux serveurs A et B. On suppose que les temps de service du serveur A (resp. B) sont des variables aléatoires exponentielles de paramètres μ_A (resp. μ_B), avec $\mu_A \geq \mu_B > 0$. On suppose que le processus d'arrivée est un processus de Poisson de paramètre $\lambda > 0$.

Si les deux serveurs sont libres, on suppose que le client qui arrive choisit le serveur A, qui est en moyenne le plus rapide. Si un seul serveur est libre, on suppose que le client qui arrive va directement à ce serveur. On note X_t l'état du système à l'instant t. Si $X_t = 0$, les deux serveurs sont libres, si $X_t \geq 2$, les deux serveurs sont occupés. Si un seul serveur est occupé, on distingue le cas où A est occupé, on note alors $X_t = A$, et le cas où B est occupé, on note alors $X_t = B$. On note $E = \{0, A, B, 2, \ldots\}$ l'ensemble des valeurs possibles des états du système.

1. Montrer que $X = (X_t, t \geq 0)$ est une chaîne de Markov à temps continu sur E. Donner son générateur infinitésimal et la matrice de transition de la chaîne trace.
2. On pose $\rho = \lambda/(\mu_A + \mu_B)$. On cherche une probabilité invariante $\pi = (\pi_0, \pi_A, \pi_B, \pi_2, \ldots)$ de la chaîne. Expliquer pourquoi si elle existe, alors elle est unique. Montrer que si on pose $\pi_1 = \pi_A + \pi_B$, alors on a $\pi_n = \rho \pi_{n-1}$ pour tout $n \geq 2$ et donc $\pi_n = \rho^{n-1} \pi_1$. Vérifier également que
$$\pi_1 = \pi_0 \frac{1}{1+2\rho} \frac{\lambda}{\mu_A \mu_B} (\lambda + \mu_B).$$
3. En déduire qu'il existe une probabilité invariante si et seulement si $\rho < 1$. Vérifier alors que
$$\frac{1}{\pi_1} = \frac{1}{1-\rho} + (1+2\rho) \frac{\mu_A \mu_B}{\lambda(\lambda + \mu_B)},$$
et
$$\frac{1}{\pi_0} = 1 + \frac{1}{1+2\rho} \frac{1}{1-\rho} \frac{\lambda(\lambda + \mu_B)}{\mu_A \mu_B}.$$
4. On note $\tilde{X}_t$ le nombre de personnes dans le système : $\tilde{X}_t = 1$ si $X_t = A$ ou $X_t = B$, et $\tilde{X}_t = X_t$ sinon. Vérifier que, en régime stationnaire, $\mathbb{E}[\tilde{X}_t] = \frac{\pi_1}{(1-\rho)^2}$. En déduire que, à $\mu_A + \mu_B = 2\mu$ constant (taux de service moyen constant), le nombre moyen de personnes dans le système est minimal, de valeur $N_1(\rho)$, pour
$$\mu_B = \lambda \left(\sqrt{1 + \frac{1}{\rho}} - 1 \right), \quad \text{et} \quad \mu_A = \mu_B \sqrt{1 + \frac{1}{\rho}}.$$
5. Soit $N_2(\rho)$ le nombre moyen de personnes dans le système en régime stationnaire pour une file $M/M/2$ de taux de service μ, taux d'arrivée λ et $\rho = \lambda/2\mu$. Vérifier que quand ρ tend vers 1, la différence $N_2(\rho) - N_1(\rho)$ converge vers une limite finie. En déduire que la différence relative entre la file $M/M/2$ et la file optimisée est négligeable quand ρ est proche de 1. On pourra consulter l'ouvrage [6] pour plus de résultats dans cette direction.

♦

9.4 Réseaux de Jackson

9.4.1 Modèle et propriétés

Les réseaux de Jackson introduits en 1957 sont des réseaux constitués de K files d'attentes, chacune associée à un seul serveur, avec plusieurs entrées et plusieurs sorties. Nous reprenons la présentation de Bougerol [3]. Les clients de la file d'attente i, une fois leur service terminé, se dirigent vers la file d'attente j avec probabilité $p_{i,j}$ et sortent du système avec probabilité β_i où

$$\beta_i + \sum_{j=1}^{K} p_{i,j} = 1.$$

Des clients extérieurs au système arrivent dans la file d'attente i suivant un processus de Poisson de paramètre α_i. Les services fournis par le serveur i sont des variables aléatoires exponentielles indépendantes de paramètre μ_i et indépendantes du processus d'arrivée dans la file i des clients extérieurs. Enfin les temps de service et les processus d'arrivée des clients extérieurs sont indépendants d'un serveur à l'autre.

On note $X_t^{(i)}$ le nombre de personnes dans la file d'attente i à l'instant t, y compris le client au guichet i. L'état du système est entièrement décrit par le vecteur $X_t = (X_t^{(1)}, \ldots, X_t^{(K)})$ à valeurs dans $\mathbb{N}^K$. La proposition suivante généralise la proposition 9.1.1, et sa démonstration est similaire.

Proposition 9.4.1. *Le processus $(X_t, t \geq 0)$ est une chaîne de Markov à temps continu de générateur infinitésimal A dont les termes non nuls hors de la diagonale sont*

$$\begin{aligned} A(n, n + e_i) &= \alpha_i, \\ A(n, n - e_i) &= \beta_i \mu_i \text{ si } n_i > 0, \\ A(n, n - e_i + e_j) &= p_{i,j} \mu_i \text{ si } i \neq j \text{ et } n_i > 0, \end{aligned}$$

où $n = (n_1, \ldots, n_K) \in \mathbb{N}^K$ et e_i est le i-ème vecteur de la base canonique de $\mathbb{R}^K$ ($e_i = (e_i^{(1)}, \ldots, e_i^{(K)})$ avec $e_i^{(l)} = 0$ si $l \neq i$ et $e_i^{(i)} = 1$).

S'il existe i et j tels que $\alpha_i > 0$ et $\beta_j > 0$, alors on parle de réseaux de Jackson ouverts. Sinon on parle de réseaux de Jackson fermés ou de réseaux de Gordon-Newell. Dans ce qui suit on considère les réseaux de Jackson ouverts.

La chaîne est irréductible dès que les deux conditions suivantes sont satisfaites :

1. Pour tout j, il existe $m \in \mathbb{N}^*$, $i, i_1, \ldots, i_m$ tels que $\alpha_i p_{i,i_1} \cdots p_{i_m,j} > 0$.
2. Pour tout i, il existe $m \in \mathbb{N}^*$, $i_1, \ldots, i_m, j$ tels que $p_{i,i_1} \cdots p_{i_m,j} \beta_j > 0$.

La première condition signifie que pour tout serveur j, il existe une probabilité strictement positive qu'un client entre en i, puis se dirige vers les serveurs $i_1, \ldots$ et enfin j. La deuxième condition assure que pour tout serveur i, il existe une probabilité strictement positive qu'un client sorte de i, se dirige vers les serveurs $i_1, \ldots$, et enfin j d'où il sort du système. Il est clair que ces deux conditions impliquent que de tout état on peut rejoindre tout autre état avec probabilité strictement positive.

On suppose dorénavant que les conditions 1 et 2 sont satisfaites. Supposons que le régime soit stationnaire. Le flux entrant dans la file i, i.e. le nombre de clients entrant dans la file i par unité de temps, et le flux sortant, i.e. le nombre de clients sortant de la file par unité de temps, de cette même file sont égaux. On note λ_i le flux (entrant ou sortant) du serveur i. Ce raisonnement intuitif conduit aux formules dites «équation de trafic» :

$$\boxed{\text{Pour tout } 1 \leq i \leq K, \quad \alpha_i + \sum_{j=1}^{K} \lambda_j p_{j,i} = \lambda_i.}$$

En sommant les équations ci-dessus pour $i \in \{1, \dots, K\}$, et en utilisant que $\sum_{i=1}^{K} p_{j,i} = 1 - \beta_j$, on obtient

$$\sum_{i=1}^{K} \alpha_i = \sum_{j=1}^{K} \lambda_j \beta_j. \tag{9.4}$$

Lemme 9.4.2. *L'équation de trafic possède une seule solution* $(\lambda_1, \dots, \lambda_K) \in \mathbb{R}_+^K$.

Démonstration. On introduit une chaîne de Markov intermédiaire qui représente l'état d'un client : il est soit à un guichet $i \in \{1, \dots, K\}$ soit hors du système dans l'état 0. On note Q la matrice de transition définie de la manière suivante : si $i \neq 0$ et $j \neq 0$, alors $q_{i,j} = p_{i,j}$; si $i \neq 0$, $q_{i,0} = \beta_i$; si $j \neq 0$, $q_{0,j} = \alpha_j / \sum_{l=1}^{K} \alpha_l$; enfin $q_{0,0} = 0$. Cette chaîne de Markov n'est pas la chaîne trace. Les hypothèses 1 et 2 entraînent que la chaîne de Markov de matrice de transition Q est irréductible. La remarque 1.5.7 implique que la chaîne de Markov possède une unique probabilité invariante $\nu = (\nu_i, 0 \leq i \leq K)$ et de plus $\nu_i > 0$ pour tout i. En particulier, on a $\nu Q = \nu$, ce qui donne : pour $1 \leq i \leq K$,

$$\sum_{j=1}^{K} \nu_j p_{j,i} + \nu_0 \frac{\alpha_i}{\sum_{l=1}^{K} \alpha_l} = \nu_i.$$

Une solution de l'équation de trafic est donc $\lambda_i = \left(\sum_{l=1}^{K} \alpha_l \right) \nu_i / \nu_0$, pour $1 \leq i \leq K$. Enfin si $(\lambda_1', \dots, \lambda_K') \in \mathbb{R}_+^K$ est une autre solution de l'équation de trafic, on vérifie à l'aide de l'équation de trafic et de (9.4) que le vecteur $(\nu_0', \dots, \nu_K')$ où $\nu_0' = (\sum_{l=1}^{K} \alpha_l)/(\sum_{i=1}^{K}(\lambda_i' + \alpha_i))$ et $\nu_i' = \lambda_i' \nu_0' / \sum_{j=1}^{K} \alpha_j$ est une probabilité invariante de Q. Par unicité de la probabilité invariante, on a $\nu' = \nu$. Cela implique donc que $\lambda_i = \lambda_i'$ pour $i \in \{1, \dots, K\}$. La solution positive de l'équation de trafic est donc unique. □

On pose $\boxed{\rho_i = \dfrac{\lambda_i}{\mu_i}}$ pour $1 \leq i \leq K$, qui s'interprète comme une densité de trafic.

Théorème 9.4.3. *Si pour tout $1 \leq i \leq K$, on a $\rho_i < 1$, alors l'unique probabilité invariante du processus $X = (X_t, t \geq 0)$, est la probabilité π définie par*

$$\pi_n = \prod_{i=1}^{K} (1 - \rho_i)\rho_i^{n_i}, \quad \text{où} \quad n = (n_1, \ldots, n_K).$$

La probabilité invariante est sous forme de produit. En régime stationnaire, la file d'attente au guichet i est, à l'instant t, indépendante de la file d'attente au guichet $j \neq i$. De plus chaque file d'attente i, se comporte comme une file $M/M/1$ de paramètre (λ_i, μ_i), où $(\lambda_1, \ldots, \lambda_n)$ est solution de l'équation de trafic.

Démonstration. Le processus X étant irréductible, il possède au plus une probabilité invariante. Il suffit de vérifier que $\pi A = 0$ pour affirmer que π est la probabilité invariante. Nous allons donc vérifier que pour tout $n \in \mathbb{N}^K$, $\sum_{m \neq n} \pi_m A(m, n) = -\pi_n A(n, n)$, où on rappelle que

$$\begin{aligned}
A(n, n) &= -\sum_{m \neq n} A(n, m) \\
&= -\sum_{i=1}^{K} \left[\alpha_i + \beta_i \mu_i \mathbf{1}_{\{n_i > 0\}} + \sum_{j \neq i} p_{i,j} \mu_i \mathbf{1}_{\{n_i > 0\}} \right] \\
&= -\sum_{i=1}^{K} \left[\alpha_i + (1 - p_{i,i}) \mu_i \mathbf{1}_{\{n_i > 0\}} \right].
\end{aligned}$$

On a pour n fixé,

$$\begin{aligned}
\sum_{m \neq n} \pi_m A(m, n) = \sum_{i=1}^{K} \Big[& \pi_{n - e_i} A(n - e_i, n) \mathbf{1}_{\{n_i > 0\}} + \pi_{n + e_i} A(n + e_i, n) \\
& + \sum_{j \neq i} \pi_{n + e_j - e_i} A(n + e_j - e_i, n) \mathbf{1}_{\{n_i > 0\}} \Big].
\end{aligned}$$

En utilisant la forme de π, il vient

$$\begin{aligned}
\sum_{m \neq n} \pi_m A(m, n) &= \pi_n \sum_{i=1}^{K} \left[\frac{\alpha_i}{\rho_i} \mathbf{1}_{\{n_i > 0\}} + \rho_i \mu_i \beta_i + \sum_{j \neq i} \frac{\rho_j \mu_j p_{j,i}}{\rho_i} \mathbf{1}_{\{n_i > 0\}} \right] \\
&= \pi_n \sum_{i=1}^{K} \left[\lambda_i \beta_i + \frac{1}{\rho_i} \left(\alpha_i + \sum_{j \neq i} \lambda_j p_{j,i} \right) \mathbf{1}_{\{n_i > 0\}} \right].
\end{aligned}$$

Grâce à l'équation de trafic, on a

$$\begin{aligned}\sum_{m\neq n} \pi_m A(m,n) &= \pi_n \sum_{i=1}^{K} \left[\lambda_i\beta_i + \frac{1}{\rho_i}\lambda_i\,(1-p_{i,i})\,\mathbf{1}_{\{n_i>0\}}\right]\\ &= \pi_n \sum_{i=1}^{K} \left[\lambda_i\beta_i + \mu_i\,(1-p_{i,i})\,\mathbf{1}_{\{n_i>0\}}\right]\\ &= -\pi_n A(n,n),\end{aligned}$$

où l'on a utilisé (9.4) pour la dernière égalité. Ceci conclut la démonstration. □

9.4.2 Files en tandem, processus de sortie

On désire étudier un système constitué de deux serveurs en tandem. Quand un client arrive, il est d'abord dirigé vers le serveur 1, et dès que sa requête est servie, il est dirigé vers le serveur 2, où il effectue une nouvelle requête. Le système est décrit par le couple $X_t = (X_t^1, X_t^2)$, où X_t^i est la taille du système i : nombre de clients dans la file d'attente du serveur i, y compris le client encore servi par le serveur i. On suppose que le processus des arrivées est un processus de Poisson de paramètre λ, et les temps de service sont des variables indépendantes entre elles et indépendantes du processus des arrivées. On suppose que les temps de service du serveur i suivent des lois exponentielles de paramètre μ_i. Il s'agit d'un cas particulier des réseaux de Jackson. L'équation de trafic se résume à $\lambda = \lambda_1$ pour le serveur 1 et $\lambda_1 = \lambda_2$ pour le serveur 2. En particulier $(X_t, t \geq 0)$ est une chaîne de Markov homogène sur $\mathbb{N}^2$, qui possède une probabilité invariante si $\rho_1 = \lambda/\mu_1 < 1$ et $\rho_2 = \lambda/\mu_2 < 1$. De plus en régime stationnaire X_t^1 et X_t^2 sont, à t fixé, indépendants, et la loi de X_t^i est la loi $\pi(\rho_i)$ donnée par (9.2) avec $\rho = \rho_i$.

On peut utiliser une autre propriété intéressante des files $M/M/1$ pour retrouver ce résultat. On note N_t, le nombre de clients sortis avant l'instant t d'une file d'attente $M/M/1$ de paramètre ρ. Le processus $(N_t, t \geq 0)$ est appelé processus de sortie de la file d'attente. On peut montrer (cf. [1], proposition 4.4 p. 64) que pour $\rho < 1$, en régime stationnaire, le processus de sortie est un processus de Poisson d'intensité λ. De plus le processus de sortie jusqu'à l'instant t, $(N_u, u \in [0,t])$, est en régime stationnaire indépendant de l'évolution future du système.

Si on considère une file d'attente en tandem, le processus des arrivées des clients au premier serveur est un processus de Poisson de paramètre λ. En régime stationnaire, la loi de $X_t^{(1)}$ est la loi $\pi(\rho_1)$. De plus le processus de sortie de la file 1, est un processus de Poisson de paramètre λ. Ce processus correspond au processus des arrivées pour la file 2. En particulier, la loi de $X_t^{(2)}$ est, en régime stationnaire, la loi $\pi(\rho_2)$. Comme en régime stationnaire, $X_t^{(1)}$ est indépendant du processus de sortie de la file 1 jusqu'à l'instant t, on retrouve que $X_t^{(1)}$ et $X_t^{(2)}$ sont indépendants.

9.5 Explosion et récurrence des files $M/GI/1$

On considère une file $M/GI/1$. Les temps de service $(S_n, n \geq 1)$ des différents clients sont des variables aléatoires indépendantes de même loi. Le processus des temps d'arrivée est un processus de Poisson de paramètre $\lambda > 0$. On note X_t le nombre de clients dans le système à l'instant t. On suppose qu'à l'instant 0, le système comporte un seul client dont le service vient juste de débuter : $X_0 = 1$. On note $\tau = \inf\{t > 0, X_t = 0\}$ le temps de retour à un système vide. On a le résultat suivant.

Théorème 9.5.1. *Si $\lambda\mathbb{E}[S_1] \leq 1$, alors p.s. le système retourne à l'état vide : $\tau < \infty$. Si $\lambda\mathbb{E}[S_1] > 1$, alors on a $\mathbb{P}(\tau = \infty) > 0$.*

En particulier, si $\lambda\mathbb{E}[S_1] \leq 1$, alors la file d'attente revient infiniment à l'état vide presque sûrement. Cet état est donc récurrent. En revanche si $\lambda\mathbb{E}[S_1] > 1$, alors le nombre de retours à l'état vide est p.s. fini Et on peut vérifier que $\lim_{t\to\infty} X_t = +\infty$, i.e. la file d'attente est transiente. Ceci permet de compléter l'étude des files d'attente $M/M/1$.

Remarque 9.5.2. Pour les chaînes $M/M/1$, on a $\rho = \lambda\mathbb{E}[S_1]$. La condition de stabilité est satisfaite si $\rho < 1$. Si $\rho = 1$, alors le système retourne p.s. à l'état vide, mais il ne possède pas de probabilité invariante. Donc pour $\rho = 1$, la chaîne de Markov $(X_t, t \geq 0)$ est récurrente nulle. Si $\rho > 1$, alors le système a une probabilité non nulle de ne pas retourner à l'état vide dès qu'un client arrive. La chaîne est transiente. ♢

Le lemme suivant nous servira pour démontrer le théorème 9.5.1.

Lemme 9.5.3. *Soit $N = (N_t, t \geq 0)$ un processus de Poisson de paramètre $\lambda > 0$ et S une variable aléatoire positive indépendante de N. On a $\mathbb{P}(N_S = n) = \mathbb{E}\left[\frac{\lambda^n S^n}{n!} \mathrm{e}^{-\lambda S}\right]$.*

Démonstration. Pour $n \geq 1$, on a $\{N_S = n\} = \{\sum_{k=1}^n T_k \leq S < \sum_{k=1}^{n+1} T_k\}$, où les variables $(T_k, k \geq 1)$ sont indépendantes de loi exponentielle de paramètre λ, et sont indépendantes de S. On déduit de la proposition A.1.21 que $\mathbb{P}(N_S = n) = \mathbb{E}[\psi(S)]$, où $\psi(s) = \mathbb{E}[\mathbf{1}_{\{\sum_{k=1}^n T_k \leq s < \sum_{k=1}^{n+1} T_k\}}] = \mathbb{E}[N_s]$ pour $s \geq 0$. D'après la proposition 8.4.2, N_s suit une loi de Poisson de paramètre λs. On en déduit que $\psi(s) = \frac{(\lambda s)^n}{n!} \mathrm{e}^{-\lambda s}$, et donc

$$\mathbb{P}(N_S = n) = \mathbb{E}\left[\frac{(\lambda S)^n}{n!} \mathrm{e}^{-\lambda S}\right].$$

Pour $n = 0$, en utilisant (8.4), il vient $\mathbb{P}(N_S = 0) = \mathbb{P}(S < T_1) = \mathbb{E}[\mathrm{e}^{-\lambda S}]$. Ceci termine la démonstration du lemme. □

Démonstration du théorème 9.5.1. On définit ν_k égal

- à zéro, si le système s'est vidé avant l'arrivée du k-ième client,
- au nombre de clients arrivés pendant le service du k-ième client sinon.

Ainsi $U = \inf\{n \geq 1\,; \sum_{k=1}^{n} \nu_k = n-1\}$, avec la convention que $\inf \emptyset = +\infty$, désigne le nombre de clients servis avant que le système ne se soit vidé. On a donc $\{\tau < \infty\} = \{U < \infty\}$.

Pour déterminer la loi de ν_1, on remarque que $\{\nu_1 = n\} = \{N_{S_1} = n\}$, où $N = (N_t, t \geq 0)$ est le processus d'arrivée des clients. Comme N est un processus de Poisson de paramètre λ, on déduit du lemme 9.5.3 que pour $n \in \mathbb{N}$, on a $\mathbb{P}(\nu_1 = n) = \mathbb{E}\left[\frac{\lambda^n S_1^n}{n!}\,\mathrm{e}^{-\lambda S_1}\right]$.

On calcule ensuite la loi jointe de (ν_1, ν_2). On note $(T_n, n \geq 1)$ la suite des temps d'inter-arrivées. Il s'agit d'une suite de variables aléatoires indépendantes de loi exponentielle de paramètre λ. Pour $n \geq 1$, $k \geq 0$, on a

$$\mathbb{P}(\nu_1 = n, \nu_2 \geq k) = \mathbb{P}\Big(\sum_{k=1}^{n} T_k \leq S_1 < \sum_{k=1}^{n+1} T_k, \sum_{k=1}^{n+k} T_k \leq S_1 + S_2\Big).$$

En posant $R = S_1 - \sum_{i=1}^{n} T_i \geq 0$, on obtient

$$\begin{aligned}
\mathbb{P}(\nu_1 = n, \nu_2 \geq k) &= \mathbb{P}\Big(\sum_{k=1}^{n} T_k \leq S_1 < \sum_{k=1}^{n+1} T_k\Big) \\
&\qquad \mathbb{P}\Big(\sum_{k=n+2}^{n+k} T_k + \Big(T_{n+1} - R\Big) \leq S_2 \Big| T_{n+1} > R \geq 0\Big) \\
&= \mathbb{P}\Big(\sum_{k=1}^{n} T_k \leq S_1 < \sum_{k=1}^{n+1} T_k\Big)\mathbb{P}\Big(\sum_{k=n+2}^{n+k} T_k + T_{n+1} \leq S_2\Big) \\
&= \mathbb{P}(\nu_1 = n)\mathbb{P}(\nu_1 \geq k),
\end{aligned}$$

où l'on a utilisé pour la deuxième égalité le caractère sans mémoire des lois exponentielles, i.e. le lemme 8.1.5 avec $V = T_{n+1}$. Soit $(\nu'_k, k \geq 1)$ une suite de variables indépendantes de même loi que ν_1. On a donc montré que $(\nu_k, k \in \{1, \min(2, U)\})$ a même loi que $(\nu'_k, k \in \{1, \min(2, U')\})$, où $U' = \inf\{n \geq 1\,; \sum_{k=1}^{n} \nu'_k = n-1\}$.

En généralisant cette démonstration, on obtient que $(\nu_n, 1 \leq n \leq U)$ a même loi que $(\nu'_n, 1 \leq n \leq U')$. On déduit du lemme 4.4.6 que U a même loi que la population totale d'un processus de Galton-Watson dont la loi de reproduction est la loi de ν_1.

En particulier le système retourne à l'état vide p.s. si la population totale du processus de Galton-Watson est p.s. finie. On déduit de la proposition 4.1.5 que $\tau < \infty$ p.s. si et seulement si $\mathbb{E}[\nu_1] \leq 1$. Comme

$$\mathbb{E}[\nu_1] = \sum_{n=1}^{\infty} n\mathbb{E}\left[\frac{\lambda^n S_1^n}{n!}\,\mathrm{e}^{-\lambda S_1}\right] = \mathbb{E}\left[\lambda S_1 \sum_{n=0}^{\infty} \frac{\lambda^n S_1^n}{n!}\,\mathrm{e}^{-\lambda S_1}\right] = \lambda\mathbb{E}[S_1],$$

on en déduit que $\tau < \infty$ p.s. si $\lambda\mathbb{E}[S_1] \leq 1$. Et si $\lambda\mathbb{E}[S_1] > 1$, alors on a $\mathbb{P}(\tau = \infty) > 0$. □

Références

1. S. Asmussen. *Applied probability and queues.* Wiley Series in Probability and Mathematical Statistics. John Wiley & Sons, 1987.
2. F. Baccelli et P. Brémaud. *Élements of queueing theory*, volume 26 of *Applications of Mathematics.* Springer-Verlag, Berlin, seconde édition, 2003.
3. P. Bougerol. *Processus de saut et files d'attente.* Cours de Maîtrise, Paris VI, http ://www.proba.jussieu.fr/supports.php, 2002.
4. P. Brémaud. *Markov chains. Gibbs fields, Monte Carlo simulation, and queues.* Springer texts in applied mathematics. Springer, 1998.
5. A. Erlang. Solution of some problems in the theory of probabilities of significance in automatic telephone exchanges. *Elektrotkeknikeren*, 13, 1917.
6. A. Kaufmann et R. Cruon. *Les phénomènes d'attente. Théorie et applications.* Dunod, Paris, 1961.
7. P. Robert. *Réseaux et files d'attente : méthodes probabilistes*, volume 35 de *Mathématiques & Applications.* Springer-Verlag, Berlin, 2000.

10

Éléments de fiabilité

Comme des matériels de même nature, des ampoules électriques ou des automobiles par exemple, produits dans la même usine, peuvent avoir des durées de bon fonctionnement très différentes, il est naturel d'adopter une modélisation aléatoire pour la durée de vie d'un matériel. Ce chapitre constitue une introduction à la théorie probabiliste de la fiabilité dont les objectifs sont :

- d'effectuer une modélisation des durées de vie permettant de rendre compte des données expérimentales,
- de construire des indicateurs de performance des matériels,
- de modéliser le fonctionnement d'un système complexe à partir de celui de ses composants élémentaires,
- d'étudier les effets d'une politique de maintenance préventive...

Le premier paragraphe, inspiré du livre de Cocozza-Thivent [5], présente les notions de *disponibilité* et de *fiabilité* qui sont des mesures de la performance des matériels. Puis nous introduisons le *taux de défaillance* λ d'un matériel. Cette notion qui joue un rôle très important dans la modélisation en fiabilité est définie de la façon suivante : la probabilité pour que le matériel connaisse sa première panne entre t et $t + dt$ sachant qu'il a bien fonctionné jusqu'en t est donnée par $\lambda(t)dt$. Le cas où le taux de défaillance est une fonction monotone du temps fait l'objet d'une attention particulière.

Le second paragraphe explique comment simuler une durée de vie de taux de défaillance donné. Les deux méthodes présentées, l'inversion du taux de défaillance cumulé et la méthode des pannes fictives, sont respectivement le pendant de la méthode d'inversion de la fonction de répartition et de la méthode du rejet destinées à simuler une variable aléatoire réelle de densité donnée.

Le troisième paragraphe repose sur le livre de Barlow et Proschan [2] qui a posé les bases mathématiques de la fiabilité. Il est consacré à l'étude de stratégies de maintenance préventive, en particulier lorsque l'on s'intéresse à un matériel qui est remplacé immédiatement par un matériel équivalent lors de chaque panne. Si les durées de vie successives sont indépendantes et identiquement distribuées, la suite des instants de pannes forme un *processus de*

renouvellement. Après avoir étudié ce processus de renouvellement, nous nous intéressons à deux stratégies de remplacement préventif. La première, le remplacement suivant l'âge, consiste à remplacer préventivement tout matériel ayant atteint l'âge $s > 0$ sans avoir connu de panne. La seconde, le remplacement par bloc, consiste à remplacer le matériel de façon préventive aux instants ls pour $l \in \mathbb{N}^*$. Nous étudions l'optimisation du paramètre s dans chacune des stratégies avant d'effectuer des comparaisons entre les deux stratégies.
Le quatrième paragraphe est une introduction à la fiabilité des systèmes complexes. La notion de *fonction de structure* permet de formaliser la manière dont l'état du système dépend de celui de ses composants élémentaires. Cette fonction peut être évaluée en recensant les *coupes*, c'est-à-dire les ensembles de composants dont la panne simultanée entraîne la panne du système. Elle permet de calculer la performance du système en termes de *disponibilité* et de *fiabilité*. Lorsque la complexité du système fait que le calcul devient trop coûteux, il faut se contenter de minorations de ces quantités.

Pour plus de détails sur les modèles probabilistes en fiabilité, nous renvoyons aux ouvrages déjà cités [2, 5] ainsi qu'aux livres en français de Bon [4], Pagès et Gondran [11] et Limnios [8] et ceux en anglais d'Aven et Jensen [1], Birolini [3], Gertsbakh [6], Hoyland et Rausand [7], Osaki [10] et Thompson [13].

10.1 Introduction à la fiabilité

10.1.1 Mesures de performance

On considère un matériel (lampe, composant électronique, moteur,...) qui peut se trouver dans différents états. On note $\mathcal{E}$ l'ensemble de ces états que l'on suppose divisé en deux classes : la classe $\mathcal{M}$ des états de marche et la classe $\mathcal{P}$ des états de panne. Pour rendre compte des différents scénarii possibles, on décrit l'évolution dans le temps du système par un processus stochastique $(X_t, t \geq 0)$ sur un espace de probabilité Ω c'est-à-dire par une famille de variables aléatoires X_t indiquant l'état du matériel à l'instant t. Pour $\omega \in \Omega$ fixé, l'application $t \in [0, +\infty[\to X_t(\omega) \in \mathcal{E}$ est un scénario d'évolution possible.

Définition 10.1.1.
- *La* **disponibilité** *(availability en anglais) $D(t)$ du matériel à l'instant t est la probabilité pour que ce matériel fonctionne à cet instant :* $D(t) = \mathbb{P}(X_t \in \mathcal{M})$.
- *La* **fiabilité** *(reliability en anglais) $\bar{F}(t)$ du matériel à l'instant t est la probabilité pour que ce matériel fonctionne sur tout l'intervalle $[0, t]$:* $\bar{F}(t) = \mathbb{P}(\forall s \in [0, t],\ X_s \in \mathcal{M})$.

Bien sûr, on a $\bar{F}(t) \le D(t)$. Soit $T = \inf\{s \ge 0 : X_s \in \mathcal{P}\}$ la première durée de bon fonctionnement et $F(t) = \mathbb{P}(T \le t)$ sa fonction de répartition que l'on suppose continue. On a

$$\bar{F}(t) = \mathbb{P}(T > t) = 1 - \mathbb{P}(T \le t) = 1 - F(t). \tag{10.1}$$

On définit également le **MTTF** (Mean Time To Failure) comme la durée moyenne de bon fonctionnement :

$$\boxed{MTTF = \mathbb{E}[T]} = \mathbb{E}\left[\int_0^{+\infty} \mathbf{1}_{\{T>t\}} dt\right] = \int_0^{\infty} \mathbb{P}(T > t) dt = \int_0^{+\infty} \bar{F}(t) dt.$$

10.1.2 Taux de défaillance

Dans les paragraphes suivants, nous supposons que la variable aléatoire positive T possède la densité $f(t)$ sur $\mathbb{R}_+$.

Définition 10.1.2. *On appelle taux de défaillance (ou aussi taux de hasard) de T et de sa densité f la fonction λ définie sur $\mathbb{R}_+$ par*

$$\lambda(t) = \begin{cases} f(t)/\bar{F}(t) & si\ \bar{F}(t) > 0 \\ 0 & sinon, \end{cases} \tag{10.2}$$

où $\bar{F}(t) = \mathbb{P}(T > t) = \int_t^{+\infty} f(s) ds$.

Le taux de défaillance est homogène à l'inverse d'un temps. Intuitivement, la probabilité pour que le matériel connaisse sa première panne entre t et $t + dt$ sachant qu'il a bien fonctionné jusqu'en t est donnée par $\lambda(t)dt$. Plus rigoureusement si la densité f est continue en t,

$$\frac{1}{\Delta t}\mathbb{P}(t + \Delta t \ge T > t | T > t) = \frac{\int_t^{t+\Delta t} f(s) ds}{\Delta t \bar{F}(t)} \underset{\Delta t \to 0}{\longrightarrow} \frac{f(t)}{\bar{F}(t)} = \lambda(t).$$

Exemple 10.1.3. La loi de Weibull sur $\mathbb{R}_+$ de paramètre (α, β) où $\alpha, \beta > 0$ est la loi de densité

$$f(t) = \mathbf{1}_{\{t \ge 0\}} \frac{\beta}{\alpha} \left(\frac{t}{\alpha}\right)^{\beta - 1} \exp\left(-\left(\frac{t}{\alpha}\right)^{\beta}\right).$$

Cette famille de lois est très utilisée en fiabilité car elle permet des calculs analytiques. En effet, on obtient facilement

$$\bar{F}(t) = \exp\left(-\left(\frac{t}{\alpha}\right)^{\beta}\right) \text{ puis } \lambda(t) = \frac{\beta}{\alpha}\left(\frac{t}{\alpha}\right)^{\beta-1}.$$

En outre, si T suit cette loi, en effectuant le changement de variables $u = \left(\frac{t}{\alpha}\right)^{\beta}$, on obtient

$$\mathbb{E}[T] = \int_0^{+\infty} t \times \frac{\beta}{\alpha}\left(\frac{t}{\alpha}\right)^{\beta-1} \exp\left(-\left(\frac{t}{\alpha}\right)^{\beta}\right) dt = \int_0^{+\infty} \alpha u^{1/\beta} \mathrm{e}^{-u} du$$
$$= \alpha \Gamma\left(1 + \frac{1}{\beta}\right),$$

où Γ désigne la fonction gamma d'Euler.
D'un point de vue théorique, l'utilisation de la loi de Weibull peut se justifier par la théorie des valeurs extrêmes. En effet, si on considère que le matériel est constitué d'un grand nombre de composants indépendants et identiquement distribués placés en série, sa durée de bon fonctionnement est égale au minimum des durées de bon fonctionnement de ces composants. D'après la remarque 11.3.4, il est naturel de modéliser cette durée de bon fonctionnement par une variable aléatoire distribuée suivant une loi de Weibull sur $\mathbb{R}_+$.
$\diamond$

La proposition suivante exprime la fiabilité $\bar{F}$ en fonction du taux de défaillance :

Proposition 10.1.4.

$$\forall t \geq 0, \ \bar{F}(t) = \exp\left(-\int_0^t \lambda(s) ds\right).$$

En outre, si on pose $a = \inf\{s \geq 0, \ \bar{F}(s) = 0\}$, *alors pour tout* $t \geq a, \ \int_0^t \lambda(s) ds = +\infty$.

Démonstration. Par continuité et décroissance de $\bar{F}$, si $a < +\infty$, $\bar{F}$ est nulle sur $[a, +\infty[$.
On suppose que $t < a$. Par décroissance de $\bar{F}$, on a

$$\int_0^t \lambda(s) ds \leq \frac{1}{\bar{F}(t)} \int_0^t f(s) ds \leq \frac{1}{\bar{F}(t)} < +\infty.$$

Par ailleurs,

$$\bar{F}(t) = 1 - F(t) = 1 - \int_0^t f(s) ds = 1 - \int_0^t \lambda(s) \bar{F}(s) ds.$$

D'après la proposition E.1, on en déduit que pour tout t dans $[0, a[$, $\bar{F}(t) = \exp\left(-\int_0^t \lambda(s) ds\right)$. Lorsque $a < +\infty$, comme $\bar{F}(a) = 0$, par continuité de $\bar{F}$, $\lim_{t \to a^-} \bar{F}(t) = 0$. On en déduit que

$$\lim_{t \to a^-} \int_0^t \lambda(s) ds = -\lim_{t \to a^-} \log(\bar{F}(t)) = +\infty.$$

Donc $\forall t \geq a, \ \int_0^t \lambda(s) ds = +\infty$ et $\bar{F}(t) = \exp\left(-\int_0^t \lambda(s) ds\right)$. $\square$

Remarque 10.1.5.

- On déduit de la proposition 10.1.4 que le taux de défaillance d'une variable aléatoire de densité f sur $\mathbb{R}_+$ est une fonction $\lambda : \mathbb{R}_+ \to \mathbb{R}_+$ vérifiant $\int_0^{+\infty} \lambda(r)dr = -\lim_{t\to+\infty} \log(\bar{F}(t)) = +\infty$ et que
$$a = \inf\{t \geq 0, \int_0^t \lambda(r)dr = +\infty\},$$
ce qui implique que $\lambda(s) = 0$ pour tout $s \geq \inf\{t \geq 0, \int_0^t \lambda(r)dr = +\infty\}$. En outre, d'après la proposition et la définition du taux de défaillance, pour tout $t \in [0, a[$, $f(t) = \lambda(t) \exp\left(-\int_0^t \lambda(s)ds\right)$. Lorsque a est fini, cette formule reste vraie pour $t \in [a, +\infty[$ car les deux membres sont alors nuls.
- Inversement, si on se donne une fonction $\lambda : \mathbb{R}_+ \to \mathbb{R}_+$ telle que $\int_0^{+\infty} \lambda(r)dr = +\infty$ et que $\lambda(s) = 0$ pour tout $s \geq b$ où $b = \inf\{t \geq 0, \int_0^t \lambda(r)dr = +\infty\}$ (convention : $\inf \emptyset = +\infty$) alors $f(t) = \lambda(t) \exp(-\int_0^t \lambda(s)ds)$ est une densité de probabilité sur $\mathbb{R}_+$ telle que $\int_t^{+\infty} f(s)ds = \exp(-\int_0^t \lambda(s)ds)$ (ce résultat, vrai pour $t \geq b$ car les deux membres sont nuls, s'obtient sinon en prenant la limite $t' \to b^-$ dans (E.2)) et qui admet λ comme taux de défaillance.

On peut donc décrire la loi d'une variable aléatoire à densité en se donnant cette densité (c'est le point de vue généralement adopté par les probabilistes) ou en se donnant son taux de défaillance (c'est le point de vue généralement adopté par les fiabilistes). Notons que la modélisation au travers du taux de défaillance est aussi très utilisée dans le domaine du risque de crédit pour décrire le temps de défaut d'une entreprises, c'est-à-dire l'instant où cette entreprise cesse de rembourser ses dettes. ◊

Exercice 10.1.6. Quelles sont les densités associées aux taux de défaillance $\lambda(t) = \frac{\mathbf{1}_{\{t<1\}}}{1-t}$ et $\lambda(t) = \alpha \frac{\mathbf{1}_{\{t\geq 1\}}}{t}$ où $\alpha > 0$? ♦

Il est courant de considérer que la courbe du taux de défaillance $t \to \lambda(t)$ d'un matériel a une forme de baignoire. Dans une première phase, il est décroissant : c'est la période de rodage où les éventuels défauts de fabrication peuvent entraîner une panne. Puis, dans une seconde phase, il est approximativement constant : c'est la période de vie utile où on ne découvre plus de défauts de fabrication et où le matériel n'est pas encore fragilisé par son utilisation. Enfin, dans une troisième phase, il est croissant : c'est la période de vieillissement où l'usure du matériel liée à son utilisation devient sensible. Le corollaire suivant caractérise les lois avec taux de défaillance constant :

Corollaire 10.1.7. *Le taux de défaillance de la variable aléatoire T est constant et égal à $\lambda > 0$ si et seulement si T suit la loi exponentielle de paramètre λ i.e. admet $f(t) = \lambda \exp(-\lambda t)$ comme densité sur $\mathbb{R}_+$.*

Démonstration. Si T suit la loi exponentielle, $\bar{F}(t) = \int_t^{+\infty} \lambda \exp(-\lambda s) ds = \exp(-\lambda t)$ et $\lambda(t) = f(t)/\bar{F}(t) = \lambda$.
Réciproquement, si le taux de défaillance de T est constant égal à $\lambda > 0$, d'après la remarque 10.1.5, T possède la densité $\lambda \mathrm{e}^{-\int_0^t \lambda ds} = \lambda \mathrm{e}^{-\lambda t}$ sur $\mathbb{R}_+$.
□

L'interprétation physique d'un taux de défaillance constant est que le matériel ne vieillit pas (il ne rajeunit pas non plus) : $\mathbb{P}(T > t + s | T > t) = \mathbb{P}(T > s)$ ce qui s'écrit aussi $\bar{F}(t+s) = \bar{F}(t)\bar{F}(s)$. On retrouve la propriété d'absence de mémoire des variables exponentielles (voir le lemme 8.1.5).

10.1.3 Taux de défaillance monotone, lois NBU

Définition 10.1.8. *La variable T et sa loi sont dites* **IFR** *(Increasing Failure Rate) si le taux de défaillance $t \to \lambda(t)$ est croissant sur $\mathbb{R}_+$. Elle sont dites* **DFR** *(Decreasing Failure Rate) s'il est décroissant.*

Lorsque la durée de vie d'un matériel est IFR (resp. DFR), plus le temps passe sans que le matériel ait connu de panne, plus (resp. moins) ce matériel est fragile.

Exemple 10.1.9. Le taux de défaillance de la loi de Weibull sur $\mathbb{R}_+$ de paramètre (α, β) est

$$\lambda(t) = \frac{\beta}{\alpha}\left(\frac{t}{\alpha}\right)^{\beta - 1}.$$

Donc cette loi est DFR pour $\beta \in]0,1[$ et IFR pour $\beta > 1$. Pour $\beta = 1$ le taux de défaillance est constant et on retrouve la loi exponentielle de paramètre $1/\alpha$. ◊

Remarque 10.1.10. Dans le cas IFR, λ est strictement positif sur $]t_0, +\infty[$ où $t_0 = \inf\{t \geq 0 : \lambda(t) > 0\}$. Avec la définition du taux de défaillance on en déduit que la fiabilité $\bar{F}$ est strictement positive sur $]t_0, +\infty[$. Par décroissance de $\bar{F}$, on a donc

$$\forall t \geq 0, \ \bar{F}(t) > 0.$$

Cette propriété reste vraie dans le cas DFR puisque d'après la proposition 10.1.4, $\bar{F}(t) = \exp\left(-\int_0^t \lambda(s) ds\right) \geq \mathrm{e}^{-\lambda(0)t}$. ◊

Exercice 10.1.11. La loi gamma de paramètre (λ, α) avec $\lambda, \alpha > 0$ a pour densité $f(t) = \mathbf{1}_{\{t \geq 0\}} \lambda^\alpha t^{\alpha - 1} \mathrm{e}^{-\lambda t} / \Gamma(\alpha)$.

1. Montrer que son taux de défaillance vérifie

$$\lambda(t) = \frac{\lambda}{1 + (\alpha - 1)\int_1^{+\infty} s^{\alpha - 2} \mathrm{e}^{-\lambda t (s-1)} ds}.$$

2. En déduire que cette loi est DFR pour $\alpha \leq 1$ et IFR pour $\alpha \geq 1$.
3. Vérifier que $\lim_{t \to +\infty} \lambda(t) = \lambda$.

♦

Une propriété très intéressante des variables IFR d'espérance μ est que l'on peut minorer sur $[0, \mu]$ la fiabilité qui leur est associée par $\exp(-t/\mu)$ (c'est-à-dire la fiabilité associée à une variable exponentielle d'espérance μ).

Proposition 10.1.12. *Si T est IFR d'espérance μ, alors $\forall t \in [0, \mu]$, $\bar{F}(t) \geq \exp(-t/\mu)$.*

La figure 10.1 illustre cette proposition en représentant sur l'intervalle de temps $[0, 2]$ la fiabilité associée à plusieurs lois d'espérance $\mu = 1$. On constate que sur l'intervalle de temps $[0, 1]$, les courbes correspondant aux lois IFR (Weibull $(\frac{1}{\Gamma(4/3)}, 3)$, Weibull $(\frac{1}{\Gamma(3/2)}, 2)$, gamma $(3, 3)$ et gamma $(2, 2)$) sont effectivement au-dessus de la courbe en trait plein associée à la loi exponentielle de paramètre 1. Elles passent en dessous de cette courbe en trait plein au-delà du temps 1. Les fiabilités associées aux lois DFR (Weibull $(\frac{1}{2}, \frac{1}{2})$ et gamma $(\frac{1}{2}, \frac{1}{2})$) sont au-dessous de la courbe de la loi exponentielle sur l'intervalle de temps $[0, 1]$. En fait pour une loi DFR, on peut inverser toutes les inégalités écrites plus loin dans la démonstration de la proposition 10.1.12 pour obtenir : $\forall t \in [0, \mu]$, $\bar{F}(t) \leq \exp(-t/\mu)$. Pour effectuer cette démonstration, il est utile d'introduire la notion de taux de défaillance cumulé :

Définition 10.1.13. *On appelle taux de défaillance cumulé de T la fonction $\Lambda(t) = \int_0^t \lambda(s)ds$.*

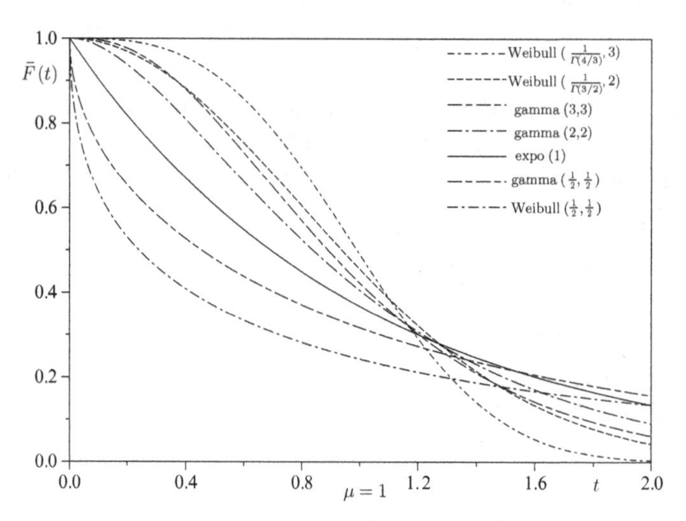

Fig. 10.1. Représentation de la fiabilité $t \to \bar{F}(t)$ pour diverses lois d'espérance $\mu = 1$

Démonstration de la proposition 10.1.12. Par croissance de λ, si $0 \leq s \leq t$, $\Lambda(t) - \Lambda(s) \geq \lambda(s)(t-s)$. Cette inégalité reste vraie si $0 \leq t \leq s$, les deux membres étant alors négatifs. En choisissant $s = \mathbb{E}[T]$, on en déduit que

$$\forall t \geq 0,\ \Lambda(t) \geq \Lambda(\mathbb{E}[T]) + \lambda(\mathbb{E}[T])(t - \mathbb{E}[T]).$$

Donc $\Lambda(T) \geq \Lambda(\mathbb{E}[T]) + \lambda(\mathbb{E}[T])(T - \mathbb{E}[T])$ et en prenant l'espérance, on obtient que $\mathbb{E}[\Lambda(T)] \geq \Lambda(\mathbb{E}[T])$. En utilisant le théorème de Fubini, on a

$$\begin{aligned}\mathbb{E}[\Lambda(T)] &= \int_0^{+\infty} f(t) \int_0^t \lambda(s) ds\, dt = \int_0^{+\infty} \lambda(s) \int_s^{+\infty} f(t) dt\, ds \\ &= \int_0^{+\infty} \lambda(s) \bar{F}(s) ds = \int_0^{+\infty} f(s) ds = 1.\end{aligned}$$

Donc $\Lambda(\mu) \leq 1$. En utilisant la convexité de Λ qui découle de la croissance de λ, on obtient que

$$\forall t \leq \mu,\ \Lambda(t) \leq \frac{\mu - t}{\mu} \Lambda(0) + \frac{t}{\mu} \Lambda(\mu) \leq 0 + \frac{t}{\mu}.$$

Par la proposition 10.1.4, on conclut que $\forall t \leq \mu,\ \bar{F}(t) \geq \exp(-t/\mu)$. □

La notion suivante est couramment utilisée pour traduire le vieillissement d'un matériel.

Définition 10.1.14. *La variable T et sa loi sont dites* **NBU** *(New Better than Used) si*

$$\forall s, t \geq 0,\ \bar{F}(t+s) \leq \bar{F}(t)\bar{F}(s) \tag{10.3}$$

c'est-à-dire si

$$\forall s, t \geq 0 \text{ avec } \mathbb{P}(T > t) > 0,\ \mathbb{P}(T > t + s | T > t) \leq \mathbb{P}(T > s).$$

Cette notion est plus faible que IFR.

Proposition 10.1.15. *Si la variable T est IFR, alors $\forall s, t, s', t' \geq 0$ avec $s + t = s' + t'$ et $\max(s,t) \leq \max(s', t')$, $\bar{F}(t)\bar{F}(s) \geq \bar{F}(t')\bar{F}(s')$. En particulier toute loi IFR est NBU.*

Démonstration. Quitte à échanger s et t (resp. s' et t'), on suppose que $s \leq t$ et $s' \leq t'$.
On a alors $0 \leq \max(s', t') - \max(s, t) = t' - t = s - s'$. La croissance du taux de défaillance λ entraîne que $\int_t^{t'} \lambda(u) du \geq \int_{s'}^s \lambda(u) du$. En ajoutant $\int_0^t \lambda(u) du + \int_0^{s'} \lambda(u) du$ aux deux membres de cette inégalité, on en déduit

$$\int_0^{t'} \lambda(u) du + \int_0^{s'} \lambda(u) du \geq \int_0^t \lambda(u) du + \int_0^s \lambda(u) du.$$

On conclut grâce à la proposition 10.1.4 que $\bar{F}(t)\bar{F}(s) \geq \bar{F}(t')\bar{F}(s')$. Avec le choix $t' = t + s$, $s' = 0$ on en déduit que toute loi IFR est NBU. □

Exercice 10.1.16. Montrer que la loi uniforme sur $[0,u]$ (où $u > 0$) et la loi de taux de défaillance $\lambda(t) = 2 \times \mathbf{1}_{\{1 \leq t < 2\}} + \mathbf{1}_{\{t \geq 2\}}$ sont NBU mais pas IFR. ♦

Pour mieux comprendre les propriétés IFR, DFR et NBU, nous introduisons maintenant la notion d'ordre stochastique, qui est un ordre partiel :

Définition 10.1.17. *Soit X_1 et X_2 deux variables aléatoires réelles de fonctions de répartition respectives F_1 et F_2 non nécessairement définies sur le même espace de probabilité. On dit que X_1 est stochastiquement inférieure à X_2 et on note $X_1 \prec_{st} X_2$ si*

$$\boxed{\forall x \in \mathbb{R},\ \mathbb{P}(X_1 > x) \leq \mathbb{P}(X_2 > x)\ \textit{i.e.}\ F_1(x) \geq F_2(x).}$$

La proposition suivante précise la signification de cette notion d'ordre :

Proposition 10.1.18. *On a $X_1 \prec_{st} X_2$ si et seulement si on peut construire un couple $(\tilde{X}_1, \tilde{X}_2)$ vérifiant $\mathbb{P}(\tilde{X}_1 \leq \tilde{X}_2) = 1$ avec $\tilde{X}_1$ et $\tilde{X}_2$ respectivement de même loi que X_1 et que X_2.*

Démonstration. Si $\tilde{X}_1$ et $\tilde{X}_2$ ont respectivement même loi que X_1 et X_2 et vérifient $\mathbb{P}(\tilde{X}_1 \leq \tilde{X}_2) = 1$, alors pour tout $x \in \mathbb{R}$, $\mathbb{P}(X_1 > x) = \mathbb{P}(\tilde{X}_1 > x) \leq \mathbb{P}(\tilde{X}_2 > x) = \mathbb{P}(X_2 > x)$ et on a $X_1 \prec_{st} X_2$.
Pour démontrer la condition nécessaire, on utilise la méthode d'inversion de la fonction de répartition. Pour $i = 1, 2$ on note F_i^{-1} l'inverse généralisé de F_i défini par $F_i^{-1}(y) = \inf\{x :\ F_i(x) \geq y\}$ pour $y \in]0,1[$. Comme pour tout $x \in \mathbb{R}$, $F_1(x) \geq F_2(x)$, on a

$$\forall y \in]0,1[,\ F_1^{-1}(y) \leq F_2^{-1}(y). \tag{10.4}$$

Soit U une variable aléatoire uniforme sur $[0,1]$. D'après la proposition C.5, les variables aléatoires $\tilde{X}_1 = F_1^{-1}(U)$ et $\tilde{X}_2 = F_2^{-1}(U)$ ont respectivement même loi que X_1 et X_2. En outre, d'après (10.4), $\mathbb{P}(\tilde{X}_1 \leq \tilde{X}_2) = 1$. □

Pour en revenir à la fiabilité, on suppose que la durée de vie T d'un matériel vérifie $\forall t \geq 0,\ \mathbb{P}(T > t) = \bar{F}(t) > 0$ (condition satisfaite par exemple dans les cas IFR et DFR d'après la remarque 10.1.10). On appelle alors durée de survie à l'instant t, une variable aléatoire positive τ_t qui suit la loi conditionnelle de $T - t$ sachant $T > t$ i.e. qui vérifie pour tout $s \geq 0$,

$$\mathbb{P}(\tau_t > s) = \mathbb{P}(T - t > s | T > t) = \frac{\mathbb{P}(T > t + s)}{\mathbb{P}(T > t)} = \exp\left(-\int_t^{t+s} \lambda(u) du\right).$$

Notons que la durée de vie T a même loi que la durée de survie initiale τ_0. On traduit facilement les propriétés IFR, DFR et NBU en termes de comparaison entre les durées de survie aux différents instants.

Proposition 10.1.19. *Si T est IFR (resp. DFR) alors la durée de survie à l'instant t associée est stochastiquement décroissante en t i.e. pour $0 \leq s \leq t$, $\tau_t \prec_{st} \tau_s$ (resp. croissante en t i.e. pour $0 \leq s \leq t$, $\tau_s \prec_{st} \tau_t$).*
Lorsque $\forall t \geq 0$, $\mathbb{P}(T > t) > 0$, la loi de T est NBU si et seulement si $\forall t \geq 0$, $\tau_t \prec_{st} T$ ($\Leftrightarrow \forall t \geq 0$, $\tau_t \prec_{st} \tau_0$).

Remarque 10.1.20.

- La proposition 10.1.18 permet de comprendre en quoi une durée de vie NBU est plus grande que les durées de survie associées.
- La loi exponentielle de paramètre λ est « new equivalent to used » au sens où la loi de la durée de survie τ_t à l'instant t associée est la même quel que soit t.

$\diamondsuit$

10.2 Simulation d'une variable aléatoire de taux de défaillance donné

Nous allons présenter deux méthodes spécifiques permettant de simuler, à partir d'une suite de variables aléatoires indépendantes et identiquement distribuées suivant la loi uniforme sur $[0,1]$, une variable aléatoire de taux de défaillance $\lambda(t)$ où $\lambda : \mathbb{R}_+ \to \mathbb{R}_+$ vérifie

$$\lim_{t \to +\infty} \int_0^t \lambda(r)dr = +\infty, \tag{10.5}$$

et $\lambda(s) = 0$ pour tout $s \geq \inf\{t \geq 0,\ \int_0^t \lambda(r)dr = +\infty\}$ (convention : $\inf \emptyset = +\infty$). Pour les méthodes classiques de simulation de variables aléatoires (méthode du rejet, méthode d'inversion de la fonction de répartition,...), nous renvoyons au paragraphe A.2.3.

10.2.1 Inversion du taux de défaillance cumulé

Lemme 10.2.1. *Soit $\Lambda^{-1}(x) = \inf\{t \geq 0 :\ \Lambda(t) \geq x\}$ l'inverse généralisé du taux de défaillance cumulé $\Lambda(t) = \int_0^t \lambda(s)ds$. Si U suit la loi uniforme sur $[0,1]$ alors $\Lambda^{-1}(-\log(U))$ a pour taux de défaillance $t \to \lambda(t)$.*

Remarque 10.2.2. Si T a pour taux de défaillance $t \to \lambda(t)$, alors T a même loi que $\Lambda^{-1}(-\log(U))$. On déduit d'une généralisation de (C.2) avec F remplacée par Λ, que $\Lambda(\Lambda^{-1}(-\log(U))) = -\log(U)$. Donc $\Lambda(T)$ a même loi que $-\log(U)$, c'est-à-dire $\Lambda(T)$ suit la loi exponentielle de paramètre 1. On retrouve ainsi que $\mathbb{E}[\Lambda(T)] = 1$, propriété obtenue dans la démonstration de la proposition 10.1.12. $\diamondsuit$

Démonstration. L'équivalence (C.1) relie les ensembles de niveau d'une fonction de répartition et ceux de son inverse généralisé. Cette relation se généralise à toute fonction croissante et continue à droite et s'écrit dans le cas du taux de défaillance cumulé $\Lambda^{-1}(x) \leq t \Leftrightarrow x \leq \Lambda(t)$. Avec la croissance stricte de la fonction exponentielle, on en déduit que $\{\Lambda^{-1}(-\log(U)) \leq t\} = \{-\log(U) \leq \Lambda(t)\} = \{U \geq \exp(-\Lambda(t))\}$. Ainsi

$$\mathbb{P}(\Lambda^{-1}(-\log(U)) \leq t) = 1 - \exp(-\Lambda(t)) = \int_0^t \lambda(s) \exp\left(-\int_0^s \lambda(r)dr\right) ds,$$

en utilisant (E.2) pour la dernière égalité. Ainsi, la fonction de répartition de $\Lambda^{-1}(-\log(U))$ est égale à celle associée à la loi de densité $f(t) = \lambda(t) \exp\left(-\int_0^t \lambda(s)ds\right)$. Comme la fonction de répartition caractérise la loi (proposition C.2), T a pour densité f et donc pour taux de défaillance λ. □

Exemple 10.2.3. Pour la loi de Weibull sur $\mathbb{R}_+$ de paramètre (α, β) où $\alpha, \beta > 0$, on a

$$\lambda(t) = \frac{\beta}{\alpha}\left(\frac{t}{\alpha}\right)^{\beta-1}, \quad \Lambda(t) = \left(\frac{t}{\alpha}\right)^{\beta} \quad \text{et} \quad \varphi(x) = \alpha x^{1/\beta}.$$

Donc si U suit la loi uniforme sur $[0,1]$, $T = \alpha(-\log(U))^{1/\beta}$ suit la loi de Weibull de paramètre (α, β). Dans le cas particulier $\beta = 1$, on retrouve le résultat classique suivant lequel $-\alpha \log(U)$ suit la loi exponentielle de paramètre $1/\alpha$. ◊

Remarque 10.2.4. Il est facile de voir que cette technique est très proche de la méthode d'inversion de la fonction de répartition présentée dans la proposition C.5. En effet, de l'égalité $\forall t \geq 0,\ F(t) = 1 - \mathrm{e}^{-\Lambda(t)}$, on déduit facilement que F^{-1} et Λ^{-1}, les inverses généralisés respectifs de F et Λ sont reliés par

$$\forall y \in]0,1[,\ F^{-1}(y) = \Lambda^{-1}(-\log(1-y)).$$

Si U suit la loi uniforme sur $[0,1]$, comme U a même loi que $1-U$, on en déduit que $F^{-1}(U) = \Lambda^{-1}(-\log(1-U))$ a même loi que $\Lambda^{-1}(-\log(U))$. ◊

10.2.2 Méthode des pannes fictives

On suppose que le taux de défaillance est majoré par $\bar{\lambda} < +\infty$. On se donne deux suites indépendantes $(U_n, n \in \mathbb{N}^*)$ et $(V_n, n \in \mathbb{N}^*)$ de variables indépendantes et identiquement distribuées suivant la loi uniforme sur $[0,1]$. Pour $n \in \mathbb{N}^*$, on pose $X_n = -\log(V_n)/\bar{\lambda}$. Les variables X_n sont alors indépendantes et identiquement distribuées suivant la loi exponentielle de paramètre $\bar{\lambda}$.
La variable X_n s'interprète comme la durée entre la $(n-1)$-ième panne et la n-ième panne si bien que les instants successifs des pannes sont les $S_n = \sum_{k=1}^n X_k$. On note $\nu = \inf\{n \geq 1 :\ U_n \leq \lambda(S_n)/\bar{\lambda}\}$ et $T = S_\nu$ avec la convention $\inf \emptyset = +\infty$ et $S_{+\infty} = +\infty$. Les pannes indexées par $n \in \{1, \ldots, \nu - 1\}$ ne sont pas prises en compte : ce sont les pannes fictives dont la méthode tire son nom.

Proposition 10.2.5. *Sous l'hypothèse (10.5) les variables aléatoires ν et T sont finies presque sûrement (i.e. $\mathbb{P}(\nu < +\infty) = \mathbb{P}(T < +\infty) = 1$) et le taux de défaillance de la variable T est la fonction $t \to \lambda(t)$.*

Démonstration. On a, avec la convention $S_0 = 0$,

$$\mathbb{P}(T > t) = \sum_{n \geq 0} \mathbb{P}(S_n \leq t < S_{n+1},\ S_\nu > t) = \sum_{n \geq 0} p_n. \tag{10.6}$$

où $p_n = \mathbb{P}(S_n \leq t < S_{n+1},\ \nu \geq n+1)$. En utilisant les définitions des S_k et de ν, on obtient que pour $n \geq 0$,

$$\begin{aligned} p_n &= \mathbb{P}\Big(X_1 + \ldots + X_n \leq t < X_1 + \ldots + X_{n+1}, \\ &\qquad\qquad U_1 > \frac{\lambda(X_1)}{\bar{\lambda}}, \ldots, U_n > \frac{\lambda(X_1 + \ldots + X_n)}{\bar{\lambda}} \Big) \\ &= \int_{x_1 + \ldots + x_n \leq t < x_1 + \ldots + x_{n+1}} \prod_{k=1}^{n} \left(1 - \frac{\lambda(x_1 + \ldots + x_k)}{\bar{\lambda}} \right) \\ &\qquad\qquad \bar{\lambda}^{n+1} \exp(-\bar{\lambda}(x_1 + \ldots + x_{n+1})) dx_1 \ldots dx_{n+1} \\ &= \exp(-\bar{\lambda} t) \int_{x_1 + \ldots + x_n \leq t} \prod_{k=1}^{n} \left(\bar{\lambda} - \lambda(x_1 + \ldots + x_k) \right) dx_1 \ldots dx_n \end{aligned}$$

par intégration en la variable x_{n+1} sur $]t - x_1 - \ldots - x_n, +\infty[$. En effectuant le changement de variables de jacobien 1 : $s_1 = x_1$, $s_2 = x_1 + x_2, \ldots, s_n = x_1 + \ldots + x_n$ puis en utilisant le lemme E.3, on obtient

$$\begin{aligned} p_n &= \exp(-\bar{\lambda} t) \int_{0 \leq s_1 \leq s_2 \leq \ldots \leq s_n \leq t} \prod_{k=1}^{n} \left(\bar{\lambda} - \lambda(s_k) \right) ds_1 \ldots ds_n \\ &= \exp(-\bar{\lambda} t) \frac{1}{n!} \left(\int_0^t (\bar{\lambda} - \lambda(s)) ds \right)^n . \end{aligned} \tag{10.7}$$

Avec (10.6), on en déduit que

$$\mathbb{P}(T > t) = \mathrm{e}^{-\bar{\lambda} t} \sum_{n \geq 0} \frac{1}{n!} \left(\bar{\lambda} t - \int_0^t \lambda(s) ds \right)^n = \exp\left(- \int_0^t \lambda(s) ds \right).$$

On conclut que T a pour taux de défaillance $\lambda(t)$ comme à la fin de la démonstration du lemme 10.2.1. En outre, d'après (10.5),

$$\mathbb{P}(T = +\infty) = \lim_{t \to +\infty} \mathbb{P}(T > t) = \lim_{t \to +\infty} \exp\left(- \int_0^t \lambda(s) ds \right) = 0.$$

Et comme par convention $T = +\infty$ lorsque $\nu = +\infty$, on conclut que

$$\mathbb{P}(\nu = +\infty) = 0.$$

□

Exercice 10.2.6. On s'intéresse à l'espérance du nombre de pannes ν que l'on doit générer afin de construire T.

1. Montrer que $\nu = \sum_{n\geq 1} \mathbf{1}_{\{\nu \geq n\}}$ et en déduire que $\mathbb{E}[\nu] = \sum_{n\geq 1} \mathbb{P}(\nu \geq n)$.
2. En vous inspirant de la démonstration de la proposition 10.2.5, vérifier que pour $n \geq 2$,

$$\mathbb{P}(\nu \geq n) = \int_0^{+\infty} \mathrm{e}^{-\bar{\lambda}t}(\bar{\lambda} - \lambda(t)) \frac{\left(\bar{\lambda}t - \int_0^t \lambda(s)ds\right)^{n-2}}{(n-2)!} \, dt.$$

   En déduire que $\mathbb{P}(\nu \geq n) = \bar{\lambda} \int_0^{+\infty} \mathrm{e}^{-\bar{\lambda}t} \frac{\left(\bar{\lambda}t - \int_0^t \lambda(s)ds\right)^{n-1}}{(n-1)!} \, dt$.
3. Conclure que

$$\mathbb{E}[\nu] = \bar{\lambda} \int_0^{+\infty} \exp\left(-\int_0^t \lambda(s)ds\right) dt.$$

4. En déduire que $\mathbb{E}[\nu] = \bar{\lambda}\mathbb{E}[T]$. Retrouver ce résultat en remarquant que $T = \sum_{n\geq 1} X_n \mathbf{1}_{\{\nu \geq n\}}$ et que les variables aléatoires X_n et $\mathbf{1}_{\{\nu \geq n\}}$ sont indépendantes.
5. Donner une fonction de taux de défaillance $\lambda : \mathbb{R}_+ \to [0, \bar{\lambda}]$ telle que $\int_0^{+\infty} \lambda(t)dt = +\infty$ et $\mathbb{E}[\nu] = +\infty$.
6. Lorsque $\int_0^{+\infty} \exp\left(-\int_0^t \lambda(s)ds\right) dt < +\infty$, comment a-t-on intérêt à choisir $\bar{\lambda}$ pour minimiser les calculs ?

♦

10.3 Étude de stratégies de maintenance

On considère un matériel qui est immédiatement remplacé lors de chaque panne par un matériel identique. Les durées de vie successives $(\tau_i, i \in \mathbb{N}^*)$ sont supposées indépendantes et identiquement distribuées suivant la loi de densité f sur $\mathbb{R}_+$ et intégrables. On note F la fonction de répartition commune des τ_i et $\bar{F} = 1 - F$. Des remplacements préventifs peuvent être effectués avant les pannes. Chaque remplacement (préventif ou consécutif à une panne) entraîne un coût $c > 0$. On associe également à chaque panne un surcoût $k \times c$ où $k > 0$. L'introduction de ce surcoût se justifie facilement en pratique : par exemple si on s'intéresse à un matériel informatique de stockage de données, à la différence d'un remplacement préventif, une panne peut entraîner des pertes

de données ou bien si le matériel est un composant d'un système plus gros, lors des pannes de ce système, il faut prendre en compte le coût de recherche du composant en cause.
Après avoir étudié les instants de pannes en absence de remplacement préventif, nous nous intéresserons à deux stratégies de maintenance préventive :

- le remplacement suivant l'âge qui consiste à remplacer préventivement tout matériel ayant atteint l'âge $s > 0$ sans avoir connu de panne,
- le remplacement par bloc qui consiste à remplacer le matériel de façon préventive aux instants ls pour $l \in \mathbb{N}^*$.

Enfin, nous présenterons sous forme de problème un modèle de fiabilité de logiciel où les durées entre pannes ne sont pas identiquement distribuées.

10.3.1 Éléments de renouvellement

Définition 10.3.1. *On appelle processus de renouvellement une suite $(\tau_i, i \in \mathbb{N}^*)$ de variables aléatoires positives intégrables d'espérance μ, de fonction de répartition F et vérifiant $\mathbb{P}(\tau_i = 0) < 1$.*
Pour $n \geq 1$, on pose $S_n = \tau_1 + \tau_2 + \ldots + \tau_n$. La fonction de comptage du processus de renouvellement est définie comme suit : pour $t \geq 0$, $N_t = \max\{n \geq 1,\ S_n \leq t\}$ (avec la convention $\max\emptyset = 0$). On a aussi $N_t = \sum_{n\geq 1} \mathbf{1}_{\{S_n \leq t\}}$.

Dans un contexte de fiabilité, l'hypothèse $\mathbb{P}(\tau_i = 0) < 1$ n'est pas restrictive car comme le cas $\tau_i = 0$ correspond au remplacement par un matériel déjà en panne, il est même naturel de supposer $\mathbb{P}(\tau_i = 0) = 0$. La variable S_n représente l'instant de la n-ième panne et la fonction de comptage N_t le nombre de pannes avant l'instant t.

La loi de la variable N_t est donnée par $\mathbb{P}(N_t = 0) = \mathbb{P}(\tau_1 > t)$ et pour $n \geq 1$,

$$\begin{aligned}\mathbb{P}(N_t = n) &= \mathbb{P}(\tau_1 + \ldots + \tau_n \leq t < \tau_1 + \ldots + \tau_n + \tau_{n+1}) \\ &= \mathbb{P}(\tau_1 + \ldots + \tau_n \leq t) - \mathbb{P}(\tau_1 + \ldots + \tau_n + \tau_{n+1} \leq t).\end{aligned}$$

Exemple 10.3.2. Lorsque les τ_i suivent la loi exponentielle de paramètre $\lambda > 0$, on retrouve le processus de Poisson de paramètre λ introduit dans le paragraphe 8.4 : d'après la proposition 8.4.2, pour tout $t \in \mathbb{R}_+$, N_t suit la loi de Poisson de paramètre λt. ♢

Proposition 10.3.3. *Presque sûrement, $\lim_{t\to+\infty} \dfrac{N_t}{t} = \dfrac{1}{\mu}$ où μ est l'espérance commune des variables aléatoires τ_i.*

Démonstration. La démonstration repose sur la loi forte des grands nombres qui implique que presque sûrement, $S_n/n = (\tau_1 + \ldots + \tau_n)/n \to_{n\to+\infty} \mu$.
Comme pour $t \geq S_n$, $N_t \geq n$ on a presque sûrement $\lim_{t\to+\infty} N_t = +\infty$. Par définition de la fonction de comptage $S_{N_t} \leq t < S_{N_t+1}$, ce qui implique

$$\frac{S_{N_t}}{N_t} \leq \frac{t}{N_t} \leq \frac{S_{N_t+1}}{N_t+1}\frac{N_t+1}{N_t}.$$

La passage à la limite $t \to +\infty$ dans cet encadrement entraîne que presque sûrement, $\lim_{t\to+\infty} t/N_t = \mu$. □

La remarque suivante sera utile ultérieurement dans l'étude du coût associé à la stratégie de remplacement par bloc.

Remarque 10.3.4. Si les variables τ_i possèdent la densité f, alors pour $n \geq 1$, la variable S_n a une densité et avec la convention $S_0 = 0$ on obtient

$$\forall t > 0,\ \mathbb{P}(S_{N_t} = t) = \sum_{n\geq 1} \mathbb{P}(N_t = n,\ S_n = t) \leq \sum_{n\geq 1} \mathbb{P}(S_n = t) = 0.$$

◊

L'espérance de la fonction de comptage joue un rôle important dans l'étude des processus de renouvellement :

Définition 10.3.5. *On appelle fonction de renouvellement la fonction* $t \to M(t) = \mathbb{E}[N_t]$.

Exemple 10.3.6. Lorsque le processus de renouvellement est un processus de Poisson de paramètre $\lambda > 0$, N_t suit la loi de Poisson de paramètre λt. Donc, comme l'espérance d'une variable de Poisson est égale à son paramètre, $M(t) = \mathbb{E}[N_t] = \lambda t$. ◊

Proposition 10.3.7. *Pour tout* $t \geq 0$, $M(t) = \sum_{n\geq 1} \mathbb{P}(S_n \leq t) < +\infty$ *et* $\displaystyle\lim_{t\to+\infty} \frac{M(t)}{t} = \frac{1}{\mu}$.
En outre, si les variables τ_i *possèdent la densité* f*, la fonction* M *est continue et satisfait l'équation de renouvellement*

$$\forall t \geq 0,\ \boxed{M(t) = \int_0^t (1 + M(t-s))f(s)ds.} \tag{10.8}$$

Démonstration. En prenant l'espérance dans l'égalité $N_t = \sum_{n\geq 1} \mathbf{1}_{\{S_n\leq t\}}$, on obtient $M(t) = \sum_{n\geq 1} \mathbb{P}(S_n \leq t)$. Or

$$\mathbb{P}(S_n \leq t) = \mathbb{E}\left[\mathbf{1}_{\{S_n\leq t\}}\right] \leq \mathbb{E}\left[\mathrm{e}^{t-S_n}\right] = \mathrm{e}^t \left(\mathbb{E}\left[\mathrm{e}^{-\tau_1}\right]\right)^n. \tag{10.9}$$

Donc comme $\mathbb{E}\left[\mathrm{e}^{-\tau_1}\right] < 1$ (τ_1 est une variable positive non identiquement nulle), $M(t) \leq \mathrm{e}^t \sum_{n\geq 1} \left(\mathbb{E}\left[\mathrm{e}^{-\tau_1}\right]\right)^n < +\infty$.

On a $S_{N_t+1} = \tau_1 + \sum_{k\geq 2} \tau_k \mathbf{1}_{\{N_t \geq k-1\}}$. Pour $k \geq 2$, l'événement $\{N_t \geq k-1\} = \{\tau_1 + \ldots + \tau_{k-1} \leq t\}$ est indépendant de τ_k. Avec la linéarité de l'espérance, on en déduit que

$$\begin{aligned}
\mathbb{E}\left[S_{N_t+1}\right] &= \mathbb{E}[\tau_1] + \sum_{k\geq 2} \mathbb{E}[\tau_k]\mathbb{P}(N_t \geq k-1) \\
&= \mathbb{E}[\tau_1]\left(1 + \sum_{k\geq 2}\sum_{n\geq k-1} \mathbb{P}(N_t = n)\right) \\
&= \mathbb{E}[\tau_1]\left(1 + \sum_{n\geq 1}\sum_{k=2}^{n+1} \mathbb{P}(N_t = n)\right) \\
&= \mathbb{E}[\tau_1](1 + M(t)). \qquad (10.10)
\end{aligned}$$

Comme $S_{N_t+1} \geq t$ implique que $\mathbb{E}[S_{N_t+1}] \geq t$, on en déduit que $\frac{M(t)}{t} \geq \frac{1}{\mu} - \frac{1}{t}$ et $\liminf_{t\to+\infty} \frac{M(t)}{t} \geq \frac{1}{\mu}$.
Pour montrer que $\limsup_{t\to+\infty} \frac{M(t)}{t} \leq \frac{1}{\mu}$, on introduit N_t^u et $M^u(t)$ la fonction de comptage et la fonction de renouvellement associées aux variables aléatoires $(\min(\tau_i, u), i \geq 1)$ où $u > 0$. On pose également $S_n^u = \sum_{i=1}^n \min(\tau_i, u)$ pour $n \geq 1$. On a $S^u_{N_t^u+1} \leq t+u$, ce qui entraîne $\mathbb{E}[S^u_{N_t^u+1}] \leq t+u$. En écrivant (10.10) pour ce nouveau processus de renouvellement, on obtient

$$\frac{M^u(t)}{t} \leq \frac{1}{\mathbb{E}[\min(\tau_1, u)]} + \frac{u}{t\mathbb{E}[\min(\tau_1, u)]} - \frac{1}{t}.$$

Comme $N_t \leq N_t^u$, on a $M(t) \leq M^u(t)$, ce qui assure que $\limsup_{t\to+\infty} \frac{M(t)}{t} \leq \frac{1}{\mathbb{E}[\min(\tau_1,u)]}$. Lorsque u tend vers l'infini, $\mathbb{E}[\min(\tau_1, u)]$ tend vers μ et on conclut que $\lim_{t\to+\infty} \frac{M(t)}{t} = \frac{1}{\mu}$.
Supposons désormais que les variables τ_i possèdent la densité f. Pour $n \geq 2$,

$$\begin{aligned}
\mathbb{P}(S_n \leq t) &= \mathbb{P}(\tau_1 + \ldots + \tau_n \leq t) \\
&= \int_{t_1+\ldots+t_n \leq t} f(t_1)\ldots f(t_n)dt_1\ldots dt_n \qquad (10.11) \\
&= \int_0^t f(t_n)\left(\int_{t_1+\ldots+t_{n-1}\leq t-t_n} f(t_1)\ldots f(t_{n-1})dt_1\ldots dt_{n-1}\right)dt_n \\
&= \int_0^t f(s)\mathbb{P}(S_{n-1} \leq t-s)ds.
\end{aligned}$$

Donc

$$\begin{aligned}
M(t) &= \sum_{n\geq 1} \mathbb{P}(S_n \leq t) = \mathbb{P}(\tau_1 \leq t) + \sum_{n\geq 2}\int_0^t f(s)\mathbb{P}(S_{n-1} \leq t-s)ds \\
&= \int_0^t f(s)ds + \int_0^t f(s)\sum_{k\geq 1}\mathbb{P}(S_k \leq t-s)ds = \int_0^t (1 + M(t-s))f(s)ds.
\end{aligned}$$

Enfin pour établir la continuité de M il suffit de remarquer qu'avec (10.11), le théorème de convergence dominée entraîne que $t \to \mathbb{P}(S_n \leq t)$ est continue. D'après (10.9), pour $t \in [0, t^*]$, $\mathbb{P}(S_n \leq t)$ est majoré par $\mathrm{e}^{t^*} \left(\mathbb{E}\left[\mathrm{e}^{-\tau_1}\right]\right)^n$ qui est le terme général d'une série absolument convergente. Donc le théorème de convergence dominée pour les séries implique que $t \to \sum_{n \geq 1} \mathbb{P}(S_n \leq t) = M(t)$ est continue sur $[0, t^*]$. Comme t^* est arbitraire, la fonction de renouvellement est continue sur $\mathbb{R}_+$. □

On peut exprimer la transformée de Laplace $\tilde{M}(\alpha) = \int_0^{+\infty} \mathrm{e}^{-\alpha t} M(t) dt$, $\alpha > 0$ de la fonction de renouvellement en fonction de celle des variables aléatoires τ_i. En effet, lorsque les variables τ_i possèdent la densité f, d'après (10.8),

$$\tilde{M}(\alpha) = \int_0^{+\infty} \mathrm{e}^{-\alpha(t-s)} \mathrm{e}^{-\alpha s} \int_0^t (1+M(t-s)) f(s) ds dt = \left(\frac{1}{\alpha} + \tilde{M}(\alpha)\right) \mathbb{E}[\mathrm{e}^{-\alpha \tau_1}],$$

d'où l'on tire $\boxed{\tilde{M}(\alpha) = \dfrac{\mathbb{E}[\mathrm{e}^{-\alpha \tau_1}]}{\alpha(1 - \mathbb{E}[\mathrm{e}^{-\alpha \tau_1}])}}$. D'après la proposition 6.12 p. 164 [5], cette formule reste valable même lorsque les τ_i n'ont pas de densité. Mais en général on ne sait pas inverser la transformée de Laplace donnée par cette formule pour expliciter la fonction de renouvellement $M(t)$. Toutefois, dans le cas particulier traité dans l'exercice suivant, le calcul explicite de $M(t)$ est possible (voir également [2] p. 57 pour d'autres exemples plus compliqués).

Exercice 10.3.8. On suppose que les variables τ_i suivent la loi gamma de paramètre $(\lambda, 2)$ (où $\lambda > 0$) de densité $\lambda^2 t \exp(-\lambda t)$ sur $\mathbb{R}_+$.

1. En remarquant que la loi gamma de paramètre $(\lambda, 2)$ est la loi de la somme de deux variables exponentielles de paramètre λ indépendantes, vérifier que

$$\mathbb{P}(N_t = n) = \mathbb{P}(\tilde{N}_t = 2n) + \mathbb{P}(\tilde{N}_t = 2n + 1)$$

   où $\tilde{N}_t$ est un processus de Poisson de paramètre λ.

2. En déduire que

$$M(t) = \frac{\mathbb{E}[\tilde{N}_t]}{2} - \frac{1}{2} \sum_{n \in \mathbb{N}} \mathbb{P}(\tilde{N}_t = 2n + 1).$$

3. Conclure que

$$M(t) = \frac{\lambda t}{2} + \frac{\mathrm{e}^{-2\lambda t}}{4} - \frac{1}{4}. \tag{10.12}$$

♦

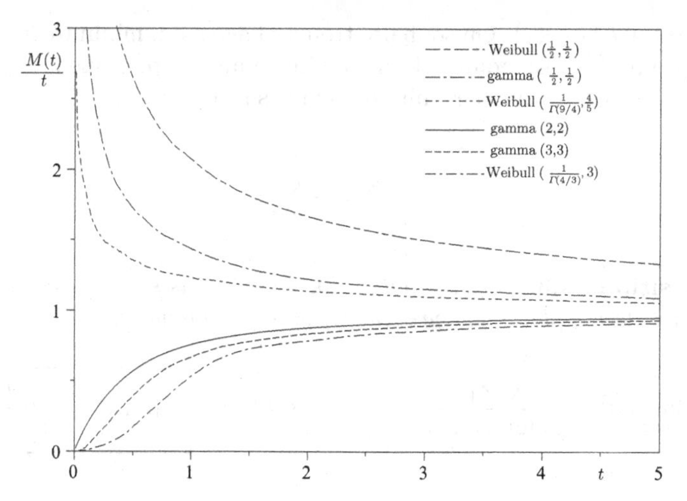

Fig. 10.2. Représentation de $t \to M(t)/t$ pour diverses lois d'espérance $\mu = 1$

Plutôt que de représenter $t \to M(t)$ qui est une fonction croissante, nous avons choisi sur la Fig. 10.2 de représenter $t \to \frac{M(t)}{t}$ pour diverses lois d'espérance $\mu = 1$. Pour la loi gamma de paramètre $(2,2)$, nous avons tracé en trait plein l'expression analytique $1 + \frac{e^{-4t}-1}{4t}$ de $\frac{M(t)}{t}$ déduite de (10.12). Pour chacune des autres lois, nous avons tracé $t \to \frac{1}{tJ}\sum_{j=1}^{J}\sum_{n\geq 1}\mathbf{1}_{\{\tau_1^j+\ldots+\tau_n^j\leq t\}}$ pour $J = 10\,000$ réalisations indépendantes $(\tau_i^j, i \geq 1), 1 \leq j \leq J$ du processus de renouvellement correspondant à cette loi. Les différentes courbes illustrent bien le résultat de convergence $\lim_{t\to+\infty}\frac{M(t)}{t} = \frac{1}{\mu}$ énoncé dans la proposition 10.3.7. Au vu de la figure, il peut sembler que la fonction $\frac{M(t)}{t}$ est croissante dans le cas IFR et décroissante dans le cas DFR. Mais on sait seulement démontrer que la fonction de renouvellement est sous-linéaire dans le cas IFR au sens où $\forall r, s \geq 0,\ M(r+s) \leq M(r) + M(s)$ (voir le théorème 2.3 p. 52 dans [2]). Cette propriété est plus faible que la décroissance de $\frac{M(t)}{t}$ qui assure que $M(r+s) \leq (r+s)\min\left(\frac{M(r)}{r}, \frac{M(s)}{s}\right)$. Dans le cas DFR, on a $\forall r, s \geq 0,\ M(r+s) \geq M(r) + M(s)$.

10.3.2 Remplacement suivant l'âge

Dans cette stratégie, le matériel est remplacé de manière préventive dès qu'il atteint l'âge $s > 0$ sans avoir connu de panne. Ainsi la i-ième durée de fonctionnement devient $\min(\tau_i, s)$. Soit R_t^A le nombre total de remplacements effectués sur l'intervalle de temps $[0,t]$. Notons que R_t^A est la fonction de comptage du processus de renouvellement $(\min(\tau_i, s), i \in \mathbb{N}^*)$. Le coût Z_i supporté lors du i-ième cycle est égal au coût c auquel s'ajoute le surcoût kc si le i-ième remplacement est consécutif à une panne i.e. si $\tau_i \leq s$. Ainsi

$Z_i = c\left(1 + k\mathbf{1}_{\{\tau_i \leq s\}}\right)$. On souhaite trouver l'âge s qui minimise le coût sur un horizon infini. C'est pourquoi on s'intéresse au comportement asymptotique pour $t \to +\infty$ du coût par unité de temps sur $[0, t]$:

$$C_t^A = \frac{1}{t} \sum_{i=1}^{R_t^A} Z_i.$$

Proposition 10.3.9. *Pour tout $s \in]0, +\infty]$ (le cas $s = +\infty$ correspondant à l'absence de remplacement préventif), presque sûrement,*

$$\lim_{t \to +\infty} C_t^A = \frac{\mathbb{E}[Z_1]}{\mathbb{E}[\min(\tau_1, s)]} = c \times \gamma_A(s, k) \quad \textit{où} \quad \boxed{\gamma_A(s, k) = \frac{1 + kF(s)}{\int_0^s \bar{F}(t)dt}}.$$

Démonstration. Les variables $Z_i = c + k\mathbf{1}_{\{\tau_i \leq s\}}$ sont indépendantes, identiquement distribuées et intégrables. Par la loi forte des grands nombres on en déduit que presque sûrement $\lim_{n \to +\infty} \frac{1}{n} \sum_{i=1}^{n} Z_i = \mathbb{E}[Z_1]$. On a

$$C_t^A = \frac{R_t^A}{t} \times \frac{1}{R_t^A} \sum_{i=1}^{R_t^A} Z_i.$$

D'après la proposition 10.3.3, p.s., $\lim_{t \to +\infty} R_t^A / t = 1/\mathbb{E}[\min(\tau_1, s)]$ ce qui implique en particulier que $\lim_{t \to +\infty} R_t^A = +\infty$. D'où p.s., $\lim_{t \to +\infty} C_t^A = \mathbb{E}[Z_1]/\mathbb{E}[\min(\tau_1, s)]$.
On conclut en remarquant que $\mathbb{E}[Z_1] = c\left(1 + k\mathbb{E}[\mathbf{1}_{\{\tau_1 \leq s\}}]\right) = c(1 + kF(s))$ et que

$$\begin{aligned}\mathbb{E}[\min(\tau_1, s)] &= \mathbb{E}\left[\int_0^{+\infty} \mathbf{1}_{\{\min(\tau_1, s) > t\}} dt\right] = \mathbb{E}\left[\int_0^{+\infty} \mathbf{1}_{\{s > t\}} \mathbf{1}_{\{\tau_1 > t\}} dt\right] \\ &= \int_0^s \bar{F}(t) dt.\end{aligned}$$

□

Pour $k > 0$ fixé, la fonction $s \to \gamma_A(s, k)$ est continue sur $]0, +\infty]$. Comme $\lim_{s \to 0^+} \gamma_A(s, k) = +\infty$, on en déduit l'existence d'un âge de remplacement $s_A(k) \in]0, +\infty]$ optimal au sens où

$$\gamma_A(s_A(k), k) = \inf_{s \in]0, +\infty]} \gamma_A(s, k).$$

Lorsque $s_A(k) = \infty$, il est optimal de se contenter de remplacer le matériel lors des pannes.

Exemple 10.3.10. Lorsque les variables τ_i suivent la loi exponentielle de paramètre $\lambda > 0$, $F(s) = 1 - \mathrm{e}^{-\lambda s}$ et

$$\forall s \in]0, +\infty[, \ \gamma_A(s,k) = \lambda \left(\frac{1}{1 - \mathrm{e}^{-\lambda s}} + k \right) > \lambda(1+k) = \gamma_A(+\infty, k),$$

si bien que quel que soit le facteur multiplicatif $k > 0$, $s_A(k) = +\infty$. Ainsi, il est optimal de se contenter de remplacer le matériel lors des pannes. $\diamondsuit$

Remarque 10.3.11. Si on ne connaît pas explicitement la loi des τ_i, une stratégie possible est la stratégie minimax qui consiste à choisir la valeur de l'âge de remplacement qui minimise le maximum du coût sur toutes les lois possibles. Supposons par exemple que l'on connaît seulement $\mathbb{E}[\tau_1] = \mu$. Pour toutes les lois d'espérance μ, on a $\gamma_A(+\infty, k) = (1+k)/\mu$. Cette valeur est inférieure pour tout $s \in]0, +\infty[$ à la valeur $\gamma_A(s,k)$ associée à la loi exponentielle de paramètre $1/\mu$ et donc au maximum du coût sur toutes les lois d'espérance μ. Ainsi la stratégie minimax consiste alors à ne pas effectuer de remplacement préventif. $\diamondsuit$

Il est naturel qu'il soit optimal de ne pas effectuer de remplacement préventif lorsque les τ_i suivent la loi exponentielle de paramètre $\lambda > 0$ car cette loi est « sans vieillissement » ce qui se traduit mathématiquement par la constance de son taux de défaillance. En revanche, si la durée de vie est IFR (non constante) le matériel vieillit et le remplacer préventivement peut devenir intéressant au moins lorsque le facteur multiplicatif k est suffisamment grand. En effet, plus k est grand plus le surcoût $k \times c$ associé aux pannes est grand.

Proposition 10.3.12. *Si la durée de vie du matériel est IFR, alors pour tout* $k > 0$, $s_A(k) = \inf \left\{ s \in \mathbb{R}_+, \ \lambda(s) \int_0^s \bar{F}(t)dt - F(s) \geq 1/k \right\}$ *(convention* $\inf \emptyset = +\infty$*) est un âge de remplacement préventif optimal.*
En outre, $s_A(k)$ *est une fonction décroissante telle que* $\lim_{k \to +\infty} s_A(k) = 0$. *Elle est infinie ou finie suivant que* $k < 1/(\mathbb{E}[\tau_1] \lim_{s \to +\infty} \lambda(s) - 1)$ *ou* $k > 1/(\mathbb{E}[\tau_1] \lim_{s \to +\infty} \lambda(s) - 1)$.

Exemple 10.3.13.

- Pour la loi de Weibull sur $\mathbb{R}_+$ de paramètre (α, β) avec $\alpha > 0$ et $\beta > 1$, le taux de défaillance $\lambda(s) = \frac{\beta}{\alpha} \left(\frac{s}{\alpha} \right)^{\beta - 1}$ est croissant et vérifie $\lim_{s \to +\infty} \lambda(s) = +\infty$ si bien que $s_A(k) < +\infty$ pour tout $k > 0$.
- La loi gamma de paramètre (λ, α) (voir l'exercice 10.1.11) a pour espérance α/λ et la limite à l'infini de son taux de défaillance est λ. Lorsque $\alpha > 1$, son taux de défaillance est strictement croissant. La proposition 10.3.12 assure donc que l'âge de remplacement optimal $s_A(k)$ est fini si et seulement si $1/(\alpha - 1) < k$. La figure 10.3 représente $s \to \gamma_A(s, 6)$ pour $\alpha = 2$, $\lambda = 1$. Comme $1/(2-1) = 1 < 6$, $s_A(6) < +\infty$.

$\diamondsuit$

Démonstration. Si on suppose que la densité commune f des τ_i est continue, la fonction $s \to \gamma_A(s,k)$ est dérivable et pour $s > 0$,

$$\gamma_A(s,k) = \gamma_A(1,k) + \int_1^s \left[\frac{kf(r)}{\int_0^r \bar{F}(t)dt} - \frac{\bar{F}(r)(1+kF(r))}{\left(\int_0^r \bar{F}(t)dt\right)^2} \right] dr.$$

Cette formule reste vraie lorsque f n'est pas nécessairement continue ; on la retrouve en remarquant que pour la fonction continûment dérivable $g(r) = 1/\int_0^r \bar{F}(t)dt - 1/\int_0^1 \bar{F}(t)dt$,

$$\begin{aligned}\int_1^s f(r)g(r)dr &= \int_1^s f(r) \int_1^r g'(u)dudr = \int_1^s g'(u)(F(s) - F(u))du \\ &= F(s)g(s) - \int_1^s g'(r)F(r)dr + \frac{g(s)}{k} - \frac{1}{k}\int_1^s g'(r)dr\end{aligned}$$

et en multipliant les deux membres extrêmes de cette égalité par k.
En introduisant $h(r) = \lambda(r)\int_0^r \bar{F}(t)dt - F(r)$, on a donc pour $s > 0$,

$$\gamma_A(s,k) = \gamma_A(1,k) + \int_1^s \frac{k\bar{F}(r)}{\left(\int_0^r \bar{F}(t)dt\right)^2} \left(h(r) - \frac{1}{k} \right) dr. \tag{10.13}$$

La croissance du taux de défaillance λ entraîne que pour $r < s$,

$$\lambda(s)\int_0^s \bar{F}(t)dt - \lambda(r)\int_0^r \bar{F}(t)dt \geq \int_r^s \lambda(t)\bar{F}(t)dt = F(s) - F(r).$$

Ainsi la fonction h est croissante. Comme $s_A(k) = \inf\{r > 0,\ h(r) \geq 1/k\}$, l'équation (10.13) assure que l'âge de remplacement $s_A(k)$ est optimal. La fonction h est nulle en 0 et vérifie $\lim_{r\to+\infty} h(r) = \mathbb{E}[\tau_1]\lim_{r\to+\infty}\lambda(r) - 1 \geq h(0) = 0$. On en déduit que $s_A(k)$ décroît avec k, tend vers 0 lorsque k tend vers $+\infty$ et vaut $+\infty$ ou est fini suivant que $k < 1/(\mathbb{E}[\tau_1]\lim_{r\to+\infty}\lambda(r) - 1)$ ou $k > 1/(\mathbb{E}[\tau_1]\lim_{r\to+\infty}\lambda(r) - 1)$. □

En suivant une stratégie de remplacement suivant l'âge, on ne peut prévoir que la date du prochain remplacement préventif. Si on souhaite planifier les dates de tous les remplacements préventifs à l'avance, il faut se tourner vers la stratégie de remplacement par bloc.

10.3.3 Remplacement préventif par bloc

C'est la stratégie qui consiste à remplacer le matériel aux dates ls pour $l = 1, 2, \ldots$ et lors des pannes. Ainsi les dates des remplacements préventifs sont connues à l'avance. La terminologie remplacement par bloc provient de ce qu'en pratique cette stratégie est employée pour remplacer simultanément des ensembles («blocks» en anglais) de composants (ex : les lampes d'éclairage public dans une rue). Soit N_t^B le nombre de pannes sur $[0,t]$ lorsque l'on suit la stratégie de remplacement par bloc de période $s > 0$. Pour $l \geq 1$, les variables $N^B_{ls} - N^B_{(l-1)s}$ sont indépendantes et ont même loi que la fonction de comptage N_s du processus de renouvellement $(\tau_i, i \in \mathbb{N}^*)$. D'après la remarque 10.3.4, avec probabilité 1, il n'y a pas de panne aux instants ls, $l \geq 1$ si bien que le coût par unité de temps sur l'intervalle $[0, t]$ est :

$$C^B_t = c \times \frac{(1+k)N^B_t + [t/s]}{t},$$

où $[x]$ désigne la partie entière de x. À nouveau, on s'intéresse au comportement asymptotique de ce coût pour $t \to +\infty$.

Proposition 10.3.14. *Pour tout $s \in]0, +\infty[$, presque sûrement,*

$$\lim_{t\to+\infty} C^B_t = c \times \gamma_B(s,k) \quad \textit{où} \quad \boxed{\gamma_B(s,k) = \frac{(1+k)M(s)+1}{s}},$$

et $M(s) = \mathbb{E}[N_s]$ est la fonction de renouvellement associée au processus $(\tau_i, i \in \mathbb{N}^*)$.

Démonstration. On a $\lim_{t\to+\infty}[t/s]/t = \lim_{t\to+\infty}([t/s]+1)/t = 1/s$. En outre, l'inégalité $N^B_{[t/s]s} \leq N^B_t \leq N^B_{[t/s]s+s}$ entraîne

$$\frac{[\frac{t}{s}]}{t} \times \frac{1}{[\frac{t}{s}]} \sum_{l=1}^{[\frac{t}{s}]} (N^B_{ls} - N^B_{(l-1)s}) \leq \frac{N^B_t}{t} \leq \frac{[\frac{t}{s}]+1}{t} \times \frac{1}{[\frac{t}{s}]+1} \sum_{l=1}^{[\frac{t}{s}]+1} (N^B_{ls} - N^B_{(l-1)s}).$$

Comme par la loi forte des grands nombres, presque sûrement,

$$\lim_{n\to+\infty} \frac{1}{n} \sum_{l=1}^{n} (N^B_{ls} - N^B_{(l-1)s}) = M(s),$$

on obtient que presque sûrement, $\lim_{t\to+\infty} N^B_t/t = M(s)/s$ et on conclut facilement. □

Comme d'après la proposition 10.3.7, la fonction de renouvellement $M(s)$ est continue, la fonction $s \to \gamma_B(s,k)$ est continue sur $]0, +\infty[$. La limite presque sûre du coût par unité de temps en absence de remplacement préventif est, d'après le paragraphe consacré au remplacement suivant l'âge, $c\gamma_A(+\infty, k)$. On pose donc $\gamma_B(+\infty, k) = \gamma_A(+\infty, k) = \frac{1+k}{\mathbb{E}[\tau_1]}$. Comme $\lim_{s\to+\infty} M(s)/s = 1/\mathbb{E}[\tau_1]$ d'après la proposition 10.3.7, la fonction $s \to \gamma_B(s,k)$ est continue sur $]0, +\infty]$. Or $\lim_{s\to 0^+} \gamma_B(s,k) = +\infty$. D'où l'existence d'une période de remplacement $s_B(k) \in]0, +\infty]$ optimale au sens où

$$\gamma_B(s_B(k), k) = \inf_{s\in]0,+\infty]} \gamma_B(s,k).$$

Lorsque $s_B(k) = +\infty$, il est optimal de se contenter de remplacer le matériel lors des pannes.
En général, à la différence de l'exemple qui suit, la fonction de renouvellement n'est pas connue de façon explicite et il faut utiliser des méthodes numériques pour déterminer $s_B(k)$.

Exemple 10.3.15. Si les τ_i sont des variables exponentielles de paramètre $\lambda > 0$, $M(s) = \lambda s$ et

$$\forall s \in]0, +\infty[, \ \gamma_B(s,k) = (1+k)\lambda + \frac{1}{s} > (1+k)\lambda = \gamma_B(+\infty, k),$$

si bien que $s_B(k) = +\infty$ pour tout $k > 0$.
En outre, en raisonnant comme dans la remarque 10.3.11, on vérifie que dans le cas où on ne connaît la loi des τ_i qu'au travers de son espérance $\mathbb{E}[\tau_1]$, la stratégie minimax optimale consiste à ne pas effectuer de remplacement préventif. $\diamondsuit$

Dans la stratégie de remplacement par bloc de période s, les matériels remplacés préventivement aux instants ls, $l \in \mathbb{N}^*$ ont fonctionné sans panne pendant des durées aléatoires indépendantes et identiquement distribuées à valeurs dans $[0, s]$. Intuitivement, du fait de ce caractère aléatoire, on peut penser que quel que soit s, le coût associé à cette stratégie est plus élevé que le coût associé à la stratégie de remplacement suivant l'âge optimal. L'objet de l'exercice suivant est de vérifier ce résultat lorsque les τ_i suivent la loi gamma de paramètre $(\lambda, 2)$; la Fig. 10.3 l'illustre dans le cas où $\lambda = 1$ et $k = 6$.

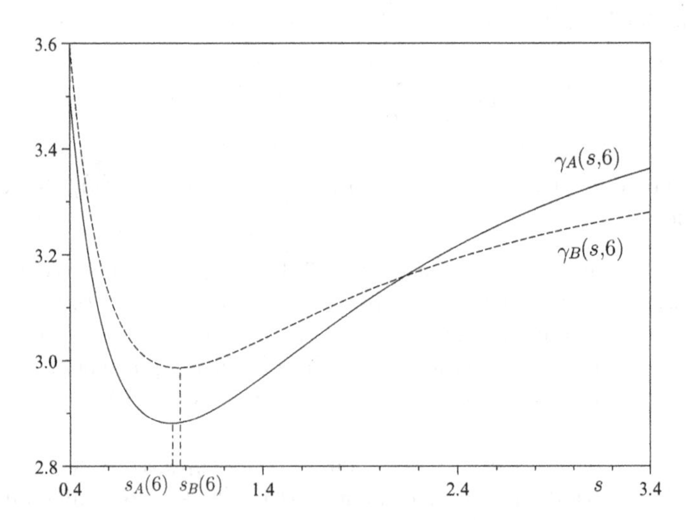

Fig. 10.3. Comparaison de $s \to \gamma_A(s,k)$ et de $s \to \gamma_B(s,k)$ lorsque $k = 6$ et que les durées de vie τ_i suivent la loi gamma de paramètre $(1, 2)$

Exercice 10.3.16. On suppose que les τ_i suivent la loi gamma de paramètre $(\lambda, 2)$ (densité $f(t) = \lambda^2 t e^{-\lambda t}\mathbf{1}_{\{t\geq 0\}}$) et on rappelle que d'après (10.12), $M(s) = \frac{\lambda s}{2} + \frac{e^{-2\lambda s}}{4} - \frac{1}{4}$.

1. Vérifier que $\frac{\partial \gamma_B}{\partial s}(s,k)$ a même signe que $1 - \frac{4}{1+k} - g(s)$ où $g(s) = (1+2\lambda s)e^{-2\lambda s}$.
2. Vérifier que g est une fonction continue strictement décroissante sur $[0,+\infty[$ telle que $g(0) = 1$ et $\lim_{s\to+\infty} g(s) = 0$. On note $g^{-1} :]0,1] \to [0,+\infty[$ son inverse.
3. Vérifier que si $k \leq 3$, $s_B(k) = +\infty$ et en déduire que $\gamma_A(s_A(k),k) \leq \gamma_A(s_B(k),k)$.
4. Montrer que si $k > 3$, $s_B(k) = g^{-1}\left(\frac{k-3}{1+k}\right)$. Vérifier que sur l'intervalle $]3,+\infty[$, la fonction s_B est continue et décroît strictement de $+\infty$ à 0. Déterminer sa fonction inverse $k_B(s)$.
5. Vérifier que pour $t > 0$, $\bar{F}(t) = (1+\lambda t)e^{-\lambda t}$ puis que pour $s > 0$,
$$\int_0^s \bar{F}(t)dt = \frac{1}{\lambda}\left(2 - (2+\lambda s)e^{-\lambda s}\right). \tag{10.14}$$
En déduire que
$$[\gamma_B(s,k_B(s)) - \gamma_A(s,k_B(s))] \times e^{2\lambda s}(1-g(s)) \int_0^s \bar{F}(t)dt = h(\lambda s),$$
où $h(x) = (x-1)e^x - 4 + (5+5x+2x^2)e^{-x}$.
6. En calculant $e^x h'(x)/x$, vérifier que la fonction h est croissante sur $]0,+\infty[$ puis qu'elle est positive sur cet intervalle. En déduire que $\forall s > 0$, $\gamma_A(s,k_B(s)) \leq \gamma_B(s,k_B(s))$
7. Conclure que pour tout $k > 0$, $\gamma_A(s_A(k),k) \leq \gamma_B(s_B(k),k)$.

♦

10.3.4 Comparaisons entre les remplacements suivant l'âge et par bloc

Afin d'effectuer des comparaisons, pour $s > 0$ fixé, on note

- N_t, N_t^A et N_t^B les nombres de pannes jusqu'à l'instant t respectivement sans remplacement préventif, sous la stratégie de remplacement suivant l'âge s et sous la stratégie de remplacement par bloc de période s,
- r_t^A et r_t^B les nombres de remplacements préventifs effectués avant t respectivement sous la stratégie suivant l'âge et sous la stratégie de remplacement par bloc,
- $R_t^A = N_t^A + r_t^A$ et $R_t^B = N_t^B + r_t^B$ les nombres totaux de remplacements effectués avant t respectivement sous la stratégie suivant l'âge et sous la stratégie de remplacement par bloc.

Pour comparer des variables aléatoires qui ne sont pas forcément définies sur le même espace de probabilité, on utilise la notion d'ordre stochastique introduite dans la définition 10.1.17. Le prochain théorème énonce rigoureusement l'idée naturelle suivante : sous des hypothèses de vieillissement du matériel (New Better than Used ou Increasing Failure Rate), le nombre de pannes est moins important dans le cas de remplacements préventifs qu'en l'absence de maintenance.

Théorème 10.3.17. *Pour tout $s > 0$, on a les comparaisons suivantes entre la stratégie de remplacement suivant l'âge s, la stratégie de remplacement par bloc de période s et la stratégie qui consiste à ne pas faire de remplacement préventif :*

1. $\forall t \geq 0$, $r_t^B = [t/s]$ *et* $\mathbb{P}(r_t^A \leq r_t^B) = 1$.
2. $\forall t \geq 0, \mathbb{P}(N_t \leq R_t^A \leq R_t^B) = 1$. *En particulier, le nombre total de remplacements augmente lorsqu'on applique une stratégie de maintenance préventive.*
3. *Si la durée de vie du matériel est NBU, alors* $\forall t \geq 0$, $N_t^A \prec_{st} N_t$ *et* $N_t^B \prec_{st} N_t$.
4. *Si la durée de vie du matériel est IFR, alors* $\forall t \geq 0$, $N_t^B \prec_{st} N_t^A \prec_{st} N_t$.
5. *Si la durée de vie du matériel est DFR, alors* $\forall t \geq 0$, $N_t \prec_{st} N_t^A \prec_{st} N_t^B$.

Démonstration. **1.** Il suffit de remarquer que le nombre de remplacements préventifs sur $[0, t]$ en suivant la stratégie par bloc est $r_t^B = [t/s]$ tandis que dans la stratégie de remplacement suivant l'âge, comme la durée entre deux remplacements préventifs successifs est au moins s, il y en a au plus $[t/s]$ sur l'intervalle $[0, t]$.

2. Soit $(\tau_i, i \in \mathbb{N}^*)$ des variables indépendantes de densité commune f qui représentent les durées de vie successives du matériel. On note S_n (resp. S_n^A et S_n^B) l'instant du n-ième remplacement sans maintenance préventive (resp. avec maintenance préventive suivant l'âge ou par bloc). Si on pose $S_0 = S_0^A = S_0^B = 0$, on a les relations de récurrence :

$$\forall n \geq 1, S_n = S_{n-1} + \tau_n, \; S_n^A = S_{n-1}^A + \min(\tau_n, s)$$
$$\text{et } S_n^B = \min(S_{n-1}^B + \tau_n, ([S_{n-1}^B/s] + 1)s).$$

On en déduit par récurrence que $\forall n \geq 1$, $\mathbb{P}(S_n \geq S_n^A \geq S_n^B) = 1$ et donc que $\mathbb{P}(\forall n \geq 1, \; S_n \geq S_n^A \geq S_n^B) = 1$. Les nombres de remplacements avant t étant obtenus comme des fonctions de comptage i.e.

$$N_t = \sum_{n \geq 1} \mathbf{1}_{\{S_n \leq t\}}, \; R_t^A = \sum_{n \geq 1} \mathbf{1}_{\{S_n^A \leq t\}}, \; R_t^B = \sum_{n \geq 1} \mathbf{1}_{\{S_n^B \leq t\}},$$

on conclut que $\mathbb{P}(N_t \leq R_t^A \leq R_t^B) = 1$.

3. Pour $i \geq 1$, soit T_i^A la durée entre la $(i-1)$-ième panne et la i-ième panne lorsque le matériel est remplacé préventivement dès qu'il atteint l'âge

$s > 0$. Par convention, T_1^A est l'instant de la première panne. Les variables $(T_i^A, i \in \mathbb{N}^*)$ sont indépendantes et identiquement distribuées. On note $\bar{F}^A$ la fiabilité associée. On a pour $t \geq 0$,

$$\begin{aligned}\bar{F}^A(t) &= \mathbb{P}(T_1^A > t) = \mathbb{P}(\tau_1 > s, \ldots, \tau_{[t/s]} > s, \tau_{[t/s]+1} > t - [t/s]s) \\ &= \bar{F}(s)^{[t/s]}\bar{F}(t - [t/s]s).\end{aligned}$$

Si la durée de vie est NBU, en utilisant (10.3), on obtient par récurrence que $\forall n \geq 0,\ \bar{F}(ns) \leq \bar{F}(s)^n$. On en déduit que $\bar{F}(t) \leq \bar{F}([t/s]s)\bar{F}(t - [t/s]s) \leq \bar{F}^A(t)$, à nouveau par la propriété NBU. Ainsi $\tau_1 \prec_{st} T_1^A$.
Notons F^{-1} et F_A^{-1} les inverses généralisés (voir définition C.4) des fonctions de répartition $1 - \bar{F}(t)$ et $1 - \bar{F}^A(t)$ et posons $\tilde{\tau}_i = F^{-1}(U_i)$ et $\tilde{T}_i^A = F_A^{-1}(U_i)$ où $(U_i, i \in \mathbb{N}^*)$ est une suite de variables aléatoires indépendantes et identiquement distribuées suivant la loi uniforme sur $[0, 1]$. D'après la proposition C.5, les variables aléatoires $(\tilde{\tau}_i, i \in \mathbb{N}^*)$ sont indépendantes et de même loi que τ_1 et les variables aléatoires $(\tilde{T}_i^A, i \in \mathbb{N}^*)$ sont indépendantes et de même loi que T_1^A. En outre, par un raisonnement analogue à celui effectué dans la démonstration de la proposition 10.1.18, $\mathbb{P}(\forall i \geq 1,\ \tilde{\tau}_i \leq \tilde{T}_i^A) = 1$. On en déduit que pour tout $t \geq 0$, les fonctions de comptage $\tilde{N}_t = \sum_{n \geq 1} \mathbf{1}_{\{\tilde{\tau}_1 + \ldots + \tilde{\tau}_n \leq t\}}$ et $\tilde{N}_t^A = \sum_{n \geq 1} \mathbf{1}_{\{\tilde{T}_1^A + \ldots + \tilde{T}_n^A \leq t\}}$ vérifient $\mathbb{P}(\tilde{N}_t^A \leq \tilde{N}_t) = 1$. Comme elles ont respectivement même loi que N_t et N_t^A, on conclut que $N_t^A \prec_{st} N_t$.
Pour traiter le cas du remplacement par bloc de période s, on remarque que si on note $(T_i^B, i \geq 1)$ les durées entre les pannes successives, par comparaison avec le remplacement suivant l'âge, on a $\forall t \geq 0,\ \mathbb{P}(T_1^B > t) = \bar{F}^A(t)$ et on pose $\bar{F}_0^B(t) = \bar{F}^A(t)$. En revanche, rien n'assure que les variables T_i^B soient indépendantes et identiquement distribuées : si une panne a lieu à l'instant u $(\neq ls,\ \forall l \geq 1)$, les dates des remplacements préventifs successifs étant données par ls pour $l \geq ([u/s] + 1)$, la probabilité pour que la panne suivante ait lieu après une durée strictement supérieure à t est, si on note $v = ([u/s] + 1)s - u$ la durée à courir jusqu'au prochain remplacement préventif,

$$\bar{F}_v^B(t) = \begin{cases} \bar{F}(t) & \text{si} \quad t \leq v \\ \bar{F}(v)\bar{F}(s)^{[(t-v)/s]}\bar{F}(t - v - [(t - v)/s]s) & \text{sinon} \end{cases}$$

(dans le cas $u = ls$ la probabilité est $\bar{F}_0^B(t)$). La propriété NBU entraîne que $\forall v \in [0, s[,\ \forall t \geq 0,\ \bar{F}_v^B(t) \geq \bar{F}(t)$. On conclut par une construction qui repose sur les mêmes idées mais qui est un peu plus compliquée que celle effectuée pour le remplacement suivant l'âge : si pour $v \in [0, s[$, $F_{B,v}^{-1}$ désigne l'inverse généralisé de la fonction de répartition $1 - \bar{F}_v^B$, on pose $\tilde{T}_1^B = F_{B,0}^{-1}(U_1)$ et pour $i \geq 2$, $\tilde{T}_i^B = F_{B,V_{i-1}}^{-1}(U_i)$ où

$$V_{i-1} = ([(\tilde{T}_1^B + \ldots + \tilde{T}_{i-1}^B)/s] + 1)s - \tilde{T}_1^B - \ldots - \tilde{T}_{i-1}^B.$$

La suite $(\tilde{T}_i^B)$ a même loi que la suite (T_i^B) et vérifie $\mathbb{P}(\forall i \geq 1,\ \tilde{T}_i^B \geq \tilde{\tau}_i) = 1$. Donc les fonctions de comptage $\tilde{N}_t = \sum_{n \geq 1} \mathbf{1}_{\{\tilde{\tau}_1 + \ldots + \tilde{\tau}_n \leq t\}}$ et

$\tilde{N}_t^B = \sum_{n\geq 1} \mathbf{1}_{\{\tilde{T}_1^B+\ldots+\tilde{T}_n^B \leq t\}}$ qui ont respectivement même loi que N_t et N_t^B vérifient $\mathbb{P}(\tilde{N}_t^B \leq \tilde{N}_t) = 1$. Ainsi $N_t^B \prec_{st} N_t$.

4. Comme toute loi IFR est NBU (voir proposition 10.1.15), la seule propriété à montrer est $N_t^B \prec_{st} N_t^A$. D'après ce qui précède, il suffit pour cela de montrer que

$$\forall v \in [0, s[,\ \forall t \geq 0,\ \bar{F}_v^B(t) \geq \bar{F}^A(t).$$

Soit donc $v \in [0, s[$ et $t \geq 0$. Nous distinguons trois cas

Cas 1 : $t \leq v$.

Alors $\bar{F}_v^B(t) = \bar{F}(t) = \bar{F}^A(t)$.

Cas 2 : $t \geq v$ et $[(t-v)/s] = [t/s]$.

Alors $v + (t - v - [(t-v)/s]s) = t - [t/s]s$, et d'après la propriété NBU,

$$\bar{F}(v)\bar{F}(t - v - [(t-v)/s]s) \geq \bar{F}(t - [t/s]s).$$

En multipliant cette inégalité par $\bar{F}(s)^{[(t-v)/s]} = \bar{F}(s)^{[t/s]}$ et en utilisant les définitions de $\bar{F}_v^B$ et $\bar{F}^A$, on obtient l'inégalité souhaitée.

Cas 3 : $t \geq v$ et $[(t-v)/s] = [t/s] - 1$.

Alors $v+(t - v - [(t-v)/s]s) = s+(t-[t/s]s)$ et le plus grand des quatre termes dans cette égalité est s. Par la proposition 10.1.15, on en déduit que

$$\bar{F}(v)\bar{F}(t - v - [(t-v)/s]s) \geq \bar{F}(s)\bar{F}(t - [t/s]s);$$

on conclut en multipliant cette inégalité par $\bar{F}(s)^{[(t-v)/s]} = \bar{F}(s)^{[t/s]-1}$.

5. Il suffit de remarquer que dans le cas DFR, on peut échanger le sens de toutes les inégalités portant sur $\bar{F}$, $\bar{F}^A$ et $\bar{F}^B$ écrites dans la démonstration des points 3 et 4. □

Remarque 10.3.18. D'après les démonstrations des propositions 10.3.9 et 10.3.14, presque sûrement

$$\lim_{t\to+\infty} \frac{1}{t}\left(R_t^A, R_t^B, N_t^A, N_t^B\right) = \left(\frac{1}{\int_0^s \bar{F}(t)dt}, \frac{1+M(s)}{s}, \frac{F(s)}{\int_0^s \bar{F}(t)dt}, \frac{M(s)}{s}\right).$$

– Le point 2 du théorème précédent implique que $\frac{1}{\int_0^s \bar{F}(t)dt} \leq \frac{1+M(s)}{s}$. Si $\bar{F}(s) < 1$, cette inégalité est même stricte. En effet, $R_s^B = N_s^B + 1 = N_s^A + 1$ et $\sum_{i=1}^{R_s^B} \min(\tau_i, s) \geq s$. Comme $\mathbb{P}(\sum_{i=1}^{R_s^B} \min(\tau_i, s) = s) = \mathbb{P}(\tau_1 \geq s) + \sum_{k\geq 2} \mathbb{P}(\tau_1 + \ldots + \tau_k = s) = \bar{F}(s) + 0$, dans le cas où $\bar{F}(s) < 1$, on en déduit que $\mathbb{E}[\sum_{i=1}^{R_s^B} \min(\tau_i, s)] > s$. Les variables aléatoires $\left(\sum_{i=R_{ls}^B+1}^{R_{(l+1)s}^B} \min(\tau_i, s), l \geq 0\right)$ sont indépendantes et identiquement distribuées et la loi forte des grands nombres assure que lorsque $l \to +\infty$, $\frac{1}{l}\sum_{i=1}^{R_{ls}^B} \min(\tau_i, s) = \frac{R_{ls}^B}{l} \times \frac{1}{R_{ls}^B} \sum_{i=1}^{R_{ls}^B} \min(\tau_i, s)$ converge presque sûrement d'une part vers $\mathbb{E}[\sum_{i=1}^{R_s^B} \min(\tau_i, s)] > s$ et d'autre part vers $(1 + M(s)) \times \int_0^s \bar{F}(t)dt$.

– Le point 4 du théorème précédent entraîne que dans le cas IFR, $\frac{F(s)}{\int_0^s \bar{F}(t)dt} \geq \frac{M(s)}{s}$ mais il semble difficile de trouver une condition simple qui assure que cette inégalité est stricte. Si on suppose qu'elle l'est et que $\bar{F}(s) < 1$, comme

$$\gamma_A(s,k) = \frac{1}{\int_0^s \bar{F}(t)dt} + \frac{kF(s)}{\int_0^s \bar{F}(t)dt} \text{ et } \gamma_B(s,k) = \frac{1+M(s)}{s} + \frac{kM(s)}{s},$$

on obtient que $\gamma_A(s,k)$ est inférieur ou supérieur à $\gamma_B(s,k)$ suivant que k est inférieur ou supérieur à $\kappa(s) = \frac{(1+M(s))\int_0^s \bar{F}(t)dt - s}{sF(s) - M(s)\int_0^s \bar{F}(t)dt}$. Intuitivement cela traduit l'idée suivante : comme dans la stratégie par bloc, il y a plus de remplacements préventifs et moins de pannes que dans la stratégie suivant l'âge, il faut que le surcoût lié aux pannes représenté par le facteur multiplicatif k soit assez important pour la stratégie par bloc soit préférable à la stratégie suivant l'âge.
L'exercice 10.3.19 ci-dessous a pour objet de démontrer que l'inégalité $\frac{F(s)}{\int_0^s \bar{F}(t)dt} \geq \frac{M(s)}{s}$ est stricte dans le cas de la loi gamma de paramètre $(\lambda, 2)$. Notons que dans le cas de la loi gamma de paramètre $(1,2)$, d'après la Fig. 10.3, les courbes $s \to \gamma_A(s,6)$ et $s \to \gamma_B(s,6)$ se croisent pour s de l'ordre de 2.13 et que l'on peut vérifier que $\kappa(2.13) = 6.0015$.

$\diamond$

Exercice 10.3.19. On suppose que les variables aléatoires τ_i suivent la loi gamma de paramètre $(\lambda, 2)$.

1. En utilisant (10.14), vérifier que $\frac{F(s)}{\int_0^s \bar{F}(t)dt} = \frac{\lambda}{2} - \frac{\lambda^2 s e^{-\lambda s}}{2(2-(2+\lambda s)e^{-\lambda s})}$.
2. En déduire que $\frac{F(s)}{\int_0^s \bar{F}(t)dt} - \frac{M(s)}{s} = \frac{e^{-2\lambda s} g(\lambda s)}{2s(2-(2+\lambda s)e^{-\lambda s})}$ où

$$g(x) = e^{2x} - 1 - x^2 e^x - (2+x)\sinh(x).$$

3. Vérifier que le développement en série entière de g s'écrit

$$g(x) = \sum_{n\geq 1} a_n \frac{x^n}{n!} \quad \text{avec} \quad a_n = \begin{cases} 2^n - n(n-1) - 2 \text{ si n est impair,} \\ 2^n - n^2 \text{ si n est pair.} \end{cases}$$

Conclure que $\forall s > 0$, $\frac{F(s)}{\int_0^s \bar{F}(t)dt} > \frac{M(s)}{s}$.

$\blacklozenge$

10.3.5 Durées entre pannes non identiquement distribuées

Dans le paragraphe qui précède, nous avons supposé les durées de vie successives indépendantes et identiquement distribuées. Mais le choix de durées de vie indépendantes mais non identiquement distribuées est parfois plus naturel du point de vue de la modélisation. Le problème suivant est consacré à un tel modèle introduit par Moranda [9] dans le cadre de la fiabilité des logiciels. Pour une présentation détaillée des modèles de fiabilité des logiciels, on pourra se référer à [12].

Problème 10.3.20. Les dates successives où sont découvertes les erreurs d'un logiciel sont décrites de la manière suivante : la durée τ_n entre la découverte de la $(n-1)$-ième erreur et celle de la n-ième erreur suit la loi exponentielle de paramètre $\lambda\beta^{n-1}$. Les variables $(\tau_n, n \geq 1)$ sont supposées indépendantes. Les paramètres λ et β sont strictement positifs avec $\beta < 1$ ce qui traduit l'hypothèse que les durées entre les erreurs sont croissantes (au sens de l'ordre stochastique). Cette hypothèse semble raisonnable même s'il arrive qu'en corrigeant une erreur, on en introduise une nouvelle. Pour $t \geq 0$, on note N_t le nombre d'erreurs découvertes à l'instant t et $M(t) = \mathbb{E}[N_t]$.
L'objectif de ce problème est d'étudier la durée de test T optimale du logiciel dans les deux cas suivants :

- la durée de service du logiciel est $t_1 > 0$ i.e. le logiciel fonctionnera sur l'intervalle temporel $[T, T + t_1]$.
- la date de fin de service du logiciel est $t_2 > 0$ i.e. il fonctionnera sur $[T, t_2]$ si $T < t_2$.

On affecte

- un coût $a > 0$ à la correction d'une erreur pendant la phase de test.
- un coût b à la correction d'une erreur pendant la phase opérationnelle : pour tenir compte du déficit d'image causé auprès des utilisateurs, il faut supposer b grand devant a.
- un coût $c > 0$ par unité de temps de test : ce coût tient compte à la fois du coût interne des tests et des opportunités de ventes perdues du fait que le logiciel n'est pas encore sur le marché.

On souhaite trouver la durée T qui minimise l'espérance du coût total :

$$C_1(T) = aM(T) + b(M(T + t_1) - M(T)) + cT \quad \text{dans le premier cas,}$$
$$C_2(T) = aM(T) + b(M(t_2) - M(T))^+ + cT \quad \text{dans le second.}$$

1. a) Montrer, en vous inspirant de la proposition 10.3.7 que

$$\forall T \geq 0,\ M(T) < +\infty$$

et que la fonction $T \to M(T)$ est continue. Qu'en déduit-on pour les fonctions de coût moyen C_1 et C_2 ?

b) En remarquant que N_t est une chaîne de Markov à temps continu de générateur $\forall n, n' \in \mathbb{N},\ A(n, n') = \lambda\beta^n(\mathbf{1}_{\{n'=n+1\}} - \mathbf{1}_{\{n'=n\}})$, vérifier formellement que $\lim_{h\to 0^+} \frac{1}{h}\mathbb{E}[N_{t+h} - N_t | N_t = n] = \lambda\beta^n$ puis que $M'(t) = \lambda\mathbb{E}\left[\beta^{N_t}\right]$, résultat que l'on peut justifier rigoureusement. En déduire que $\lim_{t\to+\infty} M'(t) = 0$.
Vérifier que si $s > t$, $\forall n \in \mathbb{N}$, $\mathbb{P}(N_s > N_t | N_t = n) > 0$ et conclure que $M'(t)$ est une fonction strictement décroissante.

c) Montrer l'existence de $T^1_{\text{opt}} \in [0, +\infty[$ et $T^2_{\text{opt}} \in [0, t_2]$ qui minimisent respectivement C_1 et C_2. Montrer T^2_{opt} est unique puis que $T^2_{\text{opt}} = 0$ si et seulement si $\lambda(b-a) \leq c$.

2. Nous allons vérifier, grâce à la transformation de Laplace que $M(t)$ est égale à

$$g(t) = \sum_{j \geq 0} (-1)^j \frac{(\lambda t)^{j+1}}{(j+1)!} \prod_{i=1}^{j} (1 - \beta^i)$$

avec la convention $\prod_{i=1}^{0}(1-\beta^i) = 1$.

a) On rappelle que la fonction Γ d'Euler définie par

$$\forall x > 0,\ \Gamma(x) = \int_0^{+\infty} s^{x-1} \mathrm{e}^{-s} ds$$

vérifie $\Gamma(x+1) = x\Gamma(x)$ et donc $\forall n \in \mathbb{N},\ \Gamma(n+1) = n!$.
Montrer que la transformée de Laplace $\int_0^{+\infty} \mathrm{e}^{-\alpha s} g(s) ds$ de g est égale pour tout $\alpha > \lambda$ à

$$\sum_{j \geq 0} (-1)^j \frac{\lambda^{j+1}}{\alpha^{j+2}} \sum_{m=0}^{j} (-1)^m \sum_{1 \leq i_1 < i_2 < \ldots < i_m \leq j} \beta^{i_1 + \ldots + i_m},$$

avec la convention que la dernière somme vaut 1 lorsque $m = 0$.

b) i. Remarquer que $M(s) = \sum_{n \geq 1} \mathbb{P}(\tau_1 + \ldots + \tau_n \leq s)$.

ii. Pour $\alpha > 0$, calculer $\mathbb{E}\left[\mathrm{e}^{-\alpha(\tau_1 + \ldots + \tau_n)}\right]$.

iii. Remarquer que $\forall t \geq 0$, $\mathrm{e}^{-\alpha t} = \alpha \int_0^{+\infty} \mathrm{e}^{-\alpha s} \mathbf{1}_{\{t \leq s\}} ds$ et en déduire $\int_0^{+\infty} \mathrm{e}^{-\alpha s} \mathbb{P}(\tau_1 + \ldots + \tau_n \leq s) ds$.

iv. Conclure que la transformée de Laplace de M est donnée par : $\forall \alpha > 0$,

$$\int_0^{+\infty} \mathrm{e}^{-\alpha s} M(s) ds = \frac{1}{\alpha} \sum_{n \geq 1} \prod_{k=1}^{n} \frac{\lambda \beta^{k-1}}{\alpha + \lambda \beta^{k-1}}.$$

c) On admet que l'égalité des deux transformées de Laplace pour tout α dans $]\lambda, +\infty[$ entraîne l'égalité de M et g et on se donne $\alpha > \lambda$.

i. Vérifier que

$$\frac{\lambda \beta^{k-1}}{\alpha + \lambda \beta^{k-1}} = \sum_{l \geq 1} (-1)^{l+1} \frac{(\lambda \beta^{k-1})^l}{\alpha^l}.$$

ii. En déduire que $\int_0^{+\infty} \mathrm{e}^{-\alpha s} M(s) ds$ est égal à

$$\sum_{j \geq 0} (-1)^j \frac{\lambda^{j+1}}{\alpha^{j+2}} \sum_{n=1}^{j+1} (-1)^{n+1} \sum_{\substack{l_1, \ldots, l_n \geq 1 \\ l_1 + \ldots + l_n = j+1}} \beta^{l_2 + 2l_3 + \ldots + (n-1)l_n}.$$

iii. En effectuant successivement les changements d'indice $i_1 = l_n$, $i_2 = l_n + l_{n-1}, \ldots, i_{n-1} = l_n + l_{n-1} + \ldots + l_2$ puis $m = n - 1$ conclure à l'égalité de M et de g.

3. a) En simulant un grand nombre de trajectoires indépendantes de la chaîne de Markov à temps continu N_t, vérifier par la méthode de Monte-Carlo la validité de la formule donnant $M(t)$ pour plusieurs valeurs de λ, β et t.

   b) En utilisant cette formule, tracer $T \to C_1(T)$ et $T \to C_2(T)$ lorsque $\lambda = 2$, $\beta = 0.4$, $a = 1$, $b = 5$, $c = 2$, $t_1 = t_2 = 5$. Déterminer numériquement les valeurs optimales T^1_{opt} et T^2_{opt} correspondantes. Estimer par la méthode Monte-Carlo les probabilités pour qu'aucune erreur ne soit détectée pendant la phase de service du logiciel ($[T^1_{\text{opt}}, T^1_{\text{opt}} + t_1]$ dans le premier cas et $[T^2_{\text{opt}}, t_2]$ dans le second).

   c) Étudier la dépendance de T^1_{opt} et T^2_{opt} en faisant varier les différents paramètres autour des valeurs qui précèdent. On représentera en particulier la dépendance de T^1_{opt} en fonction de la durée de service t_1.

♦

10.4 Éléments de fiabilité des systèmes complexes

Ce paragraphe est une introduction à la fiabilité des systèmes complexes. La fonction de structure formalise la manière dont l'état du système dépend de celui de ses composants élémentaires. Cet outil permet de calculer la disponibilité du système ou bien un minorant de cette disponibilité en fonction des disponibilités des composants.

10.4.1 Fonction de structure, coupes

On considère un système complexe constitué de n composants numérotés de 1 à n. On associe au i-ième composant la variable x_i qui vaut 1 si le composant fonctionne et 0 s'il est en panne.

Définition 10.4.1. *Soit* $\Phi : x = (x_1, \ldots, x_n) \in \{0,1\}^n \to \Phi(x) \in \{0,1\}$ *la fonction de l'état des composants qui vaut* 1 *lorsque le système fonctionne et* 0 *sinon. Cette fonction est appelée fonction de structure du système.*
Le système est dit cohérent si

- *lorsque tous les composants sont en panne le système est en panne :* $\Phi(0, \ldots, 0) = 0$,
- *lorsque tous les composants fonctionnent, le système fonctionne :*

$$\Phi(1, \ldots, 1) = 1,$$

- *Φ est croissante i.e. si $\forall 1 \leq i \leq n$, $x_i \leq y_i$, $\Phi(x) \leq \Phi(y)$, ce qui traduit l'idée naturelle suivante : si le système marche et qu'un composant est réparé, le système reste en marche (de façon symétrique, si le système est en panne et qu'un composant tombe en panne, il reste en panne).*

Dans la suite, on s'intéresse uniquement aux systèmes cohérents.

Exemple 10.4.2.
- système série : fonctionne lorsque les n composants fonctionnent, $\Phi(x) = \prod_{i=1}^{n} x_i$.
- système parallèle : fonctionne lorsque l'un au moins des n composants fonctionne, $\Phi(x) = 1 - \prod_{i=1}^{n}(1 - x_i)$
- système k sur n : fonctionne si k composants au moins fonctionnent, $\Phi(x) = \mathbf{1}_{\{x_1+\ldots+x_n \geq k\}}$ (par exemple, un avion peut continuer à voler si deux au moins de ses trois réacteurs marchent). Un système série est un système n sur n tandis qu'un système parallèle est un système 1 sur n.

◊

Pour déterminer la fonction de structure il est utile d'introduire la notion de coupe :

Définition 10.4.3. *On appelle coupe un ensemble de composants dont la panne simultanée entraîne la panne du système. Une coupe est dite minimale si elle ne contient pas d'autres coupes. L'ordre d'une coupe est le nombre de composants qui la constituent.*

Les composants qui apparaissent dans des coupes d'ordre faible sont des composants sensibles : si un composant est dans une coupe d'ordre 1, sa panne entraîne celle du système.
Pour en revenir à la fonction de structure, on note p le nombre de coupes minimales et pour $1 \leq j \leq p$, on note $K_j \subset \{1, \ldots, n\}$ l'ensemble des indices des composants de la j-ième coupe minimale. Le système fonctionne si et seulement si un composant au moins de chacune des coupes minimales fonctionne ce qui entraîne que

$$\Phi(x) = \prod_{j=1}^{p} \left(1 - \prod_{i \in K_j} (1 - x_i)\right).$$

Intuitivement, on peut lire cette formule de la façon suivante : les p coupes minimales sont en série tandis que les composants de chacune de ces coupes sont en parallèle. On peut développer cette expression et utiliser le fait que $x_i \in \{0, 1\}$ entraîne $\forall k \in \mathbb{N}^*$, $x_i^k = x_i$ pour la simplifier. L'expression obtenue est un polynôme en $x = (x_1, \ldots, x_n)$ tel que le degré de x_i dans chaque monôme qui le constitue est au plus 1. Donc c'est une fonction affine en chacun des x_i. De cette manière, nous étendons Φ en une fonction affine en chacune de ses variables et définie sur $[0, 1]^n$. Abusivement, cette fonction est toujours appelée fonction de structure du système. La cohérence du système entraîne qu'elle est croissante en chacune de ses variables.

Exercice 10.4.4. Vérifier que la fonction de structure d'un système 2 sur 4 s'écrit

$$\begin{aligned}\Phi(x_1,x_2,x_3,x_4) &= x_1x_2+x_1x_3+x_1x_4+x_2x_3+x_2x_4+x_3x_4\\ &\quad -2x_1x_2x_3-2x_1x_2x_4-2x_1x_3x_4-2x_2x_3x_4+3x_1x_2x_3x_4.\end{aligned}$$

♦

10.4.2 Calcul de la disponibilité

On représente l'état à l'instant t du i-ième composant par une variable aléatoire $X_i(t)$ à valeurs dans $\{0,1\}$. La disponibilité du composant est alors $d_i(t)=\mathbb{P}(X_i(t)=1)=\mathbb{E}[X_i(t)]$. On suppose les composants indépendants, ce qui se traduit par l'indépendance des variables $X_i(t)$. Alors, pour un monôme de la forme $\beta\prod_{i=1}^n x_i^{\alpha_i}$ avec $\alpha_i\in\{0,1\}$,

$$\mathbb{E}\left[\prod_{i=1}^n X_i(t)^{\alpha_i}\right]=\prod_{i=1}^n\left(\mathbb{E}[X_i(t)]\right)^{\alpha_i}.$$

Comme $\Phi(\{0,1\}^n)\subset\{0,1\}$ et que la fonction Φ est une somme de tels monômes, la disponibilité du système à l'instant t est donnée par

$$\begin{aligned}D(t)&=\mathbb{P}(\Phi(X_1(t),\ldots,X_n(t))=1)=\mathbb{E}[\Phi(X_1(t),\ldots,X_n(t))]\\ &=\Phi\left(\mathbb{E}[X_1(t)],\ldots,\mathbb{E}[X_n(t)]\right)=\Phi(d_1(t),\ldots,d_n(t)).\end{aligned}\tag{10.15}$$

Exemple 10.4.5.
- pour un système série, $D(t)=\prod_{i=1}^n d_i(t)$,
- pour un système parallèle, $D(t)=1-\prod_{i=1}^n(1-d_i(t))$.

◇

Comme le calcul exact de la disponibilité $D(t)$ repose sur le développement et la simplification de la fonction de structure Φ expliqués au paragraphe précédent, lorsque le nombre de coupes minimales est grand, ce calcul devient très long. C'est pourquoi il est intéressant de disposer d'un encadrement de la disponibilité.

Pour obtenir cet encadrement, on note A_j l'événement : « les composants de la j-ième coupe minimale sont en panne à l'instant t ». On a $D(t)=1-\mathbb{P}(\bigcup_{j=1}^p A_j)$. On peut évaluer $\mathbb{P}(\bigcup_{j=1}^p A_j)$ par la formule de Poincaré (appelée également formule du crible) :

$$\mathbb{P}\left(\bigcup_{j=1}^p A_j\right)=\sum_{k=1}^p(-1)^{k+1}\sum_{1\le j_1<j_2<\ldots<j_k\le p}\mathbb{P}(A_{j_1}\cap A_{j_2}\cap\ldots\cap A_{j_k})$$

mais le calcul exact revient à celui effectué avec la fonction de structure. On va plutôt donner un encadrement de $\mathbb{P}\left(\bigcup_{j=1}^{p} A_j\right)$. On majore cette probabilité par $\sum_{j=1}^{p} \mathbb{P}(A_j)$ et on la minore par la somme $\sum_{j=1}^{p} \mathbb{P}(B_j)$ des probabilités des événements disjoints B_j : « les composants de la j-ième coupe sont en panne ; tous les autres fonctionnent ». Ainsi,

$$1 - \sum_{j=1}^{p} \mathbb{P}(A_j) \leq D(t) \leq 1 - \sum_{j=1}^{p} \mathbb{P}(B_j),$$

encadrement qui se récrit en exprimant les probabilités des événements A_j et B_j :

Lemme 10.4.6.

$$1 - \sum_{j=1}^{p} \prod_{i \in K_j} (1 - d_i(t)) \leq D(t) \leq 1 - \sum_{j=1}^{p} \prod_{i \in K_j} (1 - d_i(t)) \prod_{i \in K_j^c} d_i(t).$$

Le tableau 10.1 illustre l'encadrement donné par ce lemme sur l'exemple d'un système k sur $n = 10$ composants avec $k \in \{5, 6, \ldots, 10\}$ lorsque pour $i \in \{1, \ldots, 10\}$, $d_i(t) = 0.9$. Dans ce cas particulier où les composants, supposés indépendants, ont tous même fiabilité, comme le système fonctionne lorsqu'au moins k composants fonctionnent, la disponibilité du système est $D(t) = \mathbb{P}(N \geq k)$ où N suit la loi binomiale de paramètre $(n, p) = (10, 0.9)$. On constate que quand la disponibilité est très proche de 1, l'encadrement est bon mais que la précision se dégrade notablement avec la disponibilité.

Remarque 10.4.7. C'est surtout la minoration de la disponibilité qui est intéressante car elle va dans le sens de la sécurité. En effet, pour vérifier que des objectifs de disponibilité minimale sont atteints, il suffit de le faire pour la minoration. Elle revient à ne conserver dans la formule du crible $\mathbb{P}(\bigcup_{j=1}^{p} A_j) = \sum_{k=1}^{p} (-1)^{k+1} w_k$ avec $w_k = \sum_{1 \leq j_1 < j_2 < \ldots < j_k \leq p} \mathbb{P}(A_{j_1} \cap A_{j_2} \cap \ldots \cap A_{j_k})$ que le premier terme w_1. Si le système est fiable, les probabilités des A_j sont faibles et il est raisonnable de penser que les termes négligés sont d'un ordre inférieur. Les données numériques du Tableau 10.1 pour $k \leq 8$ confirment cette intuition. ◊

Tableau 10.1. Majoration et minoration de la disponibilité $D(t)$ d'un système k sur $n = 10$ lorsque $d_i(t) = 0.9$

k	5	6	7	8	9	10
Majoration	0.9998622	0.9985120	0.9888397	0.9426044	0.8062898	0.6125795
$D(t)$	0.9998531	0.9983651	0.9872048	0.9298092	0.7360989	0.3486784
Minoration	0.99979	0.99748	0.979	0.88	0.55	0

Exercice 10.4.8. Montrer que pour $1 \leq l \leq p$,

$$\sum_{k=1}^{l}(-1)^{k+1} \sum_{1\leq j_1<j_2<\ldots<j_k\leq p} \mathbb{P}(A_{j_1} \cap A_{j_2} \cap \ldots \cap A_{j_k})$$

est une majoration de $\mathbb{P}(\bigcup_{j=1}^{p} A_j)$ lorsque l est impair et une minoration lorsque l est pair.
Indication : on pourra raisonner par récurrence sur p et pour passer de l'hypothèse de récurrence au rang p à l'hypothèse au rang $p+1$, écrire

$$\mathbb{P}\Big(\bigcup_{j=1}^{p+1} A_j\Big) = \mathbb{P}(A_{p+1}) + \mathbb{P}\Big(\bigcup_{j=1}^{p} A_j\Big) - \mathbb{P}\Big(\bigcup_{j=1}^{p}(A_j \cap A_{p+1})\Big).$$

♦

Il est facile d'en déduire des minorations et des majorations de la disponibilité mais l'erreur commise n'est pas nécessairement décroissante avec l.

En l'absence de réparations, la fiabilité $\bar{F}_i(t)$ du i-ième composant est égale à sa disponibilité $d_i(t)$. En outre, comme le système est cohérent, son état se dégrade avec le temps et il fonctionne en t si et seulement si il a fonctionné sur tout l'intervalle $[0,t]$. Ainsi sa fiabilité $\bar{F}(t)$ est égale à sa disponibilité $D(t)$. Donc $\bar{F}(t) = \Phi(\bar{F}_1(t), \ldots, \bar{F}_n(t))$. Comme la fonction de structure Φ est croissante et minorée par celle du système série (cas le plus défavorable), avec la proposition 10.1.12, on obtient :

Lemme 10.4.9. *En l'absence de réparation, si les durées de vie de chacun des composants sont des variables IFR indépendantes d'espérances respectives $\mu_1, \ldots, \mu_n$, alors pour tout $t \leq \min(\mu_1, \mu_2, \ldots, \mu_n)$,*

$$\bar{F}(t) \geq \Phi(\exp(-t/\mu_1), \ldots, \exp(-t/\mu_n)) \geq \exp\left(-t\sum_{i=1}^{n} \frac{1}{\mu_i}\right).$$

10.4.3 Facteurs d'importance

Il peut être intéressant d'évaluer l'influence de l'un des n composants sur la disponibilité du système pour pouvoir identifier les composants les plus sensibles et déterminer les actions à entreprendre pour augmenter la disponibilité. De nombreux facteurs d'importance ont été introduits à cet effet dans la littérature fiabiliste. Nous nous contenterons d'en présenter un seul ici et nous renvoyons aux ouvrages de Aven et Jensen [1] et de Cocozza-Thivent [5] pour plus de détails.

Le facteur d'importance de Birnbaum F_i est défini comme la dérivée de la disponibilité du système par rapport à celle du i-ième composant. D'après (10.15),

$$F_i = \frac{\partial \Phi}{\partial x_i}(d_1(t), \dots, d_n(t)).$$

Pour x un vecteur de $[0,1]^n$, on note $(1_i, x)$ (resp. $(0_i, x)$) le vecteur obtenu en remplaçant la i-ième composante de x par 1 (resp. par 0). On note respectivement $d(t)$ et $X(t)$ les vecteurs $(d_1(t), \dots, d_n(t))$ et $(X_1(t), \dots, X_n(t))$. Comme Φ est affine en chacune de ces variables, on a

$$\frac{\partial \Phi}{\partial x_i}(d_1(t), \dots, d_n(t)) = \Phi(1_i, d(t)) - \Phi(0_i, d(t)).$$

Puis en reprenant le raisonnement effectué pour établir (10.15), on remarque que $\Phi(1_i, d(t)) = \mathbb{E}[\Phi(1_i, X(t))]$ et $\Phi(0_i, d(t)) = \mathbb{E}[\Phi(0_i, X(t))]$.

Donc $F_i = \mathbb{E}\Big[\Phi(1_i, X(t)) - \Phi(0_i, X(t))\Big]$. Comme les vecteurs $(1_i, X(t))$ et $(0_i, X(t))$ sont dans $\{0,1\}^n$, leur image par la fonction de structure est dans $\{0,1\}$. Avec la croissance de Φ, on en déduit que

$$F_i = \mathbb{P}\Big(\Phi(1_i, X(t)) = 1, \Phi(0_i, X(t)) = 0\Big).$$

Ainsi le facteur d'importance de Birnbaum s'interprète comme la probabilité pour que le système fonctionne à l'instant t si le i-ème composant fonctionne alors que le système serait en panne si le i-ème composant l'était.

Références

1. T. Aven et U. Jensen. *Stochastic models in reliability*, volume 41 de *Applications of Mathematics (New York)*. Springer-Verlag, New York, 1999.
2. R.E. Barlow et F. Proschan. *Mathematical theory of reliability*, volume 17 de *Classics in Applied Mathematics*. Society for Industrial and Applied Mathematics (SIAM), Philadelphia, PA, 1996.
3. A. Birolini. *On the use of stochastic processes in modeling reliability problems*, volume 252 de *Lecture Notes in Economics and Mathematical Systems*. Springer-Verlag, Berlin, 1985.
4. J.L. Bon. *Fiabilité des systèmes : méthodes mathématiques*. Masson, 1995.
5. C. Cocozza-Thivent. *Processus stochastiques et fiabilité des systèmes*, volume 28 de *Mathématiques et Applications (SMAI)*. Springer-Verlag, 1997.
6. I.B. Gertsbakh. *Statistical reliability theory*, volume 4 de *Probability : Pure and Applied*. Marcel Dekker Inc., New York, 1989.
7. A. Høyland et M. Rausand. *System reliability theory*. Wiley Series in Probability and Mathematical Statistics : Applied Probability and Statistics. John Wiley & Sons Inc., New York, 1994.

8. N. Limnios. *Arbres de défaillances.* Hermes, 1991.
9. P.B. Moranda. Prediction of software reliability and its applications. In *Proceedings of the Annual Reliability and Maintainability Symposium, Washington D.C.*, pages 327–332, 1975.
10. S. Osaki. *Stochastic system reliability modeling*, volume 5 de *Series in Modern Applied Mathematics.* World Scientific Publishing Co., Singapore, 1985.
11. A. Pagès et M. Gondran. *Fiabilité des systèmes.* Collection de la Direction des Études et Recherches d'Électricité de France. Eyrolles, 1980.
12. N.D. Singpurwalla et S.P. Wilson. *Statistical methods in software engineering.* Springer Series in Statistics. Springer-Verlag, New York, 1999. Reliability and risk.
13. W.A. Thompson, Jr. *Point process models with applications to safety and reliability.* Chapman and Hall, New York, 1988.

11

Lois de valeurs extrêmes

Le 1er Février 1953, lors d'une forte tempête la mer passe par-dessus plusieurs digues aux Pays-Bas, les détruit et inonde la région. Il s'agit d'un accident majeur. Un comité est mis en place pour étudier le phénomène et proposer des recommandations sur les hauteurs de digues. Il tient compte des facteurs économiques (coût de construction, coût des inondations,...), des facteurs physiques (rôle du vent sur la marée,...), et aussi des données enregistrées sur les hauteurs de marées. En fait il est plus judicieux de considérer les surcotes, c'est-à-dire la différence entre la hauteur réelle et la hauteur prévue de la marée, que les hauteurs des marées. En effet, on peut supposer, dans une première approximation, que les surcotes des marées lors des tempêtes sont des réalisations de variables aléatoires de même loi. Si on regarde les surcotes pour des marées de tempêtes séparées par quelques jours d'accalmie, on peut même supposer que les variables aléatoires sont indépendantes. L'étude statistique sur des surcotes a pour but de répondre aux questions suivantes :

- Soit $q \in]0,1[$ fixé, trouver h tel que la probabilité pour que la surcote soit supérieure à h est q.
- Soit $q \in]0,1[$ fixé, typiquement de l'ordre de 10^{-3} ou 10^{-4}, trouver h tel que la probabilité pour que la plus haute surcote annuelle soit supérieure à h est q.

Nous recommandons la lecture de l'article écrit par de Haan [4] sur ce cas particulier.

Si F désigne la fonction de répartion de la loi des surcotes ($F(x)$ est la probabilité que la surcote soit plus petite que x), alors dans la première question, h est le quantile d'ordre $p = 1 - q \in]0,1[$ de la loi des surcotes : $h = \inf\{x \in \mathbb{R}\,; F(x) \geq 1 - q\}$. Nous renvoyons à l'appendice C pour les propriétés des quantiles. Bien sûr la loi des surcotes et donc les quantiles associés sont inconnus.

Pour simplifier l'écriture on notera $z_q = x_p$ le quantile d'ordre $p = 1 - q$. Il existe plusieurs méthodes pour donner un estimateur $\hat{x}_p$ (resp. $\hat{z}_q$) de x_p (resp. z_q). Nous en présentons trois familles : l'estimation paramétrique, les quantiles empiriques et l'utilisation des lois de valeurs extrêmes.

Estimation paramétrique.

Supposons que l'on sache **a priori** que la loi des surcotes appartient à une famille paramétrique de lois, par exemple la famille des lois exponentielles. Bien sûr la vraie valeur du paramètre est inconnue. Le quantile d'ordre $1-q$ de la loi exponentielle de paramètre $\lambda > 0$ est donné par $z_q = -\log(q)/\lambda$. Dans ce modèle élémentaire, on observe que l'estimation du quantile peut se réduire à l'estimation du paramètre λ. On peut vérifier que si $(X_k, k \geq 1)$ est une suite de variables aléatoires indépendantes de loi exponentielle de paramètre $\lambda > 0$, alors l'estimateur du maximum de vraisemblance de $1/\lambda$ est donné par la moyenne empirique : $\frac{1}{n}\sum_{k=1}^{n} X_k$. De plus cet estimateur est convergent d'après la loi forte des grands nombres. On en déduit que $\hat{z}_q = -\frac{\log(q)}{n}\sum_{k=1}^{n} X_k$ est un estimateur convergent de z_q : p.s. $\lim_{n\to\infty} \hat{z}_q = z_q$. Ces résultats semblent satisfaisants, mais ils reposent très fortement sur le choix initial de la famille paramétrique. Supposons que ce choix soit erroné, et que la loi de X_k soit par exemple la loi de $|G|$, où G suit la loi gaussienne centrée réduite, $\mathcal{N}(0,1)$. Dans ce cas, on a par la loi forte des grands nombres $\lim_{n\to\infty} \hat{z}_q = -\log(q)\mathbb{E}[|G|] = -\log(q)\sqrt{2/\pi}$, alors que la vraie valeur de z_q est définie par $2\int_0^{z_q} \mathrm{e}^{-u^2/2}\, \frac{du}{\sqrt{2\pi}} = 1-q$. Si on trace la valeur du quantile en fonction de $q = 1/y$, pour le vrai modèle qui correspond à la loi de $|G|$, et le modèle erroné, qui correspond à la loi exponentielle de paramètre $\lambda = \frac{1}{\mathbb{E}[|G|]} = \sqrt{\pi/2}$, on obtient la Fig. 11.1. Pour les faibles valeurs de $q = 1/y$, c'est-à-dire pour le comportement de la «queue» de la distribution, l'erreur sur le modèle entraîne des erreurs très importantes sur l'estimation des quantiles.

En conclusion l'estimation des quantiles à partir d'un modèle paramétrique est très sensible au choix a priori de la famille paramétrique de lois. Cette méthode n'est pas fiable.

Quantile empirique.

Soit $X_1, \ldots, X_n$ une suite de variables aléatoires indépendantes de même loi. On note $X_{(1,n)} \leq \cdots \leq X_{(n,n)}$ leur réordonnement aléatoire croissant appelé statistique d'ordre. Nous suivons ici l'usage en vigueur pour les notations sur les statistiques d'ordre. Dans certains livres sur les lois de valeurs extrêmes, on considère le réordonnement décroissant.

Soit $p \in]0,1[$. Nous montrerons, voir la proposition 11.1.8, que le quantile empirique $X_{([pn]+1,n)}$, où $[pn]$ désigne la partie entière de pn, est un estimateur qui converge presque sûrement vers le quantile d'ordre p : x_p. En outre, on connaît les comportements possibles de cet estimateur en fonction des caractéristiques de la fonction de répartition : convergence, comportement asymptotique, intervalle de confiance. La figure 11.2 représente une simulation de l'évolution de la médiane empirique, i.e. $X_{([n/2],n)}$, et de l'intervalle de confiance associé, en fonction de la taille $n \geq 2$ de l'échantillon pour des

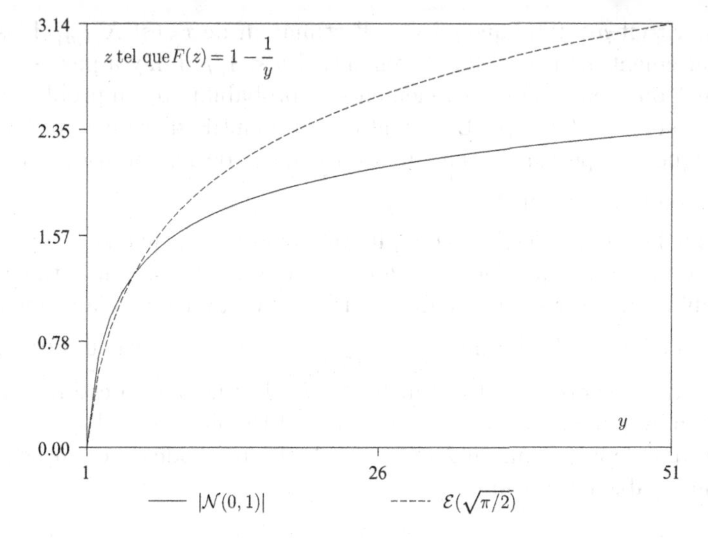

Fig. 11.1. Quantile d'ordre $1 - \frac{1}{y}$ pour la loi de $|G|$, où G suit la loi $\mathcal{N}(0, 1)$, et pour la loi exponentielle de paramètre $\sqrt{\pi/2}$

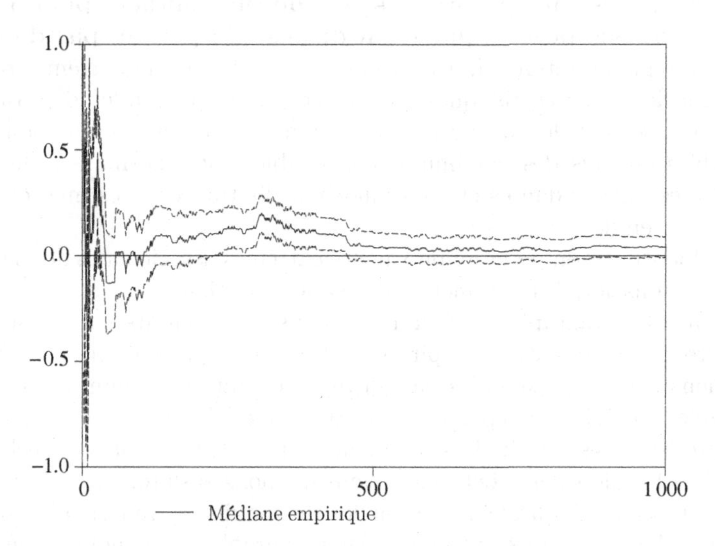

Fig. 11.2. Médiane empirique, $n \to X_{([n/2],n)}$, et bornes (en pointillés) de l'intervalle de confiance de niveau asymptotique 95 % pour la médiane de la loi de Cauchy

variables aléatoires indépendantes de loi de Cauchy (de paramètre $a = 1$). L'intervalle de confiance est donné par la proposition 11.1.13. Rappelons que pour une loi de Cauchy, la densité est $1/(\pi(1 + x^2))$, et la médiane est $x_{1/2} = 0$.

Pour tout $p > 0$ tel que $pn < 1$, l'estimateur de x_p est $X_{(1,n)}$. L'estimation est clairement mauvaise. Intuitivement, si $n < 1/p$, il n'y a pas assez d'observations pour apprécier des événements de probabilité p. Un problème similaire se pose si $n < 1/(1-p)$. L'estimation du quantile d'ordre p, par le quantile empirique, est pertinente lorsque l'on dispose de nombreuses données. Ceci correspond aux cas où $1 - \frac{1}{n} \gg p \gg \frac{1}{n}$.

Pour les digues des Pays-Bas, il faut remonter jusqu'en 1570 pour retrouver une marée comparable à celle du 1er Février 1953. Une estimation de la probabilité d'observer une marée au moins aussi forte pendant une année est grossièrement de l'ordre de $\frac{1}{1953 - 1570} \sim 3.10^{-3}$. Les valeurs typiques pour p ou q sont de l'ordre de 10^{-3} ou 10^{-4}. On cherche donc à estimer la probabilité d'un événement que l'on n'a jamais vu ! De plus on ne dispose de données fiables que depuis la fin du *XIX*ème siècle. La méthode du quantile empirique est inutilisable en pratique.

Lois de valeurs extrêmes.

Les deux méthodes précédentes ne sont pas fiables. Mais il ne faut pas se faire d'illusions : **il n'existe pas de solution miracle pour répondre aux questions posées quand on dispose de peu ou pas de données** dans la région d'intérêt. L'utilisation des lois de valeurs extrêmes repose sur les propriétés des statistiques d'ordre et sur des méthodes d'extrapolation. Plus précisément, les lois de valeurs extrêmes apparaissent comme les limites possibles des lois des maximums convenablement renormalisés de variables aléatoires indépendantes et identiquement distribuées. L'estimation de x_p se déroulera en deux étapes :

- Identification de la loi de valeurs extrêmes associée aux données.
- Estimation des paramètres de renormalisation.

Dans le paragraphe 11.1 nous donnons des résultats sur les statistiques d'ordre et les quantiles empiriques. Puis, dans le paragraphe 11.2, nous étudions sur des exemples la convergence du maximum renormalisé de variables aléatoires indépendantes et de même loi. Au paragraphe 11.3, nous caractérisons les lois limites, à un facteur de translation et d'échelle près, appelées lois de valeurs extrêmes. Nous donnons ensuite, au paragraphe 11.4, des critères pour que la limite en loi du maximum renormalisé suive telle ou telle loi de valeurs extrêmes. Au paragraphe 11.5, nous donnons deux méthodes statistiques qui permettent d'identifier la loi limite. Puis, nous présentons au paragraphe 11.6 des estimateurs des paramètres de renormalisation qui permettent de fournir des estimations des quantiles : les estimateurs de Hill et les estimateurs de Pickand. Enfin nous répondons aux deux questions initiales de l'introduction au paragraphe 11.7.

Il existe de nombreux autres estimateurs des quantiles extrêmes. Tous reposent sur des méthodes d'extrapolation. Il faut être conscient des limites de la théorie. En particulier, il est conseillé de ne pas reposer son analyse sur un seul estimateur, mais plutôt de les utiliser ensemble et de vérifier s'ils donnent des résultats concordants.

La recherche autour des lois de valeurs extrêmes est particulièrement active depuis les années 1970. Nous renvoyons aux ouvrages de Beirlant and al. [1], Coles [3], Embrecht and al. [6] et Falk and al. [7] pour une approche détaillée de la théorie des lois de valeurs extrêmes, ainsi que pour des références concernant les applications de cette théorie : en hydrologie, comme le montre l'exemple du début de ce chapitre, en assurance et en finance pour les calculs de risques, en météorologie pour les événements extrêmes, etc.

11.1 Statistique d'ordre, estimation des quantiles

La fonction caractéristique est un des outils fondamentaux pour démontrer la convergence de sommes renormalisées de variables aléatoires indépendantes, comme dans les démonstrations classiques du théorème central limite. Pour l'analyse des statistiques d'ordre et des convergences en loi des maximums renormalisés, un des outils fondamentaux est la fonction de répartition.

Soit $(X_n, n \geq n)$ une suite de variables aléatoires réelles indépendantes identiquement distribuées de fonction de répartition F ($F(x) = \mathbb{P}(X_n \leq x)$, pour $x \in \mathbb{R}$). Soit $\mathcal{S}_n$ l'ensemble des permutation de $\{1, \ldots, n\}$.

Définition 11.1.1. *La* ***statistique d'ordre*** *de l'échantillon* $(X_1, \ldots, X_n)$ *est le réarrangement croissant de* $(X_1, \ldots, X_n)$. *On la note* $(X_{(1,n)}, \ldots, X_{(n,n)})$. *On a* $X_{(1,n)} \leq \ldots \leq X_{(n,n)}$, *et il existe une permutation aléatoire* $\sigma_n \in \mathcal{S}_n$ *telle que* $(X_{(1,n)}, \ldots, X_{(n,n)}) = (X_{\sigma_n(1)}, \ldots, X_{\sigma_n(n)})$.

En particulier on a $X_{(1,n)} = \min_{1 \leq i \leq n} X_i$ et $X_{(n,n)} = \max_{1 \leq i \leq n} X_i$.

On note F^{-1} l'inverse généralisé de F, voir l'appendice C pour sa définition et ses propriétés. Le lemme suivant découle de la proposition C.5 et de la croissance de la fonction F.

Lemme 11.1.2. *Soit* $X_1, \ldots, X_n$ *des variables aléatoires indépendantes et de fonction de répartition* F. *Soit* $U_1, \ldots, U_n$ *des variables aléatoires indépendantes de loi uniforme sur* $[0, 1]$. *Alors* $(F^{-1}(U_{(1,n)}), \ldots, F^{-1}(U_{(n,n)}))$ *a même loi que* $(X_{(1,n)}, \ldots, X_{(n,n)})$.

On suppose dorénavant que F est continue.

Lemme 11.1.3. *Si* F *est continue, alors p.s. on a* $X_{(1,n)} < \ldots < X_{(n,n)}$.

Démonstration. Il suffit de vérifier que $\mathbb{P}(\exists i \neq j \quad \text{tel que} \quad X_i = X_j) = 0$. On a

$$\begin{aligned}\mathbb{P}(\exists i \neq j \quad \text{tel que} \quad X_i = X_j) &\leq \mathbb{P}(\exists i \neq j \quad \text{tel que} \quad F(X_i) = F(X_j)) \\ &\leq \sum_{i \neq j} \mathbb{P}(F(X_i) = F(X_j)).\end{aligned}$$

D'après la proposition C.5, $F(X_i)$ et $F(X_j)$ sont pour $i \neq j$ des variables aléatoires indépendantes de loi uniforme sur $[0,1]$. On en déduit que

$$\mathbb{P}(F(X_i) = F(X_j)) = \int_{[0,1]^2} \mathbf{1}_{\{u=v\}} du dv = 0.$$

Donc p.s. pour tous $i \neq j$, on a $X_i \neq X_j$. □

Corollaire 11.1.4. *Si F est continue, la permutation aléatoire σ_n de la définition 11.1.1 est p.s. unique.*

Lemme 11.1.5. *On suppose F continue. La loi de σ_n est la loi uniforme sur $\mathcal{S}_n$. De plus la permutation σ_n est indépendante de la statistique d'ordre.*

Démonstration. Soit $\sigma \in \mathcal{S}_n$. On a $\mathbb{P}(\sigma_n = \sigma) = \mathbb{P}(X_{\sigma(1)} < \ldots < X_{\sigma(n)})$. Les variables $X_{\sigma(1)}, \ldots, X_{\sigma(n)}$ sont indépendantes et de même loi. En particulier le vecteur $(X_{\sigma(1)}, \ldots, X_{\sigma(n)})$ a même loi que $(X_1, \ldots, X_n)$. Il vient

$$\mathbb{P}(\sigma_n = \sigma) = \mathbb{P}(X_1 < \ldots < X_n).$$

Le membre de droite est indépendant de σ. La loi de σ_n est donc la loi uniforme sur $\mathcal{S}_n$, et on a $\mathbb{P}(\sigma_n = \sigma) = \dfrac{1}{n!}$.

Soit g une fonction de $\mathbb{R}^n$ dans $\mathbb{R}$, mesurable bornée. Comme le vecteur $(X_{\sigma(1)}, \ldots, X_{\sigma(n)})$ a même loi que $(X_1, \ldots, X_n)$, on a

$$\begin{aligned}\mathbb{E}\left[\mathbf{1}_{\{\sigma_n=\sigma\}}\, g(X_{(1,n)}, \ldots, X_{(n,n)})\right] &= \mathbb{E}\left[\mathbf{1}_{\{X_{\sigma(1)}<\ldots<X_{\sigma(n)}\}}\, g(X_{\sigma(1)}, \ldots, X_{\sigma(n)})\right] \\ &= \mathbb{E}\left[\mathbf{1}_{\{X_1<\ldots<X_n\}}\, g(X_1, \ldots, X_n)\right].\end{aligned}$$

On en déduit, en sommant sur $\sigma \in \mathcal{S}_n$, que

$$\mathbb{E}\left[g(X_{(1,n)}, \ldots, X_{(n,n)})\right] = n!\, \mathbb{E}\left[\mathbf{1}_{\{X_1<\ldots<X_n\}}\, g(X_1, \ldots, X_n)\right]. \tag{11.1}$$

Enfin, on remarque que

$$\mathbb{E}\left[\mathbf{1}_{\{\sigma_n=\sigma\}} g(X_{(1,n)}, \ldots, X_{(n,n)})\right] = \mathbb{P}(\sigma_n = \sigma)\mathbb{E}\left[g(X_{(1,n)}, \ldots, X_{(n,n)})\right].$$

Cela implique que la permutation σ_n est indépendante de la statistique d'ordre. □

Le corollaire suivant découle de (11.1).

Corollaire 11.1.6. *Si la loi de X_1 possède une densité f, alors, la statistique d'ordre $(X_{(1,n)}, \ldots, X_{(n,n)})$ possède la densité $n!\mathbf{1}_{\{x_1<\cdots<x_n\}}\, f(x_1) \ldots f(x_n)$.*

On peut déduire de (11.1) la loi de $X_{(k,n)}$. Mais nous préférons présenter une méthode que nous utiliserons plusieurs fois dans ce paragraphe. Soit $x \in \mathbb{R}$ fixé. Les variables aléatoires $(\mathbf{1}_{\{X_i \leq x\}}, i \geq 1)$ sont des variables aléatoires indépendantes et de même loi de Bernoulli de paramètre $\mathbb{P}(X_i \leq x) = F(x)$.

La variable aléatoire $S_n(x) = \sum_{i=1}^n \mathbf{1}_{\{X_i \leq x\}}$ suit donc la loi binomiale de paramètre (n, p), où $p = F(x)$. Remarquons enfin que l'on a $S_n(x) \geq k$ si et seulement si parmi les variables $X_1, \ldots, X_n$, au moins k sont plus petites que x, c'est-à-dire si et seulement si $X_{(k,n)} \leq x$. Ainsi il vient

$$\{X_{(k,n)} \leq x\} = \{S_n(x) \geq k\}. \tag{11.2}$$

On en déduit que

$$\mathbb{P}(X_{(k,n)} \leq x) = \mathbb{P}(S_n(x) \geq k) = \sum_{r=k}^{n} \binom{n}{r} F(x)^r \, (1 - F(x))^{n-r}. \tag{11.3}$$

Intuitivement, pour que $X_{(k,n)}$ appartienne à $[y, y + dy]$, il faut :

- qu'il existe i, parmi n choix possibles, tel que $X_i \in [y, y + dy]$; ceci est de probabilité $nf(y)dy$, si la loi de X_k possède une densité f ;
- choisir $k - 1$ variables aléatoires parmi les $n - 1$ restantes, qui sont plus petites que y, ceci est de probabilité $\binom{n-1}{k-1} F(y)^{k-1}$;
- que les $n - k$ autres variables aléatoires soient plus grandes que y, ceci est de probabilité $F(y)^{n-k}$.

Il vient $\mathbb{P}(X_{(k,n)} \leq x) = \dfrac{n!}{(k-1)!(n-k)!} \displaystyle\int_0^x F(y)^{k-1}(1 - F(y))^{n-k} f(y) \, dy.$
Avec le changement de variable $t = F(y)$, on obtient

$$\mathbb{P}(X_{(k,n)} \leq x) = \frac{n!}{(k-1)!(n-k)!} \int_0^{F(x)} t^{k-1}(1-t)^{n-k} \, dt. \tag{11.4}$$

Le but de l'exercice suivant est de donner une démonstration de (11.4).

Exercice 11.1.7. Soit $(X_n, n \geq 1)$ une suite de variables aléatoires réelles indépendantes et de même loi possédant une fonction de répartition continue.

1. Montrer, par récurrence descendante, la formule (11.4) en utilisant (11.3).
2. Vérifier que $F(X_{(k,n)})$ suit la loi béta de paramètre $(k, n - k + 1)$.
3. Dans le cas où la loi de X_1 possède la densité f, retrouver ces résultats en calculant la densité de la loi marginale de $X_{(k,n)}$ à partir de la densité de la loi de la statistique d'ordre donnée dans le corollaire 11.1.6. Puis vérifier que la densité de la loi de $X_{(n,n)}$ est donnée par $nF(x)^{n-1} f(x)$.

♦

Nous donnons le résultat principal de ce paragraphe sur la convergence du quantile empirique.

Proposition 11.1.8. *Soit $p \in]0, 1[$. Supposons que F est continue et qu'il existe une seule solution x_p à l'équation $F(x) = p$. Soit $(k(n), n \geq 1)$ une suite d'entiers telle que $1 \leq k(n) \leq n$ et $\lim_{n \to \infty} \dfrac{k(n)}{n} = p$. Alors, la suite des quantiles empiriques $(X_{(k(n),n)}, n \geq 1)$ converge presque sûrement vers x_p.*

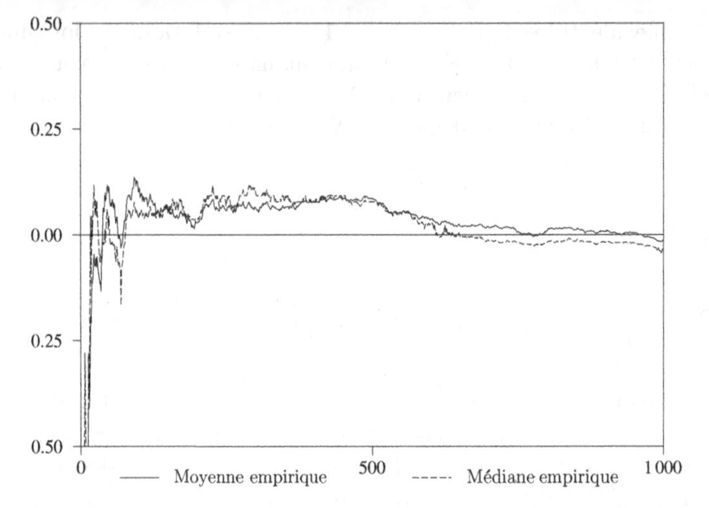

Fig. 11.3. Moyenne empirique et médiane empirique pour la loi $\mathcal{N}(0,1)$ en fonction de la taille de l'échantillon

Exemple 11.1.9. Soit $(X_i, i \geq 1)$ une suite de variables aléatoires gaussiennes de loi $\mathcal{N}(m, \sigma^2)$, où la moyenne m et la variance σ^2 sont inconnues. On désire estimer m. Comme $\mathbb{E}[X_1] = m$, on en déduit, par la loi forte des grands nombres, que la moyenne empirique $\frac{1}{n}\sum_{i=1}^{n} X_i$ est un estimateur convergent de m. On peut aussi remarquer que m est la médiane, i.e. le quantile d'ordre $1/2$, de la loi de X_1. On en déduit que la médiane empirique $X_{([n/2],n)}$ est un estimateur convergent de m. La figure 11.3 représente l'évolution de la moyenne empirique et de la médiane empirique en fonction de la taille n de l'échantillon, pour la loi gaussienne centrée réduite. Remarquons que pour calculer la médiane empirique en fonction de n, il faut conserver toutes les valeurs de l'échantillon en mémoire, ce qui n'est pas le cas pour la moyenne empirique. En revanche si, suite à une erreur, une donnée erronée se glisse dans les données, on peut alors vérifier que la médiane empirique est moins sensible à cette erreur que la moyenne empirique. $\Diamond$

Démonstration de la proposition 11.1.8. Soit $x \in \mathbb{R}$ fixé. On rappelle la notation $S_n(x) = \sum_{i=1}^{n} \mathbf{1}_{\{X_i \leq x\}}$. On déduit de l'égalité (11.2) que

$$\begin{aligned}\{X_{(k(n),n)} \leq x \quad \text{à partir d'un certain rang}\}\\ = \left\{\frac{S_n(x)}{k(n)} \geq 1 \quad \text{à partir d'un certain rang}\right\}.\end{aligned}$$

La loi forte des grands nombres assure que $\lim_{n\to\infty} \frac{S_n(x)}{n} = \mathbb{E}\left[\mathbf{1}_{\{X_i \leq x\}}\right] = F(x)$ presque sûrement. De plus on a $\lim_{n\to\infty} \frac{n}{k(n)} = \frac{1}{p}$ et donc $\lim_{n\to\infty} \frac{S_n(x)}{k(n)} =$

$\lim_{n\to\infty} \frac{S_n(x)}{n}\frac{n}{k(n)} = \frac{F(x)}{p}$ presque sûrement. En particulier, on a

$$\mathbb{P}\left(\frac{S_n(x)}{k(n)} \geq 1 \text{ à partir d'un certain rang}\right) = \begin{cases} 0 & \text{si } F(x) < p, \text{ i.e. si } x < x_p, \\ 1 & \text{si } F(x) > p, \text{ i.e. si } x > x_p. \end{cases}$$

Cela implique donc que

$$\mathbb{P}\left(X_{(k(n),n)} \leq x \quad \text{à partir d'un certain rang}\right) = \begin{cases} 0 & \text{si } x < x_p, \\ 1 & \text{si } x > x_p. \end{cases}$$

Cela signifie que p.s. $\lim_{n\to\infty} X_{(k(n),n)} = x_p$. □

Proposition 11.1.10. *Soit* $p = 1$ *(resp.* $p = 0$*). Soit* $(k(n), n \geq 1)$ *une suite d'entiers telle que* $1 \leq k(n) \leq n$ *et* $\lim_{n\to\infty} \frac{k(n)}{n} = p$*. Alors la suite* $(X_{(k(n),n)}, n \geq 1)$ *converge presque sûrement vers* $x_F = \inf\{x\,; F(x) = 1\}$ *(resp.* $\tilde{x}_F = \sup\{x\,; F(x) = 0\}$*), avec la convention* $\inf\emptyset = +\infty$ *(resp.* $\sup\emptyset = -\infty$*).*

Démonstration. Pour $p = 1$, un raisonnement similaire à celui de la démonstration de la proposition précédente assure que p.s. $\liminf_{n\to\infty} X_{(k(n),n)} \geq x_F$. Par définition de x_F, on a p.s. $X_n \leq x_F$ pour tout $n \geq 1$. Ceci assure donc que $\lim_{n\to\infty} X_{(k(n),n)} = x_F$.

Pour $p = 0$, en considérant les variables $Y_k = -X_k$, on est ramené au cas $p = 1$. □

Dans certains cas, on peut donner un intervalle de confiance pour le quantile empirique.

Proposition 11.1.11. *Soit* $p \in]0, 1[$*. Supposons que la loi de* X_1 *possède une densité,* f *continue en* x_p *et telle que* $f(x_p) > 0$*. On suppose de plus que* $k(n) = np + o\left(\sqrt{n}\right)$*. On a la convergence en loi suivante :*

$$\boxed{\sqrt{n}\left(X_{(k(n),n)} - x_p\right) \xrightarrow[n\to\infty]{\textbf{\textit{Loi}}} \mathcal{N}\left(0, \frac{p(1-p)}{f(x_p)^2}\right).}$$

Soit $\alpha > 0$*. L'intervalle aléatoire* $\left[X_{(k(n),n)} \pm \frac{a_\alpha\sqrt{p(1-p)}}{f(X_{(k(n),n)})\sqrt{n}}\right]$*, où* a_α *est le quantile d'ordre* $1 - \alpha/2$ *de la loi* $\mathcal{N}(0, 1)$*, est un intervalle de confiance pour* x_p*, de niveau asymptotique* $1 - \alpha$*.*

Le graphique 11.2 représente l'évolution de la médiane empirique et de l'intervalle de confiance de niveau asymptotique 95% associé pour des variables aléatoires indépendantes de loi de Cauchy en fonction de la taille de l'échantillon. Rappelons que pour une loi de Cauchy, la densité est $1/(\pi(1 + x^2))$, et la médiane est 0.

Démonstration. Notons $k = k(n)$. Soit $x \in \mathbb{R}$ fixé. On pose $y_n = x_p + \dfrac{x}{\sqrt{n}}$ et $p_n = F(y_n)$. Comme la densité est continue, on a $p_n - p = \displaystyle\int_{x_p}^{y_n} f(u)du = \dfrac{xf(x_p)}{\sqrt{n}} + o\left(\dfrac{1}{\sqrt{n}}\right)$.

On rappelle (11.2). La démonstration repose sur le fait que

$$\sqrt{n}\left(X_{(k,n)} - x_p\right) \leq x \Leftrightarrow X_{(k,n)} \leq y_n \Leftrightarrow S_n(y_n) \geq k \Leftrightarrow V_n \geq \sqrt{n}\left(\frac{k}{n} - p_n\right),$$

où $V_n = \sqrt{n}\left(\dfrac{S_n(y_n)}{n} - p_n\right)$. En utilisant les fonctions caractéristiques, on a

$$\begin{aligned}
\mathbb{E}\left[\mathrm{e}^{iuV_n}\right] &= \mathbb{E}\left[\mathrm{e}^{iu\sqrt{n}\left(\frac{S_n(y_n)}{n} - p_n\right)}\right] \\
&= \mathbb{E}\left[\mathrm{e}^{iu\sum_{j=1}^{n}\left(\mathbf{1}_{\{X_j \leq y_n\}} - p_n\right)/\sqrt{n}}\right] \\
&= \mathbb{E}\left[\mathrm{e}^{iu\left(\mathbf{1}_{\{X_1 \leq y_n\}} - p_n\right)/\sqrt{n}}\right]^n \\
&= \left[p_n\,\mathrm{e}^{iu(1-p_n)/\sqrt{n}} + (1-p_n)\,\mathrm{e}^{-iup_n/\sqrt{n}}\right]^n.
\end{aligned}$$

On fait un développement limité du dernier terme entre crochets. On a

$$\begin{aligned}
&p_n\,\mathrm{e}^{iu(1-p_n)/\sqrt{n}} + (1-p_n)\,\mathrm{e}^{-iup_n/\sqrt{n}} \\
&\qquad = p_n\left(1 + \frac{iu}{\sqrt{n}}(1-p_n) - \frac{u^2}{2n}(1-p_n)^2 + o(n^{-2})\right) \\
&\qquad\qquad + (1-p_n)\left(1 - \frac{iu}{\sqrt{n}}p_n - \frac{u^2}{2n}p_n^2 + o(n^{-2})\right) \\
&\qquad = 1 - \frac{u^2}{2n}p_n(1-p_n) + o(n^{-2}) \\
&\qquad = 1 - \frac{u^2}{2n}p(1-p) + O(n^{-3/2}).
\end{aligned}$$

Il en découle donc que

$$\mathbb{E}\left[\mathrm{e}^{iuV_n}\right] = \left[1 - \frac{u^2}{2n}p(1-p) + O(n^{-3/2})\right]^n.$$

On déduit du lemme B.3 que

$$\lim_{n\to\infty}\left[1 - \frac{u^2}{2n}p(1-p) + O(n^{-3/2})\right]^n = \lim_{n\to\infty}\left[1 - \frac{u^2}{2n}p(1-p)\right]^n = \mathrm{e}^{-u^2p(1-p)/2}.$$

Donc la suite $(V_n, n \geq 1)$ converge en loi vers V, de loi gaussienne $\mathcal{N}(0, p(1-p))$. Comme de plus on a $\lim_{n\to\infty}\sqrt{n}\left(\dfrac{k}{n} - p_n\right) = -xf(x_p)$, on déduit du théorème de Slutsky A.3.12 que pour $x \neq 0$, $V_n/\sqrt{n}\left(\frac{k}{n} - p_n\right)$ converge en loi vers $V/(-xf(x_p))$, qui est une variable aléatoire continue. On a donc

$$\mathbb{P}\left(\sqrt{n}\left(X_{(k,n)} - x_p\right) \leq x\right) = \mathbb{P}\left(V_n \geq \sqrt{n}\left(\frac{k}{n} - p_n\right)\right) \underset{n\to\infty}{\longrightarrow} \mathbb{P}\left(V \geq -xf(x_p)\right).$$

En utilisant le fait que V et $-V$ ont même loi il vient $\mathbb{P}\left(V \geq -xf(x_p)\right) = \mathbb{P}\left(\frac{V}{f(x_p)} \leq x\right)$. Cela implique que la fonction de répartition de la loi de $\sqrt{n}\left(X_{(k,n)} - x_p\right)$ converge vers celle de $V/f(x_p)$ et donc vers la fonction de répartition de la loi $\mathcal{N}(0, p(1-p)/f(x_p)^2)$. La première partie de la proposition découle alors de la proposition C.2.

Comme la densité f est continue en x_p, on déduit de la proposition 11.1.8 que p.s. $\lim_{n\to\infty} f(X_{(k,n)}) = f(x_p)$. Le théorème de Slutsky A.3.12 assure que

$$\sqrt{n}\frac{f(X_{(k,n)})}{\sqrt{p(1-p)}}(X_{(k,n)} - x_p) \xrightarrow[n\to\infty]{\textbf{Loi}} \mathcal{N}(0,1).$$

On en déduit que l'intervalle aléatoire $\left[X_{(k(n),n)} \pm \frac{a_\alpha\sqrt{p(1-p)}}{f(X_{(k(n),n)})\sqrt{n}}\right]$, où a_α est le quantile d'ordre $1 - \alpha/2$ de la loi $\mathcal{N}(0,1)$, est un intervalle de confiance de niveau asymptotique $1 - \alpha$ pour x_p. □

Remarque 11.1.12. Si la loi ne possède pas de densité, ou si la densité est irrégulière, la vitesse de convergence du quantile empirique vers le quantile peut être beaucoup plus rapide que $1/\sqrt{n}$. En revanche, si la densité existe, est continue et si $f(x_p) = 0$, alors la vitesse de convergence peut être plus lente que $1/\sqrt{n}$. ◊

Dans la proposition 11.1.11 intervient la densité de la loi. Or, en général, si on cherche à estimer un quantile, il est rare que l'on connaisse la densité. On peut construire un autre intervalle de confiance pour x_p sous des hypothèses plus générales, qui ne fait pas intervenir la densité. Si les hypothèses de la proposition 11.1.11 sont vérifiées, alors la largeur aléatoire de cet intervalle de confiance est de l'ordre de $1/\sqrt{n}$.

Proposition 11.1.13. *Soit $p \in]0,1[$. Soit a_α le quantile d'ordre $1 - \alpha/2$ de la loi $\mathcal{N}(0,1)$. On considère les entiers $i_n = [np - \sqrt{n}a_\alpha\sqrt{p(1-p)}]$ et $j_n = [np + \sqrt{n}a_\alpha\sqrt{p(1-p)}]$. Pour n assez grand les entiers i_n et j_n sont compris entre 1 et n. De plus l'intervalle aléatoire $[X_{(i_n,n)}, X_{(j_n,n)}]$ est un intervalle de confiance pour x_p de niveau asymptotique $1 - \alpha$.*

Démonstration. On pose $Z_n = \sqrt{n}\frac{\frac{1}{n}S_n - p}{\sqrt{p(1-p)}}$, où $S_n = \sum_{i=1}^{n} \mathbf{1}_{\{X_i \leq x_p\}}$. On déduit du théorème central limite que la suite $(Z_n, n \geq 1)$ converge en loi vers Z de loi gaussienne centrée réduite. Pour n suffisamment grand, on a $1 \leq i_n \leq j_n \leq n$, et

$$\mathbb{P}(X_{(i_n,n)} \leq x_p \leq X_{(j_n,n)}) = \mathbb{P}(i_n \leq S_n \leq j_n)$$
$$= \mathbb{P}\left(\sqrt{n}\frac{\frac{1}{n}i_n - p}{\sqrt{p(1-p)}} \leq Z_n \leq \sqrt{n}\frac{\frac{1}{n}j_n - p}{\sqrt{p(1-p)}}\right).$$

De la définition de i_n et j_n, on déduit que pour $n \geq n_0 \geq 1$, on a

$$\mathbb{P}\left(-a_\alpha \leq Z_n \leq a_\alpha - \frac{1}{\sqrt{n_0}\sqrt{p(1-p)}}\right)$$
$$\leq \mathbb{P}\left(\sqrt{n}\frac{\frac{1}{n}i_n - p}{\sqrt{p(1-p)}} \leq Z_n \leq \sqrt{n}\frac{\frac{1}{n}j_n - p}{\sqrt{p(1-p)}}\right)$$
$$\leq \mathbb{P}\left(-a_\alpha - \frac{1}{\sqrt{n_0}\sqrt{p(1-p)}} \leq Z_n \leq a_\alpha\right).$$

On en déduit donc, en faisant tendre n puis n_0 vers l'infini, que

$$\lim_{n\to\infty} \mathbb{P}\left(\sqrt{n}\frac{\frac{1}{n}i_n - p}{\sqrt{p(1-p)}} \leq Z_n \leq \sqrt{n}\frac{\frac{1}{n}j_n - p}{\sqrt{p(1-p)}}\right) = \mathbb{P}(-a_\alpha \leq Z \leq a_\alpha) = 1-\alpha.$$

On a donc obtenu

$$\lim_{n\to\infty} \mathbb{P}(X_{(i_n,n)} \leq x_p \leq X_{(j_n,n)}) = 1 - \alpha.$$

L'intervalle aléatoire $[X_{(i_n,n)}, X_{(j_n,n)}]$ est bien défini pour n suffisamment grand, et c'est un intervalle de confiance pour x_p de niveau asymptotique $1 - \alpha$. □

La suite de ce paragraphe est consacrée à des résultats qui seront utiles dans les paragraphes suivants. Le lemme 11.1.2 assure que l'étude de la statistique d'ordre associée à une loi quelconque peut se déduire de l'étude de la statistique d'ordre associée à la loi uniforme sur $[0,1]$. Nous donnons une représentation de cette dernière à l'aide de variables aléatoires de loi exponentielle.

Soit $(E_i, i \geq 1)$ une suite de variables aléatoires de loi exponentielle de paramètre 1. On note $\Gamma_n = \sum_{i=1}^n E_i$. La variable aléatoire Γ_n suit la loi gamma de paramètre $(1,n)$, voir la remarque A.2.12. Soit $(U_1,\ldots,U_n)$ une suite de variables aléatoires indépendantes de loi uniforme sur $[0,1]$.

Lemme 11.1.14. *La variable aléatoire* $(U_{(1,n)},\ldots,U_{(n,n)})$ *à même loi que* $\left(\frac{\Gamma_1}{\Gamma_{n+1}},\ldots,\frac{\Gamma_n}{\Gamma_{n+1}}\right)$.

Démonstration. Soit g une fonction réelle mesurable bornée définie sur $\mathbb{R}^n$. On a

$$\mathbb{E}\left[g\left(\frac{\Gamma_1}{\Gamma_{n+1}}, \dots, \frac{\Gamma_n}{\Gamma_{n+1}}\right)\right]$$
$$= \int_{(\mathbb{R}_+^*)^{n+1}} g\left(\frac{x_1}{\sum_{i=1}^{n+1} x_i}, \dots, \frac{\sum_{j=1}^{n} x_j}{\sum_{i=1}^{n+1} x_i}\right) \mathrm{e}^{-\sum_{i=1}^{n+1} x_i} \, dx_1 \dots dx_{n+1}.$$

En considérant les changements successifs de variables $y_1 = x_1, y_2 = x_1 + x_2, \dots, y_{n+1} = \sum_{i=1}^{n+1} x_i$ puis $z_1 = y_1/y_{n+1}, \dots, z_n = y_n/y_{n+1}, z_{n+1} = y_{n+1}$, on obtient après intégration sur z_{n+1},

$$\mathbb{E}\left[g\left(\frac{\Gamma_1}{\Gamma_{n+1}}, \dots, \frac{\Gamma_n}{\Gamma_{n+1}}\right)\right] = n! \int \mathbf{1}_{\{0<z_1<\dots<z_n<1\}} \, g(z_1, \dots, z_n) \, dz_1 \dots dz_n.$$

On déduit alors du corollaire 11.1.6 que le membre de droite est en fait égal à $\mathbb{E}\left[g(U_{(1,n)}, \dots, U_{(n,n)})\right]$. □

Soit $(V_i, i \geq 1)$ une suite de variables aléatoires indépendantes de loi de **Pareto** dont la fonction de répartition est $F(x) = 1 - \dfrac{1}{x}$ pour $x \geq 1$. La loi de Pareto interviendra au paragraphe 11.5 lors de la construction de l'estimateur de Pickand. D'après la proposition 11.1.10, si $(k(n), n \geq 1)$ une suite d'entiers telle que $1 \leq k(n) \leq n$, $\lim_{n\to\infty} k(n) = \infty$ et $\lim_{n\to\infty} \dfrac{k(n)}{n} = 0$ alors on a p.s. $\lim_{n\to\infty} V_{(n-k(n)+1,n)} = +\infty$. Le lemme suivant précise la vitesse de cette convergence.

Proposition 11.1.15. *Soit* $(k(n), n \geq 1)$ *une suite d'entiers telle que* $1 \leq k(n) \leq n$, $\lim_{n\to\infty} k(n) = \infty$ *et* $\lim_{n\to\infty} \dfrac{k(n)}{n} = 0$. *Alors la suite de variables aléatoires* $\left(\dfrac{k(n)}{n} V_{(n-k(n)+1,n)}, n \geq 1\right)$ *converge en probabilité vers* 1.

En fait on peut démontrer que si $\lim_{n\to\infty} \dfrac{k(n)}{\log n} = \infty$, alors la convergence de la proposition 11.1.15 est une convergence presque sûre.

Démonstration. On écrit k pour $k(n)$. Remarquons que $F^{-1}(u) = \frac{1}{1-u}$ pour $u \in [0, 1[$. On déduit du lemme 11.1.2, que $V_{(n-k+1,n)}$ a même loi que $F^{-1}(U_{(n-k+1,n)})$ et donc, grâce au lemme 11.1.14, que $F^{-1}\left(\dfrac{\Gamma_{n-k+1}}{\Gamma_{n+1}}\right) = \dfrac{\Gamma_{n+1}}{\Gamma_{n+1} - \Gamma_{n-k+1}}$.

Remarquons que Γ_{n+1} est la somme de $\Gamma_{n+1} - \Gamma_{n-k+1}$ et de Γ_{n-k+1} qui sont deux variables aléatoires indépendantes de loi gamma de paramètre respectif $(1, k)$ et $(1, n-k+1)$. Ainsi la variable $\frac{k}{n} V_{(n-k+1,n)}$ a même loi que

$$J_{k,n} = \frac{k}{n} + \frac{k}{\Gamma'_k} \frac{\Gamma_{n-k+1}}{n-k+1} \frac{n-k+1}{n},$$

où $\Gamma'_k = \sum_{i'=1}^{k} E'_{i'}$, $\Gamma_{n-k+1} = \sum_{i=1}^{n-k+1} E_i$ et les variables $(E_i, E'_{i'}\,; i \geq 1, i' \geq 1)$ sont indépendantes et de loi exponentielle de paramètre 1. La loi forte des grands nombres assure que p.s.

$$\lim_{n\to\infty} \frac{\Gamma_{n-k+1}}{n-k+1} = \lim_{n\to\infty} \frac{\Gamma'_k}{k} = \mathbb{E}[E_1] = 1.$$

On en déduit que presque sûrement $\lim\limits_{n\to\infty} J_{k,n} = 1$. Ainsi pour tout $\varepsilon > 0$, on a $\lim\limits_{n\to\infty} \mathbb{P}(|J_{k,n} - 1| \geq \varepsilon) = 0$. Comme $\frac{k}{n} V_{(n-k+1,n)}$ a même loi que $J_{k,n}$, on en déduit que $\frac{k}{n} V_{(n-k+1,n)}$ converge en probabilité vers 1. □

11.2 Exemples de convergence du maximum renormalisé

Dans ce paragraphe, on considère des variables aléatoires $(X_n, n \geq 1)$ indépendantes de même loi, ainsi que leur maximum $M_n = \max_{i\in\{1,\ldots,n\}} X_i$. On recherche des suites $(a_n, n \geq 0)$ et $(b_n, n \geq 1)$, avec $a_n > 0$, telles que la suite $(a_n^{-1}(M_n - b_n), n \geq 1)$ converge en loi vers une limite non dégénérée. Nous considérons des variables de loi uniforme, exponentielle, de Cauchy et de Bernoulli.

Loi uniforme.

On suppose que la loi de X_1 est la loi uniforme sur $[0, \theta]$, $\theta > 0$. La fonction de répartition de la loi est $F(x) = x/\theta$ pour $x \in [0, \theta]$. Par la proposition 11.1.10, la suite $(M_n, n \geq 1)$ converge p.s. vers θ.

Lemme 11.2.1. *La suite* $\left(n\left(\frac{M_n}{\theta} - 1\right), n \geq 1\right)$ *converge en loi vers* W *de fonction de répartition définie par*

$$\mathbb{P}(W \leq x) = \mathrm{e}^{x}, \quad x \leq 0.$$

La loi de W est une loi de **Weibull**. La famille des lois de Weibull sera définie au paragraphe 11.3. Dans ce cas particulier, la loi de $-W$ est la loi exponentielle de paramètre 1.

Démonstration. On note F_n la fonction de répartition de $n(\frac{M_n}{\theta} - 1)$. Comme $M_n < \theta$, on a $F_n(x) = 1$ si $x \geq 0$. Considérons le cas $x < 0$:

$$F_n(x) = \mathbb{P}\Big(M_n \leq \theta + \theta\frac{x}{n}\Big) = \mathbb{P}\Big(X_1 \leq \theta + \theta\frac{x}{n}\Big)^n = \Big(1 + \frac{x}{n}\Big)^n.$$

Il vient $\lim_{n\to\infty} F_n(x) = \mathrm{e}^x$ pour $x < 0$. On déduit de la proposition C.2 que $n\left(\frac{M_n}{\theta} - 1\right)$ converge en loi vers W de fonction de répartition $x \to \min(\mathrm{e}^x, 1)$. □

Exercice 11.2.2. Soit $(X_i, i \geq 1)$, une suite de variables aléatoires indépendantes de loi uniforme sur $[0, \theta]$, $\theta > 0$. Le but de l'exercice est d'étudier les propriétés de l'estimateur M_n de θ.

1. Vérifier que $M_n = \max_{i\in\{1,\ldots,n\}} X_i$ est l'estimateur du maximum de vraisemblance de θ (voir définition 5.2.2).
2. Montrer que cet estimateur est convergent, qu'il est biaisé, et calculer son biais (voir définition 5.2.5).
3. Est-il asymptotiquement normal ?
4. Montrer à l'aide du lemme 11.2.1 que $[M_n, M_n/(1-r/n)]$ est un intervalle de confiance de niveau asymptotique $1 - \alpha$ avec $\alpha = \mathrm{e}^{-r}$.
5. Donner la densité de la loi de M_n. En déduire un intervalle de confiance de niveau égal à $1 - \alpha$.

♦

Loi exponentielle.

On suppose X_1 de loi exponentielle de paramètre $\lambda > 0$. La fonction de répartition de cette loi est $F(x) = 1 - \mathrm{e}^{-\lambda x}$ pour $x \geq 0$. Comme $x_F = +\infty$, la suite $(M_n, n \geq 1)$ diverge vers l'infini d'après la proposition 11.1.10.

Lemme 11.2.3. *La suite* $(\lambda M_n - \log(n), n \geq 1)$ *converge en loi vers* G *de fonction de répartition définie par*

$$\mathbb{P}(G \leq x) = \mathrm{e}^{-\mathrm{e}^{-x}}, \quad x \in \mathbb{R}.$$

La loi de G est la loi de **Gumbel**.

Démonstration. On note F_n la fonction de répartition de $\lambda M_n - \log(n)$. On a pour $x + \log(n) > 0$,

$$F_n(x) = \mathbb{P}(\lambda M_n - \log(n) \leq x) = \mathbb{P}(M_n \leq (x + \log(n))/\lambda)$$
$$= \mathbb{P}(X_1 \leq (x + \log(n))/\lambda)^n = \left(1 - \frac{\mathrm{e}^{-x}}{n}\right)^n.$$

On a alors $\lim\limits_{n\to\infty} F_n(x) = \mathrm{e}^{-\mathrm{e}^{-x}}$, $x \in \mathbb{R}$. On déduit de la proposition C.2, que la suite $(\lambda M_n - \log(n), n \geq 1)$ converge en loi vers G, de fonction de répartition $x \to \mathrm{e}^{-\mathrm{e}^{-x}}$. □

L'exemple suivant donne une application bien connue de ce résultat.

Exemple 11.2.4. Considérons le problème classique du collectionneur d'images. Chaque tablette de chocolat comporte une image. Il existe n images différentes, et celles-ci sont équiréparties. Combien faut-il acheter de tablettes pour avoir la collection complète ? La probabilité d'avoir l'image i dans une tablette est $1/n$. Le nombre de tablettes N_i à acheter pour obtenir l'image i suit donc une loi géométrique de paramètre $1/n$. Pour que la collection soit complète, il faut donc acheter $S_n = \max_{1\leq i\leq n} N_i$ tablettes. D'après le lemme 7.2.1, N_i/n converge en loi vers X_i une variable aléatoire exponentielle de paramètre 1, quand n tend vers l'infini. En fait la loi de S_n est proche, dans un sens que nous allons préciser, de la loi de $n\max_{1\leq i\leq n} X_i$, où les variables aléatoires X_i sont indépendantes de loi exponentielle de paramètre 1 ; et ce, bien que les variables aléatoires N_i ne soient pas indépendantes entre elles (en effet p.s. $N_i \neq N_j$ si $i \neq j$). D'après le lemme ci-dessus, $\max_{1\leq i\leq n} X_i - \log(n)$ converge en loi, quand n tend vers l'infini, vers G, qui suit une loi de Gumbel. Ainsi, la variable S_n se comporte comme $n(\log(n) + G)$ pour n grand. Plus précisément, on peut montrer que la suite $(\frac{S_n}{n} - \log(n), n \geq 1)$ converge en loi vers G. On a $\mathbb{P}(G \in [-1.3, 3.7]) \simeq 95\,\%$. On en déduit que $\mathbb{P}(S_n \in [n(\log(n) - 1.3), n(\log(n) + 3.7)])$ converge vers $\mathbb{P}(G \in [-1.3, 3.7]) \simeq 95\,\%$ quand n tend vers l'infini. On fournit ainsi un intervalle aléatoire, I_n, qui contient asymptotiquement S_n à 95 %. Par exemple, on a :

n	$n\log(n)$	I_n
50	196	$[130, 381]$
250	1 380	$[1\,054, 2\,299]$

Loi de Cauchy.

On suppose que X_1 suit la loi de Cauchy (de paramètre $a = 1$). La densité de la loi est $f(x) = \dfrac{1}{\pi(1+x^2)}$. Comme le support de la densité est non borné, il est clair que la suite $(M_n, n \geq 1)$ diverge.

Lemme 11.2.5. *La suite* $\left(\dfrac{\pi M_n}{n}, n \geq 1\right)$ *converge en loi vers* W *de fonction de répartition définie par*

$$\mathbb{P}(W \leq x) = \mathrm{e}^{-1/x}, \quad x > 0.$$

La loi de W appartient à la famille des lois de **Fréchet**.

Démonstration. On note F_n la fonction de répartition de $\frac{\pi M_n}{n}$. On a

$$F_n(x) = \mathbb{P}\Big(M_n \leq \frac{nx}{\pi}\Big) = \mathbb{P}\Big(X_1 \leq \frac{nx}{\pi}\Big)^n = \left(1 - \int_{nx/\pi}^{\infty} \frac{1}{\pi(1+y^2)}\, dy\right)^n.$$

Pour $x > 0$, on a

$$\begin{aligned}\int_{nx/\pi}^{\infty} \frac{1}{\pi(1+y^2)}\, dy &= \int_{nx/\pi}^{\infty} \frac{1}{\pi y^2}\, dy + \int_{nx/\pi}^{\infty} \left[\frac{1}{\pi(1+y^2)} - \frac{1}{\pi y^2}\right] dy \\ &= \frac{1}{nx} + O((nx)^{-3}).\end{aligned}$$

On a alors pour $x > 0$, $F_n(x) = \left(1 - \frac{1}{nx} + O((nx)^{-3})\right)^n$. On en déduit que $\lim_{n\to\infty} F_n(x) = \mathrm{e}^{-1/x}$ pour $x > 0$. Ainsi la suite $(\pi M_n/n, n \geq 1)$ converge en loi vers W de fonction de répartition définie par

$$\mathbb{P}(W \leq x) = \mathrm{e}^{-1/x}, \quad x > 0.$$

□

Exercice 11.2.6. Montrer que le maximum judicieusement renormalisé d'un échantillon de variables aléatoires indépendantes de loi de Pareto converge en loi. Identifier la limite. ♦

Loi de Bernoulli.

On suppose X_i de loi de Bernoulli de paramètre $p \in]0,1[$: $\mathbb{P}(X_i = 1) = p = 1 - \mathbb{P}(X_i = 0)$. On a $M_n = 1$ si $n \geq T = \inf\{k \geq 1\,; X_k = 1\}$. La loi de T est une loi géométrique de paramètre p. Donc T est fini p.s. et M_n est donc constant égal à 1 p.s. à partir d'un certain rang. Il n'existe donc pas de suite $((a_n, b_n), n \geq 1)$, avec $a_n > 0$, telle que la suite de terme $a_n^{-1}(M_n - b_n)$ converge en loi vers une limite non triviale, c'est-à-dire une limite différente d'une variable aléatoire constante.

On peut démontrer qu'il n'existe pas non plus de limite non triviale pour les limites des maximums renormalisés des lois géométriques et de Poisson.

Exercice 11.2.7. On suppose que X_1 suit la loi de Yule de paramètre $\rho > 0$, c'est-à-dire X_1 est à valeurs dans $\mathbb{N}^*$, et on a pour $k \in \mathbb{N}^*$, $\mathbb{P}(X_1 = k) = \rho B(k, \rho + 1)$, où $B(a,b) = \dfrac{\Gamma(a)\Gamma(b)}{\Gamma(a+b)}$. Voir (A.5) pour la définition de la fonction Γ. De la définition de la loi béta, on obtient que $B(a,b) = \int_{]0,1[} x^{a-1}(1-x)^{b-1}\, dx$.

On pose $p(k) = \mathbb{P}(X_1 = k)$

1. Vérifier que $\sum_{k\geq 1} p(k) = 1$.
2. Calculer la moyenne et la variance de la loi de Yule.

3. En utilisant la formule de Stirling, $\lim_{a\to\infty} \frac{\Gamma(a)}{a^{a-\frac{1}{2}} \, \mathrm{e}^{-a} \sqrt{2\pi}} = 1$, donner un équivalent de $\sum_{i=k}^{\infty} p(i)$ quand k tend vers l'infini. On dit que la loi de Yule, comme la loi de Pareto, est une loi en puissance.
4. En déduire que la suite $\left(\frac{M_n}{(\Gamma(\rho+1)\, n)^{1/\rho}}, n \geq 1\right)$ converge en loi vers une variable aléatoire de fonction de répartition $x \to \mathrm{e}^{-x^{-\rho}}$, $x > 0$. Cette loi limite appartient à la famille des lois de Fréchet.

Les lois en puissance semblent correspondre à de nombreux phénomènes, voir [8] : taille de la population des villes, nombre de téléchargements des pages internet, nombre d'occurrences des mots du langage, etc. Le théorème 11.4.9 assure que les limites des maximums convenablement renormalisés correspondant à ces lois suivent des lois de Fréchet. ♦

11.3 Limites des maximums renormalisés

Définition 11.3.1. *La loi $\mathcal{L}_0$ est dite max-stable si pour tout $n \geq 2$, $(W_1, \ldots, W_n)$ étant des variables aléatoires indépendantes de loi $\mathcal{L}_0$, il existe $a_n > 0$ et $b_n \in \mathbb{R}$, tels que $a_n^{-1}\left(\max_{i\in\{1,\ldots,n\}} W_i - b_n\right)$ suit la loi $\mathcal{L}_0$.*

On peut montrer que si $(X_i, i \geq 1)$ est une suite de variables aléatoires indépendantes et de même loi, telle que la suite $\left(a_n^{-1}\left(\max_{i\in\{1,\ldots,n\}} X_i - b_n\right), n \geq 1\right)$ converge en loi pour une suite appropriée $a_n > 0$ et $b_n \in \mathbb{R}$ vers une limite non triviale, c'est-à-dire vers une variable aléatoire non constante, alors la limite est une loi max-stable. Bien sûr la suite $((a_n, b_n), n \geq 1)$ n'est pas unique. Le théorème suivant permet d'identifier l'ensemble des lois max-stables.

Théorème 11.3.2. *Soit $(X_i, i \geq 1)$ une suite de variables aléatoires indépendantes et de même loi. Supposons qu'il existe une suite $((a_n, b_n), n \geq 1)$ telle que $a_n > 0$ et la suite $\left(a_n^{-1}\left(\max_{i\in\{1,\ldots,n\}} X_i - b_n\right), n \geq 1\right)$ converge en loi vers une limite non triviale. Alors à une translation et un changement d'échelle près la* ***fonction de répartition*** *de la limite est de la forme suivante :*

Loi de Weibull $\Psi_\alpha(x) = \begin{cases} \mathrm{e}^{-(-x)^\alpha}, & x \leq 0 \\ 1, & x > 0 \end{cases}$ *et* $\alpha > 0$.

Loi de Gumbel $\Lambda(x) = \mathrm{e}^{-\mathrm{e}^{-x}}, x \in \mathbb{R}$.

Loi de Fréchet $\Phi_\alpha(x) = \begin{cases} 0, & x \leq 0 \\ \mathrm{e}^{-x^{-\alpha}}, & x > 0 \end{cases}$ *et* $\alpha > 0$.

L'ensemble des lois limites s'obtient donc en considérant les lois de $cW + d$, où W suit une loi de Weibull, de Gumbel ou de Fréchet. La Fig. 11.4 présente la densité de quelques lois de valeurs extrêmes. L'exercice suivant permet de vérifier que les lois de Weibull, Gumbel et Fréchet sont max-stables.

Exercice 11.3.3. Soit $(X_i, i \geq 1)$ une suite de variables aléatoires indépendantes, de même loi que X. On pose $M_n = \max_{i \in \{1,\dots,n\}} X_i$. Montrer que si X suit la loi de

- Weibull de paramètre α, alors M_n a même loi que $n^{-1/\alpha} X$;
- Gumbel, alors M_n a même loi que $X + \log(n)$;
- Fréchet de paramètre α, alors M_n a même loi que $n^{1/\alpha} X$.

♦

Remarque 11.3.4. En fiabilité, voir Chap. 10, si on considère un matériel constitué de n composants en série, ce matériel est en état de fonctionnement si tous les composants sont en fonctionnement. La durée de fonctionnement du matériel, T, est donc le minimum des durées de vie des n composants, $Y_1, \dots, Y_n$. En posant $X_i = -Y_i$, on a $T = -\max_{1 \leq i \leq n} X_i$. Si l'on suppose les composants indépendants et de même type, il est raisonnable de modéliser ces durées de fonctionnement par des variables aléatoires indépendantes de même loi. Le théorème 11.3.2 assure qu'à un changement d'échelle près et à une translation près la loi de $-T$ peut être approchée par une loi de valeurs extrêmes. Comme par définition $-T \leq 0$, la seule loi possible pour $-T$ est la loi de Weibull. Si de plus on suppose que le matériel peut tomber en panne à tout moment, alors le paramètre de translation est nul. On en déduit que $-T$ suit une loi de Weibull, à une constante multiplicative près. La fonction de répartition de T dépend de deux paramètres, notés traditionnellement $\alpha > 0$ et $\beta > 0$, et elle s'écrit

$$F(x) = 1 - \mathrm{e}^{-\left(\frac{x}{\alpha}\right)^{\beta}}, \quad x > 0.$$

Dans cette définition β correspond au paramètre α du théorème 11.3.2, et α est le paramètre d'échelle. Cette loi est appelée loi de Weibull sur $\mathbb{R}_+$ de paramètre (α, β). ♢

Il est possible de rassembler les trois familles de lois en une seule famille paramétrique $(H(\xi), \xi \in \mathbb{R})$ dite famille des lois de valeurs extrêmes généralisées. Elle est paramétrée par une seule variable $\xi \in \mathbb{R}$, mais toujours à un facteur de changement d'échelle et de translation près. La fonction de répartition est pour $\xi \in \mathbb{R}$

$$\boxed{H(\xi)(x) = \mathrm{e}^{-(1+\xi x)^{-1/\xi}}, \quad \text{si } 1 + \xi x > 0.}$$

Pour $\xi = 0$, il faut lire $H(0)(x) = \mathrm{e}^{-\mathrm{e}^{-x}}$, $x \in \mathbb{R}$, qui s'obtient dans la formule précédente en faisant tendre ξ vers 0. Les lois de valeurs extrêmes généralisées

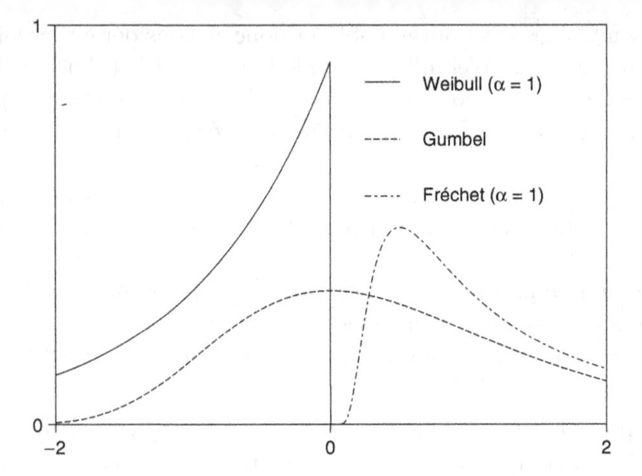

Fig. 11.4. Densité des lois de valeurs extrêmes

correspondent à une translation et changement d'échelle près aux lois de valeurs extrêmes. Plus précisément, on a :

- $\Psi_\alpha(x) = H\Big(-\dfrac{1}{\alpha}\Big)(\alpha(x+1))$ pour $x \in \mathbb{R}$. Ainsi, si W suit la loi de Weibull de paramètre $\alpha > 0$, alors $\alpha(W+1)$ suit la loi de valeurs extrêmes généralisées de paramètre $\xi = -1/\alpha$.
- $\Lambda = H(0)$. La loi de Gumbel correspond à la loi de valeurs extrêmes généralisées de paramètre $\xi = 0$.
- $\Phi_\alpha(x) = H\Big(\dfrac{1}{\alpha}\Big)(\alpha(x-1))$ pour $x \in \mathbb{R}$. Ainsi, si W suit la loi de Fréchet de paramètre $\alpha > 0$, alors $\alpha(W-1)$ suit la loi de valeurs extrêmes généralisées de paramètre $\xi = 1/\alpha$.

Dans les exemples du paragraphe précédent, on a obtenu la convergence en loi du maximum renormalisé vers une variable qui suit :

- La loi de Weibull de paramètre $\alpha = 1$, pour une suite de variables aléatoires de loi uniforme.
- La loi de Gumbel, pour une suite de variables aléatoires de loi exponentielle.
- La loi de Fréchet de paramètre $\alpha = 1$, pour une suite de variables aléatoires de loi de Cauchy.

Rappelons que la convergence en loi du maximum renormalisé n'a pas lieu pour toutes les lois, cf. l'exemple de la loi de Bernoulli au paragraphe 11.2.

Démonstration du théorème 11.3.2. La démonstration de ce théorème est longue, voir [9] proposition 0.3. Néanmoins le raisonnement présenté dans [1] permet de se forger une intuition des résultats et d'introduire des quantités qui nous seront utiles par la suite.

Supposons qu'il existe une suite $((a_n, b_n), n \geq 1)$ telle que $a_n > 0$ et la suite de terme $a_n^{-1}(M_n - b_n)$ converge en loi vers une limite W non constante.

Pour toute fonction g continue bornée, on a

$$\lim_{n\to\infty} \mathbb{E}[g(a_n^{-1}(M_n - b_n))] = \mathbb{E}[g(W)].$$

Supposons par simplicité que la loi de X_1 possède la densité $f > 0$. Alors la loi de M_n possède la densité $nF(x)^{n-1}f(x)$ d'après la question 3 de l'exercice 11.1.7. On a donc

$$I_n = \mathbb{E}[g(a_n^{-1}(M_n - b_n))] = \int_{\mathbb{R}} g\left(\frac{x - b_n}{a_n}\right) nF(x)^{n-1}f(x)\, dx.$$

Comme $f > 0$, la fonction F est inversible et d'inverse continue. On pose pour $t > 1$

$$U(t) = F^{-1}\left(1 - \frac{1}{t}\right).$$

En particulier, on a $U(t) = x \iff 1 - \dfrac{1}{t} = F(x) \iff \mathbb{P}(X > x) = \dfrac{1}{t}$. On effectue le changement de variable $F(x) = 1 - \dfrac{v}{n}$, i.e. $x = U\left(\dfrac{n}{v}\right)$. On obtient

$$I_n = \int_{\mathbb{R}} g\left(\frac{U(n/v) - b_n}{a_n}\right)\left(1 - \frac{v}{n}\right)^{n-1} \mathbf{1}_{]0,n]}(v)\, dv.$$

Remarquons que $\left(1 - \dfrac{v}{n}\right)^{n-1} \mathbf{1}_{]0,n]}(v)$ converge en croissant vers $\mathrm{e}^{-v}\, \mathbf{1}_{\{v>0\}}$. Comme par hypothèse I_n converge pour tout g, il est naturel, mais erroné a priori, de penser que pour tout $v > 0$, la suite de terme $J_n(v) = \dfrac{U(n/v) - b_n}{a_n}$ converge. Supposons malgré tout que cette convergence ait lieu. On en déduit en considérant $J_n(1/w) - J_n(1)$ que pour tout $w > 0$, $\dfrac{U(wn) - U(n)}{a_n}$ converge quand n tend vers l'infini, vers une limite que l'on note $h(w)$. Comme la variable aléatoire W est non triviale, cela implique que la fonction h n'est pas égale à une constante. Comme la fonction U est croissante, la fonction h est également croissante. Supposons que plus généralement, on ait pour tout $w > 0$,

$$\frac{U(wx) - U(x)}{a(x)} \underset{x\to\infty}{\longrightarrow} h(w),$$

où $a(x) = a_{[x]}$ pour $x \geq 1$, $[x]$ désignant la partie entière de x. Soit $w_1, w_2 > 0$. On a

$$\frac{U(xw_1w_2) - U(x)}{a(x)} = \frac{U(xw_1w_2) - U(xw_1)}{a(xw_1)}\frac{a(xw_1)}{a(x)} + \frac{U(xw_1) - U(x)}{a(x)}.$$

En faisant tendre x vers l'infini dans l'égalité ci-dessus, on obtient que $\frac{a(xw_1)}{a(x)}$ converge pour tout $w_1 > 0$. On note $l(w_1)$ la limite, et il vient

$$h(w_1 w_2) = h(w_2)l(w_1) + h(w_1). \tag{11.5}$$

La fonction l est mesurable et localement bornée. Comme la fonction h est croissante et non constante, on en déduit que l est strictement positive. De plus en posant $yw' = x$, on a pour $w' > 0$

$$l(w) = \lim_{x\to\infty} \frac{a(xw)}{a(x)} = \lim_{y\to\infty} \frac{a(yw'w)}{a(y)} \frac{a(y)}{a(yw')} = \frac{l(w'w)}{l(w')}.$$

Ainsi on a pour tous $w, w' > 0$,

$$l(w'w) = l(w)l(w'), \tag{11.6}$$

où l est une fonction strictement positive mesurable localement bornée. Vérifions que les solutions non nulles de cette équation fonctionnelle sont : $l(w) = w^\xi$, où $\xi \in \mathbb{R}$. En intégrant (11.6) pour w' entre 1 et 2, il vient en effectuant le changement de variable $ww' = u$, $\frac{1}{w}\int_w^{2w} l(u)du = l(w)\int_1^2 l(w')dw'$. On en déduit que l est continu puis dérivable. On obtient alors en dérivant (11.6) par rapport à w' et en évaluant en $w' = 1$ que $wl'(w) = \xi l(w)$ où $\xi \in \mathbb{R}$. Ceci implique que $l(w) = cw^\xi$. Comme d'après (11.6), $l(1) = l(1)^2$ et que l est strictement positive, on en déduit que $l(1) = 1$ et que $l(w) = w^\xi$ pour $w > 0$. On retrouve ξ l'indice de la loi de valeurs extrêmes généralisées. L'équation (11.5) se récrit

$$h(w_1 w_2) = h(w_2)w_1^\xi + h(w_1) \quad \text{pour tous } w_1, w_2 > 0.$$

Pour $\xi = 0$ on obtient l'équation fonctionnelle $h(w_1 w_2) = h(w_2) + h(w_1)$. Un raisonnement semblable à celui effectué à partir de l'équation fonctionnelle (11.6) assure que les solutions mesurables localement bornées sur $]0, \infty[$ de cette équation fonctionnelle sont $h(w) = c \log w$, avec $c > 0$.

Pour $\xi \neq 0$, par symétrie, on a

$$h(w_1 w_2) = h(w_2)w_1^\xi + h(w_1) = h(w_1)w_2^\xi + h(w_2).$$

En particulier, on a

$$h(w_1)(1 - w_2^\xi) = h(w_2)(1 - w_1^\xi).$$

Cela implique $h(w) = 0$ si $w = 1$, et sinon $\frac{h(w)}{w^\xi - 1}$ est constant.

Donc on obtient $h(w) = c(w^\xi - 1)$. À un changement d'échelle près, on peut choisir $c = \frac{1}{\xi}$. À une translation près, on peut choisir $U(n) = b_n$. En définitive, il vient

$$\lim_{n\to\infty} \frac{U(n/v) - b_n}{a_n} = h\left(\frac{1}{v}\right) = \begin{cases} \dfrac{v^{-\xi} - 1}{\xi} & \text{si } \xi \neq 0, \\ -\log(v) & \text{si } \xi = 0. \end{cases}$$

On peut maintenant calculer la limite de $I_n = \mathbb{E}[g(a_n^{-1}(M_n - b_n))]$. Il vient par convergence dominée

$$\begin{aligned} \lim_{n\to\infty} I_n &= \int g\left(\frac{v^{-\xi} - 1}{\xi}\right) \mathrm{e}^{-v} \mathbf{1}_{\{v>0\}}\, dv \\ &= \int g(y) \mathbf{1}_{\{1+\xi y>0\}}\, d\left(\mathrm{e}^{-(1+\xi y)^{-1/\xi}}\right), \end{aligned}$$

où on a posé $y = \dfrac{v^{-\xi} - 1}{\xi}$ si $\xi \neq 0$ et $y = \log(v)$ si $\xi = 0$. La fonction de répartition de la loi limite est donc $H(\xi)$. □

11.4 Domaines d'attraction

Après avoir caractérisé les lois limites, il nous reste à déterminer les lois $\mathcal{L}$ pour lesquelles la loi du maximum renormalisé converge vers une loi max-stable donnée $\mathcal{L}_0$. On dit alors que la loi $\mathcal{L}$ (ou sa fonction de répartition F) appartient au bassin d'attraction de $\mathcal{L}_0$ (ou de sa fonction de répartition F_0) pour la convergence du maximum renormalisé. On le notera $\mathcal{L} \in D(\mathcal{L}_0)$ (ou $F \in D(F_0)$).

11.4.1 Caractérisations générales

On définit la fonction U par

$$U(t) = F^{-1}\left(1 - \frac{1}{t}\right), \quad t > 1,$$

où F^{-1} est l'inverse généralisé de F (voir l'appendice C). Les calculs de la démonstration du théorème 11.3.2 suggèrent que si $F \in D(H(\xi))$, alors on a, à un changement d'échelle près,

$$\lim_{s\to\infty} \frac{U(sw) - U(s)}{a(s)} = \frac{w^{\xi} - 1}{\xi}.$$

En particulier, si $x, y > 0$ et $y \neq 1$, on a

$$\begin{aligned} \lim_{s\to\infty} \frac{U(sx) - U(s)}{U(sy) - U(s)} &= \lim_{s\to\infty} \frac{U(sx) - U(s)}{a(s)} \frac{a(s)}{U(sy) - U(s)} \\ &= \begin{cases} \dfrac{x^{\xi} - 1}{y^{\xi} - 1} & \text{si } \xi \neq 0, \\ \dfrac{\log x}{\log y} & \text{si } \xi = 0. \end{cases} \end{aligned}$$

En fait la proposition suivante, voir [6] théorème 3.4.5 pour une démonstration, assure que cette condition est suffisante pour que $F \in D(H(\xi))$.

Proposition 11.4.1. *Soit $\xi \in \mathbb{R}$. Il y a équivalence entre $F \in D(H(\xi))$ et pour tous $x > 0$, $y > 0$, $y \neq 1$,*

$$\lim_{s\to\infty} \frac{U(sx) - U(s)}{U(sy) - U(s)} = \begin{cases} \dfrac{x^\xi - 1}{y^\xi - 1} & si\ \xi \neq 0, \\ \dfrac{\log(x)}{\log(y)} & si\ \xi = 0. \end{cases}$$

Nous utiliserons ce résultat pour construire l'estimateur de Pickand de ξ au paragraphe 11.5.

Exercice 11.4.2. Calculer la fonction U pour la loi exponentielle de paramètre $\lambda > 0$, la loi uniforme sur $[0, \theta]$ et la loi de Cauchy. Calculer $\lim_{s\to\infty} \dfrac{U(sx) - U(s)}{U(sy) - U(s)}$, et retrouver ainsi les résultats du paragraphe 11.2. ♦

Il est d'usage d'utiliser la notation $\bar{F}$ pour la distribution de la queue de la loi de X, voir (10.1) : $\bar{F}(x) = \mathbb{P}(X > x) = 1 - F(x)$. En fait, au paragraphe 11.2, pour démontrer la convergence en loi du maximum renormalisé, on a recherché une suite $((a_n, b_n), n \geq 1)$, avec $a_n > 0$, telle que

$$\mathbb{P}\left(a_n^{-1}(M_n - b_n) \leq x\right) = F(xa_n + b_n)^n = (1 - \bar{F}(xa_n + b_n))^n$$

converge vers une limite non triviale.

Proposition 11.4.3. *On a $F \in D(H(\xi))$ si et seulement si*

$$\boxed{n\bar{F}(xa_n + b_n) \underset{n\to\infty}{\longrightarrow} -\log H(\xi)(x).}$$

pour une certaine suite $((a_n, b_n), n \geq 1)$ où $a_n > 0$ et $b_n \in \mathbb{R}$. On a alors la convergence en loi de $(a_n^{-1}(M_n - b_n), n \geq 1)$ vers une variable aléatoire de fonction de répartition $H(\xi)$.

Démonstration. Si $F \in D(H(\xi))$, alors on a $\left(1 - \bar{F}(xa_n + b_n)\right)^n \underset{n\to\infty}{\longrightarrow} H(\xi)(x)$ pour une certaine suite $((a_n, b_n), n \geq 1)$ où $a_n > 0$ et $b_n \in \mathbb{R}$. En prenant le logarithme de cette expression il vient

$$n \log\left(1 - \bar{F}(xa_n + b_n)\right) \underset{n\to\infty}{\longrightarrow} \log H(\xi)(x).$$

Ceci implique que pour $1 + \xi x > 0$, $\bar{F}(xa_n + b_n)$ tend vers 0 et

$$n\bar{F}(xa_n + b_n) \underset{n\to\infty}{\longrightarrow} -\log H(\xi)(x).$$

La réciproque est claire : si on a la convergence ci-dessus, alors $F \in D(H(\xi))$. □

Rappelons que $x_F = \inf\{x \in \mathbb{R}\,; F(x) = 1\}$ désigne le quantile d'ordre 1 de la loi de fonction de répartition F. Nous avons le résultat plus général suivant.

Proposition 11.4.4. *Soit $\xi \in \mathbb{R}$. Il y équivalence entre $F \in D(H(\xi))$ et il existe une fonction mesurable a telle que pour $1 + \xi x > 0$, on a*

$$\lim_{u \to x_F^-} \frac{\bar{F}(xa(u) + u)}{\bar{F}(u)} = \begin{cases} (1 + \xi x)^{-1/\xi} & \text{si } \xi \neq 0, \\ \mathrm{e}^{-x} & \text{si } \xi = 0. \end{cases}$$

Démonstration. Supposons que la fonction a existe et que la limite, quand u tend en croissant vers x_F, de $\bar{F}(xa(u) + u)/\bar{F}(u)$ soit celle décrite dans la proposition. On suppose par simplicité que $\bar{F}$ est continue. Alors en choisissant $b_n = U(n)$, on a $\bar{F}(b_n) = 1/n$. En prenant $u = b_n$, on a donc $\lim_{n \to \infty} n\bar{F}(xa(b_n) + b_n) = -\log H(\xi)(x)$. Cela assure que $F \in D(H(\xi))$ d'après la proposition 11.4.3. La réciproque, plus difficile, est admise, voir [6] théorème 3.4.5. □

11.4.2 Domaines d'attraction des lois de Fréchet et Weibull

Pour décrire plus en détail les domaines d'attraction, il est nécessaire de décrire précisément le comportement de $\bar{F}(x)$ quand x converge vers x_F.

Définition 11.4.5. *On dit qu'une fonction L est à variation lente si $L(t) > 0$ pour t assez grand et si pour tout $x > 0$, on a*

$$\lim_{t \to \infty} \frac{L(tx)}{L(t)} = 1.$$

Par exemple $\log(x)$ est une fonction à variation lente.

Les fonctions à variation lente jouent un rôle prépondérant dans l'étude des lois de valeurs extrêmes. Les résultats concernant ces fonctions sont difficiles. Nous renvoyons au livre très complet de Bingham et al. [2]. En particulier, on sait caractériser les fonctions à variation lente, voir [2] théorème 1.3.1.

Proposition 11.4.6. *Soit L une fonction à variation lente. Il existe deux fonctions mesurables $c > 0$ et κ telles que :*

$$\lim_{x \to \infty} c(x) = c_0 \in]0, \infty[\quad \text{et} \quad \lim_{x \to \infty} \kappa(x) = 0,$$

et $a \in \mathbb{R}$, tels que pour tout $x \geq a$,

$$L(x) = c(x) \exp \int_a^x \frac{\kappa(u)}{u}\, du. \tag{11.7}$$

Exercice 11.4.7.

1. Vérifier que la fonction $\log(x)$ se met sous la forme (11.7).
2. Vérifier que toute fonction de la forme (11.7) est à variation lente.

♦

Nous donnerons des résultats complémentaires sur les fonctions à variation lente dans le lemme 11.5.2.

Remarque 11.4.8. Si $g(t)$ est positive pour t assez grand et si pour tout $x > 0$, $\lim_{t\to\infty} g(tx)/g(t) = x^\beta$, alors on a $g(x) = x^\beta L(x)$, où L est une fonction à variation lente. On dit que la fonction g est à variation d'ordre β. ♢

Théorème 11.4.9. *La fonction de répartition F appartient au domaine d'attraction de la loi de Fréchet de paramètre $\alpha > 0$ si et seulement si* $\boxed{\bar{F}(x) = x^{-\alpha} L(x)}$ *où la fonction L est à variation lente. En particulier $x_F = +\infty$. De plus si $F \in D(\Phi_\alpha)$, alors avec $a_n = U(n) = F^{-1}\left(1 - \frac{1}{n}\right)$, la suite $(a_n^{-1} M_n, n \geq 1)$ converge en loi vers une variable aléatoire de fonction de répartition Φ_α.*

Démonstration. Supposons que $\bar{F}(x) = x^{-\alpha} L(x)$, où L est à variation lente. On conserve les notations de la proposition 11.4.6. On a $\bar{F}(x) \sim g(x)$ en $+\infty$, où $g(x) = x^{-\alpha} c_0 \exp \int_a^x \frac{\kappa(u)}{u}\, du$ est une fonction continue. Posons $a_n = U(n)$. On a $\bar{F}(a_n) \leq \dfrac{1}{n} \leq \bar{F}(a_n^-)$ et a_n tend vers l'infini avec n. Si F est continue en a_n, alors on a $\bar{F}(a_n) = 1/n$, sinon comme $\bar{F}$ est équivalente en $+\infty$ à une fonction continue, on en déduit que $\bar{F}(a_n) \sim 1/n$ quand n tend vers l'infini. Pour $x > 0$, on a donc

$$\lim_{n\to\infty} n\bar{F}(a_n x) = \lim_{n\to\infty} \frac{\bar{F}(a_n x)}{\bar{F}(a_n)} = x^{-\alpha}.$$

Un raisonnement similaire à celui de la démonstration de la proposition 11.4.3 assure que $F \in D(\Phi_\alpha)$. On admettra la réciproque, voir [6] théorème 3.3.7. □

Théorème 11.4.10. *La fonction de répartition F appartient au domaine d'attraction de la loi de Weibull de paramètre $\alpha > 0$ si et seulement si $x_F < \infty$ et* $\boxed{\bar{F}\left(x_F - \dfrac{1}{x}\right) = x^{-\alpha} L(x)}$ *où la fonction L est à variation lente. De plus si $F \in D(\Psi_\alpha)$, alors avec $a_n = x_F - U(n) = x_F - F^{-1}\left(1 - \frac{1}{n}\right)$, la suite $(a_n^{-1}(M_n - x_F), n \geq 1)$ converge en loi vers une variable aléatoire de fonction de répartition Ψ_α.*

Démonstration. La démonstration est similaire à celle du théorème précédent, voir [6] théorème 3.3.12 pour la réciproque. □

Les résultats concernant le domaine d'attraction de la loi de Gumbel sont plus délicats. Nous renvoyons à [1], Chap. 2, ou [6], Chap. 3.3, pour plus de détails. En particulier les lois gamma, gaussiennes, exponentielles et log-normales appartiennent au domaine d'attraction de la loi de Gumbel.

Enfin dans le cas particulier où la loi de X_1 possède une densité, on obtient des caractérisations pour appartenir au domaine d'attraction d'une loi de valeurs extrêmes, voir [6] théorèmes 3.3.8 et 3.3.13.

Proposition 11.4.11 (Critère de von Mises). *Soit F la fonction de répartition d'une loi de densité f.*

1. *Si on a*
$$\lim_{x\to\infty} \frac{xf(x)}{\bar{F}(x)} = \alpha > 0,$$
alors F appartient au domaine d'attraction de la loi de Fréchet de paramètre α.
2. *On suppose la loi de densité f strictement positive sur un intervalle (z, x_F), avec $x_F < \infty$. Si on a*
$$\lim_{x\to x_F^-} \frac{(x_F - x)f(x)}{\bar{F}(x)} = \alpha > 0,$$
alors F appartient au domaine d'attraction de la loi de Weibull de paramètre α.

Exercice 11.4.12. Montrer les résultats suivants à l'aide des théorèmes 11.4.9 et 11.4.10.

1. La loi de Pareto d'indice $\alpha > 0$, de fonction de répartition $F(x) = 1 - x^{-\alpha}$ pour $x \geq 1$, appartient au domaine d'attraction de la loi de Fréchet de paramètre α.
2. La loi de Cauchy appartient au domaine d'attraction de la loi de Fréchet de paramètre 1.
3. La loi béta de paramètre (a, b) appartient au domaine d'attraction de la loi de Weibull de paramètre b.

♦

11.5 Estimation du paramètre de la loi de valeurs extrêmes

Nous donnons deux familles d'estimateurs du paramètre de la loi de valeurs extrêmes généralisées. Il en existe de nombreux autres, voir les monographies [1 et 6].

11.5.1 Estimateur de Pickand

Théorème 11.5.1. *Soit $(X_n, n \geq 1)$ une suite de variables aléatoires indépendantes de même loi de fonction de répartition $F \in D(H(\xi))$, où $\xi \in \mathbb{R}$. Si $\lim_{n\to\infty} k(n) = \infty$ et $\lim_{n\to\infty} \frac{k(n)}{n} = 0$, alors l'**estimateur de Pickand***

$$\boxed{\xi^P_{(k(n),n)} = \frac{1}{\log 2} \log\left(\frac{X_{(n-k(n)+1,n)} - X_{(n-2k(n)+1,n)}}{X_{(n-2k(n)+1,n)} - X_{(n-4k(n)+1,n)}}\right)}$$

converge en probabilité vers ξ.

Supposons les hypothèses du théorème précédent satisfaites ainsi que $\lim_{n\to\infty} \frac{k(n)}{\log\log n} = \infty$, alors on admet que l'estimateur de Pickand est fortement convergent : la convergence de l'estimateur est presque sûre et non plus seulement en probabilité. Sous certaines hypothèses supplémentaires sur la suite $(k(n), n \geq 1)$ et sur F, on peut montrer qu'il est également asymptotiquement normal, voir [5] : la suite $\left(\sqrt{k(n)}\left(\xi^P_{(k(n),n)} - \xi\right), n \geq 1\right)$ converge en loi vers une variable gaussienne centrée de variance

$$\frac{\xi^2(2^{2\xi+1}+1)}{(2(2^\xi - 1)\log(2))^2}.$$

Cela permet donc de donner un intervalle de confiance pour l'estimation. Mais attention, l'estimateur de Pickand est biaisé. Pour un échantillon de taille n fixé, on trace le diagramme de Pickand : $\xi^P_{(k,n)}$ en fonction de k. On est alors confronté au dilemme suivant :

- Pour k petit, on a une estimation avec un intervalle de confiance large. On observe de grandes oscillations de la trajectoire $k \to \xi^P_{(k,n)}$ pour k petit dans la Fig. 11.5.
- Pour k grand, l'intervalle de confiance est plus étroit, mais il faut tenir compte d'un biais inconnu. Ce biais peut être important, comme on peut le voir sur la Fig. 11.5 pour la loi de Cauchy. Le comportement de $\xi^P_{(k,n)}$ pour les grandes valeurs de k, observé pour la loi de Cauchy sur les Figs. 11.5 et 11.6, se retrouve pour de nombreuses lois.

Enfin, l'estimateur de Pickand possède une grande variance. De nombreux auteurs ont proposé des variantes de cet estimateur, avec des variances plus

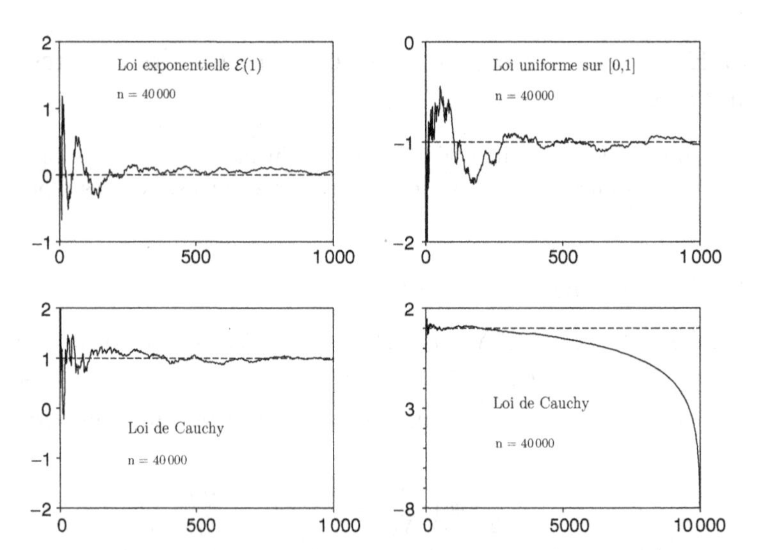

Fig. 11.5. Estimateur de Pickand : $k \to \xi^P_{(k,n)}$ à n fixé pour différentes lois

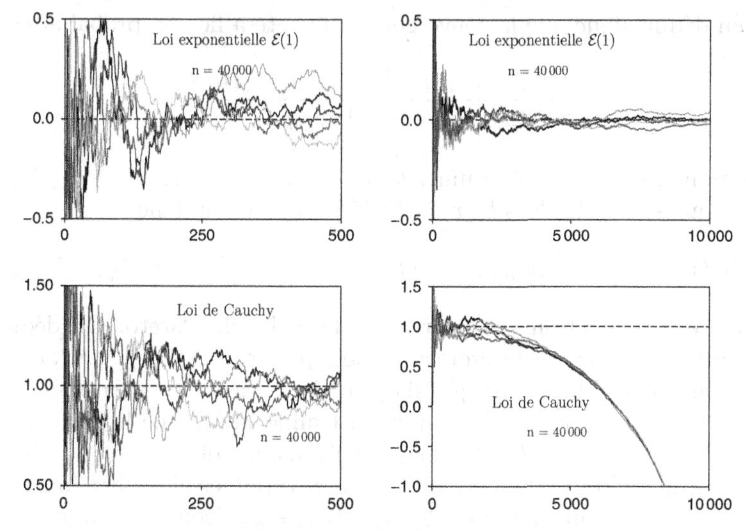

Fig. 11.6. Estimateur de Pickand : $k \to \xi^P_{(k,n)}$, à n fixé, pour différentes lois et plusieurs réalisations

faibles, construites à partir de combinaisons linéaires des logarithmes des accroissements de la statistique d'ordre, voir [1] Chap. 5.

Démonstration du théorème 11.5.1. On déduit de la proposition 11.4.1 que pour $\xi \in \mathbb{R}$, on a avec le choix $t = 2s$, $x = 2$ et $y = 1/2$,

$$\lim_{t\to\infty} \frac{U(t) - U(t/2)}{U(t/2) - U(t/4)} = 2^\xi.$$

En fait, en utilisant la croissance de U qui se déduit de la croissance de F, on obtient

$$\lim_{t\to\infty} \frac{U(t) - U(tc_1(t))}{U(tc_1(t)) - U(tc_2(t))} = 2^\xi.$$

dès que $\lim_{t\to\infty} c_1(t) = 1/2$ et $\lim_{t\to\infty} c_2(t) = 1/4$. Il reste donc à trouver des estimateurs pour $U(t)$.

Soit $(k(n), n \geq 1)$ une suite d'entiers telle que $1 \leq k(n) \leq n/4$, $\lim\limits_{n\to\infty} k(n) = \infty$ et $\lim\limits_{n\to\infty} \dfrac{k(n)}{n} = 0$. Nous écrivons k pour $k(n)$. Soit $(V_{(1,n)}, \ldots, V_{(n,n)})$ la statistique d'ordre d'un échantillon de variables aléatoires indépendantes de loi de Pareto. On note $F_V(x) = 1 - \frac{1}{x}$, pour $x \geq 1$, la fonction de répartition de la loi de Pareto. On déduit de la proposition 11.1.15 que les suites $(\frac{k}{n} V_{(n-k+1,n)}, n \geq 1)$, $(\frac{2k}{n} V_{(n-2k+1,n)}, n \geq 1)$ et $(\frac{4k}{n} V_{(n-4k+1,n)}, n \geq 1)$ convergent en probabilité vers 1. En particulier, on a les convergences en probabilité suivantes :

$$V_{(n-k+1,n)} \underset{n\to\infty}{\longrightarrow} \infty, \quad \frac{V_{(n-2k+1,n)}}{V_{(n-k+1,n)}} \underset{n\to\infty}{\longrightarrow} 1/2, \quad \text{et} \quad \frac{V_{(n-4k+1,n)}}{V_{(n-k+1,n)}} \underset{n\to\infty}{\longrightarrow} 1/4.$$

On en déduit donc que la convergence suivante a lieu en probabilité :

$$\frac{U(V_{(n-k+1,n)}) - U(V_{(n-2k+1,n)})}{U(V_{(n-2k+1,n)}) - U(V_{(n-4k+1,n)})} \underset{n\to\infty}{\longrightarrow} 2^{\xi}.$$

Il reste maintenant à déterminer la loi de $\big(U(V_{(1,n)}), \ldots, U(V_{(n,n)})\big)$. Remarquons que si $x \geq 1$, alors $U(x) = F^{-1}(F_V(x))$. On a donc

$$\big(U(V_{(1,n)}), \ldots, U(V_{(n,n)})\big) = \big(F^{-1}(F_V(V_{(1,n)})), \ldots, F^{-1}(F_V(V_{(n,n)}))\big),$$

où F_V est la fonction de répartition de la loi de Pareto. On déduit de la proposition C.5 et de la croissance de F_V que $\big(F_V(V_{(1,n)}), \ldots, F_V(V_{(n,n)})\big)$ a même loi que la statistique d'ordre de n variables aléatoires uniformes sur $[0,1]$ indépendantes. On déduit du lemme 11.1.2 que le vecteur aléatoire $\big(F^{-1}(F_V(V_{(1,n)})), \ldots, F^{-1}(F_V(V_{(n,n)}))\big)$ a même loi que $(X_{(1,n)}, \cdots, X_{(n,n)})$, la statistique d'ordre d'un échantillon de n variables aléatoires indépendantes dont la loi a pour fonction de répartition F. Donc la variable aléatoire $\dfrac{U(V_{(n-k+1,n)}) - U(V_{(n-2k+1,n)})}{U(V_{(n-2k+1,n)}) - U(V_{(n-4k+1,n)})}$ a même loi que

$$\frac{X_{(n-k+1,n)} - X_{(n-2k+1,n)}}{X_{(n-2k+1,n)} - X_{(n-4k+1,n)}}.$$

Ainsi cette quantité converge en loi vers 2^{ξ} quand n tend vers l'infini. Comme la fonction logarithme est continue sur $\mathbb{R}_+^*$, on déduit du corollaire A.3.7 que l'estimateur de Pickand converge en loi vers ξ. Mais comme ξ est une constante, on a également la convergence en probabilité d'après la proposition A.3.11. □

11.5.2 Estimateur de Hill

Dans tout ce paragraphe, on suppose que $\xi > 0$. Nous avons besoin d'un résultat préliminaire sur les fonctions à variation lente.

Lemme 11.5.2. *Soit L une fonction à variation lente. Alors on a : pour tout $\rho > 0$, $L(x) = o(x^{\rho})$ en $+\infty$ et*

$$\int_x^{\infty} t^{-\rho-1} L(t)\, dt \sim \frac{1}{\rho} x^{-\rho} L(x) \quad \text{en } +\infty.$$

Démonstration. La démonstration repose sur la formule de représentation (11.7). Soit $\rho > 0$. Il existe $x_0, M > 0$ tel que pour $x \geq x_0$, on a $\kappa(x) \leq \rho/2$ et $c(x)\, \mathrm{e}^{\int_a^{x_0} \frac{\kappa(u)}{u} du} \leq M$. On en déduit que pour $x \geq x_0$, on a

$$L(x) \leq M\, \mathrm{e}^{\int_{x_0}^{x} \frac{\rho}{2u} du} \leq M' \left(\frac{x}{x_0}\right)^{\rho/2}.$$

On obtient $L(x) = o(x^\rho)$ en $+\infty$.

Soit $u \geq 1$. La fonction $h_x(u) = \left(\frac{L(ux)}{L(x)} - 1\right) u^{-\rho-1}$ est majorée en valeur absolue par $\left(1 + \frac{c(ux)}{c(x)} \exp\left[\int_x^{ux} \frac{\kappa(v)}{v} dv\right]\right) u^{-\rho-1}$. En utilisant les convergences de c et de κ, on en déduit que pour $x \geq x_0$, la fonction $|h_x(u)|$ est majorée par la fonction

$$g(u) = (1 + A\, \mathrm{e}^{\int_x^{ux} \frac{\rho}{2v} dv}) u^{-\rho-1} \leq A' u^{-\frac{\rho}{2}-1},$$

où A et A' sont des constantes qui ne dépendent pas de u. La fonction g est intégrable sur $[1, \infty[$. De plus on a $\lim_{x\to\infty} \left(\frac{L(ux)}{L(x)} - 1\right) u^{-\rho-1} = 0$, car L est à variation lente. Par le théorème de convergence dominée, on en déduit que

$$\lim_{x\to\infty} \int_1^\infty \left(\frac{L(ux)}{L(x)} - 1\right) u^{-\rho-1}\, du = 0.$$

Ce qui implique que $\lim_{x\to\infty} \int_1^\infty \frac{L(ux)}{L(x)} u^{-\rho-1}\, du = \frac{1}{\rho}$ et en posant le changement de variable $v = ux$,

$$\lim_{x\to\infty} \frac{1}{x^{-\rho} L(x)} \int_x^\infty v^{-\rho-1} L(v)\, dv = \frac{1}{\rho}.$$

On obtient bien la dernière propriété du lemme. □

Lemme 11.5.3. *Soit $F \in D(\Phi_\alpha)$. On a*

$$\frac{1}{\bar{F}(t)} \mathbb{E}\left[(\log X - \log t)\mathbf{1}_{\{X>t\}}\right] \underset{t\to\infty}{\longrightarrow} \frac{1}{\alpha} = \xi.$$

Démonstration. On déduit de la définition des fonctions à variation lente et du théorème 11.4.9, que $F \in D(\Phi_\alpha)$, où $\xi = 1/\alpha$, si et seulement si $\lim_{t\to\infty} \frac{\bar{F}(tx)}{\bar{F}(t)} = x^{-\alpha}$ pour tout $x > 0$. Supposons par simplicité que la loi de X possède la densité f. Par intégration par partie, on a pour $t > 1$

$$\mathbb{E}\left[(\log X - \log t)\mathbf{1}_{\{X>t\}}\right]$$
$$= \int_t^{+\infty} (\log x - \log t) f(x) dx = \left[-\bar{F}(x)(\log x - \log t)\right]_t^{+\infty} + \int_t^{+\infty} \frac{\bar{F}(x)}{x} dx.$$

En fait le membre de gauche est égal au membre de droite en toute généralité.

Grâce au lemme 11.5.2, on a $\bar{F}(x) = x^{-\alpha}L(x) = o(x^{-\alpha+\rho})$, avec $-\alpha+\rho < 0$. Le membre de droite de l'équation ci-dessus se réduit donc à $\int_t^{+\infty} \frac{\bar{F}(x)}{x} dx$. On a d'après la deuxième partie du lemme 11.5.2,

$$\int_t^{+\infty} \frac{\bar{F}(x)}{x} dx = \int_t^{\infty} x^{-\alpha-1} L(x)\, dx \sim \frac{1}{\alpha} t^{-\alpha} L(t) = \frac{1}{\alpha}\, \bar{F}(t).$$

On en déduit donc le lemme. □

Il nous faut maintenant trouver un estimateur de $\bar{F}(t) = \mathbb{E}\left[\mathbf{1}_{\{X>t\}}\right]$ et un estimateur de $\mathbb{E}\left[(\log X - \log t)\mathbf{1}_{\{X>t\}}\right]$. La loi forte des grands nombres assure que $\frac{1}{n}\sum_{i=1}^{n} \mathbf{1}_{\{X_i>t\}}$ converge p.s. vers $\bar{F}(t)$. Il reste à remplacer t par une quantité qui tende vers $+\infty$ avec n. Comme pour l'estimateur de Pickand, il est naturel de remplacer t par $X_{(n-k(n)+1,n)}$, où la suite $(k(n), n \geq 1)$ satisfait les hypothèses suivantes : $\lim_{n\to\infty} k(n) = +\infty$, et $\lim_{n\to\infty} k(n)/n = 0$. Cette dernière condition assure d'après la proposition 11.1.10 et le théorème 11.4.9 que p.s. $X_{(n-k(n)+1,n)}$ diverge vers l'infini.

Pour alléger les notations, notons $k = k(n)$. Si l'on suppose que F est continue, la statistique d'ordre est strictement croissante p.s., et on a pour estimation de $\bar{F}(X_{(n-k+1,n)})$:

$$\frac{1}{n}\sum_{i=1}^{n} \mathbf{1}_{\{X_i>X_{(n-k+1,n)}\}} = \frac{1}{n}\sum_{i=1}^{n} \mathbf{1}_{\{X_{(i,n)}>X_{(n-k+1,n)}\}} = \frac{k-1}{n}.$$

La loi forte des grands nombres assure que $\frac{1}{n}\sum_{i=1}^{n} (\log X_i - \log t)\,\mathbf{1}_{\{X_i>t\}}$ converge p.s. vers $g(t) = \mathbb{E}\left[(\log X - \log t)\mathbf{1}_{\{X>t\}}\right]$. On remplace à nouveau t par $X_{(n-k+1,n)}$, et on obtient comme estimation de $g(X_{(n-k+1,n)})$:

$$\frac{1}{n}\sum_{i=1}^{n} \left(\log X_i - \log X_{(n-k+1,n)}\right) \mathbf{1}_{\{X_i>X_{(n-k+1,n)}\}}$$
$$= \frac{1}{n}\left(\sum_{i=n-k+2}^{n} \log X_{(i,n)} - (k-1)\log X_{(n-k+1,n)} \right).$$

On en déduit que

$$\frac{1}{k-1}\sum_{i=n-k+2}^{n} \log X_{(i,n)} - \log X_{(n-k+1,n)}$$

est un bon candidat pour l'estimation de ξ. Il est d'usage de remplacer $k-1$ par k sauf dans le dernier terme, ce qui ne change rien au résultat asymptotique. Nous admettrons le théorème suivant, voir [6] théorème 6.4.6.

Supposons les hypothèses du théorème précédent satisfaites ainsi que $\lim_{n\to\infty} \frac{k(n)}{\log\log n} = \infty$, alors on admet que l'estimateur de Pickand est fortement convergent : la convergence de l'estimateur est presque sûre et non plus seulement en probabilité. Sous certaines hypothèses supplémentaires sur la suite $(k(n), n \geq 1)$ et sur F, on peut montrer qu'il est également asymptotiquement normal, voir [5] : la suite $\left(\sqrt{k(n)}\left(\xi^P_{(k(n),n)} - \xi\right), n \geq 1\right)$ converge en loi vers une variable gaussienne centrée de variance

$$\frac{\xi^2(2^{2\xi+1}+1)}{(2(2^\xi - 1)\log(2))^2}.$$

Cela permet donc de donner un intervalle de confiance pour l'estimation. Mais attention, l'estimateur de Pickand est biaisé. Pour un échantillon de taille n fixé, on trace le diagramme de Pickand : $\xi^P_{(k,n)}$ en fonction de k. On est alors confronté au dilemme suivant :

- Pour k petit, on a une estimation avec un intervalle de confiance large. On observe de grandes oscillations de la trajectoire $k \to \xi^P_{(k,n)}$ pour k petit dans la Fig. 11.5.
- Pour k grand, l'intervalle de confiance est plus étroit, mais il faut tenir compte d'un biais inconnu. Ce biais peut être important, comme on peut le voir sur la Fig. 11.5 pour la loi de Cauchy. Le comportement de $\xi^P_{(k,n)}$ pour les grandes valeurs de k, observé pour la loi de Cauchy sur les Figs. 11.5 et 11.6, se retrouve pour de nombreuses lois.

Enfin, l'estimateur de Pickand possède une grande variance. De nombreux auteurs ont proposé des variantes de cet estimateur, avec des variances plus

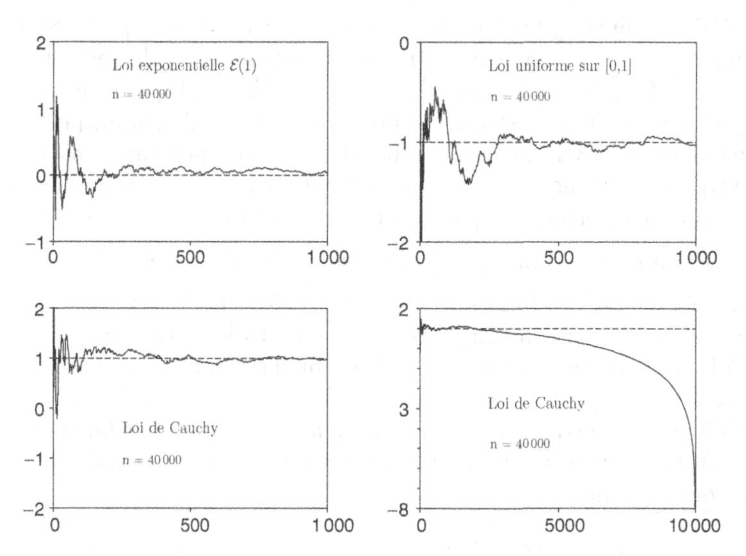

Fig. 11.5. Estimateur de Pickand : $k \to \xi^P_{(k,n)}$ à n fixé pour différentes lois

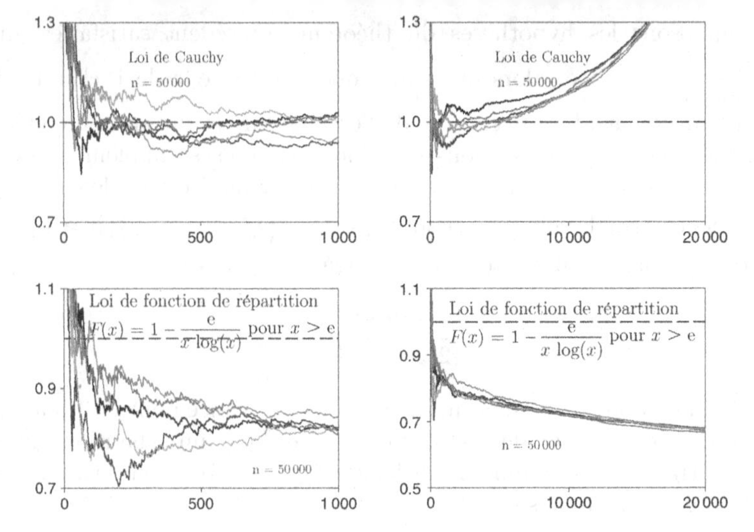

Fig. 11.8. Estimateur de Hill : $k \to \xi^H_{(k,n)}$, à n fixé, pour différentes lois et plusieurs réalisations

Il existe des variantes de l'estimateur de Hill qui estiment ξ pour tout $\xi \in \mathbb{R}$, voir par exemple [6] p. 339 ou [1] p. 107.

11.6 Estimation des quantiles extrêmes

On désire estimer z_q le quantile d'ordre $1 - q$ quand q est petit. Si la fonction de répartition F est continue strictement croissante, cela revient à résoudre l'équation $F(z_q) = 1 - q$. On suppose que $F \in D(H(\xi))$ pour un certain $\xi \in \mathbb{R}$. Si q est fixé, alors un estimateur de z_q est le quantile empirique $X_{(n-[qn],n)}$. Nous avons déjà vu, au paragraphe 11.1, son comportement asymptotique : convergence p.s., normalité asymptotique, intervalle de confiance. Or notre problématique correspond plutôt à l'estimation de z_q quand on a peu d'observations, c'est-à-dire pour q de l'ordre de $\frac{1}{n}$. Donc on recherche un estimateur de z_{q_n} lorsque $q_n n$ admet une limite $c \in]0, \infty[$ quand n tend vers l'infini, et on est intéressé par son comportement asymptotique. On dit que l'estimation est à l'intérieur des données si $c > 1$, et que l'estimation est hors des données si $c < 1$.

Soit M_n le maximum de n variables aléatoires indépendantes de fonction de répartition $F \in D(H(\xi))$. Il existe donc une suite $((a_n, b_n), n \geq 1)$, telle que pour n grand,

$$\mathbb{P}(a_n^{-1}(M_n - b_n) \leq x) = F(xa_n + b_n)^n \approx H(\xi)(x).$$

Nous utiliserons en fait l'approximation plus générale suivante : pour k fixé et n grand, on a

$$F(xa_{n/k} + b_{n/k})^{n/k} \approx H(\xi)(x).$$

Ainsi, on a intuitivement

$$\begin{aligned}
q_n &= 1 - F(z_{q_n}) \\
&\approx 1 - H(\xi)\left(\frac{z_{q_n} - b_{n/k}}{a_{n/k}}\right)^{k/n} \\
&= 1 - \exp\left\{-\frac{k}{n}\left(1 + \xi\frac{z_{q_n} - b_{n/k}}{a_{n/k}}\right)^{-1/\xi}\right\} \\
&\approx \frac{k}{n}\left(1 + \xi\frac{z_{q_n} - b_{n/k}}{a_{n/k}}\right)^{-1/\xi}.
\end{aligned}$$

On en déduit donc que

$$z_{q_n} \approx \frac{\left(\frac{k}{nq_n}\right)^{\xi} - 1}{\xi} a_{n/k} + b_{n/k}, \tag{11.8}$$

où $q_n n \approx c$. Les estimateurs de Pickand et de Hill que nous présentons s'écrivent sous cette forme. Il reste donc à donner des estimations pour les paramètres de normalisation $a_{n/k}$ et $b_{n/k}$.

11.6.1 À l'aide de l'estimateur de Pickand.

Remarquons que $z_{q_n} = U\left(\frac{1}{q_n}\right)$. De la proposition 11.4.1, on déduit que pour $\xi \neq 0$ et s assez grand, on a, pour $k \in \{1, \ldots, n-1\}$,

$$U(sx) = \frac{x^{\xi} - 1}{1 - y^{\xi}}(U(s) - U(sy))(1 + o(1)) + U(s). \tag{11.9}$$

En faisant un choix pour s, x et y tels que $sx = \frac{1}{q_n}$ et s grand, de sorte que l'on puisse négliger $o(1)$, on désire retrouver une estimation de z_{q_n} de la forme (11.8). Pour cela, il nous faut fournir un estimateur de la fonction U. Il est naturel de choisir la fonction empirique U_n, l'inverse généralisé de la fonction de répartition empirique : $U_n(t) = F_n^{-1}\left(1 - \frac{1}{t}\right)$ où $F_n(x) = \frac{1}{n}\sum_{i=1}^{n} \mathbf{1}_{\{X_i \leq x\}}$. Comme p.s. $F_n\left(X_{(i,n)}\right) = \frac{i}{n}$ pour tout $i \in \{1, \ldots, n\}$ et que F_n est constante sur $[X_{(i,n)}, X_{(i+1,n)}[$, on a, pour $k \in \{1, \ldots, n-1\}$,

$$U_n\left(\frac{n}{k}\right) = F_n^{-1}\left(\frac{n-k}{n}\right) = X_{(n-k,n)}.$$

Le théorème C.3 assure que $(F_n, n \geq 1)$ converge p.s. vers F pour la norme de la convergence uniforme. Cela implique que $U_n(x)$ converge p.s. vers $U(x)$ pour presque tout x.

Choisissons alors $s = \frac{n}{k-1}, x = \frac{1}{sq_n} = \frac{k-1}{nq_n} \approx \frac{k}{nq_n}$ et $y = 1/2$, où k **est fixé**, c'est-à-dire k ne dépend pas de n. En remplaçant $U(s)$ par $U_n\left(\frac{n}{k-1}\right) = X_{(n-k+1,n)}$ et $U(sy)$ par $U_n\left(\frac{n}{2k-2}\right) \approx U_n\left(\frac{n}{2k-1}\right) = X_{(n-2k+1,n)}$, on obtient à partir de (11.9) qu'un candidat pour estimer $z_{q_n} = U(sx)$ est :

$$\boxed{z_{k,q_n}^P = \frac{\left(\frac{k}{nq_n}\right)^{\xi^P} - 1}{1 - 2^{-\xi^P}} \left(X_{(n-k+1,n)} - X_{(n-2k+1,n)}\right) + X_{(n-k+1,n)},} \tag{11.10}$$

où ξ^P est l'estimateur de Pickand de ξ. Il faut bien sûr remplacer $\frac{\left(\frac{k}{nq_n}\right)^{\xi^P} - 1}{1 - 2^{-\xi^P}}$ par $\frac{\log\left(\frac{k}{nq_n}\right)}{\log(2)}$ si $\xi^P = 0$. On retrouve (11.8) avec $b_{n/k} = X_{(n-k+1,n)}$ et $a_{n/k} = \frac{\xi^P}{1-2^{-\xi^P}}\left(X_{(n-k+1,n)} - X_{(n-2k+1,n)}\right)$.

Nous admettrons le résultat suivant, voir [5], où deux coquilles se sont glissées dans la description de la loi de Q_k et H_k.

Théorème 11.6.1. *Soit $(X_n, n \geq 1)$ une suite de variables aléatoires indépendantes de fonction de répartition $F \in D(H(\xi))$, $\xi \in \mathbb{R}$. Supposons que $\lim_{n\to\infty} nq_n = c \in]0, \infty[$. Soit z_{k,q_n}^P l'estimateur défini par (11.10). Pour $k > c$, **fixé**, on a la convergence en loi de la suite*

$$\left(\frac{X_{(n-k+1,n)} - z_{q_n}}{X_{(n-k+1,n)} - X_{(n-2k+1,n)}}, n \geq 1\right)$$

vers $1 + \frac{1 - \left(\frac{Q_k}{c}\right)^{\xi}}{\mathrm{e}^{\xi H_k} - 1}$, où Q_k et H_k sont indépendants, la loi de Q_k est la loi gamma de paramètre $(1, 2k)$ et H_k a même loi que $\sum_{i=k}^{2k-1} E_i/i$, les variables E_i étant indépendantes de loi exponentielle de paramètre 1.

Le théorème ci-dessus permet de donner un intervalle aléatoire de la forme

$$\Big[a_- \left(X_{(n-k+1,n)} - X_{(n-2k+1,n)}\right) + X_{(n-k+1,n)},$$
$$a_+ \left(X_{(n-k+1,n)} - X_{(n-2k+1,n)}\right) + X_{(n-k+1,n)}\Big],$$

où a_- et a_+ sont des quantiles de la loi de $1 + \frac{1 - \left(\frac{Q_k}{c}\right)^{\xi}}{\mathrm{e}^{\xi H_k} - 1}$, qui contient z_{q_n} avec une probabilité asymptotique fixée.

Les exercices suivants permettent d'étudier directement la loi asymptotique de $\frac{X_{(n-k+1,n)} - z_{q_n}}{X_{(n-k+1,n)} - X_{(n-2k+1,n)}}$ dans le cas élémentaire où $k = 1$, $q_n = c/n$.

Exercice 11.6.2. Soit $(X_n, n \geq 1)$ une suite de variables aléatoires indépendantes de loi exponentielle de paramètre $\lambda > 0$. On pose $q_n = c/n$. On suppose que λ est inconnu.

1. Vérifier que $z_{q_n} = \log(n/c)/\lambda$.
2. Montrer en utilisant la densité de la statistique d'ordre que $X_{(n-1,n)}$ et $X_{(n,n)} - X_{(n-1,n)}$ sont indépendants.
3. Vérifier que $\lambda(X_{(n,n)} - X_{(n-1,n)})$ suit une loi exponentielle de paramètre 1.
4. Montrer, en utilisant (11.3), que $(\lambda X_{(n-1,n)} - \log(n), n \geq 2)$ converge en loi vers une variable aléatoire, $\tilde{G}$, de fonction de répartition $\mathrm{e}^{-\mathrm{e}^{-x}}(1+\mathrm{e}^{-x})$.
5. Soit $(T_n, n \geq 1)$ et $(U_n, n \geq 1)$ deux suites de variables aléatoires qui convergent en loi vers T et U, telles que T_n et U_n sont indépendantes pour tout $n \geq 1$. Montrer, en utilisant les fonctions caractéristiques par exemple, que la suite $((T_n, U_n), n \geq 1)$ converge en loi vers (T, U).
6. Montrer que $(X_{(n,n)} - z_{q_n}, n \geq 2)$ converge en loi vers $\frac{1}{\lambda}\left[Y + \tilde{G} + \log(c)\right]$, où Y est une variable aléatoire de loi exponentielle de paramètre 1 indépendante de $\tilde{G}$.
7. Vérifier que $\left(\frac{X_{(n,n)} - z_{q_n}}{X_{(n,n)} - X_{(n-1,n)}}, n \geq 2\right)$ converge en loi et que la limite ne dépend pas de λ. Vérifier que la loi limite correspond à celle donnée dans le théorème 11.6.1.
8. En déduire un intervalle aléatoire qui contient z_{q_n} avec une probabilité asymptotique fixée. Vérifier que la largeur de cet intervalle aléatoire ne tend pas vers 0 quand n tend vers l'infini.

♦

Exercice 11.6.3. Soit $(X_n, n \geq 1)$ une suite de variables aléatoires indépendantes de loi uniforme sur $[0, \theta]$, avec $\theta > 0$. On pose $q_n = c/n$. On suppose que θ est inconnu.

1. Vérifier que $z_{q_n} = \theta(1 - \frac{c}{n})$.
2. Montrer en utilisant la densité de la statistique d'ordre que $X_{(n,n)}$ et $X_{(n-1,n)}/X_{(n,n)}$ sont indépendants.
3. Montrer que $\left(n(1 - \frac{X_{(n,n)}}{\theta}), n \geq 2\right)$ converge en loi vers une variable aléatoire V_1 de loi exponentielle de paramètre 1.
4. En déduire que $\left(n(X_{(n,n)} - z_{q_n}), n \geq 2\right)$ converge en loi vers $\theta(c - V_1)$.
5. Vérifier que $\left(n(1 - \frac{X_{(n-1,n)}}{X_{(n,n)}}), n \geq 2\right)$ converge en loi vers V_2 de loi exponentielle de paramètre 1.

6. Soit $(T_n, n \geq 1)$ et $(U_n, n \geq 1)$ deux suites de variables aléatoires qui convergent en loi vers T et U, telles que T_n et U_n sont indépendantes pour tout $n \geq 1$. Montrer, en utilisant les fonctions caractéristiques par exemple, que la suite $((T_n, U_n), n \geq 1)$ converge en loi vers (T, U).

7. En déduire que $\left(\frac{X_{(n,n)} - z_{q_n}}{X_{(n,n)} - X_{(n-1,n)}}, n \geq 2\right)$ converge en loi vers $\frac{c - V_1}{V_2}$, où V_1 et V_2 sont indépendantes de loi exponentielle de paramètre 1.

8. Montrer que si Y_1 et Y_2 sont deux variables aléatoires indépendantes de loi exponentielle de paramètre 1, alors $Y_1 + Y_2$ suit la loi gamma de paramètre $(1, 2)$, $\frac{Y_1}{Y_1 + Y_2}$ suit la loi uniforme sur $[0, 1]$ et ces deux variables aléatoires sont indépendantes.

9. Soit Q_1 de loi gamma de paramètre $(1, 2)$ et H_1 de loi exponentielle de paramètre 1. Déterminer la loi de e^{-H_1}. Déduire de la question précédente que (Q_1, e^{-H_1}) a même loi que $(Y_1 + Y_2, Y_1/(Y_1 + Y_2))$, puis que $(Q_1 \mathrm{e}^{-H_1}, Q_1(1 - \mathrm{e}^{-H_1}))$ a même loi que (Y_1, Y_2).

10. Vérifier que la loi de $\frac{c - V_1}{V_2}$ correspond à celle $1 + \frac{1 - \frac{c}{Q_1}}{\mathrm{e}^{-H_1} - 1}$ avec les notations du théorème 11.6.1.

11. En déduire un intervalle aléatoire qui contient z_{q_n} avec probabilité asymptotique fixée. Vérifier que la largeur de cet intervalle aléatoire est d'ordre $1/n$ quand n tend vers l'infini.

♦

11.6.2 À l'aide de l'estimateur de Hill

On suppose que $\xi > 0$. L'estimateur du quantile associé à l'estimateur de Hill est donné par

$$\boxed{z^H_{k,q_n} = \left(\frac{k}{nq_n}\right)^{\xi^H} X_{(n-k+1,n)},} \tag{11.11}$$

où ξ^H est l'estimateur de Hill de ξ. On retrouve la forme donnée par (11.8) avec $b_{n/k} = a_{n/k}/\xi^H = X_{(n-k+1,n)}$. Nous renvoyons à [1] paragraphe 4.6 et [6] page 348 pour les propriétés de cet estimateur et les références correspondantes.

11.7 Conclusion

Le paragraphe précédent a permis de répondre à la première question posée : Trouver une estimation de z_q telle que la probabilité que la surcote de la marée durant une tempête soit plus haute que z_q est q. On peut utiliser l'estimateur de Pickand ou l'estimateur de Hill et fournir un intervalle de confiance.

Rappelons la deuxième question : Soit q fixé, typiquement de l'ordre de 10^{-3} ou 10^{-4}, trouver y_q tel que la probabilité pour que la plus grande surcote **annuelle** soit supérieure à y_q est q. Pour cela il faut estimer le nombre moyen de tempêtes par an, disons k_0. La probabilité pour que parmi k_0 tempêtes, il y ait une surcote supérieure à h est $1 - F(h)^{k_0}$. On en déduit donc que y_q est solution de $F(y_q)^{k_0} = 1 - q$. On trouve $y_q = z_{q'}$ où $q' = 1 - (1 - q)^{1/k_0}$. On peut utiliser l'estimateur de Pickand ou l'estimateur de Hill et fournir un intervalle de confiance pour la réponse. Pour l'exemple précis concernant les Pays-Bas, Haan [4] observe que le paramètre de forme est très légèrement négatif, et il choisit de l'estimer à 0, car cela permet d'avoir des résultats plus conservateurs, dans le sens où les probabilités que la marée dépasse un niveau donné sont majorées. Il semble que de manière générale, les phénomènes observés dans les domaines de la finance et de l'assurance correspondent à des paramètres ξ positifs. En revanche les phénomènes météorologiques correspondent plutôt à des paramètres ξ négatifs.

Soulignons en guise de conclusion que pour l'estimation des quantiles, il est vivement recommandé d'utiliser plusieurs méthodes. Ainsi dans l'article [4], pas moins de huit méthodes différentes sont utilisées pour fournir une réponse et la commenter.

Références

1. J. Beirlant, Y. Goegebeur, J. Teugels et J. Segers. *Statistics of extremes.* Wiley Series in Probability and Statistics. John Wiley & Sons Ltd., Chichester, 2004.
2. N. Bingham, C. Goldie et J. Teugels. *Regular variation.* Cambridge University Press, Cambridge, 1987.
3. S. Coles. *An introduction to statistical modeling of extreme values.* Springer Series in Statistics. Springer-Verlag London Ltd., London, 2001.
4. L. de Haan. Fighting the arch-enemy with mathematics. *Stat. Neerl.*, 44(No.2) : 45–68, 1990.
5. A.L.M. Dekkers et L. de Haan. On the estimation of the extreme-value index and large quantile estimation. *Ann. Statist.*, 17(4) : 1795–1832, 1989.
6. P. Embrechts, C. Klueppelberg et T. Mikosch. *Modelling extremal events for insurance and finance*, volume 33 d'*Applications of Mathematics.* Springer, Berlin, 1997.
7. M. Falk, J. Hüsler et R.-D. Reiss. *Laws of small numbers : extremes and rare events*, volume 23 de *DMV Seminar.* Birkhäuser Verlag, Basel, 1994.
8. M.E.J. Newman. Power laws, Pareto distributions and Zipf's law. *Contemporary Physics*, 46 : 323–351, 2005.
9. S. Resnick. *Extreme values, regular variation, and point processes.* Applied Probability. Springer-Verlag, New York, 1987.

12

Processus de coagulation et fragmentation

Les phénomènes de coagulation et de fragmentation interviennent de façon très naturelle dans la modélisation

1. de la polymérisation [13] : des polymères de taille $n \in \mathbb{N}^*$composés de n monomères identiques sont présents dans une solution homogène ; un polymère de taille n peut se lier avec un polymère de taille k pour former un polymère de taille $n + k$ ou bien se fragmenter pour donner naissance à deux polymères de tailles respectives j et $n - j$ où $1 \leq j \leq n - 1$,
2. des aérosols [10, 19, 9] : des particules solides ou liquides (fumée, brouillard, polluants, flocons de neige,...) présentes en suspension dans un gaz peuvent s'agréger ou bien se fragmenter,
3. de la formation des structures à grande échelle de l'univers [21], de la formation des amas protostellaires dans les galaxies [20, 11], de la formation des planètes dans les systèmes solaires [24] en astronomie,
4. en phylogénie [23] : nous verrons que le modèle présenté dans le paragraphe 7.2 pour décrire les ancêtres communs d'une population de n individus est un processus de coagulation.

Dans ce chapitre, pour des raisons de simplicité, nous nous intéressons uniquement au cas discret où la taille des objets modélisés prend ses valeurs dans $\mathbb{N}^*$ et nous garderons à l'esprit l'interprétation des équations de coagulation et fragmentation en termes de polymérisation. Mais ces équations possèdent une version continue plus générale où la taille des objets modélisés est un réel positif. Cette version intervient par exemple dans la modélisation des aérosols en pollution atmosphérique [9].

Nous commencerons par étudier dans le premier paragraphe le système infini d'équations différentielles ordinaires introduit par Smoluchowski au début du vingtième siècle [22] pour décrire des phénomènes de coagulation discrets. Puis, dans le second paragraphe, nous verrons comment modifier ces équations pour prendre en compte le phénomène de fragmentation.

Dans le troisième paragraphe, nous présenterons le processus de Marcus-Lushnikov qui a été introduit vers 1970 dans [17] et [16]. Ce processus est

une chaîne de Markov à temps continu dont les transitions sont la traduction des phénomènes physiques de coagulation et de fragmentation. Nous verrons comment obtenir les équations de coagulation et de fragmentation discrètes à partir de ce processus lorsque le nombre N de polymères initialement présents tend vers $+\infty$. Puis nous introduirons un algorithme probabiliste développé au début des années 2000 et qui permet d'approcher la solution des équations de coagulation et de fragmentation discrètes plus efficacement que la simulation du processus de Marcus-Lushnikov. Cet algorithme qui porte le nom d'algorithme de transfert de masse consiste à simuler une autre chaîne de Markov à temps continu dont les transitions préservent les nombres de polymères présents alors qu'un polymère disparaît lors d'une coagulation physique et un polymère apparaît lors d'une fragmentation physique.
Le lecteur intéressé par une synthèse sur les modèles déterministes de coagulation et leurs pendants probabilistes pourra se référer à [1].

12.1 Équations de coagulation discrètes

Les équations de coagulation de Smoluchowski décrivent l'évolution au cours du temps des concentrations $c_n(t)$ de polymères de taille $n \in \mathbb{N}^*$dans une solution homogène lorsque pour $j, k \in \mathbb{N}^*$, la constante de la réaction de coagulation qui à partir de deux polymères de taille j et k donne naissance à un polymère de taille $j+k$ est notée $K_{j,k}$:

$$\forall n \in \mathbb{N}^*,\ \dot{c}_n(t) = \frac{1}{2}\sum_{k=1}^{n-1} K_{n-k,k}c_{n-k}(t)c_k(t) - c_n(t)\sum_{k\in\mathbb{N}^*} K_{n,k}c_k(t), \quad (12.1)$$

où pour toute fonction f dépendant du temps t, on note $\dot{f}$ la dérivée de f par rapport à t. Le premier terme du second membre correspond à la formation de polymères de taille n par coagulation de deux polymères de tailles $n-k$ et k où $1 \le k \le n-1$. Le second terme traduit la disparition des polymères de taille n qui coagulent. Le noyau de coagulation K est supposé symétrique : $\forall j, k \in \mathbb{N}^*$, $K_{j,k} = K_{k,j}$.
Après avoir présenté quelques propriétés générales des solutions de (12.1), nous obtiendrons des solutions explicites de ces équations pour des noyaux de coagulation spécifiques.

12.1.1 Définition et propriétés des solutions

Définition 12.1.1. *On appelle solution de l'équation* (12.1) *sur* $[0,T[$ *où* $0 < T \le +\infty$ *une famille* $(c_n(t), t \in [0,T[, n \in \mathbb{N}^*)$ *telle que pour tout* $n \in \mathbb{N}^*$,

1. $s \to c_n(s)$ *est une fonction continue de* $[0,T[$ *dans* $\mathbb{R}_+$ *et pour tout* $t \in [0,T[$, $\int_0^t \sum_{k\in\mathbb{N}^*} K_{n,k}c_k(s)ds < +\infty$,

2. *l'équation* (12.1) *est vérifiée sous forme intégrée en temps : pour tout* t *dans* $[0,T[$,

$$c_n(t) = c_n(0) + \int_0^t \left(\frac{1}{2}\sum_{k=1}^{n-1} K_{n-k,k}c_{n-k}(s)c_k(s) - c_n(s)\sum_{k\in\mathbb{N}^*} K_{n,k}c_k(s)\right)ds. \tag{12.2}$$

Notons que la condition 1 assure que d'une part, pour $t \in [0,T[$, la fonction $s \to \sum_{k=1}^{n-1} K_{n-k,k}c_{n-k}(s)c_k(s)$ est continue donc bornée sur $[0,t]$ et d'autre part que $c_n(s)\sum_{k\in\mathbb{N}^*} K_{n,k}c_k(s)$ est intégrable sur $[0,t]$ comme produit de la fonction continue donc bornée $c_n(s)$ et de la fonction intégrable $\sum_{k\in\mathbb{N}^*} K_{n,k}c_n(s)$. Donc l'intégrale dans (12.2) est bien définie.

Remarque 12.1.2. Soit $(c_n(t), t \in [0,T[, n \in \mathbb{N}^*)$ une solution de l'équation de coagulation (12.1) et α, β deux constantes positives. Pour $t < T/(\alpha\beta)$ et $n \in \mathbb{N}^*$,

$$\begin{aligned}
\alpha c_n(\alpha\beta t) &= \alpha c_n(0) + \alpha\int_0^{\alpha\beta t} \left(\frac{1}{2}\sum_{k=1}^{n-1} K_{n-k,k}c_{n-k}(s)c_k(s)\right. \\
&\qquad\qquad \left. - c_n(s)\sum_{k\in\mathbb{N}^*} K_{n,k}c_k(s)\right)ds \\
&= \alpha c_n(0) + \int_0^t \left(\frac{1}{2}\sum_{k=1}^{n-1} \beta K_{n-k,k}\alpha c_{n-k}(\alpha\beta r)\alpha c_k(\alpha\beta r)\right. \\
&\qquad\qquad \left. - \alpha c_n(\alpha\beta r)\sum_{k\in\mathbb{N}^*} \beta K_{n,k}\alpha c_k(\alpha\beta r)\right)ds.
\end{aligned}$$

Par ailleurs $\int_0^t \sum_{k\in\mathbb{N}^*} \beta K_{n,k}\alpha c_k(\alpha\beta r)dr = \int_0^{\alpha\beta t}\sum_{k\in\mathbb{N}^*} K_{n,k}c_k(s)ds < +\infty$. Donc $(\alpha c_n(\alpha\beta t),\ t \in [0,T/(\alpha\beta)[, n \in \mathbb{N}^*)$ est solution de (12.1) pour le noyau de coagulation $\beta K_{j,k}$. ◊

Si $(c_n(t),\ t \geq 0, n \in \mathbb{N}^*)$ est solution de (12.1), pour $l \in \mathbb{N}$ et $t \geq 0$, on note

$$\boxed{m_l(t) = \sum_{n\in\mathbb{N}^*} n^l c_n(t) \in [0,+\infty]}$$

le moment d'ordre l associé à cette solution à l'instant t. On pose également

$$\boxed{\mu_l = m_l(0) = \sum_{n\in\mathbb{N}^*} n^l c_n(0).}$$

Comme le nombre de monomères qui constituent les polymères qui réagissent et donc la masse sont conservés lors de chaque coagulation, on s'attend à ce que la concentration massique totale $m_1(t) = \sum_{n\in\mathbb{N}^*} nc_n(t)$ soit une fonction constante de t. Si on somme sur $n \in \mathbb{N}^*$ l'équation (12.1) multipliée par n et on échange formellement somme et dérivée au premier membre et sommes entre elles au second membre, on obtient que $\dot{m}_1(t)$ est égal à

$$\begin{aligned}
&\frac{1}{2}\sum_{k\in\mathbb{N}^*}\sum_{n\geq k+1}(k+(n-k))K_{n-k,k}c_{n-k}(t)c_k(t) - \sum_{n,k\in\mathbb{N}^*} nc_n(t)K_{n,k}c_k(t)\\
&= \frac{1}{2}\Bigg(\sum_{k\in\mathbb{N}^*} kc_k(t)\sum_{n\geq k+1} K_{n-k,k}c_{n-k}(t)\\
&\qquad + \sum_{k\in\mathbb{N}^*} c_k(t)\sum_{n\geq k+1} K_{n-k,k}(n-k)c_{n-k}(t)\Bigg) - \sum_{n,k\in\mathbb{N}^*} nc_n(t)K_{n,k}c_k(t)\\
&= \frac{1}{2}\Bigg(\sum_{k\in\mathbb{N}^*} kc_k(t)\sum_{j\in\mathbb{N}^*} K_{j,k}c_j(t)\\
&\qquad + \sum_{k\in\mathbb{N}^*} c_k(t)\sum_{j\in\mathbb{N}^*} K_{j,k}jc_j(t)\Bigg) - \sum_{n,k\in\mathbb{N}^*} nc_n(t)K_{n,k}c_k(t)\\
&= 0
\end{aligned}$$

car par symétrie, $\forall k, j \in \mathbb{N}^*$, $K_{j,k} = K_{k,j}$. Pour des questions d'intégrabilité, les échanges effectués formellement pour obtenir la nullité de $\dot{m}_1(t)$ ne sont pas toujours licites. On peut tout de même montrer la décroissance de la concentration massique totale $m_1(t)$ de toute solution de (12.1) ainsi que celle de la concentration totale de polymères $m_0(t)$. Cette dernière se justifie intuitivement de la façon suivante : lors de chaque coagulation deux polymères disparaissent pour former un seul polymère.

Lemme 12.1.3. *Si* $(c_n(t), t \in [0, T[, n \in \mathbb{N}^*)$ *est solution de* (12.1), *alors* $m_0(t)$ *et* $m_1(t)$ *sont des fonctions décroissantes de* t.

Démonstration. Soit $0 \leq \tau \leq t < T$. D'après (12.2), on a

$$c_n(t) = c_n(\tau) + \int_\tau^t \left(\frac{1}{2}\sum_{k=1}^{n-1} K_{n-k,k}c_{n-k}(s)c_k(s) - c_n(s)\sum_{k\in\mathbb{N}^*} K_{n,k}c_k(s)\right)ds.$$

On multiplie cette égalité par n et on somme le résultat pour $n \in \{1, \ldots, N\}$ pour obtenir

$$\begin{aligned}
\sum_{n=1}^N nc_n(t) = \sum_{n=1}^N nc_n(\tau) + \int_\tau^t \Bigg(&\frac{1}{2}\sum_{n=1}^N n\sum_{k=1}^{n-1} K_{n-k,k}c_{n-k}(s)c_k(s)\\
&- \sum_{n=1}^N nc_n(s)\sum_{k\in\mathbb{N}^*} K_{n,k}c_k(s)\Bigg)ds. \qquad (12.3)
\end{aligned}$$

En échangeant les sommes puis en posant $j = n - k$ et en utilisant la symétrie du noyau de coagulation, on obtient que

$$\begin{aligned}
\sum_{n=1}^{N} n \sum_{k=1}^{n-1} K_{n-k,k} c_{n-k}(s) c_k(s) &= \sum_{n=1}^{N} ((n-k)+k) \sum_{k=1}^{n-1} K_{n-k,k} c_{n-k}(s) c_k(s) \\
&= \sum_{k=1}^{N-1} c_k(s) \sum_{j=1}^{N-k} j K_{j,k} c_j(s) + \sum_{k=1}^{N-1} k c_k(s) \sum_{j=1}^{N-k} K_{j,k} c_j(s) \\
&= \sum_{j=1}^{N-1} j c_j(s) \sum_{k=1}^{N-j} K_{j,k} c_j(s) + \sum_{k=1}^{N-1} k c_k(s) \sum_{j=1}^{N-k} K_{k,j} c_j(s) \\
&= 2 \sum_{n=1}^{N-1} n c_n(s) \sum_{k=1}^{N-n} K_{n,k} c_k(s).
\end{aligned}$$

En reportant cette égalité dans (12.3), on conclut que

$$\sum_{n=1}^{N} n c_n(t) = \sum_{n=1}^{N} n c_n(\tau) - \int_\tau^t \sum_{n=1}^{N} n c_n(s) \sum_{k \geq N-n+1} K_{n,k} c_k(s) ds. \qquad (12.4)$$

En particulier, $\sum_{n=1}^{N} n c_n(t) \leq \sum_{n=1}^{N} n c_n(\tau)$. En prenant la limite $N \to +\infty$, on conclut que $m_1(t) \leq m_1(\tau)$.
Pour montrer la décroissance de la concentration totale de polymères, on passe à la limite $N \to +\infty$ dans l'inégalité $\sum_{n=1}^{N} c_n(t) \leq \sum_{n=1}^{N} c_n(\tau)$ qui s'obtient en remarquant que la différence $\sum_{n=1}^{N} c_n(t) - \sum_{n=1}^{N} c_n(\tau)$ est égale à

$$-\int_\tau^t \sum_{n=1}^{N} c_n(s) \sum_{k \in \mathbb{N}} \left(\frac{1}{2} \mathbf{1}_{\{k \leq N-n\}} + \mathbf{1}_{\{k \geq N-n+1\}} \right) K_{n,k} c_k(s) ds.$$

□

La concentration massique totale $m_1(t)$ peut décroître strictement : par exemple la solution explicite (12.25) que l'on obtiendra dans le cas du noyau de coagulation multiplicatif $K_{j,k} = jk$ pour la condition initiale $c_n(0) = \mathbf{1}_{\{n=1\}}$ est telle que $m_1(t) = \min(1, 1/t)$. Intuitivement, cela correspond à la formation d'un polymère de taille infinie appelé gel auquel une partie de la masse initialement présente est transférée. Ce phénomène de transition de phase est appelé gélification.
La possibilité que la concentration massique totale ne soit pas préservée conduit à s'intéresser aux solutions de concentration massique totale constante.

Définition 12.1.4. *On dit que* $(c_n(t),\ t \in [0, T[, n \in \mathbb{N}^*)$ *est une solution de* (12.1) *de masse constante sur* $[0, T[$ *si*

1. $(c_n(t),\ t \in [0, T[, n \in \mathbb{N}^*)$ *est solution au sens de la définition 12.1.1,*
2. $\mu_1 = \sum_{n \in \mathbb{N}^*} n c_n(0) < +\infty$ *et* $\forall t \in [0, T[,\ m_1(t) = \mu_1$.

Avant d'expliciter des solutions particulières de (12.1), nous énonçons un résultat d'existence et d'unicité que nous ne démontrerons pas (voir [3, 18]) :

Théorème 12.1.5. *S'il existe une constante $\kappa > 0$ telle que*

$$\forall j, k \in \mathbb{N}^*, \; K_{j,k} \leq \kappa(j+k) \tag{12.5}$$

et si la condition initiale $(c_n(0), n \in \mathbb{N}^*)$ vérifie $\mu_1 = \sum_{n\in\mathbb{N}^*} nc_n(0) < +\infty$, alors l'équation (12.1) *admet une solution de masse constante sur $[0, \infty[$.*
Si on suppose en outre soit $K_{j,k} \leq \kappa\sqrt{jk}$ pour tous j, k dans $\mathbb{N}^*$ soit $\mu_2 = \sum_{n\in\mathbb{N}^*} n^2 c_n(0) < +\infty$ alors il y a unicité des solutions (non nécessairement de masse constante) pour l'équation (12.1).

Remarque 12.1.6. Notons qu'avec l'hypothèse (12.5), $\sum_{k\in\mathbb{N}^*} K_{n,k}c_k(0) \leq \kappa(n\mu_0 + \mu_1)$. Il est donc naturel de supposer $\mu_1 < +\infty$ en vue d'assurer la condition d'intégrabilité du point 1 de la définition 12.1.1. ◊

12.1.2 Solutions explicites pour les noyaux constant, additif et multiplicatif

Dans ce paragraphe inspiré de [8], nous allons donner la solution de (12.1) dans le cas $c_n(0) = \mathbf{1}_{\{n=1\}}$ pour les noyaux de coagulation constant $K_{j,k} = 1$, additif $K_{j,k} = j + k$ et multiplicatif $K_{j,k} = jk$. La remarque 12.1.2 permet d'en déduire la solution lorsque $c_n(0) = c\mathbf{1}_{\{n=1\}}$ et $K_{j,k} = \kappa$, $K_{j,k} = \kappa(j+k)$ ou $K_{j,k} = \kappa jk$ pour toutes constantes $c, \kappa > 0$.

Noyau constant : $K_{j,k} = 1$

Dans ce cas, (12.1) se récrit

$$\forall n \in \mathbb{N}^*, \; c_n(t) = c_n(0) + \frac{1}{2}\int_0^t \sum_{k=1}^{n-1} c_{n-k}(s)c_k(s)ds - \int_0^t m_0(s)c_n(s)ds. \tag{12.6}$$

Ainsi, pour $n \in \mathbb{N}^*$, l'équation donnant l'évolution de $c_n(t)$ ne fait intervenir les concentrations de polymères de taille supérieure à n qu'au travers de $m_0(.)$. En commençant par déterminer la fonction $m_0(.)$, nous allons démontrer l'existence d'une unique solution pour l'équation (12.1) avec noyau de coagulation constant sous l'hypothèse que la concentration totale initiale μ_0 est finie. Cette hypothèse est moins restrictive que celle faite dans le théorème 12.1.5.

Proposition 12.1.7. *Soit $(c_n(0), n \in \mathbb{N}^*)$ une condition initiale telle que $\mu_0 = \sum_{n\in\mathbb{N}^*} c_n(0)$ est fini. Alors l'équation* (12.1) *admet une unique solution $(c_n(t), t \geq 0, n \in \mathbb{N}^*)$ pour le noyau constant $K_{j,k} = 1$. La concentration massique totale de cette solution est $m_0(t) = 2\mu_0/(2 + \mu_0 t)$. Enfin, $\forall n \in \mathbb{N}^*$,*

$$\forall t \geq 0, \; c_n(t) = c_n(0) + \frac{1}{2}\int_0^t \sum_{k=1}^{n-1} c_{n-k}(s)c_k(s)ds - \int_0^t \frac{2\mu_0}{2 + \mu_0 s} c_n(s)ds. \tag{12.7}$$

Démonstration. Soit $(c_n(t),\ t \geq 0, n \in \mathbb{N}^*)$ une solution de (12.1) pour le noyau de coagulation constant $K_{j,k} = 1$. Nous allons commencer par vérifier que $m_0(t)$ est égal à $2\mu_0/(2+\mu_0 t)$ pour en déduire que $(c_n(t), t \geq 0, n \in \mathbb{N}^*)$ est solution de (12.7). Puis nous observerons que le système d'équations (12.7) se résout par récurrence sur n. Il admet une unique solution $(\tilde{c}_n(t), t \geq 0, n \in \mathbb{N}^*)$, ce qui assure l'unicité pour (12.1). Enfin, dans une dernière étape, nous démontrerons que la concentration totale $\tilde{m}_0(t) = \sum_{n\in\mathbb{N}^*} \tilde{c}_n(t)$ associée à cette solution est égale à $2\mu_0/(2+\mu_0 t)$ ce qui assure que $(\tilde{c}_n(t), t \geq 0, n \in \mathbb{N}^*)$ est solution de (12.6) et donc de (12.1).

Par le théorème de Fubini, puis en posant $j = n - k$, on obtient

$$\begin{aligned}\sum_{n\in\mathbb{N}^*} \int_0^t \sum_{k=1}^{n-1} c_{n-k}(s)c_k(s)ds &= \int_0^t \sum_{k\in\mathbb{N}^*} c_k(s) \sum_{n\geq k+1} c_{n-k}(s)ds \\ &= \int_0^t \sum_{k\in\mathbb{N}^*} c_k(s) \sum_{j\in\mathbb{N}^*} c_j(s)ds \\ &= \int_0^t m_0^2(s)ds.\end{aligned}$$

Cette quantité est finie puisque d'après le lemme 12.1.3, $s \to m_0(s)$ est décroissante et que par hypothèse $\mu_0 < +\infty$. De même,

$$\sum_{n\in\mathbb{N}^*} \int_0^t m_0(s)c_n(s)ds = \int_0^t m_0(s) \sum_{n\in\mathbb{N}^*} c_n(s)ds = \int_0^t m_0^2(s)ds < +\infty.$$

Ainsi en sommant (12.6) sur $n \in \mathbb{N}^*$, on obtient

$$m_0(t) = \mu_0 - \frac{1}{2}\int_0^t m_0^2(s)ds.$$

Donc $\dot{m}_0(t) = -\frac{1}{2}m_0^2(t)$ et en résolvant cette équation différentielle avec la condition initiale μ_0, on conclut que $m_0(t) = 2\mu_0/(2+\mu_0 t)$. En reportant cette valeur dans (12.6), on obtient (12.7). D'après la proposition E.1, $(\tilde{c}_n(t), t \geq 0, n \in \mathbb{N}^*)$ est solution de (12.7) si et seulement si pour tout $n \in \mathbb{N}^*$ et tout $t \geq 0$,

$$\begin{aligned}\tilde{c}_n(t) &= c_n(0)\exp\left(-\int_0^t \frac{2\mu_0}{2+\mu_0 r}dr\right) \\ &\quad + \frac{1}{2}\int_0^t \sum_{k=1}^{n-1} \tilde{c}_{n-k}(s)\tilde{c}_k(s)\exp\left(-\int_s^t \frac{2\mu_0}{2+\mu_0 r}dr\right)ds \\ &= \frac{1}{(2+\mu_0 t)^2}\left(4c_n(0) + \frac{1}{2}\int_0^t \sum_{k=1}^{n-1} \tilde{c}_{n-k}(s)\tilde{c}_k(s)(2+\mu_0 s)^2 ds\right). \quad (12.8)\end{aligned}$$

Comme le second membre ne dépend que des concentrations de polymères de taille inférieure ou égale à $n-1$, en raisonnant par récurrence sur $n \in \mathbb{N}^*$, on

vérifie que le système (12.7) admet une unique solution $(\tilde{c}_n(t), t \geq 0, n \in \mathbb{N}^*)$ et que pour tout $n \in \mathbb{N}^*$, la fonction $t \to \tilde{c}_n(t)$ est continûment dérivable sur $\mathbb{R}_+$ et à valeurs dans $\mathbb{R}_+$.
Il reste à vérifier que la concentration totale associée $\tilde{m}_0(t) = \sum_{n\in\mathbb{N}^*} \tilde{c}_n(t)$ est donnée par $2\mu_0/(2+\mu_0 t)$ pour conclure que $(\tilde{c}_n(t), t \geq 0, n \in \mathbb{N}^*)$ est solution de (12.6).
Commençons par vérifier par récurrence sur N, que pour tout $N \in \mathbb{N}^*$,

$$\forall t \geq 0, \ \sum_{n=1}^{N} \tilde{c}_n(t) \leq \frac{2\mu_0}{2+\mu_0 t}. \tag{12.9}$$

D'après (12.8), pour tout $t \geq 0$, $\tilde{c}_1(t) = 4c_1(0)/(2+\mu_0 t)^2$. Comme $4/(2+\mu_0 t)^2 \leq 2/(2+\mu_0 t)$ et que $c_1(0) \leq \mu_0$, l'hypothèse de récurrence (12.9) est satisfaite pour $N = 1$. Supposons maintenant que l'hypothèse de récurrence (12.9) est satisfaite jusqu'au rang $N \geq 1$.
En sommant (12.8) sur $n \in \{1, \ldots, N+1\}$ et en multipliant le résultat par $(2+\mu_0 t)^2$, il vient

$$(2+\mu_0 t)^2 \sum_{n=1}^{N+1} \tilde{c}_n(t) = 4 \sum_{n=1}^{N+1} c_n(0) + \frac{1}{2} \int_0^t (2+\mu_0 s)^2 \sum_{n=1}^{N+1} \sum_{k=1}^{n-1} \tilde{c}_{n-k}(s) \tilde{c}_k(s) ds.$$

Comme

$$\sum_{n=1}^{N+1} \sum_{k=1}^{n-1} \tilde{c}_{n-k}(s) \tilde{c}_k(s) = \sum_{k=1}^{N} \tilde{c}_k(s) \sum_{j=1}^{N+1-k} \tilde{c}_j(s) \leq \left(\sum_{k=1}^{N} \tilde{c}_k(s) \right)^2,$$

l'hypothèse de récurrence (12.9) assure que

$$(2+\mu_0 t)^2 \sum_{n=1}^{N+1} \tilde{c}_n(t) \leq 4\mu_0 + \frac{1}{2} \int_0^t 4\mu_0^2 ds = 2\mu_0(2+\mu_0 t).$$

En divisant les deux membres par $(2+\mu_0 t)^2$, on obtient l'hypothèse de récurrence au rang $N+1$. Ainsi (12.9) est vérifié pour tout $N \in \mathbb{N}^*$. En passant à la limite $N \to +\infty$ dans l'inégalité, on en déduit que pour $t \geq 0$, $\tilde{m}_0(t) \leq 2\mu_0/(2+\mu_0 t)$.
Il reste à démontrer l'inégalité inverse pour achever la démonstration. En sommant (12.7) sur $n \in \mathbb{N}^*$ et en utilisant la majoration précédente pour justifier les échanges entre sommes et intégrales, on obtient

$$\begin{aligned}
\tilde{m}_0(t) &= \mu_0 + \int_0^t \tilde{m}_0(s) \left(\frac{\tilde{m}_0(s)}{2} - \frac{2\mu_0}{2+\mu_0 s} \right) ds \\
&= \mu_0 + \int_0^t \left(\frac{2\mu_0}{2+\mu_0 s} \right)^2 \frac{(2+\mu_0 s)\tilde{m}_0(s)}{2\mu_0} \left(\frac{(2+\mu_0 s)\tilde{m}_0(s)}{4\mu_0} - 1 \right) ds.
\end{aligned}$$

Comme pour tout $s \geq 0$, $(2+\mu_0 s)\tilde{m}_0(s)/2\mu_0$ est dans l'intervalle $[0,1]$ et que le minimum de la fonction $x \to x(x/2-1)$ sur cet intervalle, atteint pour $x=1$, vaut $-1/2$, on en déduit que

$$\tilde{m}_0(t) \geq \mu_0 - \frac{1}{2}\int_0^t \left(\frac{2\mu_0}{2+\mu_0 s}\right)^2 ds = \mu_0 + \left[\frac{2\mu_0}{2+\mu_0 s}\right]_0^t = \frac{2\mu_0}{2+\mu_0 t}.$$

□

On suppose que $\mu_0 \in]0,+\infty[$. Pour $t \geq 0$ et $n \in \mathbb{N}^*$, on pose $p_n(t) = c_n(t)/m_0(t) = (2+\mu_0 t)c_n(t)/2\mu_0$ de telle sorte que $\sum_{n\in\mathbb{N}^*} p_n(t) = 1$ i.e. $(p_n(t), n \in \mathbb{N}^*)$ est une probabilité sur $\mathbb{N}^*$. On note $F(t,s) = \sum_{n\in\mathbb{N}^*} s^n p_n(t)$ où $s \in [0,1]$ la fonction génératrice associée. En déduisant de (12.7) l'évolution de $F(t,s)$ nous allons identifier $(c_n(t), t \geq 0, n \in \mathbb{N}^*)$.

Proposition 12.1.8. *On suppose que* $\mu_0 \in]0,+\infty[$. *Alors la solution de* (12.1) *pour le noyau constant* $K_{j,k} = 1$ *est donnée par* $(2\mu_0 p_n(t)/(2+\mu_0 t), t \geq 0, n \in \mathbb{N}^*)$, *où* $(p_n(t), n \in \mathbb{N}^*)$ *est la loi de* $\sum_{i=1}^{N_t} X_i$ *avec les variables aléatoires* $(X_i, i \in \mathbb{N}^*)$ *indépendantes et identiquement distribuées suivant la probabilité* $(c_n(0)/\mu_0, n \in \mathbb{N}^*)$ *et* N_t *une variable aléatoire indépendante de loi géométrique de paramètre* $2/(2+\mu_0 t)$.

L'objectif de l'exercice suivant est de vérifier que si $\mu_1 = \sum_{n\in\mathbb{N}^*} n c_n(0)$ est fini, alors la solution que nous venons d'exhiber est de masse constante.

Exercice 12.1.9. Dans le cas où $\mu_1 < +\infty$, vérifier que les variables X_i sont intégrables puis que $\mathbb{E}\left[\sum_{i=1}^{N_t} X_i\right] = \mathbb{E}[N_t]\mathbb{E}[X_1]$ (on pourra décomposer sur les valeurs prises par N_t). En déduire que la solution de (12.1) pour le noyau $K_{j,k} = 1$ est de masse constante. ◆

Démonstration. D'après (12.7),

$$\begin{aligned}
\dot{p}_n(t) &= \frac{c_n(t)}{2} + \frac{2+\mu_0 t}{2\mu_0}\left(\frac{1}{2}\sum_{k=1}^{n-1} c_{n-k}(t)c_k(t) - \frac{2\mu_0}{2+\mu_0 t}c_n(t)\right) \\
&= \frac{\mu_0}{2+\mu_0 t}\left(\sum_{k=1}^{n-1} p_{n-k}(t)p_k(t) - p_n(t)\right).
\end{aligned}$$

Soit $s \in [0,1]$. En intégrant cette équation en temps et en multipliant le résultat par s^n, on obtient

$$s^n p_n(t) = s^n p_n(0) + \int_0^t \frac{\mu_0}{2+\mu_0 r}\left(\sum_{k=1}^{n-1} s^{n-k}p_{n-k}(r)s^k p_k(r) - s^n p_n(r)\right) dr. \tag{12.10}$$

D'après le théorème de Fubini,

$$\sum_{n\in\mathbb{N}^*}\int_0^t \frac{\mu_0}{2+\mu_0 r}\left(\sum_{k=1}^{n-1} s^{n-k}p_{n-k}(r)s^k p_k(r) + s^n p_n(r)\right)dr$$

$$= \int_0^t \frac{\mu_0}{2+\mu_0 r}\left(\sum_{k\in\mathbb{N}^*} s^k p_k(r)\sum_{n\geq k+1} s^{n-k}p_{n-k}(r) + \sum_{n\in\mathbb{N}^*} s^n p_n(r)\right)dr$$

$$= \int_0^t \frac{\mu_0}{2+\mu_0 r}(F^2(r,s)+F(r,s))dr \leq \int_0^t \frac{2\mu_0}{2+\mu_0 r}dr < +\infty.$$

Donc en sommant (12.10) sur $n \in \mathbb{N}^*$, et en échangeant somme et intégrale au second membre, il vient

$$F(t,s) = F(0,s) + \int_0^t \frac{\mu_0}{2+\mu_0 r}F(r,s)(F(r,s)-1)dr. \tag{12.11}$$

Comme pour $n \in \mathbb{N}^*$, $t \to p_n(t)$ est continue, la majoration $s^n p_n(t) \leq s^n$ et le théorème de convergence dominée assurent que pour s dans $[0,1[$, $t \to F(t,s)$ est continue. Avec (12.11) on en déduit que pour s dans $[0,1[$, $t \to F(t,s)$ est continûment dérivable et vérifie

$$\frac{\partial}{\partial t}F(t,s) = \frac{\mu_0}{2+\mu_0 t}F(t,s)(F(t,s)-1).$$

Pour s dans $]0,1[$, comme $F(t,s) \in]0,1[$, cette équation se récrit

$$\frac{d}{dt}\log\left(\frac{1}{F(t,s)}-1\right) = \frac{d}{dt}\log(2+\mu_0 t).$$

En intégrant en temps, on obtient

$$\frac{1}{F(t,s)} - 1 = \left(\frac{1}{F(0,s)}-1\right)\times\left(\frac{2+\mu_0 t}{2}\right).$$

On en déduit que pour $t \geq 0$ et $s \in]0,1[$,

$$F(t,s) = \frac{2F(0,s)}{2+\mu_0 t - \mu_0 t F(0,s)}, \tag{12.12}$$

équation qui reste vraie pour $s = 0$ et $s = 1$ puisque pour tout $t \geq 0$, $F(t,0) = 0$ et $F(t,1) = 1$.
En raisonnant comme dans la démonstration du lemme 4.1.1, on obtient que la fonction génératrice de $\sum_{i=1}^{N_t} X_i$ est la composée de la fonction génératrice $r \to \frac{2r}{2+\mu_0 t-\mu_0 tr}$ de N_t avec la fonction génératrice $s \to F(0,s)$ commune aux variables aléatoires X_i, c'est-à-dire que

$$\forall s \in [0,1],\ \mathbb{E}\left[s^{\sum_{i=1}^{N_t} X_i}\right] = F(t,s).$$

Le théorème A.2.4 assure alors que la loi de $\sum_{i=1}^{N_t} X_i$ est $(p_n(t), n \in \mathbb{N}^*)$. □

Dans le cas particulier où $(p_n(0), n \in \mathbb{N}^*)$ est la loi géométrique de paramètre $p \in]0,1]$, on a $F(0,s) = ps/(1-(1-p)s)$ et d'après (12.12)

$$F(t,s) = \frac{2ps}{(2+\mu_0 t)(1-(1-p)s) - \mu_0 tps} = \frac{2ps/(2+\mu_0 t)}{1-s(1-2p/(2+\mu_0 t))}.$$

On reconnaît la fonction génératrice de la loi géométrique de paramètre $2p/(2+\mu_0 t)$. Donc pour $n \in \mathbb{N}^*$ et $t \geq 0$,

$$p_n(t) = \frac{2p}{2+\mu_0 t} \times \left(\frac{2+\mu_0 t - 2p}{2+\mu_0 t}\right)^{n-1}.$$

On en déduit le corollaire suivant :

Corollaire 12.1.10. *Pour la condition initiale* $(c_n(0) = \mu_0 p(1-p)^{n-1}, n \in \mathbb{N}^*)$ *avec* $\mu_0 \in]0,+\infty[$ *et* $p \in]0,1]$, *la solution de* (12.1) *pour le noyau de coagulation constant* $K_{j,k} = 1$ *est donnée par*

$$c_n(t) = \frac{4\mu_0 p}{(2+\mu_0 t)^2} \times \left(\frac{2+\mu_0 t - 2p}{2+\mu_0 t}\right)^{n-1}.$$

En particulier, pour la condition initiale $c_n(0) = \mathbf{1}_{\{n=1\}}$ *obtenue lorsque* $\mu_0 = p = 1$,

$$\boxed{\forall n \in \mathbb{N}^*,\ \forall t \geq 0,\ c_n(t) = \left(\frac{2}{2+t}\right)^2 \left(\frac{t}{2+t}\right)^{n-1}.} \tag{12.13}$$

Sur la figure 12.1, nous avons représenté la solution (12.13) sur l'intervalle de temps $[0,10]$.

Exercice 12.1.11. Vérifier directement que $c_n(t)$ donné par (12.13) est solution de (12.1) pour $K_{j,k} = 1$ et $c_n(0) = \mathbf{1}_{\{n=1\}}$. ♦

Noyau additif : $K_{j,k} = j + k$

Soit $(c_n(0), n \in \mathbb{N}^*)$ une condition initiale t.q. $\mu_1 = \sum_{n\in\mathbb{N}^*} nc_n(0) < +\infty$ et $(c_n(t),\ t \geq 0, n \in \mathbb{N}^*)$ une solution de (12.1) de masse constante, dont l'existence est assurée par le théorème 12.1.5. Nous allons à nouveau commencer par déterminer l'évolution de $m_0(t)$ pour en déduire un nouveau système d'équations satisfait par $(c_n(t),\ t \geq 0, n \in \mathbb{N}^*)$.

Lemme 12.1.12. *Pour tout* t *positif,* $m_0(t) = \mu_0 \mathrm{e}^{-\mu_1 t}$. *En outre* $(c_n(t),\ t \geq 0, n \in \mathbb{N}^*)$ *est l'unique solution de*

$$\forall n \in \mathbb{N}^*,\ \dot{c}_n(t) = \sum_{k=1}^{n-1} (n-k)c_{n-k}(t)c_k(t) - \left(\mu_1 + n\mu_0 \mathrm{e}^{-\mu_1 t}\right) c_n(t) \tag{12.14}$$

et pour tout $n \in \mathbb{N}^*$, *la fonction* $t \to c_n(t)$ *est continûment dérivable sur* $\mathbb{R}_+$.

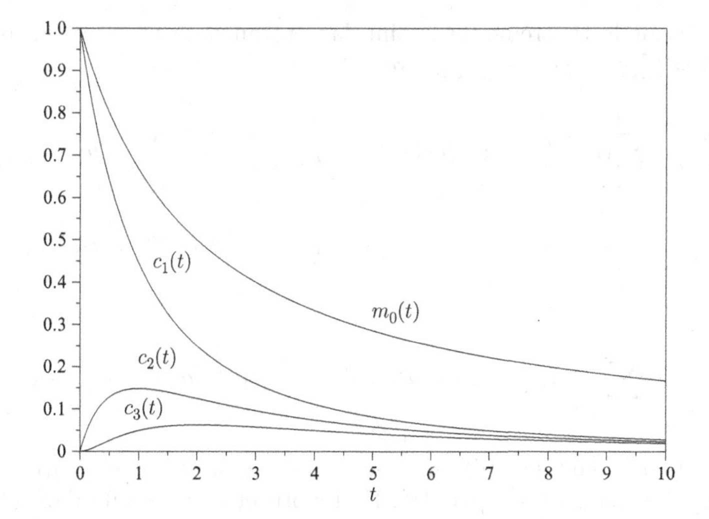

Fig. 12.1. Solution pour le noyau constant et $c_n(0) = \mathbf{1}_{\{n=1\}}$

Remarque 12.1.13. Ainsi, lorsque la condition initiale est telle que $\mu_1 = \sum_{n\in\mathbb{N}^*} nc_n(0) < +\infty$, l'équation de coagulation (12.1) pour le noyau de coagulation additif $K_{j,k} = j + k$ admet une unique solution de masse constante. D'après le théorème 12.1.5, sous l'hypothèse plus forte $\mu_2 = \sum_{n\in\mathbb{N}^*} n^2 c_n(0) < +\infty$ sur la condition initiale, l'unicité a lieu dans la classe plus large des solutions de masse non nécessairement constante. ◊

Démonstration. En utilisant la conservation de la concentration massique totale $m_1(t) = \sum_{k\in\mathbb{N}^*} kc_k(t) = \mu_1$, on obtient que pour $n \in \mathbb{N}^*$ et $t \geq 0$,

$$\dot{c}_n(t) = \frac{n}{2}\sum_{k=1}^{n-1} c_{n-k}(t)c_k(t)ds - (\mu_1 + m_0(t)n)c_n(t). \tag{12.15}$$

En remarquant que

$$\sum_{k=1}^{n-1}(n-k)c_{n-k}(s)c_k(s) = \sum_{k=1}^{n-1} kc_k(s)c_{n-k}(s) = \frac{1}{2}\sum_{k=1}^{n-1}((n-k)+k)c_{n-k}(s)c_k(s),$$

on en déduit que

$$c_n(t) = c_n(0) + \int_0^t \sum_{k=1}^{n-1}(n-k)c_{n-k}(s)c_k(s)ds - \int_0^t (\mu_1 + m_0(s)n)c_n(s)ds. \tag{12.16}$$

En utilisant le théorème de Fubini, la constance de $m_1(s)$ et la majoration $m_0(s) = \sum_{k\in\mathbb{N}^*} c_k(s) \leq \sum_{k\in\mathbb{N}^*} kc_k(s) = \mu_1$, on obtient

$$\sum_{n\in\mathbb{N}^*} \int_0^t \sum_{k=1}^{n-1}(n-k)c_{n-k}(s)c_k(s)ds = \int_0^t \sum_{k\in\mathbb{N}^*} c_k(s) \sum_{n\geq k+1} (n-k)c_{n-k}(s)ds$$
$$= \int_0^t m_0(s)m_1(s)ds \leq \mu_1^2 t < +\infty.$$

Par ailleurs

$$\sum_{n\in\mathbb{N}^*} \int_0^t (\mu_1 + m_0(s)n)c_n(s)ds = 2\mu_1 \int_0^t m_0(s)ds < +\infty.$$

Donc en sommant (12.16) sur $n \in \mathbb{N}^*$, on a $m_0(t) = \mu_0 - \mu_1 \int_0^t m_0(s)ds$. On conclut que $m_0(t) = \mu_0 \mathrm{e}^{-\mu_1 t}$. En reportant cette égalité dans (12.16), on obtient (12.14). Comme d'après la proposition E.1, $(c_n(t), t \geq 0, n \in \mathbb{N}^*)$ est solution de ce système si et seulement si pour tout $n \in \mathbb{N}^*$ et tout $t \geq 0$

$$c_n(t) = \exp\left(-\int_0^t \left(\mu_1 + n\mu_0 \mathrm{e}^{-\mu_1 r}\right) dr\right)$$
$$\times \left(c_n(0) + \int_0^t \sum_{k=1}^{n-1}(n-k)c_{n-k}(s)c_k(s) \exp\left(\int_0^s \left(\mu_1 + n\mu_0 \mathrm{e}^{-\mu_1 r}\right) dr\right) ds\right),$$

l'unicité s'obtient par récurrence sur n. En outre, comme l'intégrande qui figure au membre de droite est une fonction continue de s, $t \to c_n(t)$ est continûment dérivable. □

Pour $t \geq 0$ et $n \in \mathbb{N}^*$, on pose $p_n(t) = \mathrm{e}^{\mu_1 t} c_n(t)/\mu_0$ de telle sorte que $\sum_{n\in\mathbb{N}^*} p_n(t) = \mathrm{e}^{\mu_1 t} m_0(t)/\mu_0 = 1$ i.e. $(p_n(t), n \in \mathbb{N}^*)$ est une probabilité. On note $F(t,s) = \sum_{n\in\mathbb{N}^*} s^n p_n(t), s \in [0,1]$ la fonction génératrice associée.

Lemme 12.1.14. *La fonction F est continûment différentiable sur $\mathbb{R}_+ \times [0,1]$ et vérifie*

$$\frac{\partial F}{\partial t}(t,s) = \mu_0 \mathrm{e}^{-\mu_1 t} s(F(t,s) - 1)\frac{\partial F}{\partial s}(t,s).$$

Démonstration. Commençons par établir la continuité de $\frac{\partial F}{\partial s}$ sur $\mathbb{R}_+ \times [0,1]$. Comme

$$\sum_{n\in\mathbb{N}^*} np_n(t) = \frac{\mathrm{e}^{\mu_1 t}}{\mu_0} m_1(t) = \frac{\mu_1 \mathrm{e}^{\mu_1 t}}{\mu_0} < +\infty,$$

pour tout $t \geq 0$, la fonction $s \to F(t,s)$ est continûment dérivable sur $[0,1]$ de dérivée $\frac{\partial F}{\partial s}(t,s) = \sum_{n\in\mathbb{N}^*} ns^{n-1}p_n(t)$.
Pour $r \in [0,1[$, la continuité de $t \to p_n(t)$ et l'inégalité

$$\forall (t,s) \in \mathbb{R}_+ \times [0,r],\ 0 \leq ns^{n-1}p_n(t) \leq nr^{n-1}$$

entraînent par convergence dominée la continuité de $(t,s) \to \frac{\partial F}{\partial s}(t,s)$ sur $\mathbb{R}_+ \times [0,r]$. Comme r est arbitraire, cette fonction est continue sur $\mathbb{R}_+ \times [0,1[$. Pour montrer qu'elle est continue sur $\mathbb{R}_+ \times [0,1]$, on se donne maintenant $((t_l,s_l), l \geq 0)$ une suite de $\mathbb{R}_+ \times [0,1]$ qui converge vers $(t,1)$ lorsque $l \to +\infty$. Le lemme de Fatou assure que

$$\liminf_{l\to+\infty} \frac{\partial F}{\partial s}(t_l,s_l) = \liminf_{l\to+\infty} \sum_{n\in\mathbb{N}^*} n s_l^{n-1} p_n(t_l) \geq \sum_{n\in\mathbb{N}^*} n p_n(t) = \frac{\partial F}{\partial s}(t,1).$$

Par ailleurs, la croissance de $s \in [0,1] \to \frac{\partial F}{\partial s}(t,s)$ et la continuité de $t \to \frac{\partial F}{\partial s}(t,1) = \mu_1 \mathrm{e}^{\mu_1 t}/\mu_0$ assurent que

$$\limsup_{l\to+\infty} \frac{\partial F}{\partial s}(t_l,s_l) \leq \lim_{l\to+\infty} \frac{\partial F}{\partial s}(t_l,1) = \frac{\partial F}{\partial s}(t,1).$$

Donc $\frac{\partial F}{\partial s}(t_l,s_l)$ converge vers $F(t,1)$ lorsque $l \to +\infty$. On conclut que $\frac{\partial F}{\partial s}(t,s)$ est continue sur $\mathbb{R}_+ \times [0,1]$ de même que $F(t,s) = \int_0^s \frac{\partial F}{\partial s}(t,u)du$.

Nous allons maintenant vérifier que F satisfait l'équation aux dérivées partielles énoncée dans le lemme. Comme $t \to c_n(t)$ est continûment dérivable, en dérivant $p_n(t)$ par rapport à t et en utilisant (12.14), on obtient

$$\begin{aligned}\dot{p}_n(t) &= \mu_1 p_n(t) + \frac{\mathrm{e}^{\mu_1 t}}{\mu_0}\left(\sum_{k=1}^{n-1}(n-k)c_{n-k}(t)c_k(t) - (\mu_1 + \mu_0 \mathrm{e}^{-\mu_1 t} n)c_n(t)\right) \\ &= \mu_0 \mathrm{e}^{-\mu_1 t}\left(\sum_{k=1}^{n-1}(n-k)p_{n-k}(t)p_k(t) - n p_n(t)\right).\end{aligned}$$

Donc pour $s \in [0,1]$ et $n \in \mathbb{N}^*$,

$$\begin{aligned}s^n p_n(t) = s^n p_n(0) &+ \int_0^t \mu_0 \mathrm{e}^{-\mu_1 r} s \sum_{k=1}^{n-1}(n-k)s^{n-k-1}p_{n-k}(r)s^k p_k(r)dr \\ &- \int_0^t \mu_0 \mathrm{e}^{-\mu_1 r} s\, n s^{n-1} p_n(r)dr. \end{aligned} \qquad (12.17)$$

D'après le théorème de Fubini,

$$\begin{aligned}&\sum_{n\in\mathbb{N}^*} \int_0^t \mu_0 \mathrm{e}^{-\mu_1 r} s \sum_{k=1}^{n-1}(n-k)s^{n-k-1}p_{n-k}(r)s^k p_k(r)dr \\ &\quad = \int_0^t \mu_0 \mathrm{e}^{-\mu_1 r} s \sum_{k\in\mathbb{N}^*} s^k p_k(r) \sum_{n\geq k+1}(n-k)s^{n-k-1}p_{n-k}(r)dr \\ &\quad = \int_0^t \mu_0 \mathrm{e}^{-\mu_1 r} s F(r,s)\frac{\partial F}{\partial s}(r,s)dr < +\infty,\end{aligned}$$

et

$$\sum_{n\in\mathbb{N}^*}\int_0^t \mu_0 e^{-\mu_1 r} sns^{n-1}p_n(r)dr = \int_0^t \mu_0 e^{-\mu_1 r} s\frac{\partial F}{\partial s}(r,s)dr < +\infty.$$

Donc en sommant (12.17) sur $n \in \mathbb{N}^*$, on obtient que pour $s \in [0,1]$ et $t \geq 0$,

$$F(t,s) = F(0,s) + \int_0^t \mu_0 e^{-\mu_1 r} s(F(r,s)-1)\frac{\partial F}{\partial s}(r,s)dr.$$

Comme l'intégrande est continu en r, on en déduit que $F(t,s)$ est dérivable par rapport à t de dérivée partielle

$$\frac{\partial F}{\partial t}(t,s) = \mu_0 e^{-\mu_1 t} s(F(t,s)-1)\frac{\partial F}{\partial s}(t,s).$$

La continuité du second membre sur $\mathbb{R}_+ \times [0,1]$ entraîne celle de $\frac{\partial F}{\partial t}$ et on conclut que F est continûment différentiable sur $\mathbb{R}_+ \times [0,1]$.

□

Nous nous plaçons désormais dans le cas particulier de la condition $c_n(0) = \mathbf{1}_{\{n=1\}}$ pour laquelle $\mu_0 = \mu_1 = 1$. Alors $F(t,s)$ est solution continûment différentiable de l'équation aux dérivées partielles non linéaire suivante :

$$\begin{cases} \frac{\partial}{\partial t}F(t,s) = e^{-t}s(F(t,s)-1)\frac{\partial}{\partial s}F(t,s) \text{ pour } (t,s) \in \mathbb{R}_+ \times [0,1] \\ F(0,s) = s \text{ pour } s \in [0,1] \text{ et } F(t,1) = 1 \text{ pour } t \geq 0. \end{cases} \tag{12.18}$$

Nous allons en déduire $c_n(t)$ en utilisant des résultats sur les processus de Galton-Watson.

Proposition 12.1.15. *Pour tout $t \geq 0$, $(p_n(t), n \in \mathbb{N}^*)$ est la loi de Borel de paramètre $1 - e^{-t}$:*

$$\forall n \in \mathbb{N}^*,\ p_n(t) = \frac{(n(1-e^{-t}))^{n-1}}{n!}e^{-n(1-e^{-t})}.$$

Comme $p_n(t) = e^t c_n(t)$, on en déduit la solution de (12.1). Notons que comme $\mu_2 = 1 < +\infty$, d'après le théorème 12.1.5, l'unicité a lieu dans la classe des solutions de masse non nécessairement constante.

Corollaire 12.1.16. *Pour la condition initiale $c_n(0) = \mathbf{1}_{\{n=1\}}$ et le noyau de coagulation additif $K_{j,k} = j + k$, l'unique solution de l'équation de coagulation (12.1) est donnée par*

$$\boxed{\forall n \in \mathbb{N}^*,\ \forall t \geq 0,\ c_n(t) = \frac{(n(1-e^{-t}))^{n-1}}{n!}e^{-t}e^{-n(1-e^{-t})}.} \tag{12.19}$$

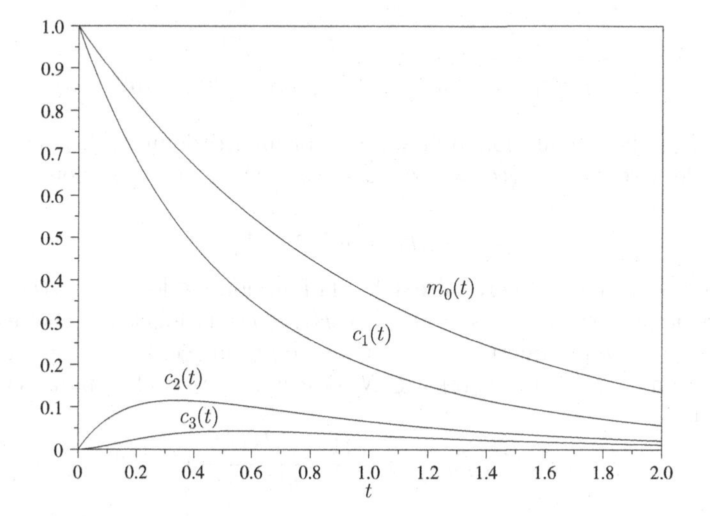

Fig. 12.2. Solution pour le noyau additif et $c_n(0) = \mathbf{1}_{\{n=1\}}$

Sur la figure 12.2, nous avons représenté la solution (12.19) sur l'intervalle de temps $[0, 2]$.

Démonstration de la proposition 12.1.15. Nous allons construire les courbes caractéristiques $t \to \varphi(t)$ telles que la fonction $t \to F(t, \varphi(t))$ est constante, ce qui, compte tenu de (12.18), implique formellement

$$\dot{\varphi}(t) = -\mathrm{e}^{-t}\varphi(t)(F(t, \varphi(t)) - 1).$$

Nous en déduirons l'unicité pour (12.18). Puis nous caractériserons la solution de cette équation en utilisant les résultats sur la population totale d'un processus de Galton-Watson donnés dans le paragraphe 4.4.

La fonction $F(t, s)$ est continûment différentiable sur $\mathbb{R}_+ \times [0, 1]$ et satisfait (12.18). Avec la condition au bord $F(t, 1) = 1$, on vérifie facilement que pour tout $T > 0$, la fonction $x \in \mathbb{R} \to -\mathrm{e}^{-t}\mathbf{1}_{\{x \in [0,1]\}}x(F(t, x) - 1)$ est lipschitzienne et bornée avec une constante de Lipschitz et une borne uniformes pour $t \in [0, T]$. Par le théorème de Cauchy-Lipschitz, on en déduit que pour $y \in \mathbb{R}$, l'équation différentielle ordinaire

$$\dot{\varphi}_y(t) = -\mathrm{e}^{-t}\mathbf{1}_{\{\varphi_y(t) \in [0,1]\}}\varphi_y(t)(F(t, \varphi_y(t)) - 1), \ \varphi_y(0) = y,$$

admet une unique solution. Comme pour $x \notin [0, 1]$, $-\mathrm{e}^{-t}\mathbf{1}_{\{x \in [0,1]\}}x(F(t, x) - 1) = 0$, on vérifie facilement que pour $s \in [0, 1]$, $\forall t \geq 0$, $\varphi_s(t) \in [0, 1]$ ce qui implique en particulier que $\dot{\varphi}_s(t) = -\mathrm{e}^{-t}\varphi_s(t)(F(t, \varphi_s(t)) - 1)$. En utilisant (12.18), on obtient que

$$\frac{d}{dt}F(t, \varphi_s(t)) = \frac{\partial}{\partial t}F(t, \varphi_s(t)) + \dot{\varphi}_s(t)\frac{\partial}{\partial s}F(t, \varphi_s(t)) = 0.$$

Donc

$$\forall t \geq 0,\ \forall s \in [0,1],\ F(t, \varphi_s(t)) = F(0, \varphi_s(0)) = s. \tag{12.20}$$

En particulier l'équation différentielle ordinaire donnant la caractéristique issue de s se récrit $\dot{\varphi}_s(t) = -e^{-t}\varphi_s(t)(s-1)$, $\varphi_s(0) = s$. Son unique solution est donnée par

$$\varphi_s(t) = s e^{(1-s)(1-e^{-t})}.$$

Soit $t > 0$. D'après le corollaire 4.4.5, la fonction $s \in [0,1] \to \varphi_s(t) \in [0,1]$ est inversible et son inverse $s \in [0,1] \to \psi(t,s)$ est la fonction génératrice de la loi de Borel de paramètre $1 - e^{-t}$. Comme l'égalité (12.20) se récrit $F(t,s) = \psi(t,s)$, on conclut que $(p_n(t), n \in N^*)$ est la loi de Borel de paramètre $1 - e^{-t}$ i.e. que

$$\forall n \in \mathbb{N}^*,\ p_n(t) = \frac{(n(1-e^{-t}))^{n-1}}{n!} e^{-n(1-e^{-t})}.$$

□

Dans le développement qui précède, nous avons effectivement montré que toute solution de masse constante de (12.1) pour le noyau de coagulation additif $K_{j,k} = j + k$ et la condition initiale $c_n(0) = \mathbf{1}_{\{n=1\}}$ est nécessairement donnée par (12.19). Et c'est le résultat d'existence énoncé dans le théorème 12.1.5 mais admis qui assure que (12.19) fournit bien une solution de (12.1). L'objet de l'exercice suivant est de vérifier directement ce point.

Exercice 12.1.17. Soit $c_n(t) = \frac{(n(1-e^{-t}))^{n-1}}{n!} e^{-t} e^{-n(1-e^{-t})}$.

1. À l'aide du corollaire 4.4.5, vérifier que pour tout $t \geq 0$, $m_0(t) = \sum_{n \in \mathbb{N}^*} c_n(t) = e^{-t}$ et $m_1(t) = \sum_{n \in \mathbb{N}^*} n c_n(t) = 1$.
2. En utilisant l'identité combinatoire (4.17), vérifier que $c_n(t)$ est solution de (12.16) puis de (12.1).

♦

Noyau multiplicatif : $K_{j,k} = jk$

Le résultat suivant tiré de [8], garantit l'existence d'une solution à (12.1) pour le noyau de coagulation multiplicatif lorsque $\mu_2 = \sum_{n \in \mathbb{N}^*} n^2 c_n(0) < +\infty$ en établissant un lien avec l'équation de coagulation pour le noyau additif.

Proposition 12.1.18. *Soit* $(c_n^*(0), n \in \mathbb{N}^*)$ *une condition initiale telle que* $\mu_2^* = \sum_{n \in \mathbb{N}^*} n^2 c_n^*(0) < +\infty$ *et* $(c_n^+(t),\ t \geq 0, n \in \mathbb{N}^*)$ *la solution de masse constante de* (12.1) *pour le noyau additif* $K_{j,k} = j + k$ *et la condition initiale* $(c_n^+(0) = n c_n^*(0), n \in \mathbb{N}^*)$, *dont l'existence est assurée par le théorème 12.1.5 et l'unicité par le lemme 12.1.12. Alors si on pose pour* $t \in [0, 1/\mu_2^*[$ *et* $n \in \mathbb{N}^*$

$$c_n^*(t) = \frac{1}{1 - \mu_2^* t} \frac{1}{n} c_n^+ \left(-\frac{1}{\mu_2^*} \log(1 - \mu_2^* t) \right), \tag{12.21}$$

$(c_n^*(t),\ t \in [0, 1/\mu_2^*[, n \in \mathbb{N}^*)$ *est solution de masse constante de l'équation de coagulation* (12.1) *pour le noyau multiplicatif* $K_{j,k} = jk$.

Démonstration. Comme la concentration massique totale constante $\mu_1^+ = \sum_{n\in\mathbb{N}^*} nc_n^+(t)$ de la solution $(c_n^+(t), t \in [0, +\infty[, n \in \mathbb{N}^*)$ est égale à μ_2^*, dans toute la démonstration, nous remplacerons μ_2^* par μ_1^+.
Vérifions d'abord la constance de la concentration massique totale pour c^*. Pour $s \in [0, 1/\mu_1^+[$, en utilisant le lemme 12.1.12, on a

$$\begin{aligned}\sum_{n\in\mathbb{N}^*} nc_n^*(s) &= \frac{1}{1-\mu_1^+ s} m_0^+ \left(-\frac{1}{\mu_1^+}\log\left(1-\mu_1^+ s\right)\right) = \frac{\mu_0^+ \exp\left(\log\left(1-\mu_1^+ s\right)\right)}{1-\mu_1^+ s} \\ &= \mu_0^+ = \mu_1^*.\end{aligned}$$

Donc la concentration massique totale $\sum_{n\in\mathbb{N}^*} nc_n^*(s)$ est constante sur l'intervalle $[0, 1/\mu_1^+[$ et la condition d'intégrabilité de la définition 12.1.1 est satisfaite pour tout $t \in [0, 1/\mu_1^+[$.
Toujours d'après le lemme 12.1.12, $t \to c_n^+(t)$ est continûment dérivable. En dérivant (12.21) et en utilisant (12.15), on obtient que pour $t \in [0, 1/\mu_1^+[$, si on pose $\tau = -\frac{1}{\mu_1^+}\log\left(1-\mu_1^+ t\right)$,

$$\begin{aligned}\dot{c}_n^*(t) &= \frac{\mu_1^+}{n(1-\mu_1^+ t)^2} c_n^+(\tau) + \frac{1}{n(1-\mu_1^+ t)^2}\dot{c}_n^+(\tau) \\ &= \frac{1}{n(1-\mu_1^+ t)^2}\left[\mu_1^+ c_n^+(\tau) + \frac{n}{2}\sum_{k=1}^{n-1} c_{n-k}^+ c_k^+(\tau) - \left(\mu_1^+ + n m_0^+(\tau)\right) c_n^+(\tau)\right] \\ &= \frac{1}{2}\sum_{k=1}^{n-1}(n-k)c_{n-k}^*(t) k c_k^*(t) - \frac{nc_n^*(t)}{1-\mu_1^+ t} m_0^+(\tau) \\ &= \frac{1}{2}\sum_{k=1}^{n-1}(n-k)k c_{n-k}^*(t) c_k^*(t) - \frac{nc_n^*(t)}{1-\mu_1^+ t}\sum_{k\in\mathbb{N}^*} c_k^+(\tau) \\ &= \frac{1}{2}\sum_{k=1}^{n-1}(n-k)k c_{n-k}^*(t) c_k^*(t) - nc_n^*(t)\sum_{k\in\mathbb{N}^*} k c_k^*(t),\end{aligned}$$

en utilisant (12.21) pour les trois dernières égalités. □

Pour le noyau de coagulation multiplicatif, l'équation de coagulation se récrit

$$\forall n \in \mathbb{N}^*,\ \dot{c}_n(t) = \frac{1}{2}\sum_{k=1}^{n-1}(n-k)c_{n-k}(t) k c_k(t) - m_1(t) n c_n(t). \tag{12.22}$$

L'évolution de $c_n(t)$ ne fait donc intervenir les concentrations de polymères de taille supérieure à n qu'au travers de la concentration massique totale $m_1(.)$. Nous allons tirer parti de cette propriété pour démontrer le résultat d'unicité suivant :

Proposition 12.1.19. *Soit $(c_n(t), n \in \mathbb{N}^*, t \in [0,T[)$ et $(\tilde{c}_n(t), n \in \mathbb{N}^*, t \in [0,\tilde{T}[)$ deux solutions de l'équation* (12.1) *pour le noyau de coagulation multiplicatif $K_{j,k} = jk$ issues la même condition initiale ($\forall n \in \mathbb{N}^*, c_n(0) = \tilde{c}_n(0)$) de concentration massique totale $\mu_1 = \sum_{n\in\mathbb{N}^*} nc_n(0)$ finie. Alors pour tout $t \in [0, \min(T,\tilde{T})[$, pour tout $n \in \mathbb{N}^*$, $c_n(t) = \tilde{c}_n(t)$.*

Démonstration. D'après la proposition E.1, l'équation (12.22) implique que pour $t < T$, et $n \in \mathbb{N}^*$,

$$c_n(t) = \mathrm{e}^{-n\int_0^t m_1(r)dr} c_n(0) + \frac{1}{2}\int_0^t \sum_{k=1}^{n-1} (n-k)c_{n-k}(s)kc_k(s)\mathrm{e}^{-n\int_s^t m_1(r)dr} ds.$$

Après multiplication de cette équation par $\mathrm{e}^{n\int_0^t m_1(r)dr}$, on en déduit que $(\mathrm{e}^{n\int_0^t m_1(r)dr} c_n(t), n \in \mathbb{N}^*, t \in [0,T[)$ est solution de

$$\gamma_n(t) = c_n(0) + \frac{1}{2}\int_0^t \sum_{k=1}^{n-1} (n-k)\gamma_{n-k}(s)k\gamma_k(s)ds.$$

Pour $n = 1$, on obtient $\gamma_1(t) = c_1(0)$. Puis pour $n = 2$, on en déduit que $\gamma_2(t) = c_2(0) + c_1^2(0)t/2$. Plus généralement, en raisonnant par récurrence sur n, on vérifie que ce système d'équations admet une unique solution $(\gamma_n(t), n \in \mathbb{N}^*, t \in [0,+\infty[)$. Ainsi

$$\forall t \in [0,T[,\ \forall n \in \mathbb{N}^*,\ c_n(t) = \mathrm{e}^{-n\int_0^t m_1(r)dr}\gamma_n(t).$$

En particulier, la concentration massique totale $m_1(t) = \sum_{n\in\mathbb{N}^*} nc_n(t)$ de la première solution de (12.1) vérifie

$$m_1(t) = \sum_{n\in\mathbb{N}^*} \mathrm{e}^{-n\int_0^t m_1(r)dr} n\gamma_n(t). \tag{12.23}$$

De même pour $t \in [0,\tilde{T}[$, $\forall n \in \mathbb{N}^*$, $\tilde{c}_n(t) = \mathrm{e}^{-n\int_0^t \tilde{m}_1(r)dr}\gamma_n(t)$ et $\tilde{m}_1(t) = \sum_{n\in\mathbb{N}^*} n\mathrm{e}^{-n\int_0^t \tilde{m}_1(r)dr}\gamma_n(t)$. Il suffit donc de vérifier que pour tout t dans $[0, \min(T,\tilde{T})[$, $\int_0^t m_1(r)dr = \int_0^t \tilde{m}_1(r)dr$ pour conclure que les deux solutions c et $\tilde{c}$ coïncident sur $[0, \min(T,\tilde{T})[$.
Pour tout n dans $\mathbb{N}^*$, par décroissance de la fonction $x \to \mathrm{e}^{-nx}$,

$$\left(\mathrm{e}^{-n\int_0^t m_1(r)dr} - \mathrm{e}^{-n\int_0^t \tilde{m}_1 dr}\right)\left(\int_0^t m_1(r)dr - \int_0^t \tilde{m}_1 dr\right) \leq 0.$$

En multipliant cette inégalité par $n\gamma_n(t)$, en sommant le résultat sur n dans $\mathbb{N}^*$ et en utilisant (12.23) ainsi que l'équation analogue pour $\tilde{m}_1$ on obtient,

$$\forall t \in [0, \min(T,\tilde{T})[,\ (m_1(t) - \tilde{m}_1(t))\int_0^t (m_1(r) - \tilde{m}_1(r))dr \leq 0. \tag{12.24}$$

Pour $s \in [0, \min(T, \tilde{T})[$, en intégrant cette inégalité sur $[0, s]$, il vient que

$$\frac{1}{2}\left(\int_0^s (m_1(r) - \tilde{m}_1(r))dr\right)^2 = \int_0^s (m_1(t) - \tilde{m}_1(t)) \int_0^t (m_1(r) - \tilde{m}_1(r))drdt$$

est négatif, ce qui achève la démonstration. □

Le résultat d'existence et le résultat d'unicité qui précèdent vont maintenant nous permettre d'exhiber l'unique solution de (12.1) pour le noyau de coagulation multiplicatif et la condition initiale $c_n(0) = \mathbf{1}_{\{n=1\}}$.

Corollaire 12.1.20. *La famille* $(c_n(t),\ t \geq 0, n \in \mathbb{N}^*)$ *définie par*

$$\boxed{\forall n \in \mathbb{N}^*,\ c_n(t) = \begin{cases} \dfrac{1}{n}\dfrac{(nt)^{n-1}}{n!}\mathrm{e}^{-nt} & si\ t \in [0,1] \\ \dfrac{1}{t}\dfrac{n^{n-2}}{n!}\mathrm{e}^{-n} & si\ t \geq 1. \end{cases}} \tag{12.25}$$

est l'unique solution de l'équation de coagulation (12.1) *pour le noyau de coagulation multiplicatif* $K_{j,k} = jk$ *et la condition initiale* $c_n(0) = \mathbf{1}_{\{n=1\}}$.

Démonstration. En reprenant les notations de la proposition 12.1.18, lorsque $c_n^*(0) = \mathbf{1}_{\{n=1\}}$, alors $\mu_2^* = 1$ et $c_n^+(0) = \mathbf{1}_{\{n=1\}}$. D'après le corollaire 12.1.16 qui donne la solution de (12.1) pour le noyau de coagulation additif et la condition initiale $(c_n^+(0), n \in \mathbb{N}^*)$ et la proposition 12.1.18, $c_n(t)$ donné par (12.25) est solution de masse constante sur l'intervalle de temps $[0, 1[$ de l'équation de coagulation avec noyau multiplicatif $K_{j,k} = jk$ pour la condition initiale $c_n(0) = \mathbf{1}_{\{n=1\}}$.
Nous allons maintenant en déduire que $c_n(t)$ satisfait également (12.1) pour $t > 1$. Comme le second membre de (12.22) est continu sur $[0, 1[$, $t \to c_n(t)$ est continûment dérivable sur cet intervalle et en passant à la limite $t \to 1^-$, on obtient

$$\dot{c}_n(1^-) = \frac{1}{2}\sum_{k=1}^{n-1}(n-k)c_{n-k}(1)kc_k(1) - nc_n(1).$$

Par ailleurs en dérivant (12.25), on obtient que pour t dans $[0, 1[$, $\dot{c}_n(t) = [n^{n-1}(n-1)t^{n-2} - n(nt)^{n-1}]\mathrm{e}^{-nt}/(n \times n!)$. En prenant la limite $t \to 1^-$, il vient $\dot{c}_n(1^-) = -n^{n-2}\mathrm{e}^{-n}/n! = -c_n(1)$. L'égalité des deux expressions précédentes de $\dot{c}_n(1^-)$ s'écrit

$$-c_n(1) = \frac{1}{2}\sum_{k=1}^{n-1}(n-k)c_{n-k}(1)kc_k(1) - nc_n(1).$$

Comme le corollaire 4.4.5 assure que la loi de Borel de paramètre 1 qui donne le poids $n^{n-1}\mathrm{e}^{-n}/n!$ à tout entier n non nul est une probabilité, on a $\sum_{k \in \mathbb{N}^*} kc_k(1) = 1$ et on en déduit

$$-c_n(1) = \frac{1}{2}\sum_{k=1}^{n-1}(n-k)c_{n-k}(1)kc_k(1) - nc_n(1)\sum_{k\in\mathbb{N}^*} kc_k(1). \qquad (12.26)$$

Pour $t > 1$, d'après (12.25), $c_n(t) = c_n(1)/t$, ce qui assure que $\dot{c}_n(t) = -c_n(1)/t^2$. En divisant (12.26) par t^2 on en déduit que (12.1) est vérifiée pour $t > 1$.
Notons que comme $\dot{c}_n(1^-) = \dot{c}_n(1^+) = -c_n(1)$, $t \to c_n(t)$ est continûment dérivable sur $[0, +\infty[$ et l'équation (12.1) est satisfaite sur $[0, +\infty[$.
L'unicité est assurée par la proposition 12.1.19. □

Remarque 12.1.21.

- La concentration massique totale $m_1(t) = \min(1, 1/t)$ de la solution (12.25) est strictement décroissante à partir du temps $t = 1$, appelé temps de gélification. L'interprétation physique de ce phénomène est qu'il se forme au temps de gélification un polymère de taille infinie appelé gel, auquel de la masse est ensuite transférée.
- Pour calculer $m_0(t)$ et $m_2(t)$, on peut remarquer que pour t plus grand que 1, $m_0(t)$ et $m_2(t)$ sont respectivement égaux à $m_0(1)/t$ et $m_2(1)/t$. D'autre part, pour t dans $[0,1]$, $m_0(t) = \mathbb{E}[1/Y_t]$ et $m_2(t) = \mathbb{E}[Y_t]$ où Y_t suit la loi de Borel de paramètre t. D'après le corollaire 4.4.5, pour t dans $[0,1]$, $\mathbb{E}[Y_t] = 1/(1-t)$ (avec la convention $1/0 = +\infty$), ce qui assure que $m_2(t)$ est égal à $1/(1-t)$ pour t dans $[0,1[$ et à $+\infty$ ensuite. Par ailleurs la fonction génératrice $s \in [0,1] \to F(s)$ de Y_t est l'inverse de la fonction $u \in [0,1] \to \varphi(u) = ue^{t(1-u)}$. Comme $\mathbb{P}(Y_t = 0) = 0$ et comme pour $n \in \mathbb{N}^*$, $\frac{1}{n} = \int_0^1 s^{n-1}ds$, on a $\frac{1}{Y_t} = \int_0^1 s^{Y_t - 1}ds$. En prenant l'espérance, on en déduit

$$\mathbb{E}\left[\frac{1}{Y_t}\right] = \int_0^1 \frac{F(s)}{s}ds = \int_0^1 \frac{F(\varphi(u))}{\varphi(u)}\varphi'(u)du = \int_0^1 (1-tu)du = 1 - \frac{t}{2}.$$

  On conclut alors que $m_0(t)$ est égal à $1 - t/2$ pour t dans $[0,1]$ et à $1/(2t)$ ensuite.

◊

Sur la figure 12.3, nous avons représenté la solution (12.25) sur l'intervalle de temps $[0,2]$.

Le noyau multiplicatif $K_{j,k} = jk$ ne satisfait pas les hypothèses faites dans le théorème 12.1.5 en vue d'obtenir un résultat d'existence et d'unicité pour (12.1). Le résultat suivant tiré de [18] englobe le cas de ce noyau :

Théorème 12.1.22. *S'il existe une constante $\kappa > 0$ telle que $\forall j,k \in \mathbb{N}^*$, $K_{j,k} \le \kappa jk$ et si la condition initiale non nulle $(c_n(0), n \in \mathbb{N}^*)$ vérifie $\mu_2 = \sum_{n\in\mathbb{N}^*} n^2 c_n(0) < +\infty$, alors il existe un unique $T \ge 1/(\kappa\mu_2)$ tel que (12.1) admet une solution $(c_n(t),\ t \in [0,T[, n \in \mathbb{N}^*)$ de masse constante sur $[0,T[$ et que la fonction $t \to \int_0^t m_2(s)ds$ associée est finie sur $[0,T[$ avec une limite à gauche en T égale à $+\infty$.*

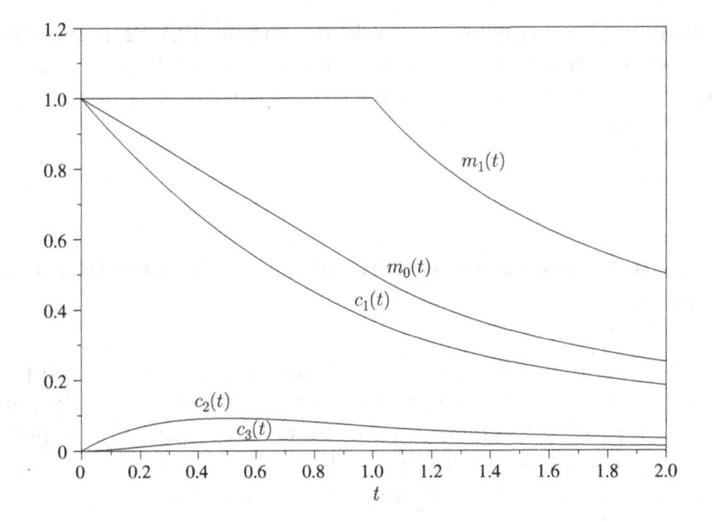

Fig. 12.3. Solution pour le noyau multiplicatif et $c_n(0) = \mathbf{1}_{\{n=1\}}$

En outre, on a le résultat d'unicité suivant : toute solution de (12.1) *sur l'intervalle de temps* $[0, \tau[$ *coïncide avec* $c_n(t)$ *sur* $[0, \min(T, \tau)[$.

Remarque 12.1.23. Comme $\forall j, k \in \mathbb{N}^*$, $j + k \leq 2jk$ l'hypothèse de croissance sur le noyau de coagulation faite dans le théorème précédent est plus faible que celle faite dans le théorème 12.1.5.
Si le noyau de coagulation ne satisfait pas $K_{j,k} \leq \kappa jk$, on peut perdre l'existence de solutions de masse constante sur un intervalle $[0, T[$ où $T > 0$. Par exemple, s'il existe des constantes α, β t.q. $\beta > \alpha > 1$ et $\forall j, k \in \mathbb{N}^*$, $j^\alpha + k^\alpha \leq K_{j,k} \leq (jk)^\beta$ alors Carr et da Costa [5] on montré que le temps de gélification de toute solution non nulle de (12.1) est nécessairement nul. $\Diamond$

L'objet de l'exercice suivant est de donner une réciproque à la proposition 12.1.18 :

Exercice 12.1.24. Soit $(c_n^+(0), n \in \mathbb{N}^*)$ une condition initiale non nulle telle que $\mu_1^+ = \sum_{n \in \mathbb{N}^*} nc_n^+(0) < +\infty$ et $(c_n^*(t),\ t \in [0, T[, n \in \mathbb{N}^*)$ avec $T \geq 1/\mu_1^+$ la solution de masse constante de l'équation de coagulation avec noyau multiplicatif $K_{j,k} = jk$ pour la condition initiale $(c_n^*(0) = c_n^+(0)/n, n \in \mathbb{N}^*)$ dont l'existence est assurée par le théorème 12.1.22. Pour $t > 0$ et $n \in \mathbb{N}^*$, on pose

$$c_n^+(t) = \mathrm{e}^{-\mu_1^+ t} nc_n^* \left(\frac{1}{\mu_1^+}(1 - \mathrm{e}^{-\mu_1^+ t}) \right).$$

1. Montrer que pour tout $n \in \mathbb{N}^*$

$$\forall t \geq 0,\ \dot{c}_n^+(t) = \frac{n}{2} \sum_{k=1}^{n-1} c_{n-k}^+(t) c_k^+(t) - \left(n\mu_1^* \mathrm{e}^{-\mu_1^+ t} + \mu_1^+ \right) c_n^+(t).$$

2. Calculer μ_0^+ et conclure à l'aide du lemme 12.1.12 que $(c_n^+(t), t \geq 0, n \in \mathbb{N}^*)$ est la solution de masse constante de (12.1) pour le noyau additif $K_{j,k} = j + k$ et la condition initiale $(c_n^+(0), n \in \mathbb{N}^*)$ dont l'existence est assurée par le théorème 12.1.5.

♦

12.2 Équations de coagulation et de fragmentation discrètes

Nous enrichissons maintenant les équations pour prendre en compte, en plus de la coagulation, le phénomène inverse : la fragmentation. Un polymère de taille $n \geq 2$ peut se fragmenter pour donner naissance à deux polymères de tailles respectives $n - k$ et k où $k \in \{1, \ldots, [n/2]\}$ (pour x réel, $[x]$ désigne la partie entière de x). La constante de cette réaction est $F_{n-k,k} = F_{k,n-k}$ si $k \neq n/2$ et $\frac{1}{2}F_{\frac{n}{2},\frac{n}{2}}$ si $k = n/2$. La constante globale de fragmentation d'un polymère de taille n est alors $\frac{1}{2}\sum_{k=1}^{n-1} F_{n-k,k}$ et les équations de coagulation fragmentation discrètes s'écrivent :

$$\forall n \in \mathbb{N}^*, \dot{c}_n(t) = \frac{1}{2}\sum_{k=1}^{n-1} (K_{n-k,k}c_{n-k}(t)c_k(t) - F_{n-k,k}c_n(t))$$
$$- \sum_{k \in \mathbb{N}^*} (K_{n,k}c_n(t)c_k(t) - F_{n,k}c_{n+k}(t)) . \qquad (12.27)$$

Notons que la fragmentation n'introduit que des termes linéaires dans le système précédent. Comme la masse est conservée lors de chaque fragmentation, on s'attend à ce que la concentration massique totale $m_1(t) = \sum_{n \in \mathbb{N}^*} nc_n(t)$ soit conservée. Ce n'est pas toujours vrai. Comme nous l'avons vu dans le cas du noyau de coagulation multiplicatif, en l'absence de fragmentation, il se peut que la concentration massique totale décroisse : cela correspond physiquement à la formation d'un polymère de taille infinie appelé gel. En l'absence de coagulation, comme le montre l'exemple suivant tiré de [3], on peut construire des solutions de (12.27) telles que $m_1(t)$ est strictement croissante.

Exemple 12.2.1. Pour $n \in \mathbb{N}^*$ et $t \geq 0$, on pose

$$c_n(t) = \frac{\mathrm{e}^t}{(n+1)(n+2)(n+3)}.$$

On a alors

$$\dot{c}_n(t) = c_n(t) = -\frac{n-1}{2}c_n(t) + \frac{n+1}{2}c_n(t).$$

Par ailleurs,

$$\sum_{k\in\mathbb{N}^*} c_{n+k}(t) = \mathrm{e}^t \sum_{k\in\mathbb{N}^*} \frac{1}{2}\left(\frac{1}{(n+k+1)(n+k+2)} - \frac{1}{(n+k+2)(n+k+3)}\right)$$

$$= \frac{\mathrm{e}^t}{2}\left(\sum_{k\in\mathbb{N}^*} \frac{1}{(n+k+1)(n+k+2)} - \sum_{j\geq 2} \frac{1}{(n+j+1)(n+j+2)}\right)$$

$$= \frac{\mathrm{e}^t}{2} \times \frac{1}{(n+2)(n+3)} = \frac{n+1}{2} c_n(t).$$

On a donc

$$\dot{c}_n(t) = c_n(t) = -\frac{1}{2}\sum_{k=1}^{n-1} c_n(t) + \sum_{k\in\mathbb{N}^*} c_{n+k}(t).$$

Donc $c_n(t)$ est solution de (12.27) pour le noyau de fragmentation constant égal à 1 et le noyau de coagulation nul. Comme

$$\frac{n}{(n+1)(n+2)(n+3)} = \frac{1}{n+2} - \frac{1}{2(n+1)(n+2)} - \frac{1}{n+3} + \frac{1}{2(n+2)(n+3)},$$

on vérifie facilement que la concentration massique totale de cette solution est $m_1(t) = \sum_{n\in\mathbb{N}^*} nc_n(t) = \frac{\mathrm{e}^t}{4}$, fonction strictement croissante. Notons que la constante globale de fragmentation d'un polymère de taille n n'est pas bornée : elle est égale à $(n-1)/2$ et tend vers $+\infty$ avec la taille n. ◊

Comme les équations ne font intervenir que les polymères de taille finie, ce phénomène d'augmentation de masse doit être rejeté pour des arguments physiques. C'est pourquoi nous imposons la décroissance de la concentration massique totale dans la définition suivante des solutions :

Définition 12.2.2. *On appelle solution de l'équation* (12.27) *sur* $[0,T[$ *où* $0 < T \leq +\infty$ *une famille* $(c_n(t),\ t\in[0,T[, n\in\mathbb{N}^*)$ *telle que*

1. *pour tout* $n\in\mathbb{N}^*$, $s\to c_n(s)$ *est une fonction continue de* $[0,T[$ *dans* $\mathbb{R}_+$ *et pour tout* $t\in[0,T[$, $\int_0^t \sum_{k\in\mathbb{N}^*}(K_{n,k}c_k(s) + F_{n,k}c_{n+k}(s))\,ds < +\infty$,
2. *pour tout* $n\in\mathbb{N}^*$, *l'équation* (12.27) *est vérifiée sous forme intégrée en temps : pour tout* $t\in[0,T[$,

$$c_n(t) = c_n(0) + \int_0^t \frac{1}{2}\sum_{k=1}^{n-1}(K_{n-k,k}c_{n-k}(s)c_k(s) - F_{n-k,k}c_n(s))\,ds$$
$$- \int_0^t \sum_{k\in\mathbb{N}^*}(K_{n,k}c_n(s)c_k(s) - F_{n,k}c_{n+k}(s))\,ds,$$

3. $\forall t \in [0,T[$, $m_1(t) = \sum_{n\in\mathbb{N}^*} nc_n(t) < +\infty$ *et la fonction* $m_1(t)$ *est décroissante sur* $[0,T[$.

Remarque 12.2.3. En raisonnant comme dans la remarque 12.1.2, on obtient que si $(c_n(t),\ t \in [0,T[, n \in \mathbb{N}^*)$ est solution de (12.27) pour les noyaux K et F, alors pour toutes constantes positives α et β, $(\alpha c_n(\alpha\beta t),\ t \in [0,T/(\alpha\beta)[$, $n \in \mathbb{N}^*)$ est solution de (12.27) pour les noyaux βK et $\alpha\beta F$. ◊

Nous regroupons dans le théorème suivant tiré de [15] et que nous ne démontrerons pas des résultats d'existence et d'unicité pour (12.27) sous les hypothèses du théorème 12.1.5 et des résultats sous les hypothèses du théorème 12.1.22.

Théorème 12.2.4. *On suppose que la condition initiale* $(c_n(0), n \in \mathbb{N}^*)$ *est non nulle et vérifie* $\mu_2 = \sum_{n\in\mathbb{N}^*} n^2 c_n(0) < +\infty$.

- *S'il existe une constante* $\kappa > 0$ *t.q.* $\forall j,k \in \mathbb{N}^*$, $K_{j,k} \leq \kappa(j+k)$ *alors l'équation* (12.27) *admet une unique solution sur* $[0,+\infty[$. *En outre, cette solution est de masse constante.*
- *S'il existe une constante* $\kappa > 0$ *telle que* $\forall j,k \in \mathbb{N}^*$, $K_{j,k} \leq \kappa jk$, *alors il existe un unique* $T \geq 1/(\kappa\mu_2)$ *tel que* (12.27) *admet une solution* $(c_n(t),\ t \in [0,T[, n \in \mathbb{N}^*)$ *de masse constante sur* $[0,T[$ *et que la fonction* $t \to \int_0^t m_2(s)ds$ *associée est finie sur* $[0,T[$ *avec une limite à gauche en* T *égale à* $+\infty$. *En outre, toute solution de* (12.27) *sur l'intervalle de temps* $[0,\tau[$ *coïncide avec* $c_n(t)$ *sur* $[0,\min(T,\tau)[$.

Remarque 12.2.5. Dans l'énoncé précédent nous n'avons pas fait d'hypothèse sur le noyau de fragmentation et nous généralisons les résultats obtenus en absence de fragmentation c'est-à-dire pour un noyau F nul.
Dans [6], da Costa adopte un point de vue radicalement différent : il se place sous une hypothèse dite de fragmentation forte qui assure que le phénomène de fragmentation domine celui de coagulation pour obtenir des résultats d'existence et d'unicité pour (12.27). ◊

12.3 Chaînes de Markov à temps continu associées

Nous allons d'abord introduire le processus de Marcus-Lushnikov qui est une chaîne de Markov à temps continu dont les transitions sont la traduction des phénomènes physiques de coagulation et de fragmentation. Puis nous présenterons le processus de transfert de masse qui permet d'approcher la solution des équations de coagulation et de fragmentation discrètes plus efficacement que la simulation du processus de Marcus-Lushnikov.

12.3.1 Le processus de Marcus-Lushnikov

Existence du processus

Le processus de Marcus-Lushnikov est une chaîne de Markov à temps continu qui décrit l'évolution d'une population de molécules de polymères présentes initialement. Plus précisément l'espace d'états

$$E = \left\{ x = (x(n), n \in \mathbb{N}^*) \in \mathbb{N}^{\mathbb{N}^*} \,:\, \exists n_0 \in \mathbb{N}^*,\, \forall n \geq n_0,\, x(n) = 0 \right\},$$

est dénombrable puisque si on note pour $x \in E$, $M(x) = \max\{n \in \mathbb{N}^* : x(n) > 0\}$ alors $x \in E \to (x(1), x(2) \ldots, x(M(x)))$ est une injection dans l'espace dénombrable $\bigcup_{k \geq 1} \mathbb{N}^k$.
Lorsque le processus est dans l'état $x \in E$, cela signifie que pour tout $n \in \mathbb{N}^*$, $x(n)$ molécules de polymères de taille n sont présentes. Les transitions transcrivent directement la physique des phénomènes de coagulation et de fragmentation. Si pour $k \in \mathbb{N}^*$, $e_k = (0, \ldots, 0, 1, 0, \ldots, 0, \ldots)$ désigne l'élément de E avec un 1 en k-ième position et des 0 ailleurs (ce qui s'écrit aussi $e_k(n) = \mathbf{1}_{\{n=k\}}$), le générateur infinitésimal est donné pour $y \neq x$ par

$$A_N(x,y) = \begin{cases} F_{j,k} x(j+k) & \text{si } y = x + e_j + e_k - e_{j+k} \text{ où } 1 \leq k < j < \infty \\ \frac{F_{j,j}}{2} x(2j) & \text{si } y = x + 2e_j - e_{2j} \text{ où } j \in \mathbb{N}^* \\ \frac{K_{j,k}}{N} x(j)x(k) & \text{si } y = x - e_j - e_k + e_{j+k} \text{ où } 1 \leq k < j < \infty \\ \frac{K_{j,j}}{2N} (x^2(j) - x(j)) & \text{si } y = x - 2e_j + e_{2j} \text{ où } j \in \mathbb{N}^* \\ 0 & \text{sinon,} \end{cases}$$

et par
$$A_N(x,x) = -\sum_{j \in \mathbb{N}^*} \left(\sum_{k=1}^{j-1} \left(F_{j,k} x(j+k) + \frac{K_{j,k}}{N} x(j)x(k) \right) + \frac{F_{j,j}}{2} x(2j) + \frac{K_{j,j}}{2N} x(j)(x(j)-1) \right), \qquad (12.28)$$

où $N \in \mathbb{N}^*$ est un paramètre dont le rôle apparaîtra lors de l'étude de la convergence vers les équations de coagulation fragmentation.
Le taux auquel un polymère de taille j et un polymère de taille k sont formés par fragmentation d'un polymère de taille $j+k$ (transition $x \to x + e_j + e_k - e_{j+k}$) est égal à $\mathbf{1}_{\{k \neq j\}} F_{j,k} + \mathbf{1}_{\{k=j\}} F_{j,j}/2$ fois le nombre $x(j+k)$ de polymères de taille $j+k$ présents. En particulier ce taux est nul si $x(j+k) = 0$ c'est-à-dire s'il n'y a pas de polymère de taille $j+k$.
Si $j \neq k$, le taux avec lequel un polymère de taille $j+k$ est formé par coagulation d'un polymère de taille j et d'un polymère de taille k (transition $x \to x - e_j - e_k + e_{j+k}$) est, au facteur multiplicatif de normalisation $1/N$ près, égal au produit de $K_{j,k}$ et du nombre $x(j)x(k)$ de couples de polymères de tailles respectives j et k présents. Le taux avec lequel un polymère de taille

$2j$ est formé par coagulation de deux polymères de taille j est, au facteur multiplicatif de normalisation $1/N$ près, égal au produit de $K_{j,j}$ et du nombre $x(j)(x(j)-1)/2$ de couples de polymères de taille j présents.

Lemme 12.3.1. *Pour tout noyau de coagulation K, tout noyau de fragmentation F et tout $N \in \mathbb{N}^*$, A_N défini par (12.28) est le générateur d'une chaîne de Markov à temps continu $(X_t^N, t \geq 0)$ sur E appelée processus de Marcus-Lushnikov.*

Démonstration. On remarque que pour la chaîne trace en temps discret $(Z_l, l \in \mathbb{N})$ de matrice de transition $\mathbf{1}_{\{y \neq x\}} A_N(x,y)/|A_N(x,x)|$, seules les transitions $x \in E \to y \in E$ préservant la masse i.e. telles que $\sum_{n \in \mathbb{N}^*} ny(n) = \sum_{n \in \mathbb{N}^*} nx(n)$ sont possibles. Pour $x_0 \in E$, le sous-ensemble $E_{x_0} = \{y \in E : \sum_{n \in \mathbb{N}^*} ny(n) = \sum_{n \in \mathbb{N}^*} nx_0(n)\}$ de l'espace d'état que peut visiter la chaîne trace conditionnellement à $Z_0 = x_0$ est fini. Avec la remarque 8.1.2, on en déduit que la condition (8.3) est satisfaite. Le théorème 8.1.6 permet alors de conclure que A_N est bien le générateur d'une chaîne de Markov à temps continu sur E. □

Remarque 12.3.2. En l'absence de fragmentation, pour le noyau de coagulation constant $K_{j,k} = 1$ et pour la condition initiale $X_0^1 = \nu e_1$ où $\nu \in \mathbb{N}^*$, le processus de Marcus-Lushnikov X_t^1 porte également le nom de processus de coalescence de Kingman. Ce processus modélise l'apparition des ancêtres communs dans le modèle de Wright-Fisher renormalisé (voir paragraphe 7.2). En effet, en reportant les valeurs de F et K dans (12.28) on obtient que pour tout $x \in E$,

$$\begin{aligned}
|A_1(x,x)| &= \sum_{j \in \mathbb{N}^*} \sum_{k=1}^{j-1} x(j)x(k) + \frac{1}{2} \sum_{j \in \mathbb{N}^*} x(j)(x(j)-1) \\
&= \frac{1}{2} \sum_{j \in \mathbb{N}^*} x(j) \left(\sum_{k \in \mathbb{N}^*} x(k) - 1 \right).
\end{aligned}$$

Comme les seules transitions possibles sont les coagulations qui diminuent le nombre total de polymères présents d'une unité, la chaîne trace en temps discret $(Z_l, l \in \mathbb{N})$ est telle que pour $l \in \{0, \ldots, \nu-1\}$, $\sum_{n \in \mathbb{N}^*} Z_l(n) = \nu - l$. Donc $|A_N(Z_l, Z_l)| = \frac{1}{2}(\nu - l)(\nu - l - 1)$ et les durées entre les sauts successifs de X_t^1 sont des variables exponentielles indépendantes de paramètres successifs $\frac{1}{2}(\nu - l)(\nu - l - 1)$, $l \in \{0, \ldots, \nu - 2\}$.
Pour $n \in \{1, \ldots, \nu\}$, $X_t^1(n)$ représente le nombre d'ancêtres à l'instant $-t$ ayant exactement n descendants parmi les ν individus de la population à l'instant 0. Le nombre d'ancêtres à l'instant $-t$ qui ont généré les ν individus de l'instant 0 est donné par $\sum_{n=1}^{\nu} X_t^1(n)$. La première coagulation, nécessairement entre 2 monomères, correspond, au retournement du temps près, à l'apparition d'un ancêtre commun pour deux des individus présents à l'instant 0. Plus généralement une coagulation entre un polymère de taille j et

un polymère de taille k correspond à l'apparition d'un ancêtre commun pour deux populations de tailles j et k d'individus de l'instant 0 qui avaient déjà chacune un ancêtre commun. $\diamondsuit$

Convergence vers les équations de coagulation fragmentation (12.27)

On suppose que la condition initiale $(c_n(0), n \in \mathbb{N}^*)$ de (12.27) est une probabilité sur $\mathbb{N}^*$. Quitte à changer le noyau de coagulation, on peut toujours s'y ramener lorsque $\mu_0 = \sum_{n\in\mathbb{N}^*} c_n(0)$ est dans l'intervalle $]0, +\infty[$. En effet, d'après la remarque 12.2.3 pour le choix $\beta = 1/\alpha = \mu_0$, si $(c_n(t), t \geq 0, n \in \mathbb{N}^*)$ est solution de (12.27) alors $(c_n(t)/\mu_0, t \geq 0, n \in \mathbb{N}^*)$ est solution de l'équation de coagulation fragmentation pour le noyau de coagulation modifié $\mu_0 K$ et le noyau de fragmentation F.
On se donne alors une suite $(\xi_i, i \in \mathbb{N}^*)$ de variables aléatoires indépendantes et identiquement distribuées suivant $(c_n(0), n \in \mathbb{N}^*)$. Pour $N \in \mathbb{N}^*$, la condition initiale du processus de Marcus-Lushnikov X_t^N est choisie de la manière suivante

$$X_0^N = \sum_{i=1}^{N} e_{\xi_i} \text{ i.e. } \forall n \in \mathbb{N}^*,\ X_0^N(n) = \sum_{i=1}^{N} \mathbf{1}_{\{\xi_i = n\}}.$$

Pour $t \geq 0$ et $n \in \mathbb{N}^*$, on pose $c_n^N(t) = X_t^N(n)/N$. La loi forte des grands nombres entraîne que presque sûrement, pour tout $n \in \mathbb{N}^*$, $c_n^N(0)$ converge vers $\mathbb{P}(\xi_1 = n) = c_n(0)$ lorsque N tend vers $+\infty$.

Expliquons pourquoi on peut penser que $c_n^N(t)$ va converger lorsque N tend vers $+\infty$ vers une solution de (12.27) pour la condition initiale $(c_n(0), n \in \mathbb{N}^*)$. Pour $n \in \mathbb{N}^*$, entre t et $t + \Delta t$, conditionnellement à $X_t^N = x \in E$, en dehors de l'événement « plusieurs transitions ont lieu pour X^N entre t et $t + \Delta t$ » qui se produit avec probabilité $o(\Delta t)$,

$$c_n^N(t + \Delta t) - c_n^N(t) = (X_{t+\Delta t}^N(n) - X_t^N(n))/N$$

1. est égal à $2/N$ si un polymère de taille $2n$ se fragmente en 2 polymères de taille n, événement de probabilité
$$\Delta t \frac{F_{n,n}}{2} x(2n) + o(\Delta t),$$
2. est égal à $1/N$ si
   – une coagulation donne naissance à un polymère de taille n : à un $o(\Delta t)$ près, un tel événement se produit avec probabilité
$$\Delta t \sum_{k=1}^{n-1} \left(\mathbf{1}_{\{k<n-k\}} \frac{K_{n-k,k}}{N} x(n-k)x(k) + \mathbf{1}_{\{k=n-k\}} \frac{K_{k,k}}{2N} x(k)(x(k)-1) \right)$$
$$= \frac{\Delta t}{2} \sum_{k=1}^{n-1} \frac{K_{n-k,k}}{N} x(n-k)(x(k) - \mathbf{1}_{\{k=n/2\}}),$$
   par symétrie du noyau K

– une fragmentation donne naissance à un polymère de taille n et un polymère de taille $k \neq n$: à un $o(\Delta t)$ près, cet événement se produit avec probabilité

$$\Delta t \left(\sum_{k<n} F_{n,k} x(n+k) + \sum_{k>n} F_{k,n} x(k+n) \right) = \Delta t \sum_{k \neq n} F_{n,k} x(n+k),$$

par symétrie de F,

3. est égal à $-1/N$ si
   – un polymère de taille n se fragmente, événement qui se produit à $o(\Delta t)$ près avec probabilité

$$\Delta t \sum_{k=1}^{n-1} \left(\mathbf{1}_{\{k<n-k\}} F_{n-k,k} + \mathbf{1}_{\{k=n-k\}} \frac{F_{k,k}}{2} \right) x(n) = \frac{\Delta t}{2} \sum_{k=1}^{n-1} F_{n-k,k} x(n),$$

   par symétrie du noyau F,
   – un polymère de taille n coagule avec un polymère de taille $k \neq n$: à un $o(\Delta t)$ près, cet événement se produit avec probabilité

$$\Delta t \left(\sum_{k<n} \frac{K_{n,k}}{N} x(n)x(k) + \sum_{k>n} \frac{K_{k,n}}{N} x(k)x(n) \right) = \Delta t \sum_{k \neq n} \frac{K_{n,k}}{N} x(n)x(k),$$

   par symétrie de K,

4. est égal à $-2/N$ si deux polymères de taille n coagulent ensemble pour former un polymère de taille $2n$, événement de probabilité

$$\Delta t \frac{K_{n,n}}{2N} x(n)(x(n)-1) + o(\Delta t),$$

5. est égal à 0 avec probabilité complémentaire des précédentes.

De manière abusive, on traduit cela en écrivant

$$\begin{aligned}
&c_n^N(t+\Delta t) - c_n^N(t) \\
&= \frac{\Delta t}{N} \Bigg(2\frac{F_{n,n}}{2} X_t^N(2n) + \frac{1}{2} \sum_{k=1}^{n-1} \frac{K_{n-k,k}}{N} X_t^N(n-k)(X_t^N(k) - \mathbf{1}_{\{k=n/2\}}) \\
&\qquad + \sum_{k \neq n} F_{n,k} X_t^N(n+k) - \frac{1}{2} \sum_{k=1}^{n-1} F_{n-k,k} X_t^N(n) \\
&\qquad - \sum_{k \neq n} \frac{K_{n,k}}{N} X_t^N(n) X_t^N(k) - 2\frac{K_{n,n}}{2N} X_t^N(n)(X_t^N(n)-1) \Bigg) + o(\Delta t).
\end{aligned}$$

Sous de bonnes hypothèses de croissance sur les noyaux K et F et sur la condition initiale $(c_n(0), n \in \mathbb{N}^*)$ on peut effectivement montrer que la différence entre le membre de gauche et le premier terme du membre de droite est en $o(\Delta t)$ dans le passage à la limite $N \to +\infty$. En divisant les deux membres par Δt puis en utilisant $c_k^N(t) = X_t^N(k)/N$, on obtient

$$\begin{aligned}
&\frac{1}{\Delta t}(c_n^N(t+\Delta t) - c_n^N(t)) \\
&\quad = \frac{1}{2}\sum_{k=1}^{n-1} K_{n-k,k}c_{n-k}^N(t)\left(c_k^N(t) - \frac{\mathbf{1}_{\{k=n/2\}}}{N}\right) + \sum_{k\in\mathbb{N}^*} F_{n,k}c_{n+k}^N(t) \\
&\quad - \frac{1}{2}\sum_{k=1}^{n-1} F_{n-k,k}c_n^N(t) - \sum_{k\in\mathbb{N}^*} K_{n,k}c_n^N(t)\left(c_k^N(t) - \frac{\mathbf{1}_{\{k=n\}}}{N}\right) + o(1)
\end{aligned}$$

et on retrouve les équations de coagulation fragmentation discrètes (12.27) en faisant tendre N vers l'infini et Δt vers 0. Nous n'énoncerons pas de résultat de convergence précis pour $c_n^N(t)$ car la topologie dans laquelle cette convergence a lieu dépasse le cadre de cet ouvrage. Nous renvoyons pour cela par exemple à [14].

Simulation du processus

Une fois que l'on a généré la variable initiale X_0^N, pour simuler le processus de Marcus-Lushnikov X_t^N, il suffit, d'après le paragraphe 8.1, de simuler la chaîne trace et la suite des instants de transition. Pour des noyaux de fragmentation et de coagulation spécifiques, on peut adapter astucieusement cette méthode générale afin de réduire le temps de calcul nécessaire pour générer la chaîne trace, comme le montre l'exercice suivant.

Exercice 12.3.3. Méthode des coagulations fictives
On se place en absence de fragmentation ($F = 0$). Soit $x \in E$ et pour $l \in \{0,1,2\}$, $\nu_l = \sum_{n\in\mathbb{N}^*} n^l x(n)$.

1. On suppose dans un premier temps que le noyau de coagulation est constant : $\forall j,k \in \mathbb{N}^*$, $K_{j,k} = 1$.
   Vérifier que $|A_N(x,x)| = \nu_0(\nu_0 - 1)/2N$. On suppose désormais que x est tel que $\nu_0 \geq 2$ de façon à ce que $|A_N(x,x)| > 0$ et on pose $\lambda = {\nu_0}^2/2N$. On se donne $(\tau_m, \beta_m, \gamma_m, U_m, m \geq 1)$ une suite de variables indépendantes et identiquement distribuées avec τ_1 exponentielle de paramètre λ, β_1 et γ_1 de loi $(x(j)/\nu_0, j \in \mathbb{N}^*)$ et U_1 uniforme sur $[0,1]$ indépendantes. On pose

   $$\sigma = \inf\{m \geq 1 : \beta_m \neq \gamma_m \text{ ou } U_m \geq 1/x(\beta_m)\}$$

   avec les conventions $1/0 = +\infty$ et $\inf\emptyset = +\infty$.

   a) Montrer que $\mathbb{P}(\beta_1 = \gamma_1,\ U_1 < 1/x(\beta_1)) = 1/\nu_0$ et en déduire que la variable σ est finie presque sûrement.
      On pose $T = \sum_{m=1}^{\sigma} \tau_m$ et $Y = x + e_{\beta_\sigma+\gamma_\sigma} - e_{\beta_\sigma} - e_{\gamma_\sigma}$.

b) Montrer que pour $u \in \mathbb{R}$ et $j, k \in \mathbb{N}^*$

$$\mathbb{E}\left[e^{iuT}\mathbf{1}_{\{\beta_\sigma = j, \gamma_\sigma = k\}}\right] = \frac{\nu_0(\nu_0 - 1)/2N}{\nu_0(\nu_0 - 1)/2N - iu} \times \frac{x(j)(x(k) - \mathbf{1}_{\{k=j\}})}{\nu_0(\nu_0 - 1)}.$$

Conclure que T est une variable exponentielle de paramètre $|A_N(x,x)|$ indépendante de Y qui suit la loi $(\mathbf{1}_{\{y \neq x\}} A_N(x,y)/|A_N(x,x)|)_{y \in E}$.

2. On suppose maintenant que le noyau de coagulation est multiplicatif : $\forall j, k \in \mathbb{N}^*$, $K_{j,k} = jk$.
Vérifier que $A_N(x,x)$ est non nul si et seulement si $\nu_0 \geq 2$. On se place désormais sous cette condition. Montrer que $|A_N(x,x)| = (\nu_1^2 - \nu_2)/2N$. On pose $\lambda = \nu_1^2/2N$ et on se donne $(\tau_m, \beta_m, \gamma_m, U_m, m \geq 1)$ et σ définis comme dans le cas du noyau de coagulation constant à ceci près que β_m et γ_m sont distribuées suivant la probabilité $(jx(j)/\nu_1, j \in \mathbb{N}^*)$.
   a) Montrer que $\mathbb{P}(\beta_1 = \gamma_1,\ U_1 < 1/x(\beta_1)) = \nu_2/\nu_1^2$ et en déduire que la variable σ est finie presque sûrement. On définit alors T et Y comme dans le cas du noyau de coagulation constant.
   b) Montrer que pour $u \in \mathbb{R}$ et $j, k \in \mathbb{N}^*$

$$\mathbb{E}\left[e^{iuT}\mathbf{1}_{\{\beta_\sigma = j, \gamma_\sigma = k\}}\right] = \frac{(\nu_1^2 - \nu_2)/2N}{(\nu_1^2 - \nu_2)/2N - iu} \times \frac{jx(j)k(x(k) - \mathbf{1}_{\{k=j\}})}{\nu_1^2 - \nu_2}.$$

   Conclure que T est une variable exponentielle de paramètre $|A_N(x,x)|$ indépendante de Y qui suit la loi $(\mathbf{1}_{\{y \neq x\}} A_N(x,y)/|A_N(x,x)|)_{y \in E}$.

3. On suppose enfin que le noyau de coagulation est additif : $\forall j, k \in \mathbb{N}^*$, $K_{j,k} = j + k$.
Vérifier que $|A_N(x,x)| = \nu_1(\nu_0 - 1)/N$. On suppose $\nu_0 \geq 2$, on pose $\lambda = \nu_1\nu_0/N$ et on se donne $(\tau_m, \beta_m, \gamma_m, U_m, m \geq 1)$ et σ définis comme dans le cas du noyau de coagulation constant à ceci près que β_m (mais pas γ_m) est distribuée suivant la probabilité $(jx(j)/\nu_1, j \in \mathbb{N}^*)$.
   a) Montrer que $\mathbb{P}(\beta_1 = \gamma_1,\ U_1 < 1/x(\beta_1)) = 1/\nu_0$ et en déduire que la variable σ est finie presque sûrement. On définit alors T et Y comme dans le cas du noyau de coagulation constant.
   b) Montrer que pour $u \in \mathbb{R}$ et $j, k \in \mathbb{N}^*$

$$\mathbb{E}\left[e^{iuT}\mathbf{1}_{\{\beta_\sigma = j, \gamma_\sigma = k\}}\right] = \frac{\nu_1(\nu_0 - 1)/N}{\nu_1(\nu_0 - 1)/N - iu} \times \frac{jx(j)(x(k) - \mathbf{1}_{\{k=j\}})}{\nu_1(\nu_0 - 1)}.$$

   Conclure que T est une variable exponentielle de paramètre $|A_N(x,x)|$ indépendante de Y qui suit la loi $(\mathbf{1}_{\{y \neq x\}} A_N(x,y)/|A_N(x,x)|)_{y \in E}$.

♦

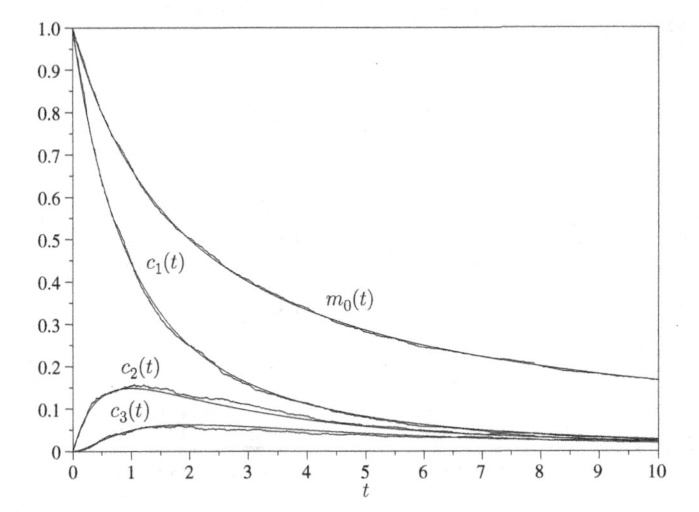

Fig. 12.4. Comparaison de la solution exacte (12.13) ($K_{j,k} = 1$, $F_{j,k} = 0$, $c_n(0) = \mathbf{1}_{\{n=1\}}$) et de la solution approchée par le processus de Marcus-Lushnikov pour $N = 2\,000$

Résultats numériques

La figure 12.4 illustre la convergence de la solution approchée construite grâce au processus de Marcus-Lushnikov vers la solution (12.13) de l'équation sans fragmentation pour le noyau de coagulation constant $K_{j,k} = 1$ et la condition initiale $c_n(0) = \mathbf{1}_{\{n=1\}}$. La concentration totale $m_0(t)$ est bien sûr approchée par $m_0^N(t) = \frac{1}{N}\sum_{n\in\mathbb{N}^*} X_t^N(n)$. Dans le cas du noyau de coagulation additif, on obtient des résultats tout à fait similaires.

Dans le cas du noyau de coagulation multiplicatif $K_{j,k} = jk$, en absence de fragmentation et pour la condition initiale $c_n(0) = \mathbf{1}_{\{n=1\}}$, la solution approchée construite grâce au processus de Marcus-Lushnikov ne converge vers la solution exacte (12.25) que jusqu'au temps de gélification $t = 1$. On peut démontrer (voir [4]) que pour tout $t \geq 0$, $c_n^N(t)$ converge vers $\frac{1}{n}\frac{(nt)^{n-1}}{n!}\mathrm{e}^{-nt}$. Pour tout $t \geq 0$, la concentration totale $\tilde{m}_0(t) = \sum_{n\in\mathbb{N}^*} \frac{1}{n}\frac{(nt)^{n-1}}{n!}\mathrm{e}^{-nt}$ et la concentration massique totale $\tilde{m}_1(t) = \sum_{n\in\mathbb{N}^*} \frac{(nt)^{n-1}}{n!}\mathrm{e}^{-nt}$ associées à cette limite sont, d'après le paragraphe 4.4, respectivement égales à $\mathbb{E}[1/Y_t]$ et $\mathbb{P}(Y_t < +\infty)$, où la variable aléatoire Y_t suit la loi de la population totale du processus de Galton-Watson avec la loi de Poisson de paramètre t comme loi de reproduction. Pour $t > 1$, $\tilde{m}_1(t) = \mathbb{P}(Y_t < +\infty)$ est égal à la probabilité d'extinction η_t pour ce processus de Galton-Watson : η_t est l'unique solution dans $]0,1[$ de l'équation $\mathrm{e}^{t(\eta_t-1)} = \eta_t$. Par ailleurs, d'après le lemme 4.4.1, la fonction génératrice $s \in [0,1[\to F(s)$ de Y_t est l'inverse de la fonction $u \in [0,\eta_t[\to \varphi(u) = u\mathrm{e}^{t(1-u)}$, et en raisonnant comme dans la remarque 12.1.21, on obtient que $\tilde{m}_0(t) = \mathbb{E}[1/Y_t] = \eta_t(1 - t\eta_t/2)$. La figure 12.5 illustre

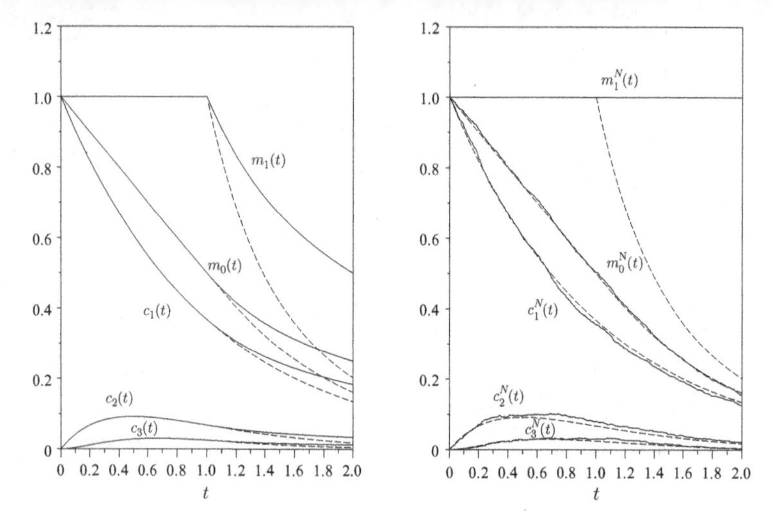

Fig. 12.5. À gauche, comparaison de la solution exacte (12.25) (trait plein) et de la limite (pointillés) de la solution approchée grâce au processus de Marcus-Lushnikov. À droite comparaison de la solution approchée pour $N = 2\,000$ et de sa limite

la convergence de $c_n^N(t)$ vers sa limite (seule $m_1^N(t) = \frac{1}{N}\sum_{n\in\mathbb{N}^*} nX_t^N(n) = 1$ ne converge pas vers $\tilde{m}_1(t)$). Le processus de Marcus-Lushnikov n'est donc pas capable de reproduire le phénomène de transition de phase à $t = 1$.

12.3.2 Le processus de transfert de masse

Pour le processus de Marcus-Lushnikov, en absence de fragmentation ($F = 0$), le nombre de molécules de polymères $\sum_{n\in\mathbb{N}^*} X_t^N(n)$ décroît au fur et à mesure des coagulations. L'évolution s'arrête même lorsqu'il ne reste plus qu'une molécule. Cela entraîne que la qualité de l'approximation de la solution $c_n(t)$ de (12.27) par $c_n^N(t) = X_t^N(n)/N$ se dégrade avec t. C'est pour éviter ce phénomène qu'a été introduit le processus de transfert de masse [2, 12, 7] : ce dernier consiste à simuler une autre chaîne de Markov à temps continu dont les transitions préservent le nombre de polymères présents et ne respectent donc pas la physique des phénomènes de coagulation et de fragmentation.

Existence du processus

On suppose que la condition initiale de (12.27) vérifie $\sum_{n\in\mathbb{N}^*} nc_n(0) = 1$, c'est-à-dire que $(p_n(0) = nc_n(0), n \in \mathbb{N}^*)$ est une probabilité. On peut s'y ramener dès que $\mu_1 = \sum_{n\in\mathbb{N}^*} nc_n(0) \in]0, +\infty[$, quitte à modifier le noyau de coagulation. En effet, d'après la remarque 12.2.3 pour le choix $\beta = 1/\alpha = \mu_1$, si $(c_n(t), t \geq 0, n \in \mathbb{N}^*)$ est solution de (12.27) alors $(c_n(t)/\mu_1, t \geq 0, n \in \mathbb{N}^*)$ est solution de l'équation de coagulation fragmentation pour le noyau de coagulation modifié $\mu_1 K$ et le noyau de fragmentation F.

Effectuer le changement de variable $p_n(t) = nc_n(t)$ dans (12.27) est assez naturel du fait que la masse est conservée lors des coagulations et des fragmentations. En outre si la concentration massique totale de $(c_n(t), t \geq 0, n \in \mathbb{N}^*)$ est constante alors pour tout $t \geq 0$, $(p_n(t), n \in \mathbb{N}^*)$ sera une probabilité. Pour $n \in \mathbb{N}^*$ et $t \geq 0$, $p_n(t)$ représente alors la proportion de masse qui correspond aux polymères de taille n.
En multipliant (12.27) par n et en utilisant la symétrie des noyaux K et F, on obtient que

$$\begin{aligned}\dot{p}_n(t) &= \frac{1}{2}\sum_{k=1}^{n-1}(n-k+k)\left(K_{n-k,k}c_{n-k}(t)c_k(t) - \frac{F_{n-k,k}}{n}p_n(t)\right)\\ &\qquad - \sum_{k\in\mathbb{N}^*}\left(\frac{K_{n,k}}{k}p_n(t)p_k(t) - \frac{nF_{n,k}}{n+k}p_{n+k}(t)\right)\\ &= \sum_{k=1}^{n-1}(n-k)\left(K_{n-k,k}c_{n-k}(t)c_k(t) - \frac{F_{n-k,k}}{n}p_n(t)\right)\\ &\qquad - \sum_{k\in\mathbb{N}^*}\left(\frac{K_{n,k}}{k}p_n(t)p_k(t) - \frac{nF_{n,k}}{n+k}p_{n+k}(t)\right)\\ &= \sum_{k=1}^{n-1}\left(\frac{K_{n-k,k}}{k}p_{n-k}(t)p_k(t) - \frac{(n-k)F_{n-k,k}}{n}p_n(t)\right)\\ &\qquad - \sum_{k\in\mathbb{N}^*}\left(\frac{K_{n,k}}{k}p_n(t)p_k(t) - \frac{nF_{n,k}}{n+k}p_{n+k}(t)\right).\end{aligned}$$

Si on pose $\tilde{K}_{j,k} = K_{j,k}/k$ et $\tilde{F}_{j,k} = jF_{j,k}/(j+k)$, le système satisfait par $(p_n(t), t \geq 0, n \in \mathbb{N}^*)$ et qui porte le nom d'équations de transfert de masse s'écrit : pour tout $n \in \mathbb{N}^*$,

$$\begin{aligned}\dot{p}_n(t) &= \sum_{k=1}^{n-1}\left(\tilde{K}_{n-k,k}p_{n-k}(t)p_k(t) - \tilde{F}_{n-k,k}p_n(t)\right)\\ &\qquad - \sum_{k\in\mathbb{N}^*}\left(\tilde{K}_{n,k}p_n(t)p_k(t) - \tilde{F}_{n,k}p_{n+k}(t)\right).\end{aligned} \tag{12.29}$$

Pour $N \in \mathbb{N}^*$, on lui associe le générateur infinitésimal suivant sur E :

$$\forall y \neq x,\ \tilde{A}_N(x,y) = \begin{cases}\tilde{F}_{j,k}x(j+k) & \text{si } y = x + e_j - e_{j+k} \text{ où } j,k \in \mathbb{N}^*\\ \frac{1}{N}\tilde{K}_{j,k}x(j)x(k) & \text{si } y = x - e_j + e_{j+k} \text{ où } j,k \in \mathbb{N}^*\\ 0 & \text{sinon}\end{cases}$$

$$\text{et } \tilde{A}_N(x,x) = -\sum_{j,k\in\mathbb{N}^*}\tilde{F}_{j,k}x(j+k) - \frac{1}{N}\sum_{j,k\in\mathbb{N}^*}\tilde{K}_{j,k}x(j)x(k).$$

Notons que les transitions $x \in E \to y \in E$ correspondant à ce générateur sont telles que $\sum_{n\in\mathbb{N}^*} x(n) = \sum_{n\in\mathbb{N}^*} y(n)$ à la différence du processus de Marcus-Lushnikov pour lequel $\sum_{n\in\mathbb{N}^*} nx(n) = \sum_{n\in\mathbb{N}^*} ny(n)$. Par exemple, partant de l'état $e_1 + e_3 = (1, 0, 1, 0 \ldots, 0, \ldots)$ qui représente un monomère et 1/3 de polymère de taille 3, on peut passer en une transition

- à l'état $2e_1$ qui représente deux monomères si $F_{1,2} > 0$,
- à l'état $e_1 + e_2$ qui représente un monomère et 1/2 polymère de taille 2 si $F_{1,2} > 0$,
- à l'état $e_2 + e_3$ qui représente 1/2 polymère de taille 2 et 1/3 de polymère de taille 3 si $K_{1,1} > 0$,
- à l'état $e_3 + e_4$ qui représente 1/3 de polymère de taille 3 et 1/4 de polymère de taille 4 si $K_{1,3} > 0$,
- à l'état $e_1 + e_4$ qui représente 1 monomère et 1/4 de polymère de taille 4 si $K_{1,3} > 0$,
- à l'état $e_1 + e_6$ qui représente 1 monomère et 1/6 de polymère de taille 6 si $K_{3,3} > 0$.

Pour $x_0 \in E$ tel que $\sum_{n\in\mathbb{N}^*} x_0(n) \geq 1$, à la différence de l'ensemble E_{x_0} introduit pour le processus de Marcus-Lushnikov dans la démonstration du lemme 12.3.1, l'ensemble $\tilde{E}_{x_0} = \{y \in E : \sum_{n\in\mathbb{N}^*} y(n) = \sum_{n\in\mathbb{N}^*} x_0(n)\}$ des points que peut visiter la chaîne trace en temps discret $(\tilde{Z}_l, l \in \mathbb{N})$ de matrice de transition $\mathbf{1}_{\{y\neq x\}} A_N(x,y)/|A_N(x,x)|$ conditionnellement à $\tilde{Z}_0 = x_0$ n'est pas fini. Et si on ne fait pas d'hypothèse sur le noyau de coagulation K, le processus $\tilde{X}_t^N$ associé à $\tilde{A}_N$ par la construction du paragraphe 8.1 n'est pas nécessairement une chaîne de Markov à temps continu sur E, comme le montre l'exemple suivant.

Exemple : Supposons que $K_{j,k} = (jk)^\alpha$ où $\alpha > 1/2$, $F_{j,k} = 0$, $N = 1$ et $\tilde{X}_0^1 = \tilde{Z}_0 = e_1$ (c'est-à-dire que $\tilde{X}_0^1(n) = \mathbf{1}_{\{n=1\}}$). La chaîne trace en temps discret $(\tilde{Z}_l, l \in \mathbb{N})$ prend ses valeurs dans $\tilde{E}_{e_1} = \{e_j,\ j \in \mathbb{N}^*\}$. On vérifie facilement que pour $j \in \mathbb{N}^*$ et $y \in E$, $\mathbf{1}_{\{y\neq e_j\}} \tilde{A}_1(e_j, y)/|\tilde{A}_1(e_j, e_j)| = \mathbf{1}_{\{y=e_{2j}\}}$. Ainsi la chaîne trace est déterministe : $\forall l \in \mathbb{N}$, $\tilde{Z}_l = e_{2^l}$. On a $\tilde{K}_{j,k} = j^\alpha k^{\alpha-1}$ d'où $1/|\tilde{A}_1(\tilde{Z}_l, \tilde{Z}_l)| = 2^{(1-2\alpha)l}$. Comme cette série est sommable, on déduit du lemme 8.1.1 que les temps de sauts de $(\tilde{X}_t^N, t \geq 0)$ s'accumulent : ainsi il y a explosion en temps fini.

De façon générale, on peut analyser le comportement de la chaîne trace en temps discret lorsque les temps de saut s'accumulent.

Lemme 12.3.4. *Soit $x_0 \in E$ tel que $\sum_{n\in\mathbb{N}^*} x_0(n) \in \mathbb{N}^*$. Conditionnellement à $\tilde{X}_0^N = \tilde{Z}_0 = x_0$, lorsque les temps de sauts successifs $(\tilde{S}_l, l \in \mathbb{N})$ de $(\tilde{X}_t^N, t \geq 0)$ s'accumulent i.e. $\lim_{l\to+\infty} \tilde{S}_l = \tau_1 < +\infty$, alors la suite $(\tilde{M}_l = \max\{i \in \mathbb{N}^* : \tilde{Z}_l(i) > 0\}, l \in \mathbb{N})$ tend vers l'infini avec l. En outre, si le noyau de coagulation est sous-multiplicatif au sens où*

$$\exists \kappa > 0,\ \forall j, k \in \mathbb{N}^*,\ K_{j,k} \leq \kappa jk \tag{12.30}$$

alors pour tout $n \in \mathbb{N}^*$, la suite $(\tilde{Z}_l(n), l \in \mathbb{N})$ admet une limite $\tilde{Z}_\infty(n)$; $\tilde{Z}_\infty$ est un élément de E tel que $\sum_{n\in\mathbb{N}^*} \tilde{Z}_\infty(n) \leq \sum_{n\in\mathbb{N}^*} x_0(n) - 1$.

Démonstration. Commençons par démontrer que si la suite $(\tilde{M}_l, l \in \mathbb{N})$ ne tend pas vers l'infini, alors $\lim_{l\to+\infty} \tilde{S}_l = +\infty$, ce qui, par contraposée, est équivalent à la première assertion du lemme. Si $(\tilde{M}_l, l \in \mathbb{N})$ ne tend pas vers l'infini, il existe $I \in \mathbb{N}^*$, et $f : \mathbb{N} \to \mathbb{N}$ strictement croissante tels que $\forall j \in \mathbb{N}$, $\tilde{M}_{f(j)} \leq I$.
Comme l'ensemble $\tilde{E}^I_{x_0} = \{y \in \tilde{E}_{x_0} : \forall n \geq I+1,\ y(n) = 0\}$ est fini, conditionnellement à $\tilde{Z}_0 = x_0$, la suite $(|\tilde{A}_N(\tilde{Z}_{f(j)}, \tilde{Z}_{f(j)})|, j \in \mathbb{N})$ est bornée par $\max_{y\in\tilde{E}^I_{x_0}} |\tilde{A}_N(y,y)|$ qui est fini. Donc

$$+\infty = \sum_{j\in\mathbb{N}} 1/|\tilde{A}_N(\tilde{Z}_{f(j)}, \tilde{Z}_{f(j)})| \leq \sum_{l\in\mathbb{N}} 1/|\tilde{A}_N(\tilde{Z}_l, \tilde{Z}_l)|.$$

Avec le lemme 8.1.1, on en déduit que $\lim_{l\to+\infty} \tilde{S}_l = +\infty$.

On suppose désormais que (12.30) est vérifiée. On se place sur l'événement $\{\tilde{Z}_0 = x_0\} \cap \{\lim_{l\to+\infty} \tilde{S}_l < +\infty\}$ et on se donne $n \in \mathbb{N}^*$. La suite $(\tilde{Z}_l, l \in \mathbb{N})$ est à valeurs dans $\tilde{E}_{x_0}$. Pour tout $x \in \tilde{E}_{x_0}$,

$$\begin{aligned}
\sum_{\substack{y\in E \\ y(n)<x(n)}} \tilde{A}_N(x,y) &= x(n)\sum_{k=1}^{n-1} \tilde{F}_{n-k,k} + \frac{x(n)}{N}\sum_{k\in\mathbb{N}^*} \tilde{K}_{n,k}x(k) \\
&\leq x(n)\left(\sum_{k=1}^{n-1} \tilde{F}_{n-k,k} + \frac{\kappa n}{N}\sum_{k\in\mathbb{N}^*} x(k)\right) \\
&\leq \sum_{j\in\mathbb{N}^*} x_0(j)\left(\sum_{k=1}^{n-1} \tilde{F}_{n-k,k} + \frac{\kappa n}{N}\sum_{k\in\mathbb{N}^*} x_0(k)\right)
\end{aligned}$$

où le dernier majorant ne dépend pas de x. Comme, d'après le lemme 8.1.1, $\sum_{l\in\mathbb{N}} 1/|\tilde{A}_N(\tilde{Z}_l, \tilde{Z}_l)| < +\infty$, on en déduit que si

$$\tilde{Q}_N(x,y) = \mathbf{1}_{\{y\neq x\}}\tilde{A}_N(x,y)/|\tilde{A}_N(x,x)|$$

désigne la matrice de transition de la chaîne trace, alors

$$\sum_{l\in\mathbb{N}} \sum_{\substack{y\in E \\ y(n)<\tilde{Z}_l(n)}} \tilde{Q}_N(\tilde{Z}_l, y) < +\infty.$$

Cela signifie intuitivement que les probabilités des transitions conduisant à diminuer $\tilde{Z}_l(n)$ sont faibles. On peut en déduire, mais la démonstration dépasse le cadre de ce livre que $\sum_{l\in\mathbb{N}} \mathbf{1}_{\{\tilde{Z}_{l+1}(n)<\tilde{Z}_l(n)\}} < +\infty$. Ainsi la suite $(\tilde{Z}_l(n), l \in \mathbb{N})$ ne diminue qu'un nombre fini de fois. Comme elle est à valeurs

dans $\{0,1,\ldots,\sum_{i\in\mathbb{N}^*} x_0(i)\}$ avec $\sum_{i\in\mathbb{N}^*} x_0(i) < +\infty$, on en déduit qu'elle est constante à partir d'un certain rang. Ainsi elle converge vers une limite $\tilde{Z}_\infty(n) \geq 0$.
D'après le lemme de Fatou, $\sum_{n\in\mathbb{N}^*} \tilde{Z}_\infty(n) \leq \sum_{n\in\mathbb{N}^*} x_0(n)$. Donc $\tilde{M}_\infty = \max\{i \in \mathbb{N}^* : \tilde{Z}_\infty(i) > 0\} < +\infty$. On a

$$\sum_{n\in\mathbb{N}^*} \tilde{Z}_\infty(n) = \sum_{n=1}^{\tilde{M}_\infty} \tilde{Z}_\infty(n) = \lim_{l\to+\infty} \sum_{n=1}^{\tilde{M}_\infty} \tilde{Z}_l(n).$$

Puisque la suite $(\tilde{M}_l, l \in \mathbb{N})$ tend vers l'infini, nécessairement pour l grand, $\sum_{n=1}^{\tilde{M}_\infty} \tilde{Z}_l(n) \leq \sum_{n\in\mathbb{N}^*} \tilde{Z}_l(n) - 1 = \sum_{n\in\mathbb{N}^*} x_0(n) - 1$, ce qui conclut la démonstration. □

D'après le lemme précédent, lorsque les sauts s'accumulent en temps fini, c'est-à-dire lorsque $\lim_{l\to+\infty} \tilde{S}_l = \tau_1 < +\infty$, nécessairement, $\max\{n \in \mathbb{N}^* : \tilde{Z}_l(n) > 0\}$ tend vers l'infini avec l. Cela signifie intuitivement qu'il se forme avant τ_1 des polymères de taille arbitrairement grande. On peut voir ce phénomène comme une traduction au niveau stochastique de la gélification.
On suppose désormais que le noyau de coagulation est sous-multiplicatif au sens (12.30). D'après le lemme qui précède, $\lim_{t\to\tau_1^-} \tilde{X}_t^N = \tilde{Z}_\infty$ avec $\tilde{Z}_\infty$ élément de l'espace d'états E tel que $\sum_{n\in\mathbb{N}^*} \tilde{Z}_\infty(n) \leq \sum_{n\in\mathbb{N}^*} \tilde{X}_0^N(n) - 1$. On peut poser $\tilde{X}_{\tau_1}^N = \tilde{Z}_\infty$ et définir, en reprenant la construction du paragraphe 8.1, l'évolution de $\tilde{X}_t^N$ au delà du temps τ_1, plus précisément jusqu'au second temps d'accumulation de sauts si ce temps est fini. Et ainsi de suite. Notons qu'il y a au plus $\sum_{n\in\mathbb{N}^*} \tilde{X}_0^N(n)$ temps d'accumulation de sauts puisqu'à chacun de ces temps $t \to \sum_{n\in\mathbb{N}^*} \tilde{X}_t^N(n)$ diminue au moins d'une unité. Ainsi $\tilde{X}_t^N$ est construit sur l'intervalle de temps $[0,+\infty[$ par cette procédure. Le résultat suivant tiré de [15] et que nous ne démontrerons pas assure que si le noyau de coagulation est sous-additif au sens (12.31) ci-dessous, il n'y a pas accumulation de sauts et $\tilde{A}_N$ est bien le générateur d'une chaîne de Markov à temps continu :

Lemme 12.3.5. *Si*

$$\exists\kappa > 0,\ \forall j,k \in \mathbb{N}^*,\ K_{j,k} \leq \kappa(j+k), \tag{12.31}$$

alors pour tout $N \in \mathbb{N}^*$, $\tilde{A}_N$ est le générateur d'une chaîne de Markov à temps continu $(\tilde{X}_t^N, t \geq 0)$ sur l'espace d'états E appelée processus de transfert de masse.

Convergence

On suppose que le noyau de coagulation est sous-additif au sens (12.31) et on se donne une suite $(\tilde{\xi}_i, i \in \mathbb{N}^*)$ de variables aléatoires indépendantes et identiquement distribuées suivant $(p_n(0) = nc_n(0), n \in \mathbb{N}^*)$. Pour $N \in \mathbb{N}^*$, on choisit $\tilde{X}_0^N(n) = \sum_{i=1}^N \mathbf{1}_{\{\tilde{\xi}_i = n\}}$ comme condition initiale pour la chaîne $\tilde{X}_t^N$ de générateur $\tilde{A}_N$. Pour $N, n \in \mathbb{N}^*$ et $t \geq 0$, on pose $p_n^N(t) = \tilde{X}_t^N(n)/N$. La loi forte des grands nombres assure que p.s., pour tout $n \in \mathbb{N}^*$, $p_n^N(0)$ tend vers $p_n(0) = nc_n(0)$ lorsque $N \to +\infty$. Comme p.s. $(p_n^N(0), n \in \mathbb{N}^*)$ est une probabilité, avec le lemme D.2 et le théorème de convergence dominée, on en déduit que $\mathbb{E}\left[\sum_{n\in\mathbb{N}^*} |p_n^N(0) - p_n(0)|\right]$ converge vers 0 lorsque $N \to +\infty$.

En raisonnant comme nous l'avons fait dans le cas du processus de Marcus-Lushnikov, on peut se convaincre que $p_n^N(t)$ va converger vers une solution $p_n(t)$ de (12.29) lorsque $N \to +\infty$. Au vu du changement de variables effectué pour obtenir (12.29), $p_n(t)$ est alors de la forme $nc_n(t)$ où $c_n(t)$ est solution de (12.27). Le résultat suivant tiré de [15] et que nous ne démontrerons pas, assure la convergence attendue sous une hypothèse d'intégrabilité renforcée pour $(c_n(0), n \in \mathbb{N}^*)$.

Théorème 12.3.6. *Supposons que la condition initiale* $(c_n(0), n \in \mathbb{N}^*)$ *est telle que* $\mu_2 = \sum_{n\in\mathbb{N}^*} n^2 c_n(0) = \sum_{n\in\mathbb{N}^*} np_n(0) < +\infty$ *et que le noyau de coagulation est sous-additif au sens* (12.31).
Alors si $(c_n(t),\ t \geq 1, n \in \mathbb{N}^*)$ *désigne l'unique solution de* (12.27) *donnée par le théorème 12.2.4,*

$$\forall T > 0,\ \lim_{N\to+\infty} \mathbb{E}\left[\sup_{t\in[0,T]} \sum_{n\in\mathbb{N}^*} \left|p_n^N(t) - nc_n(t)\right|\right] = 0.$$

Simulation

Comme dans le cas du processus de Marcus-Lushnikov, pour des noyaux spécifiques, on peut générer astucieusement la chaîne trace en temps discret comme le montre l'exercice suivant :

Exercice 12.3.7. Soit $x \in E$. Pour $l \in \{-1, 0, 1\}$, on pose $\nu_l = \sum_{n\in\mathbb{N}^*} n^l x(n)$. Soit β_0 et γ_0 de loi $(x(n)/\nu_0, n \in \mathbb{N}^*)$, β_1 de loi $(x(n)/n\nu_{-1}, n \in \mathbb{N}^*)$ et γ_1 de loi $(nx(n)/\nu_1, n \in \mathbb{N}^*)$. Toutes ces variables aléatoires sont supposées indépendantes.
Le noyau de fragmentation F est supposé nul.

1. Dans le cas du noyau de coagulation constant $K_{j,k} = 1$, vérifier que $|\tilde{A}_N(x,x)| = \nu_0\nu_{-1}/N$ et que $Y = x + e_{\gamma_0+\beta_1} - e_{\gamma_0}$ suit la loi
$$(\mathbf{1}_{\{y\neq x\}}\tilde{A}_N(x,y)/|\tilde{A}_N(x,x)|)_{y\in E}.$$
2. Dans le cas du noyau de coagulation multiplicatif $K_{j,k} = jk$, vérifier que $|\tilde{A}_N(x,x)| = \nu_0\nu_1/N$ et que $Y = x + e_{\gamma_1+\beta_0} - e_{\gamma_1}$ suit la loi $(\mathbf{1}_{\{y\neq x\}}\tilde{A}_N(x,y)/|\tilde{A}_N(x,x)|)_{y\in E}$.

3. Dans le cas du noyau de coagulation additif $K_{j,k} = j + k$, on se donne indépendamment de β_0, β_1, γ_0 et γ_1 une variable aléatoire α de loi de Bernoulli de paramètre $\nu_1\nu_{-1}/(\nu_0^2 + \nu_1\nu_{-1})$. Vérifier que $|\tilde{A}_N(x,x)| = (\nu_0^2 + \nu_1\nu_{-1})/N$ et que $Y = x + e_{\beta_\alpha+\gamma_\alpha} - e_{\gamma_\alpha}$ suit la loi

$$(\mathbf{1}_{\{y\neq x\}}\tilde{A}_N(x,y)/|\tilde{A}_N(x,x)|)_{y\in E}.$$

♦

Résultats numériques

La figure 12.6 illustre la convergence de la solution approchée construite grâce au processus de transfert de masse vers la solution (12.13) de l'équation sans fragmentation pour le noyau de coagulation constant $K_{j,k} = 1$ et la condition initiale $c_n(0) = \mathbf{1}_{\{n=1\}}$. La concentration $c_n(t)$ de polymères de taille n est approchée par $p_n^N(t)/n = \tilde{X}_t^N(n)/(Nn)$. La concentration totale $m_0(t)$ est approchée par $\frac{1}{N}\sum_{n\in\mathbb{N}^*}\frac{\tilde{X}_t^N(n)}{n}$.

Dans le cas du noyau de coagulation multiplicatif $K_{j,k} = jk$, en absence de fragmentation et pour la condition initiale $c_n(0) = \mathbf{1}_{\{n=1\}}$, il y a accumulation des sauts pour le processus de transfert de masse au voisinage du temps de gélification $t = 1$. Il n'est pas possible de simuler le processus au delà de ce temps d'accumulation. Pour remédier à cette difficulté, on peut choisir de supprimer tous les polymères de taille supérieure

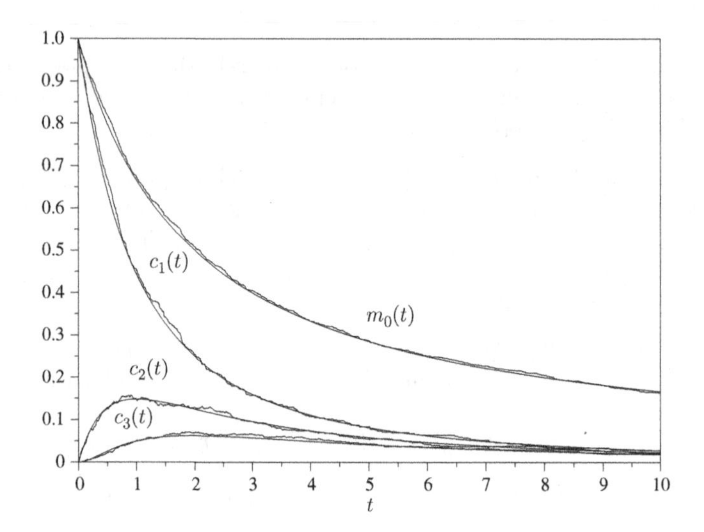

Fig. 12.6. Comparaison de la solution exacte (12.13) et de la solution approchée par le processus de transfert de masse pour $N = 500$

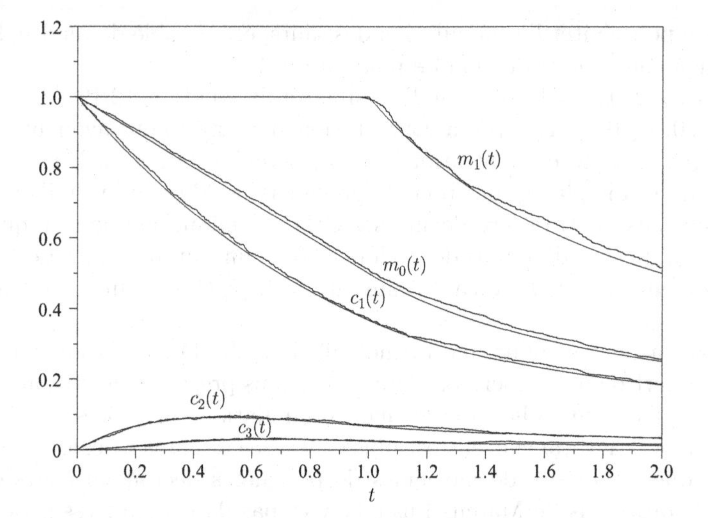

Fig. 12.7. Comparaison de la solution exacte (12.25) et de la solution approchée par le processus de transfert de masse modifié pour $N = 1\,000$

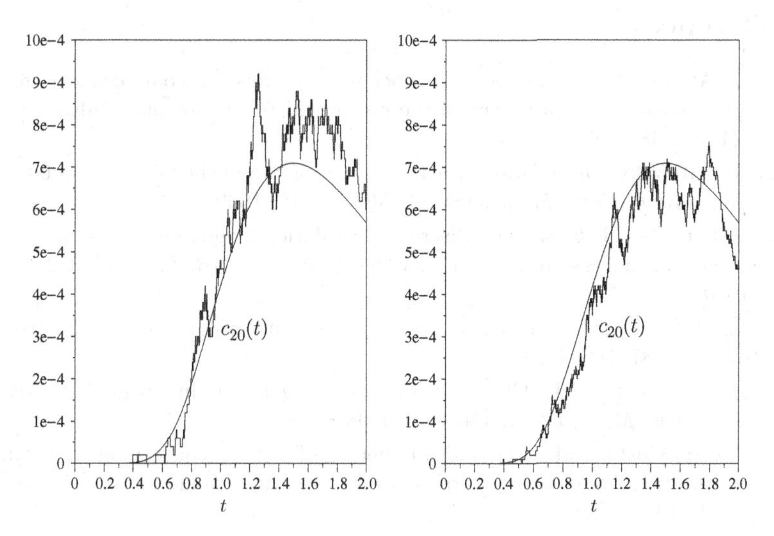

Fig. 12.8. Comparaison de $c_{20}(t)$ donné par (12.19) et de son approximation par le processus de Marcus-Lushnikov (resp. transfert de masse) avec $N = 50\,000$ à gauche (resp. avec $N = 5\,000$ à droite)

à N qui se forment : $\sum_{n \in \mathbb{N}^*} \tilde{X}_t^N(n)$ décroît alors avec le temps et on peut approcher $m_1(t)$ (resp. $m_0(t)$) par $\frac{1}{N} \sum_{n \in \mathbb{N}^*} \tilde{X}_t^N(n)$ (resp. $\frac{1}{N} \sum_{n \in \mathbb{N}^*} \frac{\tilde{X}_t^N(n)}{n}$). La figure 12.7 illustre la convergence de la solution approchée construite à partir de ce processus de transfert de masse modifié. À la différence du processus de Marcus-Lushnikov, le processus de transfert de masse, convenablement modifié pour éviter l'accumulation des sauts, est capable de rendre de compte du phénomène de transition de phase à $t = 1$.

La figure 12.8, illustre sur l'exemple de la solution 12.19 ($K_{j,k} = j + k$, $F_{j,k} = 0$, $c_n(0) = \mathbf{1}_{\{n=1\}}$) la constatation suivante : pour avoir une précision analogue pour la concentration de polymères de taille 20, il faut choisir N environ 10 fois plus grand pour le processus de Marcus-Lushnikov que pour le processus de transfert de masse. Cela s'explique par le fait que lorsque $X_t^N(n)$ a un saut d'amplitude 1, alors $c_n^N(t)$ a un saut d'amplitude $1/N$ tandis que lorsque $\tilde{X}_t^N(n)$ a un saut d'amplitude 1, $p_n^N(t)/n$ a un saut d'amplitude $1/Nn$.

En conclusion, pour une même valeur de N, la simulation du processus de transfert de masse permet d'approcher plus précisément les concentrations de polymères de taille grande que la simulation du processus de Marcus-Lushnikov. En revanche, elle est plus coûteuse en temps de calcul, notamment parce que le nombre de molécules de polymères décroît au cours du temps dans le processus de Marcus-Lushnikov et pas dans le processus de transfert de masse.

Références

1. D. Aldous. Deterministic and stochastic models for coalescence (aggregation and coagulation) : a review of the mean-field theory for probabilists. *Bernoulli*, 5(1) : 3–48, 1999.
2. H. Babovsky. On a Monte Carlo scheme for Smoluchowski's coagulation equation. *Monte Carlo Methods Appl.*, 5(1) : 1–18, 1999.
3. J.M. Ball et J. Carr. The discrete coagulation-fragmentation equations : existence, uniqueness, and density conservation. *J. Statist. Phys.*, 61(1-2) : 203–234, 1990.
4. E. Buffet et J.V. Pulé. Polymers and random graphs. *J. Statist. Phys.*, 64(1-2) : 87–110, 1991.
5. J. Carr et F.P. da Costa. Instantaneous gelation in coagulation dynamics. *Z. Angew. Math. Phys.*, 43(6) : 974–983, 1992.
6. F.P. da Costa. Existence and uniqueness of density conserving solutions to the coagulation-fragmentation equations with strong fragmentation. *J. Math. Anal. Appl.*, 192(3) : 892–914, 1995.
7. M. Deaconu, N. Fournier et E. Tanré. A pure jump Markov process associated with Smoluchowski's coagulation equation. *Ann. Probab.*, 30(4) : 1763–1796, 2002.
8. M. Deaconu et E. Tanré. Smoluchowski's coagulation equation : probabilistic interpretation of solutions for constant, additive and multiplicative kernels. *Ann. Scuola Norm. Sup. Pisa Cl. Sci. (4)*, 29(3) : 549–579, 2000.
9. E. Debry, B. Sportisse et B. Jourdain. A stochastic approach for the simulation of the general dynamics equation for aerosols. *J. Comput. Phys.*, 184 : 649–669, 2003.

10. R. Drake. A general mathematical survey of the coagulation equation. *Int. Rev. Aerosol Phys. Chem.*, 3 : 201–376, 1972.
11. E. Allen et P. Bastien On coagulation and the stellar mass function. *Astrophys. J.*, 452 : 652–670, 1995.
12. A. Eibeck et W. Wagner. Stochastic particle approximations for Smoluchowski's coagulation equation. *Ann. Appl. Probab.*, 11(4) : 1137–1165, 2001.
13. M.H. Ernst. Exact solutions of the nonlinear Boltzmann equation and related kinetic equations. In *Nonequilibrium phenomena, I*, volume 10 de *Stud. Statist. Mech.*, pages 51–119. North-Holland, Amsterdam, 1983.
14. I. Jeon. Existence of gelling solutions for coagulation-fragmentation equations. *Comm. Math. Phys.*, 194(3) : 541–567, 1998.
15. B. Jourdain. Nonlinear processes associated with the discrete Smoluchowski coagulation-fragmentation equation. *Markov Process. Related Fields*, 9(1) : 103–130, 2003.
16. A. Lushnikov. Evolution of coagulating systems. *J. Colloid Interface Sci.*, 45 : 549–556, 1973.
17. A.H. Marcus. Stochastic coalescence. *Technometrics*, 10 : 133–143, 1968.
18. J.R. Norris. Smoluchowski's coagulation equation : uniqueness, nonuniqueness and a hydrodynamic limit for the stochastic coalescent. *Ann. Appl. Probab.*, 9(1) : 78–109, 1999.
19. J. Seinfeld. *Atmospheric Chemistry and Physics of Air Pollution.* Wiley, 1986.
20. J. Silk et T. Takahashi. A statistical model for the initial stellar mass function. *Astrophys. J.*, 229 : 242–256, 1979.
21. J. Silk et S. White. The development of structure in the expanding universe. *Astrophys. J.*, 228 : L59–L62, 1978.
22. M. Smoluchowski. Drei vorträge über diffusion, brownsche bewegung und koagulation von kolloidteilchen. *Phys. Z.*, 17 : 557–585, 1916.
23. S. Tavaré. Line-of-descent and genealogical processes, and their applications in population genetics models. *Theoret. Population Biol.*, 26(2) : 119–164, 1984.
24. G. Wetherill. Comparison of analytical and physical modeling of planetisimal accumulation. *Icarus*, 88 : 336–354, 1990.

A

Rappels de probabilités

Cet appendice rappelle les définitions et énonce sans démonstration les résultats enseignés dans un cours d'initiation aux probabilités en première année d'école d'ingénieur ou en troisième année du cycle Licence. On peut trouver les démonstrations de ces résultats dans les ouvrages généraux [2, 6 et 7] ou les ouvrages plus spécialisés [1, 3 et 4].

A.1 Variables aléatoires

A.1.1 Espace de probabilité

Définition A.1.1. *Soit Ω un ensemble. Un sous-ensemble $\mathcal{A}$ de l'ensemble $\mathcal{P}(\Omega)$ des parties de Ω est une tribu si*

- $\emptyset, \Omega \in \mathcal{A}$.
- *$\mathcal{A}$ est stable par passage au complémentaire : si $A \in \mathcal{A}$, alors $A^c \in \mathcal{A}$.*
- *$\mathcal{A}$ est stable par réunion et intersection dénombrables : si pour tout $i \in \mathbb{N}$, $A_i \in \mathcal{A}$ alors $\bigcup_{i\in\mathbb{N}} A_i$ et $\bigcap_{i\in\mathbb{N}} A_i$ sont dans $\mathcal{A}$.*

Exemple A.1.2.

- $\mathcal{P}(\Omega)$ est une tribu appelée tribu discrète.
- On appelle tribu borélienne de $\mathbb{R}^d$, et on note $\mathcal{B}(\mathbb{R}^d)$, la plus petite tribu contenant tous les ouverts de $\mathbb{R}^d$. Comme l'intersection d'une famille quelconque de tribus est une tribu, $\mathcal{B}(\mathbb{R}^d)$ s'obtient comme l'intersection de toutes les tribus contenant les ouverts de $\mathbb{R}^d$.

$\diamond$

Définition A.1.3. *Soit Ω un ensemble muni d'une tribu $\mathcal{A}$. On appelle probabilité sur $(\Omega, \mathcal{A})$ une application $\mathbb{P} : \mathcal{A} \to [0, 1]$ qui vérifie les deux propriétés suivantes :*

- $\mathbb{P}(\Omega) = 1$,
- *Pour toute famille $(A_i)_{i\in I}$ dénombrable d'éléments disjoints de $\mathcal{A}$,*

$$\mathbb{P}\Big(\bigcup_{i\in I} A_i\Big) = \sum_{i\in I} \mathbb{P}(A_i) \text{ (propriété appelée } \sigma\text{-additivité).}$$

Le triplet $(\Omega, \mathcal{A}, \mathbb{P})$ *s'appelle un espace de probabilité.*

Exemple A.1.4. Si E est un ensemble fini, on appelle probabilité uniforme sur $(E, \mathcal{P}(E))$ la probabilité $\mathbb{P}$ qui à $A \in \mathcal{P}(E)$ associe $\mathbb{P}(A) = \text{Card}\,(A)/\text{Card}\,(E)$. ◊

Remarque A.1.5. La propriété de σ-additivité implique la propriété de monotonie suivante : si $(A_n, n \in \mathbb{N})$ est une suite d'éléments de $\mathcal{A}$ croissante au sens où pour tout $n \in \mathbb{N}$, $A_n \subset A_{n+1}$, alors

$$\mathbb{P}\Big(\bigcup_{n\in \mathbb{N}} A_n\Big) = \lim_{n\to+\infty} \nearrow \mathbb{P}(A_n).$$

◊

A.1.2 Variables aléatoires

Définition A.1.6. *Soit F et G deux ensembles munis respectivement d'une tribu $\mathcal{F}$ et d'une tribu $\mathcal{G}$. Une application $f : F \to G$ est dite mesurable de $(F, \mathcal{F})$ dans $(G, \mathcal{G})$ si pour tout $B \in \mathcal{G}$, l'image réciproque $f^{-1}(B)$ de B par f appartient à $\mathcal{F}$.*

Exemple A.1.7. Toute application continue de $\mathbb{R}^d$ dans $\mathbb{R}^k$ est mesurable de $(\mathbb{R}^d, \mathcal{B}(\mathbb{R}^d))$ dans $(\mathbb{R}^k, \mathcal{B}(\mathbb{R}^k))$. ◊

Définition A.1.8. *Soit Ω muni d'une tribu $\mathcal{A}$. On appelle variable aléatoire à valeurs dans $\mathbb{R}^d$ toute application X mesurable de $(\Omega, \mathcal{A})$ dans $(\mathbb{R}^d, \mathcal{B}(\mathbb{R}^d))$. Lorsque $d = 1$, on parle de variable aléatoire réelle.*

Exemple A.1.9. Si $A \in \mathcal{A}$, la fonction $\mathbf{1}_A$ définie par

$$\forall \omega \in \Omega,\ \mathbf{1}_A(\omega) = \begin{cases} 1 \text{ si } \omega \in A, \\ 0 \text{ sinon,} \end{cases}$$

est une variable aléatoire réelle. ◊

Remarque A.1.10. Comme la composée de deux applications mesurables est mesurable, si X est une variable aléatoire à valeurs dans $\mathbb{R}^d$, et f une application mesurable de $(\mathbb{R}^d, \mathcal{B}(\mathbb{R}^d))$ dans $(\mathbb{R}^k, \mathcal{B}(\mathbb{R}^k))$, alors $Y = f(X)$ est une variable aléatoire à valeurs dans $\mathbb{R}^k$. ◊

A.1.3 Espérance

Désormais on suppose que l'on s'est donné un espace de probabilité $(\Omega, \mathcal{A}, \mathbb{P})$. Les variables aléatoires que l'on considère sont définies sur $(\Omega, \mathcal{A})$.

Cas des variables aléatoires positives

Définition A.1.11.

- *On appelle variable aléatoire positive une application* X *de* Ω *dans* $\mathbb{R} \cup \{+\infty\}$ *telle que pour tout* B *dans la plus petite tribu contenant* $\mathcal{B}(\mathbb{R})$ *et* $\{+\infty\}$, $X^{-1}(B) \in \mathcal{A}$ *et telle que* $\mathbb{P}(X \in \mathbb{R}_+ \cup \{+\infty\}) = 1$.
- *Si une variable aléatoire positive* X *prend un nombre fini de valeurs* $\{x_1, \ldots, x_k\} \subset \mathbb{R}_+ \cup \{+\infty\}$ *au sens où* $\mathbb{P}(X \in \{x_1, \ldots, x_k\}) = 1$, *on définit son espérance par*

$$\mathbb{E}[X] = \sum_{i=1}^{k} x_i \mathbb{P}(X = x_i).$$

Remarque A.1.12. La notion d'espérance formalise l'idée de valeur moyenne. Elle prolonge également la notion de probabilité car pour tout $A \in \mathcal{A}$, $\mathbb{E}[\mathbf{1}_A] = \mathbb{P}(A)$. $\diamondsuit$

On étend l'espérance à toute variable aléatoire X positive en «approchant» X par la suite croissante $(X_n, n \in \mathbb{N}^*)$ où, pour $n \in \mathbb{N}^*$,

$$X_n = \sum_{k=0}^{n2^n - 1} \frac{k}{2^n} \mathbf{1}_{\{\frac{k}{2^n} \leq X < \frac{k+1}{2^n}\}} + n\mathbf{1}_{\{X \geq n\}}$$

prend un nombre fini de valeurs. La variable aléatoire X_n a pour espérance

$$\mathbb{E}[X_n] = \sum_{k=0}^{n2^n - 1} \frac{k}{2^n} \mathbb{P}\left(\frac{k}{2^n} \leq X < \frac{k+1}{2^n}\right) + n\mathbb{P}(X \geq n).$$

La suite $(\mathbb{E}[X_n], n \in \mathbb{N}^*)$ est croissante et on définit l'espérance de X par

$$\mathbb{E}[X] = \lim_{n \to \infty} \mathbb{E}[X_n].$$

L'espérance de X peut être égale à $+\infty$. C'est le cas par exemple si $\mathbb{P}(X = +\infty) > 0$ puisqu'alors pour tout $n \in \mathbb{N}^*$, $\mathbb{E}[X_n] \geq n\mathbb{P}(X = +\infty)$. Par contraposée, une variable aléatoire positive d'espérance finie est finie avec probabilité 1.
Il est facile de vérifier que si deux variables aléatoires positives X et Y sont telles que $\mathbb{P}(X \leq Y) = 1$ alors pour tout $n \in \mathbb{N}^*$, $\mathbb{E}[X_n] \leq \mathbb{E}[Y_n]$ ce qui implique que $\mathbb{E}[X] \leq \mathbb{E}[Y]$ (propriété de croissance).

Cas des variables aléatoires de signe quelconque

Pour $x \in \mathbb{R}$, on pose $x^+ = \max(x, 0)$ et $x^- = \max(-x, 0)$. Notons que $x = x^+ - x^-$ et que $\max(x^+, x^-) = |x|$.

Définition A.1.13. *Une variable aléatoire réelle X est dite intégrable si $\mathbb{E}[|X|] < +\infty$. Dans ce cas, $\mathbb{E}[X^+] < +\infty$ et $\mathbb{E}[X^-] < +\infty$ et on définit l'espérance de X par*

$$\mathbb{E}[X] = \mathbb{E}[X^+] - \mathbb{E}[X^-].$$

Le théorème suivant regroupe des propriétés importantes de l'espérance.

Théorème A.1.14.

1. *L'espérance est linéaire : si X et Y sont deux variables aléatoires réelles intégrables alors pour tout $\lambda \in \mathbb{R}$, $X + \lambda Y$ est intégrable et*

$$\mathbb{E}[X + \lambda Y] = \mathbb{E}[X] + \lambda \mathbb{E}[Y].$$

2. *Si Y est une variable aléatoire réelle intégrable, alors toute variable aléatoire réelle X telle que $\mathbb{P}(|X| \leq Y) = 1$ est intégrable.*
3. *L'espérance est croissante : si X et Y sont deux variables aléatoires réelles intégrables telles que $\mathbb{P}(X \leq Y) = 1$, alors $\mathbb{E}[X] \leq \mathbb{E}[Y]$.*

A.1.4 Convergence des espérances

Définition A.1.15. *Une suite $(X_n, n \in \mathbb{N}^*)$ de variables aléatoires réelles **converge presque sûrement** (p.s.) vers une variable aléatoire réelle X si et seulement si $\mathbb{P}(\lim_{n\to\infty} X_n = X) = 1$.*

Lorsque $(X_n, n \in \mathbb{N}^*)$ converge presque sûrement vers X, on est souvent confronté à la question naturelle de savoir si $(\mathbb{E}[X_n], n \in \mathbb{N}^*)$ converge vers $\mathbb{E}[X]$. Les théorèmes suivants énoncent des conditions sous lesquelles la réponse est affirmative.
Comme l'espérance d'une variable aléatoire positive X a été introduite comme la limite des espérances de variables aléatoires X_n qui croissent vers X lorsque n tend vers l'infini, le résultat suivant est naturel.

Théorème A.1.16 (Convergence monotone). *Soit $(X_n, n \in \mathbb{N}^*)$ une suite de variables aléatoires **positives** croissante au sens où pour tout $n \in \mathbb{N}^*$, $\mathbb{P}(X_n \leq X_{n+1}) = 1$. Alors on a*

$$\mathbb{E}\left[\lim_{n\to\infty} \nearrow X_n\right] = \lim_{n\to\infty} \nearrow \mathbb{E}[X_n],$$

où les deux membres peuvent prendre simultanément la valeur $+\infty$.

On en déduit le résultat suivant.

Corollaire A.1.17 (Lemme de Fatou). *Soit $(X_n, n \in \mathbb{N}^*)$ une suite de variables aléatoires **positives**. On a :*

$$\mathbb{E}\left[\liminf_{n\to\infty} X_n\right] \leq \liminf_{n\to\infty} \mathbb{E}[X_n].$$

Théorème A.1.18 (Convergence dominée). *Soit Y une variable aléatoire positive telle que $\mathbb{E}[Y] < \infty$ et $(X_n, n \in \mathbb{N}^*)$ une suite de variables aléatoires réelles dominées par Y au sens où pour tout $n \in \mathbb{N}^*$, $\mathbb{P}(|X_n| \leq Y) = 1$. Si la suite $(X_n, n \in \mathbb{N}^*)$ converge presque sûrement vers X, alors X est intégrable et*

$$\lim_{n \to +\infty} \mathbb{E}[|X - X_n|] = 0,$$

ce qui implique en particulier que $\boxed{\mathbb{E}[X] = \lim_{n \to +\infty} \mathbb{E}[X_n].}$

A.1.5 Indépendance

Définition A.1.19.

1. *Des variables aléatoires $X_1, \ldots, X_n$ à valeurs respectives dans $\mathbb{R}^{d_1}, \ldots, \mathbb{R}^{d_n}$ sont dites indépendantes si pour toutes fonctions $f_i : \mathbb{R}^{d_i} \to \mathbb{R}$ mesurables et bornées*
$$\mathbb{E}\left[\prod_{i=1}^{n} f_i(X_i)\right] = \prod_{i=1}^{n} \mathbb{E}[f_i(X_i)]. \tag{A.1}$$
2. *Une famille quelconque de variables aléatoires est dite indépendante si toute sous-famille finie est indépendante.*

Remarque A.1.20. Si les variables aléatoires $X_1, \ldots, X_n$ sont indépendantes et si $f_i(X_i)$ est intégrable pour $1 \leq i \leq n$, alors $\prod_{i=1}^{n} f_i(X_i)$ est intégrable et (A.1) reste vraie. ◊

Proposition A.1.21. *Soit X et Y deux variables aléatoires indépendantes à valeurs respectives dans $\mathbb{R}^d$ et $\mathbb{R}^k$ et $f : \mathbb{R}^{d+k} \to \mathbb{R}$ une fonction mesurable telle que pour tout x dans $\mathbb{R}^d$, $f(x, Y)$ est intégrable d'espérance $\psi(x)$.*
Alors la fonction ψ est mesurable. En outre, si $f(X, Y)$ est intégrable, $\psi(X)$ est également intégrable et

$$\mathbb{E}[f(X, Y)] = \mathbb{E}[\psi(X)].$$

A.1.6 Variance

Définition A.1.22.

- *Une variable aléatoire réelle X est dite de carré intégrable si X^2 est intégrable (ce qui implique que X est intégrable). On définit alors sa variance notée* $\mathrm{Var}(X)$ *par*
$$\boxed{\mathrm{Var}(X) = \mathbb{E}[X^2] - (\mathbb{E}[X])^2 = \mathbb{E}\left[(X - \mathbb{E}[X])^2\right].}$$
- *Soit X, Y deux variables aléatoires réelles de carré intégrable. On définit leur covariance notée* $\mathrm{Cov}(X, Y)$ *par*
$$\boxed{\mathrm{Cov}(X, Y) = \mathbb{E}[XY] - \mathbb{E}[X]\mathbb{E}[Y] = \mathbb{E}[(X - \mathbb{E}[X])(Y - \mathbb{E}[Y])].}$$

- *Pour $X = (X_1, \ldots, X_d)$ une variable aléatoire à valeurs dans $\mathbb{R}^d$ dont les coordonnées sont intégrables, on appelle espérance de X et on note $\mathbb{E}[X]$ le vecteur dont les coordonnées sont les espérances des coordonnées de X. Lorsque les coordonnées de X sont de carré intégrable, on appelle matrice de covariance de X et on note $\mathrm{Cov}(X, X)$ la matrice symétrique positive $\Sigma = (\Sigma_{ij}, 1 \le i, j \le d)$ définie par*

$$\Sigma_{ij} = \mathrm{Cov}(X_i, X_j),\ 1 \le i, j \le d.$$

Remarque A.1.23.

- On appelle écart-type d'une variable aléatoire réelle la racine carrée de sa variance.
- La variance et l'écart-type d'une variable aléatoire réelle X mesurent l'étalement de cette variable aléatoire autour de son espérance. En particulier, l'inégalité de Bienaymé-Tchebychev permet de majorer la probabilité pour que X diffère de $\mathbb{E}[X]$ de plus de $a \in \mathbb{R}_+^*$ en fonction de $\mathrm{Var}(X)$:

$$\mathbb{P}(|X - \mathbb{E}[X]| \ge a) \le \frac{\mathrm{Var}(X)}{a^2}. \tag{A.2}$$

- Si X et Y sont des variables aléatoires réelles intégrables indépendantes, alors on a $\mathrm{Cov}(X, Y) = 0$.
- Si X et Y sont de carré intégrable alors XY est intégrable et on a l'inégalité de Cauchy-Schwarz

$$|\mathbb{E}[XY]| \le \sqrt{\mathbb{E}[X^2]} \times \sqrt{\mathbb{E}[Y^2]}.$$

$\Diamond$

Proposition A.1.24. *Soit $X_1, \ldots, X_n$ des variables aléatoires réelles de carré intégrable et $S = X_1 + \cdots + X_n$ leur somme. Alors S est de carré intégrable et*

$$\mathrm{Var}(S) = \sum_{i=1}^{n} \mathrm{Var}(X_i) + 2 \sum_{1 \le j < i \le n} \mathrm{Cov}(X_i, X_j).$$

En particulier si les variables X_i sont **indépendantes**, *on a*

$$\boxed{\mathrm{Var}(S) = \sum_{i=1}^{n} \mathrm{Var}(X_i).}$$

A.1.7 Fonction caractéristique

Définition A.1.25. *Soit $X = (X_1, \ldots, X_d)$ une variable aléatoire à valeurs dans $\mathbb{R}^d$. On appelle fonction caractéristique de X la fonction $\psi_X : \mathbb{R}^d \to \mathbb{C}$ définie par*

$$\boxed{\forall u = (u_1, \ldots, u_d) \in \mathbb{R}^d,\ \psi_X(u) = \mathbb{E}\left[\mathrm{e}^{i(u_1 X_1 + \ldots + u_d X_d)}\right].}$$

Notons que $\forall u \in \mathbb{R}^d$, $|\psi_X(u)| \leq 1$. Comme son nom l'indique, la fonction caractéristique caractérise la loi.

Définition A.1.26. *Soit X et Y deux variables aléatoires à valeurs $\mathbb{R}^d$. On dit que X et Y ont même loi ou sont identiquement distribuées si*

$$\forall f : \mathbb{R}^d \to \mathbb{R} \text{ mesurable bornée, } \mathbb{E}[f(X)] = \mathbb{E}[f(Y)].$$

Théorème A.1.27. *Deux variables aléatoires X et Y à valeurs dans $\mathbb{R}^d$ ont même loi si et seulement si elles ont même fonction caractéristique.*

A.1.8 Transformée de Laplace

Définition A.1.28. *Soit X une variable aléatoire positive. On appelle transformée de Laplace de X la fonction*

$$\alpha \in \mathbb{R}_+ \to \mathbb{E}\left[\mathrm{e}^{-\alpha X}\right] \in \mathbb{R}_+,$$

où on utilise la convention $\mathrm{e}^{-\alpha x} = 1$ pour $\alpha = 0$ et $x = +\infty$.

La transformée de Laplace $\alpha \to \mathbb{E}\left[\mathrm{e}^{-\alpha X}\right]$ d'une variable aléatoire X positive est une fonction C^∞ sur $]0, +\infty[$. Enfin si X est finie p.s., la dérivée de la transformée de Laplace en $\alpha \in]0, +\infty[$ est donnée par $-\mathbb{E}\left[X\,\mathrm{e}^{-\alpha X}\right]$.

Une autre propriété très utile de la transformée de Laplace est qu'elle caractérise la loi des variables aléatoires positives.

Théorème A.1.29. *Si X et Y sont deux variables aléatoires positives qui ont même transformée de Laplace, alors elles ont même loi.*

A.1.9 Probabilités conditionnelles

La notion de probabilité conditionnelle d'un événement A sachant un événement B permet de prendre en compte l'information que l'événement B est réalisé dans le poids que l'on donne à l'événement A :

Définition A.1.30. *Soit $A, B \in \mathcal{A}$ et X une variable aléatoire intégrable.*

- *La probabilité conditionnelle de l'événement A sachant l'événement B est notée $\mathbb{P}(A|B)$ et définie par*

$$\boxed{\mathbb{P}(A|B) = \begin{cases} \dfrac{\mathbb{P}(A \cap B)}{\mathbb{P}(B)} & \text{si } \mathbb{P}(B) > 0, \\ \mathbb{P}(A) & \text{sinon.} \end{cases}} \tag{A.3}$$

- *L'espérance conditionnelle de la variable aléatoire X sachant l'événement B est notée $\mathbb{E}[X|B]$ et définie par*

$$\boxed{\mathbb{E}[X|B] = \begin{cases} \dfrac{\mathbb{E}[X\mathbf{1}_B]}{\mathbb{P}(B)} & \text{si } \mathbb{P}(B) > 0, \\ \mathbb{E}[X] & \text{sinon.} \end{cases}}$$

Remarque A.1.31.
- $\mathbb{P}(\cdot|B)$ est une probabilité sur $(\Omega, \mathcal{A})$ et $\mathbb{E}[\cdot|B]$ l'espérance correspondant à cette probabilité.
- Il est facile de vérifier que si $A, B, C \in \mathcal{A}$ et $\mathbb{P}(C) > 0$, alors

$$\mathbb{P}(A \cap B|C) = \mathbb{P}(A|B \cap C)\mathbb{P}(B|C). \tag{A.4}$$

A.2 Lois usuelles

A.2.1 Lois discrètes usuelles

Définition A.2.1. *Soit E un ensemble dénombrable. On appelle variable aléatoire discrète à valeurs dans E toute application X mesurable de $(\Omega, \mathcal{A})$ dans $(E, \mathcal{P}(E))$. On appelle loi de X la famille des nombres $(\mathbb{P}(X = x), x \in E)$. Dans le cas où $E \subset \mathbb{N}$, la variable aléatoire X est dite entière.*

La proposition suivante est très utile pour calculer l'espérance d'une fonction réelle d'une variable aléatoire discrète.

Proposition A.2.2. *Soit X une variable aléatoire discrète à valeurs dans E et f une application mesurable de $(E, \mathcal{P}(E))$ dans $(\mathbb{R}, \mathcal{B}(\mathbb{R}))$. Alors la variable aléatoire réelle $f(X)$ est intégrable si et seulement si $\sum_{x \in E} |f(x)|\mathbb{P}(X = x) < +\infty$ et dans ce cas,*

$$\mathbb{E}[f(X)] = \sum_{x \in E} f(x)\mathbb{P}(X = x).$$

Définition A.2.3. *Soit X une variable aléatoire entière. On appelle fonction génératrice de X la fonction $G_X : [0,1] \to [0,1]$ définie par*

$$\forall s \in [0,1],\ G_X(s) = \mathbb{E}\left[s^X\right] = \sum_{k \in \mathbb{N}} s^k \mathbb{P}(X = k).$$

Le théorème suivant regroupe plusieurs propriétés utiles de la fonction génératrice :

Théorème A.2.4.
- *La fonction génératrice G_X est continue, croissante et convexe sur $[0,1]$.*
- *Elle est C^∞ sur $[0,1[$.*
- *Elle caractérise la loi de X car pour tout $k \in \mathbb{N}$, $\mathbb{P}(X = k) = G_X^{(k)}(0)/k!$ où $G_X^{(k)}$ désigne la dérivée d'ordre k de G_X.*
- *Pour $n \in \mathbb{N}^*$, l'espérance $\mathbb{E}[X^n] = \sum_{k \in \mathbb{N}} k^n \mathbb{P}(X = k)$ est finie si et seulement si G_X est n fois continûment différentiable sur $[0,1]$. Dans ce cas, sa dérivée n-ième en 1 est*

$$G_X^{(n)}(1) = \mathbb{E}[X(X-1)\dots(X-n+1)].$$

Définition A.2.5. *On dit que la variable aléatoire entière X suit la loi*
- **de Bernoulli de paramètre** p, *où* $p \in [0,1]$, *si*

$$\mathbb{P}(X=1) = 1 - \mathbb{P}(X=0) = p,$$

- **binomiale de paramètre** (n,p), *où* $n \in \mathbb{N}^*$ *et* $p \in [0,1]$, *si*

$$\forall k \in \{0,1,\dots,n\},\ \mathbb{P}(X=k) = \binom{n}{k} p^k (1-p)^{n-k} \text{ où } \binom{n}{k} = \frac{n!}{k!(n-k)!},$$

- **de Poisson de paramètre** θ, *où* $\theta > 0$, *si*

$$\forall k \in \mathbb{N},\ \mathbb{P}(X=k) = \mathrm{e}^{-\theta} \frac{\theta^k}{k!},$$

- **géométrique de paramètre** p, *où* $p \in]0,1]$, *si*

$$\forall k \in \mathbb{N}^*,\ \mathbb{P}(X=k) = p(1-p)^{k-1}.$$

Remarque A.2.6. On rappelle que la loi binomiale de paramètre (n,p) est la loi de la somme de n variables de Bernoulli de paramètre p indépendantes et que la loi géométrique de paramètre p est la loi du temps de premier succès dans une suite d'expériences aléatoires indépendantes avec même probabilité de succès p. ◊

Le tableau A.1 rappelle la fonction génératrice, l'espérance, la variance et la fonction caractéristique de chacune de ces lois (pour retrouver l'espérance et la variance des lois géométrique et de Poisson, on peut commencer par calculer leur fonction génératrice et utiliser le théorème A.2.4).

Remarque A.2.7. La transformée de Laplace d'une variable aléatoire entière X est reliée à sa fonction génératrice de moments $G_X(s)$ par l'égalité

$$\forall \alpha \geq 0,\ \mathbb{E}\left[\mathrm{e}^{-\alpha X}\right] = G_X(\mathrm{e}^{-\alpha}).$$

Si par exemple, X suit la loi géométrique de paramètre $p \in]0,1]$, on a pour $\alpha \geq 0$, $\mathbb{E}\left[\mathrm{e}^{-\alpha X}\right] = \dfrac{p\,\mathrm{e}^{-\alpha}}{1-(1-p)\,\mathrm{e}^{-\alpha}}$. ◊

Définition A.2.8. *Soit* $n, k \in \mathbb{N}^*$ *et* $(p_1,\dots,p_k) \in [0,1]^k$ *tels que* $p_1 + \dots + p_k = 1$. *On dit que la variable aléatoire* $X = (X_1,\dots,X_k)$ *à valeurs dans* $\mathbb{N}^k$ *suit la loi multinomiale de paramètre* $(n,p_1,\dots,p_k)$ *si pour tout* $x = (x_1,\dots,x_k)$ *dans* $\{0,\dots,n\}^k$,

$$\mathbb{P}(X=x) = \mathbf{1}_{\{x_1+\ldots+x_k=n\}} \frac{n!}{x_1!\cdots x_k!} p_1^{x_1} \cdots p_k^{x_k}.$$

Tableau A.1. Fonction génératrice, espérance, variance et fonction caractéristique des lois discrètes usuelles

Loi	fonction génératrice $G_X(s)$	espérance $\mathbb{E}[X]$	variance $\mathrm{Var}(X)$	fonction caractéristique $\psi_X(u)$
Bernoulli p	$1-p+ps$	p	$p(1-p)$	$1-p+p\,\mathrm{e}^{iu}$
binomiale (n,p)	$(1-p+ps)^n$	np	$np(1-p)$	$(1-p+p\,\mathrm{e}^{iu})^n$
Poisson θ	$\mathrm{e}^{\theta(s-1)}$	θ	θ	$\mathrm{e}^{\theta(\mathrm{e}^{iu}-1)}$
géométrique p	$\dfrac{ps}{1-(1-p)s}$	$\dfrac{1}{p}$	$\dfrac{1-p}{p^2}$	$\dfrac{p\,\mathrm{e}^{iu}}{1-(1-p)\,\mathrm{e}^{iu}}$

Remarque A.2.9.

- La loi multinomiale de paramètre $(n, p_1, \dots, p_k)$ est la loi du vecteur constitué des nombres d'objets dans les boîtes d'indices $1, \dots, k$ lorsque n objets sont rangés indépendamment dans ces boites suivant la probabilité $(p_1, \dots, p_k)$.
- Si $X = (X_1, \dots, X_k)$ suit la loi multinomiale de paramètre $(n, p_1, \dots, p_k)$ alors pour $i \in \{1, \dots, k\}$, X_i suit la loi binomiale de paramètre (n, p_i). Comme $X_1 + \dots + X_k = n$, les variables X_i ne sont pas indépendantes.

$\Diamond$

A.2.2 Lois à densité usuelles

Définition A.2.10. *On dit que la variable aléatoire X à valeurs dans $\mathbb{R}^d$ possède la densité p où $p : \mathbb{R}^d \to \mathbb{R}$ est une fonction mesurable positive d'intégrale 1 si*

$$\forall f : \mathbb{R}^d \to \mathbb{R} \text{ mesurable bornée, } \mathbb{E}[f(X)] = \int_{\mathbb{R}^d} f(x)p(x)dx.$$

Définition A.2.11. *On dit que la variable aléatoire réelle X suit la loi*

- **uniforme sur** $[a,b]$, *où $a < b \in \mathbb{R}$, si X possède la densité*

$$p(x) = \frac{1}{b-a}\mathbf{1}_{\{a \le x \le b\}},$$

– **exponentielle de paramètre** λ, *où* $\lambda > 0$, *si* X *possède la densité*

$$p(x) = \lambda \,\mathrm{e}^{-\lambda x} \mathbf{1}_{\{x>0\}},$$

– **de Cauchy de paramètre** a, *où* $a > 0$, *si* X *possède la densité*

$$p(x) = \frac{a}{\pi(x^2 + a^2)},$$

– **gaussienne ou normale de paramètre** (m, σ^2) **notée** $\mathcal{N}(m, \sigma^2)$, *où* $m \in \mathbb{R}$ *et* $\sigma > 0$, *si* X *possède la densité*

$$p(x) = \frac{1}{\sigma\sqrt{2\pi}} \mathrm{e}^{-\frac{(x-m)^2}{2\sigma^2}},$$

– **gamma de paramètre** (λ, α) *où* $\lambda, \alpha > 0$ *si* X *possède la densité*

$$p(x) = \frac{\lambda^\alpha}{\Gamma(\alpha)} x^{\alpha-1} \mathrm{e}^{-\lambda x} \mathbf{1}_{\{x>0\}}$$

où

$$\Gamma(\alpha) = \int_0^{+\infty} x^{\alpha-1} \mathrm{e}^{-x} \, dx, \tag{A.5}$$

– **béta de paramètre** (a, b) *où* $a, b > 0$ *si* X *possède la densité*

$$p(x) = \frac{\Gamma(a+b)}{\Gamma(a)\Gamma(b)} x^{a-1}(1-x)^{b-1} \mathbf{1}_{\{0<x<1\}}.$$

Le tableau A.2 rappelle l'espérance, la variance et la fonction caractéristique de chacune de ces lois.

Remarque A.2.12. On vérifie facilement (par exemple en utilisant la fonction caractéristique) que la somme de n variables exponentielles de paramètre λ indépendantes suit la loi gamma de paramètre (λ, n). ◊

Définition A.2.13. *Soit* $m \in \mathbb{R}^d$ *et* $\Sigma \in \mathbb{R}^{d \times d}$ *une matrice symétrique positive. On dit que la variable aléatoire* $X = (X_1, \ldots, X_d)$ *à valeurs dans* $\mathbb{R}^d$ *suit la loi gaussienne ou normale en dimension* d *de paramètre* (m, Σ), *notée* $\mathcal{N}(m, \Sigma)$, *si*

$$\forall u \in \mathbb{R}^d, \; \psi_X(u) = \mathrm{e}^{i(u,m) - \frac{1}{2}(u, \Sigma u)},$$

où $(.,.)$ *désigne le produit scalaire dans* $\mathbb{R}^d$.

Remarque A.2.14. Si $X = (X_1, \ldots, X_d)$ suit la loi gaussienne de paramètre (m, Σ), alors pour tout $\lambda \in \mathbb{R}^d$, la variable aléatoire (λ, X) suit la loi gaussienne en dimension 1 de paramètre $((\lambda, m), (\lambda, \Sigma\lambda))$. En outre le paramètre s'interprète de la façon suivante : $m = \mathbb{E}[X]$ où $\mathbb{E}[X]$ désigne le vecteur constitué des espérances de chacune des coordonnées de X et $\Sigma = \mathrm{Cov}(X, X)$. ◊

Tableau A.2. Espérance, variance et fonction caractéristique des lois à densité usuelles

Loi	espérance $\mathbb{E}[X]$	variance $\mathrm{Var}(X)$	fonction caractéristique $\psi_X(u)$
uniforme $[a,b]$	$\frac{a+b}{2}$	$\frac{(b-a)^2}{12}$	$\frac{\sin((b-a)u/2)}{(b-a)u/2}\,\mathrm{e}^{iu\frac{a+b}{2}}$
exponentielle λ	$\frac{1}{\lambda}$	$\frac{1}{\lambda^2}$	$\frac{\lambda}{\lambda-iu}$
gaussienne $\mathcal{N}(m,\sigma^2)$	m	σ^2	$\mathrm{e}^{ium-\frac{\sigma^2u^2}{2}}$
Cauchy a	non définie	non définie	$\mathrm{e}^{-a\lvert u\rvert}$
gamma (λ,α)	$\frac{\alpha}{\lambda}$	$\frac{\alpha}{\lambda^2}$	$\left(\frac{\lambda}{\lambda-iu}\right)^\alpha$
béta (a,b)	$\frac{a}{a+b}$	$\frac{ab}{(a+b)^2(a+b+1)}$	Pas de formule explicite

A.2.3 Simulation

La plupart des langages de programmation comportent un générateur de nombres pseudo-aléatoires qui génère une suite de nombres à valeurs dans $[0,1]$ imitant une réalisation d'une suite de variables aléatoires uniformes sur $[0,1]$ indépendantes. Afin de pouvoir simuler des variables aléatoires distribuées suivant les lois usuelles à partir d'un tel générateur, nous rappelons dans le Tableau A.3 comment générer une variable aléatoire de loi donnée à partir d'une variable aléatoire U uniforme sur $[0,1]$ ou bien d'une suite $(U_i, i \geq 1)$ de variables indépendantes et identiquement distribuées suivant la loi uniforme sur $[0,1]$.

En dehors des techniques spécifiques présentées dans ce tableau, on peut citer la méthode d'inversion de la fonction de répartition en dimension 1 qui repose sur la proposition C.5 et la méthode du rejet. Cette dernière permet de simuler un vecteur aléatoire de densité p sur $\mathbb{R}^d$ majorée à une constante multiplicative près par une densité q sur $\mathbb{R}^d$ suivant laquelle on sait simuler. Elle repose sur le résultat suivant :

Tableau A.3. Simulation suivant les lois usuelles

Loi	**Méthode de simulation**
Bernoulli p	$\mathbf{1}_{\{U \leq p\}}$
binomiale (n, p)	$\sum_{i=1}^{n} \mathbf{1}_{\{U_i \leq p\}}$
géométrique p	$1 + \left[\frac{\log(U)}{\log(1-p)} \right]$ où $[x]$ désigne la partie entière de x
Poisson θ	$\inf\{n \in \mathbb{N} : \prod_{k=1}^{n+1} U_k \leq \mathrm{e}^{-\theta}\}$
uniforme sur $[a, b]$	$a + (b-a)U$
exponentielle λ	$-\frac{1}{\lambda} \log(U)$
Cauchy a	$a \tan(\pi U)$
gaussienne $\mathcal{N}(m, \sigma^2)$	$m + \sigma\sqrt{-2\log(U_1)}\ \cos(2\pi U_2)$

Proposition A.2.15. *Soit p, q deux densités sur $\mathbb{R}^d$ telles que*

$$\exists k > 0,\ \forall x \in \mathbb{R}^d,\ p(x) \leq kq(x)$$

et $((Y_i, U_i), i \geq 1)$ une suite de vecteurs aléatoires indépendants et identiquement distribués avec Y_1 de densité q et U_1 uniforme sur $[0,1]$ indépendantes. Alors la variable aléatoire $N = \inf\{i \geq 1 : kq(Y_i)U_i \leq p(Y_i)\}$ suit la loi géométrique de paramètre $1/k$ (elle est donc finie avec probabilité 1). Elle est indépendante du couple $(Y_N, kq(Y_N)U_N)$ qui est uniformément réparti sur $\{(x, z) \in \mathbb{R}^d \times \mathbb{R} :\ 0 \leq z \leq p(x)\}$.
En particulier $X = Y_N$, possède la densité p.

Pour plus de détails sur les techniques de simulation, nous renvoyons aux livres de Bouleau [2], de Fishman [5] et d'Ycart [8].

A.3 Convergence et théorèmes limites

A.3.1 Convergence de variables aléatoires

Nous commençons par définir la convergence en probabilité et étendre la définition A.1.15 de la convergence presque sûre au cas vectoriel.

Définition A.3.1. *Soit $(X_n, n \in \mathbb{N}^*)$ une suite de variables aléatoires à valeurs dans $\mathbb{R}^d$.*

- *On dit que la suite $(X_n, n \in \mathbb{N}^*)$ converge presque sûrement vers X à valeurs dans $\mathbb{R}^d$ et on note $X_n \xrightarrow[n\to\infty]{p.s.} X$ si*

$$\mathbb{P}\left(\lim_{n\to+\infty} X_n = X\right) = 1.$$

- *On dit que la suite $(X_n, n \in \mathbb{N}^*)$ converge en probabilité vers une variable aléatoire X à valeurs dans $\mathbb{R}^d$ si et seulement si pour tout $\varepsilon > 0$, on a*

$$\lim_{n\to\infty} \mathbb{P}(|X_n - X| > \varepsilon) = 0$$

où $|X_n - X|$ désigne la norme euclidienne de $X_n - X$.

Exemple A.3.2. Soit $(X_n, n \in \mathbb{N}^*)$ une suite de variables aléatoires de Bernoulli avec X_n de paramètre p_n. Si $\lim_{n\to\infty} p_n = 0$, alors la suite converge en probabilité vers 0. En effet, pour tout $\varepsilon \in]0,1[$, on a $\mathbb{P}(|X_n| > \varepsilon) = p_n$. ◊

Proposition A.3.3. *La convergence presque sûre entraîne la convergence en probabilité.*

Définition A.3.4. *On dit qu'une suite de variables aléatoires $(X_n, n \in \mathbb{N}^*)$ à valeurs dans $\mathbb{R}^d$ converge en loi vers X à valeurs dans $\mathbb{R}^d$ si pour toute fonction $g : \mathbb{R}^d \to \mathbb{R}$ continue et bornée, on a*

$$\lim_{n\to\infty} \mathbb{E}\left[g(X_n)\right] = \mathbb{E}\left[g(X)\right].$$

On dit alors également que la suite des lois des variables X_n converge étroitement vers la loi de X.
Dans le cas où X suit la loi gaussienne en dimension d de paramètre (m, Σ), on note

$$X_n \xrightarrow[n\to\infty]{Loi} \mathcal{N}(0, \Sigma).$$

Exemple A.3.5. Soit X_n de loi uniforme sur $\left\{0, \frac{1}{n}, \cdots, \frac{n-1}{n}\right\}$. Alors la suite $(X_n, n \in \mathbb{N}^*)$ converge en loi vers U de loi uniforme sur $[0, 1]$. En effet, si g est continue bornée, on déduit de la convergence des sommes de Riemann que

$$\mathbb{E}[g(X_n)] = \frac{1}{n} \sum_{k=0}^{n-1} g\left(\frac{k}{n}\right) \underset{n\to\infty}{\longrightarrow} \int_{[0,1]} g(x)\, dx = \mathbb{E}[g(U)].$$

$\Diamond$

On peut étendre la convergence des espérances à des fonctions discontinues.

Proposition A.3.6. *Soit $(X_n, n \in \mathbb{N}^*)$ une suite de variables aléatoires à valeurs dans $\mathbb{R}^d$ qui converge en loi vers X. Soit $h : \mathbb{R}^d \to \mathbb{R}$ une fonction mesurable bornée et C l'ensemble de ses points de continuité.*

$$\text{Si } \mathbb{P}(X \in C) = 1, \text{ alors on a } \quad \lim_{n\to\infty} \mathbb{E}\left[h(X_n)\right] = \mathbb{E}\left[h(X)\right].$$

On en déduit le corollaire suivant.

Corollaire A.3.7. *Soit $(X_n, n \in \mathbb{N}^*)$ une suite de variables aléatoires à valeurs dans $\mathbb{R}^d$ qui converge en loi vers X. Soit $h : \mathbb{R}^d \to \mathbb{R}$ une fonction mesurable. On note C l'ensemble des points où elle est continue. Si $\mathbb{P}(X \in C) = 1$, alors la suite de variables aléatoires $(h(X_n), n \in \mathbb{N}^*)$ converge en loi vers $h(X)$.*

La convergence en loi est équivalente à la convergence ponctuelle des fonctions caractéristiques, résultat très utile en pratique.

Théorème A.3.8. *Une suite $(X_n, n \in \mathbb{N}^*)$ de variables aléatoires à valeurs dans $\mathbb{R}^d$ converge en loi vers X si et seulement si*

$$\forall u \in \mathbb{R}^d, \; \psi_{X_n}(u) \underset{n\to\infty}{\longrightarrow} \psi_X(u).$$

Pour des variables aléatoires réelles positives, on peut également caractériser la convergence en loi à l'aide de la transformée de Laplace.

Théorème A.3.9. *Une suite $(X_n, n \in \mathbb{N}^*)$ de variables aléatoires réelles positives converge en loi vers X si et seulement si*

$$\forall \alpha \geq 0, \quad \mathbb{E}\left[\mathrm{e}^{-\alpha X_n}\right] \underset{n\to\infty}{\longrightarrow} \mathbb{E}\left[\mathrm{e}^{-\alpha X}\right].$$

Proposition A.3.10. *La convergence en probabilité implique la convergence en loi.*

Ainsi la convergence presque sûre entraîne la convergence en probabilité qui elle-même implique la convergence en loi. Les réciproques sont fausses en général. Signalons la réciproque partielle suivante.

Proposition A.3.11. *Si la suite de variables aléatoires* $(X_n, n \in \mathbb{N}^*)$ *converge en loi vers une constante* a*, alors elle converge également en probabilité vers* a*.*

Le résultat suivant est très utile pour construire des intervalles de confiance.

Théorème A.3.12 (Théorème de Slutsky). *Soit* $(X_n, n \in \mathbb{N}^*)$ *une suite de variables aléatoires à valeurs dans* $\mathbb{R}^{d_1}$ *qui converge en loi vers* X *et* $(Y_n, n \in \mathbb{N}^*)$ *une suite de variables aléatoires à valeurs dans* $\mathbb{R}^{d_2}$ *qui converge en loi vers une* ***constante*** a*. Alors la suite* $((X_n, Y_n), n \in \mathbb{N}^*)$ *converge en loi vers* (X, a)*.*

A.3.2 Loi forte des grands nombres

Théorème A.3.13 (Loi forte des grands nombres). *Soit* $(X_n, n \in \mathbb{N}^*)$ *une suite de variables aléatoires réelles ou vectorielles indépendantes, de même loi et intégrables* ($\mathbb{E}[|X_1|] < \infty$)*. Alors on a*

$$\bar{X}_n = \frac{1}{n} \sum_{k=1}^{n} X_k \xrightarrow[n \to \infty]{p.s.} \mathbb{E}[X_1].$$

En outre, $\lim_{n \to \infty} \mathbb{E}\left[\left|\bar{X}_n - \mathbb{E}[X_1]\right|\right] = 0$*.*

On en déduit le corollaire suivant.

Corollaire A.3.14. *Soit* $(X_n, n \in \mathbb{N}^*)$ *une suite de variables aléatoires positives, indépendantes et de même loi. Alors la moyenne empirique* $\bar{X}_n = \frac{1}{n} \sum_{k=1}^{n} X_k$ *converge presque sûrement vers* $\mathbb{E}[X_1] \in [0, \infty]$ *quand* n *tend vers l'infini.*

A.3.3 Théorème central limite

Le théorème central limite (TCL) précise la vitesse de convergence de la loi forte des grands nombres.

Théorème A.3.15 (Théorème central limite). *Soit* $(X_n, n \in \mathbb{N}^*)$ *une suite de variables aléatoires réelles indépendantes de même loi et de carré intégrable* ($\mathbb{E}[X_n^2] < \infty$)*. On pose* $\mu = \mathbb{E}[X_n]$, $\sigma^2 = \mathrm{Var}(X_n)$ *et* $\bar{X}_n = \frac{1}{n} \sum_{k=1}^{n} X_k$*. La suite de variables aléatoires* $(\sqrt{n}[\bar{X}_n - \mu], n \in \mathbb{N}^*)$ *converge en loi vers une variable aléatoire de loi gaussienne* $\mathcal{N}(0, \sigma^2)$ *:*

$$\sqrt{n}[\bar{X}_n - \mu] = \frac{\sum_{k=1}^{n} X_k - n\mu}{\sqrt{n}} \xrightarrow[n \to \infty]{Loi} \mathcal{N}(0, \sigma^2).$$

Ce résultat admet la version vectorielle suivante.

Proposition A.3.16. *Soit $(X_n, n \in \mathbb{N}^*)$ une suite de variables aléatoires à valeurs dans $\mathbb{R}^d$ indépendantes, de même loi et de carré intégrable ($\mathbb{E}[|X_n|^2] < \infty$). Soit $\mu = \mathbb{E}[X_n]$ et $\Sigma = \mathrm{Cov}(X_n, X_n)$ la matrice de covariance de X_n. La suite de variables aléatoires $(\sqrt{n}(\bar{X}_n - \mu), n \in \mathbb{N}^*)$, où $\bar{X}_n = \frac{1}{n}\sum_{k=1}^n X_k$, converge en loi vers un vecteur gaussien de loi $\mathcal{N}(0, \Sigma)$:*

$$\sqrt{n}(\bar{X}_n - \mu) \xrightarrow[n\to\infty]{\text{Loi}} \mathcal{N}(0, \Sigma).$$

On peut également préciser le comportement asymptotique de $g(\bar{X}_n)$ lorsque la fonction g a de bonnes propriétés.

Proposition A.3.17. *Soit $(X_n, n \in \mathbb{N}^*)$ une suite de variables aléatoires indépendantes et de même loi, à valeurs dans $\mathbb{R}^d$. On suppose que X_n est de carré intégrable. On note $\mu = \mathbb{E}[X_n]$ sa moyenne et $\Sigma = \mathrm{Cov}(X_n, X_n)$ sa matrice de covariance. Soit g une fonction de $\mathbb{R}^d$ dans $\mathbb{R}^p$ mesurable. On suppose de plus que g est continue et différentiable en μ. Sa différentielle au point μ est la matrice $\dfrac{\partial g}{\partial x'}(\mu)$ de taille $p \times d$ définie par :*

$$\frac{\partial g}{\partial x'}(\mu)_{i,j} = \frac{\partial g_i}{\partial x_j}(\mu)\,; \quad 1 \le i \le p, \quad 1 \le j \le d.$$

On notera $\dfrac{\partial g'}{\partial x}(\mu)$ sa transposée. On a alors

$$\boxed{g(\bar{X}_n) \xrightarrow[n\to\infty]{p.s.} g(\mu) \quad \text{et} \quad \sqrt{n}\left[g(\bar{X}_n) - g(\mu)\right] \xrightarrow[n\to\infty]{\text{Loi}} \mathcal{N}(0, V),}$$

où $\bar{X}_n = \dfrac{1}{n}\displaystyle\sum_{k=1}^n X_k$ désigne la moyenne empirique et $V = \dfrac{\partial g}{\partial x'}(\mu)\, \Sigma\, \dfrac{\partial g'}{\partial x}(\mu)$.

A.3.4 Intervalles de confiance

Soit $(X_n, n \in \mathbb{N}^*)$ une suite de variables aléatoires réelles de carré intégrable indépendantes et identiquement distribuées. On note $\bar{X}_n = \frac{1}{n}\sum_{k=1}^n X_k$ la moyenne empirique et on pose $\mu = \mathbb{E}[X_n]$, $\sigma^2 = \mathrm{Var}(X_n)$.

Comme la loi gaussienne est une loi à densité, elle ne charge pas les points de discontinuité de la fonction indicatrice $\mathbf{1}_{[-a\sigma, a\sigma]}$. Après avoir remarqué que

$$\mathbb{E}\left[\mathbf{1}_{[-a\sigma,a\sigma]}(\sqrt{n}[\bar{X}_n - \mu])\right] = \mathbb{P}\left(\mu \in \left[\bar{X}_n - \frac{a\sigma}{\sqrt{n}}, \bar{X}_n + \frac{a\sigma}{\sqrt{n}}\right]\right),$$

on déduit du théorème central limite A.3.15 et de la proposition A.3.6 le corollaire suivant.

Corollaire A.3.18. *Soit* $(X_n, n \in \mathbb{N}^*)$ *une suite de variables aléatoires réelles indépendantes, identiquement distribuées et de carré intégrable. On pose* $\mu = \mathbb{E}[X_n], \sigma^2 = \mathrm{Var}(X_n)$ *et* $\bar{X}_n = \frac{1}{n}\sum_{k=1}^n X_k$*. Alors, pour* $a > 0$*, on a*

$$\mathbb{P}\left(\mu \in \left[\bar{X}_n - \frac{a\sigma}{\sqrt{n}}, \bar{X}_n + \frac{a\sigma}{\sqrt{n}}\right]\right) \underset{n\to\infty}{\longrightarrow} \int_{-a}^{a} \mathrm{e}^{-x^2/2}\, \frac{dx}{\sqrt{2\pi}}.$$

Si l'on désire donner une approximation de μ, à l'aide de la moyenne empirique $\bar{X}_n$, on peut fournir un intervalle aléatoire $I_n = \left[\bar{X}_n - \frac{a\sigma}{\sqrt{n}}, \bar{X}_n + \frac{a\sigma}{\sqrt{n}}\right]$ qui contient la valeur de la moyenne, μ, avec une probabilité asymptotique $\alpha = \mathbb{P}(|Z| \leq a)$, où Z suit la loi $\mathcal{N}(0,1)$. L'intervalle I_n est appelé **intervalle de confiance** pour μ de **niveau asymptotique** α. Les valeurs les plus couramment utilisées sont $\alpha = 95\,\%$ avec $a \simeq 1.96$ et $\alpha = 99\,\%$ avec $a \simeq 2.58$.

En général, quand on désire estimer la moyenne μ, on ne connaît pas la variance σ^2. Il faut donc remplacer σ dans l'intervalle de confiance par une estimation. Comme $\sigma^2 = \mathbb{E}[X^2] - \mathbb{E}[X]^2$, on déduit de la loi forte des grands nombres que la suite $(\sigma_n^2, n \in \mathbb{N}^*)$, définie par

$$\sigma_n^2 = \frac{1}{n}\sum_{k=1}^n X_k^2 - \bar{X}_n^2,$$

converge p.s. vers σ^2.

Le théorème de Slutsky A.3.12 assure que $((\sqrt{n}(\bar{X}_n - \mu), \sigma_n^2), n \in \mathbb{N}^*)$ converge en loi vers $(\sigma Z, \sigma^2)$, où Z est de loi gaussienne centrée réduite $\mathcal{N}(0,1)$. Enfin, la fonction $f(x,y) = x/\sqrt{|y|}$ si $y \neq 0$ et $f(x,y) = 0$ sinon, admet $\mathbb{R} \times \mathbb{R}_+^*$ comme ensemble de points de continuité. Si $\sigma^2 > 0$, on a $\mathbb{P}((\sigma Z, \sigma^2) \in \mathbb{R} \times \mathbb{R}_+^*) = 1$. On déduit donc du corollaire A.3.7, que la suite $(f(X_n, Y_n), n \in \mathbb{N}^*)$ converge en loi vers Z qui a pour loi $\mathcal{N}(0,1)$. En particulier, une nouvelle utilisation de la proposition A.3.6, avec la fonction $h(r) = \mathbf{1}_{[-a,a]}(r)$, assure que si $\sigma \neq 0$,

$$\mathbb{P}\left(\mu \in \left[\bar{X}_n - \frac{a\sigma_n}{\sqrt{n}}, \bar{X}_n + \frac{a\sigma_n}{\sqrt{n}}\right]\right) \underset{n\to\infty}{\longrightarrow} \int_{-a}^{a} \mathrm{e}^{-x^2/2}\, \frac{dx}{\sqrt{2\pi}}.$$

Ainsi pour n grand, la moyenne μ appartient à l'intervalle de confiance aléatoire $\left[\bar{X}_n - \frac{a\sigma_n}{\sqrt{n}}, \bar{X}_n + \frac{a\sigma_n}{\sqrt{n}}\right]$ avec une probabilité proche du niveau asymptotique $\alpha = \mathbb{P}(|Z| \leq a)$.

On peut enfin se poser la question de la validité de l'intervalle de confiance : on a $\mathbb{P}\left(\mu \in \left[\bar{X}_n - \frac{a\sigma_n}{\sqrt{n}}, \bar{X}_n + \frac{a\sigma_n}{\sqrt{n}}\right]\right) \simeq \mathbb{P}(|Z| \leq a)$, mais quelle est la précision de cette approximation ? Le résultat suivant apporte une réponse à cette question.

Théorème A.3.19 (Théorème de Berry-Esséen). *Soit* $(X_n, n \in \mathbb{N}^*)$ *une suite de variables aléatoires réelles indépendantes et identiquement* *distribuées. On suppose* $\mathbb{E}[|X_n|^3] < \infty$. *On note* $\mu = \mathbb{E}[X_n]$, $\sigma^2 = \mathrm{Var}(X_n)$ *et* $\mu_3 = \mathbb{E}[|X_n - \mu|^3]$. *Alors pour tout* $a \in \mathbb{R}$, $n \geq 1$, *on a*

$$\left| \mathbb{P}\left(\sqrt{n} \frac{\bar{X}_n - \mu}{\sigma} \leq a \right) - \int_{-\infty}^{a} \mathrm{e}^{-x^2/2} \frac{dx}{\sqrt{2\pi}} \right| \leq \frac{C\mu_3}{\sigma^3 \sqrt{n}}, \tag{A.6}$$

où la constante C *est universelle (i.e. indépendante de* a *et de la loi de* X_1*) avec* $(2\pi)^{-1/2} \leq C < 0.8$.

On connaît de meilleures majorations si a est grand. En effet, on peut alors remplacer C par $C(a)$, où $\lim_{|a| \to \infty} C(a) = 0$. Enfin, la majoration (A.6) reste vraie si l'on remplace σ dans le membre de gauche par son estimation σ_n, avec une autre constante universelle C' remplaçant C.

Si le rapport μ_3/σ^3 (ou une approximation de μ_3/σ^3) est élevé, cela suggère que la convergence du théorème central limite peut être lente. Par exemple, pour des variables de Bernoulli de paramètre p, le rapport est équivalent à $1/\sqrt{p}$ lorsque p tend vers 0. Dans ce cas, il est plus judicieux d'utiliser l'approximation donnée par la loi des petits nombres (voir le paragraphe 6.3.1) et non pas la loi forte des grands nombres et le TCL.

Enfin remarquons que la majoration du théorème A.3.19 est indépendante de la loi des variables (la constante C est universelle). Elle est dans bien des cas très grossière. Elle donne cependant le bon ordre de grandeur pour des variables de Bernoulli.

Références

1. A.A. Borovkov. *Mathematical statistics.* Gordon and Breach Science Publishers, Amsterdam, 1998.
2. N. Bouleau. *Probabilités de l'ingénieur. Variables aléatoires et simulation*, volume 1418 d'*Actualités Scientifiques et Industrielles.* Hermann, Paris, 1986.
3. L. Breiman. *Probability*, volume 7 de *Classics in Applied Mathematics.* Society for Industrial and Applied Mathematics (SIAM), Philadelphia, PA, 1992.
4. P. Brémaud. *Point processes and queues. Martingale dynamics.* Series in Statistics. Springer-Verlag, New York - Heidelberg - Berlin, 1981.
5. G.S. Fishman. *Monte Carlo. Concepts, algorithms, and applications.* Springer Series in Operations Research. Springer-Verlag, New York, 1996.
6. G.R. Grimmett et D.R. Stirzaker. *Probability and random processes.* Oxford University Press, New York, troisième édition, 2001.
7. G. Saporta. *Probabilités, Statistique et Analyse des Données.* Technip, 1990.
8. B. Ycart. *Modèles et algorithmes markoviens*, volume 39 de *Mathématiques & Applications.* Springer, Berlin, 2002.

B

Une variante du théorème central limite

Dans cet appendice, nous allons démontrer une variante du théorème central limite pour des variables aléatoires centrées, mais n'ayant pas la même loi.

Théorème B.1. *Soit* $(X_n, n \geq 1)$ *une suite de variables aléatoires indépendantes telles que* X_n^3 *est intégrable pour tout* $n \geq 1$. *On suppose de plus que :*

1. $\mathbb{E}[X_n] = 0$ *pour tout* $n \geq 1$,
2. $\lim_{n\to\infty} \sum_{k=1}^{n} \mathbb{E}[X_k^2] = +\infty$,
3. $\lim_{n\to\infty} \frac{\sum_{k=1}^n \mathbb{E}[|X_k|^3]}{(\sum_{l=1}^n \mathbb{E}[X_l^2])^{3/2}} = 0.$

Alors la suite $\left(\frac{\sum_{k=1}^n X_k}{(\sum_{l=1}^n \mathbb{E}[X_l^2])^{1/2}}, n \geq 1\right)$ *converge en loi vers une variable aléatoire de loi gaussienne centrée réduite* $\mathcal{N}(0,1)$.

Pour démontrer le théorème, nous aurons besoin de l'inégalité de Jensen énoncée dans le lemme suivant.

Lemme B.2 (Inégalité de Jensen). *Soit* X *une variable intégrable à valeurs dans* $\mathbb{R}^d$, *et* φ *une fonction réelle définie sur* $\mathbb{R}^d$ *convexe et telle que* $\varphi(X)$ *soit intégrable. Alors, on a*

$$\varphi(\mathbb{E}[X]) \leq \mathbb{E}[\varphi(X)].$$

Démonstration du lemme B.2. Comme φ est une fonction convexe, pour tout $a \in \mathbb{R}^d$, il existe $\lambda_a \in \mathbb{R}^d$ tel que pour tout $x \in \mathbb{R}^d$

$$\varphi(a) + (\lambda_a, x - a) \leq \varphi(x),$$

où $(.,.)$ désigne le produit scalaire dans $\mathbb{R}^d$. En choisissant $a = \mathbb{E}[X]$ et $x = X$, on en déduit que

$$\varphi(\mathbb{E}[X]) + (\lambda_{\mathbb{E}[X]}, X - \mathbb{E}[X]) \leq \varphi(X).$$

En prenant l'espérance dans cette inégalité, et en utilisant la croissance de l'espérance, on en déduit $\varphi(\mathbb{E}[X]) \leq \mathbb{E}[\varphi(X)]$. □

Démonstration du théorème B.1. On pose $\sigma_n^2 = \mathbb{E}[X_n^2]$. En utilisant la définition des fonctions caractéristiques et l'indépendance des variables aléatoires $(X_n, n \in \mathbb{N}^*)$, on a

$$\psi_{\frac{\sum_{k=1}^n X_k}{\sqrt{\sum_{l=1}^n \sigma_l^2}}}(u) = \prod_{k=1}^n \psi_{X_k}\left(\frac{u}{\sqrt{\sum_{l=1}^n \sigma_l^2}}\right).$$

Rappelons que pour $y \in \mathbb{R}$, $\left|\mathrm{e}^{iy} - 1 - iy + \frac{y^2}{2}\right| \leq \frac{|y|^3}{6}$. Donc on a

$$\exp\left(i\frac{uX_k}{\sqrt{\sum_{l=1}^n \sigma_l^2}}\right) = 1 + i\frac{uX_k}{\sqrt{\sum_{l=1}^n \sigma_l^2}} - \frac{u^2 X_k^2}{2\sum_{l=1}^n \sigma_l^2} + h_n(X_k),$$

avec $|h_n(X_k)| \leq \dfrac{u^3 |X_k|^3}{6(\sum_{l=1}^n \sigma_l^2)^{3/2}}$.

Remarquons que $h_n(X_k)$ est intégrable. En prenant l'espérance dans l'égalité ci-dessus, il vient :

$$\psi_{X_k}\left(\frac{u}{\sqrt{\sum_{l=1}^n \sigma_l^2}}\right) = 1 - \frac{u^2 \sigma_k^2}{2\sum_{l=1}^n \sigma_l^2} + \mathbb{E}[h_n(X_k)].$$

En appliquant l'inégalité de Jensen (voir le lemme B.2) avec la fonction $\varphi(x) = |x|^{3/2}$, on obtient $\sigma_k^2 = \mathbb{E}[X_k^2] \leq \mathbb{E}[|X_k|^3]^{2/3}$. En particulier on a

$$\frac{\sigma_k^2}{\sum_{l=1}^n \sigma_l^2} \leq \left(\frac{\mathbb{E}[|X_k|^3]}{(\sum_{l=1}^n \sigma_l^2)^{3/2}}\right)^{2/3}.$$

On déduit donc de l'hypothèse 3. du théorème que

$$\lim_{n\to\infty} \sup_{1\leq k\leq n} \frac{\sigma_k^2}{\sum_{l=1}^n \sigma_l^2} = 0. \tag{B.1}$$

On a également recours au lemme suivant qui se démontre facilement par récurrence.

Lemme B.3. *Soit $(a_k, k \in \mathbb{N}^*)$ et $(b_k, k \in \mathbb{N}^*)$ des suites de nombres complexes de modules inférieurs à 1 ($|a_k| \leq 1$ et $|b_k| \leq 1$ pour tout $k \in \mathbb{N}^*$). On a :*

$$\left|\prod_{k=1}^n a_k - \prod_{k=1}^n b_k\right| \leq \sum_{k=1}^n |a_k - b_k|.$$

Pour n assez grand tel que $\sup_{1\le k\le n} \frac{u^2\sigma_k^2}{\sum_{l=1}^n \sigma_l^2} \le 4$, on a en utilisant ce lemme pour la première inégalité,

$$\begin{aligned}\left|\prod_{k=1}^n \psi_{X_k}\left(\frac{u}{\sqrt{\sum_{l=1}^n \sigma_l^2}}\right) - \prod_{k=1}^n \left(1-\frac{u^2\sigma_k^2}{2\sum_{l=1}^n \sigma_l^2}\right)\right| \\ \le \sum_{k=1}^n \left|\psi_{X_k}\left(\frac{u}{\sqrt{\sum_{l=1}^n \sigma_l^2}}\right) - 1 + \frac{u^2\sigma_k^2}{2\sum_{l=1}^n \sigma_l^2}\right| \\ = \sum_{k=1}^n |\mathbb{E}[h_n(X_k)]| \\ \le \sum_{k=1}^n \mathbb{E}\left[\frac{u^3|X_k|^3}{6(\sum_{l=1}^n \sigma_l^2)^{3/2}}\right].\end{aligned}$$

On en déduit que $\lim_{n\to\infty}\left|\prod_{k=1}^n \psi_{X_k}\left(\frac{u}{\sqrt{\sum_{l=1}^n \sigma_l^2}}\right) - \prod_{k=1}^n \left(1-\frac{u^2\sigma_k^2}{2\sum_{l=1}^n \sigma_l^2}\right)\right| = 0.$

En utilisant le fait que $\log(1-x) = -x + o(x)$, quand x tend vers 0, on remarque grâce à (B.1) que

$$\prod_{k=1}^n \left(1-\frac{u^2\sigma_k^2}{2\sum_{l=1}^n \sigma_l^2}\right) = \mathrm{e}^{\sum_{k=1}^n \log\left(1-\frac{u^2\sigma_k^2}{2\sum_{l=1}^n \sigma_l^2}\right)}$$

converge vers $\mathrm{e}^{-\frac{u^2}{2}}$ lorsque n tend vers l'infini. Comme

$$\begin{aligned}\left|\psi_{\frac{\sum_{k=1}^n X_k}{\sqrt{\sum_{l=1}^n \sigma_l^2}}}(u) - \mathrm{e}^{-\frac{u^2}{2}}\right| \le \left|\prod_{k=1}^n \psi_{X_k}\left(\frac{u}{\sqrt{\sum_{l=1}^n \sigma_l^2}}\right) - \prod_{k=1}^n \left(1-\frac{u^2\sigma_k^2}{2\sum_{l=1}^n \sigma_l^2}\right)\right| \\ + \left|\prod_{k=1}^n \left(1-\frac{u^2\sigma_k^2}{2\sum_{l=1}^n \sigma_l^2}\right) - \mathrm{e}^{-\frac{u^2}{2}}\right|,\end{aligned}$$

on conclut que le membre de gauche tend vers 0 lorsque n tend vers l'infini. D'après le théorème A.3.8, cela assure que $\frac{\sum_{k=1}^n X_k}{\sqrt{\sum_{l=1}^n \sigma_l^2}}$ converge en loi vers une variable aléatoire gaussienne de loi $\mathcal{N}(0,1)$. □

C

Fonction de répartition et quantile

Définition C.1. *Soit X une variable aléatoire réelle. On appelle fonction de répartition de X la fonction $F : \mathbb{R} \to [0,1]$ définie par*

$$\forall x \in \mathbb{R}, \ F(x) = \mathbb{P}(X \leq x).$$

La proposition suivante regroupe des propriétés classiques de la fonction de répartition que nous ne démontrerons pas.

Proposition C.2. *La fonction de répartition F d'une variable aléatoire réelle X est croissante, continue à droite et vérifie*

$$\lim_{x \to -\infty} F(x) = 0 \quad et \quad \lim_{x \to +\infty} F(x) = 1.$$

Ensuite, la fonction de répartition caractérise la loi : si X et Y sont deux variables aléatoires réelles qui ont même fonction de répartition, alors

$$\forall f : \mathbb{R} \to \mathbb{R} \text{ mesurable bornée }, \ \mathbb{E}[f(X)] = \mathbb{E}[f(Y)].$$

Enfin, une suite $(X_n, n \in \mathbb{N}^*)$ de variables aléatoires réelles converge en loi vers X si et seulement si, pour tout point de continuité $x \in \mathbb{R}$ de la fonction de répartition F de X, on a

$$F_n(x) \underset{n \to \infty}{\longrightarrow} F(x),$$

où F_n désigne la fonction de répartition de X_n.

Soit $x \in \mathbb{R}$ et $(X_n, n \in \mathbb{N}^*)$ une suite de variables aléatoires réelles indépendantes et de même loi. D'après la loi forte des grands nombres, on a p.s.

$$\lim_{n \to \infty} \frac{1}{n} \sum_{k=1}^{n} \mathbf{1}_{\{X_k \leq x\}} = \mathbb{P}(X_1 \leq x).$$

Le théorème suivant assure en fait que cette convergence est uniforme en x.

Théorème C.3 (Glivenko-Cantelli). *Soit $(X_n, n \in \mathbb{N}^*)$ une suite de variables aléatoires réelles indépendantes et de même loi. On a p.s.*

$$\lim_{n\to\infty} \sup_{x\in\mathbb{R}} |F_n(x) - \mathbb{P}(X_1 \leq x)| = 0,$$

où F_n, définie par

$$F_n(x) = \frac{1}{n}\sum_{k=1}^{n} \mathbf{1}_{\{X_k\leq x\}} = \frac{1}{n}\,\mathrm{Card}\,\{k \in \{1,\ldots,n\} : X_k \leq x\},$$

est la fonction de répartition empirique de l'échantillon $X_1,\ldots,X_n$.

Pour la démonstration de ce résultat, nous renvoyons par exemple à la référence [1] de l'appendice A.

Définition C.4.

- *Soit X une variable aléatoire réelle de fonction de répartition F. Pour $p \in \,]0,1]$, on appelle quantile ou fractile d'ordre p de X le nombre* $\boxed{x_p = \inf\{x \in \mathbb{R},\ F(x) \geq p\}}$ *où par convention* $\inf \emptyset = +\infty$.
- *L'application $p \in \,]0,1[\to x_p \in \mathbb{R}$ s'appelle l'inverse généralisé de F. On la note F^{-1} : $\forall p \in \,]0,1[,\ F^{-1}(p) = x_p$.*

Le résultat suivant est à la base de la méthode d'inversion de la fonction de répartition destinée à simuler des variables aléatoires réelles de fonction de répartition F.

Proposition C.5. *Soit F une fonction de répartition et F^{-1} son inverse généralisé. Alors on a l'équivalence*

$$F(x) \geq p \Leftrightarrow x \geq F^{-1}(p). \tag{C.1}$$

En outre, si F est continue, alors

$$\forall p \in \,]0,1[,\ F(F^{-1}(p)) = p. \tag{C.2}$$

Soit X une variable aléatoire réelle de fonction de répartition F et U une variable aléatoire de loi uniforme sur $[0,1]$. Alors, la variable $F^{-1}(U)$ a même loi que X. Et si F est continue, alors $F(X)$ suit la loi uniforme sur $[0,1]$.

Si la fonction F est inversible de $\mathbb{R}$ dans $]0,1[$, alors elle est continue sur $\mathbb{R}$ et l'égalité (C.2) entraîne que l'inverse généralisé et l'inverse coïncident. L'intérêt de l'inverse généralisé est qu'il reste défini même lorsque F n'est pas inversible soit parce que cette fonction est discontinue soit parce qu'elle est constante sur des intervalles non vides.

Démonstration. Soit $p \in]0,1[$. Nous allons d'abord vérifier (C.1). Par définition de $x_p = F^{-1}(p)$, il est clair que si $F(x) \geq p$ alors $x \geq F^{-1}(p)$. En outre, pour tout $n \in \mathbb{N}^*$, il existe $y_n \leq F^{-1}(p) + \frac{1}{n}$ tel que $F(y_n) \geq p$. Par croissance de F, on a $F\left(F^{-1}(p)+\frac{1}{n}\right) \geq p$ pour tout $n \in \mathbb{N}^*$. Par continuité à droite de F, on en déduit que

$$\forall p \in]0,1[, \; F(F^{-1}(p)) \geq p. \tag{C.3}$$

Avec la croissance de F, cela implique que si $x \geq F^{-1}(p)$, alors $F(x) \geq p$, ce qui achève la démonstration de (C.1).

L'équivalence (C.1) implique que pour tout $x < F^{-1}(p)$, on a $F(x) < p$. Avec (C.3), on en déduit que si F est continue au point $F^{-1}(p)$ alors $F(F^{-1}(p)) = p$, ce qui entraîne (C.2).

Enfin, si X a pour fonction de répartition F et U est une variable aléatoire uniforme sur $[0,1]$, on a d'après (C.1)

$$\forall x \in \mathbb{R}, \; \mathbb{P}(F^{-1}(U) \leq x) = \mathbb{P}(U \leq F(x)) = F(x).$$

Les variables X et $F^{-1}(U)$ ont même fonction de répartition. Elles ont donc même loi. Par conséquent, $F(X)$ a même loi que $F(F^{-1}(U))$, variable aléatoire qui est égale à U avec probabilité 1 lorsque F est continue d'après (C.2). □

D

Convergence en variation sur un espace discret

Soit $\nu = (\nu(x), x \in E)$ une mesure signée (ou vecteur) sur E, espace dénombrable, muni de la topologie discrète. La norme en variation de ν est définie par $\|\nu\| = \frac{1}{2}\sum_{x\in E} |\nu(x)|$. Cela correspond à la moitié de la norme L^1 de ν vu comme vecteur de $\mathbb{R}^E$.

Définition D.1. *On dit qu'une suite de mesures* $(\nu_n, n \geq 1)$ *converge en variation vers* ν *si et seulement si* $\lim_{n\to\infty} \|\nu_n - \nu\| = 0$.

Lemme D.2. *Soit* $(Y_n, n \in \mathbb{N}^*)$ *une suite de variables aléatoires à valeurs dans* E*. On note* $\nu_n = (\nu_n(x) = \mathbb{P}(Y_n = x), x \in E)$ *la loi de* Y_n*. Soit* Y *une variable aléatoire à valeurs dans* E *de loi* $\nu = (\nu(x) = \mathbb{P}(Y = x), x \in E)$*. Il y a équivalence entre les trois propositions suivantes :*

(i) La suite $(Y_n, n \in \mathbb{N}^*)$ *converge en loi vers* Y*.*
(ii) Pour tout $x \in E$*, on a* $\lim\limits_{n\to\infty} \nu_n(x) = \nu(x)$*.*
(iii) La suite $(\nu_n, n \in \mathbb{N}^*)$ *converge en variation vers* ν*.*

Démonstration. Nous démontrons les implications suivantes : $(i) \Rightarrow (ii) \Rightarrow (iii) \Rightarrow (i)$.

On note x_k, $k \in \mathbb{N}^*$, les éléments de E.

On suppose (i). Comme E est muni de la topologie discrète, toutes les fonctions réelles sur E sont continues. Donc, pour toute fonction réelle bornée f définie sur E, on a $\lim_{n\to\infty} \mathbb{E}[f(Y_n)] = \mathbb{E}[f(Y)]$. En prenant $f(y) = \mathbf{1}_{\{y=x_k\}}$, on obtient que pour tout $k \in \mathbb{N}^*$,

$$\lim_{n\to\infty} \nu_n(x_k) = \nu(x_k).$$

Donc (i) implique (ii).

Montrons que (ii) implique (iii). On suppose (ii). On a alors pour $K \in \mathbb{N}^*$,

$$\|\nu_n - \nu\| \leq \frac{1}{2}\sum_{k=1}^{K} |\nu_n(x_k) - \nu(x_k)| + \frac{1}{2}\sum_{k\geq K+1} (\nu_n(x_k) + \nu(x_k)).$$

Comme ν et ν_n sont des probabilités, il vient

$$\sum_{k\geq K+1} \nu_n(x_k) = 1 - \sum_{k=1}^{K} \nu_n(x_k) = \sum_{k\in\mathbb{N}^*} \nu(x_k) - \sum_{k=1}^{K} \nu_n(x_k)$$
$$\leq \sum_{k\geq K+1} \nu(x_k) + \sum_{k=1}^{K} |\nu_n(x_k) - \nu(x_k)|.$$

Ainsi on a

$$\|\nu_n - \nu\| \leq \sum_{k=1}^{K} |\nu_n(x_k) - \nu(x_k)| + \sum_{k\geq K+1} \nu(x_k).$$

Le second terme du membre de droite est arbitrairement petit (uniformément en n) pour K grand tandis qu'à K fixé, le premier terme tend vers 0 lorsque n tend vers l'infini. Donc $\lim_{n\to+\infty} \|\nu_n - \nu\| = 0$ et (ii) implique (iii).

Il reste donc à démontrer que (iii) implique (i). Cela découle de l'inégalité $|\mathbb{E}[f(Y_n)] - \mathbb{E}[f(Y)]| \leq 2\,\|\nu_n - \nu\| \sup_{k\in\mathbb{N}^*} |f(x_k)|$. □

E

Étude d'une équation différentielle ordinaire

Cet appendice est consacré à l'étude d'une équation différentielle ordinaire à coefficients affines.

Proposition E.1. *Soit $T > 0$, $x \in \mathbb{R}$, et $g, h : [0,T] \to \mathbb{R}$ deux fonctions mesurables intégrables sur $[0,T]$. Alors l'équation*

$$\forall t \in [0,T],\ f(t) = x + \int_0^t g(s)ds + \int_0^t h(s)f(s)ds \tag{E.1}$$

admet comme unique solution continue sur $[0,T]$ la fonction

$$\varphi(t) = x \exp\left(\int_0^t h(r)dr\right) + \int_0^t g(s) \exp\left(\int_s^t h(r)dr\right) ds.$$

Remarque E.2.

- Si f est une fonction mesurable bornée sur $[0,T]$, alors la fonction $s \to g(s) + h(s)f(s)$, est intégrable sur $[0,T]$. Si en outre f est solution de (E.1), on en déduit que f est une fonction continue sur $[0,T]$. Ainsi l'unicité reste vraie dans la classe plus large des fonctions bornées sur $[0,T]$.
- Pour le choix $x = 1$, $g \equiv 0$ et $h \equiv -\lambda$ avec λ intégrable sur $[0,T]$, on en déduit que $\varphi(t) = \exp\left(-\int_0^t \lambda(r)dr\right)$ vérifie $\varphi(t') = \varphi(t) - \int_t^{t'} \lambda(s)\varphi(s)ds$ pour $0 \leq t \leq t' \leq T$. Cette égalité est utilisée dans le Chap. 10 consacré à la fiabilité sous la forme

$$\int_t^{t'} \lambda(s) \exp\left(-\int_0^s \lambda(r)dr\right) ds = \exp\left(-\int_0^t \lambda(r)dr\right) - \exp\left(-\int_0^{t'} \lambda(r)dr\right). \tag{E.2}$$

– Lorsque les fonctions g et h sont continues sur $[0,T]$, la démonstration de la proposition E.1 est élémentaire. Soit en effet f une solution continue sur $[0,T]$. Comme la fonction $s \to g(s)+h(s)f(s)$ est continue sur $[0,T]$, on déduit de (E.1) que la fonction f est continûment dérivable sur $[0,T]$ et vérifie

$$\forall s \in [0,T],\ f'(s) = g(s) + h(s)f(s).$$

Donc pour tout s dans $[0,T]$,

$$\begin{aligned}\frac{d}{ds}\left[f(s)\exp\left(-\int_0^s h(r)dr\right)\right] &= (f'(s) - h(s)f(s))\exp\left(-\int_0^s h(r)dr\right) \\ &= g(s)\exp\left(-\int_0^s h(r)dr\right).\end{aligned}$$

En intégrant cette équation sur $[0,t]$, puis en multipliant le résultat par $\exp\left(\int_0^t h(r)dr\right)$, il vient

$$f(t) = \exp\left(\int_0^t h(r)dr\right)\left(x + \int_0^t g(s)\exp\left(-\int_0^s h(r)dr\right)ds\right) = \varphi(t).$$

Inversement, $\varphi(t)$ est une fonction continûment dérivable sur $[0,T]$ et en dérivant par rapport à t son expression donnée dans l'égalité précédente, on obtient qu'elle satisfait (E.1).

$\Diamond$

Pour démontrer la proposition dans le cas général, nous utiliserons le lemme suivant qui intervient également dans le Chap. 10.

Lemme E.3. *Soit $s \le t$ et γ une fonction mesurable positive ou intégrable sur $[s,t]$. Alors pour tout $n \in \mathbb{N}^*$ et toute permutation σ de $\{1,\dots,n\}$, on a*

$$\int_{s\le s_{\sigma(1)}\le s_{\sigma(2)}\le\cdots\le s_{\sigma(n)}\le t} \gamma(s_1)\dots\gamma(s_n)ds_1\dots ds_n = \frac{1}{n!}\left(\int_s^t \gamma(r)dr\right)^n.$$

Démonstration du lemme E.3. Par symétrie, la valeur I de l'intégrale

$$\int_{s\le s_{\sigma(1)}\le\cdots\le s_{\sigma(n)}\le t} \gamma(s_1)\dots\gamma(s_n)ds_1\dots ds_n$$

ne dépend pas de σ. On en déduit que

$$\begin{aligned}I &= \frac{1}{n!}\sum_{\sigma\in\mathcal{S}_n}\int_{s\le s_{\sigma(1)}\le\cdots\le s_{\sigma(n)}\le t} \gamma(s_1)\dots\gamma(s_n)ds_1\dots ds_n \\ &= \frac{1}{n!}\int_{[s,t]^n}\gamma(s_1)\dots\gamma(s_n)ds_1\dots ds_n = \frac{1}{n!}\left(\int_s^t \gamma(r)dr\right)^n.\end{aligned}$$

$\square$

Démonstration de la proposition E.1. On note $\mathcal{C}_T$ l'espace des fonctions continues sur $[0,T]$ et $\Phi : \mathcal{C}_T \to \mathcal{C}_T$ l'application définie par

$$\Phi(f)(t) = x + \int_0^t g(s)ds + \int_0^t h(s)f(s)ds.$$

Une fonction φ élément de $\mathcal{C}_T$ est solution de (E.1) si et seulement si c'est un point fixe de Φ.
Pour $f, \tilde{f} \in \mathcal{C}_T$, on a pour tout $t \in [0,T]$,

$$\sup_{r\leq t} |\Phi(f)(r) - \Phi(\tilde{f})(r)| \leq \int_0^t |h(s_1)| \sup_{u\leq s_1} |f(u) - \tilde{f}(u)| ds_1.$$

En itérant cette inégalité, on obtient que la composée n-ième Φ^n de Φ vérifie

$$\begin{aligned}
&\sup_{r\leq t} |\Phi^n(f)(r) - \Phi^n(\tilde{f})(r)| \\
&\quad \leq \int_{0\leq s_n\leq s_{n-1}\leq\ldots\leq s_1\leq t} |h(s_1)\ldots h(s_n)| \sup_{u\leq s_n} |f(u) - \tilde{f}(u)| ds_n \ldots ds_1 \\
&\quad \leq \sup_{u\leq t} |f(u) - \tilde{f}(u)| \int_{0\leq s_n\leq s_{n-1}\leq\ldots\leq s_1\leq t} |h(s_1)\ldots h(s_n)| ds_n \ldots ds_1.
\end{aligned}$$

Avec le lemme E.3, on en déduit que

$$\sup_{r\leq T} |\Phi^n(f)(r) - \Phi^n(\tilde{f})(r)| \leq \frac{1}{n!} \left(\int_0^T |h(s)| ds \right)^n \sup_{u\leq T} |f(u) - \tilde{f}(u)|.$$

Pour N assez grand pour que $\left(\int_0^T |h(s)|ds\right)^N < N!$, l'application Φ^N est contractante. Comme $\mathcal{C}_T$ muni de la norme uniforme est un espace complet, on déduit du théorème de point fixe de Picard que Φ^N admet un unique point fixe φ. Comme $\Phi(\varphi) = \Phi(\Phi^N(\varphi)) = \Phi^N(\Phi(\varphi))$, on a $\Phi(\varphi) = \varphi$ i.e. φ est point fixe de Φ. Comme tout point fixe de Φ est point fixe de Φ^N, on conclut que Φ admet φ comme unique point fixe, c'est-à-dire que (E.1) admet une unique solution φ.
Pour identifier φ, on écrit $\varphi = \Phi^n(\varphi)$ c'est-à-dire que pour tout t dans $[0,T]$,

$$\begin{aligned}
\varphi(t) = &\, x \left(1 + \sum_{k=1}^{n-1} \int_{0\leq s_k\leq\ldots\leq s_1\leq t} h(s_k)\ldots h(s_1) ds_k \ldots ds_1 \right) \\
&+ \int_0^t g(s) \left(1 + \sum_{k=1}^{n-1} \int_{s\leq s_k\leq\ldots\leq s_1\leq t} h(s_k)\ldots h(s_1) ds_k \ldots ds_1 \right) ds \\
&+ \int_{0\leq s_n\leq s_{n-1}\leq\ldots\leq s_1\leq t} h(s_n)\varphi(s_n)h(s_{n-1})\ldots h(s_1) ds_n ds_{n-1} \ldots ds_1,
\end{aligned} \tag{E.3}$$

formule que l'on peut vérifier par récurrence sur n. D'après le lemme E.3, le premier terme du second membre est égal à $x \sum_{k=0}^{n-1} \frac{1}{k!} \left(\int_0^t h(s)ds \right)^k$ et converge vers $x \exp\left(\int_0^t h(s)ds \right)$ lorsque n tend vers l'infini.
Toujours d'après le lemme E.3, le second terme du second membre est égal à $\int_0^t g(s) \sum_{k=0}^{n-1} \frac{1}{k!} \left(\int_s^t h(r)dr \right)^k ds$. Or $\sum_{k=0}^{n-1} \frac{1}{k!} \left(\int_s^t h(r)dr \right)^k$ converge vers $\exp\left(\int_s^t h(r)dr \right)$ lorsque n tend vers l'infini et

$$\left| g(s) \sum_{k=0}^{n-1} \frac{1}{k!} \left(\int_s^t h(r)dr \right)^k \right| \leq |g(s)| \exp\left(\int_s^t |h(r)|dr \right)$$

où le membre de droite est intégrable sur $[0, t]$ par intégrabilité de g et h. Le théorème de convergence dominée assure donc que le second terme du second membre de (E.3) tend vers $\int_0^t g(s) \exp\left(\int_s^t h(r)dr \right) ds$ lorsque n tend vers l'infini.

Enfin la valeur absolue du troisième terme du second membre est majorée par $\sup_{r \leq t} |\varphi(r)| \left(\int_0^t |h(s)|ds \right)^n / n!$, ce qui assure que ce terme tend vers 0. En faisant tendre n vers l'infini dans (E.3), on conclut donc que

$$\forall t \in [0, T], \ \varphi(t) = x \exp\left(\int_0^t h(s)ds \right) + \int_0^t g(s) \exp\left(\int_s^t h(r)dr \right) ds.$$

□

Index

Déjà parus dans la même collection

1. T. CAZENAVE, A. HARAUX
Introduction aux problèmes d'évolution semi-linéaires. 1990

2. P. JOLY
Mise en œuvre de la méthode des éléments finis. 1990

3/4. E. GODLEWSKI, P.-A. RAVIART
Hyperbolic systems of conservation laws. 1991

5/6. PH. DESTUYNDER
Modélisation mécanique des milieux continus. 1991

7. J. C. NEDELEC
Notions sur les techniques d'éléments finis. 1992

8. G. ROBIN
Algorithmique et cryptographie. 1992

9. D. LAMBERTON, B. LAPEYRE
Introduction au calcul stochastique appliqué. 1992

10. C. BERNARDI, Y. MADAY
Approximations spectrales de problèmes aux limites elliptiques. 1992

11. V. GENON-CATALOT, D. PICARD
Eléments de statistique asymptotique. 1993

12. P. DEHORNOY
Complexité et décidabilité. 1993

13. O. KAVIAN
Introduction à la théorie des points critiques. 1994

14. A. BOSSAVIT
Électromagnétisme, en vue de la modélisation. 1994

15. R. KH. ZEYTOUNIAN
Modélisation asymptotique en mécanique des fluides Newtoniens. 1994

16. D. BOUCHE, F. MOLINET
Méthodes asymptotiques en électromagnétisme. 1994

17. G. BARLES
Solutions de viscosité des équations de Hamilton-Jacobi. 1994

18. Q. S. NGUYEN
Stabilité des structures élastiques. 1995

19. F. ROBERT
Les systèmes dynamiques discrets. 1995

20. O. PAPINI, J. WOLFMANN
Algèbre discrète et codes correcteurs. 1995

21. D. COLLOMBIER
Plans d'expérience factoriels. 1996

22. G. GAGNEUX, M. MADAUNE-TORT
Analyse mathématique de modèles non linéaires de l'ingénierie pétrolière. 1996

23. M. DUFLO
Algorithmes stochastiques. 1996

24. P. DESTUYNDER, M. SALAUN
Mathematical Analysis of Thin Plate Models. 1996

25. P. ROUGEE
Mécanique des grandes transformations. 1997

26. L. HÖRMANDER
Lectures on Nonlinear Hyperbolic Differential Equations. 1997

27. J. F. BONNANS, J. C. GILBERT, C. LEMARÉCHAL, C. SAGASTIZÁBAL
Optimisation numérique. 1997

28. C. COCOZZA-THIVENT
Processus stochastiques et fiabilité des systèmes. 1997

29. B. LAPEYRE, É. PARDOUX, R. SENTIS
Méthodes de Monte-Carlo pour les équations de transport et de diffusion. 1998

30. P. SAGAUT
Introduction à la simulation des grandes échelles pour les écoulements de fluide incompressible. 1998

31. E. RIO
Théorie asymptotique des processus aléatoires faiblement dépendants. 1999
32. J. MOREAU, P.-A. DOUDIN, P. CAZES (EDS.)
L'analyse des correspondances et les techniques connexes. 1999
33. B. CHALMOND
Eléments de modélisation pour l'analyse d'images. 1999
34. J. ISTAS
Introduction aux modélisations mathématiques pour les sciences du vivant. 2000
35. P. ROBERT
Réseaux et files d'attente : méthodes probabilistes. 2000
36. A. ERN, J.-L. GUERMOND
Eléments finis : théorie, applications, mise en œuvre. 2001
37. S. SORIN
A First Course on Zero-Sum Repeated Games. 2002
38. J. F. MAURRAS
Programmation linéaire, complexité. 2002
39. B. YCART
Modèles et algorithmes Markoviens. 2002
40. B. BONNARD, M. CHYBA
Singular Trajectories and their Role in Control Theory. 2003
41. A. TSYBAKOV
Introdution à l'estimation non-paramétrique. 2003
42. J. ABDELJAOUED, H. LOMBARDI
Méthodes matricielles – Introduction à la complexité algébrique. 2004
43. U. BOSCAIN, B. PICCOLI
Optimal Syntheses for Control Systems on 2-D Manifolds. 2004
44. L. YOUNES
Invariance, déformations et reconnaissance de formes. 2004
45. C. BERNARDI, Y. MADAY, F. RAPETTI
Discrétisations variationnelles de problèmes aux limites elliptiques. 2004
46. J.-P. FRANÇOISE
Oscillations en biologie : Analyse qualitative et modèles. 2005
47. C. LE BRIS
Systèmes multi-échelles : Modélisation et simulation. 2005
48. A. HENROT, M. PIERRE
Variation et optimisation de formes : Une analyse géometric. 2005
49. B. BIDÉGARAY-FESQUET
Hiérarchie de modèles en optique quantique : De Maxwell-Bloch à Schrödinger non-linéaire. 2005
50. R. DÁGER, E. ZUAZUA
Wave Propagation, Observation and Control in $1-d$ Flexible Multi-Structures. 2005
51. B. BONNARD, L. FAUBOURG, E. TRÉLAT
Mécanique céleste et contrôle des véhicules spatiaux. 2005
52. F. BOYER, P. FABRIE
Eléments d'analyse pour l'étude de quelques modèles d'écoulements de fluides visqueux incompressibles. 2005
53. E. CANCÈS, C. L. BRIS, Y. MADAY
Méthodes mathématiques en chimie quantique. Une introduction. 2006
54. J-P. DEDIEU
Points fixes, zeros et la methode de Newton. 2006
55. P. LOPEZ, A. S. NOURI
Théorie élémentaire et pratique de la commande par les régimes glissants. 2006
56. J. COUSTEIX, J. MAUSS
Analyse asympotitque et couche limite. 2006
57. J.-F. DELMAS, B. JOURDAIN
Modèles aléatoires. 2006